“十二五”国家重点图书出版规划项目
国家出版基金资助项目
国家社会科学基金重点项目
国家211工程重点学科建设项目
国家文科基地重大项目

唐凯麟 / 主编

中华民族道德生活史

先秦卷

王泽应 / 著

中国出版集团 東方出版中心

目录

第一章

中华民族道德生活总论

中华民族以崇尚伦理道德闻名于世。重视伦理秩序和道德教化、讲求心性修养和成人成圣一直是中华民族文化的传统。在悠远久长的中华文化发展史上，伦理道德的发展最为充分，也最有特色。尽管各个民族都有注重伦理道德的传统，但像中国人这样把伦理道德视为文化的精髓和核心，把道德生活视为最有意义和值得过的生活来追求，并形成一整套伦理化的经济、政治、文化生活规范且以此来要求所有的社会成员按此生活，照此行为，却是非常罕见的。社会结构、民族文化、个性心理同伦理道德的紧密结合，既造就了中国文化的丰富内涵和独具特色的持久魅力，也形成了中国文化和中国社会历史的独特问题。历史的发展进入 21 世纪，在人类伦理文明经历了由“拔根”向“扎根”的特定转型之后，如何正确地认识传统、尊重传统和弘扬传统日益成为伦理文明的重要内容或载体，而建设“与传统美德相承接”的社会主义伦理文化，也要求我们对中华民族独特的道德生活史予以深刻的认识和全面系统的把握。基于社会主义和谐社会建设和促进中华民族伟大复兴的价值目标，科学、理性地研究中华民族的道德生活发生发展的历史，开掘并接续中华民族道德生活的源头活水，对于我们建设与传统美德相承接的有中国特色的社会主义伦理文化，建设中华民族共有精神家园，无疑具有十分重大的理论意义和现实价值。

第一节　道德生活与道德生活史

道德生活是道德在生活中的展开和生活在道德中的体现，是融人的物质生活与精神生活、日常生活和非日常生活于一身并通过道德来呈现的生活形式，具有依据道德原则规范来生活并在生活中检验道德、批判道德和创造道德等功能与机理，并借助于现有与应有的矛盾运动来推扩和不断向前发展的即现实即可能的生活。道德生活本质上是人认识自我、反思和评判生活以及推动生活不断“人化”或意义化、价值化的生活。道德生活的积淀以及发展变化构成道德生活史，道德生活史是对历史上道德生活的描述与揭示，是一门新兴的伦理学科。研究道德生活史，可以发现人类道德生活运行发展的规律以及递嬗路径，获取人类道德生活的历史经验和教训，总结道德生活在促进人类社会秩序和文明以及促进个体自身发展完善方面的功能效用，以为现实的道德生活提供可资借鉴的资源和智慧。

一、道德与生活的关系

从人的存在和生活的角度来看，人的劳作及其创造性活动、人作为关系性的存在以及人要过有意义的生活和对生命价值的追求，都决定了人要过一种有道德的生活，道德属于人的生活中的一个重要而必须且应该的因素。从道德与人的生活的关系来看，可以说生活需要道德，道德必须表现为生活并创化和提升着生活。

就生活与道德的关系而言，可以说生活需要道德、包含了道德但并不等于道德，生活涉及的内容比道德要更为宽广和复杂，道德只是生活的一个方面，尽管是必须而应该的方面，却不是一切方面。人类生活包含着众多的目的和方面，道德只是其中一个重要的目的和方面，但并不是所有的目的和方面。人类需要道德、呼唤道德并渴望按道德的方式来生活，但生活的内容并不只是道德，人类的生活包含着比道德更为丰富和更为宽阔的领域或方面，只有那些被生活所需要和所呼唤的道德才能进入人类的生活和作用于人类的生活。因此，“道德规范并不涉及所有行为。人生及其理想要比道德及道德的目标更为宽广和丰富。没有道德人类不可能达到它的目的，道德是一个绝对必要的条件，但仅仅道德的满足并不能实现人类的希望……我作为一个人的目的比作为一个道德自我的目的也更为宽广，这个目的包含了道德，却不仅仅是道德”。① 生活所追求的目的包含了道德但并不只是道德，道德只是生活的一个目的、一个方面，尽管是很重要的方面。

生活需要道德，是因为道德能够使生活更加富于秩序和理性，道德能够强化人的社会性和德性，使人更好地成为人。“道德规范的目的在于使个人和社会的生活成为可能，道德行为具有促进个人和社会利益的倾向。可以说，道德划了个圆圈，人们在圈内可以安全地追求各自的目的而不会相互损害。偷窃、

---

① （美）弗兰克·梯利：《伦理学概论》，何意译，中国人民大学出版社 1987 年版，第 183～184 页。

说谎、谋杀对行为者及周围的人都是一个损害，因此道德命令我们不要偷窃、说谎和谋杀。正直、诚实、自制则促进具有这些德性的人及周围人的利益，因此道德命令我们要正直、诚实和自制。”①没有道德规范和引导的生活是不完善、不和谐的生活，也是一种无意义、无价值的生活。生活不能没有道德。没有道德的生活是一种不值得过的生活。

道德源于生活并充实和提升生活。道德始终存在于人的整体生活之中，没有脱离生活的道德。人们是为了生活而培养个体的品德，改善、提升社会的道德的，并不是为了道德而道德。同样，个体品德和社会道德的提高与发展也只有通过人们自己的生活才能实现和达到既定的目标。脱离生活的道德和品德必将导致道德和品德的抽象化、客体化，脱离生活去培养人的品德也必将使这种培养因为失去了生活的依托和生活的确证而流于虚空、形式、无效。生活是德性发展的动力源泉。道德是人的“生活规则”和实践结果，人的道德素质所体现的是对生活规则的运用能力。社会实践不断丰富着道德活动的条件和环境，使道德活动的领域不断扩大，水平逐渐提高。随着人参与社会实践程度的加深，社会实践不断对人的道德水平提出新的要求，这种要求与人目前的道德水平之间形成一种不平衡状态，产生新的道德需要。这种道德需要包含着人的认识、情感和意志，是人参与道德实践、发展自身德性的动力。完整的德性是知、情、意、行的协调统一，个体只有置身于道德实践之中才能达成这种统一。同时，道德意义上的完整德性不仅要成就自我，还要通过成就自我去影响社会，成就他人，即完整的德性是自我价值与社会价值的完美统一。同样，只有参与生活实践，才能实现这种统一。这两种统一表现为人在现实的道德情境中的自觉性、主动性和能动性，即道德主体性。

道德一方面来源于生活的沃土和实践，脱离生活的道德注定是没有生命力和希望的，也是注定要被生活所抛弃的；同时道德又有对现实生活的某种超越、批判、反思以及对理想生活的追求与向往，一味地追随或适应现实生活而不作任何超越性反思和追求的道德也是人类所不需要的，它也注定要为生活所鄙视和拒斥。人类生活之所以需要道德，就在于它既是源于生活的实践理性，又是

① (美)弗兰克·梯利：《伦理学概论》，何意译，中国人民大学出版社 1987 年版，第 184 页。

引领生活前行和使生活不断更新和富有意义的价值动能。真正的道德既尊重人的自然属性和现实生活的各种要求，又主张把人同他人、社会乃至天地万物联系起来，有一种对同类生命的敬重以及对天地万物的关怀。道德生活常常向人们提出这样一些问题，即我们应当做什么？不应当做什么？我们应当怎样对待他人和社会？我们自己应当如何生活？什么是值得为之奋斗的生活？① 这些问题的提出将人们引导到价值的领域，不断强化着人的理想性追求，从而不仅使生活获得某种超越现有的力量，而且使生活变得富有意义，在生存的基础上活出人的风采和韵味，进而告别蒙昧、野蛮而向着文明、秩序、理性、和谐、美满、优雅、崇高、伟大的目标奋力前行。

二、道德生活的内涵与特征

道德生活是人类将道德纳入生活之中并以道德来指导和引领生活的生活，是立根于生活之中同时又赋予生活一种意义和价值且能够予以自由选择的生活，是既渗透在物质生活和精神生活之中同时又对物质生活和精神生活作一协调统合且要求和谐发展的生活，故而道德生活是一种既在现实生活中展开的生活又是一种在现实生活中追求和向往可能生活的生活，这种即现实即可能的生活，是人的生活的重要体现和拓展与提升，是人的生活区别于动物的生存的本质和内在方面。

时下人们理解的道德生活大致有狭义和广义两种不同的涵义。狭义的道德生活是专指道德的即善和正当的生活，是符合道德要求并受到肯定评价的生活，一切不道德的现象和行为都被排斥在此涵义之外。广义的道德生活是指具有道德意义表现为善恶对立可以进行善恶评价的生活，既包含了狭义的道德生活，又包含了在历史和现实生活中被评价为恶甚至反道德的行为和现象，某些非道德和超道德的现象在一定意义上也可以纳入到这一涵义来思考。借用冯友兰《新原人》中关于人的精神境界的描述，也许可以说，狭义的道德生活对应的是其中的“道德境界”，而广义的道德生活则涵盖了“自然境界”、“功利境界”、

---

① 参阅(美) 罗伯特·所罗门著:《大问题——简明哲学导论》，张卜天译，广西师范大学出版社 2004 年版，第 264 页。

“道德境界”和“天地境界”诸境界。本书所论及的道德生活，兼含有狭义和广义两种含义，或者说是以广义的道德生活现象作为论述的基础而导向狭义的道德生活发展方向或目标。

全面整体地把握和理解道德生活，应当通过道德生活同非道德生活和反道德生活的比较来认识，通过道德生活与人的关系以及独特性来观照。道德生活的本质属性和基本特征表现在以下几个方面：

第一，道德生活是人类特有的生活样式，是人类区别于动物的根本方面。植物、动物有生存但没有道德，诚如荀子所说的“水火有气而无生，草木有生而无知，禽兽有知而无义，人有气有生亦且有义，故最为天下贵也”。(《荀子·王制》)儒家认为，人之所以异于禽兽就在于人能过有道德的生活，所以人者，“仁也”，“人而不仁，如人何?”孟子把“仁”视为人类最安适的住宅，“义”是人类必须走的正道，指出:“仁，人之安宅也;义，人之正路也。旷安宅而弗居，舍正路而弗由，哀哉!”(《孟子·离娄上》)并认为人是有道德的动物，恻隐之心、羞恶之心、辞让之心、是非之心是人区别于动物的本质属性。《礼记·曲礼上》指出:“鹦鹉能言，不离飞鸟;猩猩能言，不离禽兽。今人而无礼，虽能言，不亦禽兽之心乎?夫唯禽兽无礼，故父子聚麀。是故圣人作，为礼以教人。使人以有礼，知自别于禽兽。”正因为禽兽不讲仁义道德，所以父子共有一个雌性。人如果没有仁义道德，那人何以区别于禽兽呢? 人与动物的主要分野在于有无仁义道德，有没有礼。人如果舍弃了仁义道德，人就没有办法将自己与动物区别开来。道德生活的本质是使人成为人、真正过人的生活。

第二，道德生活是一种立根于物质生活基础上的精神生活。人性中有生物性和精神性或自然性与社会性的二重性，人的生活亦可二分为物质生活和精神生活。物质生活是人类起码的、必然的和本原性的生活，是道德生活的基础。但人的生活的本质并不在于物质生活，人的物质生活永远服从于一定的生活目的或意义，生活的本质并非人的肉体的存活，而在于活着的肉体实现自身认可的价值目标，因而人的生活是从物质生活走向精神生活的。人性中自然性是基础但只是人的工具性，生活中物质生活层面是前提但也只是生活的出发点。而精神性则是人性的目的性，精神生活是生活的归宿。精神性依赖于生物性而存活，而存活了的精神性又绝对走向对这一基础的无限超越。修养德性实质上是这一超越性的实现过程。人为活着而生活，同时人更为有质量或更有价值的生存而活着，这一点正反映了人类及其生活的本质。物质生活和精神生活在不同人的生活中含量不同地存在着，彼此内在地对立统一，形成一定的张力并表现为统一的个体生活，即“道德生活”。道德生活是从道德维度对生活的观照，并不等于人的生活只有道德属性。

第三，道德生活是人的一种有意义和价值的生活，是可以进行道德评价的生活。人不同于动物，它是一种不断地追问生命的意义和价值的动物。通过不断地追问生命的意义和价值，人发展起了一种有意义的生活，即道德生活。道德生活不同于经济生活、政治生活的地方就在于它始终以寻求意义和创造价值为主旋律，并使这种意义和价值成为人生的目的性追求和动力源泉。作为生活的主体和有灵性的动物，人总是不断地追寻生活的意义，渴望实现自身的价值。动物只要满足生理需要就能“生活”得很好，人不仅要求满足生理的需要，更要求满足实现意义和精神的需要，满足实现意义和精神需要之后的种种需要。人是唯一发现意义之价值又被意义所困并永远无法完成意义之纯然满足的过程性动物，意义和价值的追寻与创造使人总是处在一种不断地发展变化之中。人不仅拥有一个现实世界，而且还拥有一个可能世界。可能世界不断地作用并转化为现实世界，现实世界不断产生可能世界的设想和观念并受到可能世界的引导和激励。这就决定了人的现实生活永远是未完成的处在发展进程中的生活，对可能生活的追求和向往构成人的意义和价值世界。

生活的意义不能离开主体的生存和创造，也不能离开与他人、群体和类进行交往的社会活动。“意义只能产生于自我与他人、自我与人类的关系之中，而对他人和人类的同情或者说爱又是意义得以产生的对话共同体存在的前提”。①道德产生于与他人、群体和类的交往性关系活动之中，道德的开端是对他人的关怀，他人成为我“萦绕在心、难以摆脱的责任心”。② 有意义的生活和道德均不能脱离社会关系，正是在与他人、群体和类的关系中，人们发现了意义的联系，也认识到人的道德性的独特之处。道德生活本质上是一种有意义和价值的生

① 孙利天：《死亡意识》，吉林教育出版社 2001 年版，第 153 页。

② （法）勒维纳斯著：《上帝、死亡和时间》，余中先译，生活·读书·新知三联书店 1997 年版，第 159 页。

活，而无论是意义和价值都是在人与他人、群体和类的关系中才得以存在和发展起来的。

第四，道德生活是一种主体自觉自为的生活，是主体意志自由和自觉选择的生活。道德生活的发源以社会关系的形成与主体自我意识的产生为条件，如果说社会关系的存在为道德生活奠定了客观条件，那么主体自我意识的形成则是道德生活的主观条件，二者缺一不可，共同架构起人类道德生活的大厦。道德不同于宗教和法律之处在于“它是人类精神的自律”。道德的自律性是建立在自我意识和行为主体的意志自由的基础之上的，这意味着道德的主体能把社会的道德要求同个人的内心信念、主体自觉有机地结合起来，自己为自己确立行为的准则并能自主自愿地遵从奉守，他们履行道德义务已经不是某种勉为其难的不得已，而是出于完善自我、发展自我的内在意愿。道德选择是人类生存的基本方式，人活着必然面临各种道德冲突，生活要求也不断地迫使人进行道德选择。在现实生活中，人总是在不断的道德冲突中作出各种选择，以此来确证自己的存在并企望实现自身的价值。弗洛姆指出：人无法消除生存中最基本的矛盾，却可以产生各式各样的反映方式，特别是产生从矛盾中解脱出来并使生活具有意义的希冀。而道德选择就是人的理性精神活动的基本形式，是有理性的人自觉地完善自身，协调自己与他人、自己与社会乃至自己与自然界的种种关系，满足自己的需要和实现自己的价值目标的一种生存方式。

此外，道德生活是一种集目的和手段于一身的生活，它既把道德视为人生活的目的，主张为道德而奋斗，又把道德视为人达到至高目的如幸福与和谐的一种工具或手段。德国著名伦理学家包尔生在《伦理学体系》一书中从伦理学的功能论述了道德生活的目的和手段问题。在他看来，伦理学有两个基本的宗旨和功能，一是确立人生的目的和至善，二是指出实现人生目的和至善所应该运用的方式或手段。在伦理思想史上，目的论和义务论以及德性论都是为了解决这两个方面的问题而产生的。目的论从现实的人生和主体角度提出并论证各种各样的人生目的以及达到人生目的的手段，义务论从人们应该如何特别是相互关系的要求去设定目的并揭示所应该运用的手段。因此，“用来实现完善的生活的手段并不只是一种没有独立价值的、外在的、技术的手段，而是同时成了完善的生活内容的一部分”。由此可见，“道德生活的一切也既是手段，又是目的的一部分，是既为自身又为整体而存在的东西。德性在完善的个人那里有其绝对的价值，但就完善的生活是通过它们实现而言，它们又具有作为手段的价值”。①

总之，道德生活是一种属人的或人类所特有的社会生活，是建立在物质生活基础之上的并渗透在物质生活之中引导和规范物质生活的精神生活，是一种有意义和价值并能予以价值评价的生活，是一种主体自由意志自觉自为并能进行道德选择的生活。道德生活既是人对世界的独特把握方式，是人在改造世界的实践活动中自觉证实人的本质力量的一种独特方式，即马克思所讲的实践精神地把握世界的独特方式，也是人的能动的文化——心理构建过程，是人通过道德的方式和路径创造人类的精神文化并不断形成德化的心理的过程。② 道德生活并不具有自己独立的存在形式，而是一种渗透和贯穿在人们的日常生活和非日常生活中的以知行合一为特点表现出来的生活，本质上属于人们精神生活的类型，既以物质生活为基础，又对物质生活及其他生活领域产生重大影响。

三、道德生活史研究的独特视阈及原则要求

道德生活史是道德生活的历史表现形态和道德生活形成发展过程的体现，是渗透在人类精神文化生活之中并制约、支配和引领精神文化生活的不断发展完善的动态而持续的道德生活过程。道德生活史依据主体可以区分为人类的道德生活史，国家民族的道德生活史，集团或家族的道德生活史和个人的道德生活史等类型。人类的道德生活史是全体人类道德生活发展过程和发展状貌的总体呈现，其中充满着对天人之分、人禽之辨等的价值追求和人生智慧。国家民族的道德生活史是以一个国家或民族为主体而呈现或表现出来的道德生活之发生发展过程，表征着一个国家和民族道德生活的宏大画卷，凝聚着这个国家和民族对道德文化和伦理价值的历史认知和现实感受，反映着这个国家和民族在道德生活上的历史变迁和发展走向，折射出这个国家和民族最深层的生活追求和行为方式，凸显出民风民俗的特色和民魂的精义，是一个国家和民族

① (德) 包尔生著：《伦理学体系》，何怀宏等译，中国社会科学出版社 1988 年版，第 11 页。
② 参阅高兆明：《道德生活论》，河海大学出版社 1993 年版。

历史文化中最具精神气质和价值特质的部分。集团或家族的道德生活史是一个集团或集体或家族成员共同道德生活的发展进化和演变过程,反映着此一集团或家族的生活情趣、价值追求、伦理理念和行为偏好,彰显出此一集团或家族不同于别的集团或家族的伦理特质和道德生活质量。个体的道德生活史是一个人在一生中经历并自我承受、自我选择、自我创造乃至自我化育的道德生活过程,体现着个体感受生活和生命的精神深度、高度和久度,是寓居于一个人生命历程之中的道德慧命及这种道德慧命在不同时期的感受与作用。道德生活史的这几种不同类型在复杂的道德生活过程中是既相互联系相互作用又相互纠缠相互贯通且通过矛盾和冲突来体现的,每一种不同主体的道德生活史都注定是无法单独地自完其身而与其他主体不相关的,这一情况决定了道德生活史的复杂性、多元性和多样性,同时也决定了它的演化绝不只是一个没有曲折或挫折而一帆风顺地表现出来的。

道德生活史是以不同时期的道德生活为研究对象并力图揭示其发生发展线索和规律的集描述性伦理学与规范性伦理学于一体的学科。道德生活史的研究因道德生活的本质特点决定了它有自己独特的研究视阈和原则要求。道德生活史的研究既是一种实证性的描述研究,同时又是一种规范性的价值研究,必须超越自然主义和超验主义的研究立场,而将自然主义与超验主义作一有机地整合,必须既联系伦理思想来进行研究又不能局限于伦理思想的研究,必须坚持事实与价值相统一、一元与多元及内容与形式相统一的研究原则。

1. 道德生活史与社会生活史

道德生活史本质上是一门独特的社会生活史,从道德的层面和角度反映了社会生活史的内容和结构。但是,道德生活史不同于一般社会生活史的地方在于它是一门伦理科学,而不是一门简单的生活史。研究道德生活史不可能不关注人们的价值评价和道德选择,不可能不涉及社会的伦理导向和人们的道德心态,因此道德生活史必然涉及许多人们关于道德的论述特别是社会主流关于社会道德教育的声音。西方道德生活史研究的奠基人当推19世纪英国伦理学家威廉·爱德华·哈特普勒·勒基(William Edward Hartpole Lecky, 1838～1903年),他于1869年出版的《欧洲道德史》(History of European Morals,中文译本为《西洋道德史》(6卷),陈德荣译,上海商务印书馆1937年版),用实证主义观点以及价值分析的方法论述欧洲道德生活的变迁并批判基督教神学，力图说明神学与理性的斗争的社会历史背景，较为全面地阐释和论述了欧洲封建社会早期文明的发展、政治经济和伦理道德的变化。勒基在该著中强调指出：关于欧洲道德生活史的研究，我们无论要做怎样的考察与分析，其第一步所要做的工作，似乎显然就是要对于道德之性质与基础作一简短的研究。这种研究，不但是应该做的，其实也差不多是一种不可缺少的基础工作。但是道德生活史的研究不同于其他社会生活史的地方在于“各个道德哲学的系统之论及道德的地方乃是非常之复杂的”，“各个系统所含之道德原理，在根本上是有一种冲突的”。勒基在《西洋道德史》中首先对道德的本质问题进行探讨，通过介绍古希腊伊壁鸠鲁学派和斯多噶学派关于道德评价标准的理论，明确指出道德的进步取决于人类发展各阶段社会条件的变化。在勒基看来，社会道德的进化表现为由英雄主义道德向现实主义道德的进化，或者说由英雄的美德向温和的美德再向实用的美德的发展变化。人类社会组织的发展和进步必然导致英雄式的美德“被人们所忽视”，而适应社会组织发展要求的“温和的与社会性的各种美德”日益受到人们的重视而不断生成和被培养起来。① 社会的发展变化必然引起道德的发展变化，每一个不同的时代，在道德上必然有不同的要求，必然形成自己的主流道德。在《西洋道德史》一书中，勒基较为全面地揭示了欧洲从古代道德向中世纪基督教道德的演变以及基督教道德所面临的深重危机，揭示出基督教取得胜利后对欧洲道德生活的积极影响在于使人们对于人类的生命觉得乃是神圣不可侵犯的，在于传播了四海之内皆兄弟的教义，其消极的影响在于导致公民道德的衰颓，以及隐遁主义、禁欲主义导致的对现实生活的忽视等。勒基关于西方道德史的研究触及到了道德生活的本质，揭示了价值评价以及德性功能在道德生活史中的地位，揭示了道德生活由“实然”向“应然”迈进的道德发展历程。

道德生活史不同于一般意义上的社会生活史，在于它始终是同人的超越性和理想生活联系在一起的。如果说动物产生于自然、顺应于自然因而也“生活”

---

① William Edward Hartpole Lecky, History of European Moralas: From Augustus to Chalemagne, Longmans, Green, And Co. London 1905, p. 130.

于自然的话，那么人则以自然生活为条件，同时又超越自然生活去创造自己“属人”的生活。如果说自然生活构成了人的道德生活的基础或前提性环节，那么超自然生活则体现着人的道德生活的目的和方向。对理想生活的追求，表明了人虽然来源于自然，但又具有超越自然限制的性质，“超自然性”是道德生活的根本规定之一。人的“道德生活”既是自然的，又是属人的，既富有感性的内容，又具有理性的筹划和选择，既是因果性的又是目的性的。在“道德生活”中，那些彼此矛盾的维度与力量都集结在一起，从而使道德生活形成为一个丰富、复杂的辩证统一体。张岱年先生认为，道德生活的基本原则是“生理合一”。所谓生即是生命、生活，所谓理即是当然的准则或道德的规律。他既反对将生与理绝对对立开来、单纯讲理而不重生的纯理想主义，也反对将生与理视作无差别的同一，只讲生而不重理的自然主义，主张把生与理有机统一起来既重生亦重理的生理合一论。在张岱年看来，“理只是生之理，离开了生就无所谓理；生也必须受理的裁制，好的生活即是合理的生活。理离开生，便是空洞的，生离开理，必至于卤莽灭裂”。[①] 生理合一首先要求注重生，注意生活的实际，其实理只是求生之充实、生之圆满所应遵循的规律。实际上设法使人群的生活更美满些，便是实践理。倘若不顾生命的存在、生活的实际，只讲空洞的应该不应该，结果所谓应该未必是真实的应该。其次，生理合一的原则要求生活必须受道德规律的指导与裁制。单纯地只讲生、不讲理，结果必至于毁坏了生。人的生命与生活是包含了矛盾的，生与生相冲突是生活本身的现实。“欲求生活之圆满，是必须克服生之矛盾的。要克服生之矛盾，便必须以理来裁制生。如不克服生之矛盾，任生与生相冲突下去，结果必至于达到生之破灭。所以，求生之圆满，就必须有生之裁制；求生之提高，就必须使生受理的支配，生之扩大与生之裁制，可以说是相反，但正是相成的，理正是所以完成生”。[②] 坚持生理合一的原则，要求人们一方面要培养生命力，发展生命力，充实生活，扩大生活，一方面要实践理义，以理裁制生活，使生活遵循理。生的圆满即是理的实现，理的实现就是生的圆满。

---

① 张岱年：《生活理想之四原则》，《张岱年文集》第 1 卷，清华大学出版社 1989 年版，第 195 页。
② 同上书，第 195～196 页。

道德生活史的研究既是一种实证性的描述研究，这是道德生活史与社会生活史的联系和一致方面，但同时又是一种规范性的价值研究，这是道德生活史区别于社会生活史的方面。作为道德生活史，要揭示人类道德生活发生发展的历史，揭示道德原理和理想在现实道德生活中的具体应用，就不能不涉及道德价值和应当的问题。更为重要的是，作为一门历史性的伦理学科，它的本质是伦理学而不是一般意义上的历史学，这就决定了它必须考察道德生活的价值问题，并以此为依托来对作为事实的道德生活现象加以历史性的把握。道德生活史涉及的道德史料，大量地表现为个人的道德行为和群体的道德行为，个人的道德行为和群体的道德行为是在其价值观和道德观的指导下发生的，有其价值追求和人生偏好的诸多因素渗透其中，因此它绝不仅仅是纯客观的自然现象，必须运用价值分析和价值评价的方法来加以把握。道德生活史的研究既要求我们反对一味地为人的自然欲望辩护、把人"当成机器"的自然主义立场，又要求我们反对一味地强调人与动物的区别，进而将人的自然欲望赶出道德生活领域的超验主义立场。自然主义的立场每每以低于现实道德生活的立场来谈论道德生活，或者把自然生活等同于现实道德生活，完全否认了现实道德生活所包括的超越性和理想性，否认了应有与价值以及道德精神对现实道德生活的引领与规范，从而消解了道德生活进步与发展的机制和动因。很显然，以此种立场来理解道德生活，必然导致对道德生活静态化的处理，也必然使道德生活成为无追求和无目的的自然生活，使人沉溺于自然功利生活而难以实现生存境界的提升与跃迁。超验主义的立场每每以高于现实道德生活的立场来谈论道德生活，一味地强调超越人的局限性和惰性，取消了"历史性"和"自然性"的维度，甚至把人的自然性当作非道德乃至反道德的东西来对待，往往把人拖入自我难堪的境地，要求人同自己的自然欲望进行不调和的斗争，以牺牲自我的现实利益来成全超越性的追求。自然主义把人当成"非人"，否定了人之所以为人的内在规定性，因而是一种"拖住生命"、"拒绝崇高"的立场，很难真正进入道德生活的堂奥。超验主义把人"看成罪人"，否定了人来源于动物这一事实，要求人对自己的欲望作不调和的斗争，因而是一种"压迫生活"的立场①或超越了道德生

① 赵汀阳：《论可能生活》，生活·读书·新知三联书店 1994 年版，第 7 页。

活的属神的立场。超验主义所理解的道德生活固然是崇高的神圣的伟大的,但由于它割断了其与现实生活的联系,以致否定人的自然属性及其在生活上的表现,每每走上消解道德生活乃至使道德生活成为令人嫌憎的悲剧性道路。就此而论,无论是自然主义的伦理学立场还是超验主义的伦理学立场,都没有也不可能达到对道德生活规律性的了解和把握。它们的立场,只能导致对道德生活本质的割裂和真实形象的肢解。

从对道德生活的辩证觉解出发,自觉的伦理学立场既不是像自然主义立场那样把现实道德生活贬低为自然生活,也不是如超验主义立场那样把现实道德生活抽象为虚幻的神圣生活,而是体现为经验立场与超验立场的辩证统一。它要求在经验与超验、历史性与超越性、自然性与超自然的理想性等之间实现辩证的和解与良性的互动,从而使道德生活处于各种矛盾关系的巨大张力之间,"但同时又能够把二者和谐有序地融合成一种存在方式与行动"。① 只有这样理解的道德生活,才是真正的人的道德生活,才有可能展示它矛盾而又丰富、深刻而又高远的内在涵蕴。

2. 道德生活史与伦理思想史

道德生活史包含了伦理思想史却又不等于伦理思想史,如同道德包含了道德意识和道德思想的关系一样,伦理思想史只是道德生活史的一个部分而不是全部。作为道德生活史不仅要关注伦理思想史,更要关注伦理思想史以外的道德制度史和道德实践史。即便是关注伦理思想史,也需要从道德生活史的角度去揭示其产生的原因以及对现实道德生活的影响,因此它所关注的伦理思想史不是一般意义上的纯粹思想史,而是同现实道德生活密切相关,制约并指导着道德生活的伦理思想史。

伦理思想史与道德生活史既相互联系又相互区别。就其联系而言,伦理思想史与道德生活史密切相关,甚至可以说是道德生活史的重要组成部分,道德生活史包含了伦理思想史的内容并且也必须接受伦理思想史的指导与武装,没有脱离伦理思想的纯粹的道德生活史,也没有不导向道德生活的纯粹的伦理思想。西方道德生活史的奠基人勒基在《西洋道德史》中辟专章专门研究了"道德

---

① (德)豪克:《绝望与信心》,李永平译,中国社会科学出版社 1992 年版,第 212 页。

原理史”，系统介绍了功利主义的伦理思想以及对于功利主义伦理思想的批评，在第二章“异教帝国时期”还专门探讨了斯多噶主义、新柏拉图主义及对罗马帝国道德生活的影响，在第三章“罗马之改信基督教”又探讨了基督教伦理思想的主要内容。在该书序言中，他谈到在他考察自奥古斯都至查理曼时期欧洲道德生活史的时候，“曾经颇为详尽地把两种在道德的性质上及在道德的责任上主张相反的学说予以讨论”；而且为使自己在后来可以核定道德的自然进化及受各种特殊因素所影响的程度，他又努力证明各种美德是如何特别适合于人类文明的不同阶段，揭示其是如何递嬗和发展变化的。在这种研究中，他评论“斯多噶派的哲学，调和派的哲学，以及埃及派的哲学（这三派哲学是替换着而兴起的）”。① 勒基对西方道德生活史的研究给我们有益的启发，即道德生活史不能脱离道德哲学或伦理思想史的研究。真正的道德生活不仅受到伦理学家伦理思想的深刻影响，而且与主体特有的道德意识和道德观念密切相关，或者说主体的道德意识和道德观念是其道德生活的重要基元。从主体道德生活所包含的要素或环节来看，道德意识和思想无疑是其中最重要的组成部分。道德是人们基于生活现实而形成的应然价值目标以及以价值目标改造社会和自身的活动和由此产生的诸种德性品质、精神境界和理想追求的有机统一，反映着人们认识自我和社会的人生智慧和修养状况。道德意识是指在道德实践过程中产生并反作用于社会道德实践的各种道德心理、道德思想和道德理论体系的总称。其中，道德心理属较低层次，道德思想和道德理论体系属较高层次。道德意识是社会意识的组成部分，由社会经济基础所决定并反作用于经济基础。作为道德的主观方面，它体现着人们对客观存在的道德关系的认识和理解，并集中表现在一定社会道德观念和道德规范体系之中。根据意识主体的不同，道德意识可分为社会道德意识和个人道德意识。社会道德意识是各种个人道德意识交互作用的产物，是个人道德意识的某种综合或推广。个人道德意识则是一定社会道德意识在个人意识中的内化，它总是体现着和从属于某种社会道德意识，并使某种社会道德意识个体化、个性化。个人道德意识是构成个人道德品质的重要因素。一般地说，人们只有将一定社会或阶级的道德要求，首先转变

① （英）勒基著：《西洋道德史》（6 卷），陈德荣译，上海商务印书馆 1937 年版，“著者序”，第 4 页。

为自己稳定的个人道德意识，才会真正形成相应的道德行为，并由此养成符合这一社会或阶级要求的道德品质。个体道德意识是支配人们履行道德原则和规范的内在力量，社会道德意识是制约和引导人们履行道德原则和规范的社会力量。人们的道德生活受到个体道德意识和社会道德意识的深刻影响，而且也是在个体道德意识和社会道德意识的深刻影响中展现自己的丰富内容，发生着各种变化。

道德生活史必须关注与其联系密切的伦理思想史，最根本的原因还在于人的道德行为和道德现象本质上是在道德意识或道德观念的指导与规约下实施和拓展的。人不同于动物，就因为人在生活中始终有自己的思想，包括想法、目标、期望以及人生观和价值观等。正是这一区别成就了人在现实生活中的独特的思维方式、行为方式和个体感受，也正是这些思维方式、行为方式和个体感受构成了人的独特的思想境界，而不同的思想境界则又构成不同的生活境界和人生境界。从这一意义上说，人的思想层次决定了人的生活层次和人生层次，思想主导生活并决定生活的境界和层次。生活的本质不是活着，而是活出意义来。经过思考的生活就像经过设计的楼房一样，那样的房子才具有居住的价值。有思想的生活才是真正的生活和有意义的生活。一个有思想的人往往更能深刻全面地感受到人生的温馨和苍凉，感叹岁月的匆迫和绵长，从而积极地生活。他不会因暂时的困难而停止前进的步伐，不会因偶尔的乌云遮日而忘却明媚的艳阳。法国思想家帕斯卡尔指出："思想形成人的伟大。""人只不过是一根苇草，是自然界最脆弱的东西；但他是一根能思想的苇草。用不着整个宇宙都拿起武器来才能毁灭他；一口气一滴水就足以致他死命了。然而，纵使宇宙毁灭了他，人却仍然要比致他于死命的东西更高贵得多；因为他知道自己要死亡，以及宇宙对他所具有的优势，而宇宙对此却是一无所知。因而，我们全部的尊严就在于思想。正是由于它而不是由于我们所无法填充的空间和时间，我们才必须提高自己。因此，我们要努力好好地思想；这就是道德的原则。"①在帕斯卡尔看来，人显然是为了思想而生的，思想形成人的本质并构成人的伟大，这就是人全部的尊严和全部的优异；并且他全部的义务就是要像他所应该的那样去

---

① （法）帕斯卡尔：《思想录》，何兆武译，商务印书馆 1986 年版，第 157～158 页。

思想，而思想的顺序则是从他自己以及从他的创造者和他的归宿开始。从某种意义上说，伦理思想的不同必然会有不同的道德行为和道德实践，有什么样的道德思想，就会有什么样的道德生活！

当然，道德生活史与伦理思想史毕竟又有着自己的原则区别，道德生活包含伦理思想、需要伦理思想，并不意味着伦理思想就是道德生活的全部。勒基在《西洋道德史》中指出："在评论一个时代的道德状况的时候，我们假使只考验各道德家所有的道德理想的话，那是不够的。我们一定还要进一步去研究：那种道德理想，其实现于一般的人民之间，是至于怎样的程度才成。"①道德生活的内容与伦理思想的内容有时有重叠的地方，但大多数时候又常常是矛盾乃至冲突的。人们现实的道德生活和理想的道德生活并不是一回事。想要的道德生活总是与现实的道德生活差别太大以至于常常无法实现。常人都在被迫的情景下生活，这种被迫的生活往往又是拒绝思想或者不需要思想的。有的时候，思想反倒成为人的生活的痛苦的源泉。因此有人宁愿过一种无痛苦的没有思想的生活，也不愿意去忍受思想给生活带来的痛苦。在思想不能转化为行动和社会实践的古代社会，大多数人为了生活又不能不选择没有思想的生活，盲从的生活与从众的生活似乎是芸芸众生唯一能够选择的，对于他们而言，生活只是为了能够度过每一天，而不在怎样的度过。如果他们要过有思想的生活，他们又必须为之付出极大的努力，乃至被视为"另类"，甚至付出惨痛的代价。思想如同自由一样，有人选择义无反顾地追求，有人则选择一味地逃避。因此，人的道德行为，有些是出于本人真实意思的呈现，有些则是无可奈何的应对表现，有些甚至是强迫的非自由表现。我们不能简单地说不是出于本人真实意思表示的道德生活就不是真正的道德生活，而出于本人真实意思表示的道德生活就一定是真正的道德生活。道德生活史的研究必须正视那些"没有多少觉解"或"基本上没有多少觉解"的人的生活状况，虽然那种状况是人的不发展的状况，但毕竟是人的生活状况。

英国著名伦理学家奥克肖特对人类道德生活的形式作出了颇为精深的考察分析，他总体上倾向于认为人类道德生活既与思想认识密切相关，又与它有

---

① （英）勒基著：《西洋道德史》(6卷)，陈德荣译，上海商务印书馆1937年版，"著者序"，第2～3页。

着矛盾关系，并得出了“道德生活形式首先是一种情感和行为；它不是一种反省思考的习惯，而是一种情感和行为的习惯”①的结论。在他看来，人类的道德生活常常不是意识或观念的产物，不是通过人们自己去有意识地适应一种行为规则，也不是通过行为来表达人们对于道德理想的接受，它既不是源于对行为方式进行选择的意识，也不是源于选择时起决定作用的观念、规则或理想，而是通过某种行为习惯而达成的，道德生活中呈现出来的行为与活动现象“非常接近于无意识”。因此大部分道德生活现实并不必然表现为要求判断或者要求解答来自思想或观念的问题。道德生活的实际情况常常“没有选择所要求的评估或对后果的考虑，没有不确定性，也没有迟疑不决的彷徨。这种场景下的行为几乎是条件反射，依从于我们从小到大生活于其中的行为传统。这种道德习惯表现为有所为，有所不为，在行动方面甚为节制”。② 在人类实际的道德生活发展史上，充满了道德思想对道德行为的压迫与钳制，使人类的道德生活往往不能自然而必然，总是处在应然而当然的价值锤炼和创造之中，产生了许多悲剧或灾难性的后果。采取道德理想自觉追求形式的道德生活，时刻号召实践它的人要在生活和行为上臻于至善。而这在道德生活的现实中常常又是十分困难甚至是十分痛苦的。

道德生活所具有的现实性和理想性的矛盾统一决定了道德生活史不同于伦理思想史。道德生活的理想性是人类对美好生活状态的设想和期望，是应然的价值目标及由此所产生的震撼人心和激励人们前行的力量。道德生活的理想性具有高于现实、超越现实的品格，是感召、激励和鼓舞人们为之奋斗的力量源泉。道德生活的现实性是指人们的现实的道德觉悟和道德状况，是人们经过修养和践行后达到的现实的道德水平和精神境界。人们不可能超越社会的现实存在，也注定了在道德上永远无法真正达到至善的道德目标。道德价值目标永远是一种强烈的呼唤。道德生活不能仅仅依靠对未来社会的预见、希望和理想来支撑，更要依靠社会的直接实践和社会现实来支撑。正视现实，从现实出发追求道德理想，和以道德理想来反观现实并激发起人们改造道德现实的热情

① (英)奥克肖特:《巴比塔:论人类道德生活的形式》,张铭译,《世界哲学》2003年第4期。
② 同上。

和动力，是道德生活的重要表现形式。道德生活具有现实性和理想性的双重特质。前者对人们提出现实的道德要求，表现为强烈的现代特征；后者对人们提出理想的道德要求，表现为强烈的超时代特征。道德生活需要理想，但是又不能仅仅局限于理想和一味地执著于理想。但当引导人们行为的只是道德规则时，这是很难做到的。因为规则不能代表完美，它无法在不同场合所要求的不同行为之间进行调解和缓冲，并对现实做出完整的道德应答。虽然社会的确经常在所有场合直接号召人们追求美德和崇尚理想，但当行为指南只是一种道德理想并不同人们的世俗道德生活相关时，人们往往表现为一种世俗的非理想化存在，甚至选择安于世俗的生存方式。执著于为理想而献身的人，在道德生活的现实中毕竟只是极少数。研究道德生活史，不能忽略那些在道德生活追求中近于完美的人，但更需要关注芸芸众生。正是芸芸众生那些不怎么高尚也不怎么腐化的道德生活，构成了道德生活史的重头篇章。

3. 道德生活史研究的内在特质和要求

道德生活史的研究需要立足于对道德生活的辩证觉解，将经验性与超验性、历史性与价值性、至上性与非至上性有机结合起来，才能真正揭示出道德生活史的本质和特点，才能既使道德生活与现实生活联系起来，又不至于将现实生活混同于道德生活。

（1）坚持道德生活的事实与价值统一的原则

道德生活的特点一方面是对价值性的追求，另一方面这种价值性的追求又是受到既定条件即事实性的限制的，是在事实性限制的范围内对于价值性的追求。这种价值性与事实性的关系，构成了道德哲学的基本问题，也是研究道德生活史必须认真加以对待和处理的。

人是社会的人。社会的人为了生存和发展总要同周围事物打交道，总是同周围事物处于一定的价值关系即有利与有害、有用与无用的关系中，因而任何人都要对外物与自身的客观的价值关系进行反映和评价，逐渐形成一定的价值观念并用它来指导自己的社会生活。作为人类道德生活的不同层面或因素，事实需要价值获得意义，价值需要事实去予以澄清。道德生活的“事实”与实证科学探究的“事实”在根本性质上是截然不同的，道德生活的事实是一种“价值事实”或者说一种包含着价值生成过程的事实，道德生活的每一个“事实”都内在地渗透着价值、体现着价值和表征着价值，或者说在每一道德生活的“价值”中都承载着事实。道德生活的目的是其价值的重要表现，这种道德价值“不是在生活之外的东西，但也不是生活事实的个别性，因此既不能表现为超验知识也不能表现为经验知识；它是生活事实的方向性，是生活整体的运动倾向，其实，生活目的本来就在生活的努力中表现出来，如果它显示不清楚，也不是因为它本身不清楚而是因为思想不清楚”。① 道德生活的这一本性要求我们的道德生活史研究应当超越一般的历史研究，应当坚持事实与价值统一的伦理学立场。坚持这一伦理学立场，意味着对道德生活内在价值的自觉揭示与体认，并在这种揭示和体认中为人们昭示超越的价值尺度与精神意境，以把人们带向更为广阔的新的生活境界。当然，伦理学立场所具有的价值品格并不表明这种价值尺度具有超历史的永恒性质，相反，它又总是处于历史的规定之中并具有历史性的品格。道德生活是以历史性为前提同时又不断超越自身并向未来展开的辩证过程，与此相适应，伦理学的立场也需要在历史中不断更新与发展，伴随着道德生活的开展赋予自身具体的、历史的内涵，在此意义上，伦理学的立场不是某种封闭、刻板、一经确定就永恒不变的抽象存在，而是具有一种不断开放的、“与时俱化”的特性，它犹如一个需要充实内容的容器，必须在道德生活的流程中获得其历史性的“主题意识”，并随着道德生活的开展不断进行自我调整与自我批判，以实现对道德生活真正的、动态的、历史性的觉解。“道德采取应有这一尺度衡量现有的现实。现有与应有之间的矛盾是特殊的道德矛盾，它激励着和指导着历史主体——人的社会历史积极性。”②道德生活的事实与价值之间存在着一种相互依存和相互转化的关系，同时又是一种相辅相成、相需相生的关系。人们在道德生活中不断地受到道德价值的指引和召唤，同时又把道德价值不断地化为道德事实，在道德事实中不断地发现和创造新的道德价值，借以推动道德生活不断地实现自己的更新和演化。

（2）关注道德生活的一元性与多元性问题

道德生活是在一元性与多元性的关系中展开并始终受到一元性与多元性

---

① 赵汀阳：《论可能生活》，生活·读书·新知三联书店1994年版，第13页。
② （苏）季塔连科主编：《马克思主义伦理学》，愚生等译，上海译文出版社1981年版，第96页。

关系制约的。理解和把握道德生活必须对其一元性与多元性的关系有深入的了解和实际的把握。道德生活的一元性是指人类价值观念在绝对终极意义上的理想指向的统一性、目的论意义上的一致性和普遍表现形式上的共同性；道德生活的多元性则是其相对具体意义上的现实过程的层次性、实践手段上的多样性和特殊内容结构上的差异性或丰富性。因此，对道德生活的正确理解应当是道德价值目标的一元性与价值具体内容和实现方式或过程的多元性的辩证统一，而不应当把它们割裂开来、对立起来理解。以价值一元性为指导，去实现价值多元性，把价值多元性与价值一元性结合起来，使道德生活既生动活泼，又统一有序地向前发展。这就解决了有无普遍的价值标准以及普遍的价值标准与不同的个人、群体的价值标准的关系问题。

道德生活既是一元的又是多元的。在绝对普遍的意义上来说，某一特定社会、民族、国家乃至单个个人所形成的价值观必须是一元的，因为一元论的价值观是特定社会和民族赖以生存与独立发展的唯一正确选择，同时也是每个具体个人实现其完整人生的价值观基础。但这并不因此而排除在相对具体意义上在共同价值目标下，个人所具有的价值选择的多种可能性和确立并实现自我人生价值的相对独立性。因此，我们既不能用抽象的一元价值取向去否定具体的多元价值取向，也不能用实用主义的多元价值取向去代替抽象的一元价值取向。道德多元性，即可以同时存在于主流道德和非主流道德之间，而且同一社会对共同主张的道德规范也会分出不同的层次和类型。由于信念和良心是道德的存在方式，因而道德在本质上是自由、多元、多层次的，企图借助某种强势使得道德绝对一统，意味着对良心和信念自由的遏制和侵夺，是以牺牲道德的本质为代价的。道德首先和主要关注内在动机，不仅侧重通过内在信念来影响外在行为，而且道德评价和谴责主要针对人们的内在动机。一个具有道德外观的行为，必须在内在动机上是善的，才会赢得道德上的肯定。特别关注内在动机，是道德成为主体内省自律的行为控制方式的理由，正因为如此，它为有组织的社会所需要，并永远是促使人类自身提升和进步的深刻力量。在道德生活里，主体所奉行的道德原则不是经由交涉性的程序选定的，而是主体在生产和生活中自然形成和自主选择的；其实现也无须通过程序，而是通过自律。道德的这种非程序性恰是其合理性和主体性之所在。因为道德生活本质上是一种精神生活,尽管会涉及物质利益,但本质上是信念和良心领域的事情。道德在本质上是良心和信念的自由,因而强制是内在的,主要凭靠内在良知认同或责难,即便是舆论压力和谴责也只能在主体对谴责所依据的道德准则认同的前提下才能发挥作用。

道德生活的多元性集中表现在它的多层次性。从支配中国封建社会几千年的"孝"这一道德规范来看,它就具有明显的层次性。《孝经》说:"夫孝始于事亲,中于事君,终于立身。"《大戴礼记·曾子大孝》说:"孝有三:大孝尊亲;其次不辱;其下能养。""孝"的最初缘起是作为家庭道德关系调整的行为规范,主要说明做儿女的对自己的父母负有不可推诿的道德责任。能够在父母晚年尽到赡养的义务,仅仅是低层次的孝道;不侮辱父母比一般经济上的赡养层次要更高,最高的则是从心灵深处对父母的尊重。

道德生活的多元性同时也表现在人们的精神境界和社会的理想人格等方面。依据中国古代关于理想人格的理论,大体有圣人、贤人、君子、成人、常人、庶民和小人等区分,一般来说,圣贤是理想人格的最高表现,他们的道德品质是非常优秀而又十分崇高的,他们达到了大公无私、纯然而善的精神境界。君子是与小人相对而言的,他们在道德上达到了较高的境界,总是能够按照道德的标准和要求来行为,先公后私,先人后己。常人和庶民在道德上能够公私兼顾,人我两利。而小人在道德上总是自私自利,每每做出损人利己、损公肥私的行为。

坚持道德生活一元性与多元性的辩证统一,要求我们在研究道德生活史的过程中肯定先进、照顾多数,不能因为肯定圣贤而否定常人、庶民的道德价值,不能因为兼顾常人、庶民的道德精神境界而否定圣贤高贵的伦理品质。我们必须意识到社会道德生活是一个包含着不同人群和不同的道德生活品质以及不同的精神境界的矛盾系统,必须而且应当将道德的先进性要求和广泛性要求整合起来做一体化思考,借以构建我们的道德生活史观。

(3) 道德生活内容与形式关系的理性对待

道德生活需要一定的形式借以表达其内容,通过其内容来显现其形式。道德生活的内容和形式问题是中国古代伦理学家们普遍关注的一个重大理论和现实问题。研究中华民族道德生活发展史,也必须对其内容和形式的关系有一定的了解。

孔子认为道德生活是文与质的和谐统一,既不能没有文,也不能没有质,既不能使文胜过质,也不能使质胜过文。真正的君子应该是表象与本质、形式与内容、内在与外在的完美统一。在道德生活中,文与质是和谐统一的,文与质的统一,既是人的道德现实生活的需要,也是人的道德理想生活的需要。子曰:质胜文则野,文胜质则史,文质彬彬,然后君子。人的天生气质、个性胜过后天的学习修养,就会显得野蛮、粗俗;如果人的后天修养胜过天生气质,则会压抑其生命力和创造力,变成书呆子。因此要把文和质有机地统一起来,使其和谐发展,成为一个对社会有用的人。儒家讲"过犹不及",太过于修饰和太质朴都不能算是君子,只有文与质恰当地调和,才能达到君子的境界。

道德生活既需要一定的形式,又必须表达一定的内容,形式和内容是辩证统一、不可分离的。儒家认为,礼仪形式必须以诚敬之心为基础或前提,没有诚敬之心的礼仪是违背礼仪的宗旨的。如果说诚敬之心是"质",那么,礼仪形式便是与之相搭配的"文"。无质之文难免虚伪,无文之质难免粗糙。文与质达到相得益彰的程度,便能"随心所欲不逾矩",便能表里如一地充分体现出君子的修养。"礼",包含内在精神和外在形式两方面。注重"礼"的内在精神固然重要,而内在精神终究还要靠外在形式来体现。因此,对于祭祀、军旅、冠婚丧葬、朝聘、会盟等方面的礼节仪式,孔子不但认真学习,亲履亲行,而且要求弟子们严格遵守。在儒家看来,君子的道,深藏不露而日益彰明,君子的道,平淡而有意味,简略而有文采,温和而有条理,由近知远,由风知源,由微知显,君子的德行之所以高于一般人,就在于君子不仅注重内容而且也关注细节和形式,具有合内外、一知行的特点。

道德生活是形式与内容、现象与本质的辩证统一。某种理想成为道德生活的实际形式也许是可能的。英国伦理学家奥克肖特在《巴比塔:论人类道德生活的形式》一文中坚持认为,每一种道德生活的形式都依赖于教育和个体自我的道德修养。每一种道德生活形式的特性都反映在培育和维护这种形式的教育之中,反映在个体自我对家庭和社会道德教育的接受、理解和创造性追求。我们的行为习惯是通过与有着特定习惯性行为的人生活在一起而获得的。力图建造一种生活方式,要求人们用心去记住并实行特定规则或训令,那是行不通的：我们获得自己的行为习惯就像我们学习自己的母语一样是一个在自然中化育、在生活中成长、在化育和成长中不断表达自己感受和想法的过程。①

道德生活的内容与形式是辩证统一的关系。它们互相依赖、互相制约，各以对方为存在条件。道德生活的内容必须借助形式而存在，没有形式，内容就无从表现；道德生活的形式也必须表达内容才有实际意义，没有内容，形式就无法存在。正是在这一层面意义上，黑格尔认为："内容非它，即形式之转化为内容；形式非它，即内容之转化为形式。"②在道德生活实践过程中，内容和形式的关系并不是并列的，而是有主次之分的，内容起着主导的、决定的作用。内容决定形式，形式服务于内容，同时形式又反作用于内容，这是道德生活的一个基本规律。

此外，研究道德生活史还必须正确处理好道德生活的相对与绝对、主观与客观、阶级性与人民性、历史性与恒常性等关系。高兆明在《道德生活论》中不无正确地指出："研究道德生活的方法正蕴涵在具有丰富内容的道德生活之中。"③道德生活是在实践理性指导下的融物质生活与精神生活于一体的可以进行评价和选择的生活，是人类通过价值追求和行为实践自觉提升和完善自己的特殊生活方式，是一种不断地以"应有"来规范引领自己的现实生活和将"应有"转化为"现有"并在"现有"中不断追求"应有"的动态多元的生活过程。道德生活史的研究应当"使结构分析与主体分析互补互成，交相辉映"。④ 人在道德生活史的视阈中既是其研究的对象又是其行为的主体，其道德生活既是一种可以观察到的现象生活，又是一种需要借助价值评价和理性分析的精神生活，无论是作为现象生活还是作为精神生活都凝聚着价值追求的因素和自我改造自我提升的成分，因此必须在尊重道德生活事实的基础上注意道德生活的价值，在关注主流道德生活状况的同时关注非主流的道德生活状况，将道德生活的内容和形式、本质和现象等作统合整观，只有这样才能真正深入道德生活的堂奥，揭示出道德生活的特质及其发展变化。

---

① 参阅(英) 奥克肖特：《巴比塔：论人类道德生活的形式》，张铭译，《世界哲学》2003 年第 4 期。
② (德) 黑格尔：《小逻辑》，贺麟译，商务印书馆 1980 年版，第 278 页。
③ 高兆明：《道德生活论》，河海大学出版社 1993 年版，第 4 页。
④ 同上书，第 8 页。

第二节　中华民族道德生活史的发展线索

中华民族是现今中国境内由华夏族演衍而来的汉族及55个少数民族的总称。中华民族的形成是居住于中华疆域内各部族长期交流、融合的结果，是各民族自觉地以华夏文化为核心，维护多民族统一和团结并使之结成一稳定的社会共同体的结果。中华民族的形成与发展渗透和浸润着浓厚而深刻的伦理道德精神。

中华民族道德生活是中华民族物质文化生活的集中体现，凝聚着中华民族对伦理道德的深刻认识和现实感受，反映着中华民族立身处世和律己待人的哲学智慧和精神风范，是中华民族关于做人和怎样做人以及做一个什么样的人才有价值等一系列重大问题的理性思考和行为实践的总和，积淀着中华民族最深层的价值追求、行为准则和目标指向。中华民族道德生活史与五千年中华文明史互为表里，从价值追求和生活意义方面凸显出中华文明史的伦理内涵和道德特质。中华民族五千年道德生活史与中国历史的进化发展大体一致，经历了古代、近代、现代和当代诸发展阶段，有一个从萌生孕育到基本成型到革故鼎新到走向近现代和当代的发展路径和历史演化进程。

一、中华民族道德生活的萌生与孕育

中华民族的道德生活萌发于传说中的伏羲时代，炎黄时期曙光初露，唐虞时期进入到有意识的教化和早期成熟或早熟的阶段。而后经历夏商周三代，在其规模和典章文物制度方面初定基调，到春秋战国时期因为社会的转型发生重大的变革，精神的反思和理性的自觉愈发凸显，奠定了被后世称之为“轴心时代”的价值基础和伦理规模。

夏商周三代是我国奴隶社会形成、发展并向封建社会过渡的时期，也是我国奴隶制道德由形成而衰败的历史时期。孟子曾说：“三代之所以得天下也以仁,之所以失天下也以不仁。”(《孟子·离娄上》)说明三代的兴衰都与道德的存废相关。三代道德生活存在着先后相继、其命维新的特点,它集中地表现为殷礼对夏礼的损益和周礼对殷礼的损益上。礼既是中国奴隶社会的典章制度,又是中国奴隶社会及封建社会的道德规范。作为典章制度,它是奴隶社会政治制度的体现,是维护宗法与等级制度的上层建筑以及与之相适应的人与人交往中的礼节仪式。作为道德规范,它是奴隶主贵族及封建地主阶级一切行为的准则。当禹建立了第一个夏王朝后,建立了一个金字塔式的社会等级,并以规则的形式将这个等级合法化。夏礼就这样应运而生了。商代之礼是在夏代之礼的基础上形成发展起来的,它对夏礼既有继承又有发展。周代之礼又是在继承商代之礼的基础上形成发展起来的,对商代之礼作了比较大的发展。夏商周三代之礼,因革相沿,到周公时代的周礼,已比较完善。孔子对周礼推崇备至,他说:“周监于二代,郁郁乎文哉,吾从周。”(《论语·八佾》)周朝借鉴夏商两朝的礼仪而创设弘扬的礼仪制度达到了当时文明的高峰,成为孔子心目中文明的典范,孔子以复兴周礼为己任,表现了一种对周礼的礼赞或高度肯定。

自周平王东迁、春秋时代开始以来,到战国末年以至秦统一六国,这是中国历史上的第一个大的社会转型期。社会转型,一方面表现为生产力快速发展、经济日渐繁荣,另一方面表现为民众的思想意识从理想主义向现实主义转变、从重“仁义”向重“功利”过渡。春秋战国时期,是中国奴隶社会向封建社会过渡的大变动时期,各派社会力量对人与天、人与人、人与社会的关系重新进行估价,竞相提出自己的观点和主张,并展开激烈的争论,价值观上出现了百家争鸣的空前繁荣局面,中国传统伦理道德在多元论争中得以形成和发展。面临着“礼崩乐坏”和价值转型,此一时期道德生活出现了“颠覆”与“重建”、“堕落”和“担纲”的双重变奏,不仅有“鸡鸣狗盗”之徒、寡廉鲜耻之士,同时也出现了一批锐意进行改革,挽狂澜于既倒,扶大厦之将倾和为邦国和民族理想担纲的仁人志士,如周厉王、周宣王时期的邵穆公、仲山父,周平王时的郑武公,周定王时的单襄公,鲁庄公时的曹刿、臧文仲,鲁成公时的叔孙穆子,齐桓公时的管仲、鲍叔牙、宁戚,齐景公时的晏子,晋文公时的狐偃、赵衰,晋灵公时的赵宣子、韩献子,晋厉公时的范文子,晋悼公时的魏绛、祁奚,晋平公时的叔向、赵襄子,楚庄王时的申叔时,楚灵王时的伍举,楚怀王时的屈原,郑简公时的子产,吴王阖闾时的伍子胥、孙武，越王勾践时的文仲、范蠡，还有一批上下求索、为国家、民族寻求真理、阐释微言大义的思想家，如孔子、孟子、荀子、老子、庄子、墨子、商鞅、韩非子，还有一大批具有各种特异节操、嘉言懿行之士，如吴季札、樊穆仲、内史兴、单靖公、介子推、石碏、屈完、烛子武、师旷、子罕、申包胥、柳下惠等，他们在道德上的执著追求和拳拳服膺，给中华民族道德生活矗起了一座座航标，为后世道德建设和人们的道德生活指明了方向。

二、秦汉道德传统的定型与制度性推扩

秦汉之际，伦理道德在百家争鸣中趋向统一，道德生活呈现出统一化与制度化的特点，主流道德价值系统的确立以及以孝治天下传统的形成，揭开了中华民族道德生活史的崭新一页。

秦王朝以法家思想为治国之策，过于相信严刑峻法，以为单纯依靠暴力和法律就可以维持政权，结果只统治 14 年就灭亡了。秦王朝的灭亡，给后世的统治者以深刻的教训。汉初统治者承战乱之后，汲取秦王朝短期覆灭的教训，注重运用道德的力量，并实行治国思想的转变，把与民休息的黄老道家作为治国安邦的指导思想，采取德主刑辅的治国方略。汉初统治者，采纳陆贾等人的建议，实行与民休养生息的政策，坚持治理天下必须顺守而不能逆取的思路和原则，使儒家的仁义与道家的无为而治结合在一起，开创了“文景之治”的治世局面。汉武帝时代，西汉封建王朝进入了全盛时期。为了适应政治经济发展和国家建设的需要，汉武帝在思想文化方面放弃了无为而治的黄老道家，接受了董仲舒“罢黜百家，独尊儒术”的建议，将儒家思想作为治国安邦的指导思想。在儒家思想的支配下，武帝“招选天下文学材智之士，待以不次之位”，并由于董仲舒、公孙宏的建议，兴太学，立五经博士，置博士弟子员，因而儒学大兴，完成了思想的统一。儒家伦理道德在汉代被确立为主流和占统治地位的伦理道德观念和价值目标，其中最为突出的是“三纲五常”的道德原则和规范，“三纲”是指“君为臣纲”、“父为子纲”、“夫为妻纲”。在这三种关系中，君、父、夫处于主导地位，臣、子、妻分别处于从属地位。“三纲”是封建道德的纲领。仁、义、礼、智、信等“五常”，是封建道德的准则。东汉章帝时的白虎观会议系统确认了三纲五常和三纲六纪的伦理规范。《白虎通》明确提出了“三纲六纪”，而且详细论述了二

者之间的关系。“何谓纲纪？纲者，张也。纪者，理也。大者为纲，小者为纪。所以张理上下，整齐人道也。”（《白虎通·论纲纪》）“六纪”是三纲的延伸和扩大。在儒教经义中，三纲是“纲”，六纪是“目”。具体名目是：诸父、兄弟、族人、诸舅、师长、朋友。“三纲六纪”涉及君臣、家族、家庭等社会生活中的各种人伦关系，涵盖了家庭生活、职业生活和社会公共生活的各个方面。陈寅恪先生指出：“吾中国文化之定义，具有《白虎通》三纲六纪之说，其意义为抽象最高之境，犹希腊柏拉图所谓 Idea。”①“三纲六纪”等观念的确立，标志着封建时代核心价值体系的形成，而它对中国伦理文化的影响可谓至深且远。

两汉都号称“以孝治天下”。汉代从刘邦起就“重孝”，武帝在“孝治”上的重大举措有二：一是确立了用人上的“举孝廉”，二是解决了同姓王分封制弊端的“推恩令”。自武帝以后，汉统治者基本上承袭了武帝以“孝治天下”的国策。

三、魏晋南北朝至隋唐时期道德生活的冲突、融合与统一

魏晋南北朝至隋唐时期道德生活经历了一个从多种道德观念长期斗争、冲突到融合、统一的发展过程。汉代被定于一尊的儒家伦理道德受到玄学、道教和佛教的冲击，道德生活领域出现了名教与自然、出世与入世、正统与异端之争，民族冲突与融合过程中道德生活产生了前所未有的震荡、混乱与重组，隋唐统一时道德生活呈现出开明、活泼及多元一体的趋向，儒、佛、道三教在长期的斗争磨合中趋于统一，儒家道统观念重新得以恢复。

魏晋南北朝时，呈现出内乱外患的动荡局面。战乱和割据，不仅打破了一元化的集权统治，同时也出现了精神文化与道德生活的多元走向。玄学崛起，道教创制，佛教东传，与原有的儒家学说相互冲突，又相互融合，形成了这个时期道德生活多元化的局面。玄学作为一种本体论哲学，其主要内容是探讨个体存在的意义和价值，其现实意义乃是对魏晋人士所追求的理想人格作理论上的建构。魏晋玄学主张人性自由解放，反对用僵化的虚伪礼法教条来束缚人性。玄学家们纵情山水，放任个性，对功名漫不经心，力求超脱现实，崇尚玄、远、清、虚的生活情趣，或徜徉于山水，“琴诗自乐”，或“以放任为达”，体现了人性欲摆

① 陈寅恪：《王观堂先生挽词序》，载《王国维学术经典集》附录，江西人民出版社 1997 年版。

脱局促狭隘、向往洒脱广大的超越品性。魏晋士人摒弃外物羁绊，追求率真人生。他们率性而为，不事修饰，不带面具，真心真情，表现出了那种如风之飘，似水之流的大化逍遥的风流气象。魏晋士人不仅崇尚天然之自然，更崇尚人性之自然，自觉高扬自然之人性、自然之情，强调人的性情的可贵。它突破了儒家的“厚人伦，纯风俗，美教化”和“文以载道”所承载的厚重而单一的政教功能，显示出了其时人们个体意识的普遍觉醒。这一思想和风习对后来，尤其对明清以来追求个性自由解放的人们，产生了很大的启迪作用。

隋唐是我国古代社会的一个重大转型期，是一个宏博开阔、绚烂多彩的时代，是中国古代史上第二个鼎盛期。与第一个鼎盛期秦汉统一的古朴、单一化和第三个鼎盛期明清统一的程式化、顽固僵化不同，隋唐统一呈现出成熟、全面、多样而不失个性的风格。隋朝结束了南北朝分裂割据的局面，完成了社会的统一。总体上说唐代社会政治比较开明、经济繁荣、文化开放，体现了一种盛世气象。儒、释、道思想的自由传播，以及中外文化的交流和各民族文化的交融，都显示出开放的文化心态，为道德生活创造了比较宽松的思想文化环境。科举制度和多种入仕途径也为士人提供了更多参与社会的机会。唐代的诗歌不仅是中华民族最重要的文化遗产之一，也对这一时期的道德生活和社会风俗产生了重大的影响。诗歌渗透到了道德生活和社会风俗的方方面面。唐代的诗歌并不单纯是书斋中的产物，而是生活的一种需要。唐人喜饮酒，而饮酒则离不开诗。除了饮酒时吟诵唱和之外，在庙宇寺院、邸舍旅馆、风景胜地都备有供人题写诗歌的诗板。不但文人每至一地必先题诗，一般民众每到一地，也总是要先浏览、传抄诗板上的佳作。乘兴而题，不胫而走，不数日间就可传遍各地。如果说饮食、行旅都离不开诗的话，唐人的婚礼简直可以称得上是“赛诗会”。唐诗中有不少直接研习道德价值、总结生活智慧和肯定伦理品质的名篇佳作，如白居易的《咏老子》、李商隐的《咏史》、李山甫的《题石头城》、曹松的《己亥岁》、冯道的《偶作》等，其中的“道德几时曾去世，舟车何处不通津？但教方寸无诸恶，狼虎丛中也立身”，以及“尧将道德终无敌，秦把金汤可自由”，“历览前贤国与家，成由勤俭破由奢”等，无不是人们道德生活经验的深刻总结，反映着中华民族道德生活的智慧和精神境界。

隋唐时期道德生活的开放性和大度性盛况空前，汉魏旧俗和北朝的胡俗在这一时期得到了进一步的消化和整合，妇女地位空前提高，对外经济文化交流登峰造极，并在此基础上形成了许多新的风俗习惯，大大拓展了人们道德生活的内容，开阔了人们的眼界和心胸。唐代出现了一些很有名气的女政治家、女将领、女才子、女艺术家，甚至出现了中国历史上独一无二的女皇帝武则天，应该说都与妇女的这种生活状态不无关系。妇女社会生活的多样化，大大丰富了这一时期社会风俗的内容。有唐一代，佛教和其他宗教大量传入中国。不但如此，唐对南亚、东南亚各国和西域各国的文化艺术也是兼收并蓄，为我所用，表现出海含地负般的气度。唐朝政府也不断派出使臣访问各国，派宗教界人士出国进行宗教交流。公元627年，唐玄奘到佛教发源地——印度去取经；公元742年开始，唐朝的鉴真和尚六次东渡日本，传播中国文化。唐代的精神文化体现出来的是一种兼容并包的宏大气魄和博采众家之长的恢弘胸襟。隋唐时代是中华文明的隆盛时代。

四、宋元明清伦理道德的成熟化与早期启蒙

宋元明清时期是中国封建社会由繁荣至衰朽的历史时期，伦理思想出现了理学与反理学的斗争，中华民族的道德生活一方面在理学的精神统治和统治阶级对理学的表彰下呈现出某种过分绝对化和极端化的发展色彩，另一方面随着对理学伦理思想的批判出现了为市民和下层人民欲望和生存辩护的功利主义风习，呈现出某种“由圣入凡”和向近代过渡的特色。

宋代是我国道德生活发展史上的一个极其重要的阶段，“华夏民族之文化，历数千年之演进，造极于两宋之世”。① 经过唐中叶社会生产关系的剧烈变动，以及唐末、五代几十年的大动乱，魏晋以来的门阀士族地主至宋彻底衰微，庶族地主取得绝对优势的统治地位。一大批中小地主出身的士人得以通过科举入仕参政，并成为官僚集团的核心力量。宋代是一个礼遇士大夫的朝代，宋太祖开国之初即“用天下之士人，以易武臣之任事者”（《宋史·陈亮传》），并立有“不杀士大夫”（《宋论》卷一）之誓约。入仕后的地主阶级知识分子以主人翁的角色意识和使命感，积极上书言事，评判历史，参与政治，表现出一种强烈的务实有

① 陈寅恪：《邓广铭宋史职官志考证序》，参阅《金明馆丛稿二编》，上海古籍出版社1980年版。

为和仕以行道的入仕参政观念。即使在仕途受挫、落魄失意时，他们也没有放弃以天下为己任的社会责任感，而是以不耿耿于得失，不汲汲于目前的阔大胸怀包容个人的穷通荣辱，从而使传统的达则兼济天下、穷则独善其身的士人处世原则得到升华。宋代理学的形成和发展不仅是儒家对佛教和魏晋玄学挑战的一种回应和消化，而且直接面对的是魏晋以降中国文化价值遭到很大破坏的现实，并把重建价值体系和儒家道统视为济世安民的良方。理学家把伦理道德赋予永恒的“天理”意义，将“尊德性”作为人们成圣成贤的根本，十分注重道德精神的培养，强调以理统情，自我节制，以立足个人成圣立贤的道德追求，来促进个体自觉意识的觉醒和实现道德意识上的自我完善，并视此为纯化社会道德风气、提升社会精神动能的关键。

宋代是中国古代市民伦理和功利主义风习得以形成发展的时期。自宋代始，中国文化开始了从农业形态向工商业形态转变的历史进程。这一时期，伴随着商业经济的长足发展，以及商人社会地位的提高，传统的“农本工商末”观念受到很大冲击，使一向以耻谈“利市”财富相标榜的士大夫阶层的本末观念发生了质的变化。宋代市民文化迅速崛起，市民们没有士大夫的忧国忧民的民族气节，更无意追求诗情画意和高雅的情趣，除了生意上崇利务实的追求之外，生活上醉心于能直接而热烈地满足感官享受的方式。适应市民阶层的需要，城市中的曲子、诸宫调(西厢记就是诸宫调)、杂剧、杂技、说书等都是市民喜爱的艺术形式。宋词是汉赋、唐诗后重要的文学成果，两宋时期产生了一批著名的词人，如苏轼、柳永、秦观、岳飞、陆游、辛弃疾、李清照等，他们的作品再现了有宋一代道德生活的情景和画面，如岳飞的《满江红》、陆游的《示儿》、李清照的《夏日绝句》等，莫不激励后人在道德上坚守气节，发奋图强。

宋元之际是民族矛盾和政治斗争颇为尖锐的时期，道德生活处于一种急剧的变动和冲突之中，其中充满了征服与被征服的诸多斗争以及从动乱到统治性协调的系列冲突，善与恶、正义与邪恶在斗争中达致新的平衡。元朝的统一结束了三百多年来国内几个政权并立的局面。当时的疆域比汉唐时代更为广阔，使中国广大地区处于一个中央政权的直接控制之下。元朝的统治带有浓重的民族歧视色彩，把全国人民按照民族和被征服的先后，区分为四个等级，即蒙古人是统治民族，色目人次一等，汉人和南人则为被统治民族。元朝法律规定：

"蒙古、色目殴汉人、南人者不得复",蒙古人殴死汉人只征烧埋银、断罚出征,不必偿命。元代不重视科举,灭金后,只举行过一次科举考试,此后废去科举考试近八十年,使汉族知识分子的地位空前沦落,当时将知识分子排在娼妓之下,乞丐之上,排行第九(即一官、二吏、三僧、四道、五医、六工、七匠、八娼、九儒、十丐)。元仁宗延祐二年才恢复科举,1313年设立科举法,并将程朱理学确立为官方意识形态的至高地位,武宗加封孔子为"大成至圣文宣王",借以表彰儒学。

元朝后期,阶级压迫和民族压迫日益加重,统治阶级内部争权夺利严重,政治腐败,经济凋敝,社会危机日趋深重。元末一首《醉太平小令》对此作出了深刻的揭露:"堂堂大元,奸佞专权。开河变钞祸根源,惹红巾万千。官法滥,刑法重,黎民怨。人吃人,钞买钞,何曾见?贼做官,官做贼,混愚贤,哀哉可怜!"① 1368年,朱元璋领导的红巾军农民起义推翻了元朝,建立明朝。明王朝的建立,无论是对中国的政治史还是文化史,都有着意义深远的影响。明朝的开国皇帝朱元璋开始着手复兴中国的文化传统价值。在这一复兴并重新界定中国文化精髓的过程中,朱元璋制定了一系列旨在指导政府活动与规范社会生活的法律。它的立法不仅强化与稳定了明朝的君主专制体系,而且在中国政治文化上留下了深刻的印痕。② 为了强化皇权,朱元璋变更旧制,废除中书省和丞相,由皇帝兼行丞相职权。同时推行特务政治和严刑峻法,在监察机关都察院以外,设立了检校、锦衣卫,承担着监视官吏的特殊使命。明代前期,朝廷大力提倡程朱理学。但是,随着明代中期各种社会矛盾不断激化,维护传统伦理纲常的理学思想已经不能适应社会需要,逐渐趋于保守和沉寂。

晚明是一个处在时代转折点的社会。晚明社会,一般是指嘉靖末年、隆庆、万历、天启和崇祯王朝,为时不足一百年,其中又以长达四十八年的万历朝最令人瞩目。清代人评价明史:"明之亡,不亡于崇祯,而亡于万历。"这并非一时的感叹,乃是出自深刻的社会观察。晚明数代皇帝不理朝政,世宗中年以后就不见朝臣;穆宗即位三年也不向大臣发一句话;神宗从万历十七年后三十年只因挺击案召见群臣一次,连旬累月的奏疏,任其堆积如山,不审不批,把一切政事

① 转引自樊树志:《国史概要》,复旦大学出版社1998年版,第361页。
② (美)范德(Edward L. Farmer):《朱元璋与中国文化的复兴》,参樊树志:《国史概要》,复旦大学出版社1998年版,第365页。

置之脑后，深居内宫，寻欢作乐。内阁首辅申时行、王锡爵、朱赓也一度闭门而去，管理国家事务的最高行政机构竟然空无一人。地方官员更是擅离职守，有的衙门长达十多年无人负责。吏部、兵部因无人签证盖印，致使上京候选的数千名文武候补官员不能赴任，有的久困京城旅舍，穷愁潦倒，不得已在途中拦道号哭，攀住首辅的轿子苦苦哀求。万历四十五年监犯家属百余人跪哭在长安门外，要求断狱，震动京师，成为旷古奇闻。官员不理公务，却奔竞于朋党之争。官场中党同伐异，爱恶交攻。从中央到地方，门户林立，派系深重，各有自己的羽翼，互相攻击和报复。官员贪赃枉法不胜枚举。官僚机构分崩离析。明末较之汉、唐、宋的末世，为患更烈。

明末清初是一个“天崩地解”的社会大动荡时期。一方面，封建社会开始从其巅峰跌落，表现出停滞、衰落的征兆；另一方面，市民社会开始产生，资本主义萌芽因素大量出现，正在进行中的巨大社会变革，无情地瓦解着旧的封建秩序，催生着早期启蒙思潮的形成。代表市民阶层利益的思想家们，会同地主阶级改革派，发动了一场反对程朱理学伦理思想的启蒙运动，何心隐、李贽、唐甄、顾炎武、黄宗羲、王夫之、颜元等将矛头指向以程朱理学为代表的伦理思想，抨击“存天理，灭人欲”的反动说教，阐发了“天理寓于人欲之中”，“人欲之各得，即天理之大同”等道理，理直气壮地鼓吹“正其谊以谋其利，明其道以计其功”的社会功利主义思想。他们的哲学基础虽不尽一致，思想内容也各有侧重，但在人性论、理欲观、道德修养论等方面，都与理学伦理思想相对立，把矛头指向封建礼教，展现了中国伦理思想的别开生面的一页。明清之际，是中国传统社会面临转型，东西方政治、经济、思想文化等领域多方位的交汇碰撞时期。这一时期，社会经济较之前代有了长足发展，商品流通的规模，市场发育的程度，以及商人资本的实力，都较以往社会有了很大提高。明末以后，孕育着一种自我批判、自我否定的理性自觉之潮流，滋生着追求个性自由与解放、争取个人幸福与利益的启蒙意识，涌动着摆脱封建礼教束缚、追求真理的精神动力，从而显露出可贵的人文启蒙思想的熹微。明清时期，伴随着商品经济的日益发展，拜金主义、重商思潮有所发展，人们对商人的地位及态度开始有所转变，“四民异业而同道”的观念开始为人们所接受，并出现了“新四民论”。传统的重义轻利的“义利观”发生了很大变化，出现了“士好言利”的社会氛围和士人“弃儒从贾”的社会现象，这在明清文集、方志、族谱和文人笔记中多有体现，更有如被视为商人阶层的代言人的汪道昆“良贾何负闳儒”之类的感叹。冯梦龙的“三言”(《喻世明言》、《警世通言》、《醒世恒言》)和凌濛初的“二拍”(《初刻拍案惊奇》、《二刻拍案惊奇》)是明代中后期市民生活的百科全书，它们真实地反映出市民阶层的理想、愿望和要求，包括功利主义的价值取向、纵欲主义的思想意识和市民政治参与意识。

五、近现代道德革命的展开与斗争历程

近代中国是一个变化剧烈的时代，在内忧外患的双重逼迫下，面临着“四千年来未有之变局”。西方列强的侵略使中国从一个主权独立的国家逐步沦为任人宰割的半封建半殖民地国家，将中华民族推向深重的生存危机之中。正如康有为所说：“方今当数十国之觊觎，值四千年之变局。”①严复也说：“观今日之世变，盖自秦以来，未有若斯之亟也。”②中国社会的近代化历程，实际上就是由传统向现代发生转变的一个社会转型过程。在此其中，“救亡”和“启蒙”的双重变奏，构成了整个近代化的共同主题。帝国主义和中国封建主义相结合，把中国变为半殖民地和殖民地的过程，也就是中国人民反抗帝国主义及其走狗的过程。从鸦片战争开始，无数仁人志士苦苦探索救国救民的真理，发动了一次又一次救亡图存的运动，太平天国运动、戊戌变法运动、义和团运动，中国人民进行了不屈不挠的斗争。这些斗争和探索，每一次都在一定的历史条件下推动了中国的进步，但是由于反动势力的强大和革命主体的阶级局限一次一次地失败了。孙中山先生领导的辛亥革命，推翻了统治中国几千年的君主专制制度，对中国社会进步具有重大意义，但也未能改变中国半殖民地半封建的社会性质和人民的悲惨命运。“事实表明，不触动封建根基的自强运动和改良主义，旧式的农民战争，资产阶级革命派领导的民主革命，以及照搬西方资本主义的其他种种方案，都不能完成救亡图存的民族使命和反帝反封建的历史任务。”③

近代中国道德革命是其民族民主革命的重要组成部分。道德革命也可以

① 康有为：《上清帝第二书》，《戊戌变法》第2册，上海人民出版社1961年版。
② 严复：《论世变之亟》，《严复集》第1册，中华书局1986年版。
③ 江泽民：《在庆祝中国共产党成立八十周年大会上的讲话》，《江泽民文选》第三卷，人民出版社2006年版，第265页。

依据历史的发展变化区分为以资产阶级领导的旧民主主义的道德革命和以无产阶级领导的新民主主义的道德革命。资产阶级领导的道德革命形成的是资产阶级的伦理道德，无产阶级领导的道德革命形成的则是无产阶级和共产主义的伦理道德。在中国近代独特的社会历史条件下，一些先进的知识分子开始深入思考，他们发动了对封建道德的批判，掀起了道德革命的运动，并把道德革命视为道德上救国的重要内容。近代一批忧国忧民的先进思想家在深痛民困邦危的强烈情感驱使下，在拯救民生、振兴祖国的历史情结缠绕下，强调在道德领域开展道德革命，肯定主体道德的选择自由，变传统道德的自觉原则为自愿原则，批判道德宿命论，提倡道德能动论，促使旧道德向新道德转化。梁启超敏锐地捕捉历史变革的脉搏，喊出了"道德革命"的时代强音，并表现出"愿为之执鞭以研究此问题"的决心。章太炎从总结近代革命的历史教训中得出了"是故庚子之变，庚子党人之不道德致之也"，"吾于是知道德衰亡，诚亡国灭种之根极也"①的结论，强调道德革命的极端重要性，指出"无道德者不能革命"，革命要想取得成功，必须以革命的道德作为精神的基础和价值的支撑。资产阶级所倡导的道德革命，在一定意义上促进了中国近代道德生活的形成和整个社会道德风习的转化，自由、平等和个性解放的思想观念得到较大范围的传播。但是，由于中国资产阶级先天的缺陷和后天的软弱，他们想革命又怕革命的性格也渗透在其伦理思想和道德品质中，进而导致了他们所提出的道德革命只能是西方资产阶级伦理思想的简单移植和对中国传统伦理思想的简单批判，缺乏对中国革命深入的思考和科学的总结。他们所倡导的道德革命很难得以成功，历史注定了他们无法完成中国民族民主革命包括在中国进行道德革命的目标和任务。

正当中国的农民阶级、地主阶级和资产阶级领导的革命或改革相继陷入困局的时候，中国的工人阶级也开始成长壮大起来，使山重水复的中国独立富强之路出现了新的转机。中国工人阶级是伴随着外国资本主义入侵和民族工业的产生而产生的。五四运动前，中国工人阶级队伍空前壮大，斗争的自觉性不断增强，初步进入了有组织的状态，越来越具有阶级斗争的性质。五四运动后，中国工人阶级正式登上政治舞台，公开声援北京学生运动，举行了声势浩大的

---

① 章太炎：《革命之道德》，《章太炎政论选集》上册，中华书局1977年版，第321～322页。

大罢工。工人运动的深入发展呼唤科学理论的指导。但是,工人阶级不会自发地产生科学的理论。科学理论的创造“是从有产阶级的有教养的人即知识分子创造的哲学理论、历史理论和经济理论中发展起来的”。① 科学的理论需要灌输。十月革命一声炮响,给中国人民送来了马克思列宁主义。它给正在苦思焦虑地探索救亡图存道路的中国知识分子以深刻影响。诚如李大钊所说,“东洋文明既衰颓于静止之中,而西洋文明又疲命于物质之下,为救世界之危机,非有第三新文明之崛起,不足以渡此危崖”。② 李大钊所向往的第三种文明即为按照马克思列宁主义理论所建构起来的俄罗斯文明。中国先进的知识分子以马克思主义的唯物史观和辩证法来观察中国伦理文化发展的前途和命运,使得一部分先进的知识分子加速了对马克思主义伦理思想的认同和接纳过程,并开始了在中国传播马克思主义伦理思想的历程。

第一次国内革命战争之后,中国面临着两条道路、两种命运和两种道德生活方式的选择,即以共产党人为代表的无产阶级革命道路、社会主义前途、无产阶级道德生活方式和以国民党为代表的资产阶级革命、资本主义前途、资产阶级道德生活方式(主要是买办资产阶级和官僚资本主义)的历史性选择,经过国共两党长达二十多年的斗争,以马克思主义理论武装的无产阶级道德取得了决定性的胜利,国民党所标榜的“道德建设”宣告破产。在20世纪三四十年代的中国,出现了两种截然不同的人生追求和道德生活方式,一种是国统区的利己自私和人人自危,一种是共产党领导的革命根据地的奋发向上与团结互助。国统区的道德生活呈现出腐化堕落及尔虞我诈、巧取豪夺等特点,而共产党领导的革命根据地的道德生活则体现出甘于牺牲和以苦为乐、不计名利等特点。井冈山革命斗争时期,红军战士吃红米饭、喝南瓜汤、睡门板、盖稻草,却精神振奋、斗志昂扬。当时流行一首歌谣:“红米饭,南瓜汤,秋茄子,味好香,餐餐吃得精打光;干稻草,软又黄,金丝被儿盖身上;不怕北风和大雪,暖暖和和入梦乡”,形象地描绘了红军战士以苦为荣、以苦为乐的革命乐观主义精神和英雄气概。延安时期,由于共产党人和八

① 《列宁选集》,人民出版社1995年版,第1卷,第317～318页。
② 李大钊:《东西文明根本之异点》,《言治》季刊第3册,1918年7月1日。

路军战士大公无私，勇于为民请命，保家卫国，使延安迅速成为一代青年向往、崇拜的革命圣地。艾青曾写诗描绘延安的精神风貌：“在这些山沟里有什么秘密，把它们向世界宣布吧——我们的政府不进行财政的偷窃，没有购买外汇的官吏，没有侵吞公款的职员，没有私带金条乘飞机到外国去的人，没有因大家削瘦而肥胖起来的家伙……一切为了反对法西斯主义，为了几万万人民的自由与幸福，为了这个古老的国家的独立与解放……所有的人们团结在信仰的周围，一切的技术组织在共同的目的里，人人获得了自由、博爱与平等。”①在无产阶级道德的熏染和砥砺下，中国共产党内涌现出一大批杀身成仁、舍生取义的民族英雄：张思德、刘胡兰、董存瑞、江雪琴……他们用自己的实际行动谱写了一曲又一曲共产主义道德的壮丽史诗。从某种意义上说，中国革命的伟大胜利是无产阶级道德和共产主义道德的伟大胜利，是共产主义人生观、价值观和道德观的伟大胜利。

六、当代新道德生活的开启与建设

新中国的建立，标志着中国马克思主义伦理思想获得了支配性和主导性的地位，共产主义道德由革命根据地的道德得以在全国普遍推广，中华民族的道德生活揭开了新的一页，进入了一个崭新的历史时期。

新中国的成立，使古老的中华大地到处都焕发出一派生机，新中国、新社会、新的生活、新的人格。建国初期在进行土地改革、“三反”“五反”、抗美援朝等运动的同时，还开展了大规模清除旧社会遗留下来的丑恶现象和移风易俗的运动，坚决取缔吸毒、赌博、妓院等一切旧的腐朽和寄生生活方式，1950 年颁布的《中华人民共和国婚姻法》废除旧的包办买卖婚姻，禁止重婚纳妾和童养婚，实行男女婚姻自由、一夫一妻、保护妇女子女合法利益的新的婚姻制度。与此同时，还开展了对旧知识分子的思想改造运动以及批判封建主义和资本主义的运动。为使全国人民都具有高尚的共产主义品德，开展了全国范围内的劳动竞赛和比学赶帮超活动，涌现了一大批共产主义的先锋战士和劳动模范。1963 年，毛泽东题词“向雷锋同志学习”，树立了具有共产主义道德的一代新

① 《艾青诗选》，人民文学出版社 1955 年版，第 195～197 页。

人的先进典型,在全国人民中掀起了学习雷锋的热潮。雷锋高尚的人格激励着一代中国人奋发向上,无私奉献,焕发出空前的道德积极性和革命精神,整个社会呈现出一种健康向上和充满活力的局面。人人对理想人格都产生了一种真诚模仿和追求,都在努力达到共产主义的精神境界,道德理想主义色彩十分浓厚。

然而,50 年代后期和 60 年代的道德生活也呈现出某种脱离实际和过分理想化的倾向,在总路线、大跃进和人民公社三面红旗的指引下,过多地强调了道德的作用,而忽视了道德生活与经济、文化、法制的协调,在取得重大成果的背后却也孕育着巨大的危机,不断地反右使"左"倾思潮得以畸形发展。十年"文化大革命"是现代道德生活史的梦魇。"文化大革命"时期的道德政治化登峰造极,道德染上了浓重的政治色彩,道德领域里的所有问题如生活作风问题都可以上升定性为政治问题。这种政治泛化的结果,造成了社会道德表面上的"神圣"实际上的扭曲现象,如儿子检举父亲,妻子告发丈夫,还有以出身论道德的好坏等等。当时道德生活的一种激进现象是否定人的正当利益需求,把人性和人道主义都当作资产阶级的东西予以否定,人们谋取个人利益的愿望和动机受到严重的压抑,人的创造能力被扼杀,教训十分深刻。

1978 年年底召开的中国共产党第十一届三中全会,是 20 世纪中国历史上划时代的伟大事件,它结束了以阶级斗争为纲的政治时代,实现了党和国家工作重心的转移,拉开了中国改革开放和建设四个现代化的大幕,也使中国人民的道德生活发生了历史性的伟大转化,从此进入了一个新的时代。改革开放 30 年来,我国社会经济体制、利益格局、生活方式、思想观念发生了深刻而巨大的变化,工业化、信息化、城镇化、市场化、国际化进程加速推进,实现了从高度集中的计划经济体制到充满活力的社会主义市场经济体制、从封闭半封闭到全方位开放的伟大历史转折,成功牵引了一场世界现代化发展史上空前规模的经济社会转型。30 年来以肯定人们的正当物质利益和对幸福生活的追求为基调,肯定各尽所能、按劳分配和其他现代的分配方式,极大地调动了人们发展社会生产力的积极性,崇尚劳动和创造、勤劳致富的观念蔚然成风。随着发展民营企业,引进外国资本和先进技术,建设社会主义商品经济进程的加快,中国社会的道德生活呈现出多元化和多样化的发展态势。道德现实主义和世俗主义的风习蔓延，一切向钱看和极端利己主义在一定范围内滋长，并挑战着理想主义的道德观念和价值追求。在道德风气出现某种退化和低俗化的严峻关头，中共中央作出了加强社会主义精神文明建设的决定，强调在整个社会主义初级阶段，都要始终一手抓经济建设，一手抓道德建设，实现两个文明一起抓、两手都要硬的战略目标。1986 年和 1996 年，通过了两个社会主义精神文明建设的决议，总结了新中国成立以来社会主义道德建设的经验和教训，分析了社会主义精神文明建设面临的形势和任务，比较清晰地勾画出社会主义道德体系的整体结构。2001 年 10 月，中共中央颁布实施的《公民道德建设实施纲要》，把公民基本道德规范进一步概括为“爱国守法、明礼诚信、团结友善、勤俭自强、敬业奉献”，进一步丰富和拓展了社会主义道德规范的内容。2006 年胡锦涛同志提出了以“八荣八耻”为主要内容的社会主义荣辱观，对社会主义道德建设作出了新的战略部署。党的十七大强调指出，提高文化软实力，是增强综合国力的重要内容，主张加强社会主义核心价值体系建设，增强社会主义意识形态的吸引力和凝聚力，以增强诚信意识为重点，加强社会公德、职业道德、家庭美德、个人品德建设，发挥道德模范榜样作用，引导人们自觉履行法定义务、社会责任和家庭责任。在党中央的战略部署和全国人民的共同努力下，公民道德建设蔚然成风，“讲文明、重正气、树新风”取得明显成就，中华民族的传统美德得到弘扬，全国各地的“共铸诚信”整体推进，现代公民道德意识日趋形成，并形成了著名的“抗洪精神”、“抗震精神”和“航天精神”、“奥运精神”，一大批见义勇为、敬业奉献、助人为乐、孝老爱亲的道德模范在神州大地涌现。在 2008 年的四川汶川抗震救灾和北京奥运会的成功举办中，中华民族焕发出了空前的团结协作和精诚奉献精神。过去被有些人评价偏低的 80 后和 90 后一代，在道德觉悟和思想品德上所表现出来的优秀和崇高，成为中国当代道德进步的主流。中华民族道德情操和道德素质的健全、平和与开放，正在得到越来越多国际友好人士的高度赞誉与认同。礼仪之邦的当代胜景正在逐步彰显，道德实力作为文化软实力的组成部分正在发挥越来越重要的作用。

第三节　中华民族道德生活史的主要内容

经历了五千年发展变迁的中华民族道德生活史包含着十分丰富的内容，可谓源远流长、博大精深。按时代区分，涉及古代道德生活、近代道德生活和现当代道德生活；按社会发展阶段区分，可以分为原始社会道德生活、奴隶社会道德生活、封建社会道德生活、资本主义社会道德生活和社会主义社会道德生活；按阶级区分，又可区分为统治阶级道德生活与被统治阶级道德生活，或剥削阶级道德生活与被剥削阶级道德生活，在阶级社会里具体表现为奴隶主阶级的道德生活和奴隶阶级的道德生活，地主阶级的道德生活和农民阶级的道德生活，资产阶级的道德生活和无产阶级的道德生活，等等。在同一时代，道德生活依历史标准还可以区分为代表时代发展方向和文明趋势的前瞻性理想性道德生活类型，与时代合拍和适应现实的应世性一般性道德生活类型，阻碍时代发展和社会进步的腐朽性寄生性道德生活类型。中华民族道德生活史的内容，依据中国古代哲学"常"与"变"的范畴，也可以视为是常道与变道的辩证统一，常中有变，变而不失其常，在波澜壮阔的发展性中体现出它的统一性，在精彩纷呈的多元性中展现出它的一元性。一多交融，常变互显，成就了中华民族道德生活史的绵延与辉煌。

一、不同时代道德生活有不同的内容

中国古代的道德生活主要是同文明起源与初步发展、民族融合、国家统一以及个人人生理想实现等联系在一起的，其具体的文明框架与载体是自然经济、君主专制与农业文明，经历了原始社会、奴隶社会和封建社会三大社会形态，以封建社会的发展最为成熟也最为典型，活跃于古代道德生活舞台的力量和阶层人士除统治阶级外主要是"士农工商"。他们在特定的历史条件下依凭着自己对人生、对价值、对道德的理解从事和展开着自己的道德生活，演绎出一幕幕道德生活的活剧，丰富并拓展着中华民族道德生活的空间。

古代道德生活的两个支柱是“国”与“家”，因此家庭道德生活和国家道德生活发展得最为充分，也颇能体现出中华民族道德生活的风采和特色。与此相关，忠孝伦理也得到了长足的发展并在理论和实践方面多有历史性的突破。自秦汉直到辛亥革命以前，忠和孝一直是中国封建伦理文化的两大精神支柱。在多民族封建集权的格局下，忠孝既是哲学、伦理准则，又是宗教信仰准则，集规范伦理和德行伦理、责任伦理与信念伦理于一身。在中国古代社会，忠孝伦理的强调与推崇既是国家统一的思想保证，又是天下太平的组织保证。国家政治生活的有序发展和有效运作要求忠的伦理道德，家庭生活的和睦融洽要求孝的伦理道德。中国特色的封建社会的特点是宗族宗法制下的统一信仰：忠是对一国的最高统治者的服从原则，孝是一家一户小农经济下对家长绝对权力的服从原则。忠孝又是古代中国团结、教育全国各族人民的实践教材。在忠孝伦理教化与政治推行下，把众多民族和人士团结起来，形成道德价值共识，结成民族文化团结的精神纽带。忠孝原则和品德，几千年来，对社会成员起着稳定、平衡和激励劝勉的多重作用。

近现代道德生活是在遭受西方列强的野蛮侵略和疯狂剥削掠夺下中华民族面临着“亡国灭种”的特定情势下拉开的，帝国主义与中华民族的矛盾，封建主义与人民大众的矛盾，成为社会生活的主要矛盾，“中华道德向何处去”伴随着“中国向何处去”的问题而日趋严峻，古今中西之争成为道德生活的主要问题。帝国主义的入侵使中华民族原有的道德生活格局被打破，中华民族被拖入半殖民地半封建社会的深渊，道德价值体系遭受到前所未有的冲击。近代道德生活的主旋律是“救亡”与“图存”，面临着既要学习西方近代伦理道德的优秀因素又要抵抗西方列强的侵略和伦理道德文化的野蛮因素，既要冲破传统纲常名教的桎梏又要挺立民族伦理道德的进步因素等多重任务，因此伦理文化出现了多重变奏。近代道德生活的主体由传统社会的农民发展成为民族资产阶级和城市无产阶级，所以民主革命也就有了民族资产阶级领导的旧民主主义革命和无产阶级领导的新民主主义革命。中国民族资本主义是在半殖民地半封建化过程中产生和发展起来的，既有反帝反封建的要求又害怕无产阶级和人民大众的力量，在政治上、道德生活上直接表现为革命性和软弱性并存，这也决定了资产阶级政治运动和道德革命运动的缺陷和失败。近代道德生活围绕着如何走出中世纪走向近现代进行了坚苦卓绝的抗争，同资产阶级共和国方案的破产和“只有社会主义才能救中国”紧密地联系在一起。资本主义道路在中国走不通的原因在于封建主义不愿走，帝国主义不让走，资产阶级想走而没有走成。在资产阶级碰得头破血流无力挽救中国的危局之际，中国的无产阶级登上了历史的舞台。中国无产阶级所具有的特定的阶级属性使它成为中国社会先进生产力和先进文化的代表。在苏联十月革命的感召下，先进的中国无产阶级代表将马克思列宁主义与中国工人运动相结合，创建了中国共产党。中国共产党领导人们开展反帝反封建的民族民主革命，并指示了一条不同于资本主义的发展道路。在中国共产党领导的新民主主义革命过程中，无产阶级道德和中国革命道德得以形成并在实践中获得创造性的发展。中国化马克思主义伦理思想也结出了丰硕果实，形成了毛泽东伦理思想。毛泽东伦理思想的形成和发展，标志着马克思主义伦理思想实现了从西方到东方的创造性发展，开拓了马克思主义伦理思想发展的新境界，同时也标志着中国伦理文化实现了从传统到现代的创造性转化，实现了中国伦理文化的马克思主义发展。在毛泽东伦理思想的感召和激励下，无数革命军人、工人、农民和知识分子成为新道德的倡导者、创造者和实践者，涌现出了一大批共产主义道德的先锋战士，形成了井冈山精神、长征精神、延安精神、西柏坡精神，为中国革命胜利奠定了道义基础。

当代道德生活是在中华人民共和国成立、中国走向社会主义道路前提下开展的新的道德生活，其道德生活的类型是迥然不同于历史上任何其他道德生活类型的社会主义道德生活，无产阶级和人民大众成为社会主义道德的创造者、建设者和实践者。当代道德生活同社会主义革命、建设和改革开放的时代大潮密切相关，反映着社会主义道德建设的要求和发展大势。现代道德生活经历了一个由革命理想主义向现实主义的转换，由无产阶级革命功利主义向社会主义功利主义的转换。中国共产党的几代领导人带领全国人民艰苦地进行着社会主义建设的探索尝试和改革，虽然走过不少弯路，经历过不少挫折，但终于在党的十一届三中全会后走上了一条有中国特色社会主义现代化建设道路，形成了中国特色社会主义建设理论。“事实雄辩地证明，改革开放是决定当代中国命运的关键选择，是发展中国特色社会主义、实现中华民族伟大复兴的必由之路；只有社会主义才能救中国，只有改革开放才能发展中国、发展社会主义、发展马克思主义。"①改革开放30年,是我国人们道德观念发生巨大变迁、道德生活发生历史性变化、道德生活面貌焕然一新的30年,公民道德建设取得重大成就,社会主义先进伦理文化建设如火如荼,爱国主义、集体主义、社会主义的时代主旋律凯歌高奏,社会主义荣辱观和社会主义核心价值体系在尊重差异、包容多样中得到确立,整个社会的道德生活呈现出立足本国而又面向世界、扎根传统而又关注时代、注重建设而又注重保护与传承的开放性品质,中华民族伦理文化伟大复兴的远景呼之欲出,中国有望在"第二个轴心时代"②为人类伦理文明作出新的更大的贡献。

二、中华民族道德生活史的几大领域及所彰显的内容

中华民族道德生活史的活动领域涉及许多具体不同的领域,依活动主体和范围而分,我们可以将其分为个人道德生活、家庭道德生活、职业道德生活、社会公共道德生活、国家民族道德生活几大类,其中每一类都包含着丰富的内容,在不同的时代又有不同的表现形式。

个人道德生活是个体道德意识和道德行为的展开及其现实化表现,同个人如何认识自我、了解自我、反省自我、改造自我、完善自我及实现自我的精神追求和行为实践密切相关。个人是道德关系的直接主体,个人的安身立命和自我发展、自我完善离不开特定道德精神和品质的支持。弗洛姆指出:"人是唯一意识到自己的生存问题的动物,对他来说,自己的生存是他无法逃避而必须加以解决的大事。"③个人道德生活主要是针对自我如何立身处世而言的,是人与自身道德关系的集中反映。"与存在的自我相应的是自我调节和自我监督;与体验的自我相应的是自我感觉;与概念的自我相应的是自我认识和自我评价,等等。"④个人道德生活的主要内容有个人如何认识自我和面对自我,对待自我的

---

① 胡锦涛:《高举中国特色社会主义伟大旗帜,为夺取全面建设小康社会新胜利而奋斗——在中国共产党第十七次全国代表大会上的报告》,《十七大以来重要文献选编》(上),中央文献出版社2009年版,第8页。

② 参阅S·N·艾森斯塔特:《反思现代性》,旷新年、王爱松译,生活·读书·新知三联书店2006年版。该书多处言及新的轴心时代,并认为21世纪的新文明将是人类第二个轴心时代的文明。

③ (德)弗洛姆:《人的境遇》,参见马斯洛等著、林方主编:《人的潜能与价值》,华夏出版社1987年版,第104页。

④ (苏)科恩:《自我论》,佟景韩等译,生活·读书·新知三联书店1986年版,第44页。

生命是持珍惜还是否定的态度，人的精神境界和道德生命如何提升和维护。作为中华民族道德生活的重要部分，个人道德生活是其起点和基础，它强调立志高远、自强不息，在主体自身的发展与完善上推崇知耻自重、改过自新，并把谦虚向学、慎独自省、躬行实践、务实求真当作主要内容，同时特别推崇个人的道德气节，注重人格的健全与健康。

家庭道德生活是关于家庭和家庭成员之间如何协调家庭关系参与家庭活动以使家庭更好地发展维系的生活类型。中国人自古重视修身，并由修身而言齐家，因此家庭道德无疑是中华传统道德的重要内容和有机组成部分。“中土以农立国，国基于乡，民多聚族而居，不轻离其家而远其族，故道德以家族为本位。所谓五伦，属家者三，君臣亲父子，朋友亲昆弟，推之则四海同胞，天下一家。”①家庭道德生活涉及的内容涵盖夫妻关系、父母子女关系、兄弟姐妹关系以及长幼关系等，父慈子孝、夫义妇顺、兄友弟恭、长幼有序是中国传统家庭道德生活的主要内容，此外勤俭持家、注重家教、亲善邻里等，也是中华民族家庭道德生活的主要内容。

职业道德生活是关于从业人员在职业活动中形成和产生的道德生活，涉及职业道德准则的确立、职业操守的培育、职业良心和职业荣誉以及职业道德评价等方面的问题。中华民族自古以来强调和关注职业道德生活，并把职业道德生活看作人的重要的道德生活，其主要内容有爱岗敬业，忠于职守；勤业精业，精益求精；诚信为本，义重于利；艰苦创业，利用厚生等。古人有“三百六十行，行行出状元”之说，每一种职业都有自己的可敬可爱之处，不同职业的人都可以对社会作出自己的贡献。人的职业没有什么高低贵贱之分，关键在于志向坚定，敬业爱岗。唐代韩愈在《进学解》一文中提出了“业精于勤荒于嬉，行成于思毁于随”的著名论断，告诫人们应当认真对待自己所从事的工作，千万不能不负责任，马虎对待。中国历史上多精益求精之士，如书法家王羲之，文学家白居易、贾岛，医学家扁鹊、张仲景，药物学家李时珍，科学家张衡等。历代儒家所主张的政德、士德、武德、商德、师德、医德等职业道德，都把讲诚信、重道义视为最主要的内容，强调在职业活动中正心诚意、信誉至上，反对弄虚作假、欺诈伪饰；

---

① 黄建中：《比较伦理学》，山东人民出版社 1998 年版，第 85 页。

强调买卖公平、童叟无欺，反对欺行霸市、鱼肉百姓；强调见利思义、和气生财，反对损人利己、损公肥私。艰苦创业，利用厚生，也是传统职业道德的重要内容。

社会公共道德生活是人们在社会公共生活中形成和发展起来的道德生活，涉及除家庭、职业和国家民族生活以外多方面的领域，诸凡行旅交通、乡村里舍、游艺歌舞、城市交际、节庆时俗等莫不与公共道德生活相关。中华民族自古以来强调和关注社会公共道德生活，向往和推崇“人不独亲其亲，不独子其子”的人间亲情在社会生活中能有丰富的体现，把尊老爱幼、谦恭礼让、扶危济困、见义勇为、贵和乐群、团结友善等视为公共道德生活的主要内容并在实践中身体力行。这些都是中华民族待人接物、处事应对的传统道德，自古以来就受到人们的推崇。中国历史上涌现出一大批崇尚公共道德的义士良民，他们在他人需要的时候能够伸出援助之手，行雪中送炭之义举，或解人之难，或接济灾民，或助人欢聚，或救助孤贫，留下了许多感人至深的道德佳话。

国家民族道德生活是人们处理国家民族关系时所形成和发展起来的道德生活，涉及国家的治理和民族关系的处理以及政治生活实践诸多方面的问题。中华民族在此一方面的关注尤多，提出了许多精湛的观点，无数仁人志士将其化为自身的实践，汇成中华民族国家民族道德生活的丰富内容。就其大体而言，中华民族在处理国家民族关系方面的道德生活内容主要有：忧国忧民，公忠体国，抗暴御侮，维护统一，民族和睦等。中国历史上的忧国忧民，既有像屈原那样在国运衰微时“哀民生之多艰”、“恐皇舆之败绩”，也有像贾谊那样在天下安定时居安思危；既有像曹刿、申包胥那样面对国家的危难挺身而出，马援那样的请战赴缨，也有像卜式那样的急国家之所急基础上的慷慨解囊；既有祖逖式的中流击楫，也有宗泽、陆游式的临终“呼过河”与盼统一。他们忧国忧民的襟怀和气节构成中华民族的“脊梁”和“国魂”，是维系中华民族团结统一的内在精神动能。中国历史上的公忠体国、精忠报国的典范人物很多，其行为大体上有以下几种类型：一是自觉地把祖国和人民的利益置于至高无上的地位，为此殚精竭虑，献计献策，甚至不惜牺牲身家性命，石碏、晁错即是这方面的典型；二是为了维护国家的稳定和民族的和睦，不惜一切，挺身而出，请战报国，赵充国、马援等人虽年事已高仍愿意为国请战就体现了这种精神，令人钦佩；三是以尽忠报国为职志,赴汤蹈火,在所不惜,杨业、岳飞的行为即属此类。抗暴御侮,弘扬正义,是中华民族爱国主义传统的重要方面,它突出地表现在中国人民不甘忍受外来的侵略和压迫,英勇地抗击外族的入侵和抵御外族的侵略上。维护统一,反对分裂是民族团结的基础,也是中华民族爱国主义的重要内容。在中国,不仅汉族和中原地区的人们向往统一,周边地区和少数民族也不希望分裂。各民族人民在长期的社会实践中深感国家的统一乃是民族生存和发展的重要条件,都用自己的实际行动谱写了一曲又一曲维护统一、反对分裂的颂歌。汉代周亚夫面对吴楚七国之乱毅然挺身而出平定内乱,唐代郭子仪平定安史之乱,清代康熙皇帝戡定三藩之乱,用自己的实际行动维护了国家的统一。南朝时南越首领冼夫人面临当时的"岭表大乱"及欧阳纥谋反,采取断然措施,怀集百越,平定内乱,留下了"我为忠贞,经今两代,不能惜汝负国"的名言。民族和睦是中华民族处理民族关系和国家关系的基本准则,也是中华民族最优秀的传统道德。在中华民族的历史上,兄弟民族的关系一直是以和睦相处为主流,"各安其所,我尔不侵","不贪其功,不贪其利"(王夫之语),数千年来逐渐成为各民族的共识。中华民族之所以能够一次次地衰而复振、转危为安,傲然屹立于世界的东方,完全是同各民族和睦相处、患难与共的精神联系在一起的。

此外,处理国际关系中呈现出来的道德准则和道德风貌也是中华民族道德生活史的生动体现。在几千年的历史进化发展中,中华民族总是以自己博大开放的胸襟,平和而大度地吸纳外来文化,采撷异域的文明之果,同时也将中华文明传播到世界的四面八方。早在公元前2世纪,被誉为东方哥伦布的张骞开通了经西域通往中东、欧洲的丝绸之路,拓展了中国同西方诸国的经济文化联系。之后,玄奘印度取经,鉴真东渡日本,郑和七下西洋,中华民族的使者走出国门,走向世界,掀起了一次次中外经济文化交流的热潮。为了弘扬、光大中华民族和睦相处、四海一家的优良传统和民族精神,中国各族人民都十分注意同那些制造民族分裂、破坏民族团结的民族败类,同民族沙文主义和狭隘民族主义的思想与行为进行坚决的斗争。早在13世纪末叶,客居中国的意大利人马可·波罗就曾为中华民族的和平主义精神发出由衷的慨叹。16世纪西方传教士利玛窦在自己的著作中无限感慨却又不无敬佩地指出:"在这个几乎有无数人员和无限幅员的国家,而各种物产又极为丰富,虽然他们有装备精良的陆军和海军,很容易征服邻近的国家,他们的皇上和人民却从未想过要发动侵略战争。他们很满足于自己已有的东西,没有征服的野心。在这方面,他们和欧洲人不同,欧洲人常常不满足自己的政府,拼命探求别人的东西。”①这些评价,比较真实地反映了中国历史的发展状况,揭示了中华民族崇尚和平、协和万邦的传统道德。

总之,中华民族道德生活内容丰富,是一个由多因素多领域组合起来的生活系统并在实践中得到充分体现的生活类型。这一生活系统和生活类型以自强不息和厚德载物为核心,体现和反映着中华民族“旧邦新命”的内在基质。中华民族道德生活的精神实质和价值核心是《周易》所提出的天地之德的人文化彰显和集结,是效法天地之道的有为君子内在精神和品质的凝聚与弘扬。“天行健,君子以自强不息”,“地势坤,君子以厚德载物”。如果说自强不息表现了中华民族的奋斗或严于律己的精神与品质,那么厚德载物则表现了中华民族的宽容或宽以待人的精神与品质。二者相辅相成,共同架构起中华民族道德生活的精神和价值大厦。

第四节 中华民族道德生活史的基本特征

关于中国传统道德的基本特征,黄建中在《比较伦理学》中通过中西道德的比较揭示出五个方面的特征,即“与政治结合”,“以家族为本位”,“主义务平等”,“重私德”和“尚尊敬”等。在黄建中看来,中西道德的第一个方面的差异表现在“中土伦理与政治结合,远西伦理与宗教结合”,形成了政治伦理与宗教伦理的差别;第二个方面的差别表现在“中土道德以家族为本位,远西道德以个人为本位”。“中土以农立国,国基于乡,民多聚族而居,不轻离其家而远其族,故道德以家族为本位”,“远西以工商立国,国成于市,民多懋迁服贾,不惮远徙。

① 《十六世纪的中国》,转引自《中国传统道德·德行卷》,中国人民大学出版社 1995 年版,第 165 页。

其家庭组织甚简，以夫妇为中心”，故道德以个人为本位；第三个方面的差异表现为“中土道德主义务平等，远西道德主权利平等”；第四个方面的差异表现在“中土重私德，远西重公德”；第五个方面的差异表现在“中土家庭尚尊敬，远西家庭尚亲爱”。[①] 一些现代伦理学研究者也对中西道德文化的差异进行了自己的研究，提出了不少具有启发性的观点或理论。一种观点认为，中国传统伦理道德的基本特征可以概括为：以“尚道”精神作为指导思想；以德性修养作为安身立命之道；以“中和”思想作为处世之道；以耕读传家作为治家之道；以重义轻利的原则为基本的价值取向；以整体主义思想为核心为其一贯思想。[②] 在许多对于中国伦理思想基本特征的概述中，也可以发现中国传统伦理道德的一些特点，诸如由人道精神屈从于宗法关系而产生的“亲亲有术，尊贤有等”，由天道直接引出人道并以人道去配天道的天人合一，重义轻利的伦理价值取向，道德与政治一体化，重视道德教育和道德修养等，既可看作中国传统伦理思想的基本特征，也可看作中国传统伦理道德的基本特征。

上述这些观点或理论，可以帮助我们更好地认识和把握中华民族道德生活史的基本特征。立于中西道德生活比较的视野和中华民族道德生活的实际，从宏大与精微相互结合的意义上，我们认为中华民族道德生活史具有多元一体与和而不同的发展格局，家国同构与忠孝一体的价值追求，修身立德与成人成圣的人生目标，天下为公与仁民爱物的伦理情怀，广大精微与中庸之道的实践智慧，自强不息与厚德载物的精神品质等基本特征。

一、多元一体与和而不同的发展格局

“西洋社会，由多数异民族混合而成。如希腊、腊丁、日尔曼、斯拉夫、犹太、马其顿、匈奴、波斯、土耳其诸民族，先后移居欧洲，叠起战斗，有两民族对抗纷争数百年之久者，至于今日仍以民族的国家互相角逐。”[③]正是这种多数异民族混合而成的状况导致了道德生活的冲突与对立。古希腊道德生活充满着内在的紧张与冲突，感性与理性、德行与幸福、生命与罗各斯(Logos)，时时处处都表

---

① 参阅黄建中：《比较伦理学》，山东人民出版社 1998 年版，第 82～92 页。
② 参阅程凯华等编著：《中国传统美德》，长江文艺出版社 2002 年版，第 33～37 页。
③ 伧父：《静的文明与动的文明》，《东方杂志》第 13 卷第 10 号，1916 年 10 月。

现出它的对抗性和悲剧性。中世纪的理性与信仰、上帝之城与世俗之城、神道与人道，无不处于一种严重的冲突与斗争中。近代以来，西方道德生活的二元对立格局更加突出，其斗争也无所不在。理性主义与非理性主义，绝对主义与相对主义，乐观主义与悲观主义，科学主义与人本主义，相互指责颉颃，构成道德生活史的一道奇观。

与西方道德文化二元对立的发展格局有别，中华民族的道德生活具有多元一体与和而不同的特征。“吾国民族，虽非纯一，满、蒙、回、藏及苗族，与汉族之语言风俗亦不相同，然发肤状貌大都相类，不至如欧洲民族间歧异之甚，故相习之久，亦复同化。”①中华民族既是中国民族的总称，又概括了中国各民族的整体认同。中华民族既是一体的又是多元的，其民族的构成呈现出多元一体的特征。与此相关，其道德生活也彰显出多元一体与和而不同的特征。中华民族的道德生活在形成和发展过程中始终充满着多样性和丰富性，在多样性和丰富性的基础上崇尚和追求和谐统一的价值目标，并因之成为一个有机统一的整体，它以一多关系的辩证理解和把握创造了整体性的中华道德文化，这一道德文化具有多元一统、万河归海的价值特质，既母性又多重，是多样态、多层次、多变化的伦理道德系统彼此学习、认同的产物。这一道德文化崇尚“和而不同”，强调“万物并育而不相害，道并行而不相悖”（《中庸》第三十章），从天地“无不持载”、“无不覆帱”的认识中得出人类道德生活应当大度包容，以“博厚”、“高明”、“悠久”为务，认为“博厚所以载物也，高明所以覆物也，悠久所以成物也。博厚配地，高明配地，悠久无疆”（《中庸》第二十六章），这一道德文化正因为推崇“和而不同”，肯定“道并行而不相悖”的原则，所以显示出多元一体而又包容大度的精神特质。

中华民族道德生活多元一体格局的形成，是以中国地域道德文化的多元特征为起点，在多元的地域道德文化的交融和汇集过程中，逐渐形成一些基本的价值共识和伦理准则，再通过教育、宣传和推扩的方式，强化先进道德价值的统贯性和普遍性，使其与各地和各族的道德生活情景结合起来，最终形成了既有统一的伦理原则和价值共识又有各自特色和丰富内涵的道德生活格局。在中

① 伧父：《静的文明与动的文明》，《东方杂志》第13卷第10号，1916年10月。

华民族多元一体的道德生活格局中，各民族都有着强烈的自我意识，发展和保持着鲜明的伦理个性，同时又相互学习，取长补短，形成一些基本的伦理共识和道德准则，创造出了一种长期共生共存、荣辱与共的道德生活局面。就整个中华民族道德生活的结构而言，也形成了一个多元立体和多层次的体系，其中“小德川流，大德敦化”，广大精微和高明中庸集于一身。与此相关，整个社会的道德生活结构也呈现出多层次互补相容的开放共振画面。依传统道德生活架构而言，其上层是以孔子、老子、墨子为代表的，并为历代思想家所承继和发扬的内容形式完备的道德哲学。它设定了中国人的道德理想、道德价值、道德关系、人伦秩序和行为规范，并通过制度和非制度多种形式，渗透和影响着下层的道德文化。中层是制度化、规范化的伦理道德体系，包括各种同典章文物制度相关的礼仪制度、礼仪规范，以及官方所宣传的道德观念、伦理榜样、道德教科书等等。下层则是以潜藏到人们深层心理结构的道德意识、道德信念、道德思维和道德心态为基础而形成的道德伦理实践和具体化的道德生活，包括风土人情、乡规民约、婚丧嫁娶、接物应对等显性的道德行为方式。上层面的道德精神和价值系统可谓中华民族道德生活的大传统，中层面的道德制度和礼仪规范，可谓中华民族道德生活的中传统或者说联系大传统与小传统之间的桥梁，下层面的道德行为实践及普通百姓日常的道德生活可谓中华民族道德生活的小传统，它们三者是一个相互联系、相辅相成的道德价值体系。“大传统”从作为民间道德生活的“小传统”中吸取生活的道德智慧，又把其道德哲学的基本原则经由“中传统”贯彻到民间道德生活的“小传统”中。“大传统”与“中传统”、“小传统”的高度同构，是中华民族道德生活与道德文化发展的一个重要特点。它们共同建构了中华民族的伦理精神和道德品质。

由于多元一体，使得中华民族道德生活在历史和现实的展现上具有“和而不同”的特质。和，即是各种要素的相互依赖与相互补充，它在大方向和基本精神上是一致的，但是在具体风格和表现形式上又是各有千秋的。各个民族都有自己独自的伦理道德风格和表现样式，然而各个民族在总的价值目标和观念上又有基本的价值认同和伦理共识。中华民族道德生活，作为一个统一体来考察，它的形成本质上是多元融合的产物，具有多元性与包容性的鲜明特点，它不是一般意义上的集合与组合，而是各民族伦理文化的化合，是融“小我”于“大我”之中，“大我”之中有“小我”的伦理文化；中华伦理文化的结构体系呈现出兼容并蓄和开放包容的特点，故其“内聚”和“外兼”并重，体现出了“道并行而不相悖”的价值特质。中华伦理文化的发展在不同区域是不平衡的，这种不平衡性导致了不同区域间的互补关系，是中华伦理文化产生汇聚和向一体发展的动力因素。

中华民族的道德生活在总的结构层面是既讲究协调统一又置重个性自由发展的，把尊重差异与包容多样有机地整合起来，体现了严于律己与宽以待人的气度与胸襟。中华民族道德生活既建立于一体多元价值的基础之上，又在生活和实践的层面推动和提升着多元一体与和而不同的精神建构，这种一体多元的伦理文化复合体既使中华文化内部保存了源于多样性的活力和互补性，又有助于中华伦理文化的长期稳定发展和延续，避免了由于文化冲突可能造成的灾难性毁灭和悲剧性衰落。

二、家国同构与忠孝一体的价值追求

与西方以个人为本位的道德取向不同，中国传统道德取向是建立在以家族为本位的“家国同构”的原则基础上的。西方社会进入文明的路径是通过对氏族势力的革命方式而实现的，它斩断了血缘氏族的脐带，用地域性的国家代替了血缘性的氏族，个体观念和私产制度均得到相当的发展，从而为个人本位的确立奠定了基础。而中国进入文明的路径走的是一条“维新”或改良的路线，直接由氏族制进化为国家，“国家混合在家族里面”①，血缘关系被保留下来，并成为整个社会关系的原型。家国同构实质是这种文明路径的必然产物。

所谓家国同构是指家庭、家族和国家在组织机构方面具有一致性和共同性。家庭的建构与国家的建构原理相同，意义相近。“家”成为“国”的原型、母体与基础，“国”建立在“家”的基础上并成为“家”的扩充与放大。国家，国就是家，家就是国，国家相连，家国不分，对待国家讲究忠诚，对待家庭讲究孝道，家庭成为社会的基本组织形式和国家的最小单元，而国家则如同一个大家庭。诚如黑格尔所说，中国纯粹建筑在一种“道德的结合上”，“国家的特性便是客观的

① 侯外庐：《中国古代社会史论》，河北教育出版社2003年版，第24页。

家庭孝敬。中国人把自己看作是属于他们家庭的，而同时又是国家的儿女”。① “家国同构”以血缘关系为基础，定位在以家为本、家国一体的整体结构上，强调个人、家庭、国家有机的结合，倡导公忠为国、爱民爱国、以身许国，强调个人要秉公去私，以公克私，崇德重义，修身为本。反映在国家、社会的层面上，表现出对德政、德治与德教为主的诉求；反映在个体层面上，则强调个体修身为本和对理想道德人格的追求。其结果是构成了以伦理道德维系社会稳定的差序格局。国家是家族的扩大。君王就是“大族长”，“普天之下，莫非王土；率土之滨，莫非王臣”。周代的宗法制度，从上层的政治意识形态领域，初步奠定了中国传统社会“家国一体”或“家国同构”的大格局。春秋时期孔子的孝悌思想则从亲情伦理道德的角度为其打下了坚实的民间基础。汉代董仲舒用“天人感应”、“君权神授”的幌子，又把人道和王道糅合在一起，构建了一套“天不变，道亦不变”的纲常规范，大大强化了宗法制度的合理性和道德权威性。

几千年来，直到辛亥革命以前，忠和孝一直是中国封建文化的两大精神支柱。忠是对一国的最高统治者的服从原则，孝是一家一户小农经济下对家长绝对权力的服从原则。在家庭或家族中，父亲是核心，在国家中，君王是核心，在道德生活方面则特别强调忠孝一体，适应于家庭伦理的孝同样适用于治理国家，教忠教孝成为历代统治阶级治国平天下的不二法门。自古以“忠”、“孝”为尊。忠于国家，忠于明主，不做有损其利益的任何事。孝顺父母，珍惜亲情，方可做谦谦君子、磊落男儿。汉代以孝治天下，皇帝的谥号都有一“孝”字，如“孝文”、“孝武”、“孝景”等。赵宋以降直到明清，不断加强中央政府权力，忠的地位逐渐高于孝。当国家需要臣子在忠孝两者选取其一时，“移孝作忠”被认为合理，并得到鼓励。国君代表国家，君主即国家。忠君与爱国混而为一。“君子之事亲孝，故忠可移于君。”“事君不忠，非孝也；莅官不敬，非孝也。”(《大戴礼记・曾子大孝》)移孝作忠，即是将家庭伦理的孝道引入政治生活领域，因此，不忠君、不敬官，都成了不孝的行为。《孝经》指出：“君子之教以孝也，非家之而日见之也。教以孝，所以敬天下之为人父者也；教以悌，所以敬天下之为人兄者也；教以臣，所以敬天下之为人君者也。”(《孝经・广至德章》)父子关系与君臣关系

---

① (德)黑格尔：《历史哲学》，王造时译，上海世纪出版集团2006年版，第114页。

具有同构的性质，适用于齐家的伦理道德同样适用于治国平天下，这就使家族制度成为政治统治的手段，血缘伦理与政治伦理合而为一。《大戴礼记》指出："夫孝，置之而塞乎天地，溥之而横乎四海，施诸后世而无朝夕，推而放诸东海而准，推而放诸西海而准，推而放诸南海而准，推而放诸北海而准。"（《大戴礼记·曾子大孝》）宗法原则、孝悌思想和纲常观念，像一组牢不可破的遗传密码一样，成为中国超稳定的社会政治结构的遗传基因，无论怎样改朝换代，它的功能却历久弥新。

近代以来，忠孝伦理受到一定程度的批判，但也有相当一些人士主张予以创造性的转化。近代很多民主人士如谭嗣同、严复、梁启超、孙中山均主张恢复忠孝道德的本来含义，或者对之作现代转化，使之成为现代伦理道德的重要内容。谭嗣同认为，忠是以实心诚意待人的一种品德和精神，绝不仅仅只是臣子对待君主的一种道德规范，它同样也应当成为君主对待臣子的一种伦理原则。严复把忠解释为一种含义甚广、涉及面较宽的对待国家的德性，忠的精神决不会因为专制国家的废除而消失。孙中山先生指出："在国家之内，君主可以不要，忠字是不能不要的……我们在民国之内，照道理上还是要尽忠，不忠于君，要忠于国，要忠于民，要为四万万人去效忠。"①他把"忠"从"事君以忠"的狭隘内涵中解放出来，代之以事国以忠、事民以忠，以适应民主革命这个现实社会的需要。"讲到孝字，我们中国尤为特长，尤其比各国进步得多……国民在民国之内，要能够把忠孝二字讲到极点，国家才自然可以强盛。"②在孙中山看来，国是合计几千万的家庭而成，是大众的一个大家庭，家是最小的国，家、国的原理是一致的。"中国国民和国家结构的关系，先有家族，再推到宗族，再然后才是国家。这种组织，一级一级地放大，有条不紊，大小结构的关系当中是很实在的。"③孙中山主张恢复中华民族忠孝、仁爱、信义、和平的道德，认为要恢复中华民族固有的地位，必先恢复固有的道德。这是个穷本极源之举。他从我国数千年来的盛衰兴亡的历史来证明："因为我们民族的道德高尚，故国家虽亡民族还

---

① 孙中山：《三民主义·民族主义》，《孙中山选集》下卷，人民出版社 1956 年版，第 649～650 页。
② 同上书，第 650 页。
③ 《孙中山选集》下卷，人民出版社 1956 年版，第 644 页。

能够存在;不但是自己的民族能够存在,并且有力量能够同化外来的民族。"①以毛泽东为代表的中国共产党人用马克思主义改造中国传统道德,把忠于理想、忠于祖国、忠于共产主义作为革命战士的价值目标,主张改造传统孝道,建立新型的父子和家庭伦理。在新中国发展史上,人们立于新的时代,用新的精神和时代内涵诠释了"国是最大家,家是最小国","有国才有家"的道理。

三、修身立德与成人成圣的人生目标

中华民族道德生活在价值目标上确立了"立德、立功、立言"的"三不朽"价值体系,崇尚"内圣外王",主张把"正德"与"利用、厚生"有机地结合起来,把个人担当的社会责任与个人道德的自我完善统一起来,主张以修身的精神而齐家、治国、平天下,实现内圣与外王的有机统一。儒家强调内圣与外王的有机统一,既肯定道德化的自我,同时又肯定个人是属于家族和群体的,特别强调个人对家庭和国家的责任,认为个人只有把自己同家族和国家有机地联系起来才能获得自己的道德化的自我,才能实现人的本质规定性。中国人的道德生活在内圣外王并重的基础上尤其重视个人的修身养性,《大学》提出了"修身为本"的主张,强调个人自我的道德改造和提升,注重唤醒主体的道德自觉。中国传统道德教化思想很少他律性的道德压迫和制裁,它尤其重视个人德性的自我培养,注重气节与操守,把崇高的精神境界和完善的道德人格看得无比重要,使其内圣的一面发展得极为完善。如果说西方人的道德生活重心在于教人明理和成己,那么中国人道德生活重心则在于教人成人和成圣。学做圣贤是中国人道德生活的一贯主张和基本精神。圣贤是道德的楷模和理想的人格,是人们学习的榜样和师法的目标。强调道德教育和道德修养一直是中华民族道德生活的价值取向和精神关怀。人们常把中国传统文化称之为道德核心文化,足见重道、尚德的程度。"中国文化在西周已形成'德感'的基因,在大传统的形态上,对事物的道德评价格外重视,显示出德感文化的醒目色彩。"②《左传·襄公二十四年》记载了春秋时期鲁国大夫叔孙豹与晋国贵族范宣子的谈话。范宣子问:"古

① 孙中山:《三民主义·民族主义》,《孙中山选集》下卷,人民出版社 1956 年版,第 649 页。
② 陈来:《古代宗教与伦理》,三联书店 2009 年版,第 9 页。

人有言曰，‘死而不朽’，何谓也？”叔孙豹没有回答。宣子又说：“昔匄之祖，自虞以上，为陶唐氏，在夏为御龙氏，在商为豕韦氏，在周为唐、杜氏，晋主夏盟为范氏，其是之谓乎？”叔孙豹对曰：“以豹所闻，此之为世禄，非不朽也。鲁有先大夫曰臧文仲，既没，其言立，其是之谓乎？豹闻之，太上有立德，其次有立功，其次有立言。虽久不废，此之谓不朽。若夫保姓受氏，以守宗祊，世不绝祀，无国无之。禄之大者，不可谓不朽。”“立德、立功、立言”的价值目标决定了中华民族有首重道德价值的精神取向，对整个中华民族的道德生活产生了十分重大而深刻的影响。

《左传・宣公三年》王孙满对楚子“问鼎之大小轻重”说了一段很有名的话。在王孙满看来，国家的真正力量“在德不在鼎”。他以夏商周的历史来作出说明，指出：“昔夏之方有德也，远方图物，贡金九牧，铸鼎象物，百物而为之备，使民知神、奸。故民入川泽山林，不逢不若。魑魅魍魉，莫能逢之，用能协于上下以承天休。桀有昏德，鼎迁于商，载祀六百。商纣暴虐，鼎迁于周。德之休明，虽小，重也。其奸回昏乱，虽大，轻也。天祚明德，有所厎止。”没有崇高的德行，鼎是保不住的，江山必定异姓。因此，治国必须有明德才能确保天下太平。吴起曾对魏武侯以山河之固为“魏国之宝”也说了一段类似于王孙满对楚子说的话，强调国家最可宝贵的财富“在德”而不在“山河之险”。吴起用历史事实加以说明：“昔三苗氏，左洞庭，右彭蠡，德义不修，禹灭之。夏桀之居，左河济，右泰华，伊阙在其南，羊肠在其北，修政不仁，汤放之。商纣之国，左孟门，右太行，常山在其北，大河经其南，修政不德，武王杀之。由此观之，在德不在险。若君不修德，舟中之人皆敌国也！”（《资治通鉴・周纪一》）儒家孟子在总结三代兴亡教训时指出：“三代之所以得天下也以仁，之所以失天下也以不仁。国之所以兴废存亡者亦然。”这种认识强化了道德在国家政治生活和历史进化发展中的作用，凸显了修身立德的内在意义和社会价值。

这种贵德的价值观落实到德与才的关系上即认为“德者，才之帅也；才者，德之资也”。视“德”为第一位的或主导性的，“才”是第二位的或从属性的。正可谓“聪明用于正路，愈聪明愈好，而文学功名益成其美；聪明用于邪路，愈聪明愈谬，而文学功名适济其奸”。司马光把人划分为“才德全尽”的“圣人”、“德胜才”的“君子”、“才德兼亡”的“愚人”和“才胜德”的“小人”四类，认为最理想的人才是德才兼备，其次是德高于才，最坏的是才高于德或有才无德。他说："凡取人之术，苟不得圣人、君子而与之，与其得小人，不若得愚人。""小人"何以不如"愚人"呢？因为小人与愚人为恶的程度和社会影响不同。"愚者虽欲为不善，智不能周，力不能胜"，其危害自然不可能很大；而小人则不同，"小人智足以遂其奸，勇足以决其暴，是虎而翼者也，其为害岂不多哉！"（《资治通鉴·周纪一》）司马光的才德关系论，突出强调了道德之于才能的统帅支配作用，把道德提升到才能之上，表现了德才兼备德为重，才德结合德为先的价值取向。

在中国共产党领导人民进行的新民主主义革命过程中，这种尊道贵德的伦理价值观被纳入共产主义道德的体系内得到了极大的活化和提升。在毛泽东思想和马克思主义的指导下，涌现了一批又一批共产主义的先锋战士，他们胸怀共产主义的远大理想，为了民族的独立和人民的解放，抛头颅，洒热血，在所不惜。亦如方志敏烈士所说："敌人只能砍下我们的头颅，决不能动摇我们的信仰！因为我们信仰的主义，乃是宇宙的真理！为着共产主义牺牲，为着苏维埃流血，那是我们十分情愿的啊！"①在方志敏烈士身上体现出来的精神是伟大的共产主义精神，同时也有着传统杀身成仁、舍生取义的精神血脉之延续。正是由于中华民族赴汤蹈火、前赴后继的英勇斗争，才使得"帝国主义不能灭亡中国，也永远不能灭亡中国"。不仅如此，中华民族还能够以这种精神在和平的年代创造奇迹，推动中国社会和历史不断前进。

四、天下为公与仁民爱物的伦理价值情怀

西方伦理文化以个人为本位，所追求的价值目标是个人权益的实现，并且认为它们是神圣不可侵犯的，是与生既来的，是天赋的。趋利避苦是个体的本能，事功求利是生存的目的，故此，功利主义始终在西方社会中占据主流地位，起主导作用。西方道德生活，肯定并强调个体的自由，注重个体的奋斗，个人的权利，私人的权利与财产神圣不可侵犯，成为道德生活的主旋律。尽管西方也有国家主义、民族主义和整体主义的伦理思想，但即便是这些理论最后也不得不向个人主义和自由主义靠拢，并以补充和完善个人主义和自由主义为旨归。

---

① 方志敏：《死》，《方志敏文集》，人民出版社 1985 年版，第 144 页。

中华民族道德生活在处理人我己群关系问题上总的趋向是崇尚人我和谐、己群诸重。在群己合一的基础上，中国思想家更注重群体的利益和尊严，要求人们以群体为最高价值取向，竞相提出了“天下为公”、“贵和乐群”、“大公无私”等理论，使群体的价值在中国社会道德生活中获得了高度的认同。中华民族的道德生活凸显出一种整体或群体主义的价值导向。中国人的行为注重的是以大局为重，不以自我的私利去损害国家集体的利益，强调集体至上的原则，在个人利益与国家利益、集体利益发生冲突时，牺牲个人利益而维护国家、集体的利益。

儒家《礼记·礼运》提出“大道之行也，天下为公”的道德理想目标，并主张人不能只爱自己的亲人和孩子，而且也要关爱别人的亲人和孩子。法家管子也十分强调“明于公私之分”，提出“社稷先于亲戚”的道德价值目标，主张“爱民无私”，要求君主“不以禄爵私所爱”，“不为亲戚故旧易其法”(《管子·禁藏》)。墨家倡导“兴天下之利，除天下之害”，主张“利人乎即为，不利人乎即止”，把“国家人民之利”当作判断善恶是非的标准。这种道德价值取向也深深地影响了后来中国道德观的发展和走向。宋代思想家范仲淹在《岳阳楼记》写下了“不以物喜，不以己悲，居庙堂之高则忧其民，处江湖之远则忧其君。是进亦忧，退亦忧，然则何时而乐耶？其必曰先天下之忧而忧，后天下之乐而乐”的壮志豪言，深刻揭示了以国家民族利益为重的公忠体国精神。中国人特别欣赏与众人同乐，强调独乐乐不如众乐乐，与民同快乐才能得到真正的快乐。宋代张载提出“民胞物与”的观点，指出：“乾称父，坤称母；予兹藐焉，乃混然中处。故天地之塞，吾其体，天地之帅，吾其性。民，吾同胞；物。吾与也。”(《正蒙·乾称上》)天地是人和万物的父母，人与万物浑然共处于天地之间。充满于天地之间的气体构成了我的身体，统帅天地之间的自然之性，构成了我的本性。人民是我的同胞兄弟，万物是我的同伴侪辈，“凡天下疲癃残疾茕独鳏寡，皆吾兄弟之颠连而无告者也”(《正蒙·乾称上》)。因此，我应当爱一切的人民和世间的万物，培养起一种仁民爱物的伦理情怀。

在中国历史上，“虽也不乏功利主义，但始终没有占据主导地位”。[①] 作为支

---

① 朱贻庭主编：《中国传统伦理思想史》，华东师范大学出版社 1989 年版，第 28 页。

配几千年中国封建社会的主流意识形态的儒家思想，其基本主张是“重义轻利”、“见利思义”、“以义制利”，当义利发生矛盾时，坚持“先义后利”，“不以一人疑天下”，“不以天下私一人”和“公者重，私者轻”的原则，自觉地使个人利益服从于社会公共利益。从大禹治水“三过家门而不入”到孙中山的“天下为公”，到毛泽东的“全心全意为人民服务”，到胡锦涛的“情为民所系，利为民所谋，权为民所用”，贯穿其中的一条主线乃是大公无私和先公后私。在中华民族道德生活史上，绝大多数的庶民百姓基本上都能正确处理个人利益与国家利益和社会公共利益的关系，能够顾全大局，“舍小家为大家”。中华民族道德生活史的主脉“就是强调为社会、为民族、为国家、为人民的整体主义思想”①及其所生发的道德实践。这种整体主义思想陶铸了中国人的道德心灵，形成着中华民族的道德性格，不断提升着中华民族的凝聚力和向心力，是造就“连续性道德文化”的动力源泉。

五、广大精微与中庸之道的实践智慧

“致广大而尽精微，极高明而道中庸”，是《中庸》一书的经典名言，也反映了中华民族道德生活的基本特点。中华民族的道德生活强调立乎其大而不忘其小，崇尚高明而落脚在平凡生活的中庸之道。它是一种将伟大的目标与点滴的行为联系起来的从大处着眼从小处努力的伦理智慧。中国人的道德生活与中庸之道有着一种内在的确证关系，中庸之道是中国道德文化的一以贯之之道和中华民族道德智慧的核心。林语堂在《中国人》一著中直截了当地指出：“中国人如此看重中庸之道以至于把自己的国家也叫‘中国’。这不仅是指地理而言，中国人的处世方式亦然。这是执中的，正常的，基本符合人之常情的方式。”②中庸之道强调在做人和道德生活方面把握中正适度的原则并力求在行为上一以贯之，避免过激的行为和不及的行为。中国人厌恶做人和道德生活方面的“过与不及”两种极端，欣赏处世中正平和适宜合度。“被称之为‘中国人’的这一族群，在其历史过程中形成的特有的生活方式，不是由‘存在’(being，Sein)、由‘上

---

① 罗国杰：《中华民族传统道德与社会主义道德建设》，《罗国杰自选集》，学习出版社 2003 年版，第 404 页。

② 林语堂：《中国人》，学林出版社 2001 年版，第 100 页。

帝'、由'自由',而是由'中庸'来规定的,这是历史过程中形成的天命。"①中国人的道德生活是在中庸之道的指导和追求中展现出自己的特色和优势的,中庸之道向人们"打开了一个生存的视域:天下或天地之间——它构成了中国人生存世界的境域总体。"②中庸之道所确立的这样一个生活境域"教导人们如何在天地之间堂堂正正、顶天立地地做人。人生天地间,也就意味着人的存在的可能性,就位于天、地、人的贯通的可能性之中。与此相应,本真的生活也就是与天地相配、相参,开启'天地之间'的'之间'维度,这个'之间'的维度只是在人的生活中才得以可能。"③本真意义上的生活表现为命、性、道、教四者之间的相互贯通,而中庸恰恰就以命、性、道、教四者之间的相互贯通为使命,引导人们"在衣食住行、出处进退、视听言动、举手投足、辞气容貌等这些最最日常的基本事物中,打开文化的生命。而所谓文化生命,它形成于个体以自己的身体及其活动来书写'文',并通过此'文'来化育自己与他人,参赞世界"。④ 人的文化生命其实就是人的精神生命或道德慧命,是同人的精神担当和理想追求以及人格完善密切联系在一起的,它激励人通过体认天命、修养自己的性情、接受社会的教化来达到与道德合一的境界,过一种真正的人的生活。

从历史上看,中正平和与行为适度的思想在孔子之前就有人提倡了,尧在让位于舜时就对其提出治理社会要公正、执中,千万不要走极端。舜时皋陶在谈论统治者应该具有的美德时肯定了九种美德,即"宽而栗,柔而立,愿而恭,乱而敬,扰而毅,直而温,简而廉,刚而塞,强而义"(《尚书·皋陶谟》),这九种美德无疑具有中庸之道的蕴涵。西周初年箕子向武王进言,要求统治者以不偏不党为行为的美德。他说:"无偏无陂,遵王之义;无有作好,遵王之道;无有作恶,遵王之路。无偏无党,王道荡荡;无党无偏,王道平平;无反无侧,王道正直。"(《尚书·洪范》)王道是不偏不党,无过无不及的,它正直、平坦而又恰到好处,所以是统治者必须努力践行的。孔子对中庸作了高度的肯定,并认为中庸是一种"至德",它要求人们从内外诸方面深刻地把握道德的本质和特性,努力去达到

---

① (法)弗朗索瓦·于连、狄艾里·马尔塞斯:《(经由中国)从外部反思欧洲——远西对话》,张放译,大象出版社2006年版。
② 陈赟:《中庸的思想》,生活·读书·新知三联书店2007年版,第12页。
③ 同上书,第13～14页。
④ 同上书,第14页。

无过无不及的道德生活境界。孔子向往的道德生活是符合中庸之道的，并认为避免了狂狷（狂者进取，狷者有所不为也）两个极端的君子总是能够做到恰到好处，“君子惠而不费，劳而不怨，欲而不贪，泰而不骄，威而不猛。”（《论语·尧曰》）在孔子看来，中庸不仅是道德生活应当追求的目标和境界，而且也是实行道德生活的最好方法。中庸之道，以“过犹不及”为核心，做人处世追求适量、守度、得当，不偏不倚为宜，越位和缺位都不合适。即便是各种道德品质，也有一个相互调适相互补充的问题。中庸之道的主题思想是教育人们自觉地进行自我修养、自我监督、自我教育、自我完善，把自己培养成为具有理想人格，达到至善、至仁、至诚、至道、至德、至圣、合外内之道的理想人物，共创“致中和天地位焉万物育焉”的“太平和合”境界。

六、自强不息与厚德载物的精神品质

中华民族的道德生活，包含着十分丰富的内容，是一个由多方面因素组合起来的价值系统。这一价值系统以自强不息和厚德载物为基本精神，体现和反映着中华民族“旧邦新命”的内在基质。自强不息，就是永远努力向上，永不停止地改造自然、社会和人生，它表现了中华民族蓬勃向上的生命力、不断进取的拼搏精神和不向恶势力屈服的斗争勇气。《周易·上经》论述乾卦时有“象曰：天行健，君子以自强不息。”乾卦像天道一样永恒地运行不休，所以君子应当效法乾道，自己坚强起来，不断地求进步，永远不停止不休息地去努力。孔子的学生曾子说：“士不可不弘毅，任重而道远。仁以为己任，不亦重乎？死而后已，不亦远乎？”（《论语·泰伯》）志士不可以不具备强劲的力量和坚韧的意志。因为他所肩负的责任重大，他所要趋达的目标遥远。以实行仁爱道德于天下为自己的己任，这一责任难道不重大吗？永远为这一理想而奋斗，至死方休，这一路程难道不遥远吗？三国时杰出的政治家曹操作《龟虽寿》，其中有：“老骥伏枥，志在千里；烈士暮年，壮心不已”的名句，凸显出了自强不息和发奋向上的精神气概。北宋张载所立下的宏伟志向就是“为天地立心，为生民立命，为往圣继绝学，为万世开太平”，凸显出的是一种自强不息的优秀品质。

中华民族依凭自强不息的品质艰苦创业，创造着中华民族的历史和文化。在中华文明初曙的时代，我们民族的先祖就开始了艰苦创业、利用厚生的伟大历程。史载炎帝神农氏教民稼穑,始制医药。“古者,民茹草饮水,采树木之实,食蠃蚌之肉,时多疾病毒伤之害。于是,神农氏乃始教民播种五谷,相土地宜燥湿、肥硗、高下;尝百草之滋味,水泉之甘苦,令民知所辟就。当此之时,一日而遇七十毒。”(《淮南子·修务训》)大禹治水,劳身焦思,在外十三年,三过家门而不入。孔子“乐以忘忧,发愤忘食,不知老之将至”的品格是自强不息精神的深刻诠释。中华五千年创造的物质文明和精神文明,曾对世界作出过伟大的贡献,也是中华民族自强不息、艰苦奋斗的结果,是无数华夏儿女创业、守业和扩大、发展事业的生动体现。

厚德载物,就是具有宽容精神和开放大度的视野和胆识,能够包容各个方面的人,容纳不同的意见,不轻易否定他人、他国的长处和成果,不去侵犯他人和其他国家,始终与他人、他国和睦相处,共同发展。《周易·坤卦》有言:“至哉坤元,万物资生,乃顺承天。坤厚载物,德合无疆。含弘光大,品物咸亨。”“地势坤,君子以厚德载物”。厚德载物是一个德量涵养的过程,包含着虚怀若谷、豁达大度、谦虚谨慎等多方面的内容。老子认为,“上德若谷”,真正有道德的人“敦兮其若朴,旷兮其若谷”(《老子》十五章),他为人处事胸襟宽广、豁达大度,就好像幽深的山谷一样,能够包容人世间的一切。庄子推崇容纳江河百川的海洋襟怀,《秋水》描写的河神见到海若“望洋兴叹”,含有面对广阔无垠的海洋所生发出的一种对博大浩瀚和宽厚大度的无限惊羡和赞美,中心意思是教人们超越自身的局限,去认识宇宙或自然的永恒或无限。谦虚慎独是一个人应该有的生活态度和美德。人非生而知之者,而是学而知之者,因此只有谦虚向学才能够有所进步、有所发展。宋代文学家欧阳修在《伶官传序》中从总结历史的高度深刻阐发了“谦受益,满招损”的道理,他说:“《书》曰:‘满招损,谦受益。’忧劳可以兴国,逸豫可以亡身,自然之理也。故方其盛也,举天下之豪杰莫能与之争;及其衰也,数十伶人困之而身死国灭,为天下笑。夫祸患常积于忽微,而智勇多困于所溺,岂独伶人也哉?”无数历史事实证明了谦虚使人进步、骄傲使人落后的道理。

总体来说,与西方天人相抗、人我二分的伦理致思趋势有别,中华民族的道德生活以天人合一、人我和谐、贵和乐群为核心,充满着对家庭和睦、社会和谐、世界和平的向往和肯定,有所谓的“家和万事兴”、“一家之计在于和”、“和气生财”、“协和万邦”之说。中华民族道德生活丰富多彩、博大精深，其核心理念则可以一个“和”字来表示。“和”作为中华民族伦理文化的精华，乃是古代中国社会的共识，“和实生物”则是其理论总结。中国人崇尚“天时不如地利，地利不如人和”，主张“和气生财”，认为“礼之用，和为贵”。同时，中华民族的道德生活特别强调团结友善，认为团结是力量的源泉。个人的力量是有限的，“虽有尧之智而无众人之助，大功不立”（《韩非子·观行》）。因此，“人之生，不能无群”（《荀子·富国》）。个人应当与他人团结才能形成力量。友善，是人对人应有的态度和品质。中国历史上，儒家总是主张与人为善，倡导君子成人之美，不成人之恶，并把与人方便看作对自己的方便。道家也强调“生而不有，为而不恃，长而不宰，功成而勿居”，提出“既以为人己愈有，既以与人己愈多”的命题，并且主张以德报怨，极大地表彰了与人为善的价值。在处理人与自然关系问题上，中国传统道德强调尊重自然，遵循自然规律，追求人与自然的和谐，认为“获罪于天，无可祷也”。不仅不把人从人际关系中孤立出来，而且也不把人同自然对立起来，构成了中国传统伦理文化的显著特色。中国传统伦理文化始终把谋求人与自然、社会的和谐统一作为人生理想的主旋律。对外来文化，中国伦理文化抱着一种“亲仁善邻”、宽容兼包的和平主义态度。诚如孙中山所说“中国人几千年酷爱和平，都是出于天性”。“说到和平的道德，更是驾乎外国人。这种特别好的道德，便是我们民族的精神。”①而这直到今天还在发挥作用，效力于和谐社会的建设与和平世界的构建。

第五节　中华民族道德生活史研究的应有视角、方法和价值

中华民族的道德生活发展史纵贯五千年，涉及的领域和层面，不仅博大繁复，而且精深厚重，在不同的时代和不同的社会阶级阶层或成员身上均有不同

① 孙中山：《三民主义·民族主义》，《孙中山选集》下卷，人民出版社 1956 年版，第 651 页。

的表现。中华民族素以崇尚道德的礼仪之邦而著称于世，中国传统道德精神是中国文化传统的核心，也是华夏五千年文明积淀而形成的一种内在精神。中华民族现代的道德生活是从传统的道德生活发展变革而来的，对传统道德生活多有损益性的转化与改造。研究中华民族道德生活发生发展的历史，需要坚持正确的方法，在视角上也应当小大兼备，做到“致广大而尽精微”。在中华民族伟大复兴曙光初露的新世纪新阶段，研究中华民族道德生活发展史，继承其有益于社会主义先进文化建设和公民道德建设的内容或因素，无疑具有重大而深远的意义和价值。

一、中华民族道德生活史研究的应有视角

研究视角的拓展与理性抉择，决定着对研究对象的整体把握以及所能达到的水平。研究中华民族道德生活史，需要我们从宏观总体与微观具体多向度用功，彰显“致广大而尽精微”的研究范式，实现大德与小德的共同呈现，使其符合中华民族道德生活的原初状貌，使研究成果真正有益于当代人的道德认识，并成为当代新道德建设的宝贵资源。

1. 致广大而尽精微

《中庸》有“致广大而尽精微”之说。“致广大而尽精微”，既可以指主体的道德行为和道德追求，也可以指认识事物和科学研究的方法。作为科学研究方法的“广大”是指全景或全局，即对自己研究对象的历史和未来有比较清醒的认识、较为全面的了解，深知其源自何处，流向何方。所谓“精微”是指具体和细节，即对自己研究对象的个案有比较深入的把握，做到极致。“尽精微”的目的是为了“致广大”，而“致广大”的结果又促进了“尽精微”。明清之际的王夫之认为，理论研究必须既有一定的深度又有一定的广度，不能只深不广，也不能只广不深，深度和广度必须互相结合。“或极思之深而不能致思之大，或致思之大而不能极思之深……深者大以广之，大者深以致之，而抑以学辅之，以善其用，而后心之官乃尽也。”（《读四书大全说》卷十）因此“广大”与“精微”并非是相反相克的，而是相辅相成的。这种小大结合实质上就是宏观整体研究与微观具体研究相结合。

美国芝加哥大学人类学教授罗伯特·雷德菲尔德（Robert Redfield）在对墨

西哥乡村地区研究时，开创性地使用大传统与小传统的二元分析框架，并于1956年出版了《农民社会与文化》，首次提出“大传统”(great tradition)与“小传统”(little tradition)这一对概念，用以说明在复杂社会中存在的两个不同层次的文化传统。所谓大传统是指以都市为中心，以士绅阶层为发明者和支撑力量的文化。而小传统指的是乡民社会中一般民众尤其是农民的文化。① 大传统体现了社会上层生活和知识阶层代表的文化，多半是由思想家、宗教家经过深入思考所产生的精英文化，或是精雅文化，而小传统一般是社会大众的下层文化或民间文化。大小传统的关系，是互动互补的关系。没有大传统，小传统得不到礼仪习俗的思想资源；没有小传统，大传统会失去辐射全社会的功能，主流文化的根基会不牢固。一般地说，大传统和小传统之间一方面相互独立，另一方面也不断地相互交流。所以大传统中的伟大思想或优美诗歌往往起于民间；而大传统形成之后也通过种种管道再回到民间，并且在意义上发生种种始料不及的改变。

中国文化很早出现了“雅”和“俗”的两个层次，恰好相当于上述的大、小传统或两种文化的分野。“雅言”是士大夫的标准语，以别于各地的方言。但是“雅言”并不是单纯的语言问题，而涉及一定的文化内容。孔子“《诗》、《书》、执礼，皆雅言也”，而礼、乐、诗、书在古代则是完全属于统治阶级的文化。这恰好说明“雅言”即是中国的大传统。中国的“雅言”传统不但起源极早，而且一脉相承，延续不断，因此才能在历史上发挥文化统一的重大效用。这在世界文化史上可以说是独步的。即使在政治分裂的时代，中国的大传统仍然继续维系着一种共同的文化意识。中国人很早便已认识到大、小传统之间是一种共同成长、互为影响的关系。余英时指出：“中国古人不但早已自觉到大传统与小传统之间的密切关系，而且自始至终即致力于加强这两个传统之间的联系。”②大传统是从许多小传统中逐渐提炼出来的，后者是前者的源头活水。不但大传统(如礼乐)源自民间，而且最后又回到民间，并在民间得到较长久的保存。“中国古人也自觉地要把大传统贯注到民间，以改造小传统，这便是历史上所常提到的

① Robert Redfeild, Peasant Society and Culture, Chicago University Press, 1956.

② 余英时：《从史学看传统》，《史学、史家与时代》，广西师范大学出版社2004年版，第102页。

礼乐教化与移风易俗。"①中国传统文化模式具有生活方式、伦理道德、等级序列一体化的结构，精英文化通过以礼俗的过程，把观念形态推向平民百姓，从而使世俗生活理性化，形成百姓日用之学。在这种文化模式中，礼和俗相互依存、胶着，双向地增强了上层文化和下层文化的渗透，使得大小传统的价值差异缩小到最小限度，极大地增强了各民族，各地区的人群对伦理价值的认同，也培育了生活方式意识形态化的普遍心态。

中国古代社会的大传统表现为礼的意识形态和社会制度，这是古人用以定亲疏、别尊卑、辨是非的准则，是起源最早而又发展最完备的社会制度和规范。历代王朝都以"会典"、"律例"、"典章"，或"车服志"、"舆服志"等各式法制条文和律令，管理和统制人们的物质生活和精神生活。大传统是精英文化的主流。小传统在古代表述为"俗"，"俗"在《说文解字》中训为"习也"。郑玄在《周礼注》中解释说："土地所生，习也。"这是从生活经验中自发形成的风俗习惯，具有地方性和多样性。有生活才有规范生活的礼，所以俗先于礼，礼本于俗，所以有"礼从俗"、"礼失求诸野"之说。俗　旦形成为礼，上升为典章制度，就具有规范化的功能，要求对俗进行教化和整合。《尚书》就有天子"观民风俗"的记载。秦始皇统一中原伊始，就施行以礼节俗，即所谓行同伦的方针，多次出巡，在会稽山刻石祭大禹，宣告用严刑峻法禁止男女淫佚，把中原伦理推广到全国。这种文化模式决定了大传统对小传统的规范和教化并不仅仅依靠行政指令，士大夫在教化方面突出的使命感，对增强小传统对大传统的认同起了重要的作用，所以中国的官僚、士大夫对世俗生活有特别关注的情结。各家各派莫不重视对民风的教化，致力于"以礼化俗"，引导民众习俗遵守礼的规范，都具有把国运盛衰、名教兴亡的审视点下移到生活领域去考察的传统。大小传统之间存在复杂的互动交融关系，两者兼有进步和保守的双重功能和作用。文化传统的健康维系与合乎理性的发展，有赖于文化大传统与小传统之间的良性互动和同步完善。由文化精英提炼的思想体系或制度化的意识形态的大传统，高于现实的道德生活又指导现实的道德生活，具有系统性、导向性和稳定性特征，成为传统伦理文化中的主体；小传统由于植根民众现实的道德生活，贴近社会道德生活的

① 余英时：《从史学看传统》，《史学、史家与时代》，广西师范大学出版社2004年版，第103页。

实际，富有多样性、易变性和自发性，与大传统有一定的距离，从而又有相对的独立性。道德生活传统不仅是上层的，也含有下层的风俗民情，以及上层与下层相互制动的关系。大传统是以文本的形式，长垂青史，历历可考。但是不见经传的小传统又往往是以非文本的形式，融入社会道德生活，而又无处不在。

坚持大传统与小传统的有机统一，真正做到"致广大而尽精微"，要求我们既要关注宏观整体，又要关注微观具体，将宏观整体与微观具体辩证结合起来。首先应从总体上把握中华民族道德生活的基本精神、主要内容和发展态势，把握中华民族道德生活的基本规律和主要特征；其次是中观研究，即从比较宏观的角度弄清某一时期或某一领域的道德生活状况，对其发展状貌有比较清楚的了解；再次是微观具体的研究，即对某些具体的史料、人物和事件的深度研究与把握。

2. 微显相次而显察于微

《易传·系辞上》有"探赜索隐，钩深致远"的说法。孔颖达《周易正义》对这两句话的解释是："探，谓窥探求取；赜，谓幽深难见；索，谓求索；隐，谓隐藏。"探赜索隐，钩深致远，即探求繁杂的物象，索求幽隐的事理，钩求深远的道术，达致广远的境界。《易传·系辞上》中说："夫《易》，圣人之所以极深而研几也。唯深也，故能通天下之志；唯几也，故能成天下之务；唯神也，故不疾而速，不行而至。"《易》是圣人用来窥探隐藏于事物内部幽深艰见的内在本质与求索事物内在本质呈现的细微征兆的宝典。只有窥探事物的内在本质，才能通达天下的事理；只有求索呈现出的细微征兆，才能成就天下的事务。明清之际的王夫之主张"学成于聚，新故相资而新其故；思得于永，微显相次而显察于微"（《周易外传》卷六）。学成于聚是说学问源于积小而大、积微而著的量的积累，思得于永是说思想来自于持之以恒的坚持认识和实践。新故相资而新其故，是对孔子"温故而知新"思想的改造和发挥，强调从新故相资中去引申发挥出新的"精义"，含有"推陈出新"的意思。显微相次而显察于微，强调在显著与隐蔽的事物中去作深刻的观察，力图通过细微之处的观察来彰显事物的内在本质。显，指具体事物及其现象，微，指事物内在隐微的本质和规律。"形而上者隐也，形而下者显也"，在认识过程中，由现象到本质有一定的、必然的发展程序，而且要透过现象才能认识和把握本质。"求之于显，以知其隐，则隐者自显。"（《读四书大全说》卷二)“显察于微”意即“因显以察微”,通过认识事物的现象去把握事物的本质。这是对《易传》“探赜索隐”、“钩深致远”的阐释论说与发展。

研究中华民族的道德生活史要求我们区分显性的伦理文化和隐性的伦理文化。显性的伦理文化是冰山浮出水面的部分,隐性的伦理文化是水面以下的部分。显性的伦理文化很醒目,人们很容易看见。隐性的伦理文化却不易被人发现。在观念和行为的伦理文化中,对人们实际行为制约作用大的,恰恰是隐性的伦理文化部分。显性的伦理文化主要以精英文化、典籍文化的形式出现,处于意识形态的表层或话语中心,是各个历史时期官方宣传倡导的主流伦理文化。隐性的伦理文化主要以世俗文化、民间文化的形式出现,更多地表现为习俗或实际行为中体现出来的观念,往往不引人注意,甚至被研究者所忽略。要了解道德生活史的发展全貌,必须正视那些令我们尴尬的大量事实,因为道德生活史不是我们随意挑选和裁剪的结果,而是历史上的道德生活现实,具有不以我们意志为转移的客观性。

3. 执经行权与执常迎变

道德生活有自己的经与权和常与变问题,并且总是在经、常与权、变的矛盾对待中得以展开和不断向前发展的。“经”与“权”、“常”与“变”之辩,是儒家伦理文化中极富辩证色彩的一个命题。怎样掌握“守经”与“行权”的临界点,一直是儒学在讨论道德生活中不断探讨的一个问题。经权关系或常变关系,涉及道德生活原则性和灵活性如何统一的问题。

孔子在论及人生阅历、交友之道时,就人的品格境界列述了由低到高的几个层次:“可与共学,未可与适道;可与适道,未可与立;可与立,未可与权。”(《论语·子罕》)有知识,并不一定代表能够付诸实践;能够付诸实践,并不一定能够获得做人的成功;即使做人非常成功了,也还难以保证在任何特殊的情况下都能够具体地处理好所遭遇的每一件事情。这样看来,“权”,既不是一种理论化的教条,也不是一种定型了的实践模式。“权者,圣人之大用。未能立而言权,犹人未能立而欲行,鲜不仆矣。”在孔子心目中,能通权达变者是最难能可贵的。先秦儒家已注意到“权”在道德实践中的意义,孟子便已指出:“执中无权,犹执一,所恶执一者,为其贼道也,举一而废百也。”(《孟子·尽心上》)并举例作了解释:“男女授受不亲,礼也;嫂溺援之以手者,权也。”(《孟子·离娄上》)孟子还说过:“权,然后知轻重;度,然后知长短。”(《孟子·梁惠王上》)按当时的普遍规范(礼),男女之间不能直接以手接触,但在某些特定的情景之下(如嫂不慎落水),则可以不受这一规定的限制。在这里,具体的情景分析,即构成了对规范作变通、调整的根据。如果缺乏从权达变的灵活性,片面地强调“执中”守经,实际上是对道德原则的严重损害,于道德生活毫无益处。权,超越于礼,但又不离开礼。权,是在礼的原则与事的实情之间寻找出一种适度的“中”,亦即一种合理的张力。

经权关系的探讨体现了道德实践的原则性与灵活性的统一。以确定性、稳定性为特点,经主要从形式的方面体现了原则的普遍规范作用;与具体的境遇相联系,权则更多地从实质的层面涉及了规范作用的条件性。可以看到,经(普遍之理)与权的统一通过普遍原则与情景分析的双重肯定,从另一个侧面触及了形式与实质的相关性。按其理论内涵,普遍规范与情景分析同时又涉及理念与境遇的关系:理念以超越特定时空关系的一般本质和普遍关系为其根据,境遇则反映了存在的历史性、特殊性,从而,普遍规范与情景分析的相摄互容,又蕴含着理念与境遇或理念伦理与境遇伦理之间的互动。这种追求原则与境遇相统一而达到“合宜”、“至善”的经权智慧,既是对中庸之道的适中、中的、时中等境界和目标的追求,也是对情理精神的把握,它既是对普遍性、形式化的“理”的固守,也是对客观境遇、主体情感、人伦关系等“情”的考量,并且努力把两者结合起来而选择一个最合宜的中道。儒家“经”、“权”理论的基本特征,在于承认客观事实有普遍和特殊的区别,主张在特殊状态下,应该通权达变,不能从僵死的教条去规范变化万端的现实;但同时又强调,“行权”仅仅是在某种特殊条件下,对“守经”的随机变通和补充,必须具备善良的动机,并最终能取得合乎“常道”的结果,这是对行权范围的严格限定。

中华民族道德生活的真蕴和魅力就在于以中庸为至高的人生和道德境界,以情理精神为达致中庸的实质内含,而以经权关系的正确解决为中庸的实现之道。因此,为了掌握中庸的玄机和道德生活的奥妙,我们必须坚持执经行权和执常达变的原则,透过道德生活普遍性和特殊性的重重迷雾,去把握道德生活的实际和真谛。

二、中华民族道德生活史研究的方法

研究方法对研究对象具有一定的制约性和启发性，不仅可以深入研究对象的核心作深度的关照与审视，而且能够在宏观整体与方向的把握上亦能够有比较适中的洞彻与追溯。研究中华民族道德生活发生发展的历史必须而且应当坚持科学方法论的指导，需要坚持马克思主义的唯物辩证法、历史与逻辑相统一以及价值分析与价值评价等方法。

1. 唯物辩证法

唯物辩证法是马克思主义哲学和伦理学的根本方法。坚持以唯物辩证法来研究中华民族的道德生活史，要求我们用联系的观点、发展的观点和矛盾的观点去分析历史上的道德生活现象，揭示其发生发展和变化的规律，切忌否认矛盾，孤立地、静止地、片面地看问题。以唯物辩证法的过程论观点认识中华民族的道德生活，要求我们反对形而上学的“不变论”与“激变论”，坚持阶段论，反对超阶段论，坚持道德生活领域新事物必然代替旧事物的观点与方法。人类道德生活发展是前进性和曲折性的辩证统一。人类道德生活发展的总趋势是前进的和不断进步的。尽管有种种暂时的倒退，前进的发展终究会实现。道德生活运动通过“种种表面的偶然性”为必然发展开辟道路。

坚持以唯物辩证法来研究中华民族的道德生活史，要求我们用全面的系统的观点去看待历史上的道德生活现象，认识到中华民族的道德生活史是一个有机发展的系统，它具有整体性、结构性、层次性和开放性的特点。每一个时代的道德生活发展是一个有机的整体，它由不同的部分构成，整体具有各部分所不具有的性质或功能，道德生活的部分依赖其整体，脱离其整体的道德生活部分会失去它原有的性质和功能，如黑格尔所说，离开人体的手就失去其原来的意义。同时，道德生活的整体和部分可以相互作用、相互渗透、互相转化。整体性观点要求我们在考察和论述中华民族道德生活发展史时要着眼于有机整体，整体的功能和效益是认识和解决道德生活问题的出发点和归宿，同时在总揽全局的前提下，认识和处理好局部性的问题，以实现系统的最佳功能。中华民族的道德生活发展史又是一个包含着各要素的严谨的结构系统，各要素之间相互联系、相互作用，组成一个有机结合的比例、秩序、形式等。在中华民族道德生活史的结构系统中又包含着不同的层次，依次体现为由低到高或由低级到高级的发展序列。中华民族的道德生活史作为一个有机联系的系统，在发展过程中始终是开放的，它既不断地向外输出各种先进的因素和优雅的礼仪，又不断地吸收来自外部或异域民族的优秀道德品质和道德理论，真正体现了“内得于己，外得于人”的内在精神。

2. *历史与逻辑相统一的方法*

坚持历史和逻辑的统一，是在实践的基础上形成科学理论必须遵循的原则和方法。历史的方法是指从事物自身的运动变化发展过程考察事物的方法，即从对象的自然过程研究考证描述对象的方法。任何事物都处在不断运动变化发展的过程之中，都有它的过去、现在和未来。事物的本质和规律，正是通过它的历史隧道而体现出来的。因此，必须历史地考察事物，才有可能如实地揭示事物的本质和规律，逐步形成科学理论。逻辑的方法是指透过对象自然过程中种种表面的个别的暂时的现象，从“纯粹”的抽象概括的形态上研究揭示对象的本质和规律的思维方法。科学理论体系的建构，最终总是运用逻辑方法完成的。在科学研究中，必须把历史方法和逻辑方法结合起来。没有历史作材料基础，逻辑方法就无用武之地；没有逻辑形式加入，历史材料便成了一盘散沙甚至一堆废物。只有坚持二者的统一，才能形成科学的认识，建构科学的理论。

历史和逻辑相一致的方法要求我们历史从哪里开始，逻辑就从哪里开始；历史的起点就是逻辑的起点；历史的进程就是逻辑的进程；历史的结论就是逻辑的结论。诚如恩格斯所说：“历史从哪里开始，思想进程也应当从哪里开始，而思想进程的进一步发展不过是历史过程在抽象的、理论上前后一贯的形式上的反映；这种反映是经过修正的，然而是按照现实的历史过程本身的规律修正的，这时，每一个要素可以在它完全成熟而具有典型性的发展点上加以考察。”① 当然，理论同历史毕竟不是一样的，理论体系必须摆脱历史形式，正确地采用逻辑形式。

研究道德生活史，必须坚持历史与逻辑相统一的方法，坚持从历史上的道

---

① 恩格斯：《卡尔·马克思〈政治经济学批判·第一分册〉》，《马克思恩格斯选集》第2卷，人民出版社1995年版，第43页。

德生活事实和基本素材出发，去把握不同时期的道德生活主题和特点，并总结出一些带规律性的结论和认识来。运用历史与逻辑相统一的方法来研究中华民族道德生活史，要求我们在分析任何一种道德生活现象或问题时，将其放到一定的历史范围之内，对具体的道德生活情况作具体的历史分析。列宁曾说：马克思主义的全部精神，它的整个体系要求人们对每一个原理只是历史地，只是同其他原理联系起来，只是同具体的历史经验联系起来加以考察。判断历史的功绩，不是根据历史活动家没有提供现代所要求的东西，而是根据他们比他们的前辈提供了新的东西。马克思主义的最本质的东西、马克思主义的活的灵魂：具体地分析具体的情况。因为任何道德生活现象或行为都是在一定的历史条件下出现的，任何历史人物所表现出来的德行都是在一定的历史条件下的产物。所以，在对其进行考察分析时，必须将其放在当时的历史条件之下，而不能脱离当时的历史条件。如果离开当时的历史条件，很多道德生活的问题就不容易理解，就不能得出正确的结论。

运用历史与逻辑相统一的方法来研究中华民族道德生活史，要求我们不要忘记基本的历史联系。在考察中华民族的道德生活历史时，最可靠、最必需、最重要的就是不要忘记道德生活的基本的历史联系，考察每一种道德生活现象和每一个道德生活问题都要看它在历史上怎样产生，在发展中经过了哪些主要阶段，并根据它的这种发展去考察这一现象和问题现在是怎样的，将来会朝着什么方向发展演化。每一个时代的道德生活现象或活动的发生，都不是无缘无故的，都不是孤立的，而是与其他事件联系在一起的。因此，在分析每一个时代的道德生活问题时，都必须把它和其他的社会问题联系起来进行考察。只有这样，才能正确地说明各种道德生活现象是怎么发生和发展的。

运用历史与逻辑相统一的方法来研究中华民族道德生活史，要求我们在分析各种道德生活现象或问题时，不应当从“永恒定义”出发，而应当从产生这种现象或问题的条件出发。恩格斯在分析奴隶制的时候曾说：“讲一些泛泛的空话来痛骂奴隶制和其他类似的现象，对这些可耻的现象发泄高尚的义愤，这是最容易不过的事情。可惜，这样做仅仅说出了一件人所共知的事情，这就是：这种古代的制度已经不再适合我们目前的情况和由这种情况所决定的我们的感情。但是，这种制度是怎样产生的，它为什么存在，它在历史上起了什么作用，关于这些问题，我们并没有因此而得到任何的说明。如果我们深入地研究一下这些问题，我们就不得不说——尽管听起来是多么矛盾和离奇，——在当时的情况下，采用奴隶制是一个巨大的进步。”①对奴隶制应该这样看，对中华民族历史上的道德生活也应该这样看。道德生活历史是由人的活动构成的。如何评价历史人物的道德品质好坏和道德贡献，是道德生活史研究的一个重要内容。我们应当高度肯定人民群众在道德生活历史中的主体作用和巨大的历史性贡献，他们的淳朴道德以及对腐朽道德的斗争，构成了中华民族道德进步的主流；同时，我们还要承认个人或社会精英、知识阶层、民族英雄、时贤豪杰在中华民族道德文化发展中的历史作用，肯定他们对中华民族伦理文明所作出的卓越贡献。我们要从道德生活史的实际出发，实事求是地研究和评价历史上的道德生活事实和道德人物，要用辩证的方法，历史地、具体地、全面地研究和评价历史上的道德生活事实和道德人物。

3. 价值分析和价值评价的方法

伦理学是一门以善与正当为核心概念的规范科学，它的任务是用理论的形式揭示善与正当的价值，使人们在价值的追求上有所趋赴，因此它的首要的研究方法自然是价值分析与价值评价。价值分析是关于价值包括大小、轻重、高低以及有无价值的分析，涉及价值的来源、结构、本质、层次等方面，通过价值分析，可以为价值判断和价值评价提供参考依据。价值分析包括定性分析和定量分析两个方面。所谓定性分析，就是对人的观念和行为作出赞成或反对、错误或正确、有价值或无价值的性质判断、价值判断。定量分析就是对对象的价值量的大小、高低作出判定、评估的活动。价值分析还包括手段——目的价值分析和动机——效果价值分析等。价值分析中遇到的最棘手的问题之一就是价值冲突。价值冲突是指在实施道德中遇到不同来源的价值观念之间的对立。这种对立既可存在于人类主体、社会主体(集体主体)上，也可存在于个体身上，这种冲突、对立可以使道德的效果大为削弱。在现实的道德生活中，每一个道德生活的主体接触到的不仅有正面的、积极的道德价值观念，也有反面的、消极

① 恩格斯：《反杜林论——政治经济学》，《马克思恩格斯选集》第 3 卷，人民出版社 1995 年版，第 524 页。

的道德价值观念，这些真真假假、善善恶恶混杂在一起的情况，容易对道德生活的主体或行为者产生不良的影响。价值评价或价值判断是关于价值的评价判断，是指某一特定的客体对于特定的主体有无价值，有什么价值，有多大价值的判断。对于道德和道德学，我们首先要问的不是科学与否，而是是否善与正当。道德学方法是出于某种目的而设计的，并服务于这一目的。道德科学研究中所要排除的只是个人的有偏见的价值判断，而非社会性的公允的价值判断。道德评价不仅是个人的，更是社会的，道德评价的善和正当不仅是那种在个人看来具有正价值和善的行为，而且是指那种在群体社会和社会主体看来也具有正价值和善的行为。而且价值判断是遵循规范等级层面的价值判断，是建立在道德基本原则、基本精神基础上的。价值判断是一种社会性的价值判断。

研究中华民族道德生活史，必须大量运用价值分析和价值评价的方法。因为我们不仅要涉及道德生活的价值有无和大小问题，更要对此作出评价，即某一时期或个体的道德行为道德活动对历史和社会究竟产生了多大的影响和什么性质的影响，我们该如何从中总结出历史的经验教训。荀子较早地使用了价值分析和价值评价的方法。《荀子》一书论及许多道德范畴和道德品质，并对之作出了分门别类的分析。荀子对忠德作出了自己的界定与分析，认为忠有大忠，有次忠，有下忠，还有国贼，指出："以德覆君而化之，大忠也；以德调君而辅之，次忠也；以是谏非而怒之，下忠也；不恤君之荣辱，不恤国之臧否，偷合苟容以持禄养交而已耳，国贼也。若周公之于成王也，可谓大忠矣；若管仲之于桓公，可谓次忠矣；若子胥之于夫差，可谓下忠矣；若曹触龙之于纣者，可谓国贼矣。"（《荀子·臣道篇》）荀子对勇德亦作出了深刻的分析，将勇德区分为"上勇"、"中勇"和"下勇"，指出："先王有道，敢行其意；上不循于乱世之君，下不俗于乱世之民；仁之所在无贫穷，仁之所亡无富贵；天下知之，则欲与天下共乐之，天下不知之，则傀然独立天地之间而不畏：是上勇也。礼恭而意俭，大齐信焉，而轻货财，贤者敢推而尚之，不肖者敢援而废之：是中勇也。轻身而重货，恬祸而广解苟免，不恤是非然不然之情，以期胜人为意：是下勇也。"（《荀子·性恶》）在此基础上，荀子分析了四种不同的"勇敢"，即狗彘之勇、贾盗之勇、小人之勇、士君子之勇："争饮食，无廉耻，不知是非，不避死伤，不畏众强，牟牟然惟利饮食之见，是狗彘之勇也；为事利，争货财，无辞让，果敢而狠，猛贪而戾，然唯利之见,是贾盗之勇也;轻死而暴,是小人之勇也;义之所在,不倾于权,不顾其利,举国而与之不为改视,重死持义而不挠,是士君子之勇也。"(《荀子·荣辱》)荀子特别赞颂的是"士君子之勇",认为这种勇敢,是一种急公好义、不为重权厚利所左右、为坚持真理和正义即使牺牲生命也不屈不挠的大勇敢。荀子对道德生活诸多道德范畴和品质的界定,凸显了价值分析的意义,有助于道德观念的明晰化以及评价标准的准确化,为后世道德生活提供了比较具体的行动指南。

对道德现象进行价值分析,有助于揭示道德的本质属性。道德生活作为人的一种可以自由选择和能够予以评价的生活,本质上体现了人的价值关系和价值生活。道德生活价值关系,主体对客体的作用,包括了从人的规定性出发,需要、目的和效益等方面的基本内容和环节,其性质是客体主体化,为主体所用。对道德生活价值的认识,在不同时期、不同社会、不同民族形成各具特色的道德价值体系。正确理解道德生活价值,需要我们对道德生活的主观性和客观性有清醒的认识。道德生活价值的主观性不等于说价值是主体的属性,而是指道德生活价值是以主体人的需要为标准的。而需要是人对外在世界的必然性的理解,是人在自我意识中呈现的。如果主体人没有对道德生活需要的意识,道德生活的任何功能和属性都不能构成价值。道德生活价值是以人的需要为转移的。但是,人的存在和活动又是客观的、具体的,人的需要当然也是客观的、具体的,是受社会历史条件制约的。人的需要从根本上是同人的社会存在相联系的,因此它有着不依赖于人的主观意志的客观性和必然性。合乎逻辑的结论是,道德生活价值的客观性,实质上是人的生存、发展及其条件的客观性,其价值最终要通过人的生存、发展的客观变化表现出来,并得到验证。

三、研究中华民族道德生活史的意义

在全面建设小康社会、迎接中华民族伟大复兴的新世纪新阶段,在推动社会主义文化大发展大繁荣、提高国家文化软实力成为国民价值共识的新时期,在弘扬中华文化、建设中华民族共有精神家园受到人们广泛关注和热烈拥护的今天,加强中华民族道德生活史的研究,无疑具有重大而深远的历史意义和现代价值。

1. 建立与传统美德相承接的社会主义伦理道德体系的内在需要

传统美德是传统道德生活的结晶,表现和反映着传统道德生活的理论和实践成果。建设与传统美德相承接的社会主义道德体系,必然要求开发传统道德生活的领域和挖掘传统道德生活的资源。承接中华传统美德,就是要以中华传统道德生活的背景为基础,通过深入研究中华民族道德生活的传统,稀释出传统道德生活中那些符合时代要求、有助于经济社会协调发展的精华,并将其承接下来加以创造性的转化,推广到全体人民中去。社会主义道德不是无源之水、无本之木,而是植根于民族文化的沃土,是传统美德的延续和升华。因此,研究中华民族道德生活发生发展的历史,必将有利于继承和弘扬中华民族传统美德,肥沃社会主义道德建设的土壤,开掘中华民族伦理文化的源头活水以促进社会主义思想道德建设。

中华民族传统美德,是中华民族在五千余年历史发展进程中流传下来,具有积极影响,可以继承并得到不断创新发展,有益于后世的优秀道德遗产,是中华民族优秀的道德品质、优良的民族精神、崇高的民族气节、高尚的民族情感以及良好的民族习惯等的总和。它标志着中华民族的"形"与"魂"。它也是中华民族五千多年来处理人际关系、人与社会关系和人与自然关系的实践的结晶。中华民族的传统美德是中国长期历史发展进程中形成的道德文明的精华之所在,是我们建设与市场经济相适应的富有民族特色的价值体系的基础和价值依托。罗国杰教授指出:"中华民族优良的道德传统是社会主义现代化建设必不可少的重要的精神力量。历史的发展说明,中华民族的优良道德传统,对于中国社会优良道德风尚的形成,对于中华民族的团结、和谐与发展,产生过并正在产生着非常重要的作用。中国及其周边一些国家的经济发展,已经并正在有力地说明,古老的东方传统文化,特别是其中的中华民族的优良道德传统,不但没有影响这些国家的现代化的发展,而且已经成为维持社会秩序、改善社会风尚、协调人际关系、增强国家凝聚力的精神力量。"①继承并弘扬中华民族的传统美德或优良道德传统,有助于振奋民族精神,增强民族自豪感和民族责任感,提高民族自尊心和自信心,有助于使社会主义道德更加具有民族特色和个性,形成为老百姓所喜闻乐见的民族形式,也有助于使社会主义伦理文化获得源头活水的滋润,从而更加富有生命力与活力。

---

① 罗国杰:《道德教育与价值导向》,教育科学出版社 2000 年版,第 279 页。

2. 弘扬民族精神、建设中华民族共有精神家园的内在需要

民族精神是一个民族对于生命存在和民族尊严、价值、意义的理解和把握,是对民族的价值理想、终极关怀的执著追求及其由此所形成的基本品质和信念。它是一个民族在长期共同生活和社会实践中形成的民族之心和民族之魂,是一个民族生命力、创造力和凝聚力的集中表现,是建设民族共有精神家园强大的、持久的精神力量。民族共有精神家园是民族共有的精神支柱、精神根基和精神寄托,是民族的"安身立命之所"。精神家园是民族精神的集结和由此建构起来的精神大厦,不仅由民族成员的精神打造而成,而且又给民族成员以很大的精神慰藉和支撑,不断地赋予其旺盛的生命力、不竭的创造力,促使其做更大的事业,开辟更加美好的前景。中华民族的精神家园是一个由无数代华夏儿女所打造又维系着各民族团结统一的精神家园,在这一精神家园里,大家形成了高度的道德共识和价值观念,并以此安身立命,相互激励,共同奋斗。中华民族共有精神家园是中华民族认同和尊崇的安身立命、灵魂安顿和精神归根的家园。

弘扬民族精神,建设中华民族共有精神家园,特别需要加强对传统文化特别是道德文化的认识、发掘与研究。可以说,正是在中华民族道德生活的发生发展过程中,孕育出了伟大的民族精神,建构起了中华民族共有的精神家园。道德生活是肥沃的土壤,在其上生长出了民族精神的大树,结出了精神家园的果实。中华道德文化经过史前至西周的孕育和发展,在春秋战国时基本成型,由孔孟老庄诸子百家建树的伦理思想和价值系统为中华民族的道德生活提供了选择的目标和行为的标准,使中华民族道德生活朝着理性化、人文化和精神化的方向运演。此后两千多年的中国历史,中华民族一直靠这个时期所产生的伦理思考和创造的价值观念而生存,而每一次新的飞跃,都必然回顾这个被哲学家称为文化价值轴心的时代,并被它重新燃起火焰。绵延有序的历史,使中华文化流变的过程成为人类文明史上唯一不曾中辍的模式,几千年来,中华民族虽历经磨难而能保持一统,一个重要原因,就是这个模式有着生生不息的不竭动力与和而不同的价值观念、自强不息与厚德载物的民族精神,以及在民族精神基础上建构起来的天下为公、崇尚国家统一和民族团结的精神家园。中华民族在自己的发展历程中,曾经历过许多大风大浪,遇到过无数艰难险阻,正是

凭着对国家和民族的深厚感情,依靠在爱国主义旗帜下熔铸而成的凝聚力和向心力,中华民族才得以经受住了各种难以想象的困难和风险的考验,一直保持坚强的团结和旺盛的生机。

研究中华民族道德生活史,有助于我们更好地弘扬和光大民族精神,增进中华民族的文化认同和价值认同,有助于建设中华民族共有精神家园。民族精神和民族共有精神家园是在漫长的道德生活史和伦理思想史中形成和发展起来的。我们可以从道德生活史中发现一大批民族英雄的丰功伟绩,感受到一系列做人处事的生动典范和许多广大精微的经典言论与观点。中华民族的道德生活史是我们民族五千年道德实践和道德行为的生动再现和集中体现,而那些影响历史和后人的道德言行凝聚为民族精神,内化为精神家园的核心价值,是我们在新的历史时期需要好好继承并发扬光大的精神财富。一个半世纪以前,落后的中国在鸦片战争中,以中国道德精神创造了"即使被战胜,绝不能被征服"的奇迹,奏响了救亡图存的时代强音,使得帝国主义不能灭亡中国也永远不能灭亡中国。进入现代社会以来,世界诸多有识之士,如汤因比以及诺贝尔奖获得者们在呼唤人性复归的时候,由衷地赞叹中华民族的道德精神和孔子伟大的道德行谊。这一情况也启迪我们必须尊重自己国家和民族道德生活的历史,开掘其源头活水,开发其价值资源,以更好地建设有中国特色社会主义伦理文化。

3. 促进文化发展,实现中华民族伟大复兴的内在需要

道德精神和道德规范是文化的核心要素和精神支点,道德共识和道德价值目标是民族凝聚力、向心力产生的基础和原点,是文化软实力中最能显示价值追求和德性功能的关键部分。发展社会主义的先进文化,要求开展中华民族道德生活史的研究,以形成具有中国特色、中国气派和中国风格的社会主义精神文明,促进中国特色社会主义健康持续发展并取得新的更大胜利。

正在兴起的社会主义文化建设和公民道德建设新高潮,是中华民族复兴的重要标志。中华民族复兴是经济、政治、文化和道德精神的全面复兴,缺一不可。人民生活如果没有持续的改善与提高,没有普遍的富裕,就无力支撑民族的发展和强盛。而单纯经济上的提升,没有政治、文化和公民道德与之协调发展,也无力塑造一个伟大的民族。政治上的民主与法制,为民族复兴提供制度与规范的保证,而文化复兴和公民道德素质的普遍提升又为民族提供精神支柱和凝聚力,可见实

现中华民族伟大复兴是离不开精神文化和道德文化的伟大复兴的。

纵观当今国际风云,注重文化软实力和道德建设已成为一种世界潮流。曾任美国国防部部长助理的哈佛大学教授约瑟夫·奈于1990年出版的《注定领导世界:美国权力性质的变迁》一书及同年在《对外政策》杂志上发表的题为《软实力》一文中,明确提出并阐述了"软实力"的概念。在1994年出版的《软实力:世界政治中的成功之道》一书中,他又对"软实力"的概念进行了补充。奈认为一个国家的综合国力既包括由经济、科技、军事等表现出来的"硬实力",也包括文化、价值观、意识形态、国民素养的吸引力、感染力、影响力表现出来的"软实力"。"软实力"的概念一经提出,迅速成为风靡世界的流行词汇和思想观念。2006年11月,胡锦涛在全国文代会上发表讲话,指出:"如何找准我国文化发展的方位,提升国家软实力,是摆在我们面前的一个重大现实课题。"2007年10月,党的十七大报告正式提出"提高国家文化软实力"的命题,认为"当今时代,文化越来越成为民族凝聚力和创造力的重要源泉、越来越成为综合国力竞争的重要因素,丰富精神文化生活越来越成为我国人民的热切愿望"。报告倡导要坚持社会主义先进文化前进方向,兴起社会主义文化建设新高潮,激发全民族文化创造活力,使社会文化生活更加丰富多彩,使人民群众精神风貌更加昂扬向上。一个民族的文化,凝聚着这个民族对世界和自身的历史认知和现实感受,积淀着这个民族最深层的精神追求和行为准则。任何一个国家和民族文化的延续和发展,都是在既有文化传统基础上进行的文化传承、变革与创新。如果离开传统,割断血脉,就会迷失自我、丧失根本。我国传统文化博大精深、源远流长,经过数千年的积淀和发展,已深深融入到中华民族的血脉之中,成为中华民族共同的精神记忆和中华文明特有的文化基因。这无疑是民族文化的思想根基,也是今天弘扬中华文化的宝贵财富和资源优势。我们要深刻认识祖国传统文化的历史意义和现实价值,按照取其精华、去其糟粕的要求进行科学梳理,挖掘符合时代发展要求的内容,汲取合理思想内核,赋予新的时代内涵,使之与当代社会相适应,与现代文明相协调。

弘扬和振兴中华民族的文化,同弘扬和振兴中华民族的伦理文化密切相关。相当多的学者已经意识到,中国文化本质上是一种趋善求治的伦理型文化。李泽厚在《试谈中国的智慧》一文中指出:"先秦各家为寻求当时社会大变动的前景出路而授徒立说，使得从商周巫史文化中解放出来的理性，没有走向闲暇从容的抽象思辨之路（如希腊），也没有沉入厌弃人世的追求解脱之途（如印度），而是执著人间世道的实用探求。以氏族血缘为社会纽带，使人际关系（社会伦理和人事实际）异常突出，占据了思想考虑的首要地位。”①中国古代哲学是伦理性的哲学，“中国古代的辩证思想虽然非常丰富而成熟，但它是处理人生的辩证法而不是精确概念的辩证法”，“中国也讲认识论，但它是从属于伦理学的。它强调的主要是伦理责任的自觉意识。”②冯天瑜在《中国古文化的伦理型特征》一文中也谈到，在中国文化系统中，政治原则往往是从道德原则中推导出来的，反过来，伦理学说又为政治作论证，以致伦理学说与政治学说融为一体。从总体上看，伦理型文化是维系社会秩序的精神支柱和各类观念文化的核心，它主张入世，重政务、轻自然、斥技艺，养育了素朴的整体观念和注重直觉体悟的思维方式。③ 道德生活是中华民族文化的集中体现。在几千年的道德生活发展史上，中华民族形成并发展起了天地之间莫贵于民的民本理念，以和为贵、和而不同的和合思想，天下兴亡、匹夫有责的爱国传统，革故鼎新、因势而变的创新精神，富贵不淫、威武不屈的高尚气节，扶正扬善、恪守信义的社会美德，仁民爱物、兼济天下的仁爱传统，自强不息、厚德载物的处世原则等等。公忠体国、为民立命的志士仁人，死而后已、舍命为人的忠义之士，温良恭俭、勤劳质朴的平民百姓，他们共同造就了中华民族道德文化的丰功伟绩。

从遥远的古代开始，中华民族的无数优秀分子、一大批杰出的政治家和思想家就十分重视伦理道德和价值观对国家强盛、文化繁荣的关系，在某种意义上彰显了对道德软实力的重视。老子《道德经》提出“天下之至柔，驰骋天下之至坚，无有入无间。”又说：“天下莫柔弱于水，而攻坚强者莫之能胜。”古代的明君贤臣认为要实现国家意志和赢得他国的尊重，应当行“王道”而弃“霸道”，取得他国的认同和理解。处理国家的矛盾主张“和为贵”，反对以强凌弱；解决与他国的冲突强调“以德服人”，“攻心为上”，反对穷兵黩武。即使在硬实力对撞的战争中，也强调“得道者多助，失道者寡助。寡助之至，亲戚畔之；多助之至，

---

① 李泽厚：《试谈中国的智慧》，《中国思想史论》上，安徽文艺出版社 1999 年版，第 307～308 页。

② 同上书，第 308～309 页。

③ 冯天瑜：《中国古文化的伦理型特征》，《江海学刊》1986 年第 3 期。

天下顺之”，认为战争的最高境界是“不战而屈人之兵”。这种道德文化的熏陶、价值观的导向，使得“中华文明历来注重社会和谐，强调团结互助。中国人早就提出了‘和为贵’的思想，追求天人和谐、人际和谐、身心和谐，向往‘人人相亲，人人平等，天下为公’的理想社会”。“中华文明历来注重亲仁善邻，讲求和睦相处。中华民族历来爱好和平。中国人在对外关系中始终秉承‘强不执弱’、‘富不侮贫’的精神，主张‘协和万邦’。中国人提倡‘海纳百川，有容乃大’，主张吸纳百家优长、兼集八方精义。”①中国传统的道德观主张人与人应当仁爱和谐，崇尚“己欲立而欲人，己欲达而达人”，“己所不欲，勿施于人”。孟子提出了“老吾老以及人之老，幼吾幼及人之幼”的观点，这对培养中华民族的人道精神，曾经起过重要的作用。我国古代许多仁人志士，在儒家仁爱思想的影响下，关心国家和民间的疾苦，生发了“先人后己”的价值取向，奉行“先天下之忧而忧，后天下之乐而乐”的做人原则，增强了“天下兴亡，匹夫有责”和“位卑未敢忘忧国”的责任心和使命感。在悠悠的历史长河中，无论历经多少沧桑巨变，我们的民族总是坚守着一份对于真善美的崇高而纯粹的追求，孜孜不倦地实践着道德生活的价值目标和行为原则，有一种道德的韧性和不屈的志节，充溢着“虽九死其犹未悔”的价值坚执和视死如归的民族正气，这不仅成为凝聚中华民族的精神纽带，而且对世界文明作出了重大贡献。我们要在新的历史起点上铸造中华文化新辉煌，必须依托历史、立足现实，尊重过去、面向未来，以礼敬、自豪的态度善待民族优秀传统文化，通过挖掘整理和科学扬弃，使中华民族的精神血脉得以延续，始终保持中华文化的鲜明个性和独立品格，并结合新的实践不断发扬光大。

众所周知，一个国家的实力分为软实力和硬实力，只有这二者相得益彰，才能实现国家伟大复兴的宏伟目标。当我们为祖国经济建设所取得的成就而自豪的同时，更应该清醒的认识到加强道德文化建设的重要性。研究中华民族道德生活史，有助于我们从历史的角度清理总结我们民族的道德文化传统，开掘其源头活水，发现中华民族道德文化进化演化的规律，这无疑有助于新时期的社会主义道德文化建设，促进中华民族伦理文化的伟大复兴。

---

① 胡锦涛：《在美国耶鲁大学的演讲》(2006年4月21日)，《十六大以来重要文献选编》(下)，中央文献出版社2008年版，第429～430页。

第二章

远古至战国道德生活的基本状况

从遥远的古代经夏商周三代直到秦统一中国前，在史学上称为“先秦”。先秦是中华民族形成和发展的早期，也是中国文化和伦理道德的奠基和初步形成时期。先秦时期的道德生活是中华民族道德生活发展的第一阶段，也是中华民族伦理文明曙光初露、道德实践活动得以展开、道德传统初步形成的时期，它在童年的“早熟”及由此显示的博大气象和丰富蕴藉为中华文明的古代辉煌作出了巨大贡献。也许可以说，没有古代的传统道德，也就没有古代中国文明的辉煌。因为，中国古代的辉煌常常是以“礼仪之邦”著称于世的。它是我们民族的精神之源、价值之泉、伦理之根，也是我们伟大祖国之所以具有自己独特魅力和神奇整合力的源头活水。

第一节　中华道德的起源与原始社会的道德风貌

中华伦理道德的萌芽、成形与发展演化的过程，大致经历了一个从原始社会早期的图腾崇拜，到尧舜时期敬敷五典和周公制礼，再到孔子的仁学、孟子的仁义礼智四心等由他律而自律、由自在而自觉的发展过程，从中可以发现一条中华伦理道德不断人文化的发展线索。如果说西周是仪式伦理和法则伦理的确立时期，那么春秋战国时代则开始了从“仪式伦理”向“德行伦理”或“信念伦理”的演变。

一、中华道德的起源

人类伦理道德的产生是一个漫长的过程，它的产生不是一蹴而就的，它经历了一个从萌芽到形成，从少数人的明确意识而发展成为人们普遍要求的漫长过程。在原始社会早期，由于生产力十分低下，生产简陋，“上古穴居而野处”(《周易・系辞》)，“无衣服履带宫室畜积之便，无器械舟车城郭险阻之备”(《吕氏春秋・恃君览》)，人与人之间没有剥削没有压迫，“昔太古尝无君矣，其民聚生群处，知母不知父，无亲戚兄弟夫妻男女之别，无上下长幼之道，无进退揖让之礼”(《吕氏春秋·恃君览》)。发展到后来,伏羲氏“因夫妇,正五行,始定人道”,社会意义上的道德生活由此产生。

中华历史的起源,大体可以将其界定为“三皇”时期。吕思勉先生在《先秦史》中指出:“吾国开化之迹,可徵者始于巢、燧、羲、农。”[①]巢即有巢氏,燧即燧人氏,羲即伏羲氏,农即神农氏,他们都是中国远古传说中的圣人或英雄人物。有巢氏的功绩在于教民“构木为巢”,开启居住文化的先河;燧人氏的功绩在于教民钻木取火,开启饮食文化的先河;伏羲氏的功绩在于教民人道礼仪,开启道德文化的先河。

中华民族的道德生活,“渊渊乎伏羲,积蓄于炎黄,大备于唐虞,经三代而浩荡于天下”。[②] 伏羲、炎黄、唐虞代表了中华初始道德的三个阶段。

历史记载和研究表明,伏羲位于三皇五帝之首,早于炎帝、黄帝。关于伏羲氏的传说,《周易·系辞下传》指出:“古者包牺氏之王天下也,仰则观象于天,俯则观法于地,观鸟兽之文与地之宜,近取诸身,远取诸物,于是始作八卦,以通神明之德,以类万物之情。作结绳为罔罟,以佃以渔,盖取诸离。”伏羲氏又称包牺氏、庖牺氏、宓羲氏。《帝王世纪》有云:“太昊帝庖牺氏,风姓也,蛇首人身,有圣德,都陈,作瑟三十六弦。……作嫁娶之礼,取牺牲以充庖厨,故号曰庖牺。”(《太平御览》卷七八)《世本·作篇》也谈到“伏羲制以俪皮嫁娶之礼”,自伏羲才开始有了婚姻嫁娶,才有了食用动物的风习。《白虎通》卷二“号”载,“古之时未有三纲六纪,民人但知其母,不知其父”,于是伏羲“因夫妇,正五行,始定人道”。伏羲氏崇尚木德,以风为姓,上应天意,下孚人望,不仅教百姓制作鱼网,捕鱼捉虾,而且教百姓饲养马牛羊鸡犬猪等六畜,以丰富食品,并用作祭祀神灵的供品。在伏羲之前,人们知道母亲不知道父亲,知道做爱不知道礼节,处在血缘群婚时代。伏羲氏决心扭转这种情况,于是开始制定嫁女娶妇的规矩,即凡是打算娶别人女儿的,要先甄别姓氏,同姓不得婚配,然后请媒人说合,定下来以后,再用俪皮(两只野兽的皮,古时候人们用兽皮做衣服,用两张兽皮象征配偶)作为聘礼,然后才能结婚生子。从此以后,人们才知道父子关系,男女有别,不再

---

① 吕思勉:《先秦史》,上海古籍出版社 2005 年版,第 48 页。
② 司马云杰:《盛衰论——关于中国历史哲学及其盛衰之理的研究》,陕西人民出版社 2003 年版,第 29～30 页。

随意婚配。伏羲氏在治理天下期间，仰观天文，俯察地理，效法人身及万物之形状，初步创立了文字，以取代结绳记事的老办法。当然伏羲氏时代的文字还只是草创性质的，不够精密和规范，直到黄帝时代的仓颉确立六书的原则，中华文字才正式得以形成。伏羲氏还制定了历法，以甲寅为起点，天干地支互相配合，形成十二辰和六甲，于是天道完备。它使年、月、日不再混乱，东西南北也不会弄错。这种历法叫做甲历。特别值得关注的是，伏羲还根据阴阳变化，创制了八卦。并用八卦来教导民众决定嫌疑，排除犹豫，使广大民众从此不再受吉凶悔吝的迷惑，努力去认识事物的真相，使人间各得其宜。伏羲画八卦、结网罟、取火种、兴嫁娶、造书契、创乐器，用文明之火引导人们走出了鸿蒙未启的混沌时代。伏羲因此成为全世界华人的始祖。

女娲氏也同中华道德的起源相关。关于女娲氏的传说，见于《天问》及《山海经・大荒西经》。传说女娲不仅抟黄土造人，使世界有了人类，而且还炼石补天，战胜洪水，使百川向东南流归于大海，是一位创造人类和为民造福的伟大始祖和女神。《太平御览・风俗通》载:“俗说天地开辟，未有人民，女娲抟黄土作人。”为了让人类永远地流传下去，她创造了嫁娶之礼，自己充当媒人，让人们懂得“造人”的方法，凭自己的力量传宗接代。女娲氏与伏羲氏系一母所生，她生下来就神奇灵异，身高一丈，容貌秀丽，长得唇红齿白，面如傅粉，光彩照人。李冗《独异志》卷三云:“昔宇宙初开之时，有女娲兄妹二人，在昆仑山，而天下未有人民，议以为夫妻，又自羞耻，兄即与其妹上昆仑山，咒曰:‘天若遣我二人为夫妻，而悉合;若不，使烟散。’于烟即合。其妹即来就兄，乃结草为扇，以障其面。今时娶妇执扇，象其事也。”伏羲女娲结合为夫妻，开始觉得害羞，就将草编织成一面扇子，用来遮盖脸庞。羞耻心的孕育与形成是人类道德心理的最初萌动，它开启了人类追求和向往文明的心路历程。一些古人类学家和文化人类学通过考察也竞相得出羞耻心是人类道德发生的心理源头。孟子说:“羞恶之心，义之端也。”有了羞耻的心，就知道自己应该做什么不该做什么了。孟子又说:“人不可以无耻，无耻之耻，无耻矣。”人不可以没有羞耻之心，没有羞耻之心的无耻是最大的无耻。知耻是人类道德认识之基础，也是一种良善的道德情感，同时还需要道德意志作支撑，它有着向知情意行发散推扩的原始基点和催逼个体注意自己的形象和言行举止等动能因素。

如果说伏羲“因夫妇，正五行，始定人道”奠定了一种原初意义上的规范伦理基础，有着圣人为生民立道或创制道德规范的意义，那么女娲与伏羲结合产生的羞耻之心则开启了人类道德心理的大门，培育了一种个体道德的内在心理机制和品格培养机制。这种社会需要和个体意识的内外结合是原初意义上的道德之原型或母体，也是中华伦理之晨曦初露，预示并象征着中华远古文明即将从东方地平线上升起。

二、炎黄尧舜开启的道德生活源头

肇始于伏羲、女娲的中华道德萌芽，在炎黄时萌生孕育，至尧舜时得到一定的积蓄整合，使中华民族的道德生活正式发端。

从传说中的有巢氏、燧人氏、伏羲氏到炎黄时代，可谓中华民族文明初曙的时期。虽然有巢氏、燧人氏、伏羲氏对中华文明作出了卓越的贡献，但是真正将中华民族形成一个早期的整体并较为自觉地应用道德来凝聚人心、形成民族的内聚力、向心力，将中华文明推进到一个“早熟”的阶段，是同炎黄及其后来者尧舜的名字密切联系在一起的。

1. 炎黄肇造中华道德源头

中华民族最初的融合，始于黄帝部落和炎帝部落的合并。这两个部族从争战搏杀到休兵止戈、握手言和，最后团结到一起，组成了炎黄部落。黄帝和炎帝时期逐渐形成华夏族，因而他们都被后人视为华夏民族共同的祖先，故中国人自称“炎黄子孙”。炎黄两个部落的团结统一，成就了中华民族，也成就了中华伦理文明，从此逐渐走向发展壮大。

神农时，“养民以公”，致使“其民朴重端悫，不忿争而财足，不劳形而功成，因天地之资而与之和同”(《淮南子・主术篇》)。黄帝时，使朴素的淳朴道德向着有意识的社会道德方向发展。《史记・五帝本纪》记载：“炎帝欲侵凌诸侯，诸侯咸归轩辕。轩辕乃修德振兵。”商鞅指出：“黄帝作为君臣上下之仪，父子兄弟之礼，夫妇妃匹之合。”(《商君书・画策》)《淮南子・览冥训》指出：“昔者黄帝治天下……别男女，异雌雄，明上下，等贵贱，使强不掩弱，众不暴寡，人民保命而不夭，岁时熟而不凶，百官正而无私，上下调而无尤，法令明而不暗，辅佐公而不阿。田者不侵畔，渔者不争隈，道不拾遗，市不豫贾，城郭不关，邑无盗贼。鄙旅之人相让以财，狗彘吐菽粟于路，而无纷争之心。”黄帝时代达到了淳朴道德的高峰，人人相让而不相争，各级官吏公正无私，劳动者安居乐业，路不拾遗，五谷丰登。

神农氏，姜姓以火德王，故称炎帝。传说上古时期姜姓部落的首领，是中华民族的始祖之一，又称赤帝、烈山氏。《世本·帝系篇》谓炎帝即神农氏，炎帝身号，神农代号。关于炎帝神农氏的丰功伟绩，史籍中少有成篇的全面的记载，但在各种史籍中，肯定炎帝神农氏功德的言论却是较多的。《周易·系辞下传》载："庖牺氏没，神农氏作，斫木为耜，揉木为耒，耒耨之利，以教天下，盖取诸益。日中为市，致天下之民，聚天下之货，交易而退，各得其所，盖取诸噬嗑。"《管子·轻重篇戊》载："神农作，树五谷淇山之阳，九州之民，乃知谷食，而天下化之。"《商君书·画策》载："神农之世，公耕而食，妇织而衣。刑政不用而治，甲兵不起而王。"《淮南子·修务训》载："古者民茹草饮水，采树木之实，食蠃蚌之肉，时多疾病毒伤之害，于是神农乃始教民播种五谷，相土地(之)宜、燥湿肥硗高下，尝百草之滋味，水泉之甘苦，令民知所避就。当此之时，一日而遇七十毒。"《帝王世纪》载："炎帝神农氏，长于姜水。始教天下耕种五谷而食之，以省杀生；尝味草木，宜药疗疾，救夭伤人命。"神农氏不仅发明了农业，教人稼穑，而且创始了中国医药和医术。为了给人们寻找治病的草药，他尝尽了百草，一日而遇七十毒。最后他终于找出那些可以吃和不可以吃的物种，以及哪些物种可以作为药物。炎帝神农氏是中华农耕文明的创始者。在恶劣的自然环境面前，他为了使部落生存、发展壮大，领导部族成员不断积累经验，与大自然斗争，从而改变了先民茹毛饮血、以渔猎为生的原始生活状态，开启了中华文明的曙光。

黄帝是中华民族共奉的"人文初祖"。他开启了中华民族灿烂文明的先河，在铸造中华文明的历史上起了奠基作用。史传黄帝之前，人们蒙昧未开，迨至黄帝时代，黄帝教民"兴事创业"，"治五气"，改造自然环境；"艺五种"，"佐五谷，养民人"，发展农业生产；制衣冠、造舟楫、用牛车、做弓箭、创医药，创造器物文明；立"礼法文度"，"别男女，异雌雄，明上下，等贵贱"、创官制、明财产、定婚嫁、立丧制，创立制度文明；造书契、绘图画、作甲子(历法)、定算数、制音律，创建精神文明。黄帝文化所蕴涵的崇尚文明创造的精神价值，深刻影响了中华民族的人文价值意识。

黄帝不但是伟大文明的奠基者，而且是高尚道德的典范。古代典籍对黄帝的道德品行多有赞颂，如“黄帝仁义”(《龙鱼河图》)，“黄帝即位，施惠承天，一道修德，惟仁是行”(《韩诗外传》)。黄帝不但个人道德高尚而且着力实行德治，“修德抚民”(《帝王世纪》)，从而使社会上形成了良好的道德风尚。即使黄帝与炎帝的战争、对蚩尤的征伐，也蕴含着道德方面的原因。史载黄帝征伐蚩尤是因为“蚩尤诛杀，无道，不仁义”(《龙鱼河图》)。黄帝“惟仁是行”的德性、“养性爱民”的德行、“修德抚民”的德治和“修德振兵”的德威，铸成了中华民族崇尚道德、尊重道德的价值观念，也培育了中华文化的道德精神，影响极为深远。

2. 尧舜鼎立中华道德的架构与规模

尧，是上古传说中的“五帝”之一，原始社会末期的部落联盟首领，中国古代传诵的道德榜样。尧为黄帝之曾孙高辛即帝喾之子，名放勋。尧 13 岁时被分封在陶，15 岁时改封在唐，古时人们以地为氏，故号陶唐氏，故又称唐尧。18 岁时取代挚做了部落联盟的首领。尧崇尚火德和白色，即位后定都平阳的安邑即今山西平阳县。尧的时代，是部落与部落联盟林立的时代。尧即帝位后，非常注重处理部落内部之间以及部落与部落之间的关系，主张用道德来治理天下。在位期间，选贤与能，协和万邦，平章百姓，实现了真正意义上的德治，被后世许多学者和政治家认为是中国古代德治仁政的奠基人。《尚书・尧典》载：尧“克明俊德，以亲九族。九族既睦，平章百姓。百姓昭明，协和万邦。黎民于变时雍……柔远能迩，淳德允元，而难任人，蛮夷率服”。尧处理政务敬慎节俭，明察四方，善于治理天下，他思虑通达，宽容温和，对人恭敬，唯才是举，他的功德泽被四方，至于上下。尧治理天下注重发扬传统美德，使氏族内的各家族均能亲密团结，和谐与共。家族和睦以后，还能明辨百官的善恶。百官的善恶明辨了，又能使各诸侯国协调和顺，于是天下众人也就和睦协调了。尧在治理天下的过程中，非常注重自己的言传身教，总是身体力行崇高道德，吃苦在前，享受在后。他生活十分节俭。据《韩非子・五蠹篇》载：“尧之王天下也，茅茨不翦，采椽不斫，粝粢之食，藜藿之羹。冬日麑裘，夏日葛衣。虽监门之养，不亏于此矣。”尽管生活十分菲薄，但他一心为公，对民众很负责任。“尧存心于天下，有一民饥则曰此我饥之也，有一人寒则曰此我寒之也。”(《说苑・君道》)尧本人十分热爱人民，有爱民如子弟之说。同时他还注重在人民中树立道德典范，教导孝慈仁爱。《淮南子・修务训》载:"尧立孝慈仁爱,使民如子弟。西教沃民,东至黑齿,北抚幽都,南道交趾。放讙兜于崇山,窜三苗于三危,流共工于幽州,殛鲧于羽山。"尧年老后,知道自己的儿子丹朱不肖,到处访求贤能的人,最后接受众人的推荐,并经过慎重的考验,把职位禅让给了舜。尧很清楚,"授舜,则天下得其利而丹朱病,授丹朱,则天下病而丹朱得其利。"可是尧"终不以天下之病而利一人"(《史记・五帝本纪》)。

由于尧功业卓著,品德高尚,后世子孙对他备加推崇。孔子说:"大哉,尧之为君也!巍巍乎!唯天为大,唯尧则之。荡荡乎!民无能名焉。巍巍乎其有成功也,焕乎其有文章!"(《论语・泰伯》)司马迁赞尧:"其仁如天,其知如神,就之如日,望之如云。"(《史记・五帝本纪》)尧的仁德像天一样没有尽头,智慧像神一样深不可测,接近他如太阳般和煦,远望他如云彩般绚丽。尧克明俊德,平章百姓,他以"光被四表,格于上下"的伟大人格,"照临四海,经纬天地,宽容覆载,推贤尚善,不懈于位。其为治,不仅过着'鹿裘御寒,布衣掩形,粝粱之饭,藜藿之羹'的素朴生活,而且其削心约志,'不以役作之故,害民耕织之时';更有奖励农桑,表彰孝慈,'平心正节,以法度禁邪伪',存养孤独,赈赡祸亡之家诸多举措。'故万民富乐而无饥寒之色。'"①尧凭借其高尚道德品质与伟大人格赢得了后世诸多敬重与推崇,成为儒家道统的先驱人物和开启山林的关键人物。

舜,姓姚,名重华,属有虞氏,故又称虞舜,排在五帝之末,原始社会末期的部落联盟首领,中国古代传诵的道德榜样。舜是黄帝、颛顼之后世子孙。发展到舜之父亲瞽瞍时已经变成庶民。舜的母亲很早就过世了,其父瞽瞍又娶壬女为妻,不久生下了象。舜的父亲糊涂固执,后母泼辣凶悍,弟弟象骄傲粗野。瞽瞍受后妻及象的蛊惑与胁迫,他们联合起来多次想杀掉舜。有一次,他们叫舜修补谷仓的顶,当舜用梯子爬上仓顶的时候,瞽瞍就在下面放起火来,想把舜烧死。舜在仓顶上一见起火,想找梯子,梯子已不知去向。幸好舜当时戴着两顶遮太阳用的笠帽,于是他双手拿着笠帽像鸟张开翅膀一样跳下来。笠帽随风飘

① 司马云杰:《盛衰论——关于中国历史哲学及其盛衰之理的研究》,陕西人民出版社2003年版,第345~346页。

荡，舜轻轻地落到地上，一点也没有受伤。瞽瞍和象并不因此罢休。又有一次，他们叫舜去淘井。舜跳下井后，瞽瞍和象在地面就把一块块土石投下去，想把井填满，把舜活活埋在里面。没想到舜下井后，在井里边掘了一个孔道，钻了出来，又安全地回了家。舜屡次死里逃生，然而他并不计较父母及弟弟象的凶狠残酷，反而对父母更加孝敬，对弟弟更加友爱。舜以孝敬双亲、友爱弟弟闻名乡里，他对弟弟象的照顾十分周到，达到了"象忧亦忧，象喜亦喜"的程度。正是由于他道德品质高尚，所以深得乡党朋友称赞和爱戴。《史记・五帝本纪》载："舜耕历山，历山之人皆让畔；渔雷泽，雷泽之人皆让居；陶河滨，河滨器皆不苦窳。一年而所居成聚，二年成邑，三年成都。"舜到了哪里，就把勤劳谦让的美德撒布到哪里，哪里的人们就受到感化。人们爱戴他，拥护他，以至到了热烈的程度。人们完全自觉自愿地追随着他，人数之多，一年就成村落，二年就成乡镇，三年就成都市。可见他高尚道德和人品的感召力和凝聚力！汉代刘安编撰的《淮南子・原道训》中有一段对舜之德行影响的论述："昔舜耕于历山，期年，而田者争处墝埆，以封壤肥饶相让；钓于河滨，期年，而渔者争处湍濑，以曲隈深潭相予。当此之时，口不设言，手不指麾，执玄德于心，而化驰若神。使舜无其志，虽口辩而户说之，不能化一人。"舜之德行纯粹，人品高尚，有着春风化雨、润物无声的独特功效。

舜 30 岁的时候，正遇到尧寻找继承人。许多人向尧推荐了舜。尧也听说过舜的孝行，便决定考察舜。"以二女妻舜，以观其内；使九男与处，以观其外。"还赐给他很多衣服与乐器，马匹与牛羊。舜娶了尧的两个女儿后更加勤勉修德，待人以诚，与人为善。尧还用各种方法考验舜，舜都能经受住各种考验。《尚书・尧典》记载，舜"慎徽五典，五典克从。纳于百揆，百揆时叙。宾于四门，四门穆穆。纳于大麓，烈风雷雨弗迷"。"五典"指五种伦常即父义、母慈、兄友、弟恭、子孝，孟子将其概说为"君臣有义，父子有亲，夫妇有别，长幼有序，朋友有信"。"百揆"指管理百官的官。舜重视和赞美父义、母慈、兄友、弟恭、子孝这五种基本的伦理道德规范，民众都能因他的重视和赞美而自觉地遵从信守这五种伦理道德规范。舜后来被提拔到管理百官的职位，由于他勤于政务使得各种政务而变得有条不紊。舜在明堂四门迎接来自各地的宾客，所有的宾客都对他的接见肃然起敬。舜担任主管四方山林的官职，由于他自己的亲历考察和多方巡视，能做到在大风雷雨中行走山林不迷失方向，使得“虎狼不犯，虫蛇不害”。

舜当上部落联盟的首领后，不念旧恶，以德报怨，不仅使父母双亲和弟弟深受教育和感动，使他们改变了原来丑恶的品质，而且也改造教育了不少部落联盟的成员，形成了一种“德化”的局面。舜在当政期间，非常注重道德教育和道德修养，以此来赢得人心，形成合力。从前高阳氏有富于才德的子孙八人，世人得到他们的好处，称之为“八恺”，即八个和善的人。高辛氏有富于才德的子孙八人，世人称之为“八元”，即八个善良的人。这十六个家族的人，世世代代保持着他们先人的美德，没有败落他们先人的名声。到尧的时候，尧没有举用他们。舜举用了八恺的后代，让他们掌管土地的官职，以处理各种事务，都办得有条有理。舜又举用了八元的后代，让他们向四方传布五教，使得做父亲的有道义，做母亲的慈爱，做兄长的友善，做弟弟的恭谨，做儿子的孝顺，家庭和睦，邻里真诚。舜的儿子商均不成材，舜就禅位给禹。

在舜的时代，出现了天下太平、凤凰来仪的景象。也正因为如此，舜在中华民族道德发展史上，受到后世多方面的推崇。孔子说：“舜其大知也与！舜好问，而好察迩言，隐恶而扬善，执其两端，用其中于民，其斯以为舜乎！”（《中庸》）舜帝用自己对德行的身体力行和拳拳服膺成为中华民族道德文化的始祖。《史记·五帝本纪》中称“天下明德，皆自虞舜始”，正是舜帝作为中华道德鼻祖的历史记载。舜帝“勤于民，苦忧人，只为苍生不为身”。他齐七政，定五年巡狩之制；辟四门，明通四方耳目；行厚德，远佞人；惩恶扬善，举贤任能，是早期中国社会公仆的杰出代表。他以德化人，以德感人，以诚待人的精神，数千年来一直为中华民族所敬仰和尊崇。

唐虞之治是一个“以道设教，圣德达于天的时代”①，人性自然素朴，天下归于大治，正如王阳明所说：“平旦时，神清气朗，雍雍穆穆，就是尧舜世界。”（《传习录》下）一代伟人毛泽东挥笔写下的“春风杨柳万千条，六亿神州尽舜尧”的壮丽诗篇，深切表达了中华儿女对道德始祖尧舜的景仰敬崇。

---

① 司马云杰：《盛衰论——关于中国历史哲学及其盛衰之理的研究》，陕西人民出版社2003年版，第339页。

三、诸神崇拜、禁忌显示的道德生活画面

原始社会是人类历史和道德生活的萌生时期，是一个生产资料公共占有、人们共同劳动、劳动产品平均分配的社会。其最基本的社会组织和经济组织是以血缘亲属关系结合起来的氏族，由几个近亲氏族联合起来组成的部落，是原始社会组织的最高形式。原始社会的道德同原始宗教有着最为密切的联系，甚至可以说二者是相互交融、未及分化的。原始宗教的全部历史，由自然崇拜、图腾崇拜、祖先崇拜三个阶段依次演进所构成，自然崇拜始于氏族社会之前，祖先崇拜延续到文明时代之后。在没有权力意识的人类社会初期，原始宗教作为氏族向心力的精神纽带，团结全氏族成员同心同德，克服和战胜自然力、社会力。在原始社会末期，生产斗争、社会斗争（当时主要是部落战争）培养和造就了一个个具有杰出的组织能力和领导能力，技艺高超、智慧出众、英勇无畏的部落领袖。这些部落领袖兼任宗教领袖，受到人们的神化与崇拜，成为集体意志的表征。

1. 原始诸神崇拜及道德意蕴

原始时代的精神意识笼罩在巫术或诸神崇拜之中。在氏族社会生活中，人们对许多自然现象、社会现象包括人自身的肉体与灵魂均缺乏认识，无法解释，于是产生了诸神崇拜和巫术。“在原始人类看来，外在于人的一切都是未知的、充满神奇的力量的存在，它们仿佛随时随地都可能给人类带来难以招架的厄运。出于对这种神秘存在的无知，泛神论的思想充斥着人们的头脑，一种对于外部世界的恐惧情绪弥漫在人们的心灵深处”①，基于恐惧心理而产生的诸神崇拜和巫术成为原始人生活最重要的内容。崇拜是一种观念形态，也是一种精神信仰，它反映了人们的精神状况和认识水平。崇，本义是高山，引申为神秘高大之物。《说文解字》指出：“崇，嵬高也，从山，宗声。”《诗经·周颂·良耜》有“其崇如墉，其比如栉”之说，“墉”指高大雄伟的城墙。拜，倾倒般的敬仰。被崇拜的对象往往具有高大雄伟甚至不可思议的特点。我国是多神祇信仰的国家。数千年来，在这片古老的大地上土生土长了形色各异的神祇，它们相互对立、融

---

① 张锡勤、柴文华主编：《中国伦理道德变迁史稿》上卷，人民出版社 2008 年版，第 14 页。

合,汇成了庞杂的神祇世界。中华先民原始宗教崇拜的对象非常广泛,大致可分为自然崇拜、生殖—祖先崇拜和图腾崇拜等。

(1) 自然崇拜

自然崇拜是原始宗教的表现形态,是一种把自然物和自然力超自然化的倾向。在原始社会初期,人与自然的关系主要表现为自然对人的压迫。这一时期,由于人类认识自然、改造自然的能力十分低下,突如其来的自然灾变常常对人的生存造成严重的威胁,人的生存必须靠自然的恩赐,但是自然界却往往不如人愿,它作为一种可怕的异己力量成为人类依赖和畏惧的对象。原始人对自然界这种异己的力量无法认识和理解而产生恐惧感。于是,他们认为在现实的物质世界之外,一定还存在着另一个人类看不见、摸不着的神秘世界,存在着一种超自然的力量。这种力量主宰着人类的命运,人类对它只能顺从、祈求而不能违反。于是,对自然这种异己力量就产生了盲目信仰和崇拜,进而把自然界、自然力人格化为神灵加以膜拜。诚如马克思、恩格斯在《德意志意识形态》中所说的,“自然界起初是作为一种完全异己的,有无限威力的和不可制服的力量与人们对立的,人们同自然界的关系完全像动物同自然界的关系一样,人们就像牲畜一样慑服于自然界”。① 人们以为大自然是个巨大的未知数,它有无比的造化,有生命,有意志,有能力,于是人们盲目地崇拜它,产生了自然崇拜。在早期的原始人类看来,天、地与人们的生活密切相关:它们不仅给人类带来和煦的阳光、丰沛的雨水和人类赖以生存的土地,还带来种种令人恐惧的自然现象。在蒙昧时期,人类的思维能力和生活经验尚不足以掌握天地律变的动态,必然会以自己有限的思维能力去比附神奇的物象,以为天地与人一样,有思想、感情和意志,亦有灵魂的存在,这形成了最初的神祇观念。许慎《说文解字》:“神,天神引出万物也。祇,地祇提出万物也。”认为天神、地祇乃万物之母。事实亦是这样,最初的神的观念确实与天地崇拜密切相关。自然崇拜涉及一切自然物,从天上的日月星辰雷电云雨,到地上的山川河流土石草木,乃至飞禽走兽,无不加以神化和崇拜。中华先民很早就有自然崇拜,仰韶文化的彩陶纹饰有植物花纹、太阳、月亮、火。在原始社会末期,崇拜自然要举行祀典。《尚书·尧典》记

① 马克思、恩格斯:《德意志意识形态》,《马克思恩格斯选集》第1卷,人民出版社1995年版,第81页。

载虞舜时“祀于六宗”。六宗即天宗日月星，地宗何海岱。中华先民对大自然的崇拜，主要有天象崇拜、地象崇拜等。

天神崇拜。起源于原始人类畏惧自然力和自然现象的神秘感，于是他们便赋予自然力和自然现象以人的情感意识，构成了天象原型和天象崇拜。天体变化、日月交替和风雨阴晴，均对人们的生活发生巨大影响，这是天象原型产生的根本原因。太阳被称作天神，它经常驾车巡视，起落有常，运行线路广阔。原始先民有祭日的习俗，一直延续到夏商周三代。《礼记·祭义》载：“郊之祭，大报天而主日，配以月。”除了崇拜日月以外，星宿崇拜也是天神崇拜的重要内容。古人认为，星宿可以感生圣贤。据悉，黄帝就是北斗感生的。《搜神记》云：“黄帝有熊氏，少典之子。母曰附宝，其先即炎帝母家有蟜氏之女，世与少典交婚。及神农之末，少典氏又娶附宝，见大霓光绕北斗枢星，照野郊，附宝孕二十五月，生黄帝于寿丘。”星宿崇拜对命理术数很有影响。《抱朴子·辨问》有言：“人之吉凶，制在结胎受气之日，皆上得列宿之精。其值圣宿则圣，值贤宿则贤，值文宿则文，值武宿则武，值贵宿则贵，值贱宿则贱，值贫宿则贫，值寿宿则寿，值仙宿则仙。”可见，中国古代星命术的理论即源于星宿崇拜。进入文明社会之后，“天子祭天，诸侯祭土”成为定俗，百姓已没有资格祭天，但对天的信仰依然盛行于民间，被称为太一、泰一或泰一神等。其他民间信仰的天象原型还有文昌、文曲、武曲、太岁、寿考、奎星、南斗、北斗诸星和雷公、电母、风伯、雨师诸类。之后，其形象也经历了从单纯的自然属性的崇拜，发展到具备重要的社会职能的这一转型过程。这也是神祇演化的一大特点。

地神崇拜。最初亦是出于对土地自然属性的神秘感、依赖感及因此而产生的敬恐感。《礼记·郊特牲》云：“地载万物，天垂象，取材于地，取法于天，是以尊天而亲地也。故教民美报焉。”古代人类祭祀地神既出于对这片神奇的土地的恐惧感、依赖感，亦出于对这块土地的敬畏与感戴，为了酬劳其负载万物、生养万物的功劳。原始社会末期，中华先民开始崇拜和祭祀大山。虞舜时“望于山川，遍于群社”。《礼记·祭法》云：“山林川谷丘陵，能出云，为风雨，见怪物，皆曰神。”《春秋繁露·山川颂》有言：“山川神祇立，宝藏殖，器用资，曲直合，大者可以为宫室台榭，小者可以为舟舆浮滠。”大山收到万民的景仰。山中有善良之神和凶恶之神，凶恶之神给人类以摧残性的伤害，善良之神给人类以莫大的恩惠。除了大山崇拜,中华先民还有对江河湖泊的水神崇拜,有对土地及土地上产生的谷物等神的崇拜。原始的土地崇拜,必然具有民族性、区域性,它是对自己所居住、生存、耕作的特定土地的崇拜。统一的国家政权建立之后,则出现了以整个土地为对象的抽象化的地神崇拜,即所谓“后土”崇拜,而地区性的土地神,后来则被称为“社”。社神原来只有自然属性,之后却渐渐失去,并被社会属性取代,逐渐人格化,成为管理各自地区、各个门类的地方守护神。这些神祇后来又被道教按封建官府的组织形式纳入了神的体系。

(2) 生殖崇拜与祖先崇拜

中华先民对于自身的繁衍发展非常关注,由此产生了炽热的生殖崇拜。上古时代,男女性器官作为公开顶礼膜拜的对象,表达了原始人对繁衍后代的渴望。对男性生殖器崇拜主要是陶祖。祖,古作且,甲骨文有目,像男性生殖器。考古工作者在黄河流域的新石器遗址发现不少陶祖,如陕西华县泉护村的早期龙山文化、西安客省庄二期文化出土陶祖塑像、青海乐都柳湾出土裸体男像陶罐。先民还采用塑造裸体像的形式表现生殖崇拜。考古工作者从辽宁牛河梁和东山嘴红山文化遗址发掘出陶塑女神像,这些像高腹丰臀,乳房硕大,阴部明显,对生殖器部位颇为夸张。在岩壁上雕刻描绘生殖器,也是先民生殖崇拜的表现方式之一。发现于新疆呼图壁县境内的大型生殖崇拜岩画,有硕大的阳具图,也有男女交合图,场面热烈,象征着人口繁衍,展示了人们的生命崇祀的庄严情感。

原始人一方面重视子孙的繁衍,另一方面也崇敬创造生命的祖先。在母系氏族社会,主要是供奉女性祖先。随着父系氏族社会的建立,男性祖先也成为供奉对象。祖先崇拜即是对先祖亡灵的崇拜。中华先民认为,人死之后,灵魂仍然需要活人给予照料,祖先的亡灵有能力保佑子孙。

(3) 图腾崇拜

在原始社会,“图腾系统是部落内一切其他社会关系、道德约束的基础。”①图腾一词来源于印地安语“totem”,意思为“它的亲属”,“它的标记”。图腾是一种观念,认为人和万物之间有某种密切联系。图腾崇拜是最原始的膜拜,诚如

---

① (奥)弗洛伊德:《图腾与禁忌》,文良文化译,中央编译出版社2009年第二版,第11页。

法国思想家涂尔干所说："图腾崇拜是在泛灵论和自然崇拜的膜拜之外，存在着的一种更基本、更原始的膜拜，前面的两种膜拜只不过是它的派生形式或特殊方面而已。"①原始居民往往以动植物等生命有机体作为自己的图腾物，相信某种图腾与自己的氏族之间存在着血缘亲属关系，并因此而产生对图腾物的崇拜。"大致说来，图腾总是宗族的祖先，同时也是其守护者。它发布神谕，虽然令人敬畏，但图腾能识得且眷顾它的子民。同一图腾的人有着不得杀害(或毁坏)其图腾的神圣义务，不可以吃它的肉或用任何方法来以之取乐。任何对于这些禁令的违背者，都会自取祸端。图腾的特征并非仅限于某只动物或某种东西，而是遍及同种类的每一个体。"②

中国先民认定某一种物与本氏族有关，禁止伤害，加以保护和崇拜，并形成了图腾崇拜。中国先民主要以动物为图腾。黄帝时代有以熊、罴、狼、豹、貅、雕、鹰、鸢为图腾的氏族，这些氏族拥护黄帝，在与炎帝交战中发挥了作用，《庄子·黄帝篇》指出："黄帝与炎帝战于阪泉之野，帅熊、罴、狼、豹、貅、虎为前驱，以雕、鹖、鹰、鸢为旗帜。"《左传·昭公十七年》在论及上古氏族标记时指出："昔者黄帝氏以云纪，故为云师而云名。炎帝氏以火纪，故为火师而火名。共工氏以水纪，故为水师而水名。大皞氏以龙纪，故为龙师而龙名。我高祖少皞挚之立也，凤鸟适至，故纪于鸟，为鸟师而鸟名。"这就是说，黄帝族以云为图腾，炎帝族以火为图腾，共工族以水为图腾，大皞族以龙为图腾，少皞族以鸟为图腾。我国原始社会不仅有单一或多种图腾崇拜，而且有综合各种动物优长的龙崇拜。《左传·昭公十七年》记载太皞伏羲氏以龙名官，春官为青龙，夏官为赤龙，秋官为百龙，冬官为黑龙，中官为黄龙。《左传·昭公二十九年》记载上古的夏族对龙有特别的偏好："古者畜龙，故国有豢龙氏、御龙氏……昔有飂叔安，有裔子曰董父，实甚好龙，能求其耆欲以饮食之，龙多归之。乃扰畜龙，以服事帝舜。帝赐之姓曰董，氏曰豢龙。"夏人以龙卜事。可以说，龙是中华民族最崇敬的神物，龙崇拜源远流长，故中华民族的后世子孙被称为"龙的传人"。

---

① (法)爱弥尔·涂尔干：《宗教生活的基本形式》，渠东等译，上海人民出版社2006年版，第85页。
② (奥)弗洛伊德：《图腾与禁忌》，文良文化译，中央编译出版社2009年第二版，第4页。

2. 原始禁忌凸显下的道德生活图景

禁忌是原始宗教的一个组成部分，它是以“不应当做什么”的面目出现的一种消极的行为方式。人类自身禁忌行为的出现或产生，是人类在行为方式、价值领域与其他一切生物体的最重要区别之一。它的出现或产生标志着人类对自身行为采取了一种自我约束和控制的形式，标志着人类道德他律和道德自律的初步形成。德国著名哲学家卡西尔指出：每一个原始社会都有自己的禁忌体系。在人类文明的初级阶段，禁忌“包括了宗教和道德的全部领域。在这个意义上，许多宗教史家都给了禁忌体系以很高的评价。尽管它有着明显的不足之处，但还是被称之为较高的文化生活之最初而不可缺少的萌芽，甚至被说成是道德和宗教思想的先天原则”。[①] 禁忌是为了避免招致惩罚和灾难而在观念和行为上对人们的禁拘和限制。一般地说，禁忌多是人们在疑惑与恐惧之中，在生存本能的驱使下，对诸多自然和社会现象盲目崇拜、畏惧和迷信，又盲目添加许多清规戒律的结果。它以非理性和缺乏任何验证的特点而区别于法律的禁令，但因多有信仰因素为其心理基础，是对某种神秘力量或某种社会状况产生恐惧、担忧进而采取的消极防范措施，所以人们坚信，如果擅自违背或偶然触犯都会招来惩罚和灾难。危险和具有惩罚作用是禁忌的两个主要特征，是人们为自身的功利目的而从心理上、言行上采取的自卫措施，是从鬼魂崇拜中产生的。从最初的禁忌看，正因为什么都太神秘、难以理解，才产生了种种禁忌；从较后的时代看，由于从古代原始思维那儿传承下来的观念经过不断变异，本来面目早已湮失，也变得神秘而不可理解。任何一个民族都有与其物质水平相适应的习俗及其禁忌。它们虽然具有浓郁的非理性色彩，却正是原始人以及处于较低下的社会发展阶段的人们为了适应环境、更好生存的心理上的保证和组织上的前提。

中华远古先民的禁忌体现在生产、生活的各个方面，主要有：血液禁忌、性禁忌等。在远古时期，人们自然地接触到血与伤亡的关系问题，与猛兽搏斗和奔跑在山石林间都会造成流血。血的流出必然伴随着痛苦，或者还有嘶喊，接下来便是伤亡。所以，血，很容易形成令人惊恐的条件反射。于是，血液便成为

---

① （德）恩斯特·卡西尔：《人论》，甘阳译，上海译文出版社1985年版，第133页。

一项惊悸。对于这种触目惊心的红色液体溢出体外的后果，经过反复观察和体验，人们会确认它是人或者动物所必不可少的东西。至于为什么它流出来之后，人或者动物会伤亡，在原始时期是很难给予科学的解释的，人们只能满足于原始思维的简单说明，即那里边含有一个生命的灵魂，或者含有某种可以使之生又可以使之死的特殊的“魔术元素”。这种观念一直延续到后世，发展成为可以称作“血气”的生命观念。《关尹子·四符篇》云：“一为父，故受气于父，气为水；二为母，故受血于母，血为火。”所以血气乃是受之于父母以成己身的基本元素。故《礼记·中庸》又有“凡有血气者，莫不尊亲”的说法。原始时代的习俗还以为，同血统的人血液相交合，异血统的人血液相离异。血气是与一个人的精灵魂魄有密切联系的。因此，“惜血”便成为人之常情，而“失血”则成为一种禁忌。

性禁忌主要是指在某种情况下把性看成是“危险的”、“不洁的”事物而加以禁止，有时也因其“神圣”而加以禁止。性禁忌和性崇拜有时似乎是矛盾的对立的两极，但是却是同源，即原始初民的愚昧无知。对于许多自然现象和社会现象，他们贫弱的头脑无法解释，在不能解释的秘密中难免不藏着祸害，他们对此感到恐怖和无能为力，所以就产生种种禁忌。在性禁忌中，主要是性交禁忌，它在许多不同的情况下发生。原始初民在进行大规模的渔、猎和作战活动过程中，往往禁绝一切性交活动，违者处死。这不仅由于性活动可能导致争夺异性的纷争而使集体行动瓦解，而且也认为会受到神灵的惩罚。乱伦禁忌是性禁忌的重要形式。原始社会曾经历过一个漫长的毫无限制的群婚杂交阶段。在这个阶段，母子、父女、兄弟姐妹都可以发生性交关系，这和动物无异。原始初民在长期的生活实践中认识到这个问题而逐渐缩小了性交范围，严禁血亲杂交而实行族外婚。实际上，血亲杂交只存在于人类蒙昧时代的初期，到蒙昧时代中后期就普遍受到禁止，从而出现了乱伦禁忌。弗洛伊德考察和研究的澳洲土著部落对乱伦行为有十分严厉的禁忌。他在《图腾与禁忌》一书中做了这样的描述：“禁忌不仅仅在于防范一个男子与母亲或姊妹间的乱伦，它也使一个男人不能够和同族的所有女人发生性关系，故而许多事实上并无血亲关系的女性也被当作血亲看待了。”原始人对于乱伦“抱有非同寻常的恐惧”，“他们将乱伦与某种我们尚不可知的、以图腾家庭关系取代真正的血亲关系这一奇特的现象结合在一起”。[①] 这种性禁忌依赖于一种“图腾”而存在。违反乱伦禁忌的人必须遭到十分严厉的处罚乃至处死。在我国原始社会，乱伦禁忌也较为普遍，并且成为原始社会的礼俗规范。原始人类对于乱伦行为的防止主要在于严格的禁忌措施以及禁忌制的严厉和其成员对违禁惩罚的畏惧。原始人类可以将乱伦置于全族人的监控之下，并且能够采取无“遮蔽”的禁忌措施。这种变化和社会生产力的发展也有极大的关系，社会生产力的发展使群居杂处的原始群出现分裂，使乱伦禁忌成为必然和可能。

原始禁忌还大量地体现在饮食、衣着、住宿、行为及交往等许多方面，它们从某种意义上反映或彰显出原始先民们的道德生活。禁忌的道德意义不仅表现在群体层面，而且也表现在个体层面，表明人已经开始意识到自己是一个群体的存在物，为了群体的存在与发展，个体必须对自己的行为有所约束。正是基于此种认识，卡西尔才认为，禁忌是“人迄今所发现的唯一的社会约束和义务的体系。它是整个社会秩序的基石。社会体系中没有哪个方面不是靠特殊的禁忌来调节和管理的”。[②] 人类对自身行为的约束往往是从禁忌开始的，在这种“不应当做什么”的命令和约束中，人类慢慢体悟到了道德的规范约束之必要，并将他律转化为自律，开启道德生活路程。

四、远古神话传说中的道德生活图谱

神话是原始道德生活的表现和结晶，体现着原始人对世界本源和生命本质的追问，表征着原始人的价值追求和人格向往。原始人生活在万物有灵观念的支配之下，认为宇宙万物都像原始人一样具有生命和灵魂。这种古老的观念，是原始神话的真正内核。“原始人类在收集各种材料去说明天地之间万事万物的起源、发展、原因、后果时，其故事逐渐演变为各种神话。”[③]原始神话的一个重要特征是拟人化，即自然力量的人格化。“因此，古代的神话文献，既不是神秘莫测的‘天书’，也不是铁板一块的古老文物，它是历史巨川的折射与缩影，混杂着漫长的人类进程的飞光掠影——汇集、沉淀了不同时期、不同背景的种种材

① (奥)弗洛伊德：《图腾与禁忌》，文良文化译，中央编译出版社 2009 年第二版，第 7～8 页。
② (德)恩斯特·卡西尔：《人论》，甘阳译，上海译文出版社 1985 年版，第 138 页。
③ 谢选骏：《神话与民族精神》，山东文艺出版社 1986 年版，第 4 页。

料，将其凝聚到自己神奇而不平凡的复杂形式中。”[①]诚如卡西尔所说：“在人的思维发达过程中，神话起着十分重要的作用。它是对宇宙之谜作出的最初解答。它企图（虽然以一种不完全和不适当的方式）找出万物的始因和原因。因此，神话似乎不仅是幻想的产物，而且还力图追溯到事物的本原。它想知道事物何以如此。它包含着宇宙论和一般人类学。”[②]在神话思维中，人类回归到本体和本源，从根源中找到人类行为方式和价值标准的来源和依据，这样就为道德原则规范以及价值目标找到了权威性的基础以及稳固的落脚点和永恒的根基。美国思想家斯坎伦在《人与神——宗教生活的理解》一书中写道：“神话，是关于超自然存在的故事。它以象征的创造力把人的存在秩序化，并成为一个有意义的世界。神话，还是一种观念，对于生活于其规范作用中的人们来说，它具有终极的价值。”[③]在有关创世神话、英雄神话的图谱中，道德价值趋向与善恶观念均获得了充分的表现。它“不是象征性的，而是主题的直接表达；神话不是为了满足某种学科兴趣的解释，而是为了满足深切的信仰需求、道德渴望、社会服从、社会主张甚至实际需要而经由叙事加以再现的原始现实。神话在原始文化中具有不可或缺的功能：它表达、增进并理解了信仰；它捍卫并加强了道德观念；它保证了仪式的效用并且提供指导人的实践准则。”[④]与希腊尚力的神话谱系有别，中国远古神话从一开始就走上了“崇德”的道路。我国远古神话推崇救苦救难、律己甚严和勇于为民造福的有德者，他们为了救黎民于水火，常常不怕困难，敢于斗争，甚至牺牲生命亦在所不惜。“女娲补天”、“夸父追日”、“羿射九日”、“精卫填海”、“愚公移山”、“刑天舞干戚”等神话，集中反映了中华远古先民们的道德理想和人生追求。通过这些神话，我们可以了解到中华原始道德的一些情态以及原始人道德生活的一些图谱。

1. 女娲补天

《淮南子·览冥训》记载：“往古之时，四极废，九州裂，天不兼覆，地不周载，火爁炎而不灭，水浩洋而不息，猛兽食颛民，鸷鸟攫老弱。于是女娲炼五色石以

---

① 谢选骏：《神话与民族精神》，山东文艺出版社1986年版，第6页。
② （德）卡西尔：《神话思维》，黄龙保、周振选译，中国社会科学出版社1992年版，第168页。
③ （美）斯坎伦：《人与神——宗教生活的理解》，金泽、何其敏译，上海人民出版社1991年版，第66页。
④ （美）阿兰·邓迪斯：《西方神话学读本》，朝戈金等译，广西师范大学出版社2006年版，第244页。

补苍天,断鳌足以立四极,杀黑龙以济冀州,积芦灰以止淫水。”

传说中的女娲是人类的一位始祖,她为人类做过许多好事。使人们最为感动的,是女娲补天的故事。当人类繁衍起来后,忽然水神共工和火神祝融打起仗来,他们从天上一直打到地下,闹得到处不宁,结果祝融打胜了,但败了的共工不服,一怒之下,把头撞向不周山。不周山崩裂了,支撑天地之间的大柱断折了,天倒下了半边,出现了一个大窟窿,地也陷成一道道大裂纹,山林烧起了大火,洪水从地底下喷涌出来,毒蛇猛兽也出来吞食人民,人类面临着空前大灾难。女娲目睹人类遭到如此奇祸,感到无比痛苦,于是决心补天,以终止这场灾难。她选用各种各样的五色石子,架起火将它们熔化成浆,用这种石浆将残缺的天窟窿填好,随后又斩下一只大龟的四脚,当作四根柱子把倒塌的半边天支起来。女娲还擒杀了残害人民的黑龙,刹住了龙蛇的嚣张气焰。最后为了堵住洪水不再漫流,女娲还收集了大量芦草,把它们烧成灰,埋塞向四处铺开的洪流。经过女娲一番辛劳整治,苍天总算补上了,地填平了,水止住了,天地间恢复了宁静,还出现了五彩云霞,一切生物都生机勃勃地活在大地上,人民又重新过着安乐的生活。女娲为人类和世界万物的生存而补天的壮举,受到后世人们的敬仰与崇拜,成为道德生活史上的一座丰碑。

2. 夸父追日

远古时代,在我国北部,有一座巍峨雄伟的载天山,山上住着一个巨人民族叫夸父族。夸父族的首领叫做夸父,他身高无比,力大无穷,意志坚强,气概非凡。有一年,天大旱,火一样的太阳烤焦了地上的庄稼,晒干了河里的流水。人们热得难受,实在无法生活。夸父见到这种情景,就立下雄心壮志,发誓要把太阳捉住,让它听从人们的吩咐,更好地为大家服务。一天,太阳刚刚从海上升起,夸父就从东海边上迈开大步开始了他追日的征程。太阳在空中飞快地转,夸父在地上疾风一样地追。夸父不停地追呀追,饿了,摘个野果充饥;渴了,捧口河水解渴;累了,也仅仅打盹。他心里一直在鼓励自己:“快了,就要追上太阳了,人们的生活就会幸福了。”他追了九天九夜,离太阳越来越近,红彤彤、热辣辣的太阳就在他自己的头上啦。夸父又跨过了一座座高山,穿过了一条条大河,终于在隅谷就要追上太阳了。这时,夸父心里兴奋极了。可就在他伸手要捉住太阳的时候,由于过度激动,身心憔悴,突然,夸父感到头昏眼花,竟晕过去了。他醒来时,太阳早已不见了。夸父依然不气馁,他鼓足全身的力气,又准备出发了。可是离太阳越近,太阳光就越强烈,夸父越来越感到焦躁难耐,他觉得他浑身的水分都被蒸干了,真是又累又渴,当他走到中途时,身体就再也支持不住了,慢慢地倒下去,死了。夸父死后,他的身体变成了一座大山。这就是“夸父山”。据说,位于现在河南省灵宝县西三十五里灵湖峪和池峪中间。夸父死时扔下的手杖,也变成了一片五彩云霞一样的桃林。桃林的地势险要,后人把这里叫做“桃林寨”。夸父死了,他并没捉住太阳。可是天帝被他的牺牲、勇敢的英雄精神所感动,惩罚了太阳。从此,他的部族年年风调雨顺,万物兴盛。夸父的后代子孙居住在夸父山下,生儿育女,繁衍后代,生活非常幸福。

3. 精卫填海

炎帝有一个女儿,叫女娃。女娃十分乖巧,黄帝见了她,也都忍不住夸奖她,炎帝视女娃为掌上明珠。炎帝不在家时,女娃便独自玩耍,她非常想让父亲带她出去,到东海——太阳升起的地方去看一看。可是因为父亲忙于公事:太阳升起时来到东海,直到太阳落下;日日如此,总是不能带她去。这一天,女娃没告诉父亲,便一个人驾着一只小船向东海太阳升起的地方划去。不幸的是,海上突然起了狂风大浪,像山一样的海浪把女娃的小船打翻了,女娃不幸落入海中,终被无情的大海吞没了,永远回不来了。炎帝痛念自己的小女儿,但却不能用太阳光来照射她,使她死而复生,只有独自神伤嗟叹。女娃死了,她的精魂化作了一只小鸟,花脑袋,白嘴壳,红脚爪,发出“精卫、精卫”的悲鸣,所以,人们便叫此鸟为“精卫”。精卫痛恨无情的大海夺去了自己年轻的生命,她要报仇雪恨。因此,她一刻不停地从她住的发鸠山上衔了一粒小石子,展翅高飞,一直飞到东海。她在波涛汹涌的海面上回翔着,悲鸣着,把石子树枝投下去,想把大海填平。大海奔腾着,咆哮着,嘲笑她:“小鸟儿,算了吧,你这工作就干一百万年,也休想把我填平!”精卫在高空答复大海:“哪怕是干上一千万年,一万万年,干到宇宙的尽头,世界的末日,我终将把你填平的!”“你为什么这么恨我呢?”“因为你夺去了我年轻的生命,你将来还会夺去许多年轻无辜的生命。我要永无休止地干下去,总有一天会把你填成平地。”精卫飞翔着、鸣叫着,离开大海,又飞回发鸠山去衔石子和树枝。她衔呀,扔呀,成年累月,往复飞翔,从不停息。后来,一只海燕飞过东海时无意间看见了精卫,他为她的行为感到困惑不解,但了解了事情的起因之后，海燕为精卫大无畏的精神所打动，就与其结成了夫妻，生出许多小鸟，雌的像精卫，雄的像海燕。小精卫和她们的妈妈一样，也去衔石填海。精卫锲而不舍的精神，善良的愿望，宏伟的志向，受到人们的尊敬。晋代诗人陶渊明在诗中写道："精卫衔微木，将以填沧海"，热烈赞扬精卫小鸟敢于向大海抗争的悲壮战斗精神。后世人们也常常以"精卫填海"比喻志士仁人所从事的艰巨卓越的事业。人们同情精卫，钦佩精卫，把它叫做"冤禽"、"誓鸟"、"志鸟"、"帝女雀"，并在东海边上立了个古迹，叫做"精卫誓水处"。

4. 愚公移山

《列子·汤问》载："太行王屋二山，方七百里，高万仞。本在冀州之南，河阳之北。北山愚公者，年且九十，面山而居。惩山北之塞，出入之迂也。聚室而谋曰：'吾与汝毕力平险，指通豫南，达于汉阴，可乎?'杂然相许。其妻献疑曰：'以君之力，曾不能损魁父之丘，如太行、王屋何? 且焉置土石?'杂曰：'投诸渤海之尾，隐土之北。'遂率子孙荷担者三夫，叩石垦壤，箕畚运于渤海之尾。邻人京城氏之孀妻有遗男，始龀，跳往助之。寒暑易节，始一返焉。河曲智叟笑而止之曰：'甚矣，汝之不惠。以残年余力，曾不能毁山之一毛，其如土石何?'北山愚公长息曰：'汝心之固，固不可彻，曾不若孀妻弱子。虽我之死，有子存焉；子又生孙，孙又生子；子又有子，子又有孙；子子孙孙无穷匮也，而山不加增，何苦而不平?'河曲智叟亡以应。操蛇之神闻之，惧其不已也，告之于帝。帝感其诚，命夸娥氏二子负二山，一厝朔东，一厝雍南。自此，冀之南，汉之阴，无陇断焉。"

愚公移山是一个流传数千年的故事，从古至今人们津津乐道，是崇尚它寓含的精神。愚公为了排除险阻，打开通道，率领全家搬走太行、王屋两座大山。这是一件大而又艰巨的工程，在有的人看来是难以想象的。但是，愚公胸怀大志，不被困难所吓倒，他敢想敢说敢做，终于在别人帮助下把两座大山搬走了。愚公移山告诉人们，无论什么困难的事情，只要有恒心有毅力地做下去，就有可能成功。

5. 羿射九日

传说尧帝时代，有十个太阳一齐出现在天空，给人类带来了严重的旱灾。土地烤得直冒烟，禾苗全都枯干，甚至铜铁沙石也晒得软软的快要熔化了。人民更是不好受，血液在体腔里仿佛在沸腾。怪禽猛兽纷纷从火焰般的森林、沸汤般的江湖里跑出来伤害人民，弄得人民苦上加苦。唐尧就派羿去射日。羿在射落九个太阳后，又为人民除去许多怪禽猛兽。其中有吃人的猛兽，牙齿像凿子的“凿齿”，长着九个脑袋的水火之怪“九婴”，毁坏房舍的“大风”，兴风作浪的洞庭巨蟒“巴蛇”和大野猪“封”。他在畴华泽附近的旷野上杀死凿齿，在北方凶水边上杀死九婴，在青丘的湖上射死凶猛的大风鸟，在地上杀死猰貐，在洞庭湖边斩断长蟒，在桑林捉住大野猪，广大的老百姓都非常高兴。“羿射九日”的故事反映了上古时代人类与自然斗争和征服自然的美好愿望，塑造了一位大无畏的英雄。同时也饱含着“除恶扬善”、“为民造福”的人文精神。

6. 刑天舞干戚

《山海经·海外西经》云：“刑天与帝争神。帝断其首，葬于常羊之野。乃以乳为目，以脐为口，操干戚而舞。”根据《山海经》的记载，刑天是炎帝的战将，武艺高强，勇猛善战。在炎黄战争中贡献非常。炎帝在阪泉战败，退居于南方，刑天不甘心，他联合蚩尤部落对抗黄帝。蚩尤兵败被杀，刑天一怒之下便手拿着利斧，杀到天庭中央的南大门外，指名要与黄帝单挑独斗。最后刑天不敌，被黄帝斩去头颅。而没了头的刑天并没有因此死去，而是重新站了起来，并把胸前的两个乳头当作眼睛，把肚脐当作嘴巴；左手握盾，右手拿斧。因为没了头颅，所以他只能永远地与看不见的敌人厮杀，永远地战斗。陶渊明的《读山海经》中有：“精卫衔微木，将以填沧海。刑天舞干戚，猛志固常在。同物既无类，化去不复悔。徒设在昔心，良辰讵可待！”以此来赞颂刑天的精神。刑天与黄帝的争斗，乃是炎黄战斗的延续。刑天部落虽然失败，但刑天那种不屈不挠、绝不服输的顽强的战斗精神，深深地烙印在后世人民的心中，常为后人称颂。刑天，象征着一种永不妥协的精神！

中国远古神话，除以上所述之外，还有“共工怒闯不周之山”，“嫦娥奔月”、“牛郎织女”等。中国远古神话是一面镜子，一本道德生活的教科书，从中我们看到了远古先民们崇高的道德精神和为公为民的优秀品质。

一般地说，原始社会道德生活是人类道德的起源和发端时期，整体上处在习俗道德的水平，理性成分较为浅薄，其思维处在如同法国文化人类学家列维·施特劳斯所说的“野性的思维”的阶段。表现为巫术和仪式活动的道德具有明显的威权化、外在化和狭隘化的特点，社会化和理性化的色彩并不浓厚，而且充满着原初的蒙昧、未开化及野性状态。但是中华远古先民们的道德生活有它自身的特点,从各种神话、禁忌以及大量出土文物我们可以看出,它以自己对德性与群体和谐的特别关注和强调拉开了道德生活的大幕,并在肯定氏族酋长、部落联盟首领道德品质和人格的基础上发展起了远古圣人的道德生活谱系,从此使得中华民族的道德生活始终是在有典型可以效法、有圣人可以崇拜的格局中展开和进行,唐尧虞舜将以往的道德生活进一步聚合整齐,对部落联盟内的个体成员施以人伦教化,致使中华文明伦理化达到一定高度。中华远古先民的道德生活,因为有了圣人的化育,故体现出朝着大道运行的趋势,彰显出一种德性的光芒,它是进入文明时代的人类道德发展的基础,并在一定程度上成为后世道德不断追思和缅怀的源头。

第二节　夏商时期的道德生活状况

如果说原始社会的道德生活是中华民族道德生活的初步奠基和草创时期,那么夏商西周时期的道德生活则主要反映奴隶社会的道德生活状况,春秋战国时期的道德生活是我国奴隶社会向封建社会转型或过渡时期的道德生活,道德生活的理性化和人文化色彩在社会大变动中日趋彰显。中国的夏商周三代,是中华伦理文明萌生与孕育的重要时期,不仅形成了“夏礼”、“殷礼”和“周礼”,而且还提出了敬德保民、仁爱、孝悌等道德观念。

夏商时期是中华民族道德生活进入阶级社会的重要时期,从原始社会的“禅让制”发展到“世袭制”,标志着从“天下为公,选贤与能”的大同社会进入到“天下为家”、“各亲其亲”的小康社会。夏商建立了统一的国家政权,将原始社会传下来的礼俗予以改造,形成了“夏礼”和“殷礼”,并在社会道德教育方面作了一些初步的探索。商代已经有了流传至今的甲骨文,其中记载了当时道德生活的一些画面和情景。《礼记·表记》引孔子语曰:“夏道尊命,事鬼敬神而远之,近人而忠焉。先禄而后威,先赏而后罚,亲而不尊。其民之敝,蠢而愚,乔而野,朴而不文。”“殷人尊神,率民以事神,先鬼而后礼,先罚而后赏,尊而不亲。

其民之敝，荡而不静，胜而无耻。”殷商时期的道德生活是在虞夏道德生活基础上发展起来的，体现了对夏代道德生活偏弊的矫正和经验教训的深刻总结。

一、夏代道德生活状况

夏代是我国历史上建立的第一个朝代和国家政权，自禹至桀传17君，14世，前后经历了约471年。夏本指夏后氏，是居于夏地的部落联盟的名称。夏代是商人亲自眼见它灭亡的，司马迁为之立了本纪。先秦典籍中记述夏代史事甚多，所以，夏代的历史是可信的。

五帝时期，天下的共主，譬如黄帝、帝喾、颛顼、尧和舜，都是因为贤德而为各个部落所尊崇、所拥戴。五帝对天下的治理也都是以德为上，圣贤的德性化育压倒了制度性的政权建构。在挑选继承人方面，五帝基本遵循“传贤”或“选贤与能”的原则，在广泛征求大家意见的情况下，将帝位传给符合条件之人，而并不一定将帝位传给子嗣，除非子嗣符合道德或贤能方面的要求，如黄帝和帝喾就是父子相传。在舜帝去世后，夏族的首领禹因为治水有功，并且为人贤德谦逊，而继承了帝位。禹的曾祖父昌意和父亲鲧都没有登临帝位，而是给天子做大臣。当尧帝在位的时候，洪水滔天，人们都为此十分忧愁。尧便寻找能治理洪水的人，众人推举了鲧。但是九年过去了，洪水仍然泛滥不息，鲧治水没有取得成效。舜继承帝位后，决定任用鲧的儿子禹来治理洪水。《史记·夏本纪》上说，禹为人聪敏机智，能吃苦耐劳；而且他遵守道德，仁爱可亲，言语可信。他勤勤恳恳，庄重严肃，堪称是百官的典范。舜帝为表彰禹治水有功而赐给他一块代表水色的黑色圭玉，向天下宣告治水成功。天下从此太平安定。禹既治平水患，又征服黎苗，功业甚大，因此得到“大禹”的尊称。禹即帝位后，先建都于阳翟（今河南禹县），后又在安邑（今山西安逸）或平阳建都。立为天子后，举用皋陶为帝位继承人，但是皋陶没有继任就逝世了。后来，禹把天下传给益。服丧三年完毕，益又把帝位让给禹的儿子启，自己到箕山之南去躲避。从此，王位的继承法则改为父子或兄弟相传而不传贤，实行世袭制度，开始了所谓的“家天下”时代。

禹之前的社会道德生活是“大道之行也，天下为公”，禹之后的社会道德生活则是“大道既隐，天下为家”。即原始公社制度解体了，天下的财产成了一家的私产。天子之位传子而不传贤，并由子孙来承袭被认为是理所当然。人们建造城市来保护财产，制定礼教与法规以维护社会秩序。禹死之后，尽管帝位传给了别的贤人，但最后还是其子启继承了天子之位，从而真正开启了中国历史上王位由“父子相传”的先河，即古人所说的“家天下”的肇始。自此之后的历代王朝，基本延续了这一继承法则。

柳诒徵在《中国文化史》中谈到，夏商周三代绵亘两千多年，其政教风俗之变迁很多，就其价值观念以及立国施政之方针而言多有不同。“唐虞以降，国家统一，政治组织，渐臻完备。于是立国行政，始有确定之方针。其方针大抵因时势之需要而定，救弊补偏，必有所尚。时移势异，偏弊不同，则所尚亦因之而异。”①比较而言，夏道本于虞，崇尚忠孝。《礼记·表记》指出：“夏道未渎辞，不求备，不大望于民，民未厌其亲。”“后世虽有作者，虞帝未可及也已矣。君天下，生无私，死不厚其子，子民如父母，有憯怛之爱，有忠利之教，亲而尊，安而敬，威而爱，富而有礼，惠而能散。其君子尊仁维义，耻费轻实，忠而不犯，义而顺，文而静，宽而有辨。”夏代立国施政的原则是尊崇君主的政教，侍奉鬼神但敬而远之，亲近人而待人忠厚，重俸禄而轻威仪，重奖赏而轻刑罚，亲善人而不过分尊敬。这种道德价值取向给民众造成的弊病则是使人愚蠢而知性不足，骄傲粗野，生命性情的质朴有余而文化开发不足。在孔子看来，夏代道德生活的基本格调是质有余而文不足。这种质朴真诚源于虞舜时期的道德风尚。孔子盛赞虞帝的质朴真诚，认为虞帝统治天下，活着的时候无私，死时也不厚待他的儿子，他对民众的爱护就像父母爱护儿子一样，对民众有出自天性的爱心，有忠厚而利民的教诲，亲切而有尊严，安详而又恭敬，庄重而有慈爱，使民众富庶而有礼貌，有恩惠能普施于民。虞舜时代，有道德修养的君子总是能够尊崇仁爱而信守公义，以靡费为耻而又不看重财物，忠诚而不犯上，守义而顺理，温文而沉静，宽厚而有原则。夏道继承了虞舜时代道德生活的传统，尽管政治生活进入“家天下”的时代，但依然保留有质朴忠厚道德生活的色彩和风气。人们讲道德是在一种质朴天性的情境中进行的，主体自觉自为的因素并不突出。虽然建立了国家政权，但这种国家政权还很不完善，管理的功能也比较单一，社会和国家

① 柳诒徵：《中国文化史》上册，中国大百科全书出版社 1988 年版，第 78 页。

层面的道德教育还很不系统，人们对道德的认识包括反思、思维等基本上处在纯任自然的状态。当然，夏代毕竟不同于虞舜时代，它开启了“家天下”的道德生活先河，人们的私有观念得到某种程度的激发，统治阶级可以通过国家政权来获得更多的物质财富和生活享受，这就有可能使先民遗留下来的质朴真诚之道德风尚遭受减损乃至污染，出现从“淳朴道德高峰”的跌落。事实上，后来的一些统治者确也曾醉心于对财富的掠夺和享受，出现了不理朝政、不顾民众死活的状况，引发了民众强烈的不满。

夏启即位后，打败了东夷部落首领伯益，并在从西向东发展中战胜了有扈氏，稳定了自己的王位。先秦典籍如《墨子·非乐上》、《楚辞·天问》和《山海经》等书都记载启贪酒好乐，好逸恶劳。启死之后，他的儿子太康即位。太康即位后耽于游乐田猎，荒废政事，不顾人民的疾苦，人民不堪忍受。这时东夷族有穷氏开始向西发展他们的势力，有穷氏首领后羿获得了夏朝百姓的支持，“因夏民以代夏政”，夺取了夏王朝的统治权，太康被赶走，这就是夏王朝早期历史的“太康失国”事件。太康因此失国，人民和权力落于后羿之手。太康死后，后羿立太康之弟仲康为夏王，但实权操纵在后羿之手。仲康帝在位的时候，掌管天地四时的大臣羲氏、和氏沉湎于酒，把每年的四季、日子的甲乙都搞乱了。仲康死后，又立其子相。后羿因为荒于游猎，被他的臣子寒浞（zhuó）所杀，寒浞又杀相自立。当相被杀时，相的王后缗（mín）正有身孕，她逃回自己的娘家，后生下儿子名少康。少康长大后，就汇聚夏的残存的势力，灭了寒浞，光复了夏王朝。史称“少康中兴”。少康之子杼（zhù）在位时，彻底灭了寒浞的势力，并征伐东夷，使夏王朝发展到了鼎盛阶段。其后的五代六王时期，社会比较安定，经济持续发展。当帝位传至第十五代夏王孔甲时，因为其淫乱，夏后氏的威德日渐衰微，并且引起了诸侯的反叛，夏王朝也逐渐走向衰败。孔甲死后，又三传至夏桀。桀是历史上有名的暴君，他不修德，奢侈无度。据《竹书纪年》记载，他“筑倾宫、饰瑶台、作琼室、立玉门”。还从各地搜寻美女，藏于后宫，日夜与妹喜及宫女饮酒作乐。据说酒池修造得很大，可以航船，醉而溺死的事情时常发生，荒唐无稽之事，常使妹喜欢笑不已。民众的生活则十分困苦，他们每年的收成难得温饱，更无兼年之食，每遇天灾则妻离子散。夏代臣民指着太阳咒骂夏桀说：“时日曷丧，予及汝偕亡”。意思是说，你几时灭亡，我情愿与你一起灭亡。桀性情暴躁,又很残忍,动辄杀人。夏王朝有一个大夫叫关龙逢,手捧“皇图”来见桀。“皇图”也称作“黄图”,是古代王朝绘制有帝王祖先们功绩的图,给后代帝王们看,以便效法祖先们治理国家。关龙逢捧去的“皇图”绘有大禹治水等图像,他是要桀效法先王,像始祖大禹一样节俭爱民,以长久享国;若是像眼下这样挥霍无度,任意杀人,亡国的日子就不远了。桀对这样的忠言不仅不听,反而将关龙逢杀害,并警告朝臣们说,今后再像关龙逢这样来进言,一律杀头。于是贤臣绝迹,劝谏消失,桀愈加骄横。桀还四处用兵,劳民伤财,以致民众反抗,诸侯叛离。就在这种情形下,夏王朝星陨地震,河水断流。夏朝末,发生过两次大地震。“帝癸十五年,夜,中星陨如雨;地震,伊、洛竭。”“帝癸三十年,瞿山崩。”(均见于《竹书纪年》)以致后世谈到夏末地震时说:“昔伊、洛竭而夏亡!”(《国语·周语上》)天灾是上天对人不遵循天理的警告与惩罚。夏桀多行不义而天亡之。商汤见夏桀已是天谴众离,乃以“天命”为号召,说“有夏多罪,天命殛之”,要求大家奋力进攻,以执行上天的意志。鸣条之战,商汤的军队战胜夏桀的军队,桀出逃后死于南巢,夏王朝从此灭亡。一个强大的国家经历了四百余年历史,却被一个小诸侯国所灭,不能不引起人们的震惊与思考,所以后来出现了“殷鉴不远,在夏后之世”的告诫。这样,商汤就登上了天子之位,取代了夏朝,领有天下。

据考古发现和后代文献印证,夏代的道德风尚体现了浓厚的过渡性质。一方面,在社会形态和文化思想上表现为“原始公社制”向“奴隶制”的演化,由此而衍生的自发、朦胧的人本意识也开始冲破以往神权意识的藩篱,获得了相对理性的独立,从而为人本意识在商周时代的大解放奠定了基础。这主要表现为夏代豪华广阔的宫殿建筑、丰富多样的墓葬陈设、宏大壮观的乐舞演奏和英雄化色彩的神话传说。二里头发掘的夏代都邑布局规整、气势宏大,成为中心权力的象征,并从一个侧面彰显了夏代先民在浓厚神权意识笼罩下的人本意识的初步觉醒,透露了他们逐步发现自我、解放自我和发展自我的主体意识。而后世关于大禹治水、后羿射日等英雄式神话传说,也打破了以往纯神话的格局,创造出了英雄式人物,实际上突出了人自身的价值追求和主体能力。夏代器物的造型和纹饰,在继承中更注重创新,突出强调了礼仪性功能,从而形成了象征表意性的审美特征。社会生活内容和礼仪的丰富,特别是礼器的精神性特征,强化了夏代器物创造的表意性。《左传·宣公三年》载:“昔夏之方有德也,远方图物,贡金九牧,铸鼎象物,百物而为之备,使民知神奸”。夏代青铜九鼎的纹饰图案隐含着一定的表意性,既是天下各地自然资源和财富的体现,也是帝王享有灵物和征收贡赋的象征。因此,装饰性纹饰自此一改以往的形式模拟,更多地向着抽象性方向发展。夏代青铜器,其造型和纹饰大多仿自陶器和玉器,其风格的演变也自然与上述二者无异。“厚重而不失其精致,形体规整而又显得大方”,夏代器物在活泼愉快的自然美基础上形成了沉重神秘的庄严美。正是这样一种风格的转变,可以窥视到夏代先民在器物创造中理性思维与形象思维相互交织,从而实现了器物的庄重风格和现实社会权力等级制度威严的统一。

夏代文化艺术中酒器和乐舞的突出,体现了王权国家大一统的价值追求和目标风格,并且也使礼乐文化得以萌芽。关于夏代的酒文化,《世本》载:“仪狄始作酒醪,变五味;少康作秫酒”,夏代众多酒器的出土也印证了这一尚酒风尚。陶器类如觚、鬶、盉等,铜器类如“五爵”(爵、斝、角、觚、觯),其造型和纹饰的搭配除了注重实用价值外,还蕴含了浓厚的礼仪性特征。如河南巩义出土的夏代白陶鬶,系高山黑土烧制,陶质坚硬,造型规整,庄重厚实,一副典型的皇家气派,承载着礼制和等级等精神特质。夏代铜酒器在器物的肩上饰以实心的连珠纹,或在器盖的边缘饰以变形的动物纹图案,并且特别突出骇人的双目,营造了一种威严的氛围,与使用者的礼仪和等级地位相呼应。“礼以酒成”,尤其是青铜酒器成了夏代青铜文明的艺术制高点,成了夏代礼制的代言。关于夏代的乐舞,《吕氏春秋·侈乐》载:夏桀之时“作为侈乐,大鼓、钟磬、管箫之音,以钜为美,以众为观”。夏代遗址中也出土了二音孔的陶埙、薄器壁的铜铃、鳄鱼皮蒙的鼍鼓,还有石磬、特磬等。此时,原始全民性乐舞的巫术礼仪和专职巫师也演变为部分统治者所垄断的社会统治等级法规和政治宰辅,音乐和舞蹈逐渐脱离了虚妄的巫术性,而向着属人的政治等级礼仪和专门审美的方向发展,成为礼乐文化的源头活水。

二、商代的道德生活状况

商代是继夏朝之后,中国历史上第二个世袭制王朝时代。自天乙(汤)至帝辛(纣),共十七世、三十一王,前后经历了将近六百年。1899 年发现的商代甲骨文，把湮埋了三千余年的古老文字重新呈现在世人的面前并让人们识读。甲骨文的发现，使商代的存在无可争议，并使商代历史成为信史。安阳殷墟出土的十五万片甲骨卜辞，记录了商代社会中发生的许多事情。经过几代人的整理和研究，揭示了它所包含的丰富内容，为研究商代历史开拓了重要的途径。

商代的道德生活是神权观念笼罩下的神道主义及其风俗的体现。商代统治者“尚鬼”、“尊神”，所奉行的最高伦理原则，就是依据上帝鬼神的意志治理天下。《说苑·修文篇》指出：“夏后氏教以忠，而君子忠矣；小人之失野，救野莫如敬，故殷人教以敬，而君子敬矣；小人之失鬼，救鬼莫如文，故周人教以文，而君子文矣；小人之失薄，救薄莫如忠。”夏代道德生活崇尚以忠诚为主要内容的质朴，君子忠诚了，小人却失之粗野。救治粗野的办法莫过于虔诚恭敬，所以商代道德生活以虔诚恭敬为主要的价值追求。为了加大人们恭敬虔诚的心理意识培育，商代统治者十分敬重神灵，并通过对神灵的敬重使人们从内在心理上产生一种敬德，崇拜天地鬼神，崇拜祖先神灵。商人信鬼，巫术、祈禳、占卜和祭祀是商人社会生活的重要内容，其中以占卜和祭祀为商代最常见的两种早期宗教行为。商代的占卜内容包罗万象，上至国家大事，下至私人生活，包括祭祀、收成、征伐、天气、祸福、田猎、疾病、生育等等无所不占。占卜使用后的甲骨，一般要加以慎重地埋藏，近年来在安阳殷墟发现的甲骨很多都是成坑出土，表明是商人有意识地保存起来的。占卜之外，祭祀也是商代宗教生活的重要方面，卜辞记载的商代祭祀名目有几十种之多，一年 360 天中商王几乎无日不举行祭祀，祭祀的对象包括先王、先公、先妣等祖先神以及日、月、星辰等各种自然神，祭祀的内容有献黍、献酒、献牛羊、献人牲等，祭祀的目的则有祈福、祈年、祈寿、禳灾、报恩、求雨、去病等各个方面。在商人的宗教观念里，“上帝”是天上的最高主宰，他能够左右阴、晴、雨、雪、丰、歉、水、旱以及人的祸、福、寿、夭。人君是没有资格与上帝直接沟通的，而是要通过祖先神来作中介，祖先死后就升到上帝的左右，获得和上帝相仿的某些权利，祖先接受人君的祭祀，就会向上帝施加影响，人君因此便会获得好的收成以及各种福佑，避免各种灾难。

商朝统治者利用祭祀天神来彰显自己的道德品质，以赢得民众的拥护和爱戴。史载成汤居亳地，与葛为邻，葛伯不祭祀鬼神，成汤使人去问为何不祀？葛伯答是无以供牺牲。汤于是派人送去牛羊。然而，葛伯不是把汤送来的牛羊用于祭祀，而是自己吃掉。于是汤又派人去问为什么不祭祀鬼神，葛伯的回答是“无以供粢盛也”。汤于是派亳地的民众去为他们耕田，年老体弱的人去送饭时，葛伯却带领人去抢夺米饭，不肯给的就杀死。亳地一个前去送饭的孩子被活活杀死。成汤因为葛伯杀死送饭的孩子前去征讨他。商汤敬顺天命，祭祀鬼神，还表现在诚心诚意祈祷上天、为民求雨的行为实践中。商朝初年，发生了一场极为严重的旱灾，致使河干井枯，草木枯死，禾苗不生，庄稼无收，白骨遍野。咄咄逼人的旱灾，震撼着整个商王朝。自从旱灾发生后. 商汤就在郊外设立祭坛，天天派人举行祭礼，祈求天帝除旱下雨。这就是“郊祭”。郊祭最初的仪式是：燃烧木柴，用牛、羊、猪、狗等家畜作上供的物品。祭祀时，史官手捧三足鼎，鼎内盛有牛、羊等内作供品。史官受汤之命，说了六条责备自己的事以求天帝鬼神赐福降雨。然而，祭祀没有效果。大旱持续到第七年的时候，商汤命史官们在一座林木茂盛的山上，选了一个叫桑林的地方设了祭坛，他亲自率领伊尹等大臣举行祭祀求雨。但是祭祀之后也未见下雨，商汤就命史官占卜。史官们占卜后主张祭祀除了用牛羊作牺牲外，还要用人作祭品。商汤却坚决反对用人作祭品，认为祭祀占卜求雨，本是为民，怎能去焚烧他人？如果要用人作祭品，那就用我来代替吧！说罢，命左右把祭祀的柴火架起来，然后将自己的头发、指甲剪掉，沐浴洁身，向上天祷告曰：“万方有罪，在予一人；予一人有罪，无以尔万方。呜呼！尚克时忱，乃亦有终。”(《尚书·汤诰》)祷告完毕，商汤便坐到柴上去。左右正要点火，突然乌云四合，大风乍起，人们盼眼欲穿的大雨骤然而至。这就是历史上的“汤祷桑林”。人们都认为是汤的为民牺牲的精神感动了天帝，才使得天降甘霖，旱情解除。

商朝统治阶级在神道主义伦理价值观的威慑下，比较注重“替天行道”，他们敬顺天命，以仁德治理天下，故使商王朝比之夏朝更加强大。春秋时期齐国的彝器《叔夷钟》铭曾经歌颂商汤的伟绩，称其“删伐夏祀，咸有九州，处禹之堵(土)”。[①]《诗经·商颂·殷武》追忆成汤时商朝势力的强大时说：“挞彼殷武，奋伐荆楚。罙入其阻，裒荆之旅。有截其所，汤孙之绪。维女荆楚，居国南乡。昔有成汤：自彼氐羌，莫敢不来享，莫敢不来王。曰商是常！”《大戴礼记·少间》记

---

① 沈长云：《中国历史·先秦史》，人民出版社 2006 年版，第 45 页。

载:“成汤卒受天命……海之外肃慎、北伐、义渠、搜、氐、羌来服。”连西方的氐羌族都臣服于商朝,说明商朝国力的强大。

商朝是中国历史上贤君比较多的王朝。根据《史记》,商朝在成汤之后,第四代大甲、第九代大戊、第十三代祖乙、第十九代盘庚和第二十二代武丁,都是贤德之君。因此国运昌盛,人民生活安定,诸侯尽来归服。商汤去世之后,因为太子太丁未能即位而早亡,就立太丁弟外丙为帝,这就是外丙帝。外丙即位三年去世,立外丙的弟弟中壬为帝,这就是中壬帝。中壬即位四年去世,伊尹就拥立太丁之子太甲为帝。据《史记・殷本纪》记载:“帝太甲即立三年,不明,暴虐,不遵汤法,乱德,于是伊尹放之于桐宫。”太甲居桐宫三年,悔过自责,伊尹迎回太甲而授之政。以后,太甲修德遵法,诸侯归服,百姓的生活比较安宁。这个故事,反映了伊尹为贯彻商汤的治国方略、使商王朝长治久安作出了不懈努力。这个故事流传久远,伊尹也获得了“大仁”、“大义”的美名。雍已去世,他的弟弟太戊即位。这就是太戊帝。太戊任用伊陟为相。当时国都亳出现了桑树和楮树合生在朝堂上的怪异现象,一夜之间就长得有两手合围那么粗。太戊帝很害怕,就去向伊陟询问。伊陟借此劝太戊帝进一步修养德行。太戊听从了伊陟的规谏,那些怪树就枯死而消失了。伊陟把这些话告诉了巫咸。巫咸写下了《咸艾》、《太戊》,颂扬了太戊帝的从谏修德。此后,殷商的国势再度兴盛,诸侯又来归服。阳甲帝去世后,他的弟弟盘庚继位。盘庚即位时,殷朝已在黄河以北的奄地定都。盘庚渡过黄河,在黄河以南的亳定都,又回到了成汤的故居。史载盘庚注重遵循成汤的德政,一直以一种“朕不肩好货,敢恭生生”,“邦之臧,惟汝众,邦之不臧,惟于一人有佚罚”(《尚书・盘庚》)的精神治国理政,终于扭转了商王朝的颓势,使之走上了中兴的道路,出现了“百姓由宁,殷道复兴”的政治局面。从此商王朝结束了屡次迁都的动荡岁月,迎来了政治、经济、文化发展的新时期。盘庚迁到新邑之后,当时并没有把这个地方叫做“殷”,甲骨文中把它称作“大邑商”,商朝也才称为殷朝。武丁帝即位后,意欲复兴商朝,但一直没有找到称职的辅佐大臣。于是武丁三年不发表政见,政事由冢宰决定,自己审慎的观察国家的风气。有一天夜里他梦见得到一位圣人,名叫说(yuè)。白天他按照梦中见到的形象观察群臣百官,没有一个像是那圣人。于是派百官到民间去四处寻找,终于在傅险找到了说。这时候,说正服刑役,在傅险修路,百官把说带来让武丁看，武丁说正是这个人。找到说之后，武丁和他交谈，发现果真是位贤德圣明之人，就任他为国相。从此，国家得到了很好的治理。因在傅险这个地方找到说，就用傅作为说的姓，管他叫傅说。有一次武丁祭祀成汤。第二天，有一只野鸡飞来登在鼎耳上鸣叫，武丁为此惊惧不安。大臣祖己曰："惟先格王，正厥事"，意即大王不必担忧，先办好政事就能化险为夷。祖己进一步开导武丁曰："惟天监下民，典厥义。降年有永有不永，非天夭民，民中绝命。民有不若德，不听罪。天既孚命正厥德，乃曰：'其如台？'"（《尚书·高宗肜日》）祖己宽解武丁天道福善祸淫，上天是遵循义理行事的。只要国君按照天道行事，努力为民众谋幸福，就不会违背天意，就会得到天道的福佑。武丁听了祖己的劝谏，十分注重修养德行，致使人民安居乐业，天下太平，史称"武丁中兴"。

商代不仅出现了如成汤、盘庚、武丁这样的明君，也产生了一批如伊尹、傅说、伊涉、巫咸等贤臣。微子、箕子、比干被称之为"殷代三仁"，他们三人可谓臣子的典范，他们以自己对道德的孜孜追求和崇高气节，成为后世追思和缅怀的道德榜样。

《论语·微子》载："微子去之，箕子为之奴，比干谏而死。孔子曰：'殷有三仁焉。'"微子名启，微是封号，子是爵位。微子是帝乙的长子，纣王的同母庶兄。庶兄是指微子的母亲在生微子之前并未立为正妃，故曰庶出。生纣的时候已立为正妃，故纣虽比微子年小却为嫡出。据《史记·殷本纪》和《宋微子世家》记载，纣继承帝位后，淫乱不止，朝纪混乱。微子多次规劝，纣王刚愎自用，不予理睬，微子见纣王暴虐无道，谏而不听，故辞去官职，保存自己的清名，以示不愿同流合污。《尚书·微子》记载了微子在多次劝谏纣王而没有效果情况下与父师、少师商量去留的对话。微子曰："父师、少师！殷其弗或乱正四方。我祖衹遂陈于上，我用沉酗于酒，用乱败厥德于下。殷罔不小大好草窃奸宄。卿士师师非度。凡有罪辜，乃罔恒获，小民方兴，相为敌雠。今殷其沦丧，若涉大水，其无津涯。殷遂丧，越至于今！"（《尚书·微子》）在微子看来，殷商恐怕不能治理好天下了。我们的先祖成汤制定的规矩还摆在眼前，而纣王却沉醉在酒色之中，败坏了成汤的美德。殷商的各级官吏无不抢夺偷盗，犯法作乱，官员们都不遵守法度。有罪的往往得不到及时的抓捕，老百姓对朝廷心生怨恨。现在殷商恐怕要灭亡了,就好像要渡过大河,却找不到渡口和河岸。殷商可谓是大势已去,其灭亡在所难免。面临这样的情势,微子向父师、少师请教道:“我其发出狂?吾家耄逊于荒?”意即将被废弃逃亡在外呢?还是住在家中直到年老而终呢?父师劝告微子逃出去,不仅可以独善其身,而且说不定这是挽救殷商最好的办法。于是微子听从父师的劝告,逃出朝廷,隐居在外。

箕子、比干皆为殷王纣的叔父。箕子多次劝谏纣王,昏暴的纣王不仅不听箕子的劝谏,反而把箕子囚禁起来,终身为奴。箕子乃披发佯狂受辱,得保其身,以传大道。《尚书·洪范》中有周武王向箕子请教治国之道的记载。周武王战胜殷商,杀死纣王受(受,殷纣王的名),立受的儿子武庚为后,带着箕子返回镐京。周文王十三年,武王向箕子请教治国之道。箕子乃言曰:“我闻在昔,鲧陻洪水,汨陈其五行。帝乃震怒,不畀洪范九畴,彝伦攸斁。鲧则殛死,禹乃嗣兴,天乃锡禹洪范九畴,彝伦攸叙。”从前,鲧堵塞大水,胡乱安排水火木金土五种用物。天帝震怒,不给鲧九种大法,治国的常理因此破坏了。后来,鲧被流放,禹继承治水大业,天帝把九种大法给了他。治国的常理因此确定了下来。哪九种大法呢?箕子继续说:“初一曰五行,次二曰敬用五事,次三曰农用八事,次四曰协用五纪,次五曰建用皇极,次六曰乂用三德,次七曰明用稽疑,次八曰念用庶征,次九曰向用五福,威用六极。”“五行”即水火木金土,“五事”即貌、言、视、听、思,貌曰恭,言曰从,视曰明,听曰聪,思曰睿,“八政”即食、货、祀、司空、司徒、司寇、宾、师,“五纪”即记时方法指岁、月、日、星辰、历数,“皇极”即无偏无陂,遵王之义;无有作好,遵王之道;无有作恶,遵王之路;天子作民父母,以为天下王。“三德”即正直、刚克、柔克,“明用稽疑”指考察疑惑即选择任命掌管龟卜和蓍筮的官员,教导他们用龟甲或蓍草占卜吉凶,“念用庶征”指考察各种征兆即雨、旸、燠、寒、风,五福即寿、富、康宁、攸好德、考终命;六极即早死、疾病、忧愁、贫穷、邪恶、懦弱。“洪范”,就是治国理政的根本大法。相传大禹得到洛书(洛书就是“洪范”中“初一曰五行”至“威用六极”六十五字),历代十分重视。到了殷商,传给箕子。周灭殷后,周武王向箕子请教治国方略,箕子依据《洛书》,详细阐述了治理国家的九种大法。洪范九畴建构了一种中华民族道德生活的永恒价值目标和基本价值追求,被称之为“永恒哲学”的代表,与周易建构的“变动哲学”相映成趣,交织建构成一动一静之价值大厦。“这两套哲学犹如火车的双轨，使中国民族长期存续发展。”①

比干是纣王的爷爷帝太丁的儿子，是商纣王的叔叔，当时他正担任少师的职务。比干冒着丧生灭族的危险，向纣王犯颜强谏，抨击纣王的罪过。纣王不听，比干就不走，一连在宫中劝了三天。最后把纣王说得不耐烦了，纣怒曰：“吾闻圣人心有七窍。”于是便把比干剖腹挖心，活活杀死了(《史记·殷本纪》)。比干死后不久商朝就被在其西方兴起的姬周灭掉了。商朝虽然灭亡了，但微子、箕子、比干却受到后世的肯定与赞颂。微子后来被封在宋(今河南商丘县城南)，箕子也受到周武王的优待，比干的墓地所在的地方也被周武王封疆益土，赐给了比干的后代。

殷朝末年，诸侯国孤竹国君初的两个儿子伯夷、叔齐也以自己独立不移、威武不屈的人格而受到后人的好评。据载，伯夷、叔齐从小受到严格的教诲，都有一种对崇高道德的追求。他们的父亲欲把君位传给小儿子叔齐。父亲去世后，叔齐认为小儿子继承君位不妥，于是请大哥伯夷做国君。伯夷对其小弟说：“你做国君，这是父亲之命。”伯夷不肯违背父命，就逃出宫廷。叔齐不愿夺兄之位当国君，也逃出宫廷。于是国人只好立伯夷、叔齐中间的一个儿子做国君。伯夷、叔齐听说西边的文王实行仁政，善养老者，遂投奔周国的文王而去。“及至，西伯卒，武王载木主，号为文王，东伐纣。伯夷、叔齐叩马而谏曰：‘父死不葬，爰及干戈，可谓孝乎？以臣弑君，可谓仁乎？’左右欲兵之。太公曰：‘此义人也。’扶而去之。武王已平殷乱，天下宗周。而伯夷、叔齐耻之，义不食周粟，隐于首阳山，采薇而食之。及饿且死，作歌，其辞曰：‘登彼西山兮，采其薇兮。以暴易暴兮，不知其非矣。神农、虞、夏忽焉没兮，我安适归矣？于嗟徂兮，命之衰矣！’遂饿死于首阳山。”(《史记·伯夷列传》)孔子评论道：“伯夷、叔齐，不念旧恶，怨是用希”，称他们求仁得仁。孟子称伯夷为“圣之清者”，与圣之任者的伊尹，圣之和者的柳下惠和圣之时者的孔子相提并论。又说：“伯夷，目不视恶色，耳不听恶声。非其君不事，非其民不使。治则进，乱则退。横政之所出，横民之所止，不忍居也。思与乡人处，如以朝衣朝冠坐于涂炭也。当纣之时，居北海之滨，以待天下之清也。故闻伯夷之风者，顽夫廉，懦夫有立志。”(《孟子·万章

① 傅佩荣：《哲学与人生》，东方出版社2006年版，第154页。

下》)伯夷的道德品质和人格不仅成就他自己的道德生活,而且对身边的人都有强烈的感化教育作用。

大约在公元前13世纪,商王盘庚迁都于殷,所以后来又将商称之为殷,或称商殷,或称殷商。同夏朝一样,一部商朝史再次证明了敬顺天命的仁德之君才会使国家强盛,人民安居乐业;而导致国家衰败甚至亡国的是那些荒淫暴虐、无道的君王,因为他们的所为而自绝于天,而遭上天的抛弃,他们也成为上天谴责的对象。《史记·殷本纪》记载:“帝甲淫乱,殷复衰。”《国语·周语下》也有“帝甲乱之,七世而陨”的说法,说明殷朝自祖甲后走上衰亡的道路。祖甲以后几个商王“生则逸,不知稼穑之艰难,不闻小人之劳,惟耽乐之从”(《尚书·无逸》)。祖甲的孙子武乙是一位酷好田猎、玩世不恭的无道昏君。《史记·殷本纪》载:“帝武乙无道,为偶人,谓之天神。与之搏,令人为行。天神不胜,乃僇辱之。为革囊,盛血,仰而射之,命曰‘射天’。”到武乙之孙帝乙即位时,商朝日趋败落。乙帝去世后,小儿子辛继位,这就是辛帝。天下都管辛帝叫“纣”,因为“纣”表示残义损善。纣虽然天资聪颖,有口才,行动迅速,接受能力很强,而且气力过人,能徒手与猛兽格斗,但是他刚愎自用,拒绝臣下的谏劝,迫害贤良、残害百姓。他嗜好喝酒,放荡作乐,宠爱女人。他特别宠爱妃子妲己,一切都听从妲己的。他让乐师涓为他制作了新的淫乐乐曲,以供玩乐。他多方搜集狗马和新奇的玩物,填满了宫室,又扩建沙丘的园林楼台,捕捉大量的野兽飞鸟,放置在里面。他招来大批戏乐,聚集在沙丘,做“酒池肉林”,即用酒当做池水,把肉悬挂起来当做树林,让男女赤身裸体,在其间追逐戏闹,饮酒寻欢,通宵达旦。纣荒淫无度,百姓们非常怨恨他,有的诸侯也背叛了他。于是他就加重刑罚,设置了叫做“炮烙”的酷刑,让人在涂满油的铜柱上爬行,下面点燃炭火,爬不动了就掉在炭火里。纣的臣子中有三公,为西伯昌、九侯、鄂侯。九侯有个美丽的女儿,献给了纣,她不喜淫荡,纣大怒,便杀了她,同时把九侯也施以醢刑,剁成肉酱。鄂侯极力强谏,结果鄂侯也遭到脯刑,被制成肉干。西伯昌闻见此事,暗暗叹息。崇侯虎得知,向纣去告发,纣就把西伯昌囚禁在羑里。西伯昌的僚臣闳夭等人,找来了美女奇物和好马献给纣,纣这才释放了西伯昌。西伯昌回国,暗地里修养德行,推行善政,诸侯很多背叛了纣而来归服西伯昌。西伯昌死后,周武王率领诸侯讨伐商纣。纣派出军队在牧野进行抵抗。周历二月初五甲子那一天，纣的军队被打败，纣仓皇逃进内城，登上鹿台，穿上他的宝玉衣，自焚而死。商纣王重蹈了六百多年前夏桀的覆辙。周武王赶到，砍下他的头，挂在太白旗竿上示众。周武王又处死了妲己，释放了箕子，修缮了比干的坟墓。封纣的儿子武庚禄父，让他承续殷商的祭祀，并责令他施行盘庚的德政，殷商的民众非常高兴。于是，周武王做了天子。

第三节　西周时期的道德生活状况

西周（前 1046 年—前 771 年）是中国历史上继奴隶制商朝之后的第三个奴隶制朝代，由周文王之子周武王姬发灭商后所建立，定都于镐京（今陕西省西安市西部）。由于周朝后来将都城东迁洛邑（今河南洛阳）称东周，所以称这一时期的周朝为西周。西周从公元前 1046 年周武王灭商朝起至公元前 771 年周幽王被申侯和犬戎所杀为止，共经历 11 代 12 王，大约历经 275 年。公元前 770 年，申侯和其他一些诸侯立周平王（宜臼）为国王，平王将京都从宗周迁至洛邑，历史上称东迁以后的周王朝为东周。

一、文武之道及对道德生活的置重

周人本是活动于今陕甘一带以农业见长的古老的部族。尧时，周族首领稷被举为农师，封于邰（武功），称“后稷”。夏末，不窋失职，弃走戎狄之间。不窋孙公刘迁豳，发展农业，周族开始兴旺起来。《史记》说：“周之兴自此始。”（《史记·周本纪》）公刘下传九世，古公亶父迁至周原，《诗经·鲁颂·閟宫》：“后稷之孙，实维太王，居岐之阳，实始翦商。”太王孙姬昌继位后，“笃仁、敬老、慈少，礼下贤者”（《史记·殷本纪》），为灭商奠定了基础。文王断虞、芮之讼，征伐犬戎、密须，巩固了后方，又越过大河，攻克黎国（今山西长治西南），进攻商王经常打猎的邘（今河南沁阳西北）。灭掉商的同姓国崇之后，在丰水西岸建立了丰邑（今陕西长安西北），以便东进。武王和周公帮助他们的父亲——文王成了西方的共主，奠定了灭掉商朝的基础。

周代祖先道德深厚，崇尚仁爱孝悌，以道德作为兴家旺族的根本，赢得了四方之民的真心追随，周族的扩大源于道德力量的拓展。周代一开始就走道德的路子，“周以道德为基础，就是德治、礼治”。① 周文王的祖父为大王。大王有三个儿子，大儿子为泰伯，次子名虞仲，第三子名季历。季历的长子就是周文王，名姬昌。大王当时看到殷商政治太糟糕，有意革命，告诉泰伯好好努力，将来可以把殷商腐败的政治推翻。泰伯不愿当帝王，于是自己逃掉了。《论语·泰伯》中孔子说：“泰伯其可谓至德也已矣。三以天下让，民无得而称焉。”于是大王只好将位子传给三子季历，季历死了传给周文王。文王即位后，首先致力于周邦内部的建设，通过团结自己的宗亲来达到治理整个邦国的目的。史载周文王“遵后稷、公刘之业，则古公、公季之法，笃仁，敬老，慈少。礼贤下者，日中不暇食以待士，士以此多归之”(《史记·周本纪》)。他对父亲王季非常孝顺，确实做到了“晨则省，昏则定”。每天早上、中午、晚上都会去问候他的父亲王季，看看父亲睡得好不好？吃得好不好？假如父亲的胃口不太好，他一看，内心就会很着急。等父亲身体稍微比较舒适，吃的比较正常，他才觉得非常宽慰，所以是一日三次的问候。周文王是很有作为的创业主，勤于政事，重视发展农业生产，亲自参加农业劳动。《尚书·无逸》说：“文王卑服，即康功田功。徽柔懿恭，怀保小民，惠鲜鳏寡。自朝至于日中昃，不遑暇食，用咸和万民。文王不敢盘于游田，以庶邦惟正之供。”文王不敢荒废政事和贪图安逸，他礼贤下士，广罗人才，拜姜尚为军师，问以军国大计，使“天下三分，其二归周”。岐周在他的治理下，国力日渐强大，天下诸侯多归从，笃仁、敬老、慈少、礼贤下士的社会风气日渐形成，使其领地的社会经济文化得以发展。

《诗经·大雅·文王》对周文王的功德予以歌颂：“文王在上，于昭于天。周虽旧邦，其命维新。有周不显，帝命不时。文王陟降，在帝左右。亹亹文王，令闻不已。陈锡哉周，侯文王孙子。文王孙子，本支百世。凡周之士，不显亦世。世之不显，厥犹翼翼。思皇多士，生此王国。王国克生，维周之桢。济济多士，文王以宁。穆穆文王，于缉熙敬止。假哉天命，有商孙子。商之孙子，其丽不亿。上帝既命，侯于周服。侯服于周，天命靡常。殷士肤敏，祼将于京。厥作祼

① 南怀瑾：《论语别裁》上，复旦大学出版社 1996 年版，第 371 页。

将，常服黼冔。王之荩臣，无念尔祖。无念尔祖，聿修厥德。永言配命，自求多福。殷之未丧师，克配上帝。宜鉴于殷，骏命不易。命之不易，无遏尔躬。宣昭义问，有虞殷自天。上天之载，无声无臭。仪刑文王，万邦作孚。”该诗盛赞周文王的崇高品德，说他勤勤恳恳，端庄恭敬，选贤与能，英明善良，慎终追远，继往开来，建立了千秋德业。

周武王姓姬，名发，周文王次子。他继承父亲遗志，于公元前11世纪消灭殷商朝，夺取全国政权，建立了西周王朝，表现出卓越的军事、政治才能，成为中国历史上一代名君。周武王侍奉周文王也非常孝顺。有一次周文王生病了，周武王服侍在侧十二天，始终没有宽衣解带，帽子都没有取下来，无时无刻不在照顾他的父亲。由于这份孝心，周文王的病很快就好转，所谓至诚感通。姬发继位后，对内重用贤良，继续以姜太公（即姜尚）为军师，并用弟弟姬旦为太宰，召公、毕公、康叔、丹季等良臣均各当其位，人才荟萃，政治蒸蒸日上。对外争取联合更多诸侯国，孤立商王朝，壮大自己力量。武王灭商后，建都于镐。他采取了以殷治殷，分而治之的办法，安抚殷商遗民。封纣王之子武庚为殷侯，继续治理殷民。同时，将殷商王畿（京城周围千里）内之地分为卫、庸、邶三个小国，封自己的三个弟弟分别治理，负责监视武庚，号称“三监”。他下令释放被纣王囚禁的百姓，修整商朝贤臣比干的坟墓，放出贤臣箕子并恢复其原职。又散发供纣王淫乐奢侈之用的财物、粮食，赈济饥民和贫弱的百姓。通过采取这些措施，商地很快稳定下来。为了吸取商朝灭亡的教训，治理好国家，武王专门把箕子接来镐京，虚心请教安邦治国之道。根据箕子讲述的道理，他同姜太公、公旦等商议，决定将古时已有但还未完全形成的宗法制度进一步完善和确定下来。武王实行的封邦建国方略，相对于商朝那种原始小邦林立的现象来说，显然是一个进步。它确有统天下于一尊的意义，在当时起到了巩固和加强全国统治的作用。

《诗经·大雅·下武》对周武王的功德也作了尽情的赞颂：“下武维周，世有哲王。三后在天，王配于京。王配于京，世德作求。永言配命，成王之孚。成王之孚，下土之式。永言孝思，孝思维则。媚兹一人，应侯顺德。永言孝思，昭哉嗣服。昭兹来许，绳其祖武。于万斯年，受天之祜。受天之祜，四方来贺。于斯万年，不遐有佐。”

《诗经·大雅·文王有声》更有:“考卜维王,宅是镐京。维龟正之,武王成之。武王烝哉!丰水有芑,武王岂不仕?诒厥孙谋,以燕翼子。武王烝哉!”的赞语,认为周武王继承文王遗志,建立周朝,是一位英明有为的君主,功德无量。

周文王、周武王对道德价值的重视和道德品质的弘扬,不仅延续光大了中华道统,而且也得以序列儒家道统之系。在儒家看来,文武上继尧舜禹汤之道,下开周公、孔孟之统,是中华道统中继往开来式的人物。《中庸》载孔子之言:“无忧者其惟文王乎!以王季为父,以武王为子,父作之,子述之。武王缵大王、王季、文王之绪。壹戎衣而有天下,身不失天下之显名。尊为天子,富有四海之内。宗庙饷之,子孙保之。”又说:“文王之德之纯!盖曰文王之所以为文也,纯以不已。”修文王之德,成文王之道,是后世许多有为政治家的道德价值追求,也深刻揭示了文武之道德建树对后世道德生活的影响。

二、周公制礼作乐与成康之治

周武王在灭商后的第二年因病去世,年幼的儿子诵继位,是为成王,武王弟周公旦摄政称王。周公,姓姬,名旦,周文王姬昌的第四子,周武王的同母弟。他辅佐武王灭掉殷纣。周公是周代道德生活的真正规范者和将道德制度化法律化的代表人物。他在摄政期间,大行封建,营建东都,制礼作乐,在巩固和发展周王朝的统治上起了关键性的作用,对中国历史的发展产生了深远影响。

周公制礼,着眼于制度伦理之建构,开启了中华典章文物制度的先河。王国维指出:“欲观周之所以定天下,必自其制度始矣。周人制度之大异于商者,一曰立子立嫡之制,由是而生宗法及丧服之制,并由是而有封建子弟之制、君天子臣诸侯之制;二曰庙数之制;三曰同姓不婚之制。次数者,皆周之所以纲纪天下。其旨则在纳上下于道德,而合天子、诸侯、卿、大夫、士、庶民以成一道德之团体,周公制作之本意,实在于此。”①周公依据周制,参酌殷礼,首先确立周王为天下共主,称天子。又以天子为大宗,而与周天子同姓的诸侯,因与天子为叔伯、兄弟,为小宗,从而形成以血缘关系为联系的“宗法制”。天子之下有诸侯,诸侯内部又有爵位、等级之分,形成阶梯式的等级制度。西周分封,是以宗法血

---

① 王国维:《殷周制度论》,《观堂集林》第二册,中华书局1984年版,第452～453页。

缘关系为纽带，建立起周天子统辖下的地方行政系统，从而在一定时期内起到了加强周王朝统治的作用。分封制还为维护天子、诸侯、卿、大夫、士这一等级序列的礼制的产生，提供了重要前提。由宗法制和等级制结合，就产生出一套完整的、严格的礼仪制度。作乐是制礼的必要延伸和补充。乐是配合各贵族进行礼仪活动而制作的舞乐。舞乐的规模，必须同享受的级别保持一致。西周的礼乐，也体现了当时的时代文明。西周的分封，在一定时期内加强了周王朝统治的作用，维护了天子、诸侯、卿、大夫、士这一等级序列的礼制。周公制礼，使传统的礼乐制度日益脱却尊鬼而敬神的宗教和祭祀色彩而演变为摆脱了宗教迷信内容的社会规范体系，即所谓"周礼"，或"礼乐文化"。孔子说："郁郁乎文哉，吾从周。"(《论语・八佾》)孔子和孟子多次谈到三代的道德状况，孔子说："殷因于夏礼，所损益可知也；周因于殷礼，所损益可知也。"(《论语・为政》)又说："夏礼，吾能言之，杞不足征也；殷礼，吾能言之，宋不足征也。文献不足故也。足则吾能征之也。"(《论语・八佾》)意即夏朝的礼我能说出来，但它的后代杞国不足以作证明；殷朝的礼我能说出来，但它的后代宋国不足以作证明。这是杞国、宋国的典籍资料和熟悉历史的贤人不够的原因。如果它们资料充足，那么我就可以用来作证明了。只有周公制定的周礼，才是既系统又保存完整的资料，故成为后世儒家伦理文化之滥觞。

周公从夏商周三个朝代的交替中，看到了道德，特别是统治者的政治道德在历史发展中所起的重要作用，即有德者必胜，失德者必败。在记载周公思想的《尚书・周书》中，讲到"德"的文句很多。他反复强调明德、敬德、秉德、用德、奉德。他一方面认为"敬德保民"是周人取得政权的合法依据；另一方面也告诫周的统治者要推行德教，把天命与道德结合起来，不能像殷商那样实行暴政，自取灭亡。周公本人在协助成王治理天下期间，一直崇尚敬德保民的价值观念，勤于政事，一心为公，积极推行他倡导的一系列道德规范和周礼内容，十分重视德教。他的德教注重情感，有针对性，比喻生动形象，并最先提出了要敬德、要有善念、要谦虚、要自省、要礼贤等以德修身的明确要求。《史记・鲁周公世家》载周公对其子伯禽的告诫："我文王之子，武王之弟，成王之叔父，我于天下亦不贱矣。然我一沐三捉发，一饭三吐哺，起以待士，犹恐失天下之贤人。子之鲁，慎勿以国骄人。"周公惟恐失去天下贤人，洗一次头时，曾多回握着尚未梳理的头发;吃一顿饭时,亦数次吐出口中食物,迫不及待地去接待贤士。这就是成语“握发吐哺”的典故。曹操《短歌行》一诗盛赞周公高尚品德,“山不厌高,海不厌深。周公吐哺,天下归心。”曹操渴望国家统一,有一种建功立业的远大志向,并以周公为理想人格,为周公一饭三吐哺的崇高精神所感奋,希望天下的人才能归自己所用,共创王业,天下归心。周公辅佐武王、成王,为周王朝的建立和巩固作出了重大贡献。特别是他在受成王冤屈以后,仍忠心耿耿,为周王朝的发展呕心沥血,直至逝世,终天下大治。周公辅佐成王真正做到了“鞠躬尽瘁,死而后已”,受到后世高度肯定。以孔子为代表的儒家学派,把他的人格作为最高典范,把周初的仁政当作最高政治理想,孔子终生倡导的是周公所创立的礼乐制度,并以梦见周公作为人生最大的幸福。

为慑服商顽民而建的东都成周城落成后,周公还政于成王,周朝进入巩固的时期。成王及其子康王继承文王和武王的功业,务从节俭,克制多欲,以缓和阶级矛盾,形成了周初安定强盛的政治局面即“成康之治”。成康时期,是周朝最为强盛的阶段,经济繁荣,文化昌盛,社会安定。史称天下安宁,刑具 40 余年不曾动用,故有成康之治的赞誉。《诗经·周颂·昊天有成命》颂成王曰:“昊天有成命,二后受之。成王不敢康,夙夜基命宥密。于缉熙,单厥心,肆其靖之!”意即老天早已有明命,文王武王来受领。成王不敢图安逸,早晚奉持很勤敬。文武事业更光明,成王确已尽了心,天下一定能太平。《诗经·周颂·执竞》篇载:“不显成康,上帝是皇。自彼成康,奄有四方,斤斤其明。”成康时期是中国历史上的第一个治世,道德生活方面经过周公的制礼作乐和分封建制为人们的思想和行为指明了方向,再加上召公、毕公、荣伯、南宫毛等贤臣的辅佐,德治、德政的方针深入人心,敬德保民成为周初统治者的共识。成康重视引导人们遵守社会伦常,把美好的德性传播给民众,实现了天下有道的生动局面。王国维曾论及“周之制度典礼,乃道德之器械”,认为周人在克商之后兢兢以德治为务,奠定了中华民族道德生活的制度和价值基础。

三、西周中后期“王道维缺”和“王道衰微”

《史记·周本纪》记载,成王驾崩,太子钊立,是为康王。“成康之际,天下安宁,刑措四十余年不用。……康王卒,子昭王瑕立。昭王之时,王道微缺。昭王南巡狩不返，卒于江上。其卒不赴告，讳之也。立昭王子满，是为穆王。穆王即位，春秋已五十矣，王道衰微。”西周王朝以穆王为转折开始走下坡路。穆王征伐犬戎，劳而无功，周游四方荒废政事。到夷王时，势力渐衰，诸侯不朝宗周，甚至周王不得不“下堂见诸侯”，作为西周统治的基础——井田制也发生了动摇。

西周后期，厉王政治腐败，他任用贪婪好利的荣夷公作王朝卿士，实行王室专山林川泽之利的政策，引起舆论的普遍不满。为了压制民众的舆论，厉王采取了弭谤的措施，即派卫巫监视，凡是受到告发的人都被处死。从此，国人在路上相遇，只能以目示意，不敢交谈。厉王自以为得计，扬言“吾能弭谤”。贵族召公向厉王进谏，提出“防民之口，甚于防川”，主张“为川者决之使导，为民者宣之使言”(《国语・周语上》)。厉王不听，国人忍无可忍，遂于公元前841年在王畿镐京爆发了以平民为主力的国人暴动。起义迫使厉王“奔彘”(今山西霍县)，太子静逃至召公家中。这一年是我国有明确纪年的开始，史称“彘之乱”。这次暴动沉重地打击了周王室。国人推出一个地方诸侯共伯和，摄行天子事，史称“共和行政”。共伯和执政十四年，厉王死于彘，太子静即位，是为宣王。宣王即位后，内修政事，外治武功，北伐猃狁，南伐淮夷，在对周边少数民族的战争中取得了一系列的胜利，形成了“日辟国百里”的局面，史称“宣王中兴”。

宣王死，其子幽王即位。周幽王是历史上著名的昏君，他任用奸臣，“以虢石父为卿，用事”，致使“国人皆怨”。史载“石父为人佞巧，善谀好利”(《史记・周本纪》)，深得周幽王的信任和器重。周幽王信用奸臣，致使朝中风气正不压邪，握有权势之人巧取豪夺，他们颠倒黑白，混淆是非，制造冤狱。《诗经・大雅・瞻卬》指出：“瞻卬昊天，则不我惠。孔填不宁，降此大厉。邦靡有定，士民其瘵。蟊贼蟊疾，靡有夷届。罪罟不收，靡有夷瘳。人有土田，女反有之。人有民人，女覆夺之。此宜无罪，女反收之。彼宜有罪，女覆说之。”《瞻卬》是一首尖锐讽刺和严正痛斥昏庸荒淫的周幽王斥逐贤良、败坏纪纲、倒行逆施，以致政乱民病、天怒神怨、国运濒危的诗。周幽王的昏庸残暴造成贤德之人四处逃亡，众邦国亦皆等着大难的最终降临。据史料记载，当时像郑桓公这样居住在宗周畿内的贵族，都预感到“王室多故”，害怕“及于难”，纷纷谋划着东迁，寻找可以“逃死”的场所。[1] 周幽王昏乱的另一个重要表现则是醉心于享乐与淫靡，他宠爱褒姒，褒姒不好笑，幽王为了使其一笑，竟然演出了一幕烽火戏诸侯的闹剧。后来他再点烽火，诸侯再也不敢相信了。幽王后来废掉申后和太子宜臼，立褒姒为王后，立褒姒子伯服为太子。宜臼逃往母家申侯处，幽王讨伐申侯，欲杀宜臼。申侯大怒，联合缯、西夷、犬戎攻幽王。幽王举烽火征兵，兵莫至。遂杀幽王于骊山下，掳走褒姒，把丰镐之地洗劫一空，西周遂亡。

第四节　春秋战国时期的道德生活状况

春秋战国是我国奴隶社会过渡到封建社会的大变革时期。公元前770年，周平王放弃镐京而迁都洛邑。从这年到公元前470年，是中国历史上的春秋时代。周元王元年(公元前475年)为战国七雄历史的开端，从这年到公元前221年，秦灭六国，是中国历史上的战国时期。春秋战国时期，一方面是“礼崩乐坏”的社会动荡和西周道德礼制遭遇严重挫折的时期，另一方面也是新的道德价值观念和伦理目标在动荡挫折中确立的时期，产生了一大批尊道贵德的仁人志士，从思想和行为两方面挺立了中华民族道德生活的价值和精神走向，开掘了中华民族道德生活的源头活水，并将中华民族道德生活史推进到一个新的阶段。周人以道德立国，周代君子们把道德追求看成是自身生命价值中的最高追求之一，这使得周代社会中充盈着相当深厚的道德温情。这种道德温情，在春秋战国时期遭遇了严重的挑战，列国争霸、诸侯称雄所产生的相互攻伐等系列战争导致了礼崩乐坏的现实，翻开《左传》、《国语》，我们不难发现大量的产生在那一时代的恶德恶行、大批的乱臣贼子。但是，我们还必须看到，春秋战国又是中国历史上一个社会大变动大转折的时期，伴随着列国争霸、诸侯称雄而生的是新的封建生产关系和意识形态，一批致力于使天下大乱达到天下大治的人物走上历史舞台。他们在“周虽旧邦，其命维新”的精神感召下，从事着道德价值

① 参阅沈长云：《中国历史·先秦史》，人民出版社2006年版，第168页。

重建的工作，并以自己独特的人生实践和价值追求抒写了乱世中的道德篇章。在春秋战国时期，一股拯救道德、崇尚道德的风气从社会的各个层面吹起，并迅速成为无数欲做君子之人的人生风范。一些士大夫谴责乱臣贼子，在社会生活中矗起了一面面高高飘扬的道德旗帜，并成为后世道德建设的重要资源。

一、列国争霸与功利道义之冲突

西周末年，关中因为受战争和灾荒的破坏而残破不堪，周统治者的实力也大为削弱，平王依仗晋、郑等诸侯的力量而东迁。东迁后的周朝，起初尚占有今陕西东部到豫中一带的地方，后来有些土地被秦、虢等国割去，周的领土仅局限于洛阳周围几百里的范围之内。过去以封建从属关系而形成的统一纽带逐渐废弛，中原各诸侯国不再定期向天子述职和纳贡。周王室由于贫弱而不得不放弃天子的尊严，向诸侯伸手去“求赙”、“求金”、“求车”。周实际上已和一个小国差不多，它不能对各诸侯发号施令，反而在政治上、经济上都必须依附于强大的诸侯。东迁之后，周天子失去其天下共主的地位。西周时“礼乐、征伐自天子出”，遂为“礼乐、征伐自诸侯出”所取代。各个强国为了要挟天子以令诸侯而争作霸主，故而春秋时期出现了大国争霸的斗争。据《左传》记载，春秋时共有一百四十几国。其中重要的是齐、晋、楚、秦、鲁、郑、宋、卫、陈、蔡、吴、越等国。在春秋二百九十多年间，社会风雷激荡，可以说是烽烟四起，战火连天。仅据鲁史《春秋》记载的军事行动就有四百八十余次。经过长期的兼并，发展到战国时代，由春秋时代百十个国家变为只剩下了齐、楚、燕、韩、赵、魏、秦七个大国，出现了所谓“七雄并峙”的局面。而在“七雄”之中，又以西方新兴的秦国，人口众多疆域广阔的楚国最为强大，它们互相抗衡，都有统一中国的可能。所以当时有“纵合则楚王，横成则秦帝”(《战国策·楚策》)的说法，意思是说，如果楚国能够成功地联合东方各个诸侯国抗秦，那么便可以称王于天下，如果秦国能够离间楚与各诸侯国之间的关系，孤立楚国，那么秦就可以在天下称帝。这说明秦、楚是左右当时局势的两个重心。历史的发展已提出统一的要求，并出现了统一的趋势，而统一中国的大业，非秦即楚，可知当时秦、楚两国之间的斗争是非常激烈的。公元前 241 年赵联合楚、魏、燕、韩五国兵攻秦，但为秦所败。从此，东方六国联盟不复存在。秦乘势各个击破，自公元前 230 年至前 221 年，先后灭韩、赵、魏、楚、燕、齐,统一天下,七国争雄的局面结束。秦帝国崛起于铁血竞争的群雄列强之林,包容裹挟了那个时代的刚健质朴、创新求实精神。她崇尚法制、彻底变革、努力建设、统一政令,历160余年六代领袖坚定不移的努力追求,才完成了一场最伟大的帝国革命,建立起一个强大统一的帝国,从此,中国由一个诸侯割据称雄的封建国家转变为一个专制主义的中央集权的封建国家。

春秋战国时期在伦理道德方面是大变化、大转型的时期,从一定意义上讲,它是一个最好的时期,也是一个最坏的时期。好在旧的秩序被打破,士阶层崛起,伦理道德进入一个全新的发展时期,出现了百家争鸣,被后人视为"轴心时代",奠定了中华伦理文明的基础。坏在周天子权威失坠,诸侯们云合雾集,竞相争霸,在争霸过程中出现了"礼崩乐坏"、父子相篡、兄弟相残、君臣易位、灭国绝嗣等大量非道德乃至反道德的现象。据《春秋》记载,在春秋时期242年间共发生各种战争448次。司马迁说:春秋之中,"弑君三十六,亡国五十二,诸侯奔走不得保其社稷者,不可胜数"。如此频繁的战争自然给劳动人民带来严重的灾难。例如楚国攻打宋国时,宋国都城内就出现过"易子而食"的惨剧;再如晋楚邲之战时,晋军败退河西,自相砍杀,船中的断指成捧,河水为之变色。到了战国时期,仅大规模的战争就有222次。秦人嗜好战争,他们左手提着人头,右胳膊下夹着俘虏,追杀自己的对手。《史记·秦本纪》记载,惠文君七年,公子卬与魏战,虏其将龙贾,斩首八万。十三年,庶长章击楚于丹阳,虏其将屈匄,斩首八万;又攻楚汉中,取地六百里,置汉中郡。武王四年,拔宜阳,斩首六万。昭襄王六年,庶长奂伐楚,斩首二万。十四年,左更白起攻韩、魏于伊阙,斩首二十四万,虏公孙喜,拔五城。三十二年,相穰侯攻魏,至大梁,破暴鸢,斩首四万,鸢走,魏入三县请和。三十三年,客卿胡伤攻魏卷、蔡阳、长社,取之。击芒卯华阳,破之,斩首十五万。四十三年,武安君白起攻韩,拔九城,斩首五万。四十七年,秦使武安君白起击,大破赵于长平,四十余万尽杀之。五十年攻晋军,斩首六千,晋流死河二万人。五十一年,将军摎攻韩,取阳城、负黍,斩首四万。攻赵,取二十余县,首虏九万。西周君走来自归,顿首受罪,尽献其邑三十六城,口三万。诚然,"春秋无义战",但是我们不能就此得出春秋乃至战国时期就没有真正合乎正义公理的战争。"恶诈击而善偏战,耻伐丧而荣复杂"的自卫复仇战争总体上看还是符合正义的。即便是秦兼并六国的战争,虽然死伤代价巨大,但相对于列国争雄、诸侯称霸所导致的“德不足以亲近，而文不足以来远”的状况而言，在包含道德退步性的同时却又包含着一定的道德进步性，这种道德进步性是同国家统一、民族融合的时代大趋势密切联系在一起的，孟子畅想的“定于一”和诸子百家的“务为治”表达的即是这样一种道德进步性。

事实上，春秋战国时期是中华民族道德的真正的成型和奠基时期。以前比较散漫而缺乏系统性的道德规范在这一时期得以初步确立，士大夫的道德理想和人格在这一时期得到凸现，儒家、墨家、道家、法家、兵家、农家等竞相提出了自己“务为治”的道德方略。诸侯大国争霸，说明了周朝王权的削弱，“周天子日失其序”，另一方面又加快了统一的步伐。春秋初期是小国林立的分裂局面，春秋结束时，所剩的诸侯国已屈指可数，实现了区域性的统一，为以后秦的统一创造了有利的条件。同时列国争霸也促进了民族融合。春秋以来，随着争霸战争的频繁进行，各民族的流动、迁徙空前活跃，打破了原来的地域界限，形成了我国历史上第一次民族大融合的高潮。争霸还推动了奴隶制向封建制的转变。为了争霸图强，各国不得不在政治、经济和军事上进行某些改革，这就必然加速旧制度的瓦解，为新制度的建立开辟道路。

二、变法与维新的道德价值开拓

春秋战国时代是一个崇尚改革、变法和维新的时代。改革、变法和维新，不仅带来了生产关系和上层建筑的调整与更新，同时极大地推动了道德生活的变革，促进了一系列新的伦理道德品质和人格的形成，产生了许多志在改革变法的风云人物。李悝、吴起、商鞅等即是这批风云人物的优秀代表，他们以志在变法图治、革故鼎新的精神与品质抒写了中华民族道德生活史的崭新篇章。

各国的变法革新运动是由春秋末年开始的，至战国时代则更为扩展开来。早在春秋时代鲁宣公就采取“初税亩”制度，以增加国家收入，实际上是局部性的制度变革。战国时首先实行变法的是魏文侯支持下的李悝，他主张“食有劳而禄有功，使有能而赏必行，罚必当”，用任人唯贤的官僚制度代替旧贵族的世卿世禄制度，又主张“尽地力之教”，开荒生产，充实国力。接着韩昭侯用改革家申不害为相，申不害主张“明君使臣并进辐辏”，强调“因任而授官，循名而责实”，提倡中央集权的君主专制体制。史称“申不害相韩，修术行道，国内以治，诸侯不来侵伐。"(《史记·韩世家》)齐国的田氏,打击旧贵族,并于公元前386年代姜姓为国君,更为强盛。楚国的变法也发生较早,公元前383年楚悼王任用吴起推行变法,变法的主要内容有:疏远并废除贵族的政治、经济特权,封君传到第三代就收回爵禄;精简机构,裁减冗官,整顿吏治。要求官吏"私不害公","行义"不计毁誉,忠于职守;将节省的钱粮用于训练将士,提高军队的素质。通过变法,很快扭转了楚国落后不堪的局面,尤其使楚国的军事力量迅速增强。史书上讲,吴起变法后的楚国,"南平百越,北并陈、蔡,却三晋,西伐秦,诸侯皆患楚之强"(《史记·孙子吴起列传》)。一时间,楚国声名大振。

在吴起变法二十余年以后,秦孝公立,下令招士求贤,商鞅说孝公以"强国之术",得到孝公信任,于公元前359年开始变旧法创立新法。商鞅是战国时期著名的政治家、思想家,法家的代表人物。后封于商,称为商鞅。公孙鞅在魏相公叔痤门下任事。公叔痤死,卫鞅听说秦孝公正下令求贤,于是离魏而入秦,孝公便用他进行变法。卫鞅怕新法令没有威信,老百姓不相信,推行不开,就想了个办法,"乃立三丈之木于国都市南门,募民有人徙至北门者予十金。民怪之,莫敢徙。复曰:'能徙者予五十金。'有一人徙之,辄予五十金,以明不欺"(《史记·商君列传》)。公元前356年,商鞅以"苟可以强国,不法其故;苟可以利民,不循其礼"的精神下变法令,内容涉及经济、政治、军事、道德、法律诸方面,奖励耕战,"明尊卑爵秩等级,各以差次名田宅,臣妾衣服以家次。有功者显荣,无功者虽富无所芬华"(《史记·商君列传》)。新法实行了一年,"秦民之国都言初令之不便者以千数",当时太子也违法,商鞅严惩太子的师傅以示众,从此无人敢公开反对。实行几年之后,秦民"勇于公战,怯于私斗,乡邑大治"。公元前350年,秦从雍(今陕西凤翔)迁都咸阳,商鞅又下第二次变法令,禁止家人"同室内息",为使父子、男女有别,"平斗桶、权衡、丈尺",即统一度量衡制。将全国的小都、乡、邑集合成四十一县,县置令、丞,旧贵族的封邑遭到彻底的破坏。又下令废井田,开阡陌,允许土地买卖,承认土地私有权,为地主经济的发展铺平道路。商鞅在秦执政19年,通过两次变法实现了秦的富国强兵,封建制在秦国得到发展和巩固,使贫穷落后的秦国一跃而为当时各诸侯国中最先进最富强的国家,为以后秦统一中国奠定了基础。尽管商鞅因变法遭到车裂而死的悲惨厄运,但商鞅的变法精神和品质却鼓励和鞭策着一代又一代革故鼎新和渴望祖国强大、民族复兴的仁人志士。宋代王安石写有《商鞅》一诗:“自古驱民在信诚,一言为重百金轻。今人未可非商鞅,商鞅能令政必行。”满含敬意地肯定了商鞅变法的功德和优秀品质。

三、百家争鸣与诸子伦理思想的兴起

公元前770年到公元前221年,是中国历史的春秋战国时期,也是中华民族思想文化的“轴心时期”。在这一社会矛盾激化、兼并战争连年不断、整个社会礼崩乐坏的转型时期,产生了一批志在寻找国家统一和社会安定之精神智慧的风云人士,他们心系天下苍生、关注社会兴衰治乱,并聚徒讲学、奔走救世,彼此之间展开相互争鸣,形成了众多的学派和理论观点。先秦诸子的思想涉及经济、政治、军事、文化、教育诸领域,但就其思考的重心和关注的重点而言,当以伦理思想为最。诸子伦理思想的出现是当时道德生活的集中反映,同时又引领、改造并提升着当时的道德生活,特别对后世产生了极为重要而深远的影响。

司马谈在《论六家之要指》一文中指出:“天下一致而百虑,同归而殊途。夫阴阳、儒、墨、名、法、道德,此务为治者也,直所从言之异路,有省不省耳。尝窃观阴阳之术,大祥而众忌讳,使人拘而多所畏;然其序四时之大顺,不可失也。儒者博而寡要,劳而少功,是以其事难尽从;然其序君臣父子之礼,列夫妇长幼之别,不可易也。墨者俭而难遵,是以其事不可遍循;然其强本节用,不可废也。法家严而少恩;然其正君臣上下之分,不可改矣。名家使人俭而善失真;然其正名实,不可不察也。道家使人精神专一,动合无形,赡足万物。其为术也,因阴阳之大顺,采儒、墨之善,撮名、法之要,与时迁移,应物变化,立俗施事,无所不宜,指约而易操,事少而功多。儒者则不然。以为人主天下之仪表也,主倡而臣和,主先而臣随。如此则主劳而臣逸。至于大道之要,去健羡,绌聪明,释此而任术。夫神大用则竭,形大劳则敝。形神骚动,欲与天地长久,非所闻也。”(《史记·太史公自序》)先秦诸子百家伦理思想的主旨是“务为治”,是因为各家大都是为国君提供治政方略,都是渴望寻求一种理想的道德生活秩序,使万民能够在道德生活方面有所依归和精神的安顿。

诸子百家对社会生活的多重危机进行了深刻反思,纷纷针对时弊提出救世之方。正如《汉书·艺文志》中所说“诸子十家,其可观者九家而已。皆起于王道既微，诸侯力政，时君世主，好恶殊方，是以九家之术蜂出并作，各引一端，崇其所善，以此驰说，取合诸侯”。当时王室衰微，诸侯争霸，学者们便周游列国，为诸侯出谋划策，到战国时代形成了“百家争鸣”的局面。

以孔子、孟子、荀子为代表的儒家提出“德治”和“礼治”的政治伦理主张。儒家综合三代以来思想文化的精髓，寻求挽救世风颓废、礼乐崩坏的方法，创立了以仁为核心、仁礼结合、仁义并称的儒家学说。儒家思想推行于政治上，就是行德治和仁政。孔子提出了他的“仁道”原则，并以此作为“礼之本”，提出“正名”的口号，主张维持“君君、臣臣、父父、子子”的等级名分，恢复“君义、臣行、父慈、子孝、兄爱、弟敬”的道德原则，克服君不像君、臣不像臣、父不像父、子不像子的违礼僭越现象。他声称：“人而不仁，而礼何？人而不仁，而乐何？”并要求克制自己，使言语和行动都合于礼，这就是仁的实现。孔子以重建礼乐文化秩序、恢复周礼文化为一生的职志，孜孜以求对春秋时代道德文化问题的根本解答。在诸子百家中，儒家是以重血亲人伦、重现世事功、重实用理性、重道德修养而独树一帜的。它继承血缘宗法时代的原始民主和原始人道的遗风，切合春秋战国时代追求社会生活安定的普遍社会心理，并且设计了易行的实践方法，因而成为时代的显学。孔子当时就被称作“圣人”，在后来的整个封建社会中，一直处于显学独尊的地位，而且随时代变化而变化，没有任何一种学派或学说能够取而代之。而他所创立的思想和学说，也成了中国古代思想文化的主流。

以老庄为代表的道家提出“无为而治”和贵柔的政治伦理主张。道家以道为宇宙本体论的哲学体系，从道出发，主张人要顺应自然，无争于世，返璞归真，培养个人崇高的精神境界。道家的中心问题是全身避害，躲开人世的危险，其基本方针就是以超然的态度对待尘世的纷争。在这一点上，它和当时各种学派截然不同。道家认为，人生在世，要受到许多的外在束缚，如肌体之累，对声色享乐的追求，对功名利禄的欲望，对死亡的恐惧，仁义礼乐的羁绊等等，只有超越于这一切之上，才能领会到人生的真谛——道。儒家和道家学说，构成中华传统文化的主体。

另外，以墨翟为代表的墨家提出“兴天下之利，除天下之害”的“兼爱”思想，以韩非为代表的法家提出“不别亲疏、不殊贵贱，一断于法”的“法治”主张。

在先秦的诸子百家中，儒家、墨家、道家，都是针对当时激烈的社会矛盾，为社会或是为个人提出一个理想的价值目标和精神境界，并以此来“为万世开太平”。儒家以血亲人伦来淡化、美化、融化社会矛盾；墨家是向统治阶级呼吁“兼爱”，以调和社会矛盾；道家是以提倡超越时代、归返人的古朴本性来逃避社会矛盾。这些理论“争万世而不争一时”，重根本而不重末节，不能帮助列国诸侯争城夺地、富国强兵，所以并没有得到当时统治阶级的欣赏和推崇。只有法家、纵横家以其特有的对现实政治的实用理解、极端的功利主义主张，甚或反伦理的治策，受到统治者的重视，并被运用到现实政治中，对以后中国的统一起了主要作用。冷静客观的理智态度，冷酷无情的利己主义，构成了法家学说的冷峻的特色。此外，以孙武为代表的兵家提出“不战而屈人之兵”的用兵之术，以邹衍为代表的阴阳家提出“五德终始说”，以公孙龙子为代表的名家提出正名实而化天下及万物平等观，以许行为代表的农家提出“君民并耕而食”的重农主张，以张仪、公孙衍、苏秦为代表的纵横家提出纵横分合之策，等等。各派各家都著书立说，广授弟子，参与政治，互相批判，又互相渗透，学术思想极为繁荣。诸子百家的伦理思想和哲学、政治结合在一起，构成了中国奴隶社会和封建社会初期社会意识形态的中心，强烈地影响着当时的道德生活，并制约着日后道德生活发展的格局和走向。德国哲学家雅斯贝尔斯曾经提出“轴心时代”的观念。他认为，在公元前五百年前后，在古希腊、以色列、印度和中国几乎同时出现了伟大的思想家，他们都对人类关切的问题提出了独到的看法。古希腊有苏格拉底、柏拉图，中国有老子、孔子，印度有释迦牟尼，以色列有犹太教的先知们，形成了不同的文化传统。这些文化传统经过两千多年的发展已经成为人类文化的主要精神财富。“人类一直靠轴心时代所产生的思考和创造的一切而生存，每一次新的飞跃都回顾这一时期，并被它重燃火焰，自那以后，情况就是这样。轴心期潜力的苏醒和对轴心期潜力的回归，或者说复兴，总是提供了精神的动力。”①欧洲的文艺复兴就是把目光投向其文化的源头古希腊，使欧洲文明重新燃起火焰，而对世界产生重大影响。中国的宋明理学（新儒学）在受到印度佛教文化冲击后，再次回到先秦的孔孟，而把中国本土的伦理哲学提高到一个新水平。恩格斯说，“在希腊哲学的多种多样的形式中，差不多可以找到以后各种观

---

① （德）亚斯贝斯：《历史的起源与目标》，华夏出版社 1989 年版，第 14 页。

点的胚胎、萌芽”。[①] 同样，我们可以说，中国之后两千多年伦理思想的发展，都可以在春秋战国各家各派伦理思想中找到它最初的历史渊源。

四、忠臣义士与爱国弘道精神的彰显

春秋战国时期，既出现了许多乱臣、贼子或道德上的反面人物，同时也出现了一大批孝子、忠臣和义士或道德上的正面人物，他们在社会纷繁动荡的年代，以自己对忠、孝和义的理解和行为实践，抒写了一曲曲感人至深的道德之歌，成为后世道德建设的典范和资源。孝、忠、义三德产生于春秋战国以前，然而真正得到强化和凸显却是在春秋战国的峥嵘岁月中。“孝”反映的是维系家族血缘伦理关系的要求，可谓家庭美德的核心和集中体现；“忠”代表的是维系封建政治伦理关系的要求，可谓政治道德的核心和集中体现；“义”代表的是维系社会普通人际关系的要求，可谓社会公德的核心和集中体现。这三种基本的伦常关系都植根于中国农业宗法社会的经济政治生活，具有深厚的文化底蕴，因此它们才成为春秋战国时期无数仁人君子道德追求的主要方面，自然也是后代那些志士仁人们永远也不可开解的道德情结。

春秋多孝子，无数贵族君子乃至村野匹夫都十分崇尚孝行。《左传》第一篇“郑伯克段于鄢”关于郑庄公与其母武姜“黄泉相见”的描写，旨在表扬颍考叔的孝行。郑武公娶了申国国君的女儿为妻，叫做武姜，生下了庄公和共叔段。庄公脚在前倒生下来，使姜氏受了惊吓所以取名叫“寤生”，武姜因此讨厌庄公。郑庄公与他的弟弟共叔段为争夺权利而发生了斗争，他的母亲也暗中帮助共叔段。郑庄公为此很生气，当他把弟弟共叔段赶出国之后，也把母亲流放到城颍，并对她发誓说：“不及黄泉，无相见也。”可是这话刚说过不久，郑庄公就后悔了，觉得不应该这样对待自己的母亲。颍考叔本是颍谷这个地方管土地的官，他知道这件事后，就带了些土产献给郑庄公。郑庄公赏赐他吃饭，他吃的时候把肉都留下来。郑庄公看了很奇怪，就问为什么，颍考叔答曰：“小人有母，皆尝小人之食矣，未尝君之羹，请以遗之。”郑庄公听了此话心中一动，感伤地说：“尔有母遗，系我独无！”颍考叔曰：“敢问何谓也？”郑庄公于是告诉了他事情的缘故，并

---

① 恩格斯：《自然辩证法》，《马克思恩格斯选集》第4卷，人民出版社1995年版，第287页。

且说出了自己的后悔。颍考叔曰:“君何患焉？若阙地及泉,遂而相见,其谁曰不然?”郑庄公听了非常高兴,就按颍考叔的办法去做,终于又见到了母亲,母子俩又和好如初。后来的君子称赞道:“颍考叔,纯孝也,爱其母,施及庄公。《诗》曰:‘孝子不匮,永锡尔类’,其是之谓乎。”(《左传·隐公元年》)

春秋战国也多有忠臣。他们忠于社稷,忠于理想,忠于君主,虽遭遇各种不幸亦不改初衷。申包胥哭秦廷,忠肝义胆;叔孙豹临患不忘国,忠心可鉴。论及对国君的忠,屈原、晏婴等可谓代表。屈原是春秋战国时期伟大的爱国志士。他一生为之奋斗的崇高理想,就是要在楚国实现“美政”。屈原美政的具体内容就是“举贤而授能兮,循绳墨而不颇”。他主张通过举贤授能,修明法度,不分贵贱地选拔人才,刷新政治,依法行事,限制旧贵族的特权,使国家强盛。屈原这一开明的政治主张,切中了当时楚国的弊端,顺应了历史潮流的发展趋势,体现了其爱国主义思想的历史进步性。屈原坚贞爱国,追求进步理想,不仅表现在从政期间为实行美政而顽强斗争,而且表现在失意官场、屡遭放逐的逆境中仍然坚持理想而矢志不渝。这在他再度被放逐期间所写的诗篇《离骚》中反映得淋漓尽致。诗中有这样一段情节,讲的是诗人的姐姐女媭对他的劝诫。女媭用鲧的故事劝告屈原,说鲧由于过分刚直遭到杀身之祸,被杀害于羽山之下,要屈原凡事随大流,明哲保身就可以了。屈原则不以为然,为了证实自己行为的正确,他假托到古帝重华那里去陈词。他向帝舜陈述了历代兴亡的历史事实和自己的政治主张,强调只有举贤授能,遵守法度,才能长久享有天下。在《离骚》中,诗人表现了自己对祖国命运的深切忧虑和矢志献身于祖国的坚强决心。诗人写道:“岂余身之惮殃兮,恐皇舆之败绩。”说自己并不计较个人的荣辱祸福,所担心的只是国家的存亡。“乘骐骥以驰骋兮,来道夫先路!”表示愿意一马当先,为祖国开辟走向富强的道路。《离骚》、《九章》等诗篇,向人们展示出一个伟大的爱国者的光辉形象。他那种对祖国强烈热爱、深情眷恋和无限忠诚的思想感情,在诗中得到了充分的体现。屈原热爱祖国,同情人民,追求理想,持正不阿,为了祖国的前途命运,与误国、卖国的腐朽贵族势力不屈地斗争了一生,最后为殉于自己的理想,表明自己至死不离祖国的决心,而投汨罗江自尽。这种深厚执著的爱国热情,在政治斗争中坚持理想、宁死不屈的精神,为后世所景仰。晏婴相齐,始终怀有忠君爱国爱民之心,毫不考虑个人的得失荣辱。晏子曾出使晋、鲁、吴、楚等国，以他的博学多才、智慧雄辩赢得了各国的赞赏，最著名的是“晏子使楚”。楚王费尽心机设下道道关卡，想出晏子的洋相，都被晏子用智慧、幽默诙谐、充满哲理的言语一一化解了，再也不敢小看晏子了。晏子的作为为齐国增添了光彩，也为齐景公的统治赢得了时间。晏子具有伟大的人格。“公生明，廉生威”。晏子一生为公，从不掺杂私心杂念。坦坦荡荡做人，清清白白做事，赢得了国君的信任、人民的爱戴，就连杀人不眨眼的魔王崔杼也对晏子无可奈何。晏子的威望更重要的是来自廉洁。他一生节俭力行，廉洁简朴。齐景公因晏婴屡立奇功，多次赏赐晏子刘邑、狐裘、车马、美人、豪宅等等，晏子总是千方百计拒绝接受。他忍辱负重，忠于国君，热爱人民，呕心沥血，兢兢业业，为国为民操劳了一生。司马迁说：“假令晏子而在，余虽为之执鞭，所忻慕焉。”

义是能够挺身而出维护获得公众认可的道德价值观念，即使牺牲自己的生命亦在所不惜的一种崇高品质和精神。春秋战国时期产生了许多义士，如弦高、豫让、蔺相如、华元等。他们崇尚道义，表现了一种“惟义所在”的人生价值追求。鲁僖公三十三年，秦穆公派兵进攻郑国。军队经过滑国时，被正准备到周做生意的郑国商人弦高发现了，他看到郑国情况危急，急中生智，假托奉郑穆公之命，来犒劳秦军，以稳住敌人。弦高从自己的货物中，拿出了四张熟牛皮和十二头牛，送给秦军。秦军以为郑国早已有了准备，就在灭掉滑国之后返回秦国，郑国因此避免了一场战乱。弦高智退秦军，体现了一种见义勇为和义无反顾的伦理精神。弦高可谓真正的义士。如果说弦高的行为彰显了一种伦理公义，那么豫让的行为则体现了一种个人正义。对智伯恨之入骨的赵襄子，在智伯战败而亡后，把他的头骨漆了做成便器(一说作饮器)。豫让，生卒年不详，晋国人，当时正是智伯尊宠和信任的家臣，知后曰：“嗟乎！士为知己者死，女为悦己者容。今智伯知我，我必为报仇而死，以报智伯，则吾魂魄不愧矣。”后更名改姓，伪装成受过刑的人，进入赵襄子宫中修整厕所，身上藏着匕首，想要用它刺杀赵襄子。赵襄子到厕所去，心一悸动，拘问修整厕所的刑人，才知道是豫让，衣服里面还别着利刃，豫让曰：“欲为智伯报仇！”侍卫要杀掉豫让。襄子曰：“彼义人也，吾谨避之耳。且智伯亡无后，而其臣欲为报仇，此天下之贤人也。”最后还是让他走了。过了不久，豫让又把漆涂在身上，使肌肤肿烂，像得了癞疮，吞炭使声音变得嘶哑，使自己的形体相貌不可辨认，沿街讨饭。就连他的妻子也不认识他了。“行见其友，其友识之，曰：‘汝非豫让邪？’曰：‘我是也。’其友为泣曰：‘以子之才，委质而臣事襄子，襄子必近幸子。近幸子，乃为所欲，顾不易邪？何乃残身苦形，欲以求报襄子，不亦难乎！’豫让曰：‘既已委质臣事人，而求杀之，是怀二心以事其君也。且吾所为极难耳！然所以为此者，将以愧天下后世之为人臣怀二心以事其君者也。’”豫让之言，义薄云天，令友人感动。他两次刺杀赵襄子未遂，最后三刺赵袍、刎颈自杀。（详见《史记·刺客列传》）自杀那天，赵国有志之士听到这个消息，都为他哭泣。

春秋战国时期，信义、信用、诚信受到高度关注。管仲说：“君以礼与信属诸侯，而以奸终之，无乃不可乎？子父不奸之谓礼，守命共时之谓信。违此二者，奸莫大焉。”（《左传·僖公七年》）齐桓公答应和鲁庄公在柯地会见，订立盟约。桓公和庄公在盟坛上订立盟约以后，曹沫手拿匕首胁迫齐桓公，桓公的侍卫人员没有谁敢轻举妄动，桓公问：“您打算干什么？”曹沫回答说：“齐国强大，鲁国弱小，而大国侵略鲁国也太过分了。如今鲁国都城一倒塌就会压到齐国的边境了，您要考虑考虑这个问题。”于是齐桓公答应全部归还鲁国被侵占的土地。说完以后，曹沫扔下匕首，走下盟坛，回到面向北的臣子的位置上，面不改色，谈吐从容如常。桓公很生气，打算背弃盟约。管仲说：“不可以。贪图小的利益用来求得一时的快意，就会在诸侯面前丧失信用，失去天下人对您的支持，不如归还他们的失地。”于是，齐桓公就归还占领的鲁国的土地，曹沫多次打仗所丢失的土地全部回归鲁国。郑国太子想借助齐国的力量消灭郑国的三个氏族，并提出“以郑事齐”为条件。齐侯将许之，管仲反对，他认为处理这类事情必须以礼、信为原则，他给信下的定义是“守命共时”。齐国本来与诸侯合盟，讨伐郑国，如果答应郑太子的条件而与郑单独媾和，就是不“信”了。晋文公，以“信”为国之宝，把信看成根本的德行。

对道德的空前重视，使春秋战国时期道德论达到了较高的理论水平。人们在对具体德行的论说中，已经抽象出了与后来道德同义的德观念。当礼乐社会不能再继续维持的时候，当礼治秩序危机四伏的时候，德性体系必然应运而发展起来。伦理精神从自在（习惯）上升到自觉（内在）的过程中，从相对消极的“礼”到比较积极的“德”，仪式准则体系必然要引入德性体系并最终将主导地位让位于德性体系，而精神的自觉也由此得到一个重大的飞跃。春秋时期人们将个体的优良品格称为“令德”、“懿德”、“嘉德”、“共（恭）德”、“明德”、“吉德”等，将丑恶品行称为“凶德”、“凉德”、“败德”、“昏德”、“悖德”等，人们自谦则称为“不德”、“寡德”。从春秋中期开始，“德”逐渐用来说明人的品德、操守。① 人们不仅把“德”当作沟通天道外部世界、审视内心和为人处世不可或离的行为依据，而且把“德”当作治国安邦的施政标准和基础，把“德”视为人之所以为人的根本和内在规定性。德观念成为当时人们论说得最多的观念，许多思想家提出杀身成仁、大义灭亲的观念，如“杀身以成志，仁也”（《国语·晋语二》）、“大义灭亲”（《左传·隐公四年》）等等。这些思想奠定了中国思想文化以道德为最高价值取向的基本性格，在历史上对中国人的道德培养、人格的熏陶、民族气节的养成发生过正面的积极作用。

---

① 参见晁福林：《先秦时期“德”观念的起源及其发展》，《中国社会科学》2005 年第 4 期。

第三章

道德关系及五种基本伦常的确立

道德生活是借助道德关系而表现出来的道德行为和道德实践，而道德实践和道德行为又是也只能是在一定道德关系范围内的具体的道德活动，没有离开道德关系的道德行为和道德实践。人的本质是一切社会关系的总和，人的道德生活也同诸种道德关系的建构及其要求密切相关。先秦时代的道德生活既以道德关系的建构为主要内容，又凭借道德关系的建构拓展出自身的丰富内容和呈现出自身的特色。这些道德关系主要有人与神的关系，人与自然的关系，人与社会群体的关系，人与人之间的关系以及人和自身的关系，它们在中华先民们道德意识和道德追求目标的激励下逐步得以建构，同时又宰制与规约着当时的道德生活，并对后世的道德生活发生着深远的影响。

第一节　人与神的关系及其道德意蕴

人与神的关系是古代道德关系的基本范式。对神人关系的认识和处理，涉及道德生活价值的来源与权威，以及人心对道德价值的评价与感受。人如何对待神和看待神，表现了人类宗教和早期崇拜的主要内容，也是各个宗教和信仰构成的基本要素。与希伯来人所建构的神人关系有别，中国人对于神人关系的处理从一开始就具有自身的特点，并在后来的发展中走上了一条重联系而不重区别的圆融型道路，像西方宗教那样的天国与人间、此岸与彼岸截然对立的景象在中国人的精神生活中是无法想象的。中国先民认为在神人关系之间存在着行动的交互性。“神人关系是相对性的，几无单向性的服从要求。神人关系会依赖于人所处的人际关系，人际关系的变化将导致神人关系的变化，人甚至能够接近于神的境界，自己也有可能变成神。”①中国人的两个世界如天国与人世、此岸与彼岸总是相互交涉，离中有合、合中有离的，是一种“不即不离的关系”，神与人是合德的，尽性即知神。所以要求之于内，六合之外可以存而不论，

---

① 李向平：《信仰、革命与权力秩序——中国宗教社会学研究》，上海人民出版社 2006 年版，第 24 页。

超越世界最终没能走上外在化、形式化的路径。①

一、神人交通与天命观念的道德化

中国远古有神人交通的观念和信仰。神人交通是说神与人之间可以进行沟通对话进而达致某种意义的理解与相互尊重。从神话传说和古籍记载中我们可以发现,中华先民在原始宗教崇拜活动中所创造的神灵形象具有一个明显的特点,就是这些神灵同人的关系是亲和的,先秦典籍谓之“神人以和”(《尚书·舜典》)。“神人以和”的特征突出地表现在祖先神系列的创造上。除祖先神与人同性亲和以外,中华先民心目中的众神也多是和人类具有亲密和谐的关系。如关于太阳的神话,后羿射日,终于获得一日中天、朗朗乾坤、不寒不暑的天人即神人亲和的境界。再如雷神,雷神本狰狞恐怖,意味着天人之际不可掩盖的原始对立状态,然而中华先民却不愿与之发生生死冲突以导致悲剧,而是在雷震之时,焚供献祭于雷神,最终也是以和谐而皆大欢喜。于是,盲目的天与人的原始对立被消解为神与人之间的亲和悦乐的境界,一定程度上寄寓着中华先民与这些神灵的交通求和。

在原始社会的漫长时代,对于万民的治理,圣人都以道德教化的方式以德服人,而处在万民与圣人之间的神职人员就是巫觋。巫觋是专门沟通神人之间关系的使者和中介。

《国语·楚语》曰:“古者民神不杂,民之精爽不携贰者,而又能齐肃衷正,其智能上下比义,其圣能光远宣朗,其明能光照之,其聪能听彻之。如是则明神降之,在男曰觋,在女曰巫。”可见,巫觋是非常受人尊敬的有德之士,他们可以达到身神合一、没有杂念的境界,也就是“不携贰者”,因为这个缘故,所以巫觋的智慧能使天上地下都合宜,圣明能照耀远方,他们的目力能像光亮般洞察,耳力能像听音般通达。具有智、圣、明、聪的巫觋因此具有神通的功能,也就是“明神降之”。历史发展到少皞之衰世,由于“九黎乱德”,出现了“民神杂糅,不可方物。夫人作享,家为巫史,无有要质。民匮于祀,而不知其福。烝享无度,民神同位。民渎齐盟,无有严威。神狎民则,不蠲其为。嘉生不降,无物以享。祸灾

① 参阅余英时:《中国思想传统的现代阐释》,江苏人民出版社1998年版,第23页。

荐臻，莫尽其气”(同上书)的局面。正是在这种情势下，颛顼“命南正重司天以属神，命火正黎司地以属民，使复旧常，是谓绝地天通”(同上书)。观射父把以民神关系的变化为标志的早期宗教信仰(巫祝文化)划分为“民神不杂”、“民神异业”,“民神杂糅、民神同位”,“绝地天通”三个阶段。在原始宗教的第一阶段，已有专职事神的巫觋，而一般人则不参与事神的活动，此即“民神不杂”、“民神异业”;发展到第二阶段则出现了人人祭祀，家家作巫的状况，人们因祭祀而贫乏，却未获得神明降福，此即“民神杂糅、民神同位”;第三阶段恢复民神不杂的秩序，断绝地上之人与天上之神的相通，此即“绝地天通”。后两个阶段反映了由自然宗教向人为宗教的转变，而最后一个阶段就是从神守到社稷守的历史转变时代。此一时代，与氏族部落联盟的形成相适应，同天地神明相沟通的权利便为部落联盟的大酋长所垄断，由此而确立了神权垄断宗教。

殷商时期，是初民宗教的发展阶段。“殷人尚鬼而尊神”,殷墟甲骨中留存了大量的卜辞，其内容以有关于自然神祇和祖先的祭祀为最多。“帝”为最高神，是掌管自然天象的主宰，有一个日月风雨为其臣工使者的帝廷。不过上帝“不享受祭祀的牺牲”,人也不能向他直接祈求，而必须通过先公、先王之类的祖先作为媒介进行。这是祖先崇拜侵占最高神地位的表现。祖先神信仰是殷人宗教的核心。殷代祭祀的方式主要有乡、翌、祭等。乡是伐鼓而祭，翌是舞羽而祭，祭是献酒肉而祭，还有献稷而祭，是合历代祖并祭。天命观念在殷代具有较强的宗教性色彩。在那个时代，天命被理解为一种命令，被构想为源自某种人以外的实体。它是整个宇宙的“君主”或“帝王”,决定着宇宙和人世中的一切。《尚书·汤誓》:“有夏多罪，天命殛之……予畏上帝，不敢不正。”天命观念被作为政治正当性的超验性基础，从一定意义上讲，早期天命观念可以看作统治阶层对于道德正当性的宗教性叙述。这种叙述之所以是宗教性的，就在于这种天命观念总是把道德正当性的依据引向人类社会实践以外即引向某种超验的存在。这种超验的存在决定了道德的现实以及其存在的正当性，对于这种由超验的天命规定了的现实，人们只有遵守和服从。这种遵守和服从的要求，更多的指向被统治阶层。

随着殷周之际的政治鼎革，道德的正当性需要新的解释。殷周之际的鼎革具有两重性：一方面，在政治上，小邑周取代了大邦殷，周从殷的属国转变为殷的统治者;另一方面,在文化上,周在相当长的时期内还是殷的“属地”。周灭商后,周代统治者面临的最大困难,是如何证明这种政治变化的合法性,向人们说明小邦周何以能够克掉大国殷。周人为此寻找到的解决方案,便是“皇天无亲,惟德是辅”的观念。周人的天是一个有意志的人格神,它会一刻不停地监视着人世间的情况。因为商王无德,所以皇天收回了赋殷之命,因为周代祖先有德,所以皇天改让周王做其长子,赋予其治理天下的权力。

周代的天命论以人为中心,不仅天命以民众的意愿为其具体内容,在政治生活领域,不能脱离民众的意志来理解天命;而且对于统治阶层而言,存在着一个是否能够配享天命的问题。《尚书·周书·泰誓中》有“天视自我民视,天听自我民听”的观念。这样一种观念构成了中国思想世界关于天命的主导性意识。在《尚书》中,还可以发现这种观念的不同表述形式:“民之所欲,天必从之。”(《泰誓》)按照这种观念,天命的具体内容就展开在民众的具体生活中,它显现为民众的所欲、民众的视听言动、民众的生计,等等。“殷商以前不可捉摸的皇天上帝的意志,被由人间社会投射去的人民意志所型塑,上天的意志不冉是喜怒无常的,而被认为有了明确的伦理内涵,成了民意的终极支持者和最高代表。由于民众的意愿具有体现上天意志的强大道德基础和终极神学基础,所以在理论上民意比起皇天授命的君主更具优先性,因为皇天授命君主的目的是代天意来保护人民。”①如果说殷商时期的天命观念更多地体现自然宗教的精神,那么周代的天命观念则开始了由自然宗教向伦理宗教的转向。周人的天命观念已经有了确定的道德内涵,“这种道德内涵是以‘敬德’和‘保民’为主要特征的。天的神性的渐趋淡化和‘人’与‘民’的相对于‘神’的地位的上升,是周代思想发展的方向。用宗教学的语言来说,商人的世界观是‘自然宗教’的信仰,周代的天命观则已经具有‘伦理宗教’的品格”。② 周代的天命观念与殷代的天命观念相比较,不在于商人是否以“天”为至上神,也不在于周人有天命的信仰,而在于商人的信仰中并无多少伦理的内容,而周人则赋予其丰富的伦理内容,即凸显了“天”的道德意义。天必须以尊重民意为社会生活的表现形式,天命意

① 陈来:《古代宗教与伦理》,三联书店2009年版,第201页。
② 同上书,第183页。

味着社会政治生活中形成的一种生活秩序，因此获得了它的更为深刻的道德含义。

二、鬼神观念与祖先崇拜对道德生活的影响

在中国神人关系的道德建构中，形成了祖先崇拜、圣人崇拜和天命信仰三种主要的信仰表达方式。“与天命信仰紧密联系的是最高权力秩序，与祖先崇拜紧密联系的则是宗族关系，是传统社会的伦理秩序；而与圣人崇拜紧密联系的是儒家精神或道德规训现象，是君子的道德修养方向。”①在中华先民的祭祀对象之中，神是那些特别有力量或是对人有益的灵魂，属于官僚体系，祖先是与自己有亲属关系的灵魂，属于亲戚体系，鬼则是没有子嗣传统的灵魂，具有边缘性。“死者之成为祖先与否，其关键在于是否有后嗣奉祀，死者如果有子孙祭祀，而在形式上仍为家族的一员，则其身份为‘祖先’，死者如果没有子孙祭祀而失去家族中一员的资格，则成为鬼。对死者举行的祭祀的意义是‘宣告’生人与死者的社会关系，被祭祀的死者即存在于生人的社会网络中；反之，则成为鬼。所以，鬼即失去社会脉络的死者。进而言之，子嗣与其祖先的‘关系’之具体行为就是‘祭祀’，而且最好是定期并持续地举行祭祀。”②远古先民认为，灵魂只是寄宿在人的躯体中的某种神秘或主宰力量。当人睡觉、做梦时，它就会离开躯体而活动。人死之后，灵魂可依然存在，那就是鬼魂。在各种鬼魂中，人们寄希望于自己的祖先，认为他们的鬼魂因与自己有血缘关系，将会保护自己的后代，由此而发展起祖先崇拜。

祖先崇拜是一种以祖先亡灵为崇拜对象的宗教或迷信形式，由原始的图腾崇拜过渡而来，即在亲缘意识中萌生、衍化出对本族始祖先人的敬拜思想及其行为实践。它最初始于原始人对同族死者的某种追思和怀念。原始人一方面重视子孙的繁衍，另一方面也崇敬创造生命的祖先。在母系氏族社会，主要是供奉女性祖先。随着父系氏族社会的建立，男性祖先也成为供奉对象。《国语·鲁语》记载鲁国大夫展禽（柳下惠）论祭祀的话说：“夫圣王之制祀也，法施

① 李向平：《信仰、革命与权力秩序——中国宗教社会学研究》，上海人民出版社 2006 年版，第 34 页。
② 吕理政：《天、人、社会：试论中国传统的宇宙认知模式》，台湾民族学研究所 1990 年版，第 210 页。

于民则祀之；以死勤事则祀之，以劳定国则祀之。能御大灾则祀之，能捍大患则祀之，非是族也，不在祀典。”上古祖先所祭祀和崇拜的对象，是为人类社会的进步和发展建立了大功大业的民族英雄。

在中国古代，源于原始氏族的祖先崇拜，在统治者那里具有邦国和国家宗教的意义，并有禘、郊、祖、宗、报等形式。“昔烈山氏之有天下也，其子曰柱，能殖百谷百蔬；夏之兴也，周弃继之，故祀以为稷。共工氏之伯九有也，其子曰后土，能平九土，故祀以为社。黄帝能成命百物，以明民共财，颛顼能修之。帝喾能序三辰以固民，尧能单均刑法以仪民，舜勤民事而野死，鲧障洪水而殛死，禹能以德修鲧之功，契为司徒而民辑，冥勤其官而水死，汤以宽治民而除其邪，文王以文昭，武王去民之秽。故有虞氏禘黄帝而祖颛顼，郊尧而宗舜；夏后氏禘黄帝而祖颛顼，郊鲧而宗禹。商人禘舜而祖契，郊冥而宗汤；周人禘喾而郊稷，祖文王而宗武王。幕，能帅颛项者也，有虞氏报焉；杼，能帅禹者也，夏后氏报焉；上甲微，能帅契者也，商人报焉；高圉、大王，能帅稷者也，周人报焉。凡禘、郊、祖、宗、报，此五者国之典祀也。”(《国语·鲁语上》)禘者，帝工既立始祖之庙，犹谓未尽其追远尊先之意，故又推寻始祖所自出之帝而追祀之。以其祖配之者，谓于始祖庙祭之，以始祖配祭也。郊，郊野祭祖，周代于东至日祭天于南郊称为“郊”，夏至日祭地于北郊称为“社”。“郊社之礼，所以事上帝也”。祖，一般指祖先即父母以上的尊长。古代帝王的世系中，始祖称祖，继祖者为宗。也有把古代出行时祭祀路神称为“祖”。宗，即祖宗、同宗，祭祀共同的祖先称为“宗”。报，即报恩，古代把为报恩德举行的祭祀称之为“报”。禘、郊、祖、宗、报是我国古代祖先崇拜特别是祭祀祖先活动的五种主要方式。

中国社会的祭祀制度出自于圣王的设置，主要用来祭祀祖先的英雄业绩和为人类生产的发展、社会的进步作出了重大贡献的英雄人物，他们的人格形象，正是上古时代最完美的伟烈人格。

中华先民认为，人死之后，灵魂仍然需要活人给予照料，祖先的亡灵有能力保佑子孙。先民也崇拜自己的血缘近祖。他们建立祖庙，供奉祖先。宗族有大事要祭告祖先，请求祖先决断、支持。祭祖往往有严格的仪式，《礼记·王制》指出：“天子七庙，三昭三穆，与大祖之庙而七。诸侯五庙，二昭二穆，与大祖之庙而五。大夫三庙，一昭一穆，与大祖之庙而三。士一庙。庶人祭于寝。”庙的布列是始祖居庙中，以下按父子的排列为昭穆，昭居左，穆居右。天子祭祀七庙，庶人没有资格立庙祭祖，可见贵贱有别。祭祀在时间上也有规定。《礼记・王制》指出："天子、诸侯宗庙之祭，春曰礿（yuè），夏曰禘，秋曰尝，冬曰烝。"祖先崇拜有助于加强宗法关系和家族的延续。在这些仪式中，中华先民寄托着对祖先创造生命的深深崇拜。

原始社会的祖先崇拜，既无宗法，也没有与宗法相契合的祭礼与孝道。最初的祖先崇拜是在鬼魂崇拜的基础上演化而成的，目的是祈求具有超自然力量的祖先鬼魂保佑本氏族的成员。就客观作用来说，当氏族面临灾难之时，祖先崇拜能够赋予氏族成员勇气和力量，使他们心理上得到抚慰，在绝望的情境中怀有憧憬；当氏族成员享受难得的宁静幸福之时，他们相信是祖先在保佑他们。

祖先崇拜在夏代以前就已形成，至商代则发展得非常成熟。殷人祖先崇拜的表现形式是祭祀和占卜，祭祀作为祖先崇拜的仪式，在商代十分盛行而且有一定规律。西周建立起完备、严密的宗法制，并且形成了明确的以孝为核心的家庭道德。西周宗法采用了宗教祭祖的形式，并吸取了孝亲道德的精神，以突出尊祖之意，将原本属于祖先崇拜的祭祖、属于亲子道德的孝纳入宗法的范围。同时，西周孝德采用宗庙祭祀的形式来表达对去世父祖的孝敬，扩大了孝的对象，使本来属于生人的父子人伦道德的孝，增加了人神关系的内涵。如果从宗教的角度审视，则可以说西周祖先崇拜具有浓厚的宗法性和道德色彩。西周人明确地宣告，祭祖是他们对祖先孝的行为表现。西周金文如"天子明德，显孝于申"，将祭祀作为对祖先神的"显孝"和"追孝"。《小雅・天保》言"是用孝享……于公先王"，"神之吊矣，诒尔多福"，祭祀祖先是为了获得祖先神的保佑和赐福，同时也表达了对祖先的孝敬。祖先崇拜的宗教目的和其新增的道德意义结合在一起。《小雅・楚茨》详细记叙了周人祭祖的全过程，我们可以从中清楚地看到祖先崇拜所具有的浓厚宗法和道德色彩。"以为酒食，以享以祀，以妥以侑，以介景福"。"絜尔牛羊，以往烝尝"，"先祖是皇，神保是飨"，祭祀祖先的根本目的是祈求祖先保佑——"孝孙有庆，报以介福，万寿无疆"，可见祭祖的本质是祖先崇拜。祭祖的宗法意义具体表现在祭祖的活动环节和仪式规则上。"神具醉止，皇尸载起，钟鼓送尸，神保聿归"之后，是"诸父兄弟，备言燕私"，这种在先祖之神已归之后的合族宴饮，是整个祭祀活动的一项十分重要的程序，其现实意义是增进族人的认同感和宗族凝聚力。而庄严隆重的祭祀场面，使主持祭祀仪式的宗子的宗法权威神圣化，促使小宗对宗子亲睦和畏服。

在春秋时期人们的心目中，宗庙祭祀的延续与宗族利益密不可分。鲁国臧纥遭受诬陷而被迫逃亡，使转告其异母兄臧贾，“纥不佞，失守宗祧，敢告不吊。纥之罪，不及不祀”，让他回鲁国请求继为臧氏宗，并派人告诉鲁国当权者说：“纥非能害也，知不足也。非敢私请。苟守先祀，无废二勋，敢不辟邑？”（《左传·襄公二十三年》）臧纥希望其异母兄代替他担任臧氏的宗子，目的是维护宗族利益，使臧氏家族的宗庙祭祀得以延续。春秋祭祖的主持者必须是宗子，体现了祖先崇拜的宗法性。《左传》记载鲁国改葬惠公，其庶子隐公“弗临”，杜注“以桓为太子，故隐公让而不敢为丧主”。隐公因太子年幼而代摄其位，但是嫡庶之分使他在改葬其父时不敢以丧主的身份临丧哭泣。“庶子不祭，明其宗也”（《礼记·大传》），在丧葬仪式和所有祖先崇拜活动中所存在的这种规定，突出地体现了宗法精神。春秋时期的人们非常清楚祭祖的孝德意义。孔子以“生事之以礼，死葬之以礼，祭之以礼”来解释“孝”（《论语·为政》），可见祀祖与事亲一样，是孝的基本行为。春秋人甚至认为祭祀就是为了昭明孝道，“夫祀，昭孝也”（《国语·鲁语上》）。《诗经·鲁颂·泮水》“允文允武，昭假烈祖。靡有不孝，自求伊祜”，鲁僖公对光明伟大的祖先虔诚祭祀以尽孝道，因而能够得到福佑。西周春秋祖先崇拜具有宗法性和道德性，标志着祖先崇拜世俗化，虽然世俗化并没有改变其鬼神信仰的本质，但使其功能在很大程度上超出了宗教的范围。①

自远古以来，氏族和家族制度在中国一直非常稳定，存在以血缘为纽带的宗法制。中国的家族制是十分看重祖先崇拜的，并把祖先崇拜视为维系家族绵延、团结一切家族成员的至上伦理，所以，整个社会把“慎终追远”视为头等大事。国有太庙，族有宗祠，家有祖龛，自天子到士庶，祭祀亲祖成了最普遍、仪规最为详尽的宗教礼仪。祭天在政治上极为重要，但限于朝廷大典，而祖先崇拜却渗入社会生活的各个方面，代代相传，经久不绝。在中国人的情感、记忆和潜

---

① 参阅陈筱芳：《春秋婚姻礼俗与社会伦理》第八章《春秋父子伦理以及孝之源流》，巴蜀书社 2000 年版。

意识中，祖宗神灵就是他们的终极关怀和至上的心理依托。在中国古代社会，“不论是统治阶级或被统治阶级，祖宗崇拜在意识形态里占唯一重要的位置，公认孝道是最高的道德，任何宗教所崇拜的神和教义都不能代替祖宗崇拜和孝道。这是历史上汉民族的特征之一”①。这一特征能充分地反映中华民族道德生活的状貌，也是中国传统伦理价值系统在世界上独树一帜的原因。

三、民神关系的探讨及所凸显的道德价值

中国远古所建构起来的实用理性主义的神人关系，发展到春秋战国时代明显出现了以人为本的思潮，神不断地人性化或成为衬托人的价值的附庸。春秋时期不仅出现了民神并重之论，把民与神视为具有同等地位的事物，认为民神有着共同的情感与意志，民听则神宁，民离则神怒，而且出现了民高于神的观念，将民置于神之上，认为在民神之间，民才是起决定作用的，神则是微不足道的。

民神并重论的代表人物为内史过、虢文公、伶州鸠等人。周惠王十五年，有神降临莘地，周惠王问内史过怎么回事，内史过回答道：“国之将兴，其君齐明、衷正、精洁、惠和，其德足以昭馨香，其惠足以同其民人。神飨而民听，民神无怨，故明神降之，观其政德而均布福焉。”相反，一个国家将要衰亡，就会出现邪辟之君，而使“百姓携贰，明神不蠲，而民有远志，民神怨痛，无所依怀”，也会有神降临（《国语・周语上》）。虽然内史过把国家的兴亡，都最终归结为人君的德行，但人君德行的好坏又是通过民神的状况来表现的。有德之君使“民神无怨”，败德之君则会使“民神怨痛”，神的降临既在君德齐明、衷正、精洁、惠和的盛世，也在君德贪冒、辟邪、淫佚、粗秽、暴虐的衰世。在内史过看来，此次神降临在虢国，意味着虢国肯定要灭亡，理由是“道而得神，是谓逢福；淫而得神，是谓贪祸。今虢少荒……不禋于神而求福焉，神必祸之；不亲于民而求用焉，人必违之。精意以享，禋也；慈保庶民，亲也。今虢公动匮百姓以逞其违，离民怒神而求利焉，不亦难乎?!”（《国语・周语上》）内史过根据民神离怒的情况，来判定虢必亡的结局。随国的季梁将民神共重的观念提高到道的高度，他说：“臣闻小

① 范文澜：《中国通史简编》修订本第一编，人民出版社1953年版。

之能敌大也，小道大淫。所谓道，忠于民，信于神也。”（《左传·桓公六年》）忠于民同信于神一样都是道的体现。因此，民神并重乃是道的要求。①

周景王二十三年，天子准备铸造大林钟，单穆公伶州鸠进谏曰：“不可。作重币以绝民资，又铸大钟以鲜其继。若积聚既丧，又鲜其继，生何以殖？且夫钟不过以动声，若无射有林，耳弗及也……夫耳目，心之枢机也，故必听和而视正。听和则聪，视正则明。聪则言听，明则德昭。听言昭德，则能思虑纯固。以言德于民，民歆而德之，则归心焉……夫有和平之声，则有蕃殖之财。于是乎道之以中德，咏之以中音，德音不愆，以合神人，神是以宁，民是以听。若夫匮财用，罢民力，以逞淫心，听之不和，比之不度，无益于教，而离民怒神，非臣之所闻也。”（《国语·周语下》）伶州鸠认为民、神有着共同的情感与意志，民听则神宁，民离则神怒。民神之间不是单向的神决定民，而是民神平行的关系。

民重于神论的代表人物有季梁、史嚚、师旷、晏婴等人。春秋初年，季梁提出了“夫民，神之主也。是以圣王先成民而后致力于神”（《左传》桓公六年）的命题。随后，史嚚发展了季梁的这种观点，进一步指出：“国将兴，听于民；将亡，听于神。神，聪明正直而壹者也，依人而言。”（《左传》庄公三十二年）史嚚把重民还是重神看成关系到国家兴亡的大事，把“听于神”与国亡联系在一起，这是对神的权威的极大的贬抑，强调神意要以民意为转移，是对人的作用的进一步重视。

周灵王二十二年，谷水与洛水激流汹涌，将要冲毁周代王宫，灵王打算堵截它，太子晋劝谏说：“天所崇之子孙，或在畎亩，由欲乱民也。畎亩之人，或在社稷，由欲靖民也。无有异焉！《诗》云：‘殷鉴不远，在夏后之世。’将焉用饰宫？其以徼乱也。度之天神，则非祥也。比之地物，则非义也。类之民则，则非仁也。方之时动，则非顺也。咨之前训，则非正也。观之诗书，与民之宪言，则皆亡王之为也。上下议之，无所比度，王其图之！夫事大不从象，小不从文。上非天刑，下非地德，中非民则，方非时动而作之者，必不节矣。作又不节，害之道也。”（《国语·周语下》）天能崇人，此天即是有意志之神。神所崇之子孙，不能

① 黄开国、唐赤蓉著：《诸子百家兴起的前奏——春秋时期的思想文化》，巴蜀书社 2004 年版，第 317～318 页。

安定人民，得到民心，就会流落到民间乡村；而民间乡村的人，若能得到人民的拥护，就可以得到社稷天下。在这里决定社稷变化的关键力量是人民，而不是神。民可以改变神的意志，神在民面前，只能是服从的力量。鲁君与曹刿论战也提出了同样的观点。长勺之战，曹刿问所以战于庄公。庄公曰："余不爱衣食于民，不爱牲玉于神。"对曰："夫惠本而后民归之志，民和而后神降之福……今将以惠以小赐，祀以独恭。小赐不咸，独恭不优。不咸，民不归也；不优，神弗福也。将何以战？夫民求不匮于财，而神求优裕于享者也。故不可不本。"公曰："余听狱虽不能察，必以情断之。"对曰："是则可矣。知夫苟中心图民，智虽弗及，必将至焉。"(《国语·鲁语上》)曹刿先说，民和而后神降，是以民在先，神在后，以民和为神降之先决条件。讲到后来，干脆不说什么神，而是只讲中心图民就够了，认为这才是能够取得战争胜利的根本保证，把民重于神的观念说得清楚明白。

春秋战国时期的民神关系，较之以前的民神关系而言，贯注着对民的关注与重视，包括对人的道德价值的重视。春秋时期，随着对人的道德的肯定与重视，使人的道德与天命关系的认识成为当时的重要问题，出现过王孙满、宫之奇、晏子三人的不同说法，分别代表着春秋时期对道德作用认识的三个不同阶段。① 周大夫王孙满持德与天命作用的矛盾之说，一方面虽肯定德对天命的决定作用，说天命"在德，不在鼎"；另一方面，又承认天命在一定条件下的决定作用，说"周德虽衰，天命未改"(《左传·宣公三年》)，这一观点既反映了对天命唯一决定论的某种修正，也表现出了对天命与道德孰轻孰重的某种困惑。虞国大臣宫之奇持天命、鬼神以德为转移说，认为天命、鬼神"明德惟馨"(《左传·僖公五年》)，天命、鬼神是依人的道德为转移的，这就以道德的决定作用取代了天命论，较之宫之奇的观点大大前进了一步。而齐国晏子所持的德与天道相分之说，不仅承认人的道德决定作用，而且把天命之类的东西赶出了人的道德生活世界。从此可以看出春秋战国时期在道德与天命作用问题的认识上，道德的作用日益上升，天命的作用日渐下降的历史变化。而这一变化的结果就是由传统

① 参阅黄开国、唐赤蓉著：《诸子百家兴起的前奏——春秋时期的思想文化》，四川出版集团、巴蜀书社2004年版，第13页。

的天命、鬼神外在决定论，转向新的人的主体道德决定论。①

第二节　人与自然的关系架构与道德意蕴

人与自然的关系在中国古代大量地通过人与天地万物的关系表现出来。中国古代的天人关系包含和渗透着人与自然的关系。中国伦理哲学中"关于天人关系的一个有特色的学说，是天人合一论。中国哲学中所谓天人合一，有二意谓：一天人本来合一，二天人应归合一"。② 中国古代先民在人与自然的关系上，强调二者的和谐统一，要求人的行为应与自然协调，以自然为法，认为人不能违背自然规律，不能超越自然界的承受力去改造自然、破坏自然，而只能在顺从自然规律的条件下去利用自然、调整自然，使之更符合人类的需要，也使自然界的万物都能生长。

一、人与自然关系的理性对待

人类社会最初阶段，有如幼儿一般，只知向母亲——大自然索取食物以满足自己的生理需求，除对大自然恩赐的感谢和威慑的恐惧外，并未产生更多的感情和精神关系。生存环境的恶劣使人们以功利实用的眼光看待自然，认识水平的低下又使自然蒙上神灵的虚幻面纱。在原始初民面前，自然是如此威严、凶险，是一股无法抗拒的强大的异己力量。于是人们想象自然是由神统治着的，人们要生活得幸福，躲避灾害，就要将自然当作神灵来崇拜。在整个母系氏族社会和父系氏族社会，人们不仅崇拜充当图腾的自然物，而且崇拜其他种种与人类生活关联密切的自然物与自然神。他们崇拜动物、崇拜山川、崇拜河流，将它们抬到至高无上的地位，祈求其降福人类，保佑平安，把它们作为趋吉避凶的福祉，借以寄托人们精神和心理的祈求。从自然崇拜发展到对自然有情，进

① 参阅黄开国、唐赤蓉著：《诸子百家兴起的前奏——春秋时期的思想文化》，四川出版集团、巴蜀书社2004年版，第13～14页。

② 张岱年：《中国哲学大纲》，中国社会科学出版社1982年版，第181页。

而理性地认识和对待自然，经历了一个漫长的过程。

发展到夏商时期，古代先民已初步认识到，自然界事物的运动变化是有一定规律的。大禹治水，一改壅堵的方式而选用疏导，最终能够化水害为水利。《史记・夏本纪》以极其虔敬的心情叙说了禹的丰功伟绩："禹为人敏给克勤，其德不违，其仁可亲，其言可信；声为律，身为度，称以出，亹亹穆穆，为纲为纪。"大禹治水，"劳身焦思，居外十三年，过家门不敢入。薄衣食，致孝于鬼神。卑宫室，致费于沟淢。陆行乘车，水行乘船，泥行乘橇，山行乘檋。左准绳，右规矩，以开九州，通九道，陂九泽，度九山"。禹治水有功，舜将部落联盟首领之位禅于禹。

中国是一个水害频仍的国家，因此治理水患是人与自然关系首先必须解决的问题。战国时期开始了大型的兴修水利工程，比较著名的有西门豹带领民众开凿的邺渠，李冰父子领导并兴建的都江堰水利工程等。西门豹治邺，不仅破除陋习，移风易俗，而且组织民众，"发民凿十二渠，引河水灌民田，田皆溉"(褚少孙补《史记・滑稽列传》)。至魏襄王时，史起为邺令，又组织民众再次修建十二渠，致使"民大得其利，相与歌之曰：'邺有圣令，时为史公，决漳水，灌邺旁，终古斥卤，生之稻粱'"(《吕氏春秋・先识览・乐成》)。战国时期最有名的水利工程当推李冰父子带领民众修建的都江堰。原来岷江上游水流湍急，进入灌县以后，地势突然低平，水势减缓，所挟带的大量沙石沉积下来，淤塞河道，时常泛滥成灾。在秦蜀郡郡守李冰父子主持下，采取"引水灌田，分洪减灾"的办法，从公元前256年到公元前251年，先后在灌县西边的岷江中凿开了与虎头山相连的离堆，在离堆上游修筑了分水堤和湃水坝，把岷江分为内江和外江两支，并筑有水门调节两江水量，从此把岷江的水流分散，既可免除泛滥的水灾，又便利了航运和灌溉，修成了具有防洪、灌溉、航运多种效益的综合水利工程。都江堰水利工程，保证了大约三百万亩良田的灌溉，使成都平原成为旱涝保收的"天府之国"。

《尚书・泰誓》指出："天有显道。"《左传》认为："天事恒象。"庄子告诫人们："天地有大美而不言，四时有明法而不议，万物有成理而不说。圣人者，原天地之美而达万物之理。"(《庄子・知北游》)荀子则大声疾呼："天行有常，不为尧存，不为桀亡。"(《荀子・天论》)此处的天即指包括天体在内的自然界。《逸周书·常训》指出:“天有常性,人有常顺。顺在不变,性在不改,不改可因。”正因事物的常性不改,人类才能认识它,顺应它。《吕氏春秋·不苟论》指出:“性者,万物之本也,不可长,不可短,因其固然而然之。此天地之数也。”因此,只要认识了自然界的基本属性,即可把握其变化规律,并用以指导人类的生产生活实践。

先秦时代的天人合一包含深厚的道德底蕴。这些道德底蕴给予中国人巨大的精神力量。中国哲学认为人的价值源自于天,来自于生生不息、进化不已的宇宙系统,因而人的生命意义也就在于认识、顺应、推进这一进化的过程。中国哲学之所以能给人伟大的道德力量,正是因为它把个人的价值源头归之于生命源头的宇宙。《周易》认为,人乃阴阳二气所化,故兼有刚柔两重禀性。阳刚之性要求人“自强不息”,即发挥主动的创造精神;阴柔之性则要求人“厚德载物”,即以宽大的胸怀接纳万物。在对自然的实践中,“自强不息”就是要积极地改造自然,参与自然的演进;而“厚德载物”则要求改造自然的活动不超出自然的限度,在改造自然的同时体认自然本身的和谐机趣,“范围天地而不过”,“乐天知命故不忧”(《周易·系辞上传》)。如此,才能达到“与天地合其德,与日月合其明,与四时合其序”的境界。这种以人与自然和谐为最高目标的道德规范,深刻地影响着中国人的道德生活。它阐明了天人关系中精湛的道德内涵与精神,给予中国人的思想精神以一种巨大而深远的历史作用与影响。

二、阴阳五行观念及对道德生活的影响

面对广袤天地、浩瀚宇宙与变化无故的自然界,先民们曾对宇宙生成、万物本源与物质结构等问题进行猜测与探索。中国古代就有盘古开天地、女娲补天等神话传说。我国阴阳五行的源头,可以追溯到传说中的大禹时代。大禹率先打破了“禅让制”,把王位交给儿子启。同姓诸侯有扈氏不服,起兵造反。启于是率大军亲征有扈氏的大本营甘(今陕西户县西),临战前召集六军将领说:“有扈氏威侮五行,怠弃三正。天用剿绝其命。今予惟恭行天之罚。”(《尚书·甘誓》)“五行”,即金、木、水、火、土五物;“三正”,是与五行有关的正德、利用、厚生三政事。五行说是讲宇宙构成的元素,即认为世界万物是由水、火、木、金、土五种物质元素构成的。据《国语》记载,“和”与“同”是不同的,前者是一种元素与

另一种元素参合，能产生新的东西并能得到发展；后者是同一种元素相加，不能产生新物，也不会有所发展。所以，要把土与金、木、水、火杂和起来，才能生成百物。“火曰炎上，水曰润下，木曰曲直，金曰从革，土曰稼穑。”（《尚书·洪范》）世界万物皆由上述五种元素构成，“以土与金、木、火、水杂，以成百物”（《国语·郑语》）。五行之间存在相生与相克的关系。就相生来说，土生金，金生水，水生木，木生火，火生土。就相克来说，土克水，水克火，火克金，金克木，木克土。五行说的起源比“太极”、“道”等提出还早，在殷末就已经普遍流传；春秋战国时期，五行说与阴阳说相结合，形成了阴阳五行说，五行的概念开始外延，形成了五行相生相克、生克制化的关系。

阴阳，是对自然状态的一种描述和对世界的一种看法，是古人在观察天文气象、时节变化的基础上萌发的一种观念。阴阳本指物体对于日光的向背，向日为阳，背日为阴。阴阳说抽取阴和阳这两个基本概念来解释天文现象、四季变化、万物盛衰等自然现象，是殷商时期发展起来的一种朴素的辩证思想。阴阳说认为万物都具有阴或阳的基本属性，阴阳之间是相互对立的，但二者又是统一的。周人用两种不同性质的阳气和阴气来解释四季的变化和万物的繁茂与凋衰。先秦时期的人们已经发现宇宙万物在它们产生、发展、成熟乃至消亡的依次发展中，无不是由“天地”、“刚柔”、“阴阳”等相互对立事物的交互作用来推动的。《周易》提出“阴阳合德而刚柔有体，以体天地之撰，以通神明之德”（《系辞下传》）等观点，将“天地”与四时的形成联系起来，认为“天地”的变化是通过阴阳的矛盾运动来表现的。《尚书·洪范》记载了古人希望风雨有序、布施适度的愿望，进而提出了“一极备，凶；一极无，凶”的观点，即是说一年中风雨不足或风雨过度都是有害的，都是“失序”的表现。这种观点在《周易》中有更为充分而深刻的表述。《周易》认为乾、坤两卦中的“上九”与“上六”都是事物已发展到“一极备”的形态，因而必然走向否定。《易·乾·文言》：“上九曰：亢龙有悔，何谓也？子曰：贵而无位，高而无民……亢龙有悔，穷之灾也。”《易·坤·上六》的爻辞是：“龙战于野，其血玄黄。”《象辞》：“龙战于野，其道穷也。”疏曰：“上六是阴之极，阴盛似阳，故称龙焉。盛而不已，固阳之地，阳所不堪，故阳气之龙与之交战。”阴阳失序造成了“至极”、“道穷”的后果，无论是“全用刚直”，还是“放远善柔”，或者“阴盛似阳”，显然矛盾的双方都处于一种不协调的失序状态中，事物发展至极点而“道穷”的形态便因之产生了。而乾、坤两卦中的三、四、五爻，《周易》认为是事物处于“万物至和”与“中美之至”的状态，尤其是“九五”、“六五”可算是一个理想阶段。可见阴阳、刚柔的协调和有序是防止“物极”的关键。

阴阳和合、五行相生相克的观念落实到道德生活上则是男女和谐、刚柔相济、恩威并施等观念的形成和确立。人之道德，当效法天地之道，以刚健自强律己，以柔弱宽厚待人接物。《周易》认为，天地间一切人物，都是阴阳交感、八卦相荡而成，因而是统一的。《周易》强调以天、地、人三才之道统摄六十四卦。天道、地道合起来是自然界的秩序、法则，人道则是人类社会的行为准则。在《周易》看来，这两者构成一个有机的整体，自然界和人类社会之间是相互融通的。《周易》对自然的事实与其价值之间的关系作了深刻的阐发。《系辞传》说“天地之大德曰生”，又说“生生之谓易”。“易”是自然创化的本质，是自然的事实；而自然的创化又是自然生生之德的实现，这是自然的价值。同是一个自然，从事实的角度讲，其本质是永恒的变化；从价值的角度讲，其意义在于生生不息的创造活力。对自然本身来说，这两者是二而一的。

三、人与自然比德观念的形成及道德价值

古代先民们把山水、玉石与自然物质的致用观念升华为原始崇拜形式的精神需求，再将其与人的内在精神世界的道德意识联系起来，成为纯粹的精神世界的象征体，“比德”就是将自然物中的自然属性特征与人的美德或追求的美德相比较、参照，赋予自然物象以人之德性的内涵、特点和价值，并以此来反观人之德性，形成人所追求尽善尽美的修养参照物和实践方法。“积土成山，风雨兴焉；积水成渊，蛟龙生焉；积善成德，而神明自德，圣心备焉。”“玉在山而草木润，渊生珠而崖不枯。”这种人与自然物象的比德，将“美”与“善”统一到道德伦理的理论体系中来，形成塑造“文质彬彬”的“君子”人格与“礼乐”传统，成为中华民族道德生活价值追求系统中的重要组成部分。

1. 山水之德——仁爱智慧的象征

在普遍的自然神崇拜中，中华先民们萌发了对山水的感情和道德价值寄托，并出现了将自然物德性化的倾向，形成了人与自然比德的传统。最早在理

论上对“比德”作出阐述的，是春秋时期的管子。《管子·水地》篇中云：“地者，万物之本原，诸生之根菀也，美恶、贤不肖、愚俊之所生也。水者，地之血气，如筋脉之通流者也。故曰：水，具材也。何以知其然也？曰：夫水淖弱以清，而好洒人之恶，仁也。视之黑而白，精也。量之不可使概，至满而止，正也。唯无不流，至平而止，义也。人皆赴高，己独赴下，卑也。卑也者，道之室，王者之器也，而水以为都居。……是以水者，万物之准也，诸生之淡也，违非得失之质也。”这里，水的属性——“淖弱以清”、“唯无不流，至平而止”等与人的道德品质——“仁”、“义”、“正”等已经建立起一种形式上的对应关系了，水具有了人之德性的优秀品质，水德成了人之道德的一种表现形式或载体。

《管子·小问》提出了人与自然“比德”的概念。

桓公放春三月观于野，桓公曰：“何物可比于君子之德乎？”隰朋对曰：“夫粟，内甲以处，中有卷城，外有兵刃，未敢自恃，自命曰粟，此其可比于君子之德乎？”管仲曰：“苗，始其少也，眴眴乎何其孺子也！至其壮也，庄庄乎何其士也！至其成也；由由乎兹免，何其君子也！天下得之则安，不得则危。故命之曰禾。此其可比于君子之德矣。”桓公曰：“善。”

这里，管仲明确地以禾苗比君子之德，认为禾苗的几个成长阶段——“少”、“壮”、“成”，类似于一个人由“孺子”长大成“士”，最后成“君子”。“禾”给人们提供粮食，有它，则天下安定；无它，则天下危殆。这种价值，也颇类似于“君子”，君子给人们提供的是精神食粮，正是靠这种精神食粮，天下人才得以团结联合在一起，“禾”与“和”实相通也。

“比德”说虽是管子首创，但孔子在这一方面的贡献超过管子。孔子提出“仁者乐山，智者乐水”的山水观，认为山和水的形象与人的美德相类似，具有特定的道德价值。“仁者乐山，智者乐水”（《论语·雍也》），“仁者”爱山并非因为山雄奇险峻，而是因为山显示出自己崇高的品德。水所以美，在于它有“似德”、“似仁度”、“似意”等美好品质，因此君子见到大水一定要观察一番。孔子说：“岁寒，然后知松柏而后凋也。”（《论语·子罕》）实际上也是赞美人的坚强不屈的精神美。《荀子·宥坐》载孔子观于东流之水。子贡问于孔子曰：“君子之所以见大水者必观焉者，是何？”孔子曰：“夫水，偏与诸生而无为也，似德。其流也埤下，裾拘必循其理，似义。其洸洸乎不淈尽，似道。若有决行之，其应佚若声响，其赴百仞之谷不惧，似勇。主量必平，似法。盈不求慨，似正。淖约微达，似察。以出以入，以就鲜絜，似善化。其万折也必东，似志。是故君子见大水必观焉。”孔子凝视东流之水发现了寓于水之中的德性，其实是把人德投射在水之上，当然也从水的流动性中感受到了伦理道德的意蕴。孔子提出的“智者乐水，仁者乐山”，把外在的自然山水比作人的内在品质，赋予自然山水独特的伦理品格和道德价值，从而实现了伦理道德的普泛化，为天人合一学说奠定了基础。

2. 花草树木之德——生命精神的礼赞

远古时代的人们推崇花卉，华夏之华源出于对花的热爱。屈原在其辞赋中大量使用自然物的形象，并赋予花草树木以德行的意义，发展了先秦比德思想，在文人学子和修道君子中产生了较为深远的影响。《离骚》里有“掔木根以结茝兮，贯薜荔之落蕊；矫菌桂以纫蕙兮，索胡绳之缅缅”，“制芰荷以为衣兮，集芙蓉以为裳。不吾知其亦已兮，苟余情其信芳”。“薜荔”、“菌桂”、“芰荷”、“芙蓉”，这些生长在水国深岩的幽花香草，寄托着屈原高贵纯洁的思想品质。屈原所竭力夸饰、赞美的自然物，是他自己“不能变心而从俗”的高贵品质的象征，他以香草美人代表自己的价值追求和人格。在《离骚》中，他多处提到兰花：“余既滋兰之九畹兮，又树蕙之百亩”，“扈江离与辟芷兮，纫秋兰以为佩”，“兰芷变而不芳兮，荃蕙化而为茅”，等等。兰为君子之花，常绿，不论春夏秋冬，皆含笑对之。叶片蕴含正气，花朵摒弃浮华。兰花，不娇、不艳、不妖、不冶，但其香气幽幽，似有似无，近之似无香味，远之香自传来。孔子曰：“芝兰生幽谷，不以无人而不芳，君子修道以德，不为穷困而改节。”兰之品格高洁，或生于空谷僻野，或长于悬崖峭壁，吮自然之雨露，历宇宙之风霜，沐日月之光被，得天地之灵气，高雅素淡，独放幽香。同时，不事权贵，坚定节操，志存高远，不入尘嚣，宁为兰摧玉折，不作萧敷艾荣，君子风范，千古传诵。受屈原的影响，中国人养成了对兰花的道德迷恋，在赏兰、育兰、画兰、问兰、梦兰、对兰、咏兰中熏陶和化育着自己的道德人生，激励自己不断开拓道德生活的新境界，坚守自己的德操。杨炯有句：“气若兰兮长不改，心若兰兮终不移。”朱熹有赞：“可能不作凉风计，获得幽香到晚清。”抒发了自己以兰花来砥砺道德人格、不断自我完善的情怀。

屈原的《橘颂》盛赞橘树之美德：“后皇嘉树，橘徕服兮。受命不迁，生南国兮。深固难徙，更壹志兮。绿叶素荣，纷其可喜兮。曾枝剡棘，圆果抟兮。青黄杂糅,文章烂兮。精色内白,类任道兮。纷缊宜修,姱而不丑兮。嗟尔幼志,有以异兮。独立不迁,岂不可喜兮。深固难徙,廓其无求兮。苏世独立,横而不流兮。闭心自慎,终不失过兮。秉德无私,参天地兮。愿岁并谢,与长友兮。淑离不淫,梗其有理兮。年岁虽少,可师长兮。行比伯夷,置以为像兮。”

《橘颂》从描述橘树俊逸动人的外美入手,盛赞橘树之美好人格。一树坚挺的绿橘,深深扎根于“南国”之土,任凭什么力量也无法使之迁徙。那凌空而立的意气,“受命不迁”的坚毅神采,令人升起无限敬意!橘树是可敬的,同时又俊美可亲。它充满生机的纷披“绿叶”,它雪花般蓬勃开放的“素荣”;它的层层枝叶间虽也长有“剡棘”,但那只是为了防范外来的侵害;它所贡献给世人的,却有“精色内白”,光彩照人的无数“圆果”!屈原笔下的南国之橘,正是如此“纷缊宜修”,如此堪托大任!橘树之美好,不仅在于外在形态,更在于它的内在精神。橘树年岁虽少,即已抱定了“独立不迁”的坚定志向;它长成以后,更是“横而不流”、“淑离不淫”,表现出梗然坚挺的高风亮节;纵然面临百花“并谢”的岁暮,它也依然郁郁葱葱,绝不肯向凛寒屈服。橘乃造化所赐,吸天地精华,成一代嘉木,绿叶离离,金实灿灿。它刚正不阿,无己无私,恬然自得却又与世无争,只为它的自然展现出自我内在的魅力。如此高洁的品质,又有谁能与之比呢?屈原根据橘树“受命不迁,生南国兮”、“精色内白,类任道兮”、“苏世独立,横而不流兮”、“秉德无私,参天地兮”等特点,对橘树进行拟人化描写和赞颂,实际上表现了诗人热爱祖国故土,追求高尚志趣,不随波逐流,渴望建功立业的思想感情。从此以后,南国之橘便蕴含了志士仁人“独立不迁”、热爱祖国的丰富文化内涵,而永远为人们所歌咏和效法。这一独特的贡献,无疑仅属于屈原,所以宋刘辰翁称屈原为千古“咏物之祖”。

3. 玉德——君子人格的化身

自新石器中期以来,由于中华大地物华天宝和盛产珠玉的优越自然条件,人们在加工制作玉器的过程中产生了对玉的道德迷恋,赋予玉以君子的德性人格,从而使得“君子比德于玉”成为远古道德生活一种风范和时尚。

从河姆渡文化、良渚文化、红山文化、齐家文化至夏商几千年的用玉观念,一方面是将其作为珍贵礼物的物质交换载体,另一方面则是将其视为通灵的宝玉,赋予其至尊至贵的特性和无比美好的道德价值。商代以玉事神成为祭祀天地的一种风习。周代一改殷商以玉事神的风习，掘发出玉深刻的礼乐文化内涵，并与君子人格结合起来。

《管子·水地》指出："夫玉之所以贵者，九德出焉。夫玉温润以泽，仁也；邻以理者，知也；坚而不蹙，义也；廉而不刿，行也；鲜而不垢，洁也；折而不挠，勇也；瑕适皆见，精也；茂华光泽，并通而不相陵，容也；叩之，其音清搏彻远，纯而不杀，辞也。是以人主贵之，藏以为宝，剖以为符瑞，九德出焉。"这就是管子玉德理论的九德说，将儒家智仁勇及义德均纳入对玉的德性赞颂中，可谓以物比德的确证。

《礼记·玉藻》更有"古之君子必佩玉"的记载，强调"君子无故玉不去身，君子于玉比德焉"。《礼记·聘义》记载："子贡问于孔子曰：'敢问君子贵玉而贱珉者，何也？为玉之寡而珉之多与？'孔子曰：'非为珉之多故贱之也，玉之寡故贵之也。夫昔者，君子比德于玉焉：温润而泽，仁也；缜密以栗，知也；廉而不刿，义也；垂之如队，礼也；叩之其声清越以长，其终诎然，乐也；瑕不掩瑜，瑜不掩瑕，忠也；孚尹旁达，信也；气如白虹，天也；精神见于山川，地也；圭章特达，德也；天下莫不贵者，道也。《诗》云：'言念君子，温其如玉。'故君子贵之也。"此即孔子玉德理论的十一德说，明白清楚地视玉为仁、知、义、礼、乐、忠、信、天、地、道、德的化身，回答了玉之为贵的理由。

《诗经·卫风·淇奥》："有匪君子，如切如磋，如琢如磨"，"有匪君子，如金如锡，如圭如璧"。用制玉时所用的"切、磋、琢、磨"等工艺来形容君子的砥砺磨炼，把具有高尚品德的君子比喻为圭和璧。《诗经·大雅·荡之什》："白圭之玷，尚可磨也。斯言之玷，不可为也。"教导君子立身处世一定要慎于言行，要守身如玉。儒家提出玉有仁、智、义、礼、乐、忠、信、天、地、德、道等十一种"德"，奠定了中国三千年来玉文化的理论基础。其后尊崇儒家思想的历代统治者、知识分子都以此作为用玉、赏玉、崇玉的根本依据，并以佩玉来砥砺自己。《礼记·玉藻》说："君子必佩玉，右徵角，左宫羽。趋以采齐，行以肆夏，周还中规，折还中矩，进则揖之，退则扬之，然后玉锵鸣也。""故君子在车则闻鸾和之声，行则鸣佩玉，是以非辟之心无自入也。"君子佩玉有一定之规，佩玉发出的声音要有乐感。右边的徵角代表老百姓和事务，左边的宫羽代表君主，左劳右逸。在快步、慢步行走、转圈折弯、进退之中，玉佩撞击发出的声音都要美妙合节，这样那些非分的想法、怪异的念头就没有空子可钻了,所以“君子无故,玉不去身”。按照“周礼”的规定,从天子到士,有一套规定好的佩玉(组合)等级制度。这些“规定”和“制度”在“周礼”中虽然被描述得过于规范化了些,但其精神实质,所反映的佩玉观念还是符合西周社会实际情况的。此风所及,遍及全社会。

春秋时代的楚国,有一个叫卞和的人。有一天他在荆山采到一块内蕴美玉的石头——璞,于是他将此璞进献于楚厉王。楚厉王让玉工鉴定。谁知这位玉工说这只是一块普通石头。楚厉王一怒之下命人砍去卞和的一只脚。楚武王继位后,卞和又把这块璞献上去。谁知鉴定者又是一个不长慧眼的玉工,楚武王又命人砍去了卞和的另一只脚。楚文王上台后,没有了双脚的卞和抱着这块璞,坐在荆山下大哭了三天三夜,眼泪哭干了,直到流出血来!后来楚文王命令玉工仔细鉴定。玉工剖开一看果然是一块非凡的美玉,并将其加工制作成一块璧,取名“和氏璧”。在楚国保有它 370 多年之后,到战国中后期,它辗转落入赵国国君手中。秦昭王知道后想以武力威胁兼诱骗夺得和氏璧,没料到碰上了一个智勇双全的蔺相如,让昭王碰了一鼻子灰,又演出了一场“完璧归赵”的惊险剧。

中华民族的道德生活崇尚玉德。玉以其美丽的色泽、耀人的光彩、纯净的质地、细腻的肌理、温润的触感、悦耳的声音给中华民族的道德生活灌注了一种借助它物得以彰昭的独特机理。中华民族讴歌玉,赞颂玉。玉之美和玉之精神,是永恒的主题。玉颂,是一首唱不完的赞歌。人除了容貌、体态、风度、气质之美可用玉描绘外,“内秀”即内在资质之美也可用玉形容。孔子称赞自己的弟子是“瑚琏之器”。“瑚琏”,庙堂重器也。说这个弟子有才能,能承担大任。同一意思的还有“擎天玉柱”的成语。以玉形容人才,成语中还有“珠玉在旁”、“珠沉沧海”等。而德崇才俊者,用“怀瑾握瑜”、“怀珠抱玉”来形容;品格高洁者,用“冰清玉洁”、“琼枝玉树”来形容;具有高贵的思想和行为者,有“瑰意琦行”的成语来比喻。优秀人才的聚合,“珠联璧合”最妥帖;志同道合而品行端正的朋友兄弟,则称作“玉友金昆”;怀才待用是“韫玉待价”;坚定自己的操守而不放弃,是“守身如玉”;宁守正义而死,而不苟且偷生,是“宁为玉碎,不为瓦全”。当然,要造就人才就必须“如琢如磨,如切如磋”,以致借“他山之石”来“攻玉”而促使人才“玉成”。

总之，在中国古代，玉已经不是寻常意义上的矿物，以玉所制之器物也不是寻常意义上的工艺品。玉有人格，玉有玉德。它好似精灵，附着在各种各样的玉石器物上，飞进中国人的意识深处，并对中国人的道德生活产生了极为深远的影响。而这在其他国家或民族的道德生活中是看不到，也是没有办法理解的。

第三节　公私关系的建构与道德价值

人与社会集体的关系是伦理关系的主要类型之一。人如何对待各种各样的社会集体包括国家、民族等，自古以来即受到高度关注，并深刻地影响着社会的道德生活。“中国社会以家为本位，把国作为放大了的家，从根本上说，在道德上强调的是一种全局意识和整体精神。因此，公忠成为中国传统道德规范中最重要的规范。自古以来，中国传统道德就提倡‘国而忘家，公而忘私’和‘以公灭私’的为国家、为整体而献身的精神。这一精神，经过长期的不断深化，积淀并孕育了中华民族特有的为整体、为社会、为民族、为国家的爱国主义思想。”①

一、公私的含义与类型

公、私问题是中华民族道德生活历史过程中全局性的问题之一。它关系着社会道德关系与结构的整合，关系着个人与社会公共群体（国家、民族、社会）之间关系的价值取向和行为准则，关系着社会道德与价值体系的核心建构等重大问题。由于它的重要，因此又关系着政治乃至国家民族的兴衰与命运。

公、私的最初含义是社会身份，后来不断扩展，发展到对事物和现象的划分与占有，其主体的含义从具体而抽象。“公道”、“公义”、“公正”、“公平”等概念的出现代表着公的抽象含义发展到顶峰。甲骨文中已有“公”字，其义仅指“先

① 罗国杰：《中华民族伦理道德核心——全局意识，整体精神》，《罗国杰文集》下卷，河北大学出版社2000年版，第466～467页。

公”或地名，“私”字则未见。西周时期的“公”的使用逐渐广泛，从人指而扩展到属于公的物指和事指，并开始发展为有政治公共性含义的抽象概念。所谓人指，即人的身份和个人。公是高级爵名，五等爵之首就是“公”，同时又是最高的官阶。“公”指个人则是以官爵称人，如周公、召公、鲁公等等。物指是说属于“公”的各种事物，如“公族”、“公邑”、“公田”、“公廷”、“公堂”、“公所”、“公甸”等等。事指是指与“公”相关的事情、行为、社会关系等。《诗·召南·小星》：“肃肃宵征，夙夜在公。”此处的“公”字即指“公事”。《诗·召南·羔羊》：“退食自公，委蛇委蛇。”此处的“公”指朝廷、国家，如细究，也还有公侯的含义。[①] “公”所指的社会存在应该说是“公”的价值内容的基础。所谓“公”的社会存在，大致可分为两方面：一是社会身份与相应的社会内容；二是所表达的社会公共事物与公共关系，如国家、社会共同体、普遍的社会关系等及其价值准则等。这两者巧妙地结合在一起，前者是后者的主体；后者相对独立于前者，又服务于前者。“公”的价值意义中最主要的和最核心的是把国家、民族、社会与个人贯通为一体，并形成一种普遍的国家和社会公共理性。“公”发展为国家和社会的公共理性其标志有三：一是成为国家与社会的准则；二是成为人们的道德与行为准则；三是成为人们的思维前提和认识准则。

“私”在西周是一个表示身份、所有与个人情性的概念。作为身份，指与“公”相对的人，可以是贵族，如卿大夫，大凡说到“私家”，即指这些人；也可以是底层的一般人，如私属、仆役。“私”的另一含义是“属于己”之谓。《诗·大田》：“雨我公田，遂及我私。”这里的“私”指“私田”。私又指私情、私恩。《诗·小雅·楚茨》：“诸父兄弟，备言燕私。”毛注：“燕而尽其私恩。”关于“私”的定义与看法，人们有许多种不同的认识，有“私意者，所以生乱长奸而害公正也”，也有“夫私者，壅蔽失位之道也”，有所谓“行私则离公”，“背私谓之公”的界定，也有“行恣于己以为私”。汉初的贾谊也有类似的定义：“兼覆无私谓之公，反公为私。”许慎的《说文解字》承继了上述说法，对公、私两字的解释如下：“公：平分也。从八，从厶。八犹背也。韩非曰：背厶为公。”

关于公私关系的类型，视公私的不同内涵而有种种，大体可以概括以下几

---

① 参阅刘泽华：《春秋战国的“立公灭私”观念与社会整合》，《南开学报》2003 年第 4 期。

种：第一种是官方与民间、朝廷与社会的关系类型，第二种是全体与个体、普遍与特殊的关系类型，第三种是天理与人欲、公正与偏私的关系类型，第四种是公共理性与个人利益的关系类型。类型不同，公私关系所彰显出来的性质也就不同，需要我们对其作出具体的分析。

公与私关系的最实质内容是利益的划分与占有。一般而言，公利包含了私利，私利需要并离不开公利。但是在社会利益总量为一定的前提下，公利与私利又是对立的背反的。私利的含义极广，涉及个人对财产的占有与分配、利益的追求与实现以及物质财富的处置等关系。中国自有文字以来的记载表明，君主和国家对社会财产拥有最高的所有权或支配权，同时私人也有某种程度的所有和支配权，因此中国古代社会在所有权问题上，既不是简单的国有，也不是简单的私有，而是一种混合性的多级所有制。作为一定程度的私有在西周时期已有文字记载，到春秋战国时期发展得更为明显。尽管个人财产买卖、交换现象相当发达，国家对个人私有财产也有一定程度的保证，但却一直没有出现私人财产不可侵犯的观念和相应的法律规定；由此而来的“私利”、“私有”也没有足够独立的合法地位，国家和君主凌驾于私利之上。

公与私不仅是一种观念，同时也是一种社会财产关系和利益行为。需要特别强调的是，春秋战国时期是“私”字大行的时代，财产私有化迅猛发展；人们为争私利熙熙攘攘而奔走上下，直致大打出手，朝野不安；社会关系以私为纽带进行了空前的大改组；士人的私理、私论大行其道、传播天下，总之，私字布满社会各个角落。私利相争自文明始，到春秋战国掀起一次财产关系大变动，像墨子说的，上下交相争利，搅动了整个社会。春秋时期作为权力的公、私之争，大致有两种情况和两种结果：一是“公”压倒了“私”，如秦、楚、燕；另一种是“私”打倒了“公”，即卿大夫把诸侯打倒，如分晋的韩、赵、魏，代姜齐的田齐等。“私家”胜利了并不意味着“私家”势力的发展；取胜的“私家”对原来的诸侯是取而代之，自己上升为公侯，于是又形成新的“公”“私”对立。“公家”与“私家”两者之争不仅贯穿春秋，也贯穿战国。战国时期“私家”势力仍然不小，但“私家”的构成有了很大的变化。春秋时期的私家基本是西周分封制的继续，私家是一个个的“独立国”。直到战国中后期“私家”对“公家”的威胁依然很大，在各国几乎都先后程度不同地出现过私家专权的情况。齐国的田氏贵族势力一直相当大，大权一度被孟尝君父子田婴、田文控制，以致出现“闻齐之有田文，不闻其有王也”的局面。襄王时田单与王相匹：“安平君之与王也，君臣无礼，上下无别。”赵国肃侯时，“奉阳君专权擅势……独擅百官”。惠文王时公子成和李兑联合专权，“入赵则独闻李兑而不闻王也”。秦国的贵族势力在商鞅变法以前一直很大，即使经过变法的打击，私家势力大减，但在一个时期依然赫赫扬扬，秦昭王继位以后直到任用范雎之前，大权被太后与其弟穰侯等把持，“闻秦之有太后、穰侯、华阳、泾阳，不闻其有王也”。楚国的贵族势力也相当重，屈、景、昭三大家族一直显赫飞扬，到考烈王时有春申君总理政治，“君（春申君）相楚二十余年矣，虽名相国，实楚王也”。战国时期法家改革的主要内容之一就是打击、削弱这些私家大族。吴起在楚国的变法把打击“私族”作为首要内容。商鞅变法也是如此，在商鞅看来，所有的私家大族，只要不在国家体系之中或对国家有离心倾向的都在打击之列。《商君书·画策》说：“无爵而尊，无禄而富，无官而长，此之谓奸民。”必除之。

《太公阴符》载周武王与太公对话：“武王曰‘民亦有罪乎？’太公曰：‘民有十大于此，除者则国治而民安。’武王曰：‘十大如何？’太公曰：‘民胜吏，厚大臣，一大也。民宗强，侵陵群下，二大也。民甚富，倾国家，三大也。民尊亲其君，天下归慕，四大也。众暴寡，五大也。民有百里之誉，千里之交，六大也。民以吏威为权，七大也。恩行于吏，八大也。民服信，以少为多，夺人田宅，赘人妻子，九大也。民之基业畜产为人所苦，十大也。所谓一家害一里，一里害诸侯，诸侯害天下。’”“十大”之民的要害是危害“公家”或与“公家”争权、争利，因此只有除之而后安。韩非对“私家”、“私门”之害有反复的论述，认为是国君最大、最直接的威胁，一再提出要把私家势力作为政治的主要打击对象。在韩非看来，妨害君主集权的主要障碍是“私门”太重。

“公”胜“私”的过程也就是从分封制国家转到君主集权国家的过程，这一转变关系到社会结构、社会关系、观念与价值体系的转变等等。这一过程很复杂，要之，是公侯们把权力集中于自己之手，同时削弱和取消“私家”的权力单位意义。诸子百家对私利和私有从道德后果方面进行了批评和限制。这就是晏婴所概括的两方面限制：其一是“幅利”原则，其二是“利不可强，思义为愈”。“幅”是布帛的尺寸标准，所谓“幅利”，就是制度规定原则。晏婴认为人的本性是好利的，都希望富有，但他同时又理性地提出“利过则为败，吾不敢贪多，所谓幅也”。由于财产占有关系从属于政治分配，个人的占有来源于“公”才是合理的、合法的，超乎此，个人另谋利益则缺乏合法性。与此相对应，“私利”、“自利”意味着与君主、国家利益相对立，正如《管子·禁藏》中说的：“民多私利者其国贫。”因此“私利”在制度上是违制的，在道德上是不正当的，忠廉之士“有势则必不自私矣”。在中国古代“私利”现象虽然十分普遍，也十分活跃，但没有相应的合理性论证，在理念上是一种“恶”的存在。

公与私本来是相反相成的一对矛盾，两者都是社会的普遍存在，但在中国的历史上却出现了一种绝对化的“立公灭私”理论。立公无疑是合理的，但“灭私”却把一种社会的普遍“私”置于死地，取消了“私”的正当性与合理性，于是“私”被置于恶的地位，成为一种恶势力和万恶之源。这样就出现了一个无法解决的悖论：“私”虽是客观存在，但在观念上是不合理的；人们在“私”中生活，但观念上却要不停地进行“斗私”、“灭私”；人们实际上在不停地谋“私”，但却如“做贼”一样战战兢兢，不能得到应有的保障；在社会生活交往中，特别是在政治上，只要被戴上“私”的帽子，一下子就失去了合理性与正当性。①

二、公忠与私忠的价值呈现

公私关系在古代社会大量地借助于具体的道德规范及其行为实践表现出来，而首要的则表现为忠。忠的含义包含有多方面的内容，但就公私关系而言，主要表现为公忠和私忠。公忠是忠于作为整体的国家、公共理性和人民，私忠是忠于作为个体的上司和君主。理念上公私的对立主要表现为公共理性与私人的对立，而在社会关系上则是君主、国家与民间社会与个人的对立。深入考察，国家与君主既有同一的一面，又有二分的一面；但在实体上国与君主又是合二为一的。臣下相对于国家与君主则属于“私”，当然君主相对于“国”也有“私”的一面。在公私问题上就出现多层关系，国家是绝对的公；君主有私的一面，但又是“国”的人格体现，因此又是公；臣民在国、君面前则都属于“私”，当然也可以同于“公”。由于臣下在本体上是“私”，因此在本体上与国和君主是天然的对

---

① 参阅刘泽华、张荣明等著：《公私观念与中国社会》，中国人民大学出版社2003年版，第33～37页。

立和相反的关系。

公忠的源头可以追溯到原始社会的“天下为公”，部落联盟的首领诸如尧、舜、禹多是“公天下”的代表人物。《韩非子·五蠹》载：“尧之王天下也，茅茨不翦，采椽不斫，粝粢之食，藜藿之羹；冬日麑裘，夏日葛衣；虽监门之服养，不亏于此矣。禹之王天下也，身执耒锸，以民为先，股无胈，胫不生毛，虽臣虏之劳，不苦于此矣。”大禹治水，“三过家门而不入”，表现了以公共利益为价值取向的人生态度。进入阶级社会以后，出现了私有化和各亲其亲的现象，但是“贵公”的观念始终不曾淡出，而是不断地被赋予新的涵义并得到强化。以作为整体的国家和公共理性为对象的“公忠”在春秋战国时期得到很大的发展。当时社会改革、社会关系的大变动和激烈的政治、军事竞争激起了社会和政治公共理性的发展。国与国之间的竞争和招揽人才，士人的朝秦暮楚和自由的流动，臣对君主的绝对服从有一定的松动。在这种环境下，一些具有独立精神和有使命感的士人、官僚把坚持对公共理性或江山社稷的忠作为自己的责任。表现在君臣关系上，他们尽忠的原则是以道事君、道高于君，甚至从道不从君；政治理念相合则留，不合则去；反对对君主卑躬屈膝的“妾妇之道”。最为著名的有壮烈的伍子胥，有聪明的范蠡，有痴情的屈原，有适度而行的孔子，有“爱君莫如我”的孟子。郑国大夫子产改革军用赋税，国人诽谤他，他毅然决然地说“苟利社稷，死生以之”！（《左传·昭公四年》）在子产看来，行为的原则应当是有利于江山社稷，只要有利于江山社稷，牺牲性命都在所不惜。齐国晏婴在多年的政治生活中始终把江山社稷看得比君主个人更加重要和根本。史载齐庄公因与大臣崔杼夫人棠姜私通被崔杼所杀，晏子前去探望，立于崔杼门外，说：“君为社稷死则死之，为社稷亡则亡之，若为己死己亡，非其私暱，谁敢任之！”（《史记·齐太公世家》）说罢，晏婴径自闯进崔家，脱掉帽子，“枕公尸而哭，三踊而出”（同上）。

以主人和君主为对象的“私忠”在现实的政治生活和社会生活中一直占据着重要的地位，当时一些人包括主人和君主主张“下”对“上”绝对服从、忠诚乃至献出自己的一切，春秋时期盛行的“委质”制度，要求臣下生为主人之仆，死为主人之鬼，无有二心，绝对忠于主人。法家韩非子把君主利益看得十分重要，提出了一系列有利于君主集权的建议。韩非所谓“公利”其实质就是君主之个人利益，并认为“大臣有行则尊君，百姓有功则利上，此之谓有道之国也”（《韩非子·八经》)。为了维护君主之个人利益,韩非主张君主应当善用权谋,指出:“君执柄以处势,故令行禁止。柄者,杀生之制也;势者,胜众之资也。废置无度则权渎,赏罚下共则威分。是以明主不怀爱而听,不留说而计。故听言不参则权分乎奸,智力不用则君穷乎臣。故明主之行制也天,其用人也鬼。”(同上)这就是说君主应当善用威势与狡诈两种手段,加大对臣下与百姓的控制。

以主人和君主为对象的“私忠”与以公共理性为对象的“公忠”在价值原则和行为立场是不同的。但以公共理性为对象的“忠”要进入实际的政治运行系统就不能不与君主打交道。在实际的权力运行中,君主不会太喜欢臣下过于自信,也不会喜欢臣下过多地张扬“道高于君”。因此以公共理性为对象的“忠”的实践条件是极其有限的,往往面临着君主私权滥用的危险,演绎出一幕幕像伍子胥那样被杀,像屈原那样被逐的人生悲剧。正是因为以公共理性为对象的“公忠”的悲剧多于喜剧,于是以公共理性为对象的“公忠”在实际的政治生活中逐渐向以主人和君主为对象的“私忠”靠拢、妥协、屈服。①

战国时期人们对君主的忠虽有种种区分,如“全忠”、“上忠”、“大忠”、“次忠”、“下忠”、“愚忠”等等,然其主旨不外:竭尽全能效力而无异心和个人图谋;忠信而不党,尽忠而死职;听从吩咐和支配,不择事,不计较;忠谏不听不生异心;有善归之于君,不彰君之恶,恶归于己等等。以上这些几乎成为社会公论和价值准则。臣对君主的忠顺是专制体制的要求,也是君主专制制度赖以存在和运转的社会观念基础和条件。②

三、君民关系的认识和对待

君民关系是一种特殊的公私关系。在中国历史上,大凡具有民本主义倾向的人大多坚持民贵君轻的原则立场,视君主利益为个人利益,视百姓利益为公共利益。而具有君主主义或君主专制主义倾向的人大多视君主的利益为公共利益,视百姓的利益为个人利益。前者的代表人物如孟子,后者的代表人物如韩非子。正是这种对关系的不同认识,使他们在治国理念和价值原则上得出了

---

① 参阅刘泽华、张荣明等著:《公私观念与中国社会》,中国人民大学出版社 2003 年版,第 33~34 页。

② 同上。

不同的观点。

就君民关系而言，孟子持民本主义的立场。他提出了最具经典性的命题："民为贵，社稷次之，君为轻"(《孟子·尽心下》)。民众对于国家具有政治上的优先性，因为，民众构成了国家的主体；而君主则被放置在一个次于国家的位置上。这就明确表达了中国古代思想世界对于君民关系的理解。对于孟子而言，只有得民心的人才能成为君主，"得乎丘民而为天子"(《孟子·尽心下》)、"保民而王"(《孟子·梁惠王上》)，也就是说，君主的合法性与否存在着一个可见可闻的判断标准，这就是他的行为是否体现了民众的要求。对于体现了民众要求的人，人民有能力把他放置在君主的位置上，授予他权力；对于违背人民意志的君主，人民也有能力把他的君主的权力剥夺。民众对于君主的权力具有最后的裁判与予夺权。荀子指出："天之生民，非为君也；天之立君，以为民也。"(《荀子·大略》)在荀子那里，君民关系被比喻为舟与水，君是舟，民是水，水能载舟，亦能覆舟："君者，舟也；庶人者，水也。水则载舟，水则覆舟。"(《荀子·王制》)

在君民之间，一是统治者，一是被统治者，这就是里革所说的"君也者，将牧民而正其邪者也"，这是最基本的事实。但是，二者之间是否是绝对的对立，还是在对立之外，有相互依存的一面。对此的不同认识，决定着对君民关系的如何处理。春秋战国时期的思想家一般都认为，君民之间存在着相互依存的一面。邾文公的民之利即君之利就是最有代表性的说法：邾文公卜迁于绎。史曰："利于民，而不利于君。"邾子曰："苟利于民，孤之利也。天生民而树之君，以利之也。民既利矣，孤必兴也。"左右曰："命可长也，君何弗为?"邾子曰："命在养民，死之短长，时也。民苟利矣，迁也。吉莫如之。"迁于绎，五月，邾文公卒。君子曰："知命。"(《左传·文公十三年》)邾文公以为，民之利即是君之利，有民之利，才有君主之利与君主之兴，因此，他不同意史官的利于民，不利于君之说。史官的说法是一种君民利益对立论，而邾文公的观念是君民之利两相依存说。这一君民相互依存之说，还见于晋人、楚人之口。如晋国的史苏在评价晋献公以骊姬为夫人一事时说："二三大夫其戒之乎，乱本生矣！日，君以骊姬为夫人，民之疾心固皆至矣。昔者之伐也，兴百姓以为百姓也，是以民能欣之，故莫不尽忠极劳以致死也。今君起百姓以自封也，民外不得其利，而内恶其贪，则上下既有判矣。"(《国语·晋语一》)"兴百姓以为百姓"，人民就能尽忠极劳以致连生命也奉献给君主，若是君主只图个人的一己私利，而丝毫不顾人民的利益，就会上下离心，而出现祸乱。

楚国的伍举说：“夫君国者，将民之与处，民实瘠矣，君安得肥？……若敛民利以成其私欲，使民蒿焉忘其安乐，而有远心，其为恶也甚矣。”（《国语·楚语上》）人君应该与民相依共处，不顾人民之利，只求个人私欲，就是十分恶劣的行为。这些说法都是把人君与人民看成相互依存性的关系，在利益上有着一致性，因此，他们都反对将人君与人民对立起来，只讲求人君之利，而丝毫不顾人民的死活。

从君民具有相互依存性出发，很多人提出君主应当恤民、抚民和亲民的主张。恤民即体恤人民的痛苦，关心和同情人民。鲁国的臧孙达用是否有恤民之心来评判是否配为合格的人君。庄公十二年秋末，出现大水灾，鲁国派人去宋国慰问，宋国答复说：“孤实不敬，天将之灾，又以为君忧，拜命之辱。”臧文仲据其言预言宋国必兴，而臧孙达则说：“是宜为君，有恤民之心。”（《左传·庄公十一年》）以有恤民之心，作为合格君主的根据所在。祭公谋父认为，周的先王就是能够“勤恤民而除其害”的典范，也正是其恤民、“无勤民以远”，才使周人能够取代商王朝。春秋末年，吴国夫差率军准备攻打楚国，楚国上下一派惊恐，这时，子西与诸大夫有一段对话如下：

吴师在陈，楚大夫皆惧，曰：“阖庐惟能用其民，以败我于柏举。今闻其嗣又甚焉。将若之何？”子西曰：“二三子恤不相睦，无患吴矣。昔阖庐食不二味，居不重席，室不崇坛，器不彤镂，宫室不观，舟车不饰，衣服财用，择不取费。在国，天有灾疠，亲巡孤寡，而共其乏困。在军，熟食者分，而后敢食。其所尝者，卒乘与焉。勤恤其民，而与之劳逸，是以民不罢劳，死知不旷。吾先大夫子常易之，所以败我也。今闻夫差，次有台榭陂池焉，宿有妃嫱嫔御焉。一日之行，所欲必成，玩好必从。珍异是聚，观乐是务，视民如仇，而用之日新。夫先自败也已，安能败我。”（《左传·哀公元年》）

子西以阖庐的“勤恤其民”，说明阖庐取胜的原因，而用夫差的“视民如仇”，说明夫差必定失败，不可为惧。两相比较，肯定的是勤恤其民，而恤民的内容则包括与民共甘苦，同劳逸，关心鳏寡孤独等。陈国的逢滑也有类似的说法：“臣闻国之兴也，视民如伤，是其福也；其亡也，以民如土芥，是其祸也。”（《左传·哀公元年》)这里的视民如伤,同勤恤其民是同一个意思,而以民如土芥,则同视民如仇是同一个含义。

春秋时期的思想家都反对君主无节制的压迫人民,而主张对人民在政治、经济上给予一定的关切惠顾。师旷说:"天生民而立之君,使司牧之,勿使失性。"(《左传·襄公十四年》)勿失其性,就是要人民有维护其生命正常需要的物质生活保证。人君应该给人民提供安定生活的保障。抚民说也为一些思想家所谈及,其代表人物是沈尹戌。沈尹戌系楚庄王曾孙,叶公沈诸梁之高之父,他看到楚国人修筑州来城,便断定"楚人必败。昔吴灭州来,子旗请伐之。楚平王曰:'吾未抚吾民。'今亦如之,而城州来以挑吴,能无败乎?"侍者曰:"王施舍不倦,息民五年,可谓抚之矣。"戌曰:"吾闻抚民者,节用于内,而树德于外,民乐其性,而无寇仇。今宫室无量,民人日骇,劳罢死转,忘寝与食,非抚之也。"(《左传·昭公十九年》)尽管沈尹戌与侍者在楚王是否做到了抚民的看法上不相同,但他们都认为人君应该抚民,而抚民的内容包括君主对人民的安抚,不要过分地剥削人民,而应使人民能够乐其生。君主不仅应当抚民,而且应当亲民。晋国公子重耳说:"夫固国者,在亲众而善邻,在因民而顺之。"(《国语·晋语三》)亲众与因民互用,亲与因、民与众是相近的。这是说亲民才能固国。沈尹戌在评价楚令尹子常必亡时说,只有"亲其民人"(《左传·昭公二十三年》),才可以保证国家的安定与个人的福禄。而卫国的宁庄子说:"亲,民之结也……民无结,不可以固。"(《国语·晋语四》)亦是同义。君主只有亲民,才可能真正获得民心。师旷认为良君与人民的关系,应该像父母与子女的关系一样,君应像父母对子女那样养民、爱民,而人民则应像子女亲爱父母一样去敬爱人君。这一点,我们从师旷与晋侯的一段对话中可以清楚地看出来:师旷侍于晋侯,晋侯曰:"卫人出其君,不亦甚乎?"对曰:"或者其君实甚。良君将赏善而刑淫,养民如子,盖之如天,容之如地。民奉其君,爱之如父母,仰之如日月,敬之如神明,畏之如雷霆。其可出乎?……天之爱民,甚矣。岂其使一人肆于民上,以从其淫,而弃天地之性,必不然矣。"(《左传·襄公十四年》)亲原本是公室、宗族内部关系处理的原则。对人民之亲,是这种宗族内部之亲的扩大,由公室之亲向人民的推广。父母与子女的关系是一种血缘的亲情关系,师旷这种把君民关系视为父母子女关系的说法,显然是把政治上君民关系归结为宗族的血缘关系,以此获得亲情的支撑。亲民是以父母子女间的血缘关系来比喻君民关系，以人君对人民之爱如父母之爱子女为其内容的。君与民的关系本质上是一种利益根本对立的关系，要君如父母爱子女一样亲民，是根本不可能做到的。但是，他们的亲民说无疑看到了人君只有对人民给以一定的关心，才可以保持其统治，对人民的作用有所肯定。

第四节　五伦关系的确立与道德生活

中国古代人与人的关系集中表现为人伦。所谓人伦，是指存在于人类社会中以维系道德秩序的人际关系，是人们应当遵守的行为准则。人伦一词，最早见于《孟子·滕文公上》，圣人"使契为司徒，教以人伦"。中国古代所讲的人伦主要有五种基本的关系，即"五伦"。五伦的观念是几千年来支配了中国人道德生活的最有力量的传统观念之一，它是礼教的核心，是维系中华民族的群体的纲纪。[①]"五伦"是中国古代社会整个道德系统的起点、社会性人际关系网络的主线，也是所有礼教活动赖以建基的中轴和良好社会风尚得以存续的根本保障。五伦观念经过先秦儒家(特别是孔、孟)的思想凝聚和义理提升之后，在后续两千多年的中华文化发展过程当中扮演了十分重要的角色，成为所谓"纲常名教"的中心，深刻地影响着华夏文明的价值选择、精神气质和基本走向，也规范了一代又一代的中国人之社会群体及个人的行为模式和立身处世的根本准则。

一、五伦的形成与本质

中国自古以来就是一个重视人伦理常的国度。所谓"五伦"，是人与人之间五种基本的道德关系及其相应的道德规范的统称。中国古代将君臣、父子、夫妇、兄弟、朋友五种人伦关系称为五伦。《孟子·滕文公上》："人之有道也，饱

① 贺麟：《五伦观念的新检讨》，见《文化与人生》，商务印书馆 1988 年版，第 51 页。

食、暖衣、逸居而无教,则近于禽兽。圣人有(又)忧之,使契为司徒,教以人伦:父子有亲,君臣有义,夫妇有别,长幼有序,朋友有信。"《礼记·中庸》又称君臣、父子、夫妇、昆弟、朋友五者为"天下之达道",《左传·文公十八年》称父义、母慈、兄友、弟共、子孝为"五教",足见其重要性。在古人看来,人伦乃人之为人的基本要求,所谓"无所逃于天地间"者是也。在这五伦之中,夫妇、父子(包括母子)、兄弟(包括姊妹)这三种关系,发之于"人之大欲",归之于社会伦理,中国人常称之为"天伦",是因婚配、血缘和长幼等而产生的亲情。君臣、朋友二伦,没有血缘关系,是一般意义上的人伦,但在中国古代以家族为本位的社会里,这二伦也被赋予家族的色彩,君臣以父子论,有所谓君父臣子,朋友以兄弟论。"五伦"是东方社会自尧舜以来形成的传统伦理道德的核心。

五伦观念根源于华夏文明的远古时代,是和人文教化生发的漫长历程紧密地联系在一起的。就人伦关系的自然顺序而言,它是起始于血亲的联结,本之于自然的交往,正如《白虎通义·号》中所描述的:"古之时,未有三纲六纪,民人但知其母,不知其父……于是伏羲仰观象于天,俯察法于地,因夫妇,正五行,始定人道。"这些基本关系的确立是和文明的创化完全同步的,因为"观乎天文,以察时变",作八卦"以通神明之德,以类万物之情"的伏羲,同时也是"观乎人文,以化成天下"的华夏人文始祖。

在《周易》的《序卦》中,曾经对人伦关系的产生过程做过这样的一番描述:"有天地然后有万物,有万物然后有男女,有男女然后有夫妇,有夫妇然后有父子,有父子然后有君臣,有君臣然后有上下,有上下然后礼义有所错。"在这里,人伦关系,夫妇居先,父子、君臣紧随其后,完全是依照自然发生的顺序来排列的。《中庸》里面也说过:"《诗》云'鸢飞戾天,鱼跃于渊',言其上下察也。君子之道,造端乎夫妇,及其至也,察乎天地。"《周易》之"咸卦"象征着男女结合为夫妇,对此,《荀子》说道:"《易》之'咸',见夫妇,夫妇之道不可不正也,君臣、父子之本也。"后来,东晋干宝的《易》注也对这段话做了进一步的解释:"此详言人道三纲六纪有自来也。人有男女阴阳之性,则自然有夫妇配合之道;有夫妇配合之道,则自然有刚柔尊卑之义;阴阳化生、血体相传,则自然有父子之亲;以父立君、以子资臣,则必有君臣之位;有君臣之位,故有上下之序;有上下之序,则必礼,以定其体义,以制其宜明。"这都说明,自然之顺序和血亲之基础,在早期的人伦系统建构当中始终是处在核心的位置。

从人伦关系的自然产生之序来看，当然是夫妇为先，这是人类社会伦理构造的始点；但随着人际关系的复杂化和社会制度安排的多层性发展，自然的排序便不是唯一的了，甚至在慢慢地发生着改变。人们对人伦关系的理解和认识，是在不断发生变化的，也经历了一个相当繁复的调整过程。总的说来，在自然联系的基础之上，五伦话语的血缘色彩非常突出，这和中国传统社会的村社结构、宗法制度，以及人际交往的封闭性与狭窄空间有着极大的关系，因而"亲亲"的氛围始终环绕在各种人际交往的场景和活动之中，挥之不去。但是，自战国以后，反对儒家"亲亲"原则的法家人物，就试图用社会等级观念的驾驭和政治权力的操控，来重新厘定人际交往的新规范，建立起强制性的伦常秩序，其对人伦关系的理解则更为强调社会属性的一面，突出了君与臣、父与子、夫与妇之间的"事"和"顺"，这三种关系的内涵便在悄然发生重大的改变。

《韩非子·忠孝篇》说："臣事君，子事父，妻事夫，三者顺则天下治，三者逆则天下乱，此天下之常道也，明王贤臣而弗易也。"在这里，伦常关系的交互性和平等意义完全消失了，取而代之的是严苛的等级意识和绝对的单向性。君、父、夫具有了主宰权，处于主位，而臣、子、妻则是顺从者和被支配的对象，这种非平等的关系成了"常道"，并且关乎着天下的治乱。同时，人伦关系的血亲色彩也被淡化掉了，在一定程度上抛弃了孔、孟传统的"亲亲"原则，而更为强调人伦关系所负载的社会性内容，将社会意义的人际关系置于自然意义的亲缘关系之上，完成了早期形成的血亲人伦意识的一次重大的调整，同时也预示着以"亲亲"原则为基础的德性伦理的歧出。

贺麟梳理了中国传统的五伦观念，认为包括四层要义：(1) 特别注重人与人的关系，而不十分注重人与神及人与自然的关系，即特别注重道德价值，而不甚注意宗教、科学的价值。(2) 维系人与人间正常永久关系。因此人不应规避政治的责任，放弃君臣一伦；不应脱离社会，不尽对朋友的义务；不应抛弃家庭，不尽父子兄弟夫妇应尽之道。(3) 以等差之爱为本而善推之。贺氏认为这种主张不单是有心理的基础，而且似乎也有恕道或絜矩之道作根据，是最有人情味的。持等差之爱说的，并不是不普爱众人，不过他注重一个"推"字，要推己及人。(4) 以常德为准而竭尽片面之爱或片面的义务。贺氏认为这种要求正是传统三纲说的本质。三纲说乃五伦观念之最基本意义，也是五伦说最高最后的发展。离开三纲而言五伦，五伦仅是一种伦理学，五伦说发展为三纲，才使它具备正统礼教的权威性与束缚性。

二、五伦的主要内容

在尧舜时期，舜摄政，“慎徽五典，五典克从”。此处所说的“五典”即是五种常态和恒久的道德规范或教训，其内容即《左传·文公十八年》所说的“父义、母慈、兄友、弟恭、子孝”。舜即帝位后对其臣下契说：“百姓不亲，五品不逊，汝作司徒，敬敷五教，在宽。”由此可知，五伦（即五典、五教）始于舜帝。《尚书·大禹谟》载舜帝对皋陶说的话：“汝作士，明于五刑，以弼五教。”此处所说的“五教”是对“五典”的一种发展，其内容是指君臣、父子、夫妇、长幼、朋友。发展到孟子，则对“五典”和“五教”作出了更进一步的概括：“后稷教民稼穑、树艺五谷，五谷熟而民人育。人之有道也，饱食、暖衣，逸居而无教，则近于禽兽。圣人有忧之，使契为司徒，教以人伦；父子有亲、君臣有义、夫妇有别、长幼有序、朋友有信。”

《中庸》说：“君臣也、父子也、夫妇也、昆弟也、朋友也，此天下之达道也。”达道的意思，一是言其四通八达，为修身、齐家、治国、平天下的正路，二是言其下学上达，为尽己、尽人、尽物，赞化育，参天地的阶梯。

后世所言五伦，一般以孟子言说的为准，即父子有亲，君臣有义，夫妇有别，长幼有序，朋友有信。

“父子有亲”。父子关系为人类以血缘关系为纽带的纵向延续，涵盖父母与子女关系。人出生后首先形成的人际关系就是自身与父母的关系，没有父母就没有自己，就不能成长。因此把父母与子女的关系称为天伦，列为五伦之首。因为父母与子女血脉相连，所以他们之间的关系比世界上任何关系都亲密。故强调父慈子孝。“慈”的基本含义是爱。《说文》曰：“慈，爱也。从心，兹声。”《礼记·曲礼上》：“慈者，笃爱之名。”父母对于儿女的慈爱是顺应人的自然感情的，爱子之情，人人共有。孝，是中国传统伦理道德的核心，被认为是一切道德的根本，是所有教化的出发点，是“德之本”、“仁之实”、“众善之首”。父慈子孝都是亲亲之义的体现，所以父子关系重点是有亲。“父子有亲”是一个至高无上的命题，在任何情况下，父母与子女之间都不应该有隔阂、缝隙。因此，“父子有亲”

居于五伦之首。不管时代如何变迁、制度如何变化，没有东西能比父母与子女的亲情关系更加珍贵，为了维护这种亲情，父母要关心爱护子女，子女的责任是孝敬父母。

“君臣有义”是指君主与臣下之间应该有义理、讲道义。人的一生中，除了父母与子女的家庭关系，然后就是君臣关系，所以君臣有义是五伦中的第二项。就君臣关系而论，孟子提出如下的命题：“君之视臣如手足，则臣之视君如腹心；君之视臣如犬马，则臣视君如国人；君之视臣如土芥，则臣视君如寇仇”。（《孟子·离娄下》）在此，君臣关系不是单向度的隶属或服从，而是交互性的。臣以什么方式对待君，取决于君以怎样的方式对待臣。臣在这里完全具有自己的独立的判断空间，它不依赖于君而存在。对于那种没有体现民意的国君，臣有权利也有义务去剥夺他的特权。这种剥夺是完全正当的：“闻诛一夫纣，未闻弑君也”（《孟子·梁惠王下》）。如果说父母与子女之间的“亲”是最为珍贵的词的话，那么，“君臣”之间，“义”就是最高的命题。如果国君不义，那么他就丧失了领导的资格；如果臣下不义，那么他就应该受到处罚，这是因为在国家和社会中，“义”是最高准则。君臣之间不能建立纯粹的私人亲情关系，惟有“义”才是可取的。从这个意义上说，“君臣有义”。为了维护君臣之间的“义”，就要“君使臣以礼，臣事君以忠”。此则即是儒家所肯定的“君君臣臣”，亦称君臣之礼，是国家和社会最为重要的伦理道德。战国时，魏文侯以名贤卜子夏、田子方为老师，每次经过高士段干木的住处，必定俯首抚轼以表示恭敬。天下的贤士很多人都投奔于他。一次，魏文侯派乐羊讨伐中山，攻克了中山，魏文侯就把中山封给自己的儿子末。《资治通鉴周纪一》载，文侯问于群臣曰：“我何如主？”皆曰：“仁君。”任座曰：“君得中山，不以封君之弟而以封君之子，何谓仁君？”文侯怒，任座趋出。次问翟璜，对曰：“仁君也。”文侯曰：“何以知之？”对曰：“臣闻君仁则臣直。向者任座之言直，臣是以知之。”文侯悦，使翟璜召任座而反之，亲下堂迎之，以为上客。任座能够当面指出魏文侯的过失，在翟璜看来，这本身确证了魏文侯的广开言路，说明了文侯堪称“仁义之君。”理由是只有君主仁义，臣子才会正直。

《资治通鉴周纪一》还记载了儒家学者子思对卫国君臣关系的观察与评价。子思向卫国国君推荐才能可统领五百辆车的苟变，可是卫侯以苟变做官征税时吃了老百姓两个鸡蛋为由加以拒绝。子思对卫侯说:“夫圣人之官人,犹匠之用木也,取其所长,弃其所短。故杞梓连抱而有数尺之朽,良工不弃。今君处战国之世,选爪牙之士,而以二卵弃干城之将,此不可使闻于邻国也。”此番有理有据的论述,使卫侯愿意接受其建议。可是卫侯口是心非,然而卫国的大臣却不愿意指出。子思观察后深有感触地说:“以吾观卫,所谓‘君不君,臣不臣’者也。”公丘懿子曰:“何乃若是?”子思曰:“人主自臧,则众谋不进。事是而臧之,犹却众谋,况和非以长恶乎!夫不察事之是非而悦人赞己,暗莫甚焉;不度理之所在而阿谀求容,谄莫甚焉。君暗臣谄,以居百姓之上,民不与也。若此不已,国无类矣!”子思言于卫侯曰:“君之国事将日非矣!”公曰:“何故?”对曰:“有由然焉。君出言自以为是,而卿大夫莫敢矫其非;卿大夫出言亦自以为是,而士庶人莫敢矫其非。君臣既自贤矣,而群下同声贤之,贤之则顺而有福,矫之则逆而有祸,如此则善安从生!《诗》曰:‘具曰予圣,谁知乌之雌雄?’抑亦似君之君臣乎?”卫国国君说话自以为是,朝中大臣没有人敢指出其错误,进而臣子对下面说话也自以为是,士人百姓也不敢指出其错误。君臣都自以为贤能,下属又同声称贤,称赞贤能则和顺而有福,指出错误则忤逆而有祸,这样,怎么会有好的结果!在子思看来,君仁臣忠,是君君臣臣的重要表现,如果君不仁臣不忠,这样的君臣关系就不是积极而正面的,只能导致朝中风气不正,进而产生于国家社稷不利的后果,同时也会把君臣自身推向灾难深重的险恶环境。

“夫妇有别”,是指丈夫和妻子应该有所区别的意思。丈夫要遵循作为丈夫的伦理规范,妻子要遵循作为妻子的伦理规范,因为丈夫和妻子的义务不同,所以说“有别”。夫妇有别有二义:一训分别,一训特别。只缘关系不同,是故义各有在。例如男女有别,重在分别;夫妇有别,重在特别。惟必各尽其分,乃能各得其宜。混而同之,斯悖矣。强调男女有别,主要是为了别嫌远疑;强调夫妇特别,是指夫妇因特别感情维系婚姻关系。如果说父子关系中突显的是年龄特征,君臣关系中突显的是地位特征,那么,界定夫妇关系的则是性别。在夫妇关系中,尽管年龄与地位并非不相关的因素,但使之得以划类定位的却是“别”这一范畴。[1] 婚姻关系的维持和稳定对家庭、社会都至关重要。对一个家庭来说,

① 杜维明:《何为儒家之道》,彭国翔译,中国社会科学出版社2001年版。

夫妇关系，合二姓之好，上嗣宗庙，下继后世者。如果夫妇没有特别感情维系其间，离合无常，就会造成廉耻道丧，家庭惨变，孩子失怙，老人痛苦。夫妇关系，是人伦确立的第一大事。孟子说："男女居室，人之大伦。"人类之所以代代相继，绵延不绝，是因为有夫妇。《礼记·郊特性》云："天地合，而后万物兴焉。夫昏礼，万世之始也。"

传统上对夫妇道德的要求是夫义妻听或夫义妻顺或夫义妻柔。要求是双方的，首先是丈夫"义"，具体包括诸如为夫者要尊重妻子，以礼相待；稳固专一地对待妻子，富贵了不抛弃糟糠之妻，等等。其次是对妻子的要求，包括孝敬公婆、忠诚夫君等。如果男性失去了男性的本色不仅是男性的不幸，而且也会使家庭蒙受损失，女性亦然。只有男女各自按照自己的本色组建和睦的家庭，在严父慈母的协调教育下，才可能培养子女的健康人格。

长幼有序。多指兄弟一伦。兄弟之伦，贵在有序，惟有顺序，而后兄先弟后，存乎天伦，不得以偏爱启争夺之渐。亦兄弟之间，惟有节序，而后兄友弟恭，各尽其分，这样兄弟关系才能得以健康的发展和友好的维系。传统家庭里兄弟姐妹非常多，一般是按照天命之序，先生者为兄、姐，后生者为弟、妹。这样的亲情关系，人们常常称之为"手足之情"、"同胞之亲"。处理兄弟关系的伦理原则是"兄友弟恭"，即兄长要关心爱护自己的弟妹，而为弟妹者要尊敬顺从兄长。"友"的含义有友好、友善、友爱、关心、爱护，是兄对弟而言的道德要求。而弟对兄而言的道德要求是"悌"。"悌"又作"弟"，其义是恭、顺从等，"悌"就是要敬爱兄长。

朋友有信。就是指朋友之间应该有信义、守信誉。在中国古代，"朋"是指同类，所谓"物以类聚，人以群分"。"友"是指与自己有着共同的志向、共同的爱好、感情深厚的人。一般而言，"同师曰朋，同志曰友。"有人类社会即有交际往来，就有朋友之伦。朋友关系既不基于爵位也不基于年龄，是相互性精神的典范性表达。中国古代对交友有着非常多的见解，诸如"道不同不为谋"，"择良友而交之"，"君子之交淡如水"，"交友贵在交心"，交友要"故旧不遗"，等等。交友最基本的道德原则当推诚信，所以子夏就这样说过："与朋友交，言而有信"。交友有信也是曾子"吾日三省吾身"的内容之一"与朋友交而不信乎？"中国古代圣人，于朋友一伦，以信为主，确立亘古不易之常经。圣人于朋友之伦，重在有信者，一以立交友之极则，一以验群分之臧否也。盖信之实际，毕竟在平日不在临时，在精神不在形式。年龄相仿、地位相似的人之间的道德要求是信义和信赖，朋友之间讲信誉、有信赖才能建立平等的关系，要做到这一点，首先要行善、讲仁义，惟有如此才可信赖。朋友之道，在于择善，朋友之间要相互批评错误，循循善诱。故曾子曰："以友辅仁"，强调通过朋友之间的切磋琢磨达到仁的境界。荀子曾用"蓬生麻中，不扶自直"的话作比喻，说明即使是言行不正的人，若其周围的朋友都是行善、仁义之人，也会使其渐渐变好。曾子常用"与朋友交而不信乎"的话每天进行自我反省，说明朋友相处，信义最为重要。因此，朋友有信是年龄、职位相仿的朋友的重要纽带，信义是朋友之间的至上命题。鲍叔牙与管仲之间的信义和友谊自古以来传为美谈，管仲生于春秋时期之初，时齐国为襄公执政，鲁国为庄公执政，管仲有经天纬地、济世匡世之才。鲍叔牙对他十分了解，谅其瑕疵之不足，管仲感叹地说："生我者父母，知我者鲍叔也。"

五伦大体上可以分为两类，一类是以血缘为纽带的亲情关系，这种关系是自然生成的，最能体现人性，顺应人性；一类是以权力为核心的君臣关系，这种关系是强制的结果，是违反人性和悖逆人性的。至于朋友关系大致介于二者之间，它可能会转化成一种符合人性的亲情，也可能会被权力扭曲，成为一种变相的非人性关系。古人所说的这五伦有些是天然生成而需要维护的，即父子和兄弟。父子兄弟之情是以无形的血缘纽结在一起的，可以说是人与人之间最亲近的关系。五伦中的夫妇、朋友和君臣都是非血缘关系，夫妇是可以融入家庭之中的，因而可能成为亲情的有机组成部分，而朋友是在社会交往中产生的另外一种非血缘关系，与夫妇相比，朋友之间的感情是不稳固的，它没有一个像家庭那样的固定场所。因而，维持这种关系需要依靠信用。尽管朋友之间既非血缘至亲也不够稳定，但是它仍然有不可忽视的意义，至少它表明人性并不以局限于家庭为满足，它有一种向社会扩展的倾向，并有和他人结成亲密关系的可能。

第五节　人与自我关系的建构及道德价值追求

德国哲学家卡西尔在《人论》中写道："认识自我乃是哲学探究的最高目标——这看来是众所公认的。在各种不同哲学流派的一切争论中，这个目标未被改变和动摇过：它已被证明是阿基米德点，是一切思潮的牢固而不可动摇的中心。即使连最极端的怀疑论思想家也从不否认认识自我的可能性和必要性。"[①]文艺复兴时期的著名思想家蒙田认为，世界上最重要的事情就是认识自我。在中国历史上，无数思想家和学者也十分重视自我的认识与对待，并把个人的自由、尊严和道德价值看得无比重要和珍贵，形成了注重道德自我的传统，并对整个社会的道德生活产生了深远的影响。

一、个人自由与尊严是道德的根

在中国古代人的道德生活中，个人对道德的信念以及修身养性的价值始终占有重要的地位。修身是为了更好地成为人，进而实现自己的人生价值。做一个有独立意志和人格追求的健全个体，"贞生死以尽人道"，"保天心以立人报"，(王夫之语)是人与自我关系的基本要求。正确认识和处理人与自我关系，要求个体自尊自信自立自强，同时还需要自省自讼和自我反思，做自己道德生活的主人。

道家重要人物庄子是先秦时代崇尚自由而鄙薄富贵的思想家。在庄子看来，对功名利禄的追求，有如"舔痔得车"：

宋人有曹商者，为宋王使秦。其往也，得车数乘。王说之，益车百乘。反于宋，见庄子，曰："……一悟万乘之主而从车百乘者，商之所长也。"庄子曰："秦王有病召医。破痈溃痤者得车一乘，舔痔者得车五乘，所治愈下，得车愈多。子岂

① (德) 卡西尔《人论》，甘阳译，上海译文出版社 1985 年版，第 3 页。

治其痔邪？何得车之多也？子行矣!”(《庄子・列御寇》)

庄子对那种通过卑污下贱的行为去博得统治者的欢心而获得功名利禄的人进行辛辣的讽刺和尖刻的嘲笑。如把曹商获得的“车数乘”、“车百乘”讽刺为是“舔痔”而得来的,并且说:“所治愈下,得车愈多。”这样功利性的人生价值观的追求不过是一种“功得机巧”,最终会导致“必忘夫人之心”(《庄子・天地》)。在战国时代,当许多士大夫把立名看作使生命不朽的一种方式,为了名汲汲奔波不顾一切时,庄子则指出:“名者,实之宾也。”(《庄子・逍遥游》)“名也者,相轧也。”(《庄子・人间世》)他把“名”这种使人异化(虚伪、相互倾轧等)的东西暴露无遗。而“困窘织履”、“往贷粟于监河侯”的庄子,并没有追求名利,而是拒绝相位:“楚威王闻庄周贤,使使厚币迎之,许以为相。庄周笑谓楚使者曰:‘千金,重利;卿相,尊位也。……我宁游戏污渎之中自快,无为有国者所羁,终身不仕,以快吾志焉。’”(《史记・庄子列传》)他视相位如“腐鼠”,宁可“快吾志”,而不愿“为有国者所羁”,表现出他的淡泊名利。这种淡泊的心境,使他放荡不羁、蔑视礼法和权贵以及与统治者不合作。相反,那种对名利追求的人最终“以身殉利”,成为“小人”(《庄子・骈拇》)。对名利淡泊的庄子,追求的是一种精神的自由。如寓言“庄子钓于濮水”:

庄子钓于濮水。楚王使大夫二人往先焉,曰:“愿以境内累矣!”庄子持竿不顾,曰:“吾闻楚有神龟,死已三千岁矣。……此龟者,宁其死为留骨而贵乎？宁其生而曳尾于涂中乎?”二大夫曰:“宁生而摇曳尾于涂中。”庄子曰:“往矣,吾将曳尾于涂中。”(《庄子・秋水》)

可见庄子不愿意“为留骨而贵”,宁可像神龟一样“曳尾于涂中”。这种把名利权势、荣华富贵看作负累,是一种对个人精神自由的特殊理解和追求。这种追求是一种真正的精神负累的解脱,换言之,这是内在生命价值的虚无化,而不是被名利所累之后的异化。

自远古时代开始,中国就产生了一部分对世俗生活持拒斥和逃避的态度,常常把归隐山林、远离世俗作为人生的目的追求和价值实现的隐士。隐士的生活是一种去群体化的生活,以厌弃政治生活和世俗生活的争斗为基础,把个体身家性命的保护与自由、尊严、气节看得无比重要,宁愿与大自然为伍也不愿隐忍苟活。许由和巢父是唐尧时代的两个隐士。他们本是很好的朋友。巢父一直居住在山里，年老之后，在树上搭了一个巢，在上面睡觉休息，所以叫巢父。许由“为人据义履方，邪席不坐，邪膳不食”，不正当的酒席不去参加，不正当的饭食不吃，因此尧对他非常信任，很喜欢他，一定要把帝位禅让给他。但许由毫不犹豫地拒绝了尧的好意，逃遁到了“颍水之阳”的箕山里隐居起来，因为这个，后人写诗咏志的时候常用“箕山之志”来表达自己隐居的决心。

《庄子·逍遥游》载：尧让天下于许由，曰：“日月出矣，而爝火不息，其于光也，不亦难乎！时雨降矣，而犹浸灌，其于泽也，不亦劳乎！夫子立而天下治，而我犹尸之，吾自视缺然。请致天下。”许由曰：“子治天下，天下既已治也，而我犹代子，吾将为名乎？名者，实之宾也，吾将为宾乎？鷦鷯巢于深林，不过一枝；偃鼠饮河，不过满腹。归休乎君，予无所用天下为！庖人虽不治庖，尸祝不越樽俎而代之矣。”

许由的这一说法表达了当时原始社会末期个体意识觉醒者们的心声。许由说他所图谋的是实利而不是虚名；而治理天下，不过是个虚名而已，是一件对自己有百害而无一利的事情。以一个人的力量，自耕自食，满足一个人的需要，就好像小鸟自己在树上筑一个小窝，不过占用一个树枝，老鼠喝水不过是喝饱肚子，自力更生，自足自乐，是一件多么自在的事情。这一思想观念说明在尧舜时代，已经有一批所谓的高士有了独立的经济地位和独立的精神追求。他们根本不再依赖群体，向往过单独的自由自在的生活。经济的独立，使其在政治上成为一个不受控制的自由阶层，而由此，那种不求进退，意在自得的人生志趣，追求逍遥于天地之间的隐逸思想开始形成了。

《庄子·让王》载，舜以天下让善卷，善卷曰：“余立于宇宙之中，冬日衣皮毛，夏日衣葛絺。春耕种，形足以劳动；秋收敛，身足以休息。日出而作，日入而息，逍遥于天地之间，而心意自得。吾何以天下为哉！悲夫，子之不知余也。”遂不受。于是去而入深山，莫知其处。舜以天下让其友石户之农。石户之农曰：“倦倦乎，后之为人，葆力之士也”。以舜之德为未至也。于是夫负妻戴，携子以入于海，终身不反也。善卷为什么拒绝舜的赏识和看重呢？理由在于我现在有吃的，有穿的，经济独立，精神自由，在天地之间逍遥自在，我还要天下干什么呢？而石户之农是舜的好朋友，舜要将天下让给他，他反而觉得舜这个人道德不怎么行，耻于和他为伍，于是带着全家逃走了。还有一个叫北人无择的，更是觉得舜很不地道，甚至不是个正经人，整天不好好在地里干活，却常常到尧身边去左右奉承，简直是个势利小人。他听说舜要将天下让给他，就觉得这是舜在故意侮辱他，居然投河自尽了。

伯夷、叔齐也表现了对独立人格、自由意志的重视。权力、富贵对于伯夷叔齐来说，唾手可得，但是先是为了兄弟之间的情义，后又为了天下大义，居然都像丢掉一件普通的东西一样舍弃了。作为锦衣玉食惯了的富贵公子，以商代大臣身份自居，不作周民，甚至连周朝的粮食都不吃，隐于首阳山，没有超常的毅力是很难承受得了的。他们跋山涉水，想的是跟西伯姬昌学习长生延寿之道，这说明他们很看重生命，然而，为了“义”——正义和道义，为了保持独立的人格，他们宁愿活活饿死，体现了一种以身殉道的精神和气概。

二、立德、立功、立言的人生价值追求

《左传·襄公二十四年》记载了春秋时期鲁国大夫叔孙豹与晋国贵族范宣子的谈话。范宣子问：“古人有言曰，‘死而不朽’，何谓也？”叔孙豹没有回答。宣子又说：“昔匄之祖，自虞以上，为陶唐氏，在夏为御龙氏，在商为豖韦氏，在周为唐、杜氏，晋主夏盟为范氏，其是之谓乎？”叔孙豹对曰：“以豹所闻，此之为世禄，非不朽也。鲁有先大夫曰臧文仲，既没，其言立，其是之谓乎？豹闻之，太上有立德，其次有立功，其次有立言。虽久不废，此之谓不朽。若夫保姓受氏，以守宗匄，世不绝祀，无国无之。禄之大者，不可谓不朽。”

这便是影响了中国几千年的“生命三不朽论”。在中华民族五千年道德生活的发展征途中，叔孙豹的“三不朽”论影响了一代又一代华夏子孙，激励他们为理想而奋斗，并以此作为在现实生活中的精神信念和力量源泉。

所谓立德，是指在社会生活中树立高远的道德追求和培育高尚的道德品质与德性人格，永远按照高尚道德的要求或精神原则来生活，真正做到如同孟子所说的“居天下之广居，立天下之正位，行天下之大道。得志，与民由之，不得志，独行其道。富贵不能淫，贫贱不能移，威武不能屈”（《孟子·滕文公下》）。子罕以德为贵是立德的集中表现。鲁襄公十五年，宋国有人得到了一块美玉，把玉献给了执政者子罕，子罕不接受这件礼物。献玉的人以为子罕怕玉是假的，于是讨好地说：“这块玉已经玉工鉴定，确实是件稀世宝物，这样我才敢献给

你的。”子罕听后笑着说：“我把不贪作为自己的宝物，而你把美玉作为宝物，如果我接受了你的美玉，不仅毁坏了我不贪的操行，而且你也失去了心目中的宝物，不如咱们各自留着自己的宝物吧！”(《左传·襄公十五年》)儒家推崇的尧舜禹汤等圣贤即是立德式的人物，他们活着以追求高尚道德为人生宗旨，死后其道德人格不断激励后人尊道贵德，所以他们是为世间立德的不朽人物。

立功是指对社会对人类的发展建树了丰功伟业，作出了造福于人民或对大多数人有利的贡献，使许多人身受其益。备受儒家尊崇的三皇五帝都是功德卓著的伟大人物。如构木为巢，使人民避于禽兽虫蛇的有巢氏；钻木取火，以化腥臊，而民悦之的燧人氏；尝百草之滋味，水泉之甘苦，令民知所辟就，曾一日而遇七十毒的神农氏；为止诸侯相残，暴虐百姓而修德振兵，治五气，艺五种，抚万民，度四方，未尝宁居的黄帝；不以天下之病而利一人禅位于舜的尧帝。《史记》记载：“当帝尧之时，鸿水滔天，浩浩怀山襄陵，下民其忧”，“禹乃遂与益、后稷奉帝命，命诸侯百姓兴人徒以傅土，行山表木，定高山大川……乃劳身焦思，居外十三年，过家门不敢入……众民乃定，万国为治。”(《史记·夏本纪》)大禹治水，造福华夏万民，功在千秋。

立言是指人在思想文化、学术精神等方面有所建树，其思想和观点成为引发别人思考、产生智慧的动力源泉，推动着人类精神文明的不断发展。

司马迁《太史公自序》有言：“昔西伯拘羑里，演周易；孔子戹陈蔡，作春秋；屈原放逐，著离骚；左丘失明，厥有国语；孙子膑脚，而论兵法；不韦迁蜀，世传吕览；韩非囚秦，说难、孤愤；诗三百篇，大抵贤圣发愤之所为作也。此人皆意有所郁结，不得通其道也，故述往事，思来者。”在司马迁看来，古时候虽富贵而名声却泯灭不传的人，是无法都记载下来的，只有卓越不凡的特殊人物能够名扬后世。周文王被拘禁在羑里后推演出《周易》的六十四卦；孔子受困于陈蔡等地回来后开始作《春秋》；屈原被放逐到湖湘等地后，才创作了《离骚》；史学家左丘双目失明后，才有《国语》的写作；孙子被砍断双脚，编撰出《兵法》著作；吕不韦贬官迁徙到蜀地，世上传出了《吕氏春秋》；韩非被秦国囚禁，写出了《说难》、《孤愤》等文章；《诗经》的三百篇诗，大都是圣贤为抒发忧愤而创作出来的。这些人都是心中忧郁苦闷，不能实现他的理想，所以才记述以往的史事，想让后来的人看到并了解自己的心意。

在叔孙豹看来，“立德、立功、立言”三者都可以垂诸万世而不朽，它们应当也有必要成为人们生活所追求的理想和价值目标。一般来说，此三者也是相辅相成的，立德是立功、立言的基础和保障，立功、立言是立德的必然要求和社会化实现。但就三者的价值顺序和轻重而言，立德无疑是第一位的，是“太上”，“立功、立言”都是“其次”。也就是说，“立功、立言”只有在“立德”的支配与引导下，才是有意义和价值的。

“立德、立功、立言”的价值目标凸显了中华民族首重道德价值的精神取向，同时又将功用与思想学术纳入价值框架中予以强调，反映了中华民族既重德操又重事功言论的价值追求，挺立起了中华民族的价值系统，对整个中华民族的道德生活产生了十分重大而深刻的影响。

三、为真理和正义而献身

先秦时期，一些道德上的高洁之士崇尚志节与德操，他们尊道贵德，崇仁尚义，能为义而生，更能为义而死，他们是真正把道德价值看得比生命价值更重要的人。

“在齐太史简”。齐太史的故事，见之于《左传·襄公二十五年》，说的是齐国的大臣崔杼弑其君齐庄公，齐太史乃秉笔直书：“崔杼弑其君。”崔杼就杀了齐太史。“其弟嗣书，而死者二人。其弟又书，乃舍之。南史氏闻太史尽死，执简以往，闻既书矣，乃还。”齐太史掉了脑袋，其弟弟补上，其一个弟掉了脑袋，另外一个相继。直到一个南史氏排队等候，看见崔杼无可奈何之下停止了对史官的放血活动，才停止排队，放心地离开。为了维护史官秉笔实录传统，齐国的太史们前赴后继，勇敢得让人瞠目结舌，用鲜血换得的真实，成就多么伟大的传统，凸显多么可贵的精神！

“在晋董狐笔”。晋国的国君晋灵公刚即位，由于年龄太小，不能料理朝政，于是让赵盾、士会和荀林父三人辅佐。灵公年长即位后，昏庸无道，残暴荒淫。作为相国的赵盾，一心想灵公恢复霸业，多次劝阻晋灵公为晋国着想。晋灵公却派大力士前去刺杀赵盾。当这位大力士来到赵盾的府上时，看到赵盾在家里等候上朝，虽没有到上朝的时间但是穿戴得仍非常整齐。这位大力士认为赵盾是位忠臣，不愿干违背良心的事情；他自杀身亡。晋灵公仍然不醒悟，又派人邀请赵盾来饮酒，暗地里派兵士埋伏在四周，让他们见机行事，准备杀死赵盾。这件事被赵盾的卫士提弥明发现后，保护赵盾安全脱离险境。赵盾和他的儿子赵朔被迫逃往国外，在逃跑的途中正巧遇见晋灵公的姐夫赵穿。赵穿听后非常生气，他前去找晋灵公评理，然而晋灵公不但不听，反而对赵穿恶声恶语。万般无奈之下，赵穿只好命令卫士一拥而上杀死了晋灵公，赵盾听到这件事后，返回晋国，把晋灵公的儿子拥立为王，这就是晋成公。赵盾登上相位后，想知道史官对这件事的评价，于是就把太史令董狐找来，询问他有关情况。董狐把大事记录给赵盾让他亲自去看。赵盾看到上面写着“秋七月，赵盾弑其君”，并且得知这件事在朝廷上已经做了公布。赵盾质问董狐道：“谁都知道，先君不是我杀的，你们这些史官司怎么让我承担罪名呢?”董狐回答道：“你身居相位，曾经逃亡而没有走出国境，回来后又不惩办凶手。这不是你的责任，又是谁的责任呢?”赵盾听后叹息说：“《诗经》上都说‘因为我怀恋君主，所以给自己带来忧伤’。大概说的就是我这样的人吧！”孔子评论这件事时说，董狐没有错，他是一位好史官，据法直书而不加隐讳；赵盾也没有错，他是一位贤明的大臣，为了法度而蒙受恶语，真是可惜啊！如果赵盾逃跑出了国境，就可以免除弑君之名了。董狐不畏权势、坚持直书实录的史笔传统，自古以来，是史家以及一切士人的榜样。这种直书实录的传统，不但保证了我国有着一以贯之的真实记载史事的大量历史著作，而且，这类历史著作对国君、大臣来说，多少总要使他们有所顾忌——担心坏事被记载于史册，从而遗臭于后世，从而也就产生了某种制约力量。

在中华民族的早期，就涌现了一批杀身成仁和舍生取义的志士仁人，他们志于道，据于德，依于仁，游于艺，虽然贫贱而不失高贵的人生追求，虽然落魄而不食嗟来之食，面临各种利诱与高压而始终不改初衷，不愧为民族的“脊梁”，为芸芸众生矗起了道德生活的标杆和旗帜，引领着中华民族道德生活发展的方向。

人与神，人与自然，人与社会群体，人与人，以及人与个体自身是在先秦时期就开始建构并赋予其丰富意义的五大关系，这五大关系的建构诞生出颇富东方神韵的神灵道德或宗教道德、自然道德、群体道德、人际道德和自我道德，从而使得中华民族道德生活在一开始就显示出一种在不同的关系架构中呈现出不同要求和意义的多维性和丰富性，表征着中华民族仰望星空与俯察内心良知的上下求索以及在外得于人与内得于己路径中的伦理收获。人是注定要过道德生活的，无论是对于人与神、人与天、人与社会、人与人以及人与自身的关系处理而言，都是如此。《周易系辞下传》肯定“有天道焉，有地道焉，有人道焉”，《说卦传》则进一步指出：“立天之道曰阴与阳，立地之道曰柔与刚，立人之道曰仁与义。”说明古老的中华道德来源于对天地之道的体察与效法，渗透在天地人之中的道具有“冠古今”的恒定性，而人通过对“三才”的兼采而形成和发展起来的德则可以匹配天地，既尊重非人化的天地物体，同其建立一种良善而友好的伦理关系，又主张弘扬人之所以异于草木禽兽的独特人道，这种伦理的建构和意义的追求在重视关系之均等协调的同时，更有一种价值的开掘和责任的担当，化生和拓展出中华道德文化融天地之道于一体而又尽显人道的独特神韵。这是中华民族道德文化圆神方智的大智慧，也是其根深厚重的大本源。

第四章

礼仪规范和礼文化的兴起与弘扬

礼是调节人与人之间关系的重要手段，是中华民族道德生活的一个重要内容。在中国古代典籍中，礼是一个包含有多种含义的社会文化范畴，可从宗教、法律、政治、道德等方面予以关照。礼最初起源于宗教，而后内化为道德，外化为法律、政治，成为维系人类社会秩序和人伦秩序的核心。概括地说，我们可以把见之于行为活动或仪容态度的称之为“礼仪”，见之于名物制度或典章条文的称为“礼制”，见之于理性活动或思想观念的称之为“礼义”，①见之于日常交往接物应对方面的称之为“礼俗”。“礼不仅包括了伦理道德行为方面的规范，以及社会行为的准则与程式，而且还成为政治社会行动正确与否的判别标准。《春秋》经传中屡见不鲜的‘礼也’、‘非礼也’，反映了道德意义上的褒贬。”②中国是传承千年的礼仪之邦，声教播于海外。中华民族的礼文化源远流长，尤其是先秦礼的建立与完备，不仅培养了炎黄子孙高尚文雅、彬彬有礼的精神风貌，也奠定了中华民族“礼义之邦”的基础。可以说，礼是中国伦理文化区别于其他伦理文化，尤其是西方伦理文化的一个本质特征。

第一节　礼的本质与中华礼文化的早期发展

从时间上说，礼萌芽于伏羲、神农、黄帝时代，即中华民族的发轫期；从内容上说，礼囊括了婚丧嫁娶、农业生产、宗教祭祀和军事战争等社会生活的各个方面。礼的形成和发展过程，也就是华夏民族的形成和发展过程，华夏文化也就是礼文化。礼是远古先民祭拜天地鬼神与先祖的产物，后来发展成为一整套典章文物制度，维系着宗法社会的秩序和上下等级关系。礼包含了宗教、道德、法律、风俗等方面的因素，广泛地渗透并表现于人们的社会生活。当人类脱离了动物界，原始群衍成社会，人类也由自然人逐渐发展成为道德的人、社会的人。

① 参阅王启发著：《礼学思想体系探源》，中州古籍出版社 2005 年版，第 4 页。
② 郑开著：《德礼之间：前诸子时期的思想史》，三联书店 2009 年版，第 85 页。

而礼是人类由自然人进化为道德人的具体体现。中国古代社会是一宗法等级社会，人们以血缘关系、财产关系、政治关系为基础，形成了贫富、贵贱、尊卑、长幼的等级差别。礼是确立人们之间的等级差别的原则和标准，无论是在朝廷之上还是在乡党之间，礼将每个人之间的名分、地位区别开来，为建立和维护尊卑贵贱、上下大小的政治和社会秩序奠定了基础。然而，等级差别并不是礼的最终追求，应当说，建立和维护人与人之间的等级差别只是一种手段，维护人与人之间的和谐、保持社会的统一(群居合一)才是礼的最高价值目标。

一、礼的含义与本质

《荀子·大略》说："礼者，人之所以履也。失所履，必颠蹷(jué)陷溺。所失微而其为乱大者，礼也。"东汉许慎的《说文解字》也说："礼，履也，所以事神致福也。"徐灏解释为："礼之言履，谓履而行之也。礼之名起于事神，引申为凡礼仪之称。"从字源学上来看"礼"，包含两部分：从示，从豊。"示"代表一切与神祇有关之物。"豊"代表祭祀时二玉在器之形，意即把献祭品放在豆的容器里供奉给神。先民以"豆"盛双玉，以祭祀上帝或宗祖神，以求致福，是为行礼。段玉裁《说文解字注》说："《周易·序卦传》：'履，足所依也。'"也就是说，履，是足所依者；而礼是人所依者。以上论述，都是把礼视为人与人之间所必须遵循的行为原则。人之所依的行为原则非常广泛，因而礼的涵义也是十分丰富的。

先秦礼的涵义有广义与狭义之分。广义的礼是泛指包括道德在内的、以区别尊卑贵贱亲疏为内涵的行为法则和规范。换言之，凡政教刑法、典章制度、礼节仪式以及各种行为准则都可一概称之为礼。它渗透于古代社会的方方面面，是无所不包的思想文化体系和制度行为体系的总和。狭义的礼，则专指先秦各级贵族(天子、诸侯、卿、大夫、士)经常举行的祀享、丧葬、朝觐、军旅、冠昏诸方面的典礼。

礼的内容十分广泛，礼的种类纷繁复杂，《礼记·礼运》指出："夫礼，必本于天，殽于地，列于鬼神，达于丧、祭、射、御、冠、昏、朝、聘。故圣人以礼示之，故天下国家可得而正也。"《礼记·昏义》指出："夫礼，始于冠，本于昏，重于丧、祭，尊于朝、聘，和于射、乡，此礼之大体。"清代学者邵懿辰在《礼经通论》一书中认为："冠昏丧祭射乡朝聘八者，礼之经也。冠以明成人，昏以合男女，丧以仁父子，祭以严鬼神，乡饮以合乡里，燕射以成宾主，聘食以穆邦交，朝觐以辨上下，天下之人尽于此也，天下之事亦尽于此也。”①总的来说，礼包含以下几个基本要素：一是礼物，它是行礼所用的宫室、服饰、器皿以及其他东西。用来祭祀神灵的祭品，如先秦曾用来献祭的奴隶或俘虏，以及各种行礼用的体现等级差别的物品都包括在其中。二是礼仪，它是行礼的仪式和章法，包括行礼的时间、场所、人选、服饰、站立的位置、使用的辞令、行进的路线等等。礼仪侧重体现礼的外在形式。先秦文献对礼仪有很多的记载，如《论语·乡党》记载有孔子在朝廷上和日常生活中的礼节仪式。《荀子·礼记》记载有古代婚丧的种种仪式。三礼即《周礼》、《仪礼》和《礼记》详细、系统地记载了古代的种种礼仪。三是礼意，是通过礼物和礼仪所表达的实实在在、明明白白的内容、旨趣和目的，也就是礼义。不同的质和量的礼物、礼仪表现不同的礼意，这就要求礼物和礼仪必须适当。例如，按照周王朝礼制关于乐舞的规定，“天子八佾，诸侯六，卿大夫四”。而鲁国大夫季氏本来只配用四佾，可他却用天子之礼“八佾舞于庭”，所以孔子不能容忍这种僭越的行为。如果说，礼物和礼仪是礼的外壳，那么，礼义就是礼的内核。礼物和礼仪的制定，是有一定的人文精神作为依据的，这个依据就是礼义。如在婚礼中，男方用雁作为给女方的见面礼，因为雁为随阳鸟，代表了妻随夫的意义，体现了古礼对于夫妻关系的最高要求，带有道德指向的意义。

根据礼的内容，我们可以把礼分为两个部分，即礼制和礼俗。正如郭沫若所言：“礼，大言之，是一朝一代的典章制度；小言之，是一族一姓的良风美俗。”②所谓礼制，是礼的制度化的概称，即国家规定的用以规范人们生活、行为、人际关系的典章制度，诸如分封、宗法、井田等，以及各种礼节仪式，包括冠、昏、丧、葬、祭等礼仪程式。它是统治阶级整体习俗典章化、制度化、阶级化的产物。它的体系完备，宗旨明确，要求严格，是贵族统治者赖以安身立命、须臾不可离开的东西。美国制度经济学创始人凡勃伦曾说：“制度实际上就是个人或社会对有关的某些关系或某些作用的一般思想习惯……今天的制度，也就是当前公认

---

① 邵懿辰：《礼经通论》卷上，仁和邵氏家祠刻本。参王启发著：《礼学思想体系探源》，中州古籍出版社 2005 年版，第 7 页。

② 《郭沫若全集·历史编》第二卷，人民出版社 1982 年版，第 96 页。

的生活方式。"①一种制度意味着一种思想方式或某种广为流行的、经久不衰的行动。在中国传统社会中，没有比礼制更流行、更经久不衰的生活方式了。在日常生活中，礼就像空气一样无所不在，"故无礼，则手足无所措，耳目无所加，进退揖让无所制"(《孔子家语·论礼》)。先秦礼制通过制订礼仪、礼乐、行政、刑罚等制度条文或颁发礼制法律条款，限定了行礼的范围、规模、程序、仪态以及大致具体的言行。因此，它具有强制性，是奠定先秦国家典章制度的重要基石。在《周礼》中具体记载了吉、凶、军、宾、嘉等礼制的内容。

所谓礼俗，是指未列入礼制、在民间习惯基础上形成的礼仪习俗。它是属于社会风俗的范畴，是社会风俗进一步发展演变的结果。郑玄说："礼俗，邦国都鄙，民之所行先王旧礼也。"清儒惠士奇肯定了郑玄的说法，并进而认为，"盖行礼顺先典故事，所谓礼俗。"可见，礼俗中又包括了先代的"礼"。在先代为礼，后世流而为俗，再加上原有的风俗习惯，就有了礼俗的基本构成。礼俗具有自发性、自在性和随习性，它不像礼制那样带有明显的政治目的而要求国家的全体人民统一遵守和执行。它只是为本民族和本地区的生活有序而建立的行为规则，而且是约定俗成的，没有人为的强制性。由于礼俗比礼制更有人情味，可以弥补礼制的不足，所以《周礼·天官·大宰》把礼俗作为治理国家的"八则"之一，与"祭祀、法则、废置、禄位、赋贡、刑赏、田役"同列，将礼俗作为道德规范来教化人民。在《仪礼》中记载了有关社会交往、人生礼仪和民间祭礼的内容。

同时，礼制与礼俗又是相互联系、相互吸收、并行不悖的。礼制产生于礼俗，同时又指导礼俗。民间礼仪整理规范后，将其精神内涵提炼，并扩充其意义，进而形成国家的礼制。反过来，国家礼制的规范性和整肃性，也更进一步指导民间礼仪内容的更新与形式的完美，由此推动整个社会的不断发展。礼制与礼俗共同构成了礼的动态与完整系统。

在本质上，礼是一种伦理道德规范。礼的根本原则是等级差别，维护社会的等级差别是礼的主要功能。我们可以从以下几个方面来认识礼的本质：

1. 礼是区别人与动物的标准

古人认为，"凡人之所以为人者，礼义也"(《礼记·冠义》)。人之所以为人

---

① (美)凡勃伦：《有闲阶级论》，蔡受百译，商务印书馆1982年版，第141页。

而与禽兽相区别，就在于人知礼义。荀子特别重视“有辨”，把它看作“人之所以为人者”的主要特征。禽兽“由于不知辨”，所以虽有父子，但无父子之亲，虽有牝牡，而无男女之别。人之所以有辨的关键是礼，如同《礼记·曲礼》所说：“鹦鹉能言，不离飞鸟，猩猩能言，不离禽兽。今人而无礼，虽能言，不亦禽兽之心乎？夫唯禽兽无礼，故父子聚麀。是故圣人作，为礼以教人，使人以有礼，知自别于禽兽。”正因为“辨明礼义”是人之道也，所以礼又被看作“人之干也。无礼无以立。”(《左传·成公十三年》)孔子指出：“不学礼，无以立。”(《论语·季氏》)“不知礼，无以立。”(《论语·尧曰》)在他看来，礼是立人之本，是人之所以为人的根据。礼作为人与禽兽的分异点，也是区别文明与野蛮，华夏与“夷狄”的重要标志。华夏族是以“郁郁乎文哉”(《论语·八佾》)的礼义之邦而自傲于世的。对于不遵礼义的“夷狄”，则贬之为“若禽兽然”(《国语·周语中》)。春秋战国之际，霸于西戎的强秦，只是由于居处无度，内外无别，不事礼义，而受到“天下卑之”的待遇。在中国历史的长河中，曾经出现过的“以夏变夷”，或“以夷变夏”的不同政策，主要就在于是否以礼义为出发点和着眼点。由此可见，礼不仅是华夏族的精神支柱，而且也是整个中华民族文明与进步的象征。

2. 礼是别贵贱、序尊卑的法度规范

礼与天地通，是天之经、地之义的社会化、人伦化。礼所具有的别贵贱、序尊卑的功能，也是以天为解释的。《礼记·乐记》说：“礼者，天地之序也……序，故群物皆别”。又说：“天地尊卑，君臣定矣。卑高以陈，贵贱位矣。动静有常，大小殊矣。方以类聚，物以群分，则性命不同矣。在天成象，在地成形，如此则礼者天地之别矣。”荀子也认为“贱事贵，不肖事贤”是“天下之通义”。(《荀子·仲尼》)奉周礼为理想王国的孔子，则从等级名分制度上论证礼的价值。他强调“必也正名乎……名不正则言不顺，言不顺则事不成”(《论语·子路》)。正名的具体要求就是“君君，臣臣，父父，子子”，坚持严格的名分，人类社会才可能运行有序，国家制度与父系家庭才得以建立。

由于礼所确认的是“别”、“异”、“差等”，因此，“名位不同，礼亦异数”。(《左传·庄公十八年》)在周朝，自天子、诸侯、大夫、士以至庶人，各有与其等级身份相对应的礼。不仅仅是权利义务关系上的不同，也表现为服饰器用上的差异，而且必须严格遵守，不许僭越，僭越者治罪。鲁大夫季氏不依周礼规定，用八佾乐舞并封禅泰山，尽管当时已经是礼崩乐坏的大动荡时代，孔子仍然发出“是可忍，孰不可忍”的抨击。根据礼的要求，在国，则君臣贵贱等级森严，上下有节。在家，则父子兄弟夫妇尊卑有序。《礼记·礼运》篇所说“礼义以为纪”，不仅表现为“以正君臣”，也表现为“以笃父子，以睦兄弟，以和夫妇”，借以树立父权与夫权的统治地位。中国古代重人伦，重血缘，提倡“君子笃于亲”，但在这温情脉脉的面纱背后，却是使伦理等级与政治等级相通，宗法名分与政治名分相合，入则父子有亲，出则君臣有义，形成有利于统治阶级的社会秩序。孟子说：“人人亲其亲，长其长，而天下平。”(《孟子·离娄上》)反映了中国古代重人伦的政治意义，同时也给修身、齐家、治国、平天下作了具体的说明。由此，不难看出《礼记》所说“凡治人之道莫急于礼”(《礼记·祭统》)的真谛。

为了使社会各阶级、阶层安于遵礼、奉礼、行礼，各尽其应尽的权利义务，不作非分之想，不行非分之事，统治者还用礼来节制人欲的贪求，所谓“礼节民心”，“礼者，因人之情而为之节文，以为民坊者也，故圣人之制富贵也，使民富不足以骄，贫不至于约，贵不慊于上，故乱益亡。”(《礼记·孔子闲居》)显然，这是礼的又一功能。荀子从性恶论出发，认为上古之时“欲多而物寡”，为了消弭由此而发生的争斗，先王“制礼义以分之，以养人之欲，给人之求。使欲必不穷乎物，物必不屈于欲”，“两者相持而长，是礼之所起也”(《荀子·礼论》)。也就是说以礼来确定各人所应分得的物质利益，即所谓“度量分界”，以使之各有所养。因此，礼又被说成是“礼者，养也”。但礼所认定的养，绝不是平均主义的，而是以“别”作为实际操作的指导原则。《荀子·礼论》说得非常清楚：“曷谓别？曰：贵贱有等，长幼有差，贫富轻重皆有称者也。”由此可见，节民也好，养民也好，归根结底，是为了建筑“尊尊”的金字塔式的政治结构。

“夫礼者，所以定亲疏，决嫌疑，别用异，明是非也。”(《礼记·曲礼上》)“为礼卒于无别，无别不可谓礼”。(《左传·僖公二十二年》)礼是区分贵贱、尊卑、亲疏的标准，它是以因人而异的等差性，或特权性为特征的，它的作用就是论证等差的秩序和结构的合理性，并使之固定化、永久化。于是礼的政治哲学的色彩更加浓厚了。不仅如此，源于宗法伦理关系的礼，又促进了新的伦理道德观念的形成和新的父子、夫妻关系的建立。礼所肯定的伦理纲常，体现了中国古代民族的心理状态与思维方式，成为一种理想的价值取向。但也不可避免地桎梏了人们的自然本性,甚至心甘情愿地为礼而牺牲。

3. 礼是经国家,定社稷的根本原则和准绳

礼的作用除正人伦、明尊卑、辨是非外,最为重要的是经国家,定社稷。由于礼是安上治民,体国立政的根本指导原则,是调整社会关系和国家生活的思想基础,也是维护王权专制的理论教条,因此从周公制礼以后,礼便被视为“国之干也”(《左传·僖公十一年》)、“国之常也”(《国语·晋语》)、“王之大经也”(《左传·昭公十五年》)。在中国古代的思想家、政治家看来,礼是国家施政的标准,有礼则国家政治有正轨可循,无礼则施政无准,势将导致昏乱。以“吾从周”自誓的孔子便力求“为国以礼”,认为“礼之所兴,众之所治也;礼之所废,众之所乱也”。(《礼记·仲尼燕居》)西汉时,贾谊在所著《新书·礼》中对于以礼施政作了全面的描述:“道德仁义,非礼不成;教训正俗,非礼不备;分争辨讼,非礼不决;君臣上下,父子兄弟,非礼不定;宦学事师,非礼不亲;班朝治事,莅官行法,非礼威严不行;祷祠祭祀,供给鬼神,非礼不诚不庄。”礼既是国家施政的原则,也是国无失其民,王无失其臣,贵无失其贱,尊无失其卑的强大精神支柱,从而显示了礼是经国家、定社稷、长治久安的根本。由于以礼治民,可以使民安分、自爱、无怨,逆来顺受,所以孔子说:“上好礼,则民易使也。”(《论语·宪问》)中国古代的历史雄辩地证明了国家的治乱,社会的兴衰,都与礼的实施有着密切的关系。

4. 礼是规范行为的指南,评判是非的准绳

礼不仅设定了父子有亲,君臣有义,贵贱有等,长幼有序的最高行为和道德的标准,也为社会各阶级、阶层规制了一般的行为规范和是非观念。例如,为尊者讳,父子相隐,于法是有悖的,但于礼却是允许的,甚至被赞颂为美德。春秋战国之际,孔子奔走呼号“克己复礼”,并且坦诚地表示“如有用我者,吾其为东周乎”(《论语·阳货》)。所谓复礼,就是要恢复周礼的制度。他要求人们不违礼获取富贵,不违礼舍弃贫贱,真正做到“非礼勿视,非礼勿听,非礼勿言,非礼勿动”(《论语·颜渊》)。《左传·昭公二十九年》载,晋铸刑鼎公布成文法,对此,孔子极力反对,理由就是破坏了“贵贱不愆”的所谓“度”,也就是破坏了传统的礼,使得“贵贱无序”,这是孔子所深恶痛绝的。由此也可窥见礼的实质之一斑。

由礼所培育起来的中国古代的道德政治观，常常把一个王朝的兴衰存亡，归结为道德是否净化，人心是否浇漓。从周公提出“惟德是辅”以后，明德、敬德、成德的声浪越高，它的政治色彩也越浓厚。孔子便说：“为政以德，譬如北辰，居其所而众星共之。”(《论语·为政》)孟子更把德教与仁政相结合，并以此区分暴君与贤君。正是由于对道德教化的过分推重，导致了对于法律的某种轻视。孔子所说：“导之以政，齐之以刑，民免而无耻；导之以德，齐之以礼，有耻且格。”(《论语·为政》)可以为代表。历代奉行的“德主刑辅”、“大德小刑”的国策，其源头，就在于传统的道德政治观以礼作为最高的道德准则。管仲最早把“礼”作为最高的道德准则。他把“礼义廉耻”定为“国之四维”，而“礼”列为四维之首。荀子也有着相同的论述：“礼者，法之大分，类之纲纪也，故学至乎礼而止矣。夫是之谓道德之极。”(《荀子·劝学》)礼的本质是建立在宗法血缘关系基础上的伦理。从原始宗教禁忌转化来的周礼，是一种强制性的外在社会规范。孔子以仁改造了礼，将礼建立在仁的基础上。在孔子建立的仁——礼结构中，仁是礼的内在价值，礼是仁的外在形式，如果脱离了仁的精神，礼就成了毫无意义的形式。同时，礼并不仅仅是仁的表现形式，它还是仁的客观标准，只有符合礼的行为才是道德的。仁和礼相为表里，互为规定。“祀帝于郊，敬之至也。宗庙之祭，仁之至也。丧礼，忠之至也。备服器，仁之至也。宾客之用币，义之至也。故君子欲观仁义之道，礼其本也。”(《礼记·礼器》)贾谊在《新书》中指出：“君仁臣忠，父慈子孝，兄爱弟敬，夫和妻柔，姑慈妇听，礼之至也。君仁则不厉，臣忠则不二，父慈则教，子孝则协，兄爱则友，弟敬则顺，夫和则义，妻柔则正，姑慈则从，妇听则婉，礼之质也。”(《新书·礼》)一方面，仁义之道以礼为本；另一方面，礼以仁慈忠孝为质。孔子的弟子有若明确提出：“礼之用，和为贵。”(《论语·学而》)荀子称礼为“群居合一之理”。礼所追求的“和”至少包含两方面的含义，一是社会秩序的和顺稳定。礼通过规定每个人的名分地位，应尽的责任和义务，使人人各守其份，各安其位，揖让不争，屈己敬人。所谓：“乐至则无怨，礼至则不争，揖让而治天下者，礼乐之谓也。暴民不作，诸侯宾服，兵革不试，五刑不用，百姓无患，天子不怒，如此则乐达矣；合父子之亲，明长幼之序，以敬四海之内，天子如此，则礼行矣。”(《礼记·乐记》)二是人际关系的和睦融洽。封建社会的人际关系既是等级的，又是伦理的，因此，血缘亲情是维系人际关系的重要纽带,而礼乐则是表达这种血缘亲情的主要方式,“礼者,殊事合敬者也;乐者,异文合爱者也,礼乐之情同。故明王以相沿也。”(《礼记·乐记》)通过礼乐教化,使君臣和敬、父子和亲、长幼和顺,实现天下大同的社会理想。

二、礼的萌生与起源

礼是中华文明的核心和所独具的特产。中华文明的起源和发展,从一定意义上说,是与礼的形成和发展密切相关的。礼的起源与人类文明的演进是同步的。中国古代的“礼”和“乐”起源于远古的原始崇拜。《礼记·礼运》曰:“夫礼之初,始诸饮食,其燔黍捭豚,汙尊而抔饮,蒉桴而土鼓,犹若可以致其敬于鬼神。”燔黍,谓未有釜甑,烧石而加黍其上,炒以为糒也。捭,裂也,裂豚肉而燔之也。汙尊,谓坎地蓄水。抔饮,谓手掬而饮。蒉,谓抟土为桴。桴,所以击鼓。礼最初发源于饮食,古时候人们把黍米和擘开的肉放在石上烧熟来吃,在地上挖坑蓄水用手捧着喝,抟土作鼓椎而用土作鼓来敲,以此来向鬼神表达敬意。其贡献的礼品、击土鼓而作乐,便是最早的礼乐仪式。王夫之《礼记章句》疏云:“此节言自后圣修火政以来,民知饮食则已知祭祀之礼,致敬于鬼神,一皆天道人情之所不容已,其所从来者远,非三代之始制也。”早在原始社会,初民生活中已有礼的萌芽;礼并不是三代才开始有的,而是人类文明长期演进的结果。

礼的起源同伏羲的“制以俪皮嫁娶之礼”密切相关。《世本·作篇》谈到“伏羲制以俪皮嫁娶之礼”。自伏羲才开始有了婚姻嫁娶,才有了食用动物的风习。《白虎通·号》载,“古之时未有三纲六纪,民人但知其母,不知其父”,于是伏羲“因夫妇,正五行,始定人道”。在伏羲之前,人们知道母亲不知道父亲,知道做爱不知道礼节,处在血缘群婚时代。伏羲氏决心扭转这种情况,开始制定嫁女娶妇的规矩,即凡是打算娶别人女儿的,要先甄别姓氏,同姓不得婚配,然后请媒人说合,定下来以后,再用俪皮(两只野兽的皮,古时候人们用兽皮做衣服,用两张兽皮象征配偶)作为聘礼,然后才能结婚生子。从此以后,人们才知道父子关系,男女有别,不再随意婚配。起源于伏羲时代的礼,之后慢慢向多领域渗透与推扩,产生出多种形式和类别。伏羲之后,多种礼已经萌芽,并以自然崇拜和事神致福为主要内容。据《史记·五帝本纪》记载,帝颛顼“依鬼神以制义,治气以教化,絜诚以祭祀……动静之物,小大之神,日月所照,莫不砥属”。高辛帝

“取地之财而节用之，抚教万民而利诲之，历日月而迎送之，明鬼神而敬事之。其色郁郁，其德嶷嶷。其动也时，其服也士”。唐虞时代，帝尧“能明驯德，以亲九族。九族既穆，便章百姓。百姓昭明，和合万国”。帝尧晚年在将帝位禅让给舜之时注重从道德上考察舜之品行。史载尧将自己的两位女儿许配给舜，“舜饬下二女于妫汭，如妇礼。尧善之，乃使舜慎和五典，五典能从”（《史记·五帝本纪》）。“五典”指父义、母慈、兄友、弟恭、子孝五种基本的伦理道德，包含着礼的要求。《尚书·尧典》载舜即位后“修五礼”，“五礼”指公侯伯子男朝见天子的五种礼节。同时舜还命伯夷典“三礼”。马融注谓：“三礼，天神、地祇、人鬼之礼。”郑玄注云：“三礼，天事、地事、人事之礼。”礼在五帝时代虽有诸如此类的萌芽性因素，却仍还是属于前礼乐的神守时代。五帝时代，“有些礼已略有发展，有些甚至稍具规模，但仍有一些礼尚处于萌芽的前夜”。① 不过，已经形成了以父系血缘为基础、以社会礼仪为中心的礼仪系统。

中国社会在距今五千年到六千年的时候进入文明社会，人们常常把中华文字的出现视为文明起源的标志，但红山遗址出土的文物使专家发现，玉器在生产生活中产生了巨大的作用，从某种意义上说玉器的打造与使用标志着中华文明的诞生。因为这里出土的玉器比文字出现的时间还早，从 1979 年在辽宁省喀左县东山嘴村发现的一组专门供作大型祭祀活动用的石砌建筑遗址中所出土的玉器，一为双龙首玉璜，另一为绿松石鹗就说明这个问题。远古的祖先，他们找出部落中最有智慧的人，任命他为整个部落的巫师。每当需要出征战斗、旱天祈雨和大型的祭祖活动，巫师会穿上缝制玉器的法衣，于是这块玉被称为通神的工具，上天将神的旨意传达给玉，而巫师又通过玉接受到了上天的旨意。巫师借助玉及其祭祀活动规导着自己部落的子民，而玉正是起到对内产生凝聚力、对外达到统一的神器作用。

从各地考古资料看，构成夏商周三代以来中华礼乐文明之主体的礼或礼制，在红山文化、良渚文化等新石器时代文化中已经萌生，如红山文化大型祭坛、女神庙和陵墓三位一体的格局，就是礼制存在的表征。在长江下游三角洲地区距今五千年的良渚文化中，礼制更趋于系统化、规范化和制度化。良渚文

① 陈戍国：《先秦礼制史》第一卷，湖南教育出版社 1991 年版，第 118 页。

化聚落形态及其规模的多层次、级差式分化现象，表明当时的社会已经确立了一个多等级的社会分层系统，这些正是礼和礼制在良渚文化时代存在的现实基础。良渚文化的墓葬，无论是墓地规模、墓葬形制，还是随葬品的种类和质量，均存在界限分明、悬殊极大的差异，各类墓葬中表征墓主人生前身份和社会地位的礼乐用器的悬殊多寡，明白地投射出当时的社会是一个等级分明的社会，社会各个阶层的成员尊卑有序、贵贱有等，这是礼和礼制存在的表征。良渚文化分布区内祭坛形制的一致性，表明礼和礼制在当时的社会里已经趋于规范化和制度化。良渚文化的玉器，如玉钺、玉琮、玉璧、玉璜、玉冠形器、玉三叉形器等，是用来表示贵族身份和社会地位的礼仪用器，在使用中有严格的规定，不同等级之间不得逾越。我们把这一现象与聚落形态、墓地规模和祭坛形制的多层次、级差式现象结合在一起来考察审视，就会看到礼和礼制在良渚文化社会中，已经趋于系统化、规范化和制度化，已经成为兼具政治、军事、宗教和文化等多重社会功能的维系社会正常运转的礼仪体系。

良渚文化时代的古礼体系不仅没有随良渚文化的衰亡而消失，而且被后来的夏商周三代全面继承下来，成为古代中华礼制文明最具特色的内容。夏商周三代礼制从良渚文化继承的古礼，既包括礼的文化精神、礼制的社会功能，即通过对不同等级的贵族阶层占有的宫室、器皿、衣饰之具体规定所体现的亲疏尊卑的等差原则，也包括一些具体的礼器，如象征王权的军事统帅权的玉钺，祭祀天地的玉琮、玉璧、玉圭、玉璜等；甚至连玉琮上那个表征良渚文化宗教信仰系统的神人兽面纹，都被夏、商、周王朝全面继承下来，成为三代礼乐文明的重要内涵。

伴随着原始宗教而产生的礼俗和礼仪是中华原始文化的重要成果。礼仪制度正是为处理人与神、人与鬼、人与人的三大关系而制定出来的。从人类把对神、对自然力的恐惧和敬畏转向人类自身之后，随着人类社会生活的发展，人们表达敬畏、祭祀的活动日益纷繁，逐步形成种种固定的模式，终于形成为礼仪规范。从礼仪的产生和发展来考察，礼仪是人类社会生活发展的需要，是人类社会关系的一种必然要求和必然的反映。这一点，也可以从我国历史发展过程中礼仪规范的形成和变迁中得到进一步的证明。从考古资料来看，在辽宁喀左发现的距今五千年的红山文化遗址中，有大型的祭坛、神庙、积石冢等，是举行大规模祭祀活动的场所；有裸体怀孕的妇女陶塑像，可能是受先民膜拜的生育女神。更早的仰韶文化彩陶上的人面虫身图像，墓葬中死者头颅西向而卧，也都透露出远古时代礼仪制度的若干信息。在古代文献方面，有“自伏羲以来，五礼始彰；尧舜之时，五礼咸备”的说法。实际上，礼仪制度的演变发展，经历了漫长而曲折的历程，真正比较完备、系统的是西周的礼制。

礼渊源于远古时代先民们的饮食及祭祀活动。唐代杜佑编撰的《通典·礼一》指出：“夫礼必本于太一，分而为天地，转而为阴阳，变而为四时，列而为鬼神。鬼者，精魄所归。神者，引物而出。其降曰令，圣人象此下之以为教令。其居人曰义。孝经说曰：‘义由人出。’孔子曰：‘夫礼，先王以承天之道，以理人之情，失之者死，得之者生。故圣人以礼示之，天下国家可得而正也。’”人知礼则教易。伏羲以俪皮为礼，作瑟以为乐，可为嘉礼；神农播种，始诸饮食，致敬鬼神，蜡为田祭，可为吉礼；黄帝与蚩尤战于涿鹿，可为军礼；九牧倡教，可为宾礼；易称古者葬于中野，可为凶礼。又，“修贽类帝”则吉礼也，“釐降嫔虞”则嘉礼也，“群后四朝”则宾礼也，“征丁有苗”则军礼也，“遏密八音”则凶礼也。故自伏羲以來，五礼始彰。尧舜之时，五礼咸备，而直云“典朕三礼”者，据事天事地与人为三耳。其实天地唯吉礼也，其余四礼并人事兼之。礼序云：“礼也者，体也，履也。统之于心曰体，践而行之曰履。”然则周礼为体，仪礼为履。近代学术大家王国维、刘师培、郭沫若等论证了此种观点。刘师培认为：“上古五礼之中仅有祭礼，冠礼、婚礼、丧礼悉为祭礼所赅。……古代礼制悉赅于祭礼之中，舍祭礼而外，固无所谓礼制也。”[①]在理性认识不发达以及生产力极其低下的情况下，原始人的全部生活几乎都依赖于自然界的恩赐，因此，他们对自然界产生了神秘感、畏惧感和依赖感。自然界作为一种有着无限威力和不可制服的力量与原始人对立。面对天崩地裂，电闪雷鸣，月食星坠，洪水泛滥，四季运行，昼夜更替等等自然现象，原始人束手无策，迷惑不解。为了解答这些疑惑，他们便任凭想象力去填补理智的空白，因此，神话和宗教应运而生。人们在神话和宗教中，创造了形形色色的神灵，他们以为世间一切的事物和现象都是由这些神灵控制的结果。这些神灵威力无穷，能随心所欲地带给人们幸福和灾难。因此，在原始

---

① 刘师培：《刘申叔遗书·古政原始论第十》，宁武南氏排印本，1934年版。

人的生活中自然而然地形成了两个世界，一个是世俗世界，一个是在世俗生活之外却在冥冥中主宰着人们精神的世界。祭祀仪礼就是人们用于沟通两个世界的重要方式。原始人希望用祭祀来讨好神灵，乞求它们多赐福、少降灾。因此，原始人的几乎所有活动，无论是吃喝、耕作、狩猎、战斗都要举行一定的宗教祭祀仪式。“在他们所关注的范围内，没有一个活动领域能比仪式更重要的了。”[①]原始社会的祭祀活动是一种自然宗教、自然礼仪，是直接以某种自然物和自然力为崇拜对象的。《礼记·郊特性》云：“祭有祈焉，有报焉，有由辟焉。”也就是说，祭祀的目的大致有三：一是祈福，即祈愿福祥、祈求永贞、祈祷丰年之意，祈谷祈子等；二是报答，即感谢天地先祖之恩；三是避祸，即避免战争与灾难、远离犯罪与疾病。后来，随着原始部落的火并和部落联盟的出现，这种事神致福的礼逐渐发展成为一种社会制度。祭祀的对象、规范、形式按人们的社会地位高低有了严格的区分。《礼记·王制》记载：“天子祭天地，诸侯祭社稷，大夫祭五祀，天子祭天下名山大川：五岳视三公，四渎视诸侯，诸侯祭山川之在其地者。”在这种庄严肃穆的祭祀礼仪中，体现了尊卑贵贱的等级之分。目的就在于让人谨守与自身角色相应的行为准则，以此维护社会的秩序，所以古人很重视祭祀，把它列为国家的头等大事。“祀，国之大事也。”(《左传·文公二年》)

父权制时代，夫妇关系、父子关系得以明朗化，于是以“别男女”“谨夫妇”为起点，引出了父子、兄弟等伦理关系，等级森严的强制性的礼也初步形成。《礼记·昏义》有言：“男女有别，而后夫妇有义；夫妇有义，而后父子有亲；父子有亲，而后君臣有正，故曰：昏礼者，礼之本也。”又说：“夫礼始于冠，本于昏，重于丧、祭，尊于朝、聘，和以射、乡，此礼之大体也。”

在父系氏族末期，以谨夫妇、别男女为起点，形成了以父系血缘为基础，以社会交往为中心的新的礼仪系统。其中之一是社会交往礼仪，它是用来处理国与国、君与臣、人与人之间的交往关系的。这种交往礼仪起源于五帝时代部落与部落之间、部落联盟长与部落首领之间，以及一夫一妻制确立后的氏族部落成员之间的相互关系。随着父系血缘的确立，便发生了个体家庭以及家庭和宗族之间的交往关系，有了个体之间交往礼仪的产生。这个过渡的完成，当是在

① （美）露丝·本尼迪克特：《文化模式》，三联书店1988年版，第62页。

颛顼时代。随后，交往礼仪就成了全社会的现象，变成了人们日用不息的礼仪活动。然而处理这种关系需要以礼物为媒介。《礼记·表礼》说："无辞不相接也，无礼不相见。"这句话中的礼是指礼物。也就是说，人际交往中一定要有适当的见面礼来体现彼此的诚意。而收受礼物的一方也应当以适当的方式回赠礼品，否则就是"无礼"了。先秦文献中有对这种交接礼仪的烦琐仪式和礼物的许多记载，如《仪礼·士相见礼》就描述了两士初次相见时，客方三请主人三辞、客方三次送礼、主人三次辞礼、受礼，而后，收礼方回拜还礼(挚)的礼节。

这种礼尚往来的交接礼仪主要源于还报的心理。所谓"报"，就是指报恩、报功、报德等。《曲礼》讲"太上贵德，其次务施报。礼尚往来。"施报是先秦礼的根本特征之一。这种施报，往往是"报本"与"反始"相连，"报本"，即报答此项恩德之根源，"反始"，就是追溯这种感激之情(即礼)的最初根源。《礼记·礼器》也说："礼也者反本修古，不忘其初者也。"所以"报本反始"与"反本修古"有着相同的含义。如祭社是报答土地之神生长粮食以为人类生活之资的恩德，而郊祭则是报答天的恩德，祭祖之礼是报答祖先繁育族类的恩德。对于人，对于社会的各种关系，同样是有施必报，要还报一切于自己有恩的对象。

三、夏礼和商礼——礼制的初始形态

礼的萌生与孕育是一个漫长的历史过程，礼的发展与完善更是一个随着历史的发展而不断变化，经过了一个由简到繁逐渐走向完备的过程。在国家出现之前，礼逐渐形成并得到了较充分地发展。国家形成之后，统治者自觉利用并发展礼制，从而更有效地实行了统治与管理。孔子曾说："殷因于夏礼，所损益可知也。周因于殷礼，所损益可知也。其或继周者，虽百世可知也。"(《论语·为政》)也就是说，各个朝代都有自己的礼制，但后代的礼总是或多或少地承袭了过去时代的某些方面的礼制，因而在因革损益中不断发展变化。先秦礼制的发展变化，同时也是古礼的整合过程，这个整合，经历了夏商周三代的变迁，春秋战国的衰变，最后经由儒家的重建与倡导而奠定了中华礼制的基本格局。

在夏商周三代，礼是一代王朝的政教刑法和朝章国典，是王朝统治者治理国家、维系家天下的等级制社会政治秩序的准则、制度或规程。古代中国的礼，是一个建构完备的制度与文化的体系，涵摄着政治、法律、宗教、伦理和社会制度等多重内容。礼或礼制体现在王朝统治者根据当时的政教、祭祀、农耕、兵戎等方面的现实需要而创设的一系列具体的、在贵族阶层内部实行的朝觐、盟会、祭祀、丧葬、军旅、婚冠等方面的典礼上。礼的社会功能在于定名分、序民人、别尊卑、明贵贱,因此,不同等级的贵族实行不同的礼,各种礼典举行时,每个参加者都要按其身份等级,使用自己所处等级可以使用的礼器或仪节。

对于夏代之礼,孔子曾说:"夏礼吾能言之,杞不足徵。殷礼吾能言之,宋不足徵也。文献不足故也。足则吾能徵之矣。"(《论语·八佾》)孔子没有足够的资料证明夏礼,但他懂夏礼,并"能言之",可惜他没能把夏礼写进书本流传下来。今天我们研究夏礼,仍然没有直接的夏代文字材料来进一步证明,但越来越多的考古资料已成为有关文献的有力佐证。

据文献记载,夏代礼的门类多已具备,内容离不开"以祖先崇拜、权力神化、泛灵禁忌为构架的祭祀、丧葬、朝觐、聘问、婚姻、盟会、燕享、军礼等一套礼制"。① 作为夏文化的代表的河南偃师二里头文化遗址中,出现了大型宫殿建筑群基址,在它的中庭有祭祀坑,专家证明这是用来供作宗庙祭祀之用。可以说,夏代的祭礼已较为丰富完备。同时也有凶礼的内容,即"以丧礼哀死亡,以荒礼哀凶札"。从禹到桀,发生过许多次战争,所以也出现了军礼。据《尚书·甘誓》记载,大禹的儿子启在讨伐有扈氏"威侮五行,怠弃三正"之前,曾对将士们说:"用命,赏于祖;弗用命,戮于社。"虽然只是动员令,但可以看出这是夏王朝军礼的重要内容:执行军令的,战后即在祖庙的神位前颁奖行赏,不执行军令而打了败仗的,就会在神社面前惩罚处死。据此可以看出,夏礼开始具备新的特征,其中突出的一点是神道和宗法的利用。从《史记·夏本纪》中夏朝的世系表图也可以看出,夏朝已有了宗法制度的雏形。夏朝不仅承袭了虞舜之前部落尊长的终身制,而且还发展了世袭制。王位继承基本都是父传子,但还不能确定是否已传位给嫡长子。而世袭制是宗法制的直接根源。夏代的嘉礼,也有了冠昏(婚)之礼等。从考古发掘可以了解当时嘉礼所用的礼器有陶器、骨器、玉器,还有少量铜器等。但由于当时的物质生活较为纯朴,所以决定了夏礼的仪式比较简单。

---

① 李瑞兰:《中国社会通史·先秦卷》,山西教育出版社 1996 年,第 320 页。

夏代礼的发展是社会进步的标志，反映了社会由母系氏族发展到父系氏族部落联盟，进而发展到我国历史上第一个国家的出现。母系氏族社会中，礼是平等的。随着生产力的发展，剩余劳动和剩余产品的出现，出现了贫富的差别，出现了阶级的对立，礼的实行也就产生了种种的差别。夏代礼制包括了当时以血缘部落(族)为基本单位的地域性国家对内对外所涉及的各项政治、人伦准则，对当时的社会秩序的维系起到了一定的积极作用。

殷礼是在夏礼基础上经由损益而发展起来的。殷墟甲骨文已经出现了“礼”字，写作“豊”。《说文解字》解释说：“豊，行礼之器也。从豆，象形。”著名学者王国维先生指出，甲骨文“豊”字，像两串玉放在器皿中，用以向鬼神行礼。商代贵族非常崇拜鬼神，他们祭祀的对象极为广泛，有学者归纳为天神、地祇、人鬼三类，每类之下，又有许多具体的神明。为了取悦鬼神，殷人祭祀的供品极其丰盛，其中最主要的是牲和醴酒。牲包括牛羊豕等畜牲，用牲的数量很大，且每每有固定的搭配，一牛、一羊、一豕称为“一牢”，或者“太牢”；一羊、一豕称为“少牢”。祭祀用的醴酒有多种，其中用得最多的，是用香草调和的酒，称为鬯，祭祀时盛在一种称为“卣”的青铜器中。需要特别提到的是，殷代还每每用活人来做祭牲，学者们把这种现象称之为“人牲”，这是远古时代食人风俗的孑遗。这些被残杀后与牛羊豕一起放在祭坛上的人当中，最多的是“羌”。羌是上古西北地区的游牧民族，经常与殷商发生战争，他们的战俘就成了人牲的来源之一。

商朝的奴隶制度已经进入成熟阶段。因此，与奴隶社会相适应，用来调节人与神、人与人、人与社会之间的关系的礼的规范也比较完善地建立起来了。殷商吸取夏王朝的统治经验，用王权、神权、族权鼎立的形式对人们进行有效控制；王位继承法在商朝前期为“兄终弟及”和“父死子继”的并行制度，到后期只存“父死子继”制，并开始设“太子”，定宗法。在王室内部，直系为大宗，旁系为小宗。商王为大宗之长，被称作天下大宗。但是宗法制度尚未完全成熟。《礼记·表记》说：“殷人尊神，率民以事神，先鬼而后礼，先罚而后赏，尊而不亲。”这句话说明了殷商之礼的特点。“商俗尚鬼”，对天地鬼神的绝对崇拜主宰着殷人的政治生活和精神世界。殷人神学观念的核心应该是“上帝”、“天”，殷商的神界已形成了以“上帝”或“天”为最高的等级秩序，“原始先民所崇拜的天地万神，被纳入了一个具有尊卑高下的体系之中”。[①] 商王把自己称为“下帝”，下帝即上帝在人间的代表，是受上帝的指定并秉承上帝的旨意来统治民众的。因此，为了享国久长，商王十分重视祭祀，其重要内容就是对天地神祇和先祖、人鬼的祭祀。可以看出，等级尊卑的神界实际上体现了商人的社会理念与伦理原则，是人间等级关系的反映，因而对天地神祇以及祖先神灵的态度的虔诚与否，便成为衡量社会成员道德水平高下的标准。正所谓“七庙之事，可以观德”（《尚书·咸有一德》）。在这种对天地鬼神的祭祀仪式中体现着尊卑、亲疏、贵贱、先后的秩序与规则。根据大量的卜辞和文献记载，祭礼的名目繁多。在祭祀中已有人牲人祭（奴隶和战俘）。当时占卜成风，占卜是原始社会即已出现的一种沟通人神关系的迷信行为，即通过问“龟甲兽骨”而问天地先祖神灵，从而判定一件事情的吉凶。在殷商，上至国家大事，下至王公贵族的私人生活，几乎是无事不卜。

除祭礼以外，“殷礼”的其他门类也较为齐备。“国之大事，在祀与戎”，战争是殷商除祭祀之外最为重要的大事，殷王室每逢战争都要预先占卜问吉凶，因此，比起夏禹或夏启的《甘誓》，以及成汤的《汤誓》，卜辞中关于军礼的内容也更加丰富。在殷商的丧葬礼中，已有不少殉葬者，殉葬品有铜礼器或陶器。当时还存在不少方国，所以用来处理国家内部及国与国之间的关系的朝聘贡巡之礼也较为丰富。婚礼制度也明显反映出男女关系的变化，其时男权已高。各地进贡王室的女子，只是商王室的性奴。婚姻制度以一夫一妻制为主，但兼有一夫多妻制。即贵族阶级往往在一妻之外还占有其他女子，这称为娣媵制和烝报制。娣媵制是指一女出嫁其娣（妹）姪（侄女）随嫁。烝报制，烝就是儿子在父死后娶庶母。报就是侄娶伯父、叔父之妾为妻。婚礼中已有问名、纳吉、亲迎等内容。

对照先夏及夏礼，殷礼的仪式已渐趋繁琐。殷商的最高统治者亲自主持各种礼典，王室成员也常参与其事，而其他贵族亦自有其诸礼系统。为了适应礼制和神权的需要，殷商已有专门司礼的神职官员，有巫、卜、史、占、祝、宗等，分掌占卜、记事和祭祀，并在政治上享有很高的地位。

---

① 勾承益：《先秦礼学》，巴蜀书社 2002 年版，第 20 页。

殷人崇尚鬼神，所谓殷礼，主要是通过礼器与牲酒来表达对鬼神的敬意，而作为中华礼仪核心的人文精神尚未形成。因此，祭祀的名目越是繁多，用牲的数量越是庞大，则表明神明占据的空间越大；而神明占据的空间越大，则人文精神的空间就越小，其原始性也就越强。

第二节　周代礼制的特点与主要内容

在礼的进化发展史上，中国古代的礼乐文明是在周代形成和完备起来的。"中国早期文化的理性化道路，也是先由巫觋活动转变为祈祷奉献，祈祷奉献的规范——礼由此产生，最后发展为理性化的规范体系周礼。"①因为这时不仅形成了系统的礼乐制度，而且赋予礼乐以丰富的人文内涵。周代形成的冠、昏、丧、祭、朝、聘、乡、射以及职官制度等礼仪、礼制和礼义，主要保存于流传至今的儒家经典《仪礼》、《周礼》、《礼记》等三礼之中。周代的礼乐文明已经脱却"巫觋"的色彩，不仅价值理性得以建立，而且人间性的因素得以彰显。

一、周公制礼及周代礼制的特点

商亡周兴是我国古代史上的一次重大的社会政治变革。正如王国维在他的《殷周制度论》中说："殷周间之大变革。自其表言之，不过一姓一家之兴亡与都邑之转移。自其里言之，则旧制度废而新制度兴，旧文化废而新文化兴。"周初经周公改制所实行的宗法分封制以及周公制礼作乐所建立的宗法礼制就是周代新制度与新文化的集中表现。作为国家的政治手段，礼治的确立是在西周推翻商朝取得政权以后，鉴于商人丧失政权的教训，周人充分意识到礼对维持奴隶制社会秩序的重大意义，因而对礼制的建立健全做出了巨大努力。

周公执政后第六年完成了制礼作乐的使命。周公总结完善夏殷之礼，以宗法人伦为核心，建构了一整套作为统治法规与行为准则的宗法礼制，包括典章

① 陈来：《古代宗教与伦理》，三联书店 2009 年版，第 12 页。

制度、礼节仪式(礼仪)、道德规范(礼俗)等等。周公制礼作乐的内容很广泛。有人说西周是“礼仪三百,威仪三千”,其实,周王朝的礼仪并不仅限于此。《左传·文公十八年》载,太史克有云:“先君周公制《周礼》曰:‘则以观德,德以处事,是以度功,功以食民。’”周公所制之礼包括“观德”、“处事”、“度功”、“食民”等方面的内容。实际上,周公所制之礼,包括西周时期的一系列典章制度和行为规范。这些制度和规范以政治制度为主,同时还包括人们的生活方式、宗教礼仪以及文化教育等方面的规范。周公所作之乐,则不仅包括乐曲,而且还包括诗歌、舞蹈等内容。周公制礼作乐的根本目的是为了巩固周王朝的统治,维护奴隶制度的宗法制和等级制。周公制礼作乐,使整个礼制由过去的宗教仪式变成了现实生活中的典礼仪式和行为规范。

周公制礼作乐主要有“畿服”制、“爵谥”制、“法”制、“嫡长子继承”制和“乐”制等。其中最重要的是嫡长子继承制和贵贱等级制。在殷商时,君位的继承多半是兄终弟及,传位不定。周公确立的嫡长子继承制,即以血缘为纽带,规定周天子的王位由长子继承。同时把其他庶子分封为诸侯卿大夫。他们与天子的关系是地方与中央、小宗与大宗的关系。周公旦还制定了一系列严格的君臣、父子、兄弟、亲疏、尊卑、贵贱的礼仪制度,以调整中央和地方、王侯与臣民的关系,加强中央政权的统治,这就是所谓的礼乐制度。“礼”起到了“经国家,定社稷,序民人,利后嗣”的重要作用,是当时人类文明的重要标志。

《礼记·表记》说:“周人尊礼尚施,事鬼敬神而远之,近人而忠焉。”从商人“尊神”“先鬼”,到周人的“尊礼”而重人事,反映了礼由神学特色极为浓厚的人神之礼向人本特色占主导地位的人伦之礼的重大变迁与发展。周人把“尊礼”落实在重人事上,在祭祀上天鬼神的同时,提出了敬德保民的思想。认为虽然王权神授,但上天受命的原则就是看统治者的德行。统治者只有敬德,以德行事,才可以求得上天的福佑,保持王位的长久,所以统治者应当“修德配命”。周人的敬德施于天命就是“敬天”,而施于人事就是“保民”。周人认为,保民是天命的体现,天的意志是靠人民的意志来体现的,所以治国者应当谨慎行事,严肃认真地对待民众,做到惠民、德教、明德慎罚,勿使民怨。周人这一思想是对殷商天命观的重大修正,它赋予了上天以伦理的品格,并否定了天命的绝对性,肯定了道德的政治作用从而取得了人事对天命的主动权。周礼的变迁与发展,可以说是中国传统人文精神轻天命重人事的先声，由此，德与礼在社会生活中逐渐占据了主导地位，从而开启了中国历史上重德传统。正如杨向奎先生所说："自周公制礼作乐开始，才是我国第一次对于礼的加工和改造。他开始用德字来概括原始礼的全过程。"①这是很有道理的。

西周是中国礼制和礼治的鼎盛期，礼经过一千多年的发展演变至西周达到系统完善和周详精细的程度，所有的礼义礼规礼制在西周得到充分的发展和最完善的架设。周礼是等级社会的政治准则、道德规范和各项制度的总称。关于周礼的具体内容，在《周礼》、《仪礼》、《礼记》三部礼学文献中有完整的反映。《周礼》(初名《周官》)是周朝建立之初，一代贤相周公为了巩固新兴的周王朝而编撰的一部治国大纲。这部《周礼》在总结前代兴亡得失的基础上对前代的典章制度礼仪规则作了系统详细地归纳总结，并结合新王朝的实际制定出了一系列更为详细的治国规范，形成了一整套政治制度和礼仪规则，构建了礼治社会的制度伦理大厦。《周礼》规定了各种政治制度和社会制度，包括分封制、君位传嫡长子制、严密的宗法制、等级官制，以及许多礼制和伦理道德等。它以区别维护、巩固上下贵贱宗法等级关系为目的，以君君、臣臣、父父、子子为核心内容。《周礼》把礼法、礼教和礼治精神充分贯彻到了对各种官职的设置之中，体现着一种有规则的责权分工、上下尊卑的森严等级，洋溢着具备礼法精神的典章制度，反映了充满礼治和礼教精神的奖惩规章。它通过行政制度的形式将这些礼制礼俗固定下来，直接成为了国家典章文物制度的重要组成部分。

周礼所要达到的目的，是通过"礼"来"经国家，定社稷，序民人，利后嗣"，即规定等级秩序下的各种名分，从而能"守其国"、"定社稷"。司马光在《资治通鉴》开篇即说："臣闻天子之职莫大于礼，礼莫大于分，分莫大于名。何谓礼？纪纲是也。何谓分，君臣是也。何谓名？公、侯、卿、大夫是也。夫四海之广，兆民之众，受制于一人，虽有绝伦之力，高世之智，莫不奔走而服役者，岂非以礼为之纪纲哉！是故天子统三公，三公率诸侯，诸侯制卿大夫，卿大夫治庶人。贵以临贱，贱以承贵。上之使下犹心腹之运手足，根本之制枝叶，下之事上犹手足之卫心腹，枝叶之庇本根，然后能上下相保而国家治安。"

① 杨向奎：《关于周公制礼作乐·中国历史百题》，中华书局 1992 年版，第 147 页。

《周礼》根据人法天的原则按天地春夏秋冬设置了六大官属，每个官属下辖六十官职，共计三百六十官。六大官职前都有一句“惟王建国，设官分职”，这就是明确君臣之分。只有天子才能建国，只有天子才可设立各个官职，天子和臣下之“分”如此分明，诸侯国君和臣也是如此分明。不仅君与臣，就是群臣也是有“分”，上大夫与下大夫有分，大夫与士也有分，士与庶人也是有分。有“分”则“名”有等，故有公、侯、卿、大夫、士之等级。“名”不同则职责也就不同。故“礼莫大于分，分莫大于名”。《周礼》每个官职都有级别，如司徒是卿一级的上大夫，小司徒级别降一等为中大夫，宰夫是下大夫，封人是中士等等，这就是确定名分。各有其名各有其职各有其责，层次分明清晰不乱。故《周官》的制订旨在确定名分，使每人安分守己，下不越上，左不干右，各官各职各级行政井然有序，如此纪纲之礼才可行而不被破坏。《周礼》从大到小详列每个官职的职能，故所列制度大到建国定都，小到餐饮器具无所不包，可以说涉及了从国家大政到生活起居的方方面面，极为详尽，向人们展现了一幅井然有序的政治生活秩序。

《周礼》是对政治制度的规范，但仅仅有行政上的规范还不够，除了政治外，人们还要相互来往，还要结婚生子，还要为死者送终等等。这些生活上的事务也须有礼节来规矩，因此便有了《仪礼》。《仪礼》对人们生活中成人、结婚、丧葬、祭祀、交往、宴饮、选贤等等主要事情做了礼仪上的规定，指导着各种各样的社会活动。此外，还有一些对未成人的礼规，以及对生活琐事等的规矩，如《礼记》中的《内则》、《曲礼》和《少仪》等。仪礼是指各种礼的仪式，简称礼仪。古时礼仪很多，几乎生活的所有方面都有相应的礼仪，如婚礼从定亲到接娶有一套固定的程序，哪个程序做什么都有具体的规定，这些规定就是礼仪。礼仪几乎涉及了生活的方方面面，成为那时候的重要社会活动。根据所涉及之事的性质，仪礼大致分为吉、凶、宾、军、嘉五种，简称五礼。据《周官》大宗伯职责称五礼共有三十六个礼仪，其中吉礼有十二个，凶礼有五，宾礼有八，军礼有五，嘉礼有六。《仪礼》之书共十七篇，篇目依次是《士冠礼》、《士昏礼》、《士相见礼》、《乡饮酒礼》、《乡射礼》、《燕礼》、《大射仪》、《聘礼》、《公食大夫礼》、《觐礼》、《丧服》、《士丧礼》、《既夕礼》、《士虞礼》、《特牲馈食礼》、《少牢馈食礼》、《有司》。十七篇多数是叙述士大夫的各种活动的礼仪，因此也被称作士礼。这十七篇按上面的五礼来分类有嘉礼七篇：士冠礼、婚礼、乡饮酒礼、乡射礼、燕礼、大射礼、公食大夫礼；宾礼三篇：士相见礼、聘礼、谨礼；吉礼三篇：特牲馈食礼、少牢馈食礼、有司；凶礼四篇：丧服、士丧礼、既夕礼、士虞礼。没有军礼。《仪礼》除此十七篇外，还有见于其他书籍中者若干篇，如投壶礼、奔丧礼、迁庙礼等等。还有失传的很多，故有人说《仪礼》共三十九篇，有人认为七十篇，甚至有人说是三百篇，究竟是多少篇至今也是个无法考证的问题。总之，礼仪很多，故《论语》有“礼仪三百，威仪三千”的说法，《礼记》上也说：“经礼三百，曲礼三千。”礼仪和经礼指的就是仪礼，三百指的是仪礼的条目共有三百多个。威仪曲礼指的是仪礼中的仪文曲折小节共计三千多条，可见礼节之多。所以我国固有礼仪之邦的称号。

二、分封制宗法制世袭制三大制度

周礼从制度伦理建构上讲，主要体现为分封制宗法制世袭制三大制度的建立。这三大制度的建立构成了周代政治制度的主要内容，对后世影响十分深远。

1. 分封制

西周建立后，分封自己的子弟姻亲和异姓贵族，到指定的地点建立起西周的属国，统治当地的部落和人民，这叫做“封建亲戚，以藩屏国”，也就是我们通常所说的分封制。分封制的具体内容表现为“天子建国，诸侯立家，卿置侧室，大夫有二宗”(《左传·桓公二年》)。周王室灭商和东征胜利后，为控制广大被征服地区，把王族分封到各地做诸侯，使他们“受民受疆土”，对地方进行分区管理。诸侯在分封国内，享有世袭统治权，对天子承担服从王命、定期朝贡、提供军赋、护卫周室等义务。诸侯又按照天子的办法分封卿大夫。卿大夫依此比例分封士。士是西周统治阶级中最低一个阶层，一般要靠自己的技艺和本领为卿大夫服务。这就形成了王封诸侯、诸侯封卿大夫、卿大夫封士的分封制。

周王分封的对象，主要有四类：一是同姓贵族，二是异姓亲戚，三是元老重臣，四是古代圣王后裔。以朝歌为中心的地区是殷人故地，周公将他的弟弟康叔封于此，建立卫国，控制殷民七族。东方的奄是周公东征的主要对象之一。叛乱平定之后，周公将此地作为自己的封国，命长子伯禽前往，在“少昊之墟”建立鲁国。鲁国封疆很大，得到的宝物最多，权力最大。师尚父(姜姓，吕氏，名望。一说字子牙，俗称姜太公)封于齐，都营丘(今山东博兴)，是控制渤海沿岸和莱夷地区的重要力量。为了防御群翟部落的内侵和骚扰，加强对北部的镇守，成王封其弟叔虞于唐国故地（今山西翼城），建立晋国。为了控制燕山南北的戎狄部落，封召公的长子于蓟（今北京西南），建立燕国。为了笼络遗民，周公将纣王庶兄微子启封于殷人的宗邑商丘，建立宋国。在宋附近，又封有陈（都宛丘，今河南淮阳）、杞（夏后裔，今河南杞县）、焦（炎帝后裔，今安徽亳州）三国，隐含监视宋国的意义。在周初，南方没有强国，周成王封熊绎做楚蛮小国君，子爵。后来楚国强大后，怨恨周朝，自称楚王，成为南方大国。

周代封建诸侯，要举行隆重的仪式。“授土授民”，谓之“锡（赐）命”，受封者接受周天子的册命，称为“册封”。在分封制下，周天子是天下的共主，具有一定的统治权：有权任命诸侯国的重要官吏；定期巡狩，到各诸侯国视察；并有保护各诸侯国免受外来侵袭和调解其内部纠纷的权力和职责。各重要诸侯国的国君兼任王室的卿士，表示服从于王室；要派遣军队戍守周王的都城或随王外出征讨；定期朝聘，到王廷朝觐述职；还要定期向王室交纳贡品，主要是进贡当地的土特产；派人为王室服役，主要是修筑城邑、宫室等。在各诸侯国内，国君将都城附近的土地或军事要地留归自己直接管理，其他地方分封给卿大夫作为“采邑”。卿大夫再拿一部分土地分封给士，作为他们的“食地”。这样上至天子，下至士，形成了一种按宗法原则进行的等级分封。

通过层层分封，周王朝在各地建立起政治、军事据点，形成一个以同姓贵族为主体、联合异姓贵族的遍及全国的统治网，它加强了周王室对四方疆土的控制，明确了周王“天下共主”的地位，使国家朝着统一的方向前进了一步，也密切了中原地区与周边少数民族的联系，有利于各地区经济文化的发展和边远地区的开发。分封制的弊端在于，由于这种制度带有武装殖民的性质，由此形成的国家，不是一个有机的政治经济整体，而是蕴含着分裂割据的因素。随着时间的推移，封国势力日益发展，出现尾大不掉之势。到了春秋时期，终于酿成诸侯割据、列国纷争的局面。

2. 宗法制

处理宗族内部成员间的亲疏、等级和世袭权利的制度，便是宗法制。宗法制以血缘关系为基础，它起源于氏族社会，是由父家长制演变来的。宗法制形成于商末，西周时得到充分发展，达到完备的程度。西周的宗法等级制发展得最为规范、完整和严密，并被确立为国家政治与社会生活的重要制度。宗法制度的核心是嫡庶之分和嫡长子继承制。嫡长子继承父位，庶子则受封建立新的子族。周王自称为天子，是天下第一大宗，是同姓贵族的最高族长，又是国家政权的拥有者，王位由嫡长子继承。其次，天子的诸子分封为诸侯，君位也由嫡长子继承，诸侯对天子是小宗，但在其封国内是大宗，是族权和政权的共主。依此类推至卿大夫。继承父位的嫡长子世代相传，为“百世不迁之宗”，别立新氏的庶子则“五世而迁”。这样，周王朝的封建制度确立了政治系统，宗法制度确立了宗族系统，血缘关系与政治关系密切结合在一起，使政权更加稳固。

宗法制的原则是立嫡以长不以贤，立子以贵不以长，所谓“立嫡以长不以贤”，是指王位的继承人必须自己的嫡亲长子，不管他是否贤能。王位的继承人首先应该是国君的嫡亲儿子，在国君的众位儿子中间，以年龄的长幼来定由谁来继承。“立子以贵不以长”，是指王位的继承人都是自己嫡亲的儿子，但不是同一个母亲所生，并且可能王后的儿子是长子，这时就“立子以贵不以长”这一条来确定继承人，王位继承人必须是妻所生的长子，如果哥哥的母亲为妾（妃嫔），但弟弟的母亲为妻（王后），只要有妻的儿子在，就不能立妾的儿子为太子，如果妻没有儿子，就只能立妾的儿子，在这中间仍然以妾中较为贵的一人的儿子为太子，不管其年龄如何，而且即使是同一个母亲，这个母亲在生育孩子时由于身份不一，也可能造成两个孩子的继承权不同，如商纣王，他与其兄微子启是同母兄弟。然而商纣却被拥立为王，其原因是商纣王母亲在生微子启时还是一个妾，而生商纣王时已成为妻了，所以有妻的儿子在，就不能立妾的儿子为太子，即使是同一个母亲。

宗法制的具体内容大致是：周天子为天子大宗，王位由嫡长子继承。别子（王的其他儿子）为小宗，受封为诸侯。诸侯在其封国内则为大宗，其权位亦由嫡长子继承；别子为小宗，封为卿大夫。卿大夫在其采邑为大宗，权位由嫡长子继承；别子为小宗，封为士。士亦由嫡长子继承，别子不再分封，为平民。宗法制通行于百姓贵族，而以姬姓宗族为首。姬姓贵族与异姓贵族之间通过婚姻结成甥舅关系，也包含在宗法制范围内，成为宗法制的组成部分。简言之，从天子到士都实行了嫡长子继承，别子分封，这是宗法制的特征。宗法制规定，嫡长子为宗子，具有绝对的继承权，别子只能接受宗子的分封。按照这个原则分配权力和财产,避免了贵族子孙之间的矛盾冲突。所以宗法制是分封制得以实行的理论基础,其本质不在于区分血统关系,而在于确定权力和财产的分配原则,稳定奴隶制的统治秩序。它和分封制相结合,构成了奴隶制的等级制度。宗法制的核心是嫡长继承制,所以是严格的嫡庶之分。这是以依靠自然形成的血缘亲疏关系划分贵族的等级地位,从而防止贵族间对于权位和财产的争夺。在宗法制度中,嫡即为正妻,正妻所生的儿子为嫡子,嫡生即正宗之意。庶旁支也,妾所生的儿子谓庶子,庶出。嫡为大宗,庶为小宗。

宗法制作为西周一项重要政治制度,其影响是巨大的。它以"尊祖"、"敬宗"为信条,严格规定了自下而上应该承担的义务,建立起了一个金字塔式的统治网,从而确保了周天子天下大宗和政治共主的地位,宗法制将宗族关系和政治关系相结合,以族权强化政权,从而加强了奴隶主贵族的统治。首先它的实行是西周分封制的基本原则,在宗法制度上进行的分封成为巩固西周统治的基本前提,分封制与宗法制相结合,维护了西周贵族内部的稳定,保证了奴隶主贵族的政治特权、爵位和财产权不致分散或受到削弱,同时也加强了对奴隶和平民的统治。宗法制也在一定程度上解决了皇族中的继承问题,给诸侯提供了借鉴,从而形成稳定的社会关系。因为它是以血缘为纽带而建立起来的尊卑贵贱,上下等级关系,所以更有利于防范统治阶级的内部斗争,维护各级奴隶主贵族的统治秩序。宗法制度对后世影响也是深远的,从周王开始,几乎贯穿整个中国历史,在某种程度上可以说宗法制建构了中国的社会,宗法制成为我国数千年来统治者享受特权的凭借,对中国社会产生了深远的影响。

宗法制度通过血缘关系,建立起一整套土地、财产和政治地位的分配与继承制度,保障了各级贵族能够享受"世卿世禄"的特权,从而把"国"和"家"密切地结合起来,与世袭制、分封制共同构成了西周政治制度的主体。分封制和宗法制互为表里,宗法制是分封制的内核,分封制是宗法制在政治上的具体表现形式,两者紧密结合,既防止贵族之间因为权力的继承问题发生纷争,又保证了贵族在政治上的垄断和特权地位,维护贵族统治集团内部的稳定与团结;既强化中央控制能力,又促进地方之间的联系。

3. 世袭制

世袭制是等级的阶级社会和阶级压迫的产物,是化公天下为私天下的产物。私有制是它产生的社会经济根源,公共事务机关的异化是它在政治制度上的根源,选举制的破坏及终身制的实现直接导致了世袭制的形成。等级制和特权制是世袭制的两大主渊源和主构成。世袭制是奴隶社会和封建社会所特有的政治制度和现象。

禹死后,子启继位,正式确定了世袭制度,开始了我国历史上的“家天下”局面。西周重要的官爵都采取世袭制。各级官吏都由贵族担任,世代相袭,作为俸禄的采邑,也是世代享用,这叫做“世卿世禄”。世卿就是天子或诸侯国君之下的贵族,世世代代、父死子继,连任卿这样的高官。世禄就是官吏们世世代代、父死子继,享有所封的土地及其赋税收入,世袭卿位和禄田的制度在周代曾十分盛行。根据史书的记载,西周的开国元勋、周武王的胞弟、周成王的叔父周公旦,其长子封在鲁国,“次子留相王室,代为周公”(《史记·鲁周公世家》);同样有卓著功勋的召公奭(shì),其长子封在燕国,“而次子留周室,代为召公”(《史记·燕召公世家》)。西周宣王时,又有召公、周公二相行政,他们显然都是周公旦、召公奭的后代。这些事例证明西周时代已有“世卿世禄制度的存在”。在西周铜器铭文中,有很多官职都是世袭的。如 1974 年在陕西扶风县强家村出土的师鼎等器物,它们的主人一家四代父死子继,世袭“师”的官职。1976 年陕西扶风县白家庄出土的微史家族铜器群,这一家族的六代人从西周初年开始,一直是父死子继,世袭“作册”史官之职。《尚书·商书·盘庚篇》中说的“图任旧人”、“世选尔劳”,《诗经·大雅·文王篇》中说的“凡周之士,不(丕)显亦世”,可以看作当时贵族世袭大官的明证。

西周社会建立了十分严密的血缘等级世袭制——宗法分封制,社会按照血缘的亲疏划分为严密的社会等级,每个等级的嫡长子世袭其父母的等级,次子和别子则降一级世袭其权力和财产。春秋战国时期是这种血缘等级世袭制的解体时期,秦始皇统一中国后,废除了除帝王家族之外其他阶层政治上的世袭制。

三、吉、凶、宾、军、嘉“五礼”

《周礼》把礼制的内容分为“五礼”,即吉、凶、宾、军、嘉,此“五礼”是以国家为主体的。《礼记·曲礼上》说:“祭祀之说,吉礼也;丧荒去国之说,凶礼也;致贡朝会之说，宾礼也；兵革旌鸿之说，军礼也；事长敬老执挚纳女之说，嘉礼也。”《礼记·王制》提到“六礼”，即冠、昏、丧、祭、乡、相见。《礼记·昏义》还有“礼始于冠，本于昏，重于丧祭，尊于朝聘，和于乡射，此礼之大体也”。综合以上说法并参照宋人王应麟的划分标准，我们把周代礼制分为“五礼”，同时把《仪礼》记载的十七类贵族生活礼仪分别归之于“五礼”。

1. 吉礼

吉礼居五礼之冠，主要是对天神、地祇和祖先的祭祀典礼。祭祀的重要性正如《礼记·祭统》所说：“凡治人之道，莫急于礼；礼有五经，莫重于祭。”“故曰：禘尝之义大矣，治国之本也”。关于吉礼的目的，按照《周礼·春官·大宗伯》之说：“吉礼以事邦国之鬼神祇。”是向天地神灵祈福消灾，用以保国安邦。载入《仪礼》的吉礼，有特牲馈食礼、少牢馈食礼和有司彻。

吉礼的主要内容有三个方面：第一，祭天神，即祭祀昊天上帝；日月星辰；祀司中、司命、风师、雨师等；第二，祭地祇，即祭祀社稷、五帝、五岳；祭山林川泽；祭四方百物；第三，祭祖先，包括春祠、夏禴、尝秋、烝冬四时祭祀的形式。由于身份地位不同，祭祀的规格和方式也不相同。《礼记·曲礼》说：“天子祭天地，祭四方，祭山川，祭五祀，岁遍。诸侯方祀。祭山川，祭五祀，岁遍。大夫祭五祀，岁遍。士只祭其先。”此制度不得僭越。祭祀天地既是天子的义务，也是特权。可见，地位越高的人，祭祀的范围就越大，祭祀的等次也越高。所用的祭物，也各不相同。

祭祀天地是天子的特权，自称为天子的历代帝王非常重视对天神的祭祀并施以隆重的祭礼，把祭天之礼作为国家的重要祭典。祭天包括圜丘正祭、祈谷礼、大雩、明堂礼、祭五帝、祭日月、祭星辰等。最早关于祭天的记载是《尚书·虞书·舜典》，说虞舜继承尧，“肆类于上帝，禋于六宗（四时、寒暑、日、月、星、水旱），望于山川，遍于群神”。祭于称为“类”。从《尚书》和《诗经》记载可以看出，尧、舜、禹三代帝王在从政之前是必须要拜祖宗、祭天地的。圜丘祀天也叫郊祭，冬至之日在国都南郊圜丘举行；祈谷礼在正月上辛日南郊举行，以祈求上帝保佑五谷丰登；大雩是求雨之礼，雩祀是无论有无灾害都要在仲夏举行的例行之祭，旱时则随时举行；明堂礼报答天帝；祭五帝于郊外；祭日于坛，祭于东，祭月于坎，祭于西；祭星辰（五星、二十八宿、风师、雨师）等。后代祭天之礼多依周制，只是内容有所损益。

祭地之礼源于对土地的崇拜，同时也是报答大地生长五谷、养育万物的恩惠。《礼记·曲礼下》疏称："天子祭天地者，天地有覆载之大功，天子王有四海，故得总祭天地，以报其功。"祭地包括方丘正祭、后土告祭、社稷、四望山川、封禅、巡狩等礼典。方丘祭地每年夏至之日在国都北郊水泽之中的方丘上举行的祭典，礼仪与祭天大致相同。后土告祭是因事而祭，有别于常祭、正祭，后土是与皇天对应的地的别称，被视为土神。社（土神）稷（谷神）礼有春祈秋报之祭。四望山川是望祭天下名山大川之神。望祭也在国都四郊举行，四方各建一坛，以望祀一方的名山大川。名山大川以五岳、四渎为代表。五岳一般指东岳岱宗（泰山）、南岳衡山、西岳华山、北岳恒山、中岳嵩山。四渎为江、河、淮、济。封禅是帝王在泰山上下分别祭祀天地的大礼。封禅象征拥有天下四方。巡狩礼，是帝王出京巡视地方与边疆之礼典。按《尚书》、《礼记》、《史记》等文献记载，先秦王者巡狩都必须赴四方祭祀四岳。另外还有蜡祭百神，为报答一年来的恩佑之功；有耤礼以祭祀农神、祈求丰收；有五祀以祭祀门、户、井、灶、中霤。周代是春祀户，夏祀灶，六月祀中霤，秋祀门，冬祭井。

祖先崇拜和祭祀权体现权力传承的威严和秩序，所以在宗法社会，上至帝王公侯，下至庶民百姓，都十分看重对祖先的祭祀。他们认为，人死为鬼，没有宗庙供奉享祀，鬼便没有归宿，宗庙正是祖先的亡灵寄居之所。《王制》规定：天子七庙，诸侯五庙，大夫三庙，士一庙。庶人不准设庙。宗庙的位置，天子、诸侯设于门中左侧，大夫则庙左而右寝。庶士、庶人不得立庙，只能在寝室中灶堂旁设祖宗神位。可见，庙祭的规模、立庙的多少都是宗法制度严格规定的。西周王室祭祖的活动多种多样，除特祭以外，还有祭三后（大王、王季、文王）、二后（文王、武王）、祖妣合祭等方式。

吉礼中还包括祀先圣先师、籍田享先农之礼、亲桑享先蚕礼、高媒、蜡腊、傩礼等等。傩礼是驱鬼逐疫之礼。先民认为自然的运转与人事的吉凶息息相通。四季转换，寒暑变异，瘟疫流行，鬼魂乘势作祟，所以必须适时驱除。巫师着佩戴面具，扮饰成神兽模样，操械狂呼大作，挨门挨户搜索，将意念中的鬼疫驱除。周代设有负责傩仪的职官，即方相氏。他率百隶而于季春、仲秋、季冬三时为傩礼，索室驱疫。岁末之傩为大傩，场面最为壮观，目的是扫除邪疫，布旧迎新。

2. 凶礼

凶礼是哀悯、吊唁、忧患之礼。《周礼·春官·大宗伯》说:“以凶礼哀邦国之忧。”认为死亡、疾疫、灾害、失败、寇乱等凶险为邦国之忧,需要哀悼救恤,所以特别定立五种礼仪:以丧礼哀死亡;以荒礼哀凶札;以吊礼哀祸灾;以禬(guì)礼哀围败;以恤礼哀寇乱。在《仪礼》中,属于凶礼的有士丧礼、既夕礼、士虞礼和丧服礼。

丧礼是丧葬和服丧之礼。丧葬和服葬是古代最为重视的礼,所以记载最为详细。丧礼规定了不同身份的人们,其棺椁的规格、殡葬时间的长短,吊唁和受吊的方式,并以亲疏为差等,规定了斩衰、齐衰、大功、小功、缌麻五等由重到轻的服丧方式,同时还有服丧的时限,其中愈重之丧,丧期愈长,有三年、一年、九月、五月、三月不等。这种严密的制度也称为五服制。五服制是遵循亲亲、尊尊、长长、男女有别等礼制原则而制定的。丧服论尊尊,以君、父、祖父为至尊,伯父、叔父为旁尊,分别服斩衰三年和齐衰期的重孝。论亲亲,如为母服齐衰三年,为妻服齐衰期。还论名分、出家在家和长幼。又有从服、报报等。丧礼的制定主要考虑宗族关系,维护宗法秩序。但在西周、春秋时期,君统和宗统往往是一致的,所以还规定了诸侯为天子,大夫、士、庶人为君(此指诸侯),公、士、大夫之众臣(仆隶)为其君(此指主人)的不同丧服。五服制在西周已经完整形成并通行于贵族社会,是周礼的重要组成部分并规范着统治阶级的生活。封建制度完全吸取了周礼中的五服制度,并以法的形式推广到全社会,成为社会成员必须遵守的行为规范。

荒礼是对自然灾害引起歉收、损失和饥馑后,国家为救荒而采取的政治礼仪措施。由于凶荒之年,常常有疾疫流行,故又有“札礼”。札,即流行性传染病。《礼记·曲礼》说:“岁凶,年谷不登,君膳不祭肺,马不食谷,驰道不除,祭事不县,大夫不食粱,士饮酒不乐。”规定在饥荒之年要减损礼仪,节制饮食。《周礼·地官·大司徒》则更加全面和系统地提出了救荒的对策:“以荒政十有二聚万民:一曰散利,二曰薄征,三曰缓刑,四曰弛力,五曰舍禁,六曰去幾,七曰省礼,八曰杀哀,九曰蕃乐,十曰多婚,十有一曰索鬼神,十有二曰除盗贼。”

“散利”是给灾民以救济。“薄征”指蠲免、减少或缓征租赋。“缓刑”是从轻处置迫于饥寒而触犯法律之人,以示哀矜之意。“弛力”是减免徭役。“舍禁”指开放国有山泽之禁，使饥民得以取蔬食。“去幾”即废除关卡征税。“省礼”指减省礼节节省物力。“杀哀”指减省凶礼的礼数。“蕃乐”即停止演奏音乐及其他娱乐。“多婚”指岁凶时艰，允许不务六礼而婚娶。“索鬼神”即找出与造成凶荒有关的鬼神予以祭祀。

吊礼是指当有日月薄蚀的天灾、山川崩竭的地灾、水火疾疫的人灾时，须以吊慰抚恤之。吊灾之礼除了要素服、杀礼、去乐以外，最重祈禳之礼，即祷祠上下神祇，以通神禳灾。

“禬礼”一般是指古人为消灾除病而举行的祭祀。《周礼·天官·女祝》载，女祝的职责即是掌管王后主持的宫中祭祀，以及一切求福、还愿的祭祀，负责按照季节举行祈求吉祥、预却灾祸的祭祀，以及遭灾后的禬、禳，以消除疾病和灾祸。郑玄注：“除灾害曰禬，禬犹刮去也。”后来亦指同盟者会合财货救助因被攻击或内乱灾祸蒙受经济、人员损失的诸侯国之礼。“恤礼”指天子派遣使者慰问存恤。《周礼·秋官》有大行人、小行人之职行禬礼。但后代没有见到这两种礼。

3. 宾礼

宾礼是指接待宾客之礼。《周礼·春官·大宗伯》说：“以宾礼亲邦国。”《周礼》中讲的宾礼主要是指天子与诸侯国以及诸侯国之间的往来交际之礼。《仪礼》中的相见礼、聘礼、觐礼属于宾礼。宾礼有朝、聘、盟、会、遇、觐、问、视、誓、同、锡命、二王三恪等一系列礼仪制度。

经典的说法见于《周礼·春官·大宗伯》：“春见曰朝，夏见曰宗，秋见曰觐，冬见曰遇。时见曰会，殷见曰同。时聘曰问，殷覜(tiào)曰视。”春天诸侯朝见帝王，主要是商议一年施政大事；夏天诸侯宗见主要是各自陈述治理天下的谋略；秋天诸侯觐见是陈述并比较各自为国的功绩；冬天诸侯遇见是协商各自对治政的谋虑；会，是天子有征讨大事时，一方诸侯临时朝见天子，协助天子商讨征讨大事，向四方发布政令；同，是天下四方诸侯赴王畿朝见王者，王者发布治政纲领；问，是远近诸侯应不定期派遣下大夫级使臣来向王者问安；视，是指远近诸侯每隔三年派遣一级使臣向王者问安。殷覜(tiào)：凡遇仅有侯服来朝之年，因来朝者少，故诸侯使卿聘问天子，谓之殷覜，亦称“视”。

诸侯国也有聘礼，即在诸侯国之间遣使交聘，即相距一定的时间，诸侯各国派遣使者互致问候，以卿为使者称“大聘”，以大夫为使者称“小聘”。

相见礼是官职大小、长幼尊卑不同，相见时行不同的礼节。《五礼通考》说：“先王重交际之礼，必介绍以通其诚，贽币以厚其礼，揖礼以致其敬。以故，上交不谄，下交不渎，有交孚之德，而无苟合之咎。”

所以，先秦很看重相见礼。《仪礼》有专门的篇目叙述《士相见礼》，它规定了士初次相见的六项仪式：介绍、奉贽、辞让、拜揖、复见、还贽。相见礼的具体仪式，进门出门三揖三让，自周代至清代，大致不变。揖拜之礼，也始终讲究。

4. 嘉礼

嘉礼是和合人际关系，沟通、联络感情的礼仪。《周礼·春官·大宗伯》说：“以嘉礼亲万民。以饮食之礼亲宗族兄弟，以昏冠之礼亲成男女，以宾射之礼亲故旧朋友，以飨燕之礼亲四方之宾客，以脤膰之礼亲兄弟之国，以贺庆之礼亲异姓之国。”《仪礼》中的士冠礼、士婚礼、乡饮酒礼、乡射礼、燕礼、大射和公食大夫礼也应归入嘉礼之列。

飨燕之礼。上古时，飨、燕是有区别的。飨礼规模宏大。在太庙举行，烹太牢以饮宾客，但并不真吃真喝，牛牲“半解其体”，并不分割成小块；献酒爵数有一定的礼规。燕礼在寝宫举行，烹狗而食，重在吃喝，主宾献酒行礼后即可开怀畅饮，饮无算爵，一醉方休。

饮食之礼。“饮食”也是宴饮，通常专指宗族之内的“宴饫(yù)”，而不是日常家居的饮食。族宴，指宗族兄弟合族宴饮，大抵有两种，一种是逢祭而宴，一种是以时而宴。饮食之礼除了讲究序齿、昭穆亲疏和歌乐之外，还有许多礼节，其中许多内容，如座次、上菜顺序等直至今日仍有影响。

《周易》说：“弧矢之利，以威天下”，所以统治阶级非常重视射箭，除军队训练外，还把射箭比赛纳入祭祀、接见诸侯或使臣、宴会等各种活动中，统称为“射礼”。射礼被称为“立德正己之礼”，原因正如《礼记》所说：“射以观德”，通过射箭比赛，可以观察一个人的道德品质。而且还说：“事以尽礼乐而可数为立德行者，莫若射”，认为射箭比赛是培养道德品行的最好教育。射礼有四种。一是大射，是天子、诸侯祭祀前选择参加祭祀人而举行的射礼；二是宾射，是诸侯朝见天子或诸侯相会时举行的射礼；三是燕射，是平时燕息之日举行的射礼；四是乡射，是地方官为荐贤举士而举行的射礼。射礼前后，常有燕饮，乡射礼也常与乡饮酒礼同时举行。

乡饮酒礼是敬贤尊老之礼。《周礼·地官·乡大夫》说:“三年则大比,考其德行道艺,而兴贤者能者,乡老及乡大夫帅其吏,与其众寡,以礼礼宾之。”郑玄归纳乡饮酒礼的意义有四项:一是选拔贤能;二是敬老尊长;三是乡射,即州长习射饮酒;四是卿大夫款待国中贤者。(《仪礼·乡饮酒礼》孔疏)乡饮酒是基层行政管理工作的一项重要内容,反映了中国古代尊贤敬老的伦理传统。帝王庆贺礼,是指帝王即位、改元、上朝、节日、帝王诞辰等举行的庆贺礼仪,具体规定极其繁杂,且历朝沿革不一。

5. 军礼

军礼是部队操演、征伐方面的礼仪。《周礼·春官·大宗伯》说:“以军礼同邦国”,就是说,对于那些桀骜不驯的诸侯要用军礼使其服从。《周礼》所说的军礼包括以下内容:大师之礼;大均之礼;大田之礼;大役之礼;大封之礼。

“大师之礼”指军队的征伐之礼,包括祭天、祭地、告庙、祭军神的出师祭祀;战争动员与教育的誓师典礼;“赏不逾时”、“罚不迁列”的军中刑赏、献捷献俘的凯旋典礼;以丧礼相迎、吊死问伤的战败之礼等内容。

“大均之礼”是王者和诸侯在均土地、征赋税时的军事检阅之礼。检阅的目的在于检查备战状况,天子亲临时,称为“亲讲武”。先秦特别重视军队的平时训练,认为平时严加警备,强化操练,敌人就不敢轻举妄动,所以要定时校阅演习。

“大田之礼”是天子的定期狩猎、战阵、检阅车马之礼。

“大役之礼”是国家营造、修建等土木工程时的队伍检阅之礼。

“大封之礼”指勘定封疆、树立界标时的一种礼典。

“五礼”的内容相当广泛,从反映人与天、地、鬼神关系的祭祀之礼,到体现人际关系的家族、亲友、君臣上下之间的交际之礼;从表现人生历程的冠、婚、丧、葬诸礼,到人与人之间在喜庆、灾祸、丧葬时表示的庆祝、凭吊、慰问、抚恤之礼,可以说是无所不包,无处不礼,充分反映了中华民族在先秦时的尚礼精神。“五礼”由于《仪礼》、《礼记》、《周礼》等礼书的出现而发展到了一个成熟阶段。

礼仪包括生、冠、婚、丧四种人生礼仪。实际上礼仪可分为政治与生活两大类。政治类包括祭天、祭地、宗庙之祭,祭先师先圣、尊师乡饮酒礼、相见礼、军礼等。生活类礼仪的起源，按荀子的说法有“三本”，即“天地生之本”，“先祖者类之本”，“君师者治之本”。在礼仪中，丧礼的产生最早。丧礼于死者是安抚其鬼魂，于生者则成为分长幼尊卑、尽孝正人伦的礼仪。在礼仪的建立与实施过程中，孕育出了中国的宗法制。礼仪的本质是治人之道，是鬼神信仰的派生物。人们认为一切事物都有看不见的鬼神在操纵，履行礼仪即是向鬼神讨好求福。因此，礼仪起源于鬼神信仰，也是鬼神信仰的一种特殊体现形式。

周代礼制也被称为礼乐制度，在用礼的过程中十分重视音乐的作用，行礼中大多有音乐相随，例如，祭礼、乡饮酒礼、乡射礼、燕礼、大射礼，聘礼、公食大夫礼、觐礼、军礼等都有用乐的仪节。当然也有用礼而不用乐者，如士冠礼、昏礼、丧礼。《礼记·祭义》把用礼的有无音乐总结为：“乐以迎来，哀以送往，故禘有乐而尝无乐。”对于礼和乐的关系，《礼记·乐记》说：“乐者为同，礼者为异。同则相亲，异则相敬。乐胜则流，礼胜则离。合情饰貌者，礼乐之事也。”礼重视等级差别、上下秩序；乐则强调内部和谐、上下相安。礼乐相谐就能“合情饰貌”、政通人和。所以，先秦统治者十分重视礼乐结合。

周代的礼制标志着中国礼制文化的成熟。周人推行的种种典制，实质上无不渗透着一种强烈的伦理道德精神，其要旨在于“纳上下于道德，而后天子、诸侯、卿大夫、士、庶民以成一道德团体”。[①] 礼的基本点是尊尊、亲亲、长长、男女有别。礼孕育了中国古代文明，形成了在世界文明史上少有的文化传统。周代的礼制既是典章制度的总汇，又是当时各级人士政治、经济、社会、家庭生活各种行为规范的准绳。它创造的“正是一种‘有条理的生活方式’，由此衍生的行为规范对人的世俗生活的控制既深入又面面俱到”。[②] 它为后世各朝各代的统治阶级所推崇，儒家对其进行了继承和发扬光大，使其以强劲的力量规范着中国人的生活行为、心理模式和是非观念。

---

① 王国维：《殷周制度论》，《观堂集林》，中华书局 1984 年版，第 453 页。
② 陈来：《古代宗教与伦理》，三联书店 2009 年版，第 11 页。

第三节 春秋战国时期的礼崩乐坏与礼文化的弘扬

春秋战国时代是中国古代文化的转型期。春秋战国时期是我国古代社会由奴隶制向封建制转变的大变革时代。总的说来，周礼的宗法、祭祀、丧葬、朝聘盟会以及军礼等方面，到春秋战国时期逐渐衰变直至崩溃，而其他包括冠婚、祭祀、聘礼等礼制的内容也有所变化。如果说礼崩乐坏标志了上古殷周文化的解体，那么，礼的重构便成为中古封建文化建设的造端。

一、西周礼制的式微

春秋战国“为一过渡时代，一切社会经济、政治制度、学术文化均发生变化。”[①]所谓过渡，是指中华文明由周公开创的西周模式向战国秦汉模式转变。进入春秋之后，奴隶制度日趋瓦解，伴随大国争霸而来的兼并战争打乱了周王朝的礼治秩序，各诸侯国内新旧力量的斗争和政治经济制度上的变化，也猛烈地冲击着周礼亲疏观念。东迁后的周天子失去了其天下共主的地位，诸侯代周天子行权，集权制的王命征讨变为霸政、会盟。“礼者政之舆”，政治的变化必然带来了礼乐制度的变化。到春秋之时，西周礼制逐渐衰弱，出现了各种“失礼”、“非礼”的僭越行为，而且子弑父、臣弑君、以下犯上之事也层出不穷。《史记》中《太史公自序》记载：“《春秋》之中，弑君三十六，亡国五十二，诸侯奔走不得保其社稷者不可胜数。”凝滞社会结构的宗法体系被搅乱后，社会等级制度受到极大冲击，不仅周天子衰落，诸侯也受到了卿大夫的挑战，贵族宗族内部小宗也向宗子的权力进行挑战，家臣制度及家臣与家主的关系也有明显变化。旧的礼制不再能够约束人们的行为，社会失序而呈现出激剧动荡的局面。

西周末年，关中因为受战争和灾荒的破坏而残破不堪，周统治者的实力也

---

① 童书业：《春秋左传研究》，上海人民出版社 1980 年版，第 344 页。

大为削弱，平王依仗晋、郑等诸侯的力量而东迁。东迁后的周，起初尚占有今陕西东部到豫中一带的地方，后来有些土地被秦、虢等国割去，周的领土仅局限于洛阳周围几百里的范围之内。过去以封建从属关系而形成的统一纽带逐渐废弛，中原各诸侯国不再定期向天子述职和纳贡。周王室由于贫弱而不得不放弃天子的尊严，向诸侯伸手去“求赙”、“求金”、“求车”。周实际上已和一个小国差不多，它不能对各诸侯发号施令，反而在政治上、经济上都必须依附于强大的诸侯。东迁之后，周天子失去其天下共主的地位。西周时“礼乐、征伐自天子出”，遂为“礼乐、征伐自诸侯出”所取代。各个强国为了要挟天子以令诸侯而争做霸主，故而春秋时期出现了大国争霸的斗争。在整个西周时期，嫡长子继承制和血缘等级分封制是得到比较严格实行的。然而，到东周时期，这些制度逐步遭到破坏，诸侯国君废嫡立庶、废长立幼的事件不断发生，以致齐桓公与诸侯会盟葵丘时，乃将“无易树子”列入盟书条款之中，以嫡长子继承为基础的宗庙制度和等级秩序开始动摇。

由于政治、经济利益的争夺，春秋时期，王室日形衰微，诸侯日益坐大，礼乐征伐渐渐不自天子出，“尊王攘夷”政治口号的提出正说明了这一点。与此同时，诸侯国贵族阶级内部矛盾不断激化，宗族与宗族之间、宗族与公族之间的政治冲突日益尖锐，见于《左传》等文献记载的，如曲沃桓叔自建宗统，夺公室而有之；晋献公通过扩充宗族势力，执政之后尽杀群公子，致使晋无公族；鲁国三桓，郑国七穆，宋国华、向，齐国崔、庆，亦莫不借助宗族势力侵凌公室，乃至篡位自立，这些事件都反映了宗法血缘统治的衰落。发展到后来，竟至“臣弑其君者有之，子弑其父者有之”(《孟子·滕文公下》)。《韩非子》引子夏的话说：“《春秋》之记臣杀君、子杀父者，以十数矣。皆非一日之积也，有渐而以至矣。”(《韩非子·外储说右上》)如蔡国太子般弑父景侯而自立、晋国栾武子和中行献子杀晋厉公等等，均是其例。更值得注意的是，对于晋国臣弑其君这样一种严重欺宗灭祖事件，在向以重礼著称的鲁国，亦竟有人不以为非，而认为是晋君咎由自取(《国语·鲁语》)。就在鲁国，也曾发生大夫季孙氏驱逐鲁昭公、致使后者客死他乡的事件。晋国人史墨认为：“鲁君世纵其失，季氏世修其勤”，鲁君流逐而死无人同情。史墨甚至说：“三后之姓，于今为庶”，“社稷无常奉，君臣无常位，自古而然。”(《左传·昭公三十二年》)兄弟之间夺权争位往往刀兵相见，最早称霸的齐桓公就经历了兄弟仇杀的过程，晋文公也是如此。这种子弑父、臣弑君、兄弟互相杀戮的事件不断发生，表明礼乐制度和等级尊卑秩序遭到严重破坏，建立在尊尊、亲亲基础之上和以孝友之礼来维持的血缘宗法统治正在不断瓦解之中。分封制度是血缘宗法政治的一大基石，也是西周礼制建立和存在的重要依据。面对春秋时代日益激烈频繁的宗族、公族斗争，各诸侯国统治者认识到：建立在血缘宗法关系之上的分封采邑和世卿世禄制度非但不能有效地维护政治统治，相反还成了政治动荡的根源。于是，从秦、楚、晋等国开始，诸侯国家相继开始设立郡、县，官员由国君直接任命，任人以功不以亲，“克敌者，上大夫受县，下大夫受郡”(《左传·哀公二年》)。进一步削弱了血缘宗法关系的政治作用，分封制度逐渐走向瓦解。

春秋战国时代，社会生活发生了深刻的变化，随着宗族政治的日趋瓦解，传统的礼乐制度难以维持，出现了“礼崩乐坏”的局面。诚如《汉书·货殖传》所描绘的：“及周室衰，礼法堕，诸侯刻桷丹楹，大夫山节藻棁，八佾舞于庭，《雍》彻于堂。其流至乎上庶人，莫不离制而齐本，稼穑之民少，商旅之民多，谷不足而货有余。陵夷至乎桓、文之后，礼谊大坏，上下相冒，国异政，家殊俗，嗜欲不制，僭差亡极。于是商通难得之货，工作亡用之器，士设反道之行，以追时好而取世资。伪民背实而要名，奸夫犯害而求利，篡弑取国者为王公，圉夺成家者为雄桀。礼谊不足以拘君子，刑戮不足以威小人。富者木土被文锦，犬马余肉粟，而贫者裋(shū)褐不完，含菽饮水。其为编户齐民，同列而以财力相君，虽为仆虏，犹亡愠色。故夫饰变诈为奸轨者，自足乎一世之间；守道循理者，不免于饥寒之患。”旧的大一统国家分裂成众多的诸侯，旧的井田制土地制度不复存在，诸侯之间以武力夺取资源，整个社会生活秩序完全被打乱。当时周室衰落，大国争雄称霸，小国朝不保夕，各国内外密谋迭出，杀戮不断。《春秋左氏传》记载了孔子生前十年间，国际战争凡三十余次，平均每年有三次战争。诸侯视周天子如无物，在利益驱动下不断地联合或敌对，弱肉强食，霸道与武力就是发言权。在列国的政治舞台上，以下克上的夺权事件层出不穷，与此同时，不循旧礼的现象亦屡见不鲜。一些从国君手中夺取政权的卿大夫，不断僭用诸侯之礼，甚至僭用天子之礼。季氏，春秋末期鲁国的新兴地主阶级贵族，也称季孙氏。当时，鲁国季、孟、叔三家，世代为卿，权重势大，尤其是季氏，好几代都操纵着政权，国君实际上已在他们的控制之下。鲁昭公曾被他们打败，逃往齐国。鲁哀公也被他们打得逃往卫国、邹国和越国。到鲁悼公，更几乎只挂个国君的空名了。据《左传·昭公二十五年》和《汉书·刘向传》载，这个季氏，可能是昭公、定公时的季平子，即季孙如意。他不仅不把国君放在眼里，而且甚至自比天子，以当时宫廷的舞乐队来说，按制度是：天子八佾（八人为一行，叫一佾，八佾是八八六十四人），诸侯六佾（四十八人），卿、大夫四佾（三十二人）。季氏是正卿，只能用四佾，他却用八佾。八佾舞于庭，语出《论语·八佾篇》。八佾是奏乐舞蹈的行列，也是表示社会地位的乐舞等级、规格。按周礼规定，只有天子才能用八佾，诸侯用六佾，卿大夫用四佾，士用二佾。孔子对于这种破坏周礼等级的僭越行为极为不满，因此，在议论季氏时说："在他的家庙的庭院里用八佾奏乐舞蹈，对这样的事情也能够容忍，还有什么事情不能够容忍呢！"孔子"是可忍也，孰不可忍"，针对的是季氏的僭越行为，背景则是周礼崩摧后社会规则的丧失，如果社会规则没有了，这个社会还有什么不能做吗？

《论语·八佾》还载：三家者以《雍》彻，子曰："相维辟公，天子穆穆"，奚取于三家之堂？三家，就是鲁国的孟孙、叔孙、季孙三家，《雍》是《诗经·周颂》的一篇，彻是祭祀结束之后撤除祭品，只有天子在"彻"时才奏《雍》乐，"三家者以《雍》彻"是冒用天子礼仪。"相维辟公，天子穆穆"是《雍》诗的一句，"相维"是帮助，"辟公"是诸侯，"穆穆"指天子庄严肃穆的神情。在孔子看来，只有天子祭祀的时候，诸侯在两边肃立助祭，表现出祭祀的隆重和诚恳。但是鲁国的孟孙、叔孙、季孙三家大夫也模仿天子的做法，自己家祭祀也奏《雍》乐，这就严重违反了周代礼制的内容，表现了春秋时期的思想道德颓败。这是崇尚周礼的孔子所不能容忍的。

二、以礼为中心的人文世纪

春秋战国时代发生的"礼崩乐坏"，并非礼制的真正消亡和氏族统治的国家形式的否定，因为各国诸侯及其卿大夫仍然是氏族贵族，"礼乐征伐自天子出"变为自"诸侯出"，统治方式亦与周天子没有什么本质的区别，即没有代之以公共的权力机构，只不过由政在姬氏一家变成了政在多家而已，史籍称作"晋政多门"(《左传·成公十六年》)。政在多家表现了社会由一政向多政的转化。春秋战国的历史任务，就是要完成氏族统治的国家形式由自然血亲向抽象形式的转化，周礼必须与时俱进，脱却其旧的制度伦理，代之以新的制度和观念建构。

徐复观在《中国人性论史》中将春秋时代界定为“以礼为中心的人文世纪”，指出：“通过《左传》、《国语》来看春秋二百四十二年的历史，不难发现在此一时代中，有个共同的理念，不仅范围了人生，而且也范围了宇宙：这即是礼。”[①]在徐复观看来，礼的观念，萌芽于周初，显著于西周之末，而大流行于春秋时代，《左传》、《国语》中所说的礼，“正代表了礼的新观念最早的确立”。“春秋时的道德观念，较之春秋以前的时代，特为丰富；但稍一推究，殆无不以礼为其依归。”[②]因为礼是当时一切道德的依归，许多道德观念几乎都是由礼加以统摄。

春秋以前，礼表现为以习俗为基础的行动规范，浑然一体，不分形式和内容。到了春秋时期人们开始把礼分为礼之仪和礼之质。所谓仪，指的是外在的行动规范，又可称之为形式；质则指内容和精神。《左传·昭公五年》有一段晋平公与女叔齐关于礼仪与礼制的对话。晋平公认为，鲁国国君鲁昭公访问晋国，从到晋国受到晋国人迎接一直到结束访问归国无有失礼之处，可谓熟知礼制。可是女叔齐则认为那不叫熟知礼制，而是熟知礼仪。

晋侯谓女叔齐曰：“鲁侯不亦善于礼乎？”对曰：“鲁侯焉知礼？”公曰：“何为？自郊劳至于赠贿，礼无违者，何故不知？”对曰：“是仪也，不可谓礼。礼所以守其国，行其政令，无失其民者也。今政令在家，不能取也。有子家羁，弗能用也。奸大国之盟，凌虐小国。利人之难，不知其私。公室四分，民食于他。思莫在公，不图其终。为国君，难将及身，不恤其所。礼之本末，将于此乎在，而屑屑焉习仪以亟。言善于礼，不亦远乎？”君子谓：“叔侯于是乎知礼。”（《左传·昭公五年》）

女叔齐对晋平公说的这一段话，区分了礼或礼制与礼仪，认为礼是“守其国，行其政令，无失其民者也”，而不是迎来送往中的应对之礼节。现在鲁国的国政掌握在大夫家中，鲁君无能为力。鲁国有个贤大夫叫子家羁，鲁君不能用。鲁君与大国相盟好，又欺凌小国，乘小国有难之际，袭取城邑。鲁国三桓瓜分公

---

① 徐复观：《中国人性论史》，华东师范大学出版社2005年版，第30页。
② 同上书，第30～31页。

室，人民不依靠鲁君，而是依赖三桓家族为生。民心已经不在鲁君，而作为国君，鲁侯却不念后果，不忧虑自身的处境，却琐琐屑屑地把学习礼仪作为急事，可谓本末颠倒，哪里说得上是熟知礼呢？正是因为女叔齐区分了礼与礼仪，所以重视内在精神追求的君子都认为他知道礼。

郑国大臣游吉在与晋国执政大臣赵简子的对话中也区分了礼与礼仪。

子大叔见赵简子，简子问揖让周旋之礼焉。对曰："是仪也，非礼也。"简子曰："敢问何谓礼？"对曰："吉也闻诸先大夫子产曰：'夫礼，天之经也，地之义也，民之行也。天地之经，而民实则之。则天之明，因地之性，生其六气，用其五行。气为五味，发为五色，章为五声，淫则昏乱，民失其性。是故为礼以奉之。为六畜、五牲、三牺，以奉五味。为九文、六采、五章，以奉五色。为九歌、八风、七音、六律，以奉五声。[①] 为君臣、上下，以则地义。为夫妇、外内，以经二物。为父子、兄弟、姑姊、甥舅、婚媾、姻亚，以象天明。为政事、庸力、行务，以从四时。为刑罚、威狱，使民畏忌，以类其震曜杀戮。为温和、惠和，以效天之生殖长育。民有好、恶、喜、怒、哀、乐，生于六气。是故审则宜类，以制六志。哀有哭泣，乐有歌舞，喜有施舍，怒有战斗。喜生于好，怒生于恶。是故审行信令，祸福赏罚，以制死生。生，好物也。死，恶物也。好物，乐也。恶物，哀也。哀乐不失，乃能协于天地之性，是以长久。"简子曰："甚哉，礼之大也。"对曰："礼，上下之纪，天地之经纬也，民之所以生也，是以先王尚之。"（《左传·昭公二十五年》）

游吉对赵简子所说的这一大段话，将礼上升到治国安邦、治生理政以及协调诸种伦理关系的高度，强调礼是处理上下关系的纲纪，是经天纬地的法则，是百姓赖以生存的基础和保障。礼，集天经地义和百姓的行为规范于一身，故属于大本大原。

春秋时期的礼特别注重以礼治国和维护百姓的合法权益，体现出鲜明的以

---

① 六气：指阴、阳、风、雨、晦、明。五行：指金、木、水、火、土。五味：指酸、咸、辛、苦、甘。五色：指青、黄、赤、白、黑。五声：指宫、商、角、徵、羽。五牲：指牛、羊、豕、犬、鸡。三牺：牛、羊、豕。九文：指九种文彩：龙、山、华虫、火、宗彝，此五者画于衣，藻、粉米、黼、黻，此四者画于裳。六采：六种彩色，清与白、赤与黑、玄与黄皆相次，谓之六采。五章：杜预注："清与赤谓之文，赤与白谓之章，白与黑谓之黼，黑与清谓之黻，五色备谓之绣。"九歌：鲁文公七年传云："九功之德，皆可歌也，谓之九歌。六府、三事，谓之九功。水、火、金、木、土、谷，谓之六府；正德、利用、厚生，谓之三事。"八风：《吕氏春秋有始》篇载，东北曰炎风，东曰滔风，东南曰熏风，南曰巨风，西南曰凄风，西曰飂风，西北曰厉风，北曰寒风。七音：指宫、商、角、徵、羽、变宫、变徵。六律：指黄钟、大簇、洗姑、蕤宾、夷则、无射。

人为本精神和人文关怀。《左传·昭公十二年》载，郑国人为国君郑简公举行葬礼，各国都派了大夫来送葬，送葬的队伍走到中途被一座住宅挡住了。这是一个普通大夫的房屋，如果把这个房屋拆了，送葬的队伍就可以直达墓地。如果不拆绕道而行，那么将多走出几倍的路程。是拆还是不拆，大臣子大叔主张拆掉，而宰相子产却不同意这么做，曰："诸侯之宾，能来会吾丧，岂惮日中？无损于宾，而民不害，何故不为？"因此坚持没有拆毁民房。"君子谓：'子产于是乎知礼。礼，无毁人以自成也。"礼的本质是为民兴利，不能以毁坏别人来成全自己。这一观点表现了子产将维护百姓合法利益视为礼的核心和最高价值的思想。国君的葬礼不能说不是大事，但在子产看来，人民的利益更大。只有符合人民的利益才是真正合乎礼的要求的。

西周礼制正是经过春秋战国而向秦汉礼制的转变的。在春秋时代，一方面，西周礼制有所废弃并遭到破坏。另一方面，社会生活依然受到礼制的影响和浸润，并呈现出某种人文主义色彩，反映礼制从繁琐的规范向以人为本的价值转换。春秋时期人们论礼十分看重德性的价值，并以此来判断礼与非礼。《左传·桓公二年》记载宋国的太宰华督将大司马和国君杀了。为了防止别国因此来讨伐，华督用重物贿赂别国，鲁国因此得到一个大鼎。鲁桓公非常喜欢这个大鼎，将它安置在祖庙里。鲁国大臣臧哀伯则认为鲁桓公将贿物"纳入大庙，非礼也"，并对鲁桓公劝谏道："君人者将昭德塞违，以临照百官，犹惧或失之。故昭令德以示子孙。……今灭德立违，而置其赂器于大庙，以明示百官，百官象之，其又何诛焉！国家之败，由官邪也。官之失德，宠赂章也。"国君应该昭示德性，杜绝违礼行为，不应该将贿物纳入祖庙。国家之败都是由官员行邪开始的，为官的失去德性，贿赂就会成风。礼制与贿赂行礼有本质的区别。真正的礼制总是崇尚德性并将国家引向德治之路的。

三、礼精神的掘发与礼文化的弘扬

春秋战国时期"礼崩乐坏"只是礼发展中的一个阶段，并不是礼本身的废弃。因为礼赖以存在的社会土壤依然存在。儒家在礼衰之时，看到了它必将复荣，为礼的复兴进行了顽强的奋斗。儒家之外，除少数思想家主张废除礼，多数思想家都给礼留下了大小不同的席位。春秋战国一方面是礼崩乐坏,另一方面复兴礼的呼声又四起,特别是理论性的论证,为礼的复兴提供了理性依据。思想家们面对礼制危机进行了深刻反思,对礼进行重新改造,更加重视礼制中的人道精神的研究,不再注重于仪章度数,而要求把礼作为守国、行政、得民的根本原则。

礼文化的推扩与张扬,与以孔子为代表的儒家密切相关。孔子带着他那"继衰周而素王"的历史使命站出来呼吁"礼失,求诸野",提出"克己复礼",以仁、义、礼、智、信五德为手段,重新建构新的社会秩序。孔子的创造性贡献在于他对当时的礼乐实践做出哲学上的重新阐释。孔子对礼乐传统加以哲学上的重新阐释,其结果是纳仁入礼,将"仁"视作"礼"的精神基础和核心要义。就"仁"代表着某种人生发生出转化力量的内在之德而言,"仁"指的是由个人培育起来的道德意识和情感,只有"仁",才可以证明人之真正为人。孔子认为,正是这种真实的内在德性,赋予"礼"以生命和意义。子曰:"人而不仁,如礼何?人而不仁,如乐何?"(《论语·八佾》)又曰:"礼云礼云,玉帛云乎哉?乐云乐云,钟鼓云乎哉?"(《论语·阳货》)孔子以仁改造了礼,将礼建立在仁的基础上。在孔子建立的仁——礼结构中,仁是礼的内在价值,礼是仁的外在形式,如果脱离了仁的精神,礼就成了毫无意义的形式。同时,礼并不仅仅是仁的表现形式,它还是仁的客观标准,只有符合礼的行为才是道德的。仁和礼相为表里,互为规定。孔子还将"正名"作为恢复"礼制"、实施"礼治"的重要措施。在他看来,臣弑君、子弑父的现象,都是由于名分不正,而"名不正,则言不顺,言不顺,则事不成"。所以他认为要"拨乱世而反正",最有效的办法,就是"正名"。"正名"就是匡正名分,所谓名分,就是"君君、臣臣、父父、子子",即君臣父子要按礼制的规定各安其分,各守其道。正名,要"名"与"实"相符。有君子之"名",就要有君子之"实"。也就是说,一种身份地位的人,就要做符合其身份地位的言行。这样,就把原来只是规范天生的名分的礼,扩充成为一般人都可自行努力修养而得的品格行为。在周代以前,"礼不下庶人",孔子之后,礼才成为普遍的社会行为规范。礼要求人们在社会活动中,以谦恭辞让的态度维护尊卑贵贱亲疏的社会等级秩序。孔子对礼的改造和所采取的"正名"等措施,虽然无法挽救渐趋消亡的西周礼制,但在新形势下创立了礼制思想体系,"使上古时代的礼治政治向中古时代的封建政治过渡，为中国礼文化的形成奠定了基础”。①

孔子的“克己复礼”显示了一定程度的对传统礼制的维护和依恋。而发展到荀子的礼论则已经越出了西周礼制的樊篱，他不仅在政治、法律层面，而且在哲学、文化以及日常生活层面，都做出了创造性阐释。荀子改造了周礼的宗法等级制度，以道德本位补充修正了周礼的血缘本位，“德”成为政治上贵贱尊卑的基础。荀子在孔子和孟子道德规范体系的基础上，提出了一个以“礼”为核心的仁、义、礼三者统一的道德规范体系。荀子“隆礼”，他所尊的礼既是指封建等级制度，也是指人们所当为的最高行为准则和道德规范，“礼者，人道之极也”。(《荀子・礼论》)他强调了“礼以制情”和“礼以定伦”功能，认为礼是“法之大分，类之纲纪”，提出“人之命在天，国之命在礼”。在他看来，仁是爱人，义是君臣上下各安其分的节制者，但仁义都必须以“礼”为最高准则，“人无礼则不生，事无礼则不成，国家无礼则不宁”(《荀子・修身》)。只有以礼治天下，才能达到王道盛世。可以说，荀子礼学建构了一个中国封建文化模式的雏型。

孔子、荀子等人对上古“礼”制的反思与重构，是当时思想界讨论的主题之一，这些思想家历经几百年的思索，在礼崩乐坏中完成了对礼乐精神的总结与提炼，并在礼乐精神的指导下重构“礼制”。春秋战国时期，既是礼崩乐坏的时代，也是礼乐文明的奥旨得以充分阐扬的时代。中国道德哲学正是在思想家们对礼的反思中，开始自己的理论历程的。人们对个体的人在礼中的地位有了明确的认识。人在礼仪中的地位的发现，使得周人发明的“敬德”观念具有更大的普适性。春秋战国时期的礼仪之辨，表明西周以来的礼文化已经由一种礼乐为主的文化发展为一种对“礼政”的注重，凸显了礼作为一种政治秩序原则的意义。人们关注礼，主要不再因为它是一套极具形式化仪节和高雅品位的交往方式，而是因为其中包含的合理性内容以及其中体现的人道精神，即孟子所肯定的恭敬之心或辞让之心。礼从礼仪到礼制、礼义、礼政的转化，为道德生活注入了更多的实质性内容和精神性因素。

“礼”在世界诸文化中都有自己的起源和发展线索。其他各民族的文化大多注重的是礼俗和礼节，而且只是文化的某一方面。欧洲中世纪，整个意识形

---

① 商国君：《先秦礼学的历史轨迹》，《天津师大学报》(社会科学版)，1994年第4期。

态以宗教和神学为主,“礼”充其量只作为“礼俗”存在于人们的生活中。“礼”在上层社会的交往中,也不过是限于礼貌的礼仪活动。“礼”在其他文化中,一般都没有越出“礼俗”的范围。而在中国文化中,“礼”不但是礼俗礼貌和礼节,更是礼制礼治和礼乐文化。随着社会的发展,礼逐渐与政治制度、伦理道德、法律、宗教、哲学思想等结合在一起。从“礼俗”发展到“礼制”和“礼治”,继而又从“礼制”、“礼治”发展到“礼义”、“礼乐文化”,礼一直是中国文化和人们道德生活的重要方面,是带有普遍性和原则性的行为准则和价值观念,同时又是具体的生活方式和待人接物风范。所以,“礼”在中国文化中,不但起源最早,而且一直贯穿到近现代。中国文化在有文字记载以前,是以“礼”为根本;有文字记载以后,中国文化仍以“礼”为基础。因此,认识和了解中国人的道德生活,必须透过对礼的文化和制度的理解和阐释来进行。

第五章

德化天下与道德教育之开展

道德生活并不是也不应当是人们的一种纯自发和自然的原初生活，中国古代的先民们很早就意识到道德生活需要并离不开道德的教化和培育。古代中国作为“礼仪文明之邦”借助于“人文化成”即对天下人推行道德教化而实现道德生活的提升和人格的培育。《孟子·滕文公上》在论及三代的学校教育时便指认道：“夏曰校，殷曰序，周曰庠，学则三代共之，皆以明人伦也。”中国伦理文化十分推崇“教化”，“教化”不仅重“教”而且特别重“化”。“化”的伦理意义，就是要在人的自然存在的基础上使人更好地成为人，化出一个人文的世界，达到德化天下，参赞天地之“化”育。从某种意义上说，“德化”是教化的核心也是教化的目的，教化是“德化”的基础和具体方式。儒家以六艺为教，包涵知识技艺之内容，但是它的着重点和目的不在理论和知识，而在于德性教养和敦民化俗。在儒家看来，为学虽要涵泳于知识技艺，却必须以道德仁义之成就为其本。经典的传习，智力水平的提高，应该服从并服务于德性的修炼和品格的锻铸。道德教化尤应以培养高尚的人格品质和人生态度为主要内容和教化的宗旨。道德教化与生活的态度转化及价值提升密切相关。凡一道德的教化理念，必落实于现实的道德生活方能见其功。儒家特别强调礼乐的教化意义。《礼记·经解》：“礼之教化也微，其止邪也于未形，使人日徙善远罪而不自知也。是以先王隆之也。”《礼记·乐记》：“乐也者，圣人之所乐也，而可以善民心，其感人深，其移风易俗，故先王著其教焉。”盖礼乐之设，乃本于人内在的情感生活；礼乐之义，要在其“因人之情而为之节文”，故能作为与人伦日用密合无间之生活样式，而化民于无迹。

第一节　“教喻而德成”与“德成而教尊”

“教”是人类精神文化和知识的一种传授与引导活动，“教”与“德”既相互需要又相辅相成。《礼记·文王世子》一方面指出“教喻而德成也”，另一方面又指出“德成而教尊”。道德品质的养成离不开道德教育，而道德品质的养成必然反过来尊崇道德教育。“德教”作为教之以道德的活动在整个人类的教育活动中占有极其重要的地位。

中国古代的教育是以伦理道德的教育为核心的。中华教育以重视道德教化而闻名于世，从某种意义上说中华教育史是一部以道德教化为主、以智育和体育为辅的“尊德性而道问学”的教育史，重视道德教化成为中华民族的优良传统。

道德教化是基于理想的道德生活目标而对人们现实的道德生活施加影响并促使其不断向前发展的德化活动。它既是伦理文化的载体，又是伦理文化的重要内容。道德教化，有广义和狭义两种含义，广义的道德教化是指整个社会对各阶层人士的道德教育与培养，涵盖了家庭教育、学校教育、社会教育和国家教育等方面的内容；狭义的道德教化，则专指各种不同性质的学校对学生进行的系统的道德教育与训练，旨在培养学生的道德人格，树立起道德理想，并按照道德的要求行为。一般地说，广义的道德教化发生较早，而狭义的道德教化形成于广义的道德教化之后。我国广义道德教化的传统，可以追溯到炎黄时代，而狭义道德教化则滥觞于夏代。

一、“沛然德教”之滥觞

德教即以德教人或以德化人，含有从道德上感化人和教育人等因素，是教育的一种重要形式。《孟子・离娄上》有“为政不难，不得罪于巨室。巨室之所慕，一国慕之；一国之所慕，天下慕之。故沛然德教溢乎四海”的说法，朱熹解释说：“巨室，世臣大家也。得罪，谓身不正而取怨怒也。麦秋邑人祝齐桓公曰：愿主君无得罪于群臣百姓，意盖如此。慕，向也，心悦诚服之谓也。沛然，盛大流行之貌。溢，充满也。盖巨室之心，难以力服，而国人素所取信。今既悦服，则国人皆服，而吾德教之所施，可以无远而不至矣。此亦承上章而言。盖君子不患人心之不服，而患吾身之不修。吾身既修，则人心之难服者先服，而无一人之不服矣。林氏曰：战国之世，诸侯失德，巨室擅权，为患甚矣！然或者不修其本而遽欲胜之，则未必能胜，而适以取祸，故孟子推本而言，惟务修德以服其心，彼既悦服，则吾之德教，无所留碍，可以及乎天下矣。”(《四书集注・孟子・离娄上》)《韩非子・难一》有“舜其信仁乎！乃躬藉处苦而民从之。故曰圣人之德化乎”的提法，认为以德化民是圣人的本质使然。

原始社会的道德教化是在实际生活的需要中萌发出来的。氏族或部落中有经验有勋劳的长者既是首领，又是老师，一身而二任。所谓“能为师然后能为长”(《礼记·学记》)，就是指这种情况说的。这些长老用言传身教的方式给社会成员传授三方面的知识：一是生产经验和劳动技能，二是宗教礼仪知识，三是保卫氏族部落成员利益的军事知识。上古初民所采用的原始记事方法主要有结绳、木刻、图画，以及在器物上划刻，用以帮助记忆、交流思想。中国古代道德教化的起源，可以追溯到遥远的传说时代，伏羲、神农、黄帝特别是尧、舜开启了中华道德教化的源头。黄帝，是人类进入文明社会的奠基人。黄帝一统华夏族，重视人心的凝聚与德行的讲究，把“修德”和教化看得十分重要。《史记·五帝本纪》讲轩辕黄帝“修德振兵，治五气，艺五种，抚万民，度四方”。黄帝为了整治军队，安抚万民已经开始注重“修德”，有了对自我进行道德教育的意识，而且本人能够率先垂范，劳勤心力耳目以造福百姓。黄帝之所以能够统一当时分散的各个部落，形成统一的部落联盟，与其对道德的重视和推崇联系在一起的。不仅如此，黄帝还注重以德化民，命仓颉创造文字，使道德教化获得重要的语言工具。中华文字的创造，除了表达有形事物的“象形”、“指事”之外，在表达无形的精神生活和活动方面则大量采用“会意”、“假借”等方式，其中广泛取自人们的道德生活，如“武”字会合“止”、“戈”二字，表达的是“制止侵略”之意，“信”字从人从言，意味人言必有“信”等等。文字的产生标志着教育史上一个划时代的诞生。黄帝之孙颛顼也注重道德教化，史载他“静渊以有谋，疏通而知事，养材以任地，载时以象天，依鬼神以制义，治气以教化，絜诚以祭祀……动静之物，小大之神，日月所照，莫不砥属”(《史记·五帝本纪》)。黄帝的曾孙高辛即位是为帝喾，史载帝喾“普施利物，不于其身。聪以知远，明以察微。顺天之义，知民之急。仁而威，惠而信，修身而天下服。取地之财而节用之，抚教万民而利诲之，历日月而迎送之，明鬼神而敬事之。其色郁郁，其德嶷嶷。其动也时，其服也士。帝喾溉执中而遍天下，日月所照，风雨所至，莫不从服”(《史记·五帝本纪》)。帝喾“抚教万民而利诲之”，含有比较清醒意义上的道德教化之因素，亦可视为我国远古道德教化之滥觞。

帝喾之子放勋即位是为唐尧。《尚书·尧典》载，尧“钦明文思安安，允恭克让，光被四表，格于上下。克明俊德，以亲九族。九族既睦，平章百姓。百姓昭明，协和万邦。黎民于变时雍”。尧处理政务敬慎节俭，明察四方，善于治理天下，思虑通达，宽容温和，对人恭敬，唯才是举。他的功德泽被四方，至于上下。尧治理天下，注重发扬传统美德，使氏族内的各家族均能亲密团结，和谐与共。家族和睦以后，还能明辨百官的善恶。百官的善恶明辨了，又能使各诸侯国协调和顺，于是天下众人也就和睦友好了。尧在治理天下的过程中，注重自身的言传身教，严格要求自己，吃苦在前，享受在后。

舜以孝行而深得尧之赏识，于是尧便把帝位让给舜。舜即位后，勤于政事，知人善任，任命了一批官员，使他们各司其职，各尽其责。舜在当政期间，非常注重道德教育和道德修养，以此来赢得人心，形成合力。从前高阳氏有富于才德的子孙八人，世人得到他们的好处，称之为“八恺”，意思就是八个和善的人。高辛氏有才德的子孙八人，世人称之为“八元”，意思就是八个善良的人。这十六个家族的人，世世代代保持着他们先人的美德，没有败落他们先人的名声。舜举用了八恺的后代，让他们掌管土地的官职，以处理各种事务，都办得有条有理。舜又举用了八元的后代，让他们向四方传布五教，使得做父亲的有道义，做母亲的慈爱，做兄长的友善，做弟弟的恭谨，做儿子的孝顺，家庭和睦，邻里真诚。虞舜时，“使契为司徒，教以人伦，父子有亲，君臣有义，夫妇有别，长幼有序，朋友有信”，使道德教化成为治理天下的重要方式。

二、三代德教之流播

夏商周三代中国出现了正规的学校教育，道德教化是当时学校教育的重要组成部分。《孟子·滕文公》上记载：“夏曰校，殷曰序，周曰庠，学，则三代共之。”朱熹《四书集注·孟子集注》解释道：“庠以养老为义，校以教民为义，序以习射为义，皆乡学也。”史载夏代学校已有国学与乡学之分。《礼记·王制》指出：“夏后氏养国老于东序，养庶老于西序。”不久夏代有国学与乡学之分，殷代也有这种区分。《礼记·王制》载：“殷人养国老于右学，养庶老于左学。”西周学校大体亦可分为两类：一类是国学，一类是乡学。国学由前代学制发展而成，是专门为统治阶级的上层贵族子弟而设的，并按学生年龄与课程难易程度分设为大学与小学两级。《学记》载：“比年（每年）入学，中年（隔年）考校，一年视离经（析句分段）辨志（志趣所向），三年视敬业乐群，五年视博习亲师，七年视论学取友,谓之小成。九年知类通达,强立而不返,谓之大成。"夏商周是我国学校教育的开创时期。"闻三代之道,乡里有教,夏曰校,殷曰庠,周曰序。其劝善也,显之朝廷;其惩恶也,加之刑罚。故教化之行也,建首善自京师始,由内及外。"(《汉书·儒林传》)

朱熹在《〈大学章句〉序》中指出:三代时兴办各种学校,各地的人们"莫不有学"。"人生八岁,则自王公以下,至于庶人之子弟,皆入小学,而教之以洒扫应对进退之节,礼乐射御书数之文;及其十有五年,则自天子之元子众子,以至公卿大夫元士之适子,与凡民之俊秀,皆入大学,而教之以穷理、正心、修己、治人之道,此又学校之教,大小之节,所以分也。"

在朱熹看来,大学不同于小学教育的地方在于它不是一般意义上的知识传授,而是为人处世之道的教育,正可谓"古之大学所以教人之法也。"周代殷之后,学校教育达到相当的规模,不仅有国学,而且还有乡学;有大学,还有小学;不仅有宫廷教育,还注意幼儿教育,逐渐形成了一个以"礼乐射御书数"为主体的"六艺"教育体制。周取代殷的统治地位以后,以周公为代表的周代统治者从殷朝灭亡的深刻教训中看到小民的巨大力量,总结出"敬德保民"、"以德配天"、"明德慎罚"等在当时具有深刻进步意义的道德教化思想,并通过"制礼作乐"的制度建构强化了道德教化的功能,为后世奠定了道德教化教育的政治与理论基础。周代在制礼倡德的过程中将道德教化内容大大地具体化和系统化了,不仅提出了父义、母慈、兄友、弟恭、子孝等伦理规范,而且提出了以礼教民和以三德教国子的问题。周代的道德教化一方面将宗教生活与道德生活一体化而突出品德的价值,提出"以德配天"、"敬德保民"等主张,使道德成为整个社会的主要价值目标,获得了与天道相匹配的伦理价值和制约社会发展的特殊功能,另一方面开始积极制礼作乐,通过序定伦理秩序和规定身份伦理要求来强化社会的道德治理,不仅确立了道德的权威和价值,而且解决了人们如何讲道德和讲什么样的道德以及怎样讲道德的问题。

西周立国推行"德治",于教育推行"德教"。西周倡导的德,不仅指道德人伦,也包括政治法度。"德教"包含了礼乐文化等多方面的内容。就其重点而言,主要有"六德"、"六行"和"三德"、"三行"等。

《周礼·地官司徒》指出:"以乡三物教万民而宾兴之:一曰六德,知、仁、圣、义、忠、和;二曰六行,孝、友、睦、姻、任、恤;三曰六艺,礼、乐、射、御、书、数。”

这里明确规定道德教育的内容是知、仁、圣、义、忠、和“六德”,孝、友、睦、姻、任、恤“六行”。六德中所言及的“知”,通“智”,一般是指明于事理的明智及由此而形成的智慧;仁是指仁爱,包括积极意义上的帮助成全别人和消极意义上的无害于别人等方面的内容;圣是指在知仁两方面达到很高境界的博通先识和利济万物;义是指人们的处事合宜适中;忠是指人们在从事各项事业的时候能够忠于职守以及待人接物过程中的忠诚诚恳;和是指人们在处理各种关系的时候所怀抱的和睦相处的观念以及所达致的和谐状态。“六行”中所言及的孝是指儿女对父母的孝敬与侍奉;友是指兄长对弟妹的友爱与关心;睦是指九族之间的和睦相处以及邻居之间的睦邻友好;姻是指对母族、妻族等亲戚的亲善对待;任是指人们在从事各种职业或工作中的敢于担当和负责任的态度;恤是指对穷困贫苦之人的救济与怜悯之心。《周礼·地官司徒》提出了“以三德教国子:一曰至德,以为道本;二曰敏德,以为行本;三曰孝德,以知逆恶。教三行;一曰孝行,以亲父母;二曰友行,以尊贤良;三曰顺行,以事师长”。至德是指中庸之道,即要以中和之德为道德之根本;敏德指仁义,即应以仁义顺时之德为行为规范之准则;孝德指善事父母,即以尊祖孝亲之德来辨析人之善恶。“三德”、“三行”和“六德”、“六行”等奠定了周代道德教育的基础。

春秋战国时期,是我国社会由奴隶制转变为封建制的时代,出现了“礼崩乐坏”的局面,道德教化教育面临着新的考验和挑战。随着社会性质的转变,在思想领域出现了诸子蜂起、百家争鸣的局面。儒墨道法诸家互相争鸣辩难,其代表人物奔走往来于各诸侯国之间,提出了一系列改革或复兴传统道德教化的理论和方法。这个时期,是中国传统道德教化思想的形成或奠基阶段。儒家自孟子始,开启了专言人德的传统,并明确以德行规范人之本性,不仅设定先天内在的善德,而且主张修后天的道德以回复先天善德,提出了“反身而诚”、“善养吾浩然之气”等道德修养理论。

三、神道设教而天下服

“神道设教”滥觞于远古时代,殷周之际人们开始对宗教祭祀的教化功能进行思考,至春秋时代逐渐酝酿成熟,战国时期方提出了“神道设教”这一命题,从而消解了敬天尊祖的传统宗教与自然哲学的紧张。它具有陶冶百姓、凝聚人心、纯洁风俗、稳定秩序、传承文明的重要作用,影响深远。① “神道设教”的原意有两种:一是《易经·观》所说的,君主顺应自然之理以教化人民:“观天之神道,而四时不忒,圣人以神道设教,而天下服矣。”神道者,微妙无方,理不可知,目不可见,不知所以然而然,谓之神道,而四时之节气见。圣人法则天之神道,不假言语教戒,不须威刑恐逼,唯自身行善,垂化于人,在下自然观化服从,故云天下服矣。此如孟子所说:“天视自我民视,天听自我民听。”在位的君主称为天子,顺应天命而治理国家,都是神道设教之意。二是利用鬼神以统治并教育人民,此即《后汉书》所说:“急立高庙,称臣奉祠,所谓神道设教,求助人神者。”前者的神道,即是代表自然法则的运行;后者的神道,是以特定的鬼神信仰,给予人类的启示和指导。“神道设教”即指按照自然的神妙法则实施教化。祭祀鬼神之事自然也属“神道设教”,但神道设教的真实意思并非以鬼神信仰为核心,而在于祭祀所表达的思慕之情和忠信爱敬之意,所以荀子将祭祀理解为“人道”,人道也即是祭祀鬼神之事的文化意义之所在。②《礼记·礼运》说:“夫礼,先王以承天之道,以治人之情,故失之者死,得之者生。诗曰:‘相鼠有体,人而无礼;人而不礼,胡不遄死!’是故夫礼,必本于天,效于地,列于鬼神,达于丧祭射御冠昏朝聘,故圣人以礼示之,故天下国家可得而正也。”又说;“故人者,天地之心也,五行之端也,食味,别声,被色而生者也。故圣人作则,必以天地为本,以阴阳为端,以四时为柄,以日星为纪,月以为量,鬼神以为徒,五行以为质,礼义以为器,人情以为田,四灵以为畜。以天地为本,故物可举也。以阴阳为端,故情可睹也。以四时为柄,故事可劝也。以日星为纪,故事可列也。月以为量,故功有艺也。鬼神以为徒,故事有守也。无行以为质,故事可复也。礼义以为器,故事行有考也。人情以为田,故人以为奥也。四灵以为畜,故饮食有由也。”“人者天地之心”,是对“神道设教”所涵人文精神的直白表达,鬼神之事,只是圣人设教的工具,就此而论,神道设教并不是以神为本位,而是以人为本位。也正因为是以人为本位,所以在礼义文化的整体中,天道、神道以及人道始终圆融一体,神道

① 参阅郑万耕:《“神道设教”说考释》,《周易研究》2006年第2期。

② 参阅卢国龙:《神道设教的人文精神》,《原道》第4辑。

受到人性人情现实要求的制约，没有异化为另一个所谓“外在超越”的世界，人性人情的现实与精神信仰的追求，也自不至于形成尖锐的对立。①

《周易》中的“观卦”由宗庙的祭祖典礼而讲到政治教化，所以彖辞用“神道设教”进行概括。“观盥而不荐，有孚颙若”是观卦的卦辞。盥是敬酒灌地以降神的仪式，祭礼以此为盛；荐则只是向神位献笾豆等物的小礼仪。按照彖辞作者对观卦的理解，百姓看到国王在宗庙祭祖中举行盥的隆重典礼，从而对神道产生敬信。宗庙祭祖符合天之神道，四季没有差错。圣人于是根据神道制立教法，使天下百姓服膺之，达到有序的治化。神道是“天之神道”，表现为四季循环等自然秩序。圣人制立敬天祭祖的礼仪，将天之神道彰显出来，意义在于实现人道教化。“神道设教”是沟通天道与人道的中介，它一方面要符合天道之“必然”，另一方面又要引导人道之“当然”。天道之“必然”是无形之理，“神道设教”是有形的显现，人道之“当然”则是以神道显现天道的根本目的。稍后的贲卦彖辞接着说：“观乎天文，以察时变；观乎人文，以化成天下。”天文与人文对举，是天道与人道有所显现的表象。通过这种表象，不但可以对幽微的天道和人道有所体认，而且可以将无形之道化为有形之文，从而达到教化成俗的目的。可见，人文是以道化俗的途径。

中国古代的“神道设教”，意在统合天道、神道与人道，本质上指向礼乐教化。脱离了礼乐文化之整体，“神道设教”只是一些空洞而无实义的鬼神之事；复归于礼乐文化之整体，则能再现出“神道设教”所具有的内在的人文精神。正是这种人文精神，使“神道设教”始终不脱离人本位，不致异化为彼岸世界；同时也使“神道设教”不与理性的发展产生根本的冲突，使“神道”之内涵因应天道人情之内涵的日益丰富而丰富。②

殷周时代的政治文化具有典型的政教合一性质，这可以从两个方面来理解：从狭义的宗教观念来说，殷周帝王是天下最高统治者，同时，作为上帝在人间的代表，又是最大的教主，一身二任，二位一体。从广义的礼乐教化而言，夏有校，殷有庠，周有序，学在官府，文化系统和政治系统合而为一，“师以贤得民，

---

① 参阅卢国龙：《神道设教的人文精神》，《原道》第4辑。
② 同上。

儒以道得民”(《周礼·天官》)。这是说,师以德行教民,儒以六艺教民,而师和儒当时都是政府的职官。章学诚认为,三代之世,圣人因事立教,寓教于政。他写道:“虞廷之教,则有专官矣;司徒之所敬敷,典乐之所咨命;以至学校之设,通于四代;司成师保之职,详于周官。然既列于有司,则肄业存于掌故,其所习者,修齐治平之道,而所师者,守官典法之人。治教无二,官师合一,岂有空言以存其私说哉?”(《文史通义·原道中》)在官学的一统天下里,所学者,不外修齐治平之道,教化即政治;所师者,皆为守官典法之人,官吏即师傅。政教官师一体。西周时期,“土地国有”、“宗子维城”、“学在官府”构成了西周社会的三大支柱。以周氏族为首的氏族贵族联盟不仅以“国有”的形式占有土地,以“宗法”制度维系政治统治,而且以“官学”的方式垄断思想意识的生产。春秋时期,随着土地私有化过程的加剧,氏族组织的解体,以及新兴地主阶级、平民阶级及其知识分子代表“贤人”的出现,经过近六、七百年之久的酝酿,终于在春秋战国之交完成了“学术下于私人”的转化,作为这一转化的划时代标志,是孔墨显学的创立。战国时代,自春秋以来所开始的政治文化意识形态的非中心化和下移运动进一步加速,出现了“陪臣执国命”、“商贾出于王之市”和“士无定主”等政治、社会变革现象。于是诸子百家群起,形成了官学衰微而民间私学鼎盛的局面。而儒家学说和思想文化,则是始终与这一非中心化过程同步并体现其基本精神的主要私学派别和文化。

及至春秋,王官失于野,学术下私人,道术为天下裂,私学勃兴,诸子蜂出,百家争鸣,传统的官师政教合一的局面被打破。各家各派皆“思以其道易天下”,诸子纷纷著书立说,聚徒讲学,于是,“学者所习,不出官司典守,国家政教”。随着道术散乱、学术下移,文化系统从政治系统中分离出来,政府的官吏不再承担师的职能,这一职能被具有独立社会地位的士(知识分子)阶层所取代,王权与教权、政统与道统发生了分裂。但这种分裂只是暂时的。战国之世,各国君主尊师礼贤,目的显然是想获得以知识分子为代表的道义力量的支持;而诸子奔走列国、游说王侯,也无非是期望借重王侯的政治力量以推行其道。秦统一六国,焚禁《诗》《书》,坑杀儒生,“欲学法令,以吏为师”,也是想重建官师治教合一的格局。但是,秦朝“以法为教,以吏为师”的努力以失败而告终。然而,秦统治者没有实现的目标在另一种意义上被汉代统治者实现了。董仲舒建议灭息邪辟之说，以孔子之术“一统纪”而“明法度”，目的是克服思想文化的散乱与国家政治上的一统之间的矛盾，实现政教的统一。儒生进入仕途，可以说是以师为吏；儒生化的官吏遵循儒家的传统信念，推行礼乐教化，这又可以说是以吏为师。一面执经讲学，教授生徒；一面以孝悌之道，教训百姓，寓治于教。这就使得官吏的政治职能和师儒的教化职能有机结合起来，实现了官师合一，治教不二。

四、尊师重道传统的形成

中国古代教育基本上是道德教化。《中庸》有“天命之谓性，率性之谓道，修道之谓教”之说，“教”即“修道”，把整个教育归结为道德教育。重视教育，必然尊重教师，尊重教师，实质上就是对道理和知识的尊重。所谓尊师，不仅是对教师所从事的职业和劳动的敬爱和尊重，而且是对教师身上所体现的人类文明价值的仰慕和崇尚。所以，尊师必然重道，重道也必然要求尊师。《礼记・文王世子》对“师”的职责有明确的界定：“师也者，教之以事，而喻诸德者也。”《礼记・礼运》对“师教”非常看重：“天生时而地生财，人其父生而师教之。四者君以正用之。”把师与天、地、父并列，可见“师”的地位着实重要。后世的“一日为师，终身为父”大概由此延伸而来。既然师的职责是教，那么尊师便意味着重教，教育遂得以有与天地并列的显赫：“地之道，寒暑不时则疾，风雨不节则饥。教者，民之寒暑也，教不时则伤节。”（《礼记・乐记》）《荀子》把“君师”视为治理天下的根本，指出：“国将兴，必贵师而重傅；贵师而重傅，则法度存。国将衰，必贱师而轻傅；贱师而轻傅，则人有快，人有快则法度坏。”（《荀子・大略》）尊敬老师，原本出自对“道”的敬重。“师”与“尸”（主祭者）并列，乃道统之化身。他们掌祭祀，通卜问，上知星相历法，下晓地理人伦，是“天”的代言人、“道”的传达者、“礼”的示范者，是所有神灵与祖宗的现世使者，涉及现实世界一切应然的规则秩序，莫不归诸其身。

孔子说：“道者，所以明德也；德者，所以尊道也。是故非德不尊，非道不明。”（《大戴礼记・主言第三十九》）孔子是中国历史上创办私学的先行者、第一位职业教师，得到了弟子们的衷心尊敬。他自“而立”之年即以《诗》、《书》、《礼》、《乐》为教，更以他至伟人格中的一言一行、一动一静而示范为教。他首先提出“有教无类”的方针，不分贫贱富贵均可以在他那里受教。在弟子中，有富如子贡、贵如孟懿子者，然绝大多数是平民子弟，有来自卫、齐、陈、吴等国的，真可谓桃李满天下。其教学目的，是传他的人道学说，即克己复礼为仁，变化学生气质，成就人格，提高生命境界，终至成物。也即造就治国、平天下的栋梁之材。并采用“因材施教”和启发式的方法，培养学生的“学而时习之”，“温故而知新”，“学而不思则罔，思而不学则殆”，“知之为知之，不知为不知”，“三人行必有我师”，“不耻下问”等风范。更以他诲人不倦的精神，对学生如慈母般地关怀备至，如严父般地导以正道，如朋友般地切磋相长，莫不因其才而成就之。如子羔之愚，曾参之鲁，子张之偏激，子路之粗鄙……均成大器。尤以曾子能得道之全体而任传道之责，成为宗圣。更有佼佼者分德行：颜回、闵子骞、冉伯牛、仲弓；语言：宰我、子贡。政事：冉求、子路；文学：子游、子夏。四科共十人。孔子共有弟子三千，身通六艺者七十有二，故能将浩瀚的传统文化推广和流传下来。由于孔子在讲学中，所下的功夫已达到无以复加的程度，使弟子感受到老师呕心沥血的良苦用心，故弟子都发自内心地崇敬他。纵观孔子的一生，他对他的学生的影响，一部分是通过言传，通过学习古代文献、传授各种技艺，而更多的、更为深刻的则是身教。他的勤奋好学，他对真理、对理想、对完美人格的追求，他的正直、善良、谦虚、有礼，他对国家的忠诚与对老百姓的关心，都深深地感染着他的学生与后人。严格要求自己，以身作则，既是孔子的高尚师德，也是孔子提出的一条教育原则。孔子爱教育、爱学生，诲人不倦，他能平等对待学生，做到教学相长。孔子是具有高尚师德的一代宗师。学生们对老师非常崇敬，颜渊喟然叹曰：“仰之弥高，钻之弥坚，瞻之在前，忽焉在后！夫子循循然善诱人：博我以文，约我以礼。欲罢不能，既竭吾才，如有所立，卓尔；虽欲从之，末由也已！”（《论语·子罕》）意即对于老师的学问与道德，我抬头仰望，越望越觉得高；我努力钻研，越钻研越觉得不可穷尽。看着它好像在前面，忽然又像在后面。老师善于一步一步地诱导我，用各种典籍来丰富我的知识，又用各种礼节来约束我的言行，使我想停止学习都不可能，直到我用尽了我的全力。好像有一个十分高大的东西立在我前面，虽然我想要追随上去，却没有前进的路径了。表达了自己对孔子的无比景仰和崇敬。孔子死后，被葬于曲阜城北的泗水岸边，弟子们以对父亲之礼仪对待孔子，为其服丧3年。子贡在孔子的坟前盖了一间小屋，为孔子守坟6年。陈子禽谓子贡曰："子为恭也，仲尼岂贤于子乎？"子贡曰："君子一言以为知，一言以为不知，言不可不慎也！夫子之不可及也，犹天之不可阶而升也。夫子之得邦家者，所谓立之斯立，道之斯行，绥之斯来，动之斯和。其生也荣，其死也哀，如之何其可及也？"（《论语·子张》）这里，子贡不仅驳斥陈子禽说子贡比孔子更为贤良的谬论，而且将孔子的人格和学问形容为高不可攀，认为孔子的高不可及就像天是不能够顺着梯子爬上去一样。在子贡看来，孔子如果得国而为诸侯或得到采邑而为卿大夫，那就会像人们所说的那样，教百姓立于礼，百姓就会自觉地按照礼的要求而行为。孔子活着是十分荣耀的，死了是极其可惜的。我子贡怎么能赶得上他呢？子贡对孔子人格和学问的敬重以及由此所表现出来的尊师重道精神，被后世广为传诵。

第二节　德化的三种重要形式：诗教、礼教与乐教

"兴于诗，立于礼，成于乐"（《论语·泰伯》）是孔子教育思想及其实践的总纲领，也是夏商周三代道德教育的重要内容或形式。诗教激励人的志向，启发人的情感。但诗教所兴起的情感必须加以理性的约束。礼教培养人遵守行为规范的理性精神，然而克制情感必然产生消极情绪。乐教可以救礼教之弊，在更高的层次上回到情感品质上去，达到情感与理性的和谐统一，塑造一个理性的情感本体。"兴于诗"，是说诗教是自我实现和自我完成的开始。孔子说："小子何莫学夫诗？诗，可以兴，可以观，可以群，可以怨。迩之事父，远之事君，多识于草木鸟兽之名。"（《论语·阳货》）诗可激励人心，启发智慧，使人能通过表达自己的情志而结交朋友，也可表达感情甚至忧怨。大抵一般贵族子弟诵诗，内容主要是《雅》、《颂》，但诗毕竟多反映青年人的热情和朝气，要能使人很好地立身处事，需要"立于礼"。其实，"迩之事父，远之事君"，已有礼的要求。立于礼，使人在具体的社会生活中接触各种事件和人物，深入理解各类礼仪的意义并用以指导生活。作为形式化的礼仪，通常从孩提时开始学习。礼教把人类行

为当中仪式化的东西，通过模仿形式而变为孩子们的习惯性的行为。礼接通个人与社会的存在关联，是打通身、家、国、天下间蔽障的通道。礼教的后果是把人类的某些文化经验传达到下一代，却有可能导致“文胜质”的偏弊。故教育不能止于礼教：“达于礼而不达于乐，谓之素。”(《礼记·仲尼燕居》)礼虽求“报本反始”，不忘最初，但即使如此，似仍有所不足。所以，由诗经过礼到乐才是人格的完成。乐是人格完成的重要目标，可以调控礼教，限制其负面因素。

一、“兴于诗”与“诗言志”的诗教

诗教是指以诉诸人们感性的诗歌艺术为媒介的道德品性教育，它既是古代政治生活的有机组成部分，又是中国古代道德生活和艺术生活中的重要内容，是中国作为礼仪之邦、文明古国的核心内涵。诗教概念最早见于《礼记·经解》，该篇以“温柔敦厚”作为诗教的理论内涵，其实诗教内容远不止于此，它贯穿于诗歌创作、诗歌教育、诗歌鉴赏整个过程之中。从诗歌创作方面说，诗教要求诗歌肩负起以美刺方式讽谏古代政治的重大使命，无论是美是刺，都不能直说，而要采用赋比兴手法委婉托讽。从诗歌教育方面说，诗教理论要求统治者避免运用暴力征服的治国手段，而要按照由亲及疏、由内及外、由近及远的程序，以教育宫廷后妃为起点，用诗歌艺术风化天下而正夫妇，培育人民温柔敦厚的性情，让人民心悦诚服地接受统治。

诗教是中国上古时代礼乐制度的产物，《礼记·孔子闲居》说：“志之所至，诗亦至焉；诗之所至，礼亦至焉；礼之所至，乐亦至焉；乐之所至，哀亦至焉。”这表明诗与礼乐是紧密相连不可分割的。作为西周“文”的重大标志之一，《诗三百》在制礼作乐过程中诞生。周穆王时期王朝卿士祭公谋父征引《周颂·时迈》，称之为“周文公之颂”(《国语·周语上》)；周襄王时期王朝大夫富辰引用《小雅·棠棣》，称之为“周文公之诗”(《国语·周语中》)；《吕氏春秋·古乐》征引《大雅·文王》，也说“周公旦乃作诗”；《孝经》和《史记·太史公自序》都说周公制作诗乐祭祀先祖，奉周公为大孝的楷模。这些都表明《诗三百》是周公制礼作乐的产物。《诗三百》的诞生是诗教发展史上的一个里程碑，它使中国传统的礼乐教化进入一个崭新的阶段，诗教由此获得了文本载体，从此以后诗教便专指《诗三百》之教。《墨子·公孟篇》说：“诵诗三百，歌诗三百，舞诗三百。”《诗》

是一部从西周到春秋中期的贵族庙堂颂歌和民歌总集。孔子经常给弟子讲《诗》，他在讲学《诗》的意义时说："小子何莫学夫《诗》。《诗》可以兴、可以观、可以群、可以怨，迩之事父，远之事君，多识于鸟兽草木之名。"他认为学《诗》可以兴起人的好善恶恶之心，初学者必先学之。《诗》还可以观察民情，考见时政得失，怨而不怒；在家侍奉父母，在国事君；还可以多记一些自然界里的鸟兽草木的名称。从《诗经》中，我们可以看到中华民族初生、成长的原始图景，听到远古人们苦乐悲欢的吟唱。此中既有男女情爱的欢乐，又有征人迷惘的叹息，下至奴隶的悲怨、小官吏的艰辛，上至王公贵族对神灵的告祭，包罗万象、多姿多彩，恰似一幅幅中华民族的道德生活画卷。《诗三百》问世之后，被人们弦歌讽诵，广泛用于宗庙祭礼和各种礼仪之中，在宗教、政治、教育、文化、外交、军事生活中占有重要地位。

春秋时期，引诗与赋诗，在政治、外交和社交活动中已广泛运用，《左传》中记此类事例极多。孔子推崇雅颂等古诗歌，《论语·雍也》说："质胜文则野，文胜质则史，文质彬彬，然后君子。"这说明孔子重视文艺形式与内容的完美统一。这种以中和为美及内容与形式相统一的美学观点，也就使得孔子更注重雅乐在陶冶人们道德情操、促进人们性格完善上的作用。但他重视《国风》并不亚于雅颂，他说："人而不为《周南》、《召南》，其犹正墙面而立也。"(《论语·阳货》)《周南》是《国风》中的一部分，是江汉间劳动者、平民的"心之歌"。孔子说："小子何莫学夫诗？诗可以兴，可以观，可以群，可以怨，迩之事父，远之事君，多识于鸟兽草木之名。"(《论语·阳货》)这是他对"诗教"功用的经典论述。"兴、观、群、怨"，"兴"是基础和枢纽，而"兴"必与"情"相联系，只有引起人的审美情感的诗，才能激发人的"神思"，使受教育者在共鸣中产生"观、群、怨"的感触。王夫之在《诗释》中指出："于所兴而可观，其兴也深；于所观而可兴，其观也审；以其群者而怨，怨愈不忘；以其怨者而群，群乃益挚；出于四情之外，以生起四情。"孔子认为，学诗可以促使受教育者自我完善，"不学诗，无以言"(《论语·季氏》)，突出了"诗"的移情养性的作用。战国以后，诗教的形式发生根本变化，它不再与钟鼓管磬、羽筲干戚之类的乐器以及屈伸俯仰、缀兆舒疾的乐舞相配合，也不再与升降上下、周旋裼袭的礼仪动作相协调，而是转移到阅读、理解、认知、发掘《诗三百》文本所蕴含的礼义方面。没有了钟鼓演奏，先之以玉帛的礼仪也被人们抛弃了,但礼义却因为一代又一代儒家的阐发而辉光日新,构成诗教的精神灵魂。①

二、"立于礼"与"礼节情"的礼教

礼教,有广义、狭义之分,广义的礼教是包含了政治教化在内的以建构秩序和移风易俗为目的的社会教化,狭义的礼教是专指以道德规范与道德修养为内容的培育人们道德品质的教育活动。从政治文化角度看,"礼教"是中国古代社会政治的核心,孔子所说的"道之以德"的"德治"思想,指的就是"礼教"。礼乐教化是上古时代统治者治国安民的两种文明手段,也是上古三代王道文化传统的核心内容。《汉书·礼乐志》说:"乐以治内而为同,礼以修外而为异;同则和亲,异则畏敬;和亲则无怨,畏敬则不争;揖让而天下治者,礼乐之谓也。"

西周初年,周公主持制定了周王朝的礼乐制度,《左传·文公十八年》载史克曰:"先君周公制周礼曰:则以观德,德以处事,事以度功,功以事民。"《礼记·明堂位》载:"六年,诸侯朝于明堂,制礼作乐,颁度量,而天下大服。"《史记·周本纪》载:"兴正礼乐,度制于是改,颂声兴。"西周礼乐是在夏商两代制度基础上损益而成,它的丰富多彩程度要远远超越前代,以至于身为殷人之后的孔子,也不得不由衷地叹服"郁郁乎文哉"的西周礼乐制度,最终作出"从周"(《论语·八佾》)的理性选择。

在西周官学中,礼为六艺之首,既是贵族子弟修身之要,更是他们应世之具,是他们投身国家政治生活的必要条件。周代国学所教之礼为"五礼",包括吉、凶、军、宾、嘉五个方面,共有三十六目。

《周礼·地官·司徒》指出:"五物者民之常,而施十有二教焉:一曰以祀礼教敬,则民不苟。二曰以阳礼教让,则民不争。三曰以阴礼教亲,则民不怨。四曰以乐礼教和,则民不乖。五曰以仪辨等,则民不越。六曰以俗教安,则民不愉。七曰以刑教中,则民不虣。八曰以誓教恤,则民不怠。九曰以度教节,则民知足。十曰以世事教能,则民不失职。十有一曰以贤制爵,则民慎德。十二有曰以庸制禄,则民兴功。"

① 参阅陈桐生:《诗教理论的几个问题》,《合肥师范学院学报》2008年第1期。

祀礼即祭礼,《礼记·祭统》载:“凡治人之道,莫急于礼,礼有五经,莫重于祭。”祭祖为祀礼之首,其目的在于教民“反古夏始,不忘其所由生也”(《礼记·文王世子》)。由事死如事生,转化为现实生活中的孝道。这是原始社会祖先崇拜的遗俗,到西周又增加了维护宗法制度的道德教化内容。以祭祀的礼仪教育人们学会敬重天地鬼神,这样人们有了所敬重的对象就不会苟且随便。“阳礼”指乡里之中进行的“飨饮酒礼”,行礼时一般要以年龄为序,目的在于使百姓懂得长幼有序的道德,养成谦逊、敬老无争的民风。这对维护“王道”的秩序,显然是十分重要的。以乡射、引酒的礼仪教育人们学会谦让,这样就会使人们相互包容而不致发生争斗。阴礼,指婚姻之礼。《说文·女部》:“婚,妇家也。礼,娶妇以昏时,妇人阴也。”古人以为妇人主阴,故称阴礼。《礼记·昏义》指出:“昏礼者,将合二姓之好,上以事宗庙,而下以继后世也,故君子重之。是以昏礼,纳采、问名、纳吉、纳徵、请期,皆主人宴几于庙,而拜迎于门外,揖让而升,听命于庙,所以敬审、重正昏礼也。”又说:“敬慎重正而后亲之,礼之大体,而所以成男女之别,而立夫妇之义也。男女有别,而后夫妇有义;夫妇有义,而后父子有亲;父子有亲,而后君臣有正。故曰:‘昏礼者,礼之本也。’”以婚姻之礼仪教育人们相亲相爱,这样人们就会相互关心而不致产生怨恨。乐礼即演奏音乐之礼,乐礼反映的是“天地之和”与世间之和,高低抑扬错落有致。故以相互配合的音乐之礼教育人们和睦相处,这样人们就不会出现行为乖戾的不和谐现象。仪,指礼仪,西周国学所教授的“六仪”(“祭祀之容”、“宾客之容”、“朝廷之容”、“丧纪之容”、“军旅之容”、“车马之容”等),体现了西周政治、宗法制度的基本要求,学会这套礼仪,使得人们在各种政治活动和礼交场合,才能处置得体,不失身份,保持自身的威严。以礼仪教育人们辨别尊卑的等级,这样人们就会各安其分而不至于越规犯上。第六至第十二种教育,涉及风俗、刑罚、法度、事理、贤行、功绩等方面,可谓广义的礼教或狭义礼教的延展。以良好的风俗习惯教育人们安居乐业,这样人们就不会动则捣乱。以刑罚教育人们处事中道正直,这样人们就不会发生违法暴乱。以庄重的宣誓教育人们敬慎戒惧,这样人们就不会懈怠懒惰。以法度教育人们节制,这样人们就会知道满足和适可而止。以世代相传的事理教育人们培养各种技能,这样人们就不可能干出不称职的事来。根据贤行来颁予爵位,以此来教育人们就会使人们崇尚德行而相劝为善。根据功绩颁予俸禄,以此来教育人们就会使人们努力于职事而争取建功立业。这十二种教育有狭义的礼教,有广义的礼教,其目的是培养人们的道德品质和道德情操,使其成为彬彬有礼的正人君子。

礼的教育承担着政治宗法教育、伦理道德教育、爱国主义教育和行为习惯的培养等项任务。对于礼的政治教育作用,《周礼・大司徒》作过具体分析。所谓"以义辨等,则民不越",即是说借各种礼义标明尊卑上下的等级差别,可以教育百姓安分守己,遵守君臣上下之道,不"僭越犯上"。礼也是贵族子弟从政所必备的技能。礼是西周进行人伦道德教育的重要形式,国学由师氏负责的"三德"(至德、敏德、孝德)之教,以及乡学所施七教(父子、兄弟、夫妇、君臣、长幼、朋友、宾客七项人伦之教),都与礼有密切关系,特别是作为道德教育核心的孝的教育。又如长幼有序的人伦教育,在礼教中也占有重要地位。

《礼记・礼运》篇记载了孔子的一段话:"夫礼,先王以承天之道,以治人之情,故失之者死,得之者生。……是故夫礼必本于天,殽于地,列于鬼神,达于丧、祭、射、御、冠、昏(婚)、朝、聘。故圣人以礼示之,故天下国家可得而正也。"

孔子在这里强调了"礼"的重要性,认为礼得之于天,效法于地,配合鬼神,贯彻到丧葬、祭祀、射箭、驾御、加冠、结婚、朝会、交聘等各种社会活动中。只有遵循礼,才能治人,才能治理好天下国家。孔子曾经教导他的儿子伯鱼说:"不学礼,无以立。"(《论语・季氏》)认为不学礼的人是难以立足于社会的。由于孔子十分看重礼,所以在教育学生时把礼当作一门特设的课程,专门讲解演练。《礼记・王制》中说:"司徒修六礼以节民性,明七教以兴民德,齐八政以防淫,一道德以同俗,养耆老以致孝,恤孤独以逮不足。"这里规定了司徒掌邦教的一些具体职责,先是以六礼调教民性。六礼是冠、婚、丧、祭、乡饮酒、相见礼,用这些礼仪规范人们的各种活动和精神生活。

在孔子看来,"仁"是礼的内容,"人而不仁如礼何,人而不仁如乐何"(《论语・季氏》),这就是说,如果离开"仁"的原则,礼不过是一个空洞的形式,对于教育人与治理社会没有好处。从教育的角度看,他的"礼教"主要是指德化或德育。"颜渊问仁。子曰:克己复礼为仁。一日克己复礼,天下归仁焉"(《论语・颜渊》),"礼之用,和为贵。先王之道斯为美"(《论语・学而》)。孔子把"中和之美"的思想贯穿于道德实践和政治实践之中,这与他"为东周"与否定"苛政猛于虎”的政治现实的精神是一致的。

三、“成于乐”与乐得其道的乐教

礼是天地的秩序，乐为宇宙的和谐。“大礼与天地同节，大乐与天地同和”(《礼记·乐记》)。超越的天道内化为人的内在心性，不能不借助于一定的中介——乐。“乐”的涵义，首先是“乐”(音 yuè)，即指与“礼”相配的“乐”，如《乐记》云：“乐自中出，礼自外作”，“圣人作乐以应天”。此“乐”即指音乐文化。音乐由音与乐构成。“音之起，由人心生也。人心之动，物使之然也。感于物而动，故行于声。声相应，故生变。变成方，谓之音。比音而乐之，及干戚羽毛谓之乐。乐者，音之所由生也，其本在人心之感于物也。”(《礼记·乐记》)音乐源于人心的感动，感情激动于心中，所以表现为音乐。“钟鼓管磬，羽籥干戚，乐之器也；屈伸俯仰，缀兆舒疾，乐之文也。”(《礼记·乐记》)说乐以音乐为中心，是指除了音乐，“乐”还包括伴随着礼的歌唱和乐舞。与不同级别的礼相配合的音乐，可以视为礼仪的一个部分。“乐”的另一重要涵义指“乐(音 lè，通‘悦’)”。《乐记》云：“乐者乐(lè)也，君子乐得其道，小人乐得其欲。”这个“乐(lè)”虽与乐(yuè)同为一字，但其义则是“悦”。《礼记·仲尼燕居》中，孔子对子张说：“师，尔以为必铺几筵，伸降酌献酬酢，然后谓之礼乎？尔以为必行缀兆，兴羽籥，作钟鼓，然后谓之乐乎？言而履之，礼也。行而乐之，乐也。”可见，乐的另一种含义是指情感上的愉悦，它既包含因刺激而有的感性的官能快乐，也包含高级的精神上的愉悦，如“圣人”或君子之所乐。“乐也者，圣人之所乐也”(《礼记·乐记》)，“君子乐得其道”(《礼记·乐记》)。从心理上说，“乐(lè)”与“安”相联系，心中有乐才能安，不安不能乐。圣人所乐何事？圣人之所乐在善民心，其感人深并能移风易俗，这也是圣人之所安。圣人之所乐虽为高级的精神愉悦，但和“小人”的现实感官的快乐并不一定直接对立。其实，整个礼乐文化的社会政治教化功能均在于“乐彰德”。“乐者，通伦理者也……知乐，则几于礼矣。礼乐皆得，谓之有德……是故先王之制礼乐也，非以极口腹耳目之欲也，将以教民平好恶，而反人道之正也。”(《礼记·乐记》)乐的功能在于“知礼乐之情”。

乐教包括“乐语”、“乐德”、“乐舞”三大类内容。

《周礼·春官·大司乐》指出：“大司乐：掌成均之法，以治建国之学政，而合国之子弟焉。凡有道者、有德者，使教焉；死则以为乐祖，祭于瞽宗。以乐德教国子：中、和、祗、庸、孝、友。以乐语教国子：兴、道、讽、诵、言、语。以乐舞教国子：舞云门、大卷、大咸、大盘、大夏、大濩、大武。以六律、六同、五声、八音、六舞、大合乐以致鬼神祇，以和邦国，以谐万民，以安宾客，以悦远人，以作动物。”

传说上古历代帝王各有自己的雅乐，诸如伏羲有《扶来》，神农有《扶持》，黄帝有《咸池》，少皞有《大渊》，颛顼有《六茎》，帝喾有《五英》，尧有《大章》，舜有《大韶》，禹有《大夏》，汤有《大濩》等等，上古政治领袖们就是用这些雅乐来化感百姓，《尚书·皋陶谟》甚至载有“箫韶九成，凤凰来仪”的美丽传说。《尚书·尧典》载帝舜草创官制，分别任命伯夷和夔主管礼乐。帝舜要求夔充分发挥音乐诉诸人的感性的功能，用音乐培养贵族子弟“直而温，宽而栗，刚而无虐，简而无傲”的中和人格。

在原始宗教占统治地位的上古时代，乐教首要功能是协调神与人的宗教关系，“和”是乐教追求的最高理想境界，所以《尧典》以“神人以和”作为乐教的最后旨归，《周易·豫卦》象辞也说：“先王作乐崇德，殷荐之上帝，以享祖考。”此后伴随着先秦时期宗教地位的逐步下降和人文精神的进展，乐教的重点才逐渐由协调神人关系而转移到疏导性情、调整人际关系方面。

《礼记·乐记》认为乐教必须“钟鼓管磬，羽籥干戚”、“屈伸俯仰，缀兆舒疾”，必须“诗言其志也，歌咏其声也，舞动其容也”。孔子强调“与人歌而善，必使反之，而后和之。”(《论语·述而》)这种“一倡而三叹”的参与过程实际上是身体的调动过程，通过歌唱、演奏、舞蹈等肉体性规范动作可以使乐具有和礼相通的品质，从而能更有效的规范身心。《宾牟贾》篇里就借孔子之口对铿锵鼓舞的《武》乐从动作和结构两方面与道德的关联进行了详尽分析。根据感物心动原则，在中和的形式美和肉体性动作的强化之下，主体身心也必然会发生变化。孔子重视乐教。乐教是通过音乐、舞蹈、歌唱等艺术手段来进行的。孔子衡量“乐”的标准是“尽善尽美”，“子谓《韶》美矣，未尽善也”(《论语·八佾》)，朱熹解释说：“《韶》，舜乐；《武》，武王乐。美者，声容之盛；善，美之实也。”郑玄注：“《韶》，舜乐也，美舜自以德禅于尧；又尽善，谓太平也。《武》，周武王乐，美武王以此定功天下；未尽善，谓未致太平也。”尽善尽美，乃孔子所追求之最高理想。孔子尽善尽美的思想对中国古代乐教的发展具有极其深刻的影响。

儒家按照乐与情的作用原理对乐教的运行机制进行了设计：一方面是乐的外在形式设计，另一方面是在乐作用下相对应的主体身心变化机制。乐的形式设计上要“稽之度数”，即必须“声依永，律和声，八音克谐，无相夺伦”（《尚书·舜典》）；必须“正六律、和五声，弦歌诗颂”（《魏文侯》）等。乐必须具有中和的形式之美。中和要求的是多样性的统一（《国语·郑语》：声一无听，物一无味，味一无果。）和对立面的相济（《左传·昭公二十年》：先王之济五味，和五声也，以平其心，成其政也……清浊、小大、短长、疾徐、哀乐、刚柔、迟速、高下、出入、周疏，以相济也。君子听之，以平其心，心平德和。）故孔子云：“乐则韶舞。远郑声，远佞人。”（《论语·卫灵公》）只有具有这种外在形式的乐才能导致情感的充盈而不滥，“乐而不淫，哀而不伤”（《论语·八佾》）。在讨论诗乐教化时，应该区分雅乐与郑声。教化性情的主要是雅颂音乐，孔子正乐，也是使“雅颂各得其所”（《论语·子罕》）。至于郑声，孔子多次表示，“恶郑声之乱雅乐”（《论语·阳货》），“郑声淫”（《论语·卫灵公》），主张“放郑声”（同前）。《礼记·乐记》说：“郑卫之音，乱世之音也。”同篇载子夏曰：“郑音好滥淫志，宋音燕女溺志，卫音趋数烦志，齐音敖辟乔志。此四者，皆淫于色而害于德，是以祭祀弗用也。”《左传·襄公二十九年》载季札评论郑乐：“美哉！其细已甚，民弗堪也，是其先亡乎？”郑声是不能用于教化的。除了在声律设计上的要求外，乐教还通过歌唱、乐器演奏、舞蹈动作等肉体活动设计，进一步来促使情感的和而不流。情必然诉诸乐，乐也必然作用于情，这种必然性使得乐在教化上有着诗教、礼教所不具有的优越性。儒家重视乐教的成人之用。故《乐本》云：“知乐则几于知礼矣。”《乐施》云：“其感人深，其移风易俗，故先王著其教焉。”《乐言》云：“使亲疏贵贱长幼男女之理，皆形见于乐，故曰：乐观其深矣。”《乐化》云：“致乐以治心，则易直子谅之心油然生矣。”“夫乐者乐也，人情之所不能免也。乐必发于声音，形于动静，人之道也。声音动静，性术之变，尽于此矣。”“故听其雅颂之声，志意得广焉；执其干戚，习其俯仰诎伸，容貌得庄焉；行其缀兆，要其节奏，行列得正焉，进退得齐焉。”楚简《性自命出》也强调了乐教的这种优先作用：“乐，礼之深泽也。凡声，其出于情也信，然后其入拨人之心也厚。”

就育人言，乐教的深意是建立在对人性的深刻理解上的。“人不耐无乐，乐不耐无形”，物感心动，情生乐出，导之以理，出之以声，文之以礼乐，明之以德行,礼乐教化于是乎奠定在真切的人性要求之上。此一乐教,把人性之善根催发促长,把伦理之真谛播撒扩散,把和谐之理想深入人心,以无伪之乐护赤子天根,以道德之律立君子品格。所以说,乐教的根本在于育人,乐教不是强制的礼法规训,也不是抽象的道德说教,而是在一种其乐融融的气氛("乐统同")中实现对情感潜移默化的道德教化,它是自律的、轻松的、快乐的。故《乐象》云:"乐者,乐(音洛)也。"李泽厚就这一点曾指出:"它不是外在的强制,而是内在的引导;它不是与自然性、感性相对峙或敌对,不是从外面来主宰、约束感性、自然性的理性和社会性,而是就在感性、自然性中来建立起理性、社会性。"①乐教导致的"乐"的成人结果一直是儒家最为欣赏的理想人生境界。在孔子那里,就是他所言的"从心所欲不逾矩"(《论语·为政》)、"尽美矣,又尽善也"(《论语·八佾》)、"游于艺"(《论语·述而》)、"成于乐"(《论语·泰伯》)、"吾与点也"(《论语·先进》)的道德境界。可以看出,孔子理想的人生境界实为一种审美化的道德境界。这种审美化的道德境界实现了情欲与道德、感性与理性的和谐圆融。徐复观先生就说:"由心所发的乐,在其所自发的根源之地,已把道德与情欲,融合在一起;情欲因此而得到了安顿,道德也因此而得到了支持;此时情欲与道德,圆融不分,于是道德便以情绪的态度而流出。"②"道德以情绪的态度流出",表明乐对于人来说,不是强制性的,而是主体自觉的精神皈依,此即为《乐记》所言的"乐者乐(luò)也"的人生境界。③

《诗》是本源性的"情教"——情感教育,亦即仁爱情感的教化。它对应的是自发境界。所谓"温柔敦厚",按《礼记·乐记》的说法,即"其爱心感者,其声和以柔"。在孔子看来,情教是所有教化中首要的教化形式,因为仁爱情感乃是所有一切的大本大源,这也就是他所说的"兴于诗"(《论语·泰伯》),亦即是说,人的道德主体性首先乃是在这种情感教化中建立起来的。"兴于诗"之后紧接着便须"立于礼"(《论语·泰伯》),也就是《毛诗大序》所说的"发乎情,止乎礼义",或《中庸》所说的"喜怒哀乐……发而皆中节",所以接下来是"礼教",即教之以社会规范。这里所对应的是自为境界当中的形而下者的境界。关于《尚书》与

---

① 李泽厚:《美学三书》,安徽文艺出版社 1999 年版,第 235 页。
② 徐复观:《中国艺术精神》,春风文艺出版社 1987 年版,第 24 页。
③ 参阅余开亮:《〈乐记〉乐教思想辨正》,《美学研究》2009 年 7 月。

《春秋》的"书教"和"春秋教"其实都是与礼教相配合的，因为儒家之广义的"礼"涵盖了"天道"以下的所有一切"人道"。"易教"是关于神性形而上者的信仰与教化，对应的是自为境界中的形而上者的境界，它通过教育使人形成以人道配天道的终极价值关怀。乐教是一种溯源性的情感教化。"兴于诗，立于礼"还是不够的，最后还需要"成于乐"(《论语・泰伯》)。它对应的是自如境界。在这种境界中，我们不仅超越了形而下者，而且超越了形而上者，复归于原初真切的仁爱情感。所以，乐教也是一种情教。正是通过这种更高的情感教化，我们才能包容一切形而下者、形而上者，这才是真正的"和"的境界。

第三节　道德教化之路径与方法

孟子说："谨庠序之教，伸之以孝悌之义。"(《孟子・梁惠王上》)庠序，古代乡学，原指地方设立的学校。又说："设为庠、序、学、校以教之。庠者，养也；校者，教也；序者，射也。夏曰校，殷曰序，周曰庠。学则三代共之，皆所以明人伦也。"(《孟子・滕文公上》)兴办各类学校，对学生实施教育的目的在于"明人伦"，即使人懂得人与人的关系和做人必须遵循的道理，培育健康的人格，使之成为一个名副其实意义上的人。

一、《学记》、《大学》论道德教育之路径

在伦理教育的方法问题上，儒家创造性地提出了一系列行之有效的观点，并建构起了颇具特色的伦理教育方法论体系。总体上考察儒家的伦理教育方法论体系，我们发现它是一个有机联系的整体，各种具体的方法既互相渗透、互相融合，又互相支持、互相促进。

《礼记・学记》是中国历史上一部较早地论述学校教育特别是道德教化的名著。它本着儒家的德治精神，从"化成民俗，其必由学"的方针出发，把"大学"之教作为治国平天下的根本，提出学校的任务在于教育人"知道"，强调"玉不琢，不成器；人不学，不知道"，教师必须通过"辨志"、"乐群"等内容的道德教育，

使学生“安其学”、“亲其师”、“乐其友”、“信其道”。《学记》认为：“古之教者，家有塾，党有庠，术有序，国有学。比年入学，中年考校。一年，视离经辨志。三年，视敬业乐群。五年，视博习亲师。七年，视论学取友，谓之小成。九年，知类通达，强立而不反，谓之大成。夫然后知足以化民易俗，近者说服而远者怀之。此大学之道也。”从这里，我们可以看出，古人重视教育，不光是重视学生的文化学习，而且很重视学生的思想品行。在学习上，从离经断句的基本知识开始，也强调博学，即知识广博，还主张在学习中有见解，发挥自己的创见，最终达到举一反三，触类旁通，形成能力。在思想品行上，重视学生的志向是否正确，与群体相处是不是和谐，懂不懂得选择朋友，有没有敬业精神，对师长是不是尊重。《学记》还总结了一套教学相长、循序渐进、因材施教、“相观而善”、“长善救失”、“善教继志”等原则和方法，特别强调“预”与“时”的原则，认为道德教育在于“禁于未发”，防患于未然，如果不能未雨绸缪，一旦染上恶习后再进行教育，就会“扞格而不胜”。同样，学生接受教育也务必及时，否则就会“勤苦而难成”。应该说，《学记》中的基本思想，反映了中国古代儒家教育的培养目标，体现了儒家道德教育的基本精神，即教育是人的培养，而不只是知识的累积和填塞。

《礼记·大学》一文，被视为儒家道德教育的最好表述和对先秦儒家伦理思想的深刻总结。而无论是对儒家道德教育的最好表述，还是对先秦儒家伦理思想的深刻总结，都体现在内圣外王学说的建立上。《大学》开篇即提出了有名的“三纲领”：大学之道，在明明德，在亲民，在止于至善。所谓“明明德”，意即发扬光大天所赋予人的善性。所谓“亲民”，“亲，当作新”。朱熹在《大学章句》里也把“亲民”解作“新民”，指出：“新者，革其旧之谓也，言既自明其明德，又当推以及人，使之亦有以去其旧染之污也。”这就是说，不仅自己要达到对“明德”的认识与把握，还要推以及人，使别人也同样达到对明德的认识与把握，以便在“明德”的指导下，革故鼎新，改造和提升人自身。所谓“止于至善”，《大学》中的解释是：“为人君，止于仁；为人臣，止于敬；为人子，止于孝；为人父，止于慈；与国人交，止于信。”又说：“道盛德至善，民之不能忘也。”“止于至善”即达到至善的道德境界，此乃《大学》所提出的最高纲领。《大学》不仅提出了“三纲领”的理论，而且还主张正确认识“三纲领”之间的关系，并认为“知所先后，则近道矣”。朱熹《大学章句》说：“明德为本，新民为末。知止为始，能得为终。本始所先，末终所后。”主张把“明明德”放在最根本的位置上。《大学》在“明明德”的基础上又设定了“新民”的价值要求，同时还高悬了一个止于至善的终极目标，真正把“明明德”与“新民”有机地统一起来，充分体现了儒家道德理想主义的本质特征。“八条目”是《大学》为实现“三纲领”所设计的具体步骤。所谓“八条目”是指格物、致知、诚意、正心、修身、齐家、治国、平天下。《大学》把这八个步骤看成是互相联系、逐次递进的完整过程。指出：古之欲明明德于天下者，先治其国；欲治其国者，先齐其家；欲齐其家者，先修其身；欲修其身者，先正其心；欲正其心者，先诚其意；欲诚其意者，先致其知；致知在格物。格物而后知至，知至而后意诚，意诚而后心正，心正而后身修，身修而后家齐，家齐而后国治，国治而后天下平。此一程序的起点和初始手段为格物致知，终点和最后目标为平天下。格物致知属修身范围内的事，故此程序大致可概括为，以修身为根本手段以平天下为最终目标。修身相当于“明明德”，平天下相当于“止于至善”。或者说，“齐家”、“治国”、“平天下”是“止于至善”的最高价值目标的具体化，“格物”、“致知”、“正心”、“诚意”讲的是“修身”的方法。“八条目”以“修身”为界，连接“内圣”与“外王”，并在修身基础上实现内圣与外王的统一。故此，《大学》特别强调：“自天子以至于庶人，壹是皆以修身为本。”修身是内圣与外王的契合点。重视修身是《大学》的基本特点，也是先秦儒家自孔子以来的一贯主张。孔子强调修己以敬，修己以安人，修己以安百姓。孟子说：“天下之本在国，国之本在家，家之本在身。”(《孟子·离娄上》)荀子著有《修身》篇，专门讨论个人修身与国家存亡的关系。《大学》继承了先秦儒家重视修身的传统，并对此作了创造性的发展，把个人的修身视为达到至善的根本保证，突出了个体道德的主体性原则。格物、致知、诚意、正心，讲的都是修身的方法，本质上属于内圣的问题。《大学》不仅提出了内圣的价值要求，而且提出了外王的价值目标，要求在修身的基础上实现齐家、治国、平天下。《大学》在对先秦儒学进行总结的基础上，提出了以“三纲领”、“八条目”为主要内容的“内圣外王”理论，建立了一个以修身为根本、以治国平天下为最终目的、以认识把握人伦物理为逻辑起点的思想体系，体现了将伦理学与认识论、政治学结合起来的思维特质，极大地丰富和发展了先秦儒家的伦理学说，在中国儒学发展史和教育发展史上占有着十分重要的地位。

二、孔孟儒家推崇和践行的道德教育之方法

儒家所提倡和推崇的道德教育方法主要有：

1. 因材施教。因材施教是儒家伦理教育一种最基本也是最重要的方法。进行伦理教育首先要求弄清教育的对象或客体，进行有针对性的教育。孔子认为，“中人以上，可以语上也；中人以下，不可以语上也”(《论语·雍也》)，因此，必须仔细地观察道德教育的对象，“视其所以，观其所由，察其所安”(《论语·为政》)，以提高道德教育的针对性。孔子本人对学生进行道德教育非常注重因材施教。子路问：“闻斯行诸？”孔子回答说：有父兄在，你怎么能够听到就去做呢？冉求问：“闻斯行诸？”孔子回答说：你听到了就去做吧！公西华困惑不解，便问孔子：为什么他们两个人提同样问题，而夫子你却给以不同的回答？孔子说：“求也退，故进之；由也兼人，故退之。”(《论语·先进》)意即冉求为人退缩，所以我鼓励他进取；子路为人过人，所以我抑制他一下。根据不同的教育对象，采取不同的教育方式，这就是孔子的因材施教。孔子对其学生的思想特点、智力发展和才能特长，都有全面的深刻的了解。他说：“柴也愚，参也鲁，师也辟，由也彦。”(《论语·先进》)这是说，子羔愚笨，曾参迟钝，子张偏激，子路粗俗，因此需要采用不同的道德教育方法。很多人请教过仁，孔子的回答因人而异，总是先了解这个人，针对他的主要特点加以解释，这个仁正是问者克服缺点、发挥优点的正确方法，体现了极强的针对性。司马牛多言而躁，孔子就说“仁者其言也讱”，告诫他应当克服自己的毛病。子贡问为仁，子曰：“工欲善其事，必先利其器。居是邦也，事其大夫之贤者，友其士之仁者。”子贡能言善辩，有从政的才能和愿望，如何处理人际关系、如何处事，是他最需要的，孔子教他以智从政。仲弓德行高尚，孔子评价“雍也可使南面”，以“出门如见大宾，使民如承大祭。己所不欲，勿施于人。在邦无怨，在家无怨”答之，教他以德从政。子张才高意广，勤学好问，孔子以“能行五者于天下”答之，告诉他核心的实践方法，显示对他高才的认可。对诸弟子，孔子教育他们如何适应社会和国家的需要，并不要求明辨国家是否符合天道，因为这是学生们难以企及的高度。但对颜回就不同了，他悟性极高，孔子都自认不如，完全可以天道引导他，他赞许颜回说：“用之则行，舍之则藏。唯我与尔有是夫！”这是对学生的最高评价。师生都认为，如果

一个国家行天道，为政于斯就是善；如果一个国家不行天道，为政于斯就是恶。对颜回问仁，孔子以“克己复礼为仁”答之，这是对仁和礼最抽象、最准确的回答，也只有颜回才能透彻领悟其中的大道。所以从孔子的回答中，可以看出弟子们的特点和水平高低：颜回在德、智方面都是第一，雍也在德方面第二，子张在智方面第二。正是极强的针对性，一问一答之间展现了诸弟子个性鲜明、栩栩如生的形象。

2. 教养结合。儒家既强调社会的道德教育，又强调自我的道德教育和修养，主张教养结合，使社会的道德教育内化为个人的道德修养，以巩固道德教育的成果。荀子认为，礼义教化与修身自强是辩证统一的，二者互相联系互相促进，礼义教化必以修身养性为基础，修身养性也需礼义教化为动力。他说：“夫人虽有性质美而心辨知，必将求贤师而事之，择良友而友之。得贤师而事之，则所闻者尧舜禹汤之道也；得良友而友之，则所见者忠信敬让之行也，身日进于仁义而不自知也者，靡使然也。”（《荀子・性恶》）良师益友对于自己的道德修养具有潜移默化的作用，“故君子隆师而亲友”，通过道德教育和虚心向他人学习来加强自己的道德修养，“君子博学而日参省乎己，则知明而行无过矣”（《荀子・劝学》）。君子只有不断地接受社会的道德教育和不断地学习，并在此基础上加强自身的道德修养，才能成为真正有道德的人。

3. 慎言敏行。“子以四教：文、行、忠、信。”（《论语・述而》）“文”，指的是以诗、书、礼、乐为内容的文化知识教育。“行”，主要指培养一种道德实践的能力，能够把学到的道德知识见之于自己的道德行为，在实践中加深对道德知识的理解与把握。在道德教育的问题上，孔子强调道德践履、身体力行的重要性。他要求学生“敏于事而慎于言”（《论语・学而》），认为君子吃不求饱足，住不求舒适，然而办事却勤劳敏捷，说话则谨慎小心，接近有道的人以匡正自己，这就是好学上进的表现或标志。孔子的学生子夏说：“贤贤易色；事父母，能竭其力；事君，能致其身；与朋友交，言而有信。虽曰未学，吾必谓之学矣。”（《论语・学而》）道德知识一定要体现在道德行为上，而如果有相当优秀的行为表现，虽然没有正式或严格的学习经历，也不能否认他有学问。在伦理教育中，儒家特别强调知行合一，主张慎言敏行、言行一致。他说：“君子耻其言而过其行。”（《论语・宪问》）又说：“古者言之不出，耻躬之不逮也。”（《论语・里仁》）“故君子名之必可言也,言之必可行也,君子于其言,无所苟而已矣。”(《论语·子路》)孔子教育学生特别注意言行一致,强调少说多做,敏事躬行,“言必信,行必果”,并认为对一个人的观察必须看他的行为,“听其言而观其行”(《论语·公冶长》),将行为作为判断善恶是非的标准。此后的儒家学者继承了孔子的思想,在道德教育中也十分强调知行合一,注重在事上磨炼。

4. 寓情于理。儒家认为,培养学生的道德品质,首先是晓之以理的过程,使学生形成道德伦理的概念和信念,形成理性化的道德意识,这是道德教育的起点和重要内容。孔子要求学生“知德”、“知仁”、“知礼”,并说“不学礼,无以立”。荀子作《劝学》,提出“吾尝终日而思矣,不如须臾之所学也”,并认为要使学生有道德,必先让他们对道德规范有所认识。同时,儒家也特别强调启动学生的道德情感,在道德教育中动之以情,培养和发展学生的道德情感。儒家认为,任何道德品质都包含道德认识和道德情感两种因素,只有道德认识而没有道德情感,或只有道德情感而没有道德认识,都不能构成某种真正的道德品质。孔子纳仁于礼,主张仁礼结合,一方面用仁来充实礼,“礼云礼云,玉帛乎云哉?乐云乐云,钟鼓云乎哉?”(《论语·阳货》)认为礼以仁为内容,只有做到仁,才能真正遵守礼乐制度。因此,孔子说:“人而不仁,如礼何?人而不仁,如乐何?”(《论语·八佾》)另一方面又用礼来规定仁,提出“克己复礼为仁”,强调“非礼勿视,非礼勿听,非礼勿言,非礼勿动”(《论语·颜渊》)。孔子的仁礼结合,表现了道德规范与道德情感的统一。

儒家还提出了“身教重于言教”、“学思结合”以及“家教、校教与社教相结合”等方法,重视道德教育的针对性、层次性、连续性和实践性,认为道德教育应由内而外,由个人而群体,由具体而抽象,由浅而深,并以胎教为起点,以启蒙德教为基础,以家庭道德教育为依托,以学校道德教育和社会道德教育为重点和主体,注重养成教育和终身教育,强调营造良善的道德教育环境和道德教育氛围,并为此设计了一整套具体实现的路径和方略,使道德教育深入人心,变成了培养人才、治理社会、移风易俗的一种重要手段。

三、“为仁由己”的自我教育与自我修养

在重视道德教化的同时,中国古代教育家也主张“为仁由己”,强调自教自

律的修身方法。

1. 以圣贤君子为人格目标

儒学的道德理想人格的设计是一个由低到高的、循序渐进的有层次的系统，有君子、贤人与圣人。在孔子的思想观念中，圣人全备天德、博施济众、行仁安民，具有与天一样崇高而伟大的美德和功业。圣人是道德的化身，是道德极致完善的人格典范。圣人的一切行为，无论是有意无意，都是其内在道德本质的自然流露，都可以达到“与天地参”。“诚者，天之道也；诚之者，人之道也。诚者，不勉而中，不思而得；从容中道，圣人也。”“惟天下至诚，为能尽其性；能尽其性，则能尽人之性；能尽人之性，则能尽物之性；能尽物之性，则可以赞天地之化育；可以赞天地之化育，则可以与天地参矣。”(《中庸》)君子是一种比较具有普遍意义的道德人格，也更有感召力和现实性。君子具备的一些特征使它能够广泛地体现儒家道德修养的普遍标准。首先，君子求道。以孔子为代表的儒家学者大力张扬君子风范，极力推崇的君子人格。《孔子家语五仪解》中说：“所谓君子者，言必忠信而心不怨，仁义在身而色无伐，思虑通明而辞不专，笃行信道，强不息。油然若将可越，而终不及者，此则君子也。”孔子认为，君子之志在终生求道而须臾不离道，行而不苟。在儒家道德论中，“道”具有鲜明的伦理特征。这可以说几乎包括了儒家所推崇的一切美德，如所谓礼道、仁道、孝道、善道、忠恕之道、中庸之道，都是以一种具体的德来体现道。君子一生所思、所想、所学、所实践，都应该紧紧围绕这种道进行，这是君子做人、做事、做学问所必须遵循的基本准则，是儒家理想人格所追求的理想目标。其次，君子崇仁。仁是孔子思想的核心，所谓仁，指的是社会中处理个人与他人、个人与社会关系的基本准则。“仁者相人偶”，相人偶就是人与人相处。仁的思想就是将个人看成是社会中的人，是社会中的一员，而不是孤立的个体。个人的一切言行都要顾及与他人、与社会的关系。处理好这些关系的原则就是“仁者爱人”“仁者兼爱”，其方式就是“忠恕”，就是“己所不欲，勿施于人”(《论语·颜渊》)，“己欲立而人，己欲达而达人”(《论语·雍也》)。仁是包括君子在内的一切人的精神原动力，是其他道德人格的基础，“人而不仁，如礼何？人而不仁，如乐何？”(《论语·八佾》)作为人格典范的君子，更应当对仁推崇备至，以此作为自身道德的内在精神和人格基础。再次，君子重义。“君子喻于义，小人喻于利”(《论语·里仁》)，“君子之于天下也，无适也，无莫也，义之与比”(《论语·里仁》)。在孔子看来，君子为人处世，安身立命，应当以义为重，见利思义，见义忘利。所以“义”是君子判断得失的价值标准。在君子的人格修养中，孔子十分强调重义，把义看作君子人格内在修养的本质，“君子义以为质，礼以行之，孙以出之，信以成之”(《论语·卫灵公》)。

2. 注重慎独自省的内在功夫

道德实践取决于内在的自律自觉。儒家学者深明于此，因此对慎独的道德修养方法特别重视。《大学》说：“小人闲居为不善，无所不至，见君子然后厌然，揜其不善而著其善。人之视之，如见其肺肝然，则何益矣！此谓诚于中，形于外，故君子必慎其独也。”《中庸》说：“天命之谓性，率性之谓道，修道之谓教。道也者，不可须臾离也，可离非道也。是故君子戒慎乎其所不睹，恐惧乎其所不闻；莫见乎隐，莫显乎微，故君子慎其独也。”一人独处，往往是放纵自我的好时机。儒家却提醒人们在此时更要严格要求自己，注意自己的思想和行为。“莫见乎隐，莫显乎微，故君子慎其独也。”慎独，体现了严格要求自己的道德自律精神，是指一个人独处时也要谨慎地注意自己的内心和行为，防止有违背道德的思念或不符合道德要求的行为产生。

儒家强调反省内求，主张以唤起内在的道德自觉即“自省”、“自讼”、“见贤思齐焉，见不贤而内自省”为基本的修养之法。通过反思领悟道理，从自身求取善良美德的本性，提高自己的道德修养。“求其放心”、“反求诸已”、“反身而试”、“择善而从”等，都属于反省内求的自我教育方法。孔子开创的儒家非常强调道德修养中的克己自省，不断提高自己的道德修养。孔子最先提出内省，“内省不疚，夫何忧何惧”。主张“见贤而思齐，见不贤而内省也”，并提出“君子有九思：视思明，听思聪，色思温，貌思恭，言思忠，事思敬，疑思问，忿思难，见得思义”的观点，强调修身养性的重要性。孔子的学生曾参提出了“吾日三省吾身”的修养方法，将“为人谋而不忠乎，与朋友交而不信乎，传不习乎”作为反省的重点内容。孟子也提出了“自反”、“反诸己”的思想。孟子说：“有人于此，其待我以横逆，则君子必自反也，我必不仁也，必无礼也，此物岂宜至哉？其自反而仁也，自反而有礼矣，其横逆由是也，君子曰：此亦妄人也已矣。”“仁者如射：射者正己而后发，发而不中，不怨胜己者，反求诸己而已。”荀子继承了儒家的这一修养方法，并作了独特的发挥，提出："见善修然，必以自存也；见不善愀然，必以自省也。"（《荀子·修身》）"君子博学而日参省乎己，则知明而行无过已。"（《荀子·劝学》）人要不断地学习广博的知识，而且要运用这些知识经常对自己的行为进行反省。只有这样，才能在道德实践活动中去恶从善，养成良好的道德品质，达到理想的人格。

3. 以拳拳服膺、身体力行为要旨

道德修养离不开道德实践，只有在道德实践中按照道德准则和规范行事，躬身笃行，才能不断提高道德修养水平，锻铸高尚的道德品质和人格。孔子认为道德修养的要求虽高，但并非海市蜃楼，"仁远乎哉？我欲仁，斯仁至矣"，关键是要笃实躬行。他认为一个人的道德品质是否高尚，不能凭其言论，要看他的实际行动是否做到言行一致，"始吾于人也，听其言而信其行；今吾于人也，听其言而观其行"。"弟子入则孝，出则弟，谨而信，泛爱众，而亲仁"。孝、弟、信、仁是古代社会最主要的道德规范，孔子把履行这些道德规范看得比学习文化知识更加重要，足见他对道德实践的重视。孔子始终强调把"躬行"放在首位，认为"力行近乎仁"。荀子也极为强调道德实践的重要性，学习的目的也就在于行，《荀子·儒效》中说："不闻不若闻之，闻之不若见之，见之不若知之，知之不若行之。学至于行之而止矣。行之，明也，明之为圣人。"荀子将行作为学习这一与道德修养相关的道德活动的最高阶段，认为行高于知，因为通过行，使所知的东西更加明确，此即所谓"行之，明也"，"知之而不行，虽敦必困"。荀子认为道德实践活动可以提高人的精神境界，只要有恒心，一点一滴地积累善行，便可达到圣人的境界，"积善成德，而神明自得，圣心备焉"。

第四节 施教乡民与敦风化俗

道德教化不仅是指专门的"庠序之教"，而且还包含有对全体社会成员的道德感化和道德教育。如同西周的学校有国学与乡学一样，道德教化除了面向贵族子弟的国学教育外，还有面向普通百姓的乡学教育和注重移风易俗的变化民质教育。

一、施教乡民与使民兴贤

"选贤与能"是西周以前就已出现的用人观念。《礼记·礼运》说:"大道之行也,天下为公,选贤与能,讲信修睦。"所谓"选贤与能",就是酋长公选。传说远古时代,尧的哥哥挚曾是部落联盟首领,由于他为人"不善"而被罢免,由尧接替了挚的职位。尧晚年询问"四岳"(即四个部落酋长),有谁可以继承自己的职位,"四岳"表示他们的德行还不够,推荐舜,尧表示要对舜先考察一番。于是尧"乃以二女妻舜以观其内,使九男与处以观其外","尧乃试舜五典百官,皆治"。这说明在中国"选贤与能"的历史源远流长。

周代乡里选士从地方教化开始。地方官吏乡大夫于每年正月初一秉承大司徒的"教法"(政教禁令),令乡吏施教于乡民,"使各以教其所治,以考其德行,察其道艺"。把乡中驯从教化、德行道艺兼优者层层推举到上级领导部门,并以"书"的形式记录被推荐者的事迹材料,供遴选录用时参考。西周地方选士一年举行一次,讫至三年则举行大考,即所谓"三年大比"。由乡大夫总其下属官吏的推荐,再进行一次总的考核,从中选拔德行道艺优异之士,向更上一级推荐。如《周礼·地官·乡老》云:"三年则大比,考其德行、道艺,而兴贤者、能者。乡老及乡大夫帅其吏,与其众寡,以礼礼宾之。厥明,乡老及乡大夫、群吏,献贤能之书于王,王再拜受之,登于天府,内史贰之。退而以乡射之礼五物询众庶,一曰和,二曰容,三曰主皮,四曰和容,五曰兴舞。此谓使民兴贤,出使长之;使民兴能,入使治之。"大比之时,要在庠学举行敬贤仪式;次日向周王呈献贤能之书。周王受拜后,即造册登记,复退而行乡射之礼,并询之众庶,选中者得拜为地方官吏。"乡射之礼"是大比的关键环节。据凌廷堪《乡射五物考》所云:乡射分为三次,"和"、"容"为第一次射,"但取其容体比于乐";"和"为掌六乐声音之节奏的乐器,第一次射的仪节体态要和从于乐。"主皮"为第二次射,即《司射命》之"不鼓不释","盖取其中"之射,皮为兽皮制成的箭靶。主皮之射是西周射礼中的最低等级,郑玄注《周礼》说:"主皮者,张皮射之无侯也。"按《周礼·天官·司裘》:"王大射,则共虎侯、熊侯、豹侯,设其鹄。诸侯则共熊侯、豹侯。卿大夫则共麋侯。皆射其鹄。"王之射以"三侯"即虎、熊、豹,诸侯射以"二侯"即熊、豹，卿大夫射以"一侯"即麋，士射以犴为侯。所谓"侯"者，虽是射鹄，但实为贵族等级的标志。而乡射之礼主皮无侯，可见乡射礼的参加者是士以下的庶民，这说明乡属地方的选士是以庶民为对象的。"和容"、"兴舞"为第三次射，即《司射命》之"不鼓不释"、"取其容体比于节，其节比于乐"。这即是说，乡射礼对于众庶的考核，以礼乐的节制为主，而主皮之射则为其技艺的考核。由此，乡选的目的不仅是为了选拔具有一技之长者，更主要的是重视被选者的思想和道德行为规范，并以此强调社会教化的方向，这反映了西周政治制度的总要求。除上述所选"出使长之"、"入使治之"之外，乡选中还有些人以德行超众而被选入国学受教。《礼记·王制》载："命乡论秀士，升之司徒曰选士，司徒论选士之秀者而升之学，曰俊士。升于司徒者，不征于乡，升于学者不征于司徒，曰造士。"即为乡大夫考察荐举乡里有德行道艺的优秀之士，申报至司徒，这就称之为"选士"。又经司徒考定其中俊秀者，荐举入学，使之学有所成，即所谓"造士"。"选士"可免去本人在乡中的赋役，"造士"可免去本人对国家的赋役。上述乡里选举之制或称之"宾兴"之制，是在王畿之内施行的。据《周礼·地官》所载，乡属于天子"邦畿千里"之内，而乡里选举也自然属于王畿内的选贤贡士之制。

周代的视学制度与奖学也得到了长足的发展，一年之中周天子必视学四次。每次视学前须举行隆重的典礼，祭祖卜吉凶。开始视学时，击鼓以集合大众，天子由三公、九卿、诸侯、大夫陪同，先设奠以祭祀先圣先师，然后盛宴群老。由主人献酢致酒，作乐歌诗，舞文舞武，向耆老祝福献寿，以示"尊年敬德"。同时即席举行"乞言"、"合席"之礼，向耆老乞求治国治教的建议。这种制度将视学与养老制度融为一体，一方面体现了西周统治者尊师重教，鼓励学生修道敬业，另一方面又对学生进行敬老、养老教育。

周代对青少年的道德教育十分重视，主张道德教化从幼儿抓起。据《礼记·内则》载："子能食食，教以右手。能言，男'唯'女'俞'，男鞶革，女鞶丝。六年，教之数与方名。七年，男女不同席，不共食。八年，出入门户，及即席饮食，必后长者，始教之让。九年，教之数日。十年，出就外傅，居宿于外，学书计，衣不帛襦裤，礼帅初，朝夕学幼仪，请肄简、谅。十有三年，学乐，诵诗，舞勺，成童，舞象，学射、御。二十而冠，始学礼。可以衣裘帛，舞大夏，惇行孝弟，博学不教，内而不出。"按年龄和接受能力，由浅入深、循序渐进地进行文化知识和道德礼仪教育,随着年龄的增长而不断提高自身素质。

西周社会教化的实施体制是官师合一。西周时期,各级官员是实施社会民众教化的主体。教化的内容主要是"六德"、"六艺"等。除专职教育的官员外,其他官员也必须承担民众教化的责任,从而使官员同时兼有教育者的身份,形成官师合一的教化体制。这一教化体制拓宽了道德教育的领域,有助于全面提高民众整体的思想道德素质。

二、注重教养万民的"彝教"

民众教化在遥远的原始社会就已经开始了。舜使契为司徒,教以人伦,就涉及民众的道德教育,发展到商周,领域不断扩大,内容也日渐丰富。周代统治者十分关注民众的教化问题。对以德化民,西周诸王都十分重视,尤其是周公。他从天人论角度强调了民众教化的必要性和紧迫性,指出:"今惟民不静,未戾厥心,迪屡未同,爽惟天罚殛我。"(《尚书·康诰》)因此,周公认为"彝教"是治国平天下不可缺少的政教活动,而大力提倡。所谓彝教,就是对庶民百姓经常进行的德行规范教育,也就是古人所说的化民成俗的教化活动。《尚书》中各种"诰",不少就是周公所著的训俗文件。周公训俗,重视行为规范的教育。他认为庶民若能按规范行事,天下就太平了。这就是所谓"好是懿德"(《诗经·大雅·烝民》)。

周代统治者施行民众教化,主张"立爱自亲始,教民睦也。立敬自长始,教民顺也。教以慈睦,而民贵有亲;教民敬长,而民贵用命。教以事亲,顺从听命"(《礼记·祭仪》)。其中最主要的内容就是"孝道"教化。"孝"作为重要的伦理道德规范,是西周礼乐文化的重要组成部分。孝道教化是民众道德教化的基石,孝与德相通,即如《诗经·大雅》所说"有孝有德"。西周时期的孝观念的主要涵义是:慈惠爱亲,敬养长辈,追孝先人,承继其业等。如:"慈惠爱亲曰孝"(《逸周书·谥法》);"肇牵车牛,远服贾,用孝养厥父母"(《尚书·酒诰》)。周人认为,"子弗祗服厥父事"乃不孝之举,将"大伤厥考心"(《尚书·康诰》)。周公把孝道教育视为彝教的中心,他在《尚书·康诰》中告诫康叔曰:"元恶大憝,矧惟不孝不友?……天惟与我民彝大泯乱,曰,乃其速由文王作罚,刑兹无赦!"在周人看来,"友"是与孝一般重要的规范。大恶如不孝不友,则天赐人伦招致混乱。可见,“友”在西周人伦关系中居于极其重要的地位。周人认为朋友之间伦理关系的基本要求是,应该做到同舟共济,“惠而好我,携手同行”(《邶风·北风》)。人之罪恶莫大于“不孝不友”,凡民众出现了“不孝不友”的人,就是民彝破坏之时,必须立即用文王所作之刑罚规定,严加处置,不得姑息饶恕。“义”也是民彝的一个重要内容,这与周公直接有关,周公主张对殷人要根据“殷彝”定罪,“用其义刑义杀,勿庸以次汝封”。就是说,应依照殷代的常法来判决犯人的罪,该判刑的就要判刑,该杀掉的就要杀掉,切不可凭个人的意志断案。这里把“义”作为对庶民的“训俗”活动,则是“尊尊”的意思。“义”表示的是“尊尊”、“贵贵”、“尊贤”,是与“亲亲”相区别的道德范畴,反映的是阶级关系与等级关系。周公制礼,强化了“义”,后世所推崇的“门外之治义断恩”,“义”的教育成为中国古代社会道德教化的重要内容,是和周公的倡导分不开的。

三、采风问俗以兴教化

周公十分重视化民成俗的教化活动。据史籍记载,周公曾倡导籍田礼,即始耕典礼。每年春耕时,周天子到国都南郊的公田举行隆重的始耕典礼,旨在提倡勤劳耕作之风。据说《诗经》中的《周颂》为周公所作或为周公所订定。《周颂》中的《载芟》和《噫嘻》篇,就是举行籍田礼时所演唱的诗歌,这是周公曾经进行劝农教化活动的明证。周公提倡始耕典礼,对于巩固新田制,重视农业生产和形成勤于公田耕作的风气,从而推动社会进步有一定作用。《周礼·大司徒》中关于教化的职责规定,有“以世事教能,则民不失职”一项。西周以后各朝代,也常设司农司、力田吏以提倡和指导农业生产,“劝课农桑”,这对社会生产的发展和勤劳风尚的形成,起过一定的积极作用。追溯其源,这与周公有关。

周公推行社会教化,很重视民俗的教育作用,他提倡并亲自进行采风问俗的教化活动。据传,周公为制礼作乐曾采集文王时周地以南的民歌,昭示天下,教人们懂得道德修养的重要性。《毛诗序》说《诗经·豳风·七月》是周公采集的。周公采风问俗的目的有二:一是为了调查施政的得失利弊,以为讽谏之用。如《豳风·七月》以诗的形式记述了农人一年四季劳作生活之苦,周公献于成王,就是劝教成王力戒贪逸,使之“知稼穑之艰难”,“知小人之依”。二是为了化民易俗,实施社会教化。周人曾染上了酗酒的恶习,骄奢之风在滋长。周公为杜绝这种危害，严肃警告人们，酗酒风起，必定会造成“大乱丧德”的后果。周公还改革过婚俗。西周初年婚姻状况混乱，老妇与少子亦可成婚。周公进行了婚制改革。周公提倡“同姓不婚”的新礼俗，有两方面的作用：一是“男女同姓，其生不蕃”，异姓结婚有利于加强种族的生命力；二是使非姬姓服从姬姓，既严男女之别，又可抬高周族姬姓的地位，达到进一步巩固宗法制度的目的。周公的这些活动，在施行教化、整饬世风方面，发挥了很大作用。周公制礼作乐旨在“一民心，齐民俗”。故《周礼》云：“礼俗从取其民。”它有规范人们道德行为的作用。“乐也者，动于内者也”，它有培养人们道德感情与情操的作用。周公把握了礼乐特点，精心制作，所以周人的冠、婚、丧、祭和视、听、言、动，都由礼乐的节文加以规范。由于“上行下效，风过草偃”，所以礼乐行之于上，必化而为“风”；民习行之于下，定变而为俗。周公这种制礼作乐以正风俗的做法，既收效于西周，又影响于后世，成为中国古代施行社会教化的传统。

周公在观民风、化民俗的社会教化方面，有丰富的经验。他主张因势利导，提倡“平易近民”。据《史记·鲁周公世家》载，周公长子伯禽与太公望（姜尚）初封于鲁与齐，伯禽三年而政成，太公五月而政成。为什么两人会一迟一疾呢？伯禽是“变其俗，革其礼，丧三年然后除之，故迟”。而太公则是“简其君臣礼，从其俗为也”。周公根据两人对礼俗的不同处置，而造成为政效果的不同，提出为政化民必须“平易近民”。他说：“夫政不简不易，民不有近；平易近民，民必归之。”这说明周公既重视化民易俗，又懂得民俗的特点，难于更易而又可以更易。“平易近民”的主张就是他根据这种特点提出的，是很有见地的。周公在治理殷民及被征服的东方各族时，就遵循这一原则，注意尽量保留这些民族有益的风俗习惯不变。他还提出“各安其宅，各田其田”，这对减少敌对情绪，接受周公的社会教化，稳定政局，发展生产，都是有积极作用的，所以深得民心。荀子在《王制》篇中盛赞周公说：“故周公南征而北国怨。曰：‘何独不来也！’东征而西国怨。曰：‘何独后我也！’孰能有与是斗者与！安以其国为是者王。”当周公向南面去征伐的时候，北方国家的百姓就埋怨着说：“为什么单单不到我们这里来呀！”向东面去征伐的时候，西方国家的百姓就埋怨着说：“为什么单单把我们放在后面呀！”试想还有谁能和这样的人抗争呢？因此凡有能够把他的国家照这样做的，就能称王于天下了。周公特别突出“德治”思想，强调民心归向，处处炫耀祖宗德业。“任德教”是他教育思想的主旋律，对后世发生了深远的影响，终于使中华民族在古代就以“教化有方”、“礼仪之邦”而著称于世界。

先秦时期将德化万民视为其目标和宗旨，并通过各种途径实行有针对性的道德教育，整体上既发展起了颇具特色的教育伦理，又形成起了中华民族的道德文化传统。中国之所以能够成为文明古国、礼仪之邦，在于它有自己独特的德化传统。《孟子·梁惠王下》有“君子创业垂统，为可继业”的说法，意即有德君子创立功业，传之子孙，正是为着一代一代能够继承下去。远古至春秋战国时期的道德教育不仅有着成人成圣的道德教育目标，而且有着兼善天下、建功立业的社会情怀，有着能近取譬、行远必迩的生活情趣，有着海纳百川的厚德载物情操。正因为如此，它才铸就了中国伦理文化的辉煌，造就了一大批特立独行、志行高洁的志士仁人，不断地推动着中国伦理文化和中华文明向前发展。

第六章

先秦时期婚姻家庭道德生活

中国是一个十分崇尚婚姻家庭并以家庭为本位的国度，人们的道德生活大量地表现为家庭的道德生活。传统的“五伦”，属于家庭伦理者有三，其他如君臣、朋友，也大多以父子、兄弟而论，可谓家庭伦理的放大。中国传统家庭道德生活，涉及许多方面的内容，但就其大体而言，主要是在夫妇、父子、兄弟这“三伦”中展开的，或者说如何协调夫妻之间的婚姻关系、父子之间与兄弟之间的亲情关系，构成了传统家庭道德生活的主要内容。当然，家庭道德生活还涉及家庭道德教育等方面的内容。

第一节 “上事宗庙，下继后世”之婚姻伦理

婚姻，是男女两性关系的社会组织形式，即为法律或社会风俗习惯所承认的、男女两性结合为夫妻关系的社会组织形式。一定的婚姻家庭形式总是和社会发展的一定阶段和一定的生产方式相适应的。古时婚姻，亦称“昏因”“昏姻”，如《诗经·小雅·我行其野》“昏姻之故，言就尔居。”“婚姻之道，谓嫁娶之礼”，“男以昏时迎女，女因男而来。嫁，谓女适夫家；娶谓男往娶女。论其男女之身谓之嫁娶，指其合好之际，谓之婚姻”，这些都是古人对婚姻的解注。婚姻，最原初的含义是指男女在黄昏时约会正式结成亲密的伴侣。从历史上看，婚姻家庭并不是一开始就有的，它是人类社会发展到一定阶段的产物，是受物质资料的生产方式决定的男女两性结合的社会形式。

一、有男女然后有夫妇

男女两性之间建立稳定、牢固的婚姻关系，既是家庭产生的起点，也是其他家庭关系得以建立的基础。《周易·序卦》云：“有天地然后有万物，有万物然后有男女，有男女然后有夫妇，有夫妇然后有父子，有父子然后有君臣，有君臣然后有上下，有上下然后礼义有所错。夫妇之道不可以不久也，故受之以《恒》。恒者，久也。”这已明确地指出了恒久的夫妇（婚姻）关系是父子关系形成的基

础；其他如兄弟关系、婆媳关系、妯娌关系等等，也莫不因夫妇关系而产生。离开了稳定的夫妇关系，其他家庭关系是不能成立的，至少也是不健全的。随着夫妇关系的建立，协调夫妇关系的伦理规范和行为准则也相应产生，它们不仅是夫妻关系稳定与和谐的保证，也是整个家庭关系稳定与和谐的基础。

传说伏羲氏创造了嫁娶仪式。当时的中国社会还处在母系氏族社会，即历史学家们所说的传说时代。《世本·作篇》谈到“伏羲制以俪皮嫁娶之礼”，自伏羲才开始有了婚姻嫁娶，才有了食用动物的风习。《白虎通》载，“古之时未有三纲六纪，民人但知其母，不知其父”，于是伏羲“因夫妇，正五行，始定人道。”在伏羲之前，人们知道母亲不知道父亲，知道做爱不知道礼节，处在血缘群婚时代。伏羲氏决心扭转这种情况，开始制定嫁女娶妇的规矩，即凡是打算娶别人女儿的，要先甄别姓氏，同姓不得婚配，然后请媒人说合，定下来以后，再用俪皮（两只野兽的皮，古时候人们用兽皮做衣服，用两张兽皮象征配偶）作为聘礼，然后才能结婚生子。从此以后，人们才知道父子关系，男女有别，不再随意婚配。

婚姻家庭是历史的范畴。在不同的历史发展阶段上，有不同的婚姻家庭制度和婚姻家庭道德。中华先民的婚姻状况大体经历了原始群婚、血缘婚，而后是亚血族婚与对偶婚，最后才是专偶婚或一夫一妻制婚姻的发展历程。

1. 原始群婚。原始群婚阶段即整个原始人群的男女互相发生性交行为并集群而居的阶段。人类在从猿转变至人的过程中曾盛行过杂乱的性交，谈不上正式的婚姻，从猿人早期一直延续到旧石器时代的后期。《淮南子·本经训》：“男女群居杂处无二别。”《列子·汤问》：“男女杂游，不聘不媒。”游，乃是男女两性间的自由结合；媒，乃是婚姻的中介人角色；聘，则是两性结合所经过的社会程序。原始群婚之早期阶段，兄弟姐妹、上下辈之间的婚配是没有任何禁忌的，基本上处在任性而为的状态。《吕氏春秋》云：“昔太古尝无君矣，其民聚生群处，知母不知父，无亲戚、兄弟、夫妻、男女之别，无上下长幼之道。”《管子·君臣篇》也云：“古者未有夫妻匹配之道。”所谓“父子聚麀”，实际上是指父亲和儿子都可以同任一女性通婚，说的就是原始群婚的状态。

2. 血缘婚。血缘婚或称血族婚是人类婚姻史上第二种婚姻制度类型，也叫班辈婚、兄妹婚。血缘婚“是以同胞兄弟和姊妹之间的结婚为基础的，随着婚姻制度的扩大才逐渐把旁系兄弟姊妹包括在婚姻范围内。在这种血缘家族制下，丈夫过着多妻生活，而妻子则过着多夫生活”。① 血缘婚是杂婚的发展，它排斥了父母子女之间的通婚，只允许同辈男女互相通婚。在血缘婚的时代，子女以男子长辈为其父，母亲则自知其各自子女，保持了母系集群的嫡庶关系。恩格斯说：在这里，婚姻集团是按辈分来划分的，在家族范围以内的所有祖父与祖母，都互为夫妻。他们的子女，即父亲和母亲，也是如此；同样的，后者的子女，构成第三个共同夫妻圈子。中国远古时代关于伏羲、女娲兄妹通婚的传说即是血族婚的典型表现。

3. 亚血族婚与对偶婚。亚血族婚是外族婚，即不同氏族的兄弟或姊妹互相通婚；对偶婚是亚血族婚配偶范围的缩小，异性同辈男女一对一的配偶，在或长或短的时期内实行同居。在这两种婚配形式之间有某种过渡形式，即“与长姊配偶的男性有权把她的达到一定年龄的姊妹也娶为妻”。这种婚制在我国古代典籍中称为媵制。古人有“同姓不婚，其生不蕃”(《左传・僖公二十三年》)的忌讳，就是从排斥血族婚所总结出来的经验教训。郑国的子产说：“内官不及同姓，其生不殖，美先尽矣，则相生疾，君子是以恶之。”血缘关系越近的男女结婚后生出来的孩子体质不及血缘关系远的男女所生的孩子。亚血族婚和对偶婚是母系氏族社会晚期的婚姻形式，约相当于公元前五千年的新石器时代的中后期。氏族禁止族内通婚，须到其他氏族部落寻求女子；同时，把本族女子嫁给外族。中国许多上古圣人出生的神话传说，炎帝母亲任姒“游华阳，有神龙首，感生炎帝。黄帝母亲附宝”见大地绕北斗枢星，感而怀孕，“生黄帝”，“庆都与赤龙合婚生尧”、“握登见大虹意感而生舜”等等，是古人为了避“私生子”之嫌而编造的神话，却真实地反映了“知母不知父”的时代特点。族外婚，又称普那路亚。但不可否认的是，其中仍保留有班辈婚的习惯，兄弟共妻，姐妹共夫。孩子，称所有的男人为父亲，称所有的女人为母亲。比如，商代仍保留有上古时代的称谓习惯，商代卜辞中，武丁称他的父亲为父甲、父乙(这个才是武丁的生父)、父丙、父丁、父戊，是为多父；称他的母亲为母甲、母丙、母庚(这个才是他的生母)。在现代社会，河南许昌地区的称谓也值得研究，称父亲为爹，父亲之兄为大爹，父亲之弟为小爹。中国旧的婚俗，兄终弟及，姐死妹继，甚至姐妹二人同嫁一

① 马克思：《摩尔根〈古代社会〉一书摘要》，人民出版社 1965 年版，第 18 页。

人，比如尧女娥皇、女英同嫁舜，这些旧俗也一直被社会道义所认可。

4. 专偶婚和一夫一妻制。对偶婚男女长期固定同居，便形成专偶婚或一夫一妻制。一夫一妻制是父系氏族社会实行的婚姻制度。女子脱离自己氏族嫁到男方，女从夫居。中国古代母系氏族社会向父系氏族社会转变，相传完成于虞舜、夏禹之际。舜娶尧之二女，尚未脱离对偶婚的遗习。《尚书·舜典》的敬敷五教（父义、母慈、兄友、弟恭、子孝）中，没有夫妻的伦理道德规范，说明夫妻关系尚不确定。禹娶涂山氏之女而生启，夫妻关系才正式固定下来。原始社会末期，当财富开始私有但尚未形成剥削和阶级以前，也产生了爱情的萌芽。爱情具有排他性和专一性，是一夫一妻制的内核。恩格斯在《家庭、私有制和国家的起源》一书中说：一夫一妻制从一开始就具有了它的特殊性质，使它成了只是对妇女而不是对男子的一夫一妻制。这一点，在中国传统的父系社会里，得到了充分的证明，所以，所谓的一夫一妻，在中国只能叫一妻一夫，或者一夫多妻。一夫一妻制确立后，父死子继的继承法确立，婚姻制度，遂成为一切宗法制度的根源。原始社会晚期，父权制逐渐取代母权制，婚姻制度也开始发生重大变革。由于父权制建立，女性的地位大大下降，特定男子逐渐取得了对特定女子的专有权，在新石器晚期的墓葬中，已经出现了男女合葬的情况，反映出当时男女之间已经出现了相对稳定的两性关系，这些具有稳定两性关系的男女，不仅生时同室而居，死后也要合葬一穴。随着私有制的进一步发展和阶级社会的出现，男女两性关系进一步走向固定。西周时期，一夫一妻制度在贵族统治阶级中最终得到了确立。按照礼制规定：当时男性贵族，除天子有"六宫、三夫人、九嫔、二十七世妇、八十一御妻"外，自诸侯至士实行妻、媵、妾制，按照等级的高低，享受数量不等的多个固定性伴侣：诸侯一娶九女，包括正妻和媵。《春秋公羊传》曰："媵者何？诸侯娶一国，则二国往媵之，以侄娣从。侄者何？兄之子也。娣者何？弟也。诸侯一聘九女。"即诸侯娶妻之时，还兼娶与妻子同姓的侄娣，计为九人；大夫、士娶亲亦有妻、媵，只是人数因等级不同而有差别。除娶妻并捎带娶媵外，他们还可以买妾。周代一夫一妻多媵妾制，与严格意义上的一夫一妻制显然不同。但周代制度也明确规定：正妻只能一个，否则就是严重违礼。《释例》曰："古者诸侯之娶夫人及左右媵，各有侄娣，皆同姓之国，国三人，凡九女。参骨肉至亲，所以息阴讼，阴讼息，所以广继嗣也。当时虽无其人，必待年而送之，所以绝望求、塞非常也。辞称蠢愚不教，故遣大夫随之，亦谓之媵臣，所以将谦敬之实也。夫人薨，不更聘，必以侄娣媵继室，一与之醮，则终身不二，所以重婚姻、固人伦。人伦之义既固，上足以奉宗庙，下足以继后世，此夫妇之义也。”这种一夫一妻多媵妾之制，是周代婚姻制度的一个重大发展。

随着井田制和家族公社的逐步瓦解，在士、庶阶层中，个体家庭经济与生活的独立性日益增强，由“匹夫匹妇”所组成的一夫一妻制家庭逐步发展起来。特别是到了战国时期，随着各国相继变法，“编户齐民”制度逐步建立，由一夫一妻为主干的小型家庭更取得了重大发展。经济条件极其脆弱的小型庶民家庭，在严重的生活压力下，需要建立稳定而牢固的家庭关系特别是夫妻关系，才能维持基本的日常生计。于是，贵族统治阶级日益不能持守的婚姻礼仪和夫妇关系伦理，却为广大庶民阶级所逐渐接受，比如在婚姻方面，“父母之命，媒妁之言”逐渐成为普通的社会风俗，在《诗经》中多有吟咏，反映庶民阶级的婚姻生活逐渐废弃了对偶婚制。

二、“合两姓之好”与夫妇有别

中国先民在遥远的古代就有重视婚姻和家庭的传统，认为婚姻并不是两个人的私事，而是具有社会意义的大事，它不仅决定着家庭的兴衰，维系着家族的绵延，而且也影响着社会的风气和安定，因此竞相赋予婚姻以深刻的伦理意义，并形成了重视婚姻伦理的传统。《礼记》把结婚看作“万伦之始”，认为婚姻是“将合两姓之好，上以事宗庙，而下以继后世也”的极为严肃而又十分重要的事件。随着夫妇关系的建立，协调夫妇关系的伦理规范和行为准则也相应产生，它们不仅是夫妻关系稳定与和谐的保证，也是整个家庭关系稳定与和谐的基础。

1. 婚姻伦理的形成

婚姻伦理或夫妇之道的形成是一个十分漫长的历史过程，并非自有男女两性关系即有家庭、夫妇关系，更非有两性关系即有夫妇伦理。夫妇之道的形成，与婚姻、家庭制度的历史演变直接相关，就中国历史实际来看，围绕夫妇关系形成一套较为完整的伦理规范，是在一夫一妻制建立之后。人类婚姻的历史，经历了乱婚——群婚——对偶婚的发展演变，最终发展为一夫一妻的婚姻制度。

在一夫一妻制产生之前，虽然已经产生了一定的习惯和风俗，以协调男女两性关系，但由于当时并未形成稳定的夫妇关系，也就没有后世所谓的夫妇伦理。对此，早期历史文献有所反映。例如关于母系氏族社会时期婚姻和家庭，《吕氏春秋·恃君览》云："昔太古尝无君矣，其民聚生群处，知母不知父，无亲戚、兄弟、夫妻、男女之别……"

西周婚姻制度实行"同姓不婚"。商代婚姻关系虽然已经基本稳定，但当时盛行"族内婚制"，婚姻范围比较狭窄；周代则严格禁止同姓通婚。《礼记·大传》说："虽百世而昏姻不通者，周道然也。"不但娶妻媵不得同姓，买妾亦不得同姓，所以《礼记·曲礼上》说："取妻不取同姓，故买妾不知其姓，则卜之。"在周人看来，缔结婚姻关系"男女辨姓"是一件非常重大的事情。王国维先生指出"周人制度之大异于商者"有三点，其中之一就是"周姓不婚之制"。从根本上来说，西周礼制作出"同姓不婚"的规定，最初的动机是要促进异姓通婚，而促进周族与异姓通婚则是出于政治上的需要——通过异姓通婚，可以联合周族以外的异姓力量，将他们纳入血缘政治关系的网络之中，从而维护和促进政治的稳定。《礼记·郊特牲》说："天地合，而后万物兴焉。夫昏礼，万世之始也。取于异姓，所以附远厚别也。"《礼记·昏义》亦云："昏礼者，将合二姓之好，上以事宗庙，而下以继后世也，故君子重之。"所谓"附远"、"合二姓之好"，都是要使周族与异姓通过婚姻关系变得亲近起来，形成一种以亲戚关系为基础的政治联合，这是西周时期，特别是其初期的政治需要。所以"同姓不婚"的礼制规定，其初始动机并非其他，乃是为了促进周族与异姓之间形成广泛的政治联姻，从而实现以周族少数人口统治广阔疆域的目的。正由于西周婚姻具有强烈的政治联姻性质，因此周人对婚姻之礼十分重视，也特别强调夫妇有别和男女大防。

自西周至春秋前期，人们对于婚姻的意义，强调的是"上事宗庙，下继后世"，娶妻首先着眼于宗法家族，是为了体现对祖先（包括亡故的祖先和在世的父母）的孝敬，而不是从夫妇双方两情相悦、生活幸福来考虑的，这就使得有关夫妇伦理的礼制规定很自然地与宗庙祭祀、丧葬等礼制结合起来。《礼记·祭统》明确地指出：助祭是婚姻的主要目的之一，"既内自尽，又外求助，昏礼是也。故国君取夫人之辞曰：'请君之玉女，与寡人共有敝邑，事宗庙、社稷'。此求助之本也。夫祭也者，必夫妇亲之，所以备外内之官也。"正是从婚姻开始，周代形成了一套相当完整的夫妇伦理,而这种夫妇伦理是通过无所不在的“礼”来体现的。人们不仅将从婚姻开始的夫妇关系纳入礼的规范之中,而且还将其视为礼的起点和根本。《礼记·中庸》曰:“君子之道,造端乎夫妇,及其至也,察乎天地。”《礼记·内则》云:“礼,始于谨夫妇,为宫室,辨内外。”

2. 婚礼是婚姻伦理的重要形式

夫妇关系必须通过礼来加以规范,《礼记·哀公问》中孔子就指出了婚礼对于稳定夫妻关系的重要性:“昏姻之礼,所以明男女之别也。夫礼,禁乱之所由生,犹坊止水之所自来也。故以旧坊为无所用而坏之者,必有水败;以旧礼为无所用而去之者,必有乱患。故昏姻之礼废,则夫妇之道苦,而淫辟之罪多矣。”

夫妇关系是从婚礼开始的,因此周代对婚姻之礼十分重视,有相当详细而具体的规定。男子娶妻,通常须经过纳采、问名、纳吉、请期、纳征、亲迎等六个必要程序,在不同阶段都必须严格按照礼数进行。但即使完成了上述六个程序,夫妇关系仍然没有完全确定下来。成婚的次日新妇还要依礼拜见姑舅;三个月后还要举行隆重的“庙见”之礼。只有经过“庙见”才算“成妇”,新婚女子方始正式成为丈夫家中的一员;如果在此三个月内不幸亡故,则要归葬于本家。自纳采之礼开始、至成妇之礼而止,几乎全部的活动都离不开祖先宗庙,这是周代婚礼中一个非常值得注意的现象,也说明夫妇伦理从婚姻关系缔结的那一天开始,即归入“上事宗庙,下继后世”的孝道框架之下。

周代婚礼规定的基本精神是“敬慎重正”。“敬慎重正”可使婚礼成为良好夫妻关系的开端,有利于夫妻相亲、家道兴旺,对此《礼记》中有很多说明。例如《昏义》这样说明隆重举行“成妇之礼”的意义:“成妇礼,明妇顺,又申之以著代,所以重责妇顺焉也。妇顺者,顺于舅姑,和于室人,而后当于夫,以成丝麻布帛之事,以审守委积盖藏。是故妇顺备而后内和理,内和理而后家可长久也,故圣王重之。”也就是说,“敬慎重正”地举行成妇之礼,目的在于通过隆重的仪式,告诫新婚之妇要顺、和,以使新妇敬顺、亲属和睦、家道兴旺长久。这不仅对夫妇双方非常重要,对整个家族,甚至国家也都非常重要。孔子在回答鲁哀公的提问时,对这一点仍然特别强调。

《礼记·哀公问》孔子对(哀公)曰:“古之为政,爱人为大。所以治爱人,礼为大。所以治礼,敬为大。敬之至矣,大昏为大。大昏至矣!大昏既至,冕而亲迎，亲人也。亲之也者，亲之也。是故，君子兴敬为亲，舍敬，是遗亲也。弗爱不亲；弗敬不正。爱与敬，其政之本与？”

当哀公怀疑婚礼“冕而亲迎”是否过于郑重其事时，孔子生气地说：“（婚礼）合二姓之好，以继先圣之后，以为天地、宗庙、社稷之主，君何谓已重乎？”又说：“昔三代明王之政，必敬其妻子也，有道。妻也者，亲之主也，敢不敬与？子也者，亲之后也，敢不敬与？君子无不敬也，敬身为大。身也者，亲之枝也，敢不敬与？不能敬其身，是伤其亲；伤其亲，是伤其本；伤其本，枝从而亡。三者，百姓之象也。身以及身，子以及子，妃以及妃，君行此三者，则忾乎天下矣，大王之道也。如此，则国家顺矣。”

从上述这些言论我们可以明显看出：当时婚姻之礼突出“敬重”二字，婚礼“敬重”不仅为了建立良好的夫妇关系，更是从“上事宗庙，下继后世”的家族关系与宗法政治来考虑的。当然，婚礼隆重其事也具有约束夫妇双方性行为的意图，所以《大戴礼记·盛德》说：“凡淫乱生于男女无别、夫妇无义；昏礼享聘者，所以别男女、明夫妇之义也。故有淫乱之狱，则饰昏礼享聘也。”总体来说，婚礼对男方的要求相对较多，但也不只是要求男方，女方同样要郑重其事。贵族女子在出嫁前三个月，先要在本家的公宫或宗室学习“四德”，即“妇德、妇言、妇容、妇功”，以便在夫家很好地依礼履行妇职；出嫁之日，父母要谆谆嘱咐女儿孝敬公婆、顺从丈夫、勤谨持家等等。这一切都从婚礼方面体现了夫妇关系的伦理规范与要求。刘向《列女传》所记载的召南申女就十分看重婚姻须依礼制而行。召南申女者，申人之女也。既许嫁于酆，夫家礼不备而欲迎之，女与其人言：“以为夫妇者，人伦之始也，不可不正。传曰：‘正其本，则万物理。失之毫厘，差之千里。’是以本立而道生，源治而流清。故嫁娶者，所以传重承业，继续先祖，为宗庙主也。夫家轻礼违制，不可以行。”遂不肯往。夫家讼之于理，致之于狱。女终以一物不具，一礼不备，守节持义，必死不往，而作诗曰：“虽速我狱，室家不足。”言夫家之礼不备足也。君子以为得妇道之仪，故举而扬之，传而法之，以绝无礼之求，防淫欲之行焉。又曰：“虽速我讼，亦不女从。”此之谓也。

3. 夫妇有别与男女大防

《礼记·郊特牲》对婚姻之礼的伦理精神和夫妇双方的伦理律则，作了全面系统的论述：

> 天地合而后万物兴焉。夫昏礼,万世之始也。取于异姓,所以附远厚别也。币必诚,辞无不腆。告之以直信。信,事人也。信,妇德也。壹与之齐,终身不改,故夫死不嫁。男子亲迎,男先于女,刚柔之义也。天先乎地,君先乎臣,其义一也。执挚以相见,敬章别也。男女有别,然后父子亲。父子亲,然后义生。义生,然后礼作。礼作,然后万物安。无别无义,禽兽之道也。婿亲御授绥,亲之也。亲之也者,亲之也。敬而亲之,先王之所以得天下也。出乎大门而先,男帅女,女从男,夫妇之义由此始也。妇人,从人者也:幼从父兄,嫁从夫,夫死从子。夫也者,夫也。夫也者,以知帅人者也。玄冕斋戒,鬼神阴阳也。将以为社稷主,为祖先后,而可以不致敬乎?共牢而食,同尊卑也。故妇人无爵,从夫之爵,坐以夫之齿。器用陶匏,尚礼然也。三王作牢用陶匏。厥明,妇盥馈;舅姑卒食,妇餕余,私之也。舅姑降自西阶,妇降自阼阶,授之室也。昏礼不用乐,幽阴之义也。乐阳气也。昏礼不贺,人之序也。

这一论述涉及了周代婚姻、夫妇关系伦理的许多方面。《郊特牲》本为讨论祭祀的专篇,却对婚姻和夫妇伦理问题做出如此详细的论述,足以说明在当时的观念中,婚姻之礼和夫妇伦理是"上事宗庙,下继后世"的大事,关系到整个宗法家族,而不单单是成婚男女本人的事。《郊特牲》指出:所娶女子并不只是丈夫之妻,更重要的是她将"为社稷主,为祖先后";娶异姓是为了"附远厚别",即密切周姓与异姓之间的关系。这一段论述明确提出了"妇德"的概念,所谓"妇德"指的是"信",具体来说是妻子对丈夫,"壹与之齐,终身不改",乃至"夫死不嫁",是为后世"从一而终"、"忠贞不二"妇道伦理之滥觞。它从男子"亲御授绥"和"执挚相见"等婚礼仪式,引申出夫妇相亲而有"别"之义,并以此作为夫妇之道区别于禽兽之道的标志。夫妇双方的基本关系是夫主妇从,并最早提出了妇女"幼从父兄、嫁从夫、夫死从子"的"三从"伦理规范。在强调夫主妇从的同时,也提出了夫妻等齐的思想。由于所娶的女子将为"社稷主"、"祖先后",所以夫妻不仅是等齐的,而且丈夫对妻子还要有敬重之心。《郊特牲》将夫妇伦理上升到哲学理论高度,将男女结合、夫主妇从与天地、阴阳关系相比附起来,为夫妇伦理建立了一个形而上的基础。

《礼记·坊记》对男女之间无媒不相交往、无币不相见、非祭祀不交爵、男女授受不亲、已嫁女子回本家不与兄弟同席而坐、寡妇不夜哭等各种礼制作出了明确的规定与说明。

男女大防也是夫妇伦理的重要内容。“男女授受不亲”是家族内的一条普遍原则。例如,《内则》规定:男女从七岁起就要分桌而食。十岁起,就不能一起生活;从分开生活以后,男女之间就不通来往;“男子居外,女子居内,深宫固门,阍寺守之,男不入,女不出。”男女之间不许互相谈论对方的事情;不是祭祀和丧事,不能以手递接对方的东西;如果必须传递,要通过一定的媒介。男女不能共用各种东西和设施;不许互通消息。另外,男女之间,不许谈恋爱,婚姻要通过媒人介绍,由父母做主。婚后,夫妻之间仍有严格的区别,不能共用衣架、衣箱,不能在一起洗澡,丈夫不在,要把他的枕头睡席收起。种种规定十分严格。

周代夫妇伦理并不只体现在婚姻之礼中,在祭礼、丧礼、曲礼及其他各种礼仪规定中,也包含一些夫妇关系的行为规范和准则。最值得注意的是《礼记·内则》关于日常生活的礼制规定,非常具体。比如,《内则》规定:

> 礼,始于谨夫妇。为宫室,辨外内,男子居外,女子居内。
>
> 男不言内,女不言外。非祭非丧,不相授器。其相授,则女受以篚,其无篚,则皆坐奠之,而后取之。外内不共井,不共湢浴,不通寝席,不通乞假,男女不通衣裳。内言不出,外言不入。男子入内,不啸不指,夜行以烛,无烛则止。女子出门必拥蔽其面,夜行以烛,无烛则止。道路,男子由右,女子由左。

这就明确提出“男主外女主内”的分工原则和“男女授受不亲”的行为准则。《内则》对妻子言行举止、尤其是子妇如何对待姑舅有十分具体的规定:

> 舅没则姑老,冢妇所祭祀、宾客,每事必请于姑,介妇请于冢妇。舅姑使冢妇,毋怠,不友无礼于介妇。舅姑若使介妇,毋敢敌耦于冢妇,不敢并行,不敢并命,不敢并坐。凡妇不命适私室不敢退。妇将有事,大小必请于舅姑。子妇无私货,无私畜,无私器,不敢私假,不敢私与……妇若有私亲

兄弟将与之，则必复请其故，赐，而后与之。

作为妻子，在夫家要处处循规蹈矩，唯命是从，更重要的是对姑舅要勤谨孝敬，“妇事舅姑，如事父母。”有关规定的细致具体程度，远远超过夫妇之间的事宜。《内则》还规定：

子有二妾，父母爱一人焉，子爱一人焉，由衣服饮食，由执事，毋敢视父母所爱，虽父母没，不衰。子甚宜其妻，父母不说，出。子不宜其妻，父母曰：“是善事我。”子行夫妇之礼焉，没身不衰。

很显然，日常生活中的夫妇伦理，最强调的并不是男女双方互相爱悦，而是妻子如何宜于丈夫之家，特别是如何孝敬丈夫的父母。

按照礼制，周代贵族夫妇通常是别室而居，即所谓“男子居外，女子居内，深宫固门，阍寺守之，男不入，女不出。”只有到了七十岁以后才没有这个限制，可以“同藏无间”。另外，由于士以上的男子都是一妻多媵妾，一个丈夫同时拥有多个性伴侣，因此一个丈夫与多个女人之间性生活如何进行，也要通过礼制来协调。《礼记·内则》规定：“故妾虽老，年未满五十，必与五日之御。将御者，齐，漱，浣，慎衣服，栉，縰，笄，緫角，拂髦，衿缨，綦屦。虽婢妾，衣服、饮食，必后长者。妻不在，妾御莫敢当夕。”从这个规定来看，正妻享有性生活的优先权，但妻、媵、妾与丈夫同房的时间还是有分配的，所以妾的年龄未满五十岁，每五天有一夜与夫君同房的机会。当然，礼制规定是一回事，是否真的按照规定做，就完全要取决于夫君是否乐意了。

周代的夫妇伦理，体现在婚礼之中，是夫家如何隆重其事，体现在日常生活的礼中，则主要是对妻子举止行为的规范。当时人们非常强调婚姻“附远厚别”、“和二姓之好”的政治意义，及其上事宗庙、下继后世的家族意义，在日常生活礼仪中则主要强调妇对姑舅的孝敬，夫妇双方的个人关系反倒不是很重要。夫妇伦理主要是针对女性，在很大程度上是从属于孝的伦理的，并且最终是服务于家族和宗法政治，而不是纯粹的夫妇关系行为规范和准则。与婚姻和夫妇关系相关的礼，在西周时期主要是贵族阶级的道德风范。由于“礼不下庶人”，它们对广大庶民并无多少规范作用。到了春秋战国时期，尽管由于儒家的基本思想资源来源于西周礼乐制度，他们对婚姻和夫妇之礼的整理、阐释和发挥仍具有浓厚的贵族色彩，但是，儒家的努力无疑也是针对他们所面临的社会实际的，从《礼记·坊记》来看，以孔子为代表的儒家倡导婚姻之礼和夫妇伦理，很明显是为了规范统治阶级的两性行为，并期望通过自上而下守礼来防止“民淫”。比如其中引述孔子的话说：“夫礼，坊民所淫，章民之别，使民无嫌，以为民纪者也。故男女无媒不交，无币不相见，恐男女之无别也。以此坊民，民犹有自献其身。”“好德如好色。诸侯不下渔色。故君子远色以为民纪。男女授受不亲。御妇人则进左手。姑姊妹女子，子已嫁而反，男子不与同席而坐。寡妇不夜哭。妇人疾，问之不问其疾。以此坊民，民犹淫泆而乱于族。”“昏礼，婿亲迎，见于舅姑，舅姑承子以授婿，恐事之违也。以此坊民，妇犹有不至者。”随着文化下移和礼制民俗化，儒家所提倡的夫妇伦理，影响渐及于普通民众，而不再仅仅局限于少数贵族。

秦国地处西陲，受西周礼乐文化的影响较小，相反受戎狄文化的影响却很深，社会上层的男女性生活比较放纵，这从秦国多名太后都先后与人姘居生子的事实可以看出；民间的性关系自然也相当混乱。商鞅变法的重要内容之一，就是“令父子兄弟同室内息者为禁”，商鞅说：“始秦戎翟之教，父子无别，同室而居，今我制其教而为其男女之别。”目的显然在于革除落后婚姻习俗和禁止不良两性关系，促进一夫一妻制和个体小型家庭的发展。虽然儒家是从道德教化着眼，法家则从法令禁止入手，但在明“男女之别”这一点上却是完全相同的。秦始皇残暴不仁为历代所唾骂，但在促进具有重要人道意义的夫妇伦理建立方面，却做出了自己的贡献。在统一六国之前，他就筑“女怀清台”，褒奖蜀寡妇清夫死不嫁、贞洁自守的品德；全国统一以后，他又在各处巡游时多次下令提倡夫妇伦理，对男女无别、丈夫不忠、妻子不贞进行严厉谴责和禁止。例如《泰山刻石》记载的秦始皇诏令中，要求“男女礼顺，慎遵职事，昭隔内外，靡不清净，施于后嗣”；《会稽刻石》上的诏令则称“饰省宣义，有子而嫁，倍死不贞。防隔内外，禁止淫佚，男女挈诚，夫为寄豭，杀之无罪，男重义程。妻为逃嫁，子不得母，咸化廉清”。虽然商鞅和秦始皇颁布、实行有关法令，导致秦人“子壮则出分”，并带来了一些不良后果，甚为汉人所诟詈，但他们在改革落后两性习俗，促进夫妇伦理发展方面,无疑是有一定历史贡献的。当然,“夫妇之道”作为家庭伦理的一部分,最终形成完整体系是在两汉时代,并且是在儒家思想的旗帜下实现的。

4. 忠贞观念的萌生与实践

婚姻伦理中包含着相互忠贞的内容。先秦时期的贞操观念比较温厚、宽泛。“贞,最初的概念不是就男女之间的忠贞而言的,而是指一种高尚的品德。贞,作为一种行为,其主体不单指女性,也指男性;贞的对象不仅指丈夫,亦指父母、朋友等。”①虽然《礼记》中有“夫死不嫁”之说,但只涉及已婚妇女不乱交的操行要求,对婚前要求不多,对夫死后要求女子不嫁也仅仅是一种宽松的伦理思想,尚未形成对妇女人身的束缚,贞操观还未形成普遍的社会心理。贞操观念在先秦时代是作为男女双向道德而存在的,这点从《诗经》中可以窥见一斑。男女约会,双方互守贞信,是当时男女共同遵守的道德,不只是女子向男子守贞信,男子同样也向女子守贞信。典故“抱柱信”就是很好的例子。据《庄子》记载:尾生和一女子相约在大桥下幽会,女子没有如约到来,河水渐渐上涨,尾生为了守信不肯离去,终于抱着桥柱被水淹死。那时在两性面前,男女是平等自由的。儒家的两性观念既不是禁欲主义,也不是纵欲主义,而是主张用礼制去节制引导情欲。

先秦时,留下许多相互忠贞的感人故事。春秋时,齐卿晏子政绩煊赫,对爱情忠贞不渝。

> 景公有爱女,请嫁于晏子,公乃往燕晏子之家,饮酒,酣,公见其妻曰:“此子之内子邪?”晏子对曰:“然,是也。”公曰:“嘻!亦老且恶丑矣。寡人有女少且姣,请以满夫子之宫。”晏婴违席而对曰:“乃此则老且恶,婴与之居故矣,故及其少而姣也。且人故以壮托乎老,姣托乎恶,彼尝托,而婴受之矣。君虽有赐,可以使婴倍其托乎?”再拜而辞。(《晏子春秋·内篇杂下》)

这里,晏子所表现出来的不贪图美色,坚持对妻子的信任和忠诚的精神和

① 戴伟:《中国婚姻性爱史稿》,东方出版社1992年版,第39页。

事迹，是十分高尚而又感人的。它体现了晏子的婚姻伦理观，也从一定意义上彰显了中华民族对婚姻伦理的重视和对夫妻忠诚的道德品质。夫妻之间相互忠诚，不因地位变迁而生离异，不因健康、贫穷而生嫌憎，一直是有道君子之所为，也为许多匹夫匹妇所推崇和效法。

在先秦特别是在周代，已经出现了将贞同女性联系起来的观念和做法。《礼记·丧服》指出："礼以治之，义以正之，孝子，弟弟，贞妇，皆可得而察焉。"由于男子处于中心地位及其所导致的男女不平等，致使忠贞这种夫妻双方应当共同遵守的伦理道德准则逐渐演化为对女性的特殊要求，而男性则可以不受忠贞观念的约束。为了保证子女出生自确定的父亲，男子必定要求女子对其忠贞。如果妻子对丈夫不忠贞，丈夫则可以"解除婚姻关系，赶走他的妻子"。[①]《仪礼》、《礼记》等提出丈夫处置妻子的"七出"，即休妻的七个方面或理由，把"无子"、"淫佚"、"不事舅姑"、"口舌"、"盗窃"、"妒忌"、"恶疾"视为可以赶走妻子的正当理由，体现了对妇女的压迫和不平等。《礼记·檀弓下》记载：孔丘、孔鲤、子思三代都曾出妻。不仅如此，《礼记·郊特牲》指出："信，妇德也。壹与之齐，终身不改，故夫死不嫁。"又说："男帅女，女从男，夫妇之义，由此始也。妇人，从人者也：幼从父兄，嫁从夫，夫死从子。"这里明确提出了"三从"，汉代班昭在《女诫》中提出的"三从四德"中的"三从"既源于此。

刘向《列女传》记载的伯姬是一个遵从妇道的人士。伯姬为鲁宣公之女，成公之妹。她的母亲名叫缪姜，将伯姬嫁于宋恭公。宋恭公没有亲自来迎娶伯姬，伯姬只好迫于父母之命而自行前往。

既入宋，三月庙见，当行夫妇之道。伯姬以恭公不亲迎，故不肯听命。宋人告鲁，鲁使大夫季文子于宋，致命于伯姬。还，复命。公享之，缪姜出于房，再拜曰："大夫勤劳于远道，辱送小子，不忘先君以及后嗣，使下而有知，先君犹有望也。敢再拜大夫之辱。"伯姬既嫁于恭公十年，恭公卒，伯姬寡。至景公时，伯姬尝遇夜失火，左右曰："夫人少避火。"伯姬曰："妇人之

① 恩格斯：《家庭、私有制和国家的起源》，《马克思恩格斯选集》第 4 卷，人民出版社 1995 年版，第 59 页。

义，保傅不俱，夜不下堂，待保傅来也。”保母至矣，傅母未至也。左右又曰：“夫人少避火。”伯姬曰：“妇人之义，傅母不至，夜不可下堂，越义求生，不如守义而死。”遂逮于火而死。春秋详录其事，为贤伯姬，以为妇人以贞为行者也。伯姬之妇道尽矣。当此之时，诸侯闻之，莫不悼痛，以为死者不可以生，财物犹可复，故相与聚会于澶渊，偿宋之所丧。春秋善之。君子曰：“礼，妇人不得傅母，夜不下堂，行必以烛。伯姬之谓也。”诗云：“淑慎尔止，不愆于仪。”伯姬可谓不失仪矣。

当然，像伯姬这样的烈女在先秦并不多见。伯姬，还有杞梁妻、息妫等人，虽然被后人称之为贞顺之典范，“但其事迹都还谈不上对丈夫的从一而终，谈不到什么‘贞操’上来。可见，先秦时代的贞操观远不如后代那么被强调，文献记载也找不到妇女守节的事迹”。[①] 或许我们可以说，对妇女贞操的大力表彰和社会强化是在汉代以后，宋至明清表现尤为突出，这与封建伦理道德的成熟以及宋明理学的推崇密切相关。

三、《诗经》所描写的爱情生活画面

马克思主义认为，从人类婚恋文明发展的趋势和价值目标上讲，爱情是婚姻生活的基础，爱情应当也必然发展为婚姻。但是在人类文明的早期，爱情与婚姻并非都是统一的。爱情是指男女之间基于相互爱慕而产生的一种渴望对方成为自己终生伴侣的最强烈、最真挚、最深刻的感情。它比婚姻要单纯许多，而且也不受婚姻制度的制约。恩格斯在《家庭、私有制和国家的起源》中曾经指出：“在中世纪以前，是谈不到个人的性爱的。”“在整个古代，婚姻都是由父母为当事人缔结的，当事人则安心顺从。古代所仅有的那一点夫妇之爱，并不是主观的爱好，而是客观的义务；不是婚姻的基础，而是婚姻的附加物。”[②]恩格斯还专门指出：“现代的性爱，同古代人的单纯的性要求，同厄洛斯（情欲），是根本不同的。第一，性爱是以所爱者的对应的爱为前提的；从这方面说，妇女处于同男

① 戴伟：《中国婚姻性爱史稿》，东方出版社 1992 年版，第 42 页。
② 恩格斯：《家庭、私有制和国家的起源》，《马克思恩格斯选集》第 4 卷，人民出版社 1995 年版，第 74～75 页。

子平等的地位，而在古代的厄洛斯时代，绝不是一向都征求妇女同意的。第二，性爱常常达到这样强烈和持久的程度，如果不能结合和彼此分离，对双方来说即使不是一个最大的不幸，也是一个大不幸；为了能彼此结合，双方甘冒很大的危险，直至拿生命孤注一掷，而这种事情在古代充其量只是在通奸的场合下才会发生。最后，对于性关系的评价，产生了一种新的道德标准，人们不仅要问，它是婚姻的还是私通的，而且要问：是不是由于爱和对应的爱而发生的？”[①]恩格斯的论述，深刻揭示了爱情的本质，阐明了现代爱情与古代所谓的爱情的根本区别，为我们正确认识古代爱情的内涵、特质提供了一把钥匙。

整体上看，中国古代受礼教和礼制的规约，夫妻之间讲究相敬如宾，夫唱妇随，婚姻伦理中弥漫着对妇女诸多的伦理要求和礼仪规范。但是正如恩格斯所说的“现代意义上的爱情关系，在古代只是在官方社会以外才有”。[②] 中国古代官方社会以外的其他社会阶层，特别是下层劳动人民，有着对爱情的美好信念和自然追求，他们渴望将爱情与婚姻有机地结合起来，建立美满的婚姻。《诗经》从文学的角度写出了礼制完善之初时周代社会男女交往的清纯本色，表现出对人生命本体的尊崇和对人的个体价值的强烈追求。它所呈现出来的大量脍炙人口的爱情诗，热烈而浪漫，清新而纯净，是心与心的交流，是情与情的碰撞，代表了古代劳动人民对爱情生活的追求和向往。

《郑风·溱洧》是古代爱情生活的名篇。

> 溱与洧，方涣涣兮。士与女，方秉蕑兮。女曰观乎？士曰既且，且往观乎？洧之外，洵訏且乐。维士与女，伊其相谑，赠之以芍药。溱与洧，浏其清矣。士与女，殷其盈兮。女曰观乎？士曰既且，且往观乎？洧之外，洵訏且乐。维士与女，伊其将谑，赠之以芍药。

诗写的是郑国阴历三月上旬巳日男女聚会之事。阳春三月，大地回暖，艳阳高照，鲜花遍地，众多男女齐集溱水、洧水岸边临水祓禊，祈求美满婚姻。一

① 恩格斯：《家庭、私有制和国家的起源》，《马克思恩格斯选集》第 4 卷，人民出版社 1995 年版，第 75 页。

② 同上。

对情侣手持香草，穿行在熙熙攘攘的人群中，感受着春天的气息，享受着爱情的甜蜜。他们边走边相互调笑，并互赠芍药以定情。这首诗如一首欢畅流动的乐曲，天真纯朴，烂漫自由，彰显出自然的人性和活泼的生命，散发着愉快与天真的气息。

《邶风·静女》把当时青年男女在一起时的那种天真活泼、相互逗趣的情景写得活灵活现。一个故意逗惹，一个语带双关的凑趣，其开朗的性格，深厚的感情，愉快的情绪，跃然纸上。

> 静女其姝，俟我于城隅。爱而不见，搔首踟蹰。静女其娈，贻我彤管。彤管有炜，说怿女美。自牧归荑，洵美且异。匪女之为美，美人之贻。

静指闲雅贞洁，姝指美好的样子，城隅指城角，踟蹰即心思不定，徘徊不前，彤管指红管草，炜指红色的光彩，牧指旷野、野外，归指赠送，荑指芍药，一种香草，男女相赠表示结下恩情。意思是姑娘温柔又静雅，约我城角去幽会。有意隐藏不露面，徘徊不前急挠头。姑娘漂亮又静雅，送我一束红管草。红管草色光灿灿，更爱姑娘比草美。送我野外香芍药，芍药美丽又奇异。不是芍药本身美，宝贵只因美人赠。

《卫风·木瓜》带有明显的男女欢会色彩，一是互赠定情物，表示相互爱慕，一是邀歌对唱，借以表白心迹。

《周南·关雎》是一首炽热感人的情歌。

> 关关雎鸠，在河之洲。窈窕淑女，君子好逑。参差荇菜，左右流之。窈窕淑女，寤寐求之。求之不得，寤寐思服。悠哉悠哉，辗转反侧。参差荇菜，左右采之。窈窕淑女，琴瑟友之。参差荇菜，左右芼之。窈窕淑女，钟鼓乐之。

关关，雌雄相应之和声也。关雎，水鸟，一名王雎，状类凫鹭，今江淮间有之，生有定偶而不相乱，偶常并游而不相狎，故毛传以为挚而有别。窈窕，幽闲之意。淑，善也。诗以河洲上雌雄和鸣的雎鸠起兴，写一个男子对一个采荇菜的美丽姑娘的爱慕与眷恋，热烈而坦率，奔放而富有激情，不仅醒着想，梦里也想，“窈窕淑女，寤寐求之。求之不得，寤寐思服。悠哉悠哉，辗转反侧”。终于在想象中与自己心爱的姑娘结合了，“琴瑟友之”，“钟鼓乐之”。诗人毫不掩饰自己的感情，也毫不掩饰自己的愿望。这种浓烈的感情和大胆的表白，正是生命欲望和生性本能的自然显露。

《诗经》中《蒹葭》、《子衿》等都是描写男女爱情生活的名篇。

《蒹葭》(诗经·秦风)：

> 蒹葭苍苍，白露为霜。所谓伊人，在水一方。溯洄从之，道阻且长。溯游从之，宛在水中央。蒹葭萋萋，白露未晞。所谓伊人，在水之湄。溯洄从之，道阻且跻。溯游从之，宛在水中坻。蒹葭采采，白露未已。所谓伊人，在水之涘。溯洄从之，道阻且右。溯游从之，宛在水中沚。

《蒹葭》是秦国的一首爱情诗，写在恋爱中一个痴情人的心理和感受，十分真实、曲折、动人。“蒹葭”是荻苇、芦苇的合称，皆水边所生。“蒹葭苍苍，白露为霜”，描写了一幅秋苇苍苍、白露茫茫、寒霜浓重的清凉景色，暗衬出主人公身当此时此景的心情。“所谓伊人，在水一方”，朱熹《诗集传》：“伊人，犹彼人也。”在此处指主人公朝思暮想的意中人。眼前本来是秋景寂寂，秋水漫漫，什么也没有，可由于牵肠挂肚的思念，他似乎遥遥望见意中人就在水的那一边，于是想去追寻她，以期欢聚。“遡洄从之，道阻且长”，主人公沿着河岸向上游走，去寻求意中人的踪迹，但道路上障碍很多，很难走，且又迂曲遥远。“遡游从之，宛在水中央”那就从水路游着去寻找她吗，但不论主人公怎么游，总到不了她的身边，她仿佛就永远在水中央，可望而不可即。它勾勒的是一幅朦胧的意境，描写的是一种痴迷的心情，使整个诗篇蒙上了一片迷惘与感伤的情调。这首诗表现了主人公对美好爱情的执著追求和追求不得的惆怅心情。精神是炙热可贵的，感情是真挚而隽永的。

《子衿》(诗经·郑风)：

> 青青子衿，悠悠我心。纵我不往，子宁不嗣音？青青子佩，悠悠我思。

纵我不往,子宁不来?挑兮达兮,在城阙兮。一日不见,如三月兮。

青青的是你的衣领,悠悠的是我的心境。纵然我不曾去会你,难道你就此断音信?青青的是你的佩带,悠悠的是我的情怀。纵然我不曾去会你,难道你不能主动来?来来往往张眼望啊,在这高高城楼上啊。一天不见你的面呵,好像已有三月长啊!诗写一个女子在城阙等候她的情人,久等不见他来,急得她来回走个不停。一天不见面就像隔了三个月似的。末章写出她的烦乱情绪。

《诗经》爱情诗,依据生活的逻辑,突出了情窦初开的青年男女对生命内在本初结构恢复完整的焦渴,还原了生命与生活的意义。《召南·有梅》是少女在采梅子时的动情歌唱,吐露出珍惜青春、渴求爱情的热切心声;《郑风·褰裳》则是一首以性占有为唯一目的的情诗,女主人带着满足自己性欲的公开企图,简单而直接地要求心爱的男子和自己幽会。"子惠思我,褰裳涉溱。子不我思,岂无他人?狂童之狂也且!"姑娘用激将法提醒对方:"子惠然而思我,则将褰裳而涉溱以从之。子不我思,则岂无他人之可以,而必于子哉?"《周南·汝坟》第一章代借枝来表示自己的性饥渴,公开表达"我要找寻配偶"的意图,表现的是《诗经》独有的高度人文关怀,率直大胆的内涵实则是对自己生命要求的尊重,是在追求自己生命性灵的完整。《郑风·野有蔓草》叙写一对男女不期而遇的欢乐:原本是两个互不相识的人,只因气质和形象的吸引,自然地走到了一起。促成他们结合的因素单纯而直接,激励他们生命叠合的仅仅是对"有美"之"美"的情感直觉,一许"清扬婉兮"的惊心动魄的感觉,将对异性的渴望确证为生命对人性真谛的追求,在瓦解和荡散了一切世俗杂念的同时,也使此处的"邂逅"两性血肉关系化为性灵的合一。《诗经》所表现的爱情专一的这一主题一直为中华民族所喜闻乐见。《卫风·氓》中有言"信誓旦旦,不思其反"。"信誓":表示诚意的誓言;"旦旦",诚恳的样子。《邶风·柏舟》:"我心匪石,不可转也;我心匪席,不可卷也。"匪石匪席——匪,通"非"。意思是:我的心不是石不是席,石可转而心不可转,席可卷而心不可卷,比喻对爱情的忠贞,永远不变心。这一爱情誓言对后世影响极大,也许它就是"海枯石烂不变心"式的爱情誓言的缘起。《王风·大车》:"谷则异室,死则同穴。谓余不信,有如皦日。"这是描写一位女子对男子的坚贞爱情的誓言。如果把这句誓言翻译为白话文,那就是“活着如果不同住一室，纵然死了也愿意同埋一穴。如果你不相信我说的话，有如天上明亮的太阳！”由此可见这位女子誓言的坚定和对爱情的忠贞。

朱熹《诗集传》在谈到《诗经》作品的真实性和意义时指出：“多出于里巷歌谣之作，所谓男女相与咏歌，各言其情者也。”《诗经》中的爱情诗，比较真实地反映了周代人们对爱情的看法和某些社会习俗，它展示给我们的是对淳朴、自然、浪漫的平等爱情的追求和向往，这是汉以后爱情诗的矫揉造作所不能比拟的。当然，整体上看，先秦时期的爱情观还处于萌生与孕育时期，它远没有达到恩格斯所说的“真正的爱情”或“现代的性爱”的高度，其普遍性、社会性也相对匮乏。“先秦时期民间下层那种大胆倾吐心曲、自由结伴、结偶的行为，更多地体现出的，是从远古多偶婚姻状况脱胎而来的，它带有原始、野蛮的意味，带有母系氏族社会和父系氏族社会婚爱状况的阴影。”①因此，我们对先秦时期性爱和爱情的评价，必须取一种辩证唯物主义的态度，切忌不能因某些术语和诗歌而拔高，否则就会划入将古代社会理想化的历史退化主义陷阱。

第二节　孝德的类型与孝子风范

家庭伦理，除夫妇一伦外，最重要的当属父子（包含母女）。父慈子孝是先秦时期人们公认的处理父子关系的伦理规范。正如“夫义妇顺”最后往往变为对妇女单方面要求一样，在父子一伦人们往往强调的是子女对父母的孝道。这其中的原因主要可归结为宗法等级制度及其尊卑贵贱秩序的确立。萌生于先秦时期的孝，被儒家视为“为人之本”。《孝经·圣治章》指出：“天地之性，人为贵。人之行，莫大于孝。”正因为孝是为人之本，所以它在家庭伦理中占有十分突出的地位。由于中国古代是一个以家族为本位的社会，为了维系家族的秩序和稳定，人们十分看重孝道的价值，使孝成为中国伦理文化的重要原则和规范，

① 戴伟：《中国婚姻性爱史稿》，东方出版社 1992 年版，第 34 页。

获得了显赫而尊贵的道德意义。“孝是中国传统伦理的核心观念与特色,也是中华传统伦理体系的始基与诸德之首”。①

一、孝的涵义与功能

孝指子女对父母应尽的义务,包括尊敬、抚养、送终等等,是传统社会的基本道德。根据古人的定义,亲爱、善待父母谓之“孝”。《周礼·地官》曰:“教三行:一曰孝行,以亲父母。”《尔雅·释训》云:“善父母为孝”;《说文解字》曰:“孝,善事父母者也。从老省,从子,子承老也。”孝,是个会意字,上部是省略了笔画的“老”字,下部是“子”字,意味着子女善事父母的内容。善事父母既包括善事在世父母,也包括善事亡故的父母。

在我国,孝的观念源远流长,甲骨文中就出现了“孝”字,在公元前 11 世纪以前,华夏先民就已经有了孝的观念。孝应是在古时普遍的社会性尊老、尚齿观念和祖先崇拜的基础上产生出来的观念。② 据研究,孝最初的对象并非健在的父母,而是神祖考妣,其内容为尊祖。所以孝一开始并非是伦理的,而是宗教的,是祖先崇拜宗教观念的产物,而崇拜、祭祀祖先的目的,是为了祈求祖先神灵的庇护,同时也是对祖先功德的歌颂和赞美。金文和《诗》、《书》中常见“享孝”、“用享用孝”的用法,正是这种观念的反映。如《诗·小雅·天保》:“是用孝享。”享有献物祭祀之义,是祭祀神灵、奉献供品的宗教仪式。周人将享、孝连文对举,说明当时孝的观念是以禘祖的宗教形式存在的。此外,还有“追孝”,如《尚书·文侯之命》:“追孝于前文人。”《孔安国传》谓:“继先祖之志为孝。”可见,“追孝”就是继承先祖遗志,完成其未完成的事业,这也是西周孝道的一个基本内容。关于孝与祖先祭祀的密切关系,《礼记·祭统》说:“祭者,所以追养继孝也。孝者,畜也,顺于道,不逆于伦,是之谓畜。是故孝子之事亲也,有三道焉:生则养,没则丧,丧毕则祭。养则观其顺也,丧则观其哀也,祭则观其敬而时也。尽此三道者,孝子之行也。”孔子也说:所谓孝,就是“生,事之以礼;死,葬之以礼,祭之以礼。”(《论语·为政》)诸礼之中,庙祭先祖是最为重要的,因此《礼

① 肖群忠:《孝与中国文化》,人民出版社 2001 年版,第 247 页。
② 张锡勤、柴文华主编:《中国伦理道德变迁史稿》上卷,人民出版社 2008 年版,第 57 页。

记·祭义》说："礼有五经，莫重于祭。"如果宗庙祭祀有所缺失，如昭穆不辨、祭不以时等等，则为不孝，故《礼记·王制》说："宗庙有不顺者为不孝。"这些论述明确地指出了祖先祭祀的重要性及其与孝最为密切的关系。其将养、丧、祭并列而祭排到最后，乃是由于逻辑的关系，并非认为三者之中祭是最次要的。从周代对宗庙祭祀的极度重视，并且以祭祀权作为最大的政治特权之一的事实来看，祭很可能是孝礼的初始源头，生养和死丧则是后来添加的内容。

《吕氏春秋·恃君览》说："昔太古尝无君矣，其民聚生群处，知母不知父，无亲戚、兄弟、夫妻、男女之别，无上下长幼之道，无进退揖让之礼……"大体反映了这一历史（父权制产生前的原始群时代和母系社会阶段）事实。进入父权制社会以后，稳定的夫妻关系逐步出现，父子关系因而走向明确，子女对父亲尽孝心和形成以敬父为中心的孝道才有可能成为事实。在先秦文献记载中，传说中的舜帝时代已经产生孝悌伦理，舜帝本人即以孝悌闻名，《尚书·舜典》记载了他的孝行事迹；舜还任命商人的祖先——契为司徒，"敬敷五教"，五教之中就包括"子孝"一项。孟子相信：孝悌伦理是尧舜时代的创造。《孟子·滕文公上》称："人之有道也，饱食暖衣，逸居而不教，则近于禽兽。圣人（指舜）有忧之，使契为司徒，教以人伦：父子有亲，君臣有义，夫妇有别，长幼有序，朋友有信。"孟子还认为："尧舜之道，孝悌而已矣。"在《万章上》中，孟子更对舜的孝行（包括娶妻不告父母这种在春秋战国时代人看来属于不孝行为）作了完整解释。《荀子·成相篇》也说："契为司徒，民知孝弟，尊有德。"

商代已经有了孝的观念和制度。史称：商汤制"刑三百，罪莫重于不孝"。殷商时代重祭祀，当时不但天神祭祀繁复多样，祖先崇祀的祭法也甚为繁复。王国维指出："商人祭法，见于卜辞所纪者，至为繁复。自帝喾以下，至于先公先王先妣，皆有专祭。"①可见殷商对祖先祭祀的重视。"殷人尊神，率民以事神，先鬼而后礼"，祖先祭祀是亡灵崇拜的一部分，虽然主旨是祈福禳灾，但其中包含有追念亡故先人的意义。

商人祭祀祖先的传统，在西周得到了发扬光大。西周不仅在商代的基础上形成了更为繁复的祖先祭祀礼典，而且创设了系统的宗庙制度，强调祖先宗庙

① 王国维：《殷商制度论》，《观堂集林》第二册，中华书局 1984 年版，第 466 页。

祭祀的主要目的是为了“追孝”，是为了“报本返始”。这种由祖先祭祀设计出来的孝礼，不仅直接体现于隆重的宗庙祭祀，而且逐步推展到丧葬、婚冠、生育，以及对在世尊长的爱敬与服侍之中。在西周时代，“孝”被视为血缘宗法政治理念的核心，奉行孝礼和“孝(教)化天下”是天子和各级统治者实施血缘宗法统治的基本手段之一。随着历史的发展，周人孝的观念有所变化，增加了善事父母等伦理性内容。如“肇牵车牛，远服贾，用孝养厥父母。”(《尚书·酒诰》)“元恶大憝，矧惟不孝不友。子弗祗服厥父事，大伤厥考心。”(《尚书·康诰》)此外，臣事君长亦被看作孝。周人孝的对象十分广泛，除了祖考、父母外，还包括兄弟、婚媾、朋友、诸老、大宗、族人、君长等，孝几乎涵盖了当时所有的社会关系，具有“泛孝论”的特点。周人之所以如此，是因为当时的社会基本单位是宗族，而不是个体家庭，周人的孝是建立在宗族组织的基础之上，是服务于宗族组织需要的。

春秋时孔子认为为人子女，孝顺父母是天经地义的法则，是人们应该身体力行的基本伦理。孝包含了事亲、事君、立身等多方面的内容。

夫孝，始于事亲，中于事君，终于立身。(《孝经·开宗明义章》)

事亲是孝道的最基本层次的要求，包括养亲、敬亲、顺亲、谏亲、继亲、丧亲、祭亲方面的具体内容，《孝经》将其归纳为“孝子之事亲也，居则致其敬，养则致其乐，病则致其忧，丧则致其哀，祭则致其严”。“养亲”是从物质上回报和奉养父母，是孝亲的基础，但仅仅能养亲却不一定就能算孝。比较而言，儒家更看重“敬亲”的要求，认为敬亲比养亲更有道德意义。在《论语·为政》里有几位弟子向孔子问孝。子游问孝。子曰:“今之孝者，是谓能养。至于犬马，皆能有养。不敬，何以别乎?”对子游的发问，孔子突出了一个“敬”字，认为孝是同尊重与敬爱父母分不开的。子夏问孝。子曰:“色难。有事弟子服其劳，有酒食，先生馔。曾是以为孝乎?”“色难”是指态度不容易做好。并不是有事子女来做，有好吃的拿给父母吃就尽了孝道。孔子再明确提出在孝顺父母时，还要做得和颜悦色。孟武伯问孝。子曰:“父母唯其疾之忧。”孔子论孝，多侧重于内在的真实情感。孟子说:“孝之至，莫大于尊亲。”(《孟子·万章上》)尊重父母是孝敬父母的内在涵义。

《礼记》将“孝”分为三个层次:“大孝尊亲，其次弗辱，其下能养。”(《礼记·祭义》)

对父母尽孝"生则养"，"养观其顺"；"没则丧"，"丧观其哀"；"丧毕则祭"，"祭观其敬与时"等等。孔子还提出了对父母的错误要尽力谏诤，而不是盲目服从，这就是"谏亲"的要求。《论语·里仁》提出"事父母几谏"。"继亲"，既指传宗接代，延续祖宗香火，也指要继承父祖的遗志和事业，光大门楣，光宗耀祖。儒家认为，丧亲是人生中特别重大的事情，"养生者不足以当大事，惟送死可以当大事"。葬亲祭亲是一个人非常庄严神圣的责任和任务。儒家特别重视对逝去父祖的祭祀，认为祭祀既是子女对另一世界的亲人的继续供养和尽孝，更是表达对亲人的尊敬和寄托哀伤之情的形式，是所谓"事死如事生，事亡如事存"。除了这种感情上的意义，祭祀还被当成重要的教化和统治手段。

事君是孝父精神在政治生活中的延展或实现。《孝经·士章》指出："故以孝事君，则忠。"《礼记·祭义》指出："事君不忠，非孝也。"中国人自古有在家尽孝，为国尽忠的观念，主张移孝作忠，把对父亲的孝敬扩展到君主身上。

立身是孝道的提升与完成，它包括全身、完善人格与成就事功等方面的内容。全身，即保全和爱护自身的身体，这也被认为是对父母的孝，甚至被认为是最基本的孝和孝的起点。《孝经》提出："身体发肤，受之父母，不敢毁伤，孝之始也。立身行道，扬名于后世，以显父母，孝之终也。"(《孝经·开宗明义章》)

身体之可贵，不仅因为它与生命和生活的直接关系，更因为它乃是父母之"遗体"，是父母生命的延续。曾子说："身也者，父母之遗体也，行父母之遗体，敢不敬乎?"儒家以成就仁人君子和立德为最高人生理想，完善自身人格是儒者的重要责任与义务。而孝正是"德之本也，教之所由生也"，是培养众善的"始德"，故修身须自行孝开始，而行孝的最终目标也是指向人格和道德的完善。孝子要继志述事，扬名显亲，故必须积极入世，建功立业。

在儒家看来，孝道是体现在许许多多方面的，而不仅仅局限于对父母的赡养，爱护自己的身体、谨言慎行、不给父母留下恶名、父母有错婉言劝谏、生养儿子传宗接代等等，都是孝行。总体来说，儒家最为强调的还是对父母要从心中敬爱，努力使父母物质生活与精神生活得到必要的尊重与满足。

孝具有调节父母子女关系的功能，并能使仁德得到具体而生动的体现。《论语·学而》说："孝悌也者，其为仁之本与!"曾子对孔子的思想作了进一步发挥和推演，将"孝"视为充塞于天地、四海、古今的普遍道德。他说：

> 夫孝，置之而塞乎天地，溥之而横乎四海，施诸后世而无朝夕。推而放诸东海而准，推而放诸西海而准，推而放诸南海而准，推而放诸北海而准。《诗》云：“自西自东，自南自北，无思不服。”此之谓也。
>
> 曾子曰：“甚哉！孝之大也。”子曰：“夫孝，天之经也，地之义也，民之行也。天地之经，而民是则之，则天之明，因地之利，以顺天下。”(《孝经·三才章》)
>
> 曾子曰：“敢问圣人之德，无以加于孝乎？”子曰：“天地之性，惟人为贵。人之行，莫大于孝。”(《孝经·圣治章》)

孝成为最高的德，成为天子、诸侯等人的“终极关怀”。在先秦道德伦理中，“孝”是最重要、也是最基本的观念。之所以如此，因为孝是家庭道德的核心，孝的感情最能体现人的本性。儿子善事父母，是人伦之常情，其根本乃在于那种永不能割断的血缘。从本质上说，孝是子女爱戴敬重父母的一种出于自然而又高于自然的伦理情感的集中表现，是人的自然性和社会性相统一的产物和结晶。血缘关系是萌发孝德的自然基础，血亲家庭是培养孝德的自然温床，而宗法制和家族制则又从社会伦理和制度伦理建构方面彰显了孝德的社会意义。

二、孝德的种类

在《孝经》的作者看来，孝虽然表现为基本的责任和义务，但这种责任与义务在不同身份、地位的人那里，其具体表现又是不同的。所以谈论孝，不能仅仅停留在一般的原则和理论，更重要的，还要探求其等级化的表现形式以及在政治实践中的作用。《孝经》将孝的一般思想具体到天子、诸侯、卿大夫、士、庶人身上，提出“五等之孝”，使孝与政治实践发生密切联系，突出了孝的政治功能和作用。

天子是最高的政治统治者，也掌握着最高祭祀权，因此自然也就成为孝的最高实践者。于是，圣明天子自然也就是孝德的化身和孝行的楷模，在《诗经》和其他先秦经典中，出现了众多对天子孝行的记颂。天子不但是孝道的楷模和实践者，也是孝道伦理的传播者，他不仅要以身作则，爱亲敬亲，而且还要由爱亲、敬亲而善待人民，孝化天下，从而光大祖德。《孝经·天子章》引述孔子的话说：

爱亲者，不敢恶于人；敬亲者，不敢慢于人。爱敬尽于事亲，而德教加于百姓，刑于四海。盖天子之孝也。《甫刑》云："一人有庆，兆民赖之。"

爱亲敬亲、孝（教）化天下的主要措施之一，即是依礼举行祭祀。在统治者的观念中，重祭祀乃是实行政治统治和教（孝）化天下的根本，祭为孝的体现，祭为教之根本，教即生于孝，所以《孝经·开宗明义章》说："夫孝，德之本也，教之所由生也"。作为身份尊贵、"兆民赖之"的天子，他的孝与一般人不同，除了"爱亲"、"敬亲"外，还承担着"设教施令，使天下之人不慢恶于其父母"的职责，而这二者实际上又是联系在一起的，因为"爱亲者不敢恶于人，敬亲者不敢慢于人"。邢昺《疏》曰："所谓爱亲者，是天子身行爱敬也。不敢恶于人、不敢慢于人者，是天子施化，使天下之人皆行爱敬，不敢慢恶于其亲也。"天子爱敬其亲，便不敢慢于他人之亲，否则，"己慢人之亲，人亦慢己之亲"（郑氏《注》）。而天子爱敬其亲，又会使天下之人也爱敬其亲，而不敢"慢恶"他人之亲，如此便"德教加于百姓，刑于四海"，达到天下大治。这便是天子之孝。

关于诸侯之孝，《孝经》说：

在上不骄，高而不危。制节谨度，满而不溢。高而不危，所以长守贵也。满而不溢，所以长守富也。富贵不离其身，然后能保其社稷，而和其民人，盖诸侯之孝也。《诗》云："战战兢兢，如临深渊，如履薄冰。"（《诸侯章》）

诸侯的身份较为特殊，一方面，他身处万人之上，为地方最高统治者，具有守土保民的职责；另一方面，他又居于一人之下，其土地、人民名义上是由天子分封、赏赐的，如何处理与天子的关系，便成为其守土保民的关键。所以诸侯之孝主要表现为，身处高位而不骄傲，费用俭约，积极奉行天子的法度，这样才能"高而不危"、"满而不溢"，长久地保留住富贵，"富贵不离其身，然后能保其社稷，而和其民人"。

卿大夫的职责是居朝为官，协助天子、诸侯处理政事，故应恭敬谨慎，中规中矩。

> 非先王之法服不敢服，非先王之法言不敢道，非先王之德行不敢行。是故非法不言，非道不行，口无择言，身无择行，言满天下无口过，行满天下无怨恶。三者备矣，然后能守其宗庙，此卿大夫之孝也。(《卿大夫章》)

士在统治阶层中身份最低，他们在家为子，入朝为臣，承担着事父与事君的双重职责，而如何处理二者的关系，也就成为士之孝的主要内容。

> 资于事父以事母，而爱同。资于事父以事君，而敬同。故母取其爱，而君取其敬，兼之者父也。故以孝事君则忠，以敬事长则顺，忠顺不失，以事其上，然后能保其禄位，而守其祭祀，盖士之孝也。《诗》云："夙兴夜寐，无忝尔所生。"(《士章》)

虽然孝与忠的对立已成为战国时期的突出问题，而在《孝经》作者看来，这二者实际是可以统一的。因为一方面，"君子之事亲孝，故忠可移于君。事兄悌，故顺可移于长。居家理，故治可移于官"(《广扬名章》)。事父与事君本身具有一致性，事父"孝"为事君"忠"提供了可能；另一方面，事君"忠"又是孝的必要条件，只有"忠顺不失，以事其上"，才"能保其禄位，而守其祭祀"。所以应"资于事父以事君"，资，取也。就是要把事父的恭敬之情同样用于事君，"故以孝事君则忠"，像对待父母那样来事君就能做到忠。通过孝，事父与事君得到统一，而孝的内涵也扩大到事父与事君的所有领域。

庶人是生产劳动者，被排除于政治活动之外。"用天之道，分地之利，谨身节用，以养父母，此庶人之孝也。"(《庶人章》)

在《孝经》中，只有庶人之孝最为淳朴、自然，也最少附加政治内容，而这与庶人的特殊身份显然是密切相关的。《孟子》和《孝经·庶人章》都非常强调"父母之养"。事实上，先秦诸子，特别是对孝道理论做出了突出贡献的孔子、曾子等人，也都反复强调"父母之养"。西周的孝虽然也讲爱敬和善事在世的父母，但更强调“报本返始”、“追养继孝”和“继志述事”，而春秋战国时代则将“孝养”在世父母摆到最突出的位置，反映赡养父母已经成为孝行的主要内容之一。究其原因，也是由于随着个体家庭的独立，“父母之养”已成为亲生之子所必须独立承担的责任和义务，即使同家族伯、叔、子侄仍然居处在同一乡里，赡养父母也与堂兄弟、族兄弟没有多少关系。对于普通民众家庭来说，这一点尤其重要。

根据以上所论，除了庶人之孝外，《孝经》中的孝被进一步政治化、功利化，孝既是政治统治的目标，同时又是实现这一目标的手段。与《曾子大孝》中的孝主要是指“全身”和“尊亲”不同，《孝经》中的孝更多地与天子、诸侯等人的政治职责联系在一起。在天子那里，它是指“德教加于百姓，刑于四海”；在诸侯那里，则要求“能保其社稷，而和其民人”；对卿大夫而言，是指“能守其宗庙”；对士而言，则要求“能保其禄位，守其祭祀”。同时，它又具体化为天子、诸侯等人的政治、伦理规范，如要爱敬其亲，而不敢慢于他人之亲（对于天子），“在上不骄”、“制节谨度”（对于诸侯）等等。所以，《孝经》中的孝是一个涵义十分宽泛的概念，如果说，《曾子大孝》是通过“全身”与“尊亲”将孝泛化的话，那么，《孝经》则是通过与政治制度的结合使孝渗透到社会生活的方方面面。从这一点看，《孝经》的孝与周人的孝倒有某些相似之处，二者都具有很强的政治性，都具有泛孝论的特点。不过，《孝经》中的孝已不是建立在周人的宗法分封等级制度之上，而是与战国时期出现的官僚等级制度联系在一起，它实际上是战国历史条件下孝悌思想的新发展、新变化。社会对“孝”和“不孝”的判断，日益针对个体小家庭本身，孝敬父母被提高到至高无上的位置，儿子对父亲孝顺成为孝道伦理的主杆；同时，孝敬赡养在世的父母成为体现“孝”的主要内容。《孟子・离娄下》云：

> 世俗所谓不孝者五：惰其四支，不顾父母之养，一不孝也；博弈好饮酒，不顾父母之养，二不孝也；好货财，私妻子，不顾父母之养，三不孝也；从耳目之欲，以为父母戮，四不孝也；好勇斗狠，以危父母，五不孝也。

五条“不孝”，都是针对在世父母而言的。《孝经》中关于士和庶人的孝，也是首先立足于对父母的孝，《庶人章》云：“用天之道，分地之利。谨身节用，以养父母。此庶人之孝也”。

三、先秦时期的孝德风范

孝道不仅是观念的、原则的,更是实践的、行为的。它内在地包含了孝行或孝德的行为实践。先秦时期,出现了大量的孝子,他们以自己对父母的爱敬抒写了中国孝道史的厚重篇章。

早在唐虞时期,舜就以自己对父母的孝行闻名于世。舜的父亲瞽瞍糊涂固执,后母泼辣凶悍,弟弟象骄傲粗野。瞽瞍受后妻及象的蛊惑与胁迫,他们联合起来多次想杀掉舜。有一次,他们叫舜修补谷仓的顶,当舜用梯子爬上仓顶的时候,瞽瞍就在下面放起火来,想把舜烧死。舜在仓顶上一见起火,想找梯子,梯子已不知去向。幸好舜当时戴着两顶遮太阳用的笠帽,于是他双手拿着笠帽像鸟张开翅膀一样跳下来。笠帽随风飘荡,舜轻轻地落到地上,一点也没有受伤。瞽瞍和象并不因此罢休。有一次,他们叫舜去淘井。舜跳下井去后,瞽瞍和象在地面就把一块块土石投下去,想把井填满,把舜活活埋在里面。没想到舜下井后,在井里边掘了一个孔道,钻了出来,又安全地回家了。舜屡次死里逃生,然而他并不计较父母及弟弟象的凶狠残酷,反而对父母更加孝敬,对弟弟更加友爱。舜以孝敬双亲、友爱弟弟闻名乡里,他对弟弟象的照顾十分周到,达到了“象忧亦忧,象喜亦喜”的程度。正是由于他道德品质高尚,所以深得乡党朋友称赞和爱戴。他“耕历山,历山之人皆让畔;渔雷泽,雷泽之人皆让居;陶河滨,河滨器皆不苦窳。一年而所居成聚,二年成邑,三年成都”(《史记·五帝本纪》)。最后被尧选为接班人,成为五帝之一。

西周的周文王、周武王都是典型的孝子。周文王很孝敬他的父亲,做到了“晨则省,昏则定”。他每早中晚都会去问候他的父亲,看父亲睡得好不好,吃得好不好,假如父亲的胃口不太好,他内心就会很着急,等父亲身体舒适了,吃得正常他才觉得心里安慰。周武王侍奉周文王也特别的孝敬。有一次周文王生病了,周武王服侍在侧十二天都没有宽衣解带,帽子也没有取下来。由于这一份孝心,所以周文王的病很快好转了。文王之子周公也是有名的孝子。《史记·鲁周公世家》开篇就言周公旦“为子孝,笃仁,异于群子”。

周人重孝,除了强调它在家族关系中的作用外,还有一个很重要的目的就是要把它推广为整个社会的道德伦理基础，让它在维护整个社会秩序中发挥巨大作用。有子曰："其为人也孝弟，而好犯上者，鲜矣；不好犯上而好作乱者，未之有也。"（《论语·学而》）《吕氏春秋·孝行览》有言："凡为天下，治国家，必务本而后末。所谓本者，非耕耘种植之谓，务其人也。务其人，非贫而富之，寡而众之，务其本也。务本莫贵于孝。人主孝，则名章荣，下服听，天下誉。人臣孝，则事君忠，处官廉，临难死。士民孝，则耕耘疾，守战固，不罢北。夫孝，三皇五帝之本务，而万事之纪也。"孝是治理国家、平定天下的根本，是人间万事的纲纪。抓纲治本，就应当以孝为贵。只有以孝为贵，才能平章天下。

在《诗经》中，有多首抒发孝子深情的诗章，其中《小雅·蓼莪》是最感人的一篇：

> 蓼蓼者莪，匪莪伊蒿。哀哀父母，生我劬劳。蓼蓼者莪，匪莪伊蔚。哀哀父母，生我劳瘁。瓶之罄矣，维罍之耻。鲜民之生，不如死之久矣。无父何怙？无母何恃？出则衔恤，入则靡至。父兮生我，母兮鞠我。拊我畜我，长我育我，顾我复我，出入腹我。欲报之德。昊天罔极。

在中国历史上，这是现存最早的一首抒发孝子深情的诗篇。从诗中看，作者是一个外出行役之人，父母病亡时不在身边。人神幽隔，路远难回，父母的养育之恩尚未报答，这让他痛断肝肠。此诗的第一、二两章先言父母养育自己的憔悴劳苦，往事历历似在心头；三章言自己丧失父母的孤苦伶仃，出门时忧愁万种，回来后仍无家可归。第四章呼天自诉，连用九个动词和九个"我"字盛言父母养育的大恩大德，可谓字字是血，声声是泪。第五、六两章深言自己行役在外，不能终养父母的遗憾，并通过和别人的对比写自己的抱恨之深。这种孝子之情，千年之后仍能催人泪下。《诗经》中表现同类感情的诗篇还有《邶风·凯风》、《魏风·陟岵》、《唐风·鸨羽》、《小雅·杕杜》等。这些抒写孝子之情的诗篇都被选入作为当时贵族文化教本的《诗三百》中，可见时人对它们的重视。《吕氏春秋·孝行览》曾引用《商书》中的一句话："刑三百，罪莫重于不孝。"周代贵族把孝当作最基本的伦理道德，《孝经》说："夫孝，天之经也，地之义也，民之行也。"《诗经·大雅·既醉》本是周代上层贵族祭祀祖先的诗歌，诗中反映了当时的风俗，在祭祀时，有人装扮成祖先神，其名叫“尸”，主祭者献上丰厚的祭礼，祝愿祖先神能够尽情地享用，并能赐福于他的后代子孙。祭祀结束后举行盛大的宴会，“尸”则代表祖先神的意志向主祭者赐福。其中有几句话这样赞美祭者：你们的礼仪威严完备，后代们个个都很孝顺。孝子只要不会断绝，我将永远赐福给你的同类。周代贵族君子的一片孝子深情，在这些祭祀歌唱中得到了升华和强化。

孝子深情反映在诗中，更反映在感念父母恩情、及时报答父母的日常行为中。刘向《说苑·建本》载：子路曰：“负重道远者，不择地而休；家贫亲老者，不择禄而仕。昔者，由事二亲之时，常食藜藿之实，而为亲负米百里之外。亲没之后，南游于楚，从车百乘，积粟万钟，累茵而坐，列鼎而食，愿食藜藿为亲负米之时，不可复得也。枯鱼衔索，几何不蠹？二亲之寿，忽如过隙！草木欲长，霜露不使，贤者欲养，二亲不待！故曰：家贫亲老，不择禄而仕也。”子路早年家庭生活贫困，常吃野菜为生，有时为了给父母弄点粮食，甚至到百里之外去借米。后来名显诸侯，列鼎而食，父母却已去世，这种“子欲养而亲不在”的愧疚紧紧地抓住了他的心，所以他说出了“家贫亲老不择禄而仕”的名言。

先秦君子重孝的一条重要原则，就是父命不可违，虽牺牲生命亦在所不惜。如卫太子伋不愿逆父而求生(《史记·卫康叔世家》)，伍尚明知父亲召他将会被人害死仍然前往(《左传·昭公二十一年》)，都是因为不违父命而死的。最著名的则是申生的故事：申生本是晋献公的儿子，早就立为太子。但是晋献公的宠妃骊姬却一直蓄谋要杀他，制造了一幕申生在酒里下毒谋害父亲的闹剧。

> 人谓申生曰：“非子之罪，何不去乎？”申生曰：“不可。去而罪释，必归于君，是怨君也。章父之恶，取笑诸侯，吾谁乡而入？内困于父母，外困于诸侯，是重困也。弃君去罪，是逃死也。吾闻之：‘仁不怨君，智不重困，勇不逃死。’若罪不释，去而必重。去而罪重，不智。逃死而怨君，不仁。有罪不死，无勇。去而厚怨，恶不可重，死不可避，吾将伏以俟命。”(《国语·晋语二》)

申生本来可以逃跑，躲过这无谓的死亡；也可以申辩，洗刷自己的冤屈，但是他没有那样去做。为什么，就因为他恪守着当时贵族的孝道。在他看来，自己的冤屈固然可辩，但是那必然要使父亲身背恶名；自己固然也可以逃跑，但逃跑本身也同样是向世人宣传了父亲的过错。与其如此，还不如自己来承担罪过，勇敢地去死。申生的这种想法在今天看来也许过于迂腐，但是我们不能不承认其道德价值观的崇高，他把孝道看得比自己的生命还要重要，为了实践自己的道德追求，他做到了视死如归。更为难能可贵的是，申生至死不但没有怨恨过父亲，而且在临死前还嘱托大夫狐突辅助他的君父，其拳拳孝心，真可以昭示日月了。

春秋多孝子。鲁文公是个孝子，他即位时尚未结婚。即位后的第一件大事就是带着聘礼到齐国求婚。《左传・文公元年》载"穆伯如齐，始聘焉，礼也。凡君即位，卿出并聘，践修旧好，要结外援，好事邻国，以卫社稷，忠信卑让之道也"。凡是国君即位，先派遣使节通好舅甥之国，完成婚姻，娶正宫元妃主持祭祀，这就是孝。孝是一切礼的开始。之所以如此，是因为对国君来说，保持自己国家的完整，让家业永存是最根本的，也就是最大的孝。正所谓"不孝有三，无后为大"，所以鲁文公即位首先就要修婚，也就是首先要尽孝。

楚人伍尚、伍员兄弟二人也是孝子。他们的父亲伍奢即将被楚王处死，为了防止其子伍尚、伍员报仇，楚王就下了一道命令，只要他们二人回来，就免他们父亲一死。司马迁《史记・伍子胥列传》载：伍尚欲往，员曰："楚之召我兄弟，非欲以生我父也，恐有脱者后生患，故以父为质，诈召二子。二子到，则父子俱死。何益父之死？往而令仇不得报耳。不如奔他国，借力以雪父之耻。俱灭，无为也。"伍尚曰："我知往终不能全父命。然恨父召我以求生而不往，后不能雪耻，终为天下笑矣。"谓员："可去矣！汝能报杀父之仇，我将归死。"伍尚认为自己的才智不如弟弟伍员，只能选择陪父而死，而伍员则可以为父报仇。明知是死也要去陪伴父亲，这就是孝；而能够坚持为父报仇，以雪父耻，何尝又不是一种真正的孝道呢?！伍尚选择回到父亲身边，最终和父亲死在一起。而伍员则逃往吴国，数年之后率领吴军攻破了楚都。其时楚王已死，但伍员还是掘开了楚王的坟墓鞭尸三百以泄其恨，报了杀父之仇。伍尚、伍员弟兄两个都是孝子，但是在如何尽孝上却采取了不同的行动，同样都被后人所赞扬。

孔子的弟子闵子骞也是一个孝子。他从小就失去了母亲，后母待他很不好。有一个冬天，他和父亲驾着车外出，寒冷的冬天冻透了他那单薄的衣服，让他冷得拿不住御马的缰绳。他的父亲感到奇怪，摸一摸他的衣服，才知道原来他穿得那么薄。回来后再看后妻所生的两个孩子，穿得竟是那么暖和。于是就对后妻说："我之所以娶你，就是为了照顾好孩子，你既然骗我，就请你离开这个家吧！"这时候闵子骞上前恳求他的父亲说："请您千万不要休了我的后母啊！有她在家，只有我一个人受寒；如果她走了，我们弟兄三个可都要受苦了！"他的父亲听了这话很受感动，就把他的后母留了下来；他的后母也被闵子骞的一片孝心所感化，终于成为一个贤妻良母。

闵子骞的孝虽然没有申生、伍尚、伍员那么悲壮，可是却更具有世俗情味。因为他的孝里还充满着一片爱心，给人以丝丝暖意，让人理解什么才是人类最美好的情感。孔子曾说"仁者爱人"，孟子也说过"老吾老以及人之老，幼吾幼以及人之幼"的话，如果可以把这两句话当成我们中华民族播洒爱心的永世名言的话，那么像闵子骞这样的孝，就是对这两句名言的最早诠释了。

不可否认的是，先秦贵族的孝行观里带有明显的父权特色，对父权的绝对服从是申生、伍尚等人物悲剧命运产生的一个重要原因；而伍员的发誓报仇和弃疾之死则说明了孝在一定程度上的道德狭隘性和对人子生命的束缚。这些都曾在后世产生过不良影响，但无论如何，在西周春秋的贵族文化精神里所沉积的孝的观念，它的积极影响还是大于它的消极影响。做人首先就应该从孝子做起，一个人在家连一个孝子都谈不上，还能称得上是一个忠臣义士，还能算是一个君子吗？对先秦贵族们来说是如此，对后人来说也应该是如此。

第三节　悌道与兄弟之道德生活

在家庭伦理中，紧随父子伦理而来的则是兄弟伦理。兄弟包括姊妹是平辈之间最亲密的伦常关系。《尔雅·释亲》曰："男子：先生为兄，后生为弟；谓女子：先生为姊，后生为妹。"《说文解字》释兄曰："兄，长也。从儿，从口。"释弟曰："弟，韦束之次第也。从古文之象。"段玉裁《说文解字注》云："以韦束物，如辀五束、衡三束之类。束之不一，则有次第也。引申之为次弟之弟，为兄弟之弟。”《说文》释姊曰：“姊，女兄也。从女，姊声。”释妹曰：“妹，女弟也。从女，未声。”兄弟姊妹生有先后，故无疑应该友爱恭敬，长幼有序。

一、兄友弟恭，长幼有序

兄弟姊妹之间的关系是一种“天伦关系”。《穀梁传·隐公元年》说：“兄弟，天伦也。”范宁《注》：“兄先弟后，天然伦次。”“天伦”的本义是天然伦次，最初专指兄先弟后的天然次序而言，后来才引申为指父子、兄弟等天然的亲属关系。《诗经·唐风·杕杜》：“有杕之杜，其叶湑湑。独行踽踽。岂无他人？不如我同父。嗟行之人，胡不比焉？人无兄弟，胡不佽焉？有杕之杜，其叶菁菁。独行睘睘。岂无他人？不如我同姓。嗟行之人，胡不比焉？人无兄弟，胡不佽焉？”

《颜氏家训·兄弟》指出：“夫有人民而后有夫妇，有夫妇而后有父子，有父子而后有兄弟，一家之亲，尽此三而已矣。自兹以往，至于九族，皆本于三亲焉。故于人伦为重者，不可不笃。兄弟，分形而连气之人也。方其幼时，父母左提右携，前襟后裾，食则同案，衣则传服，学则连业，游则共方，虽有悖乱之行，不能不相爱也。及其壮也，各妻其妻，各子其子，虽有笃厚之行，不能不少衰也。娣姒之比兄弟，则疏薄矣。今使疏薄之人，而节量亲厚之恩，犹方底而圆盖，必不合矣。惟友悌深至，不为旁人之所移者，免夫！”自从有了人类就有夫妇，有了夫妇而后才有父母子女，有了父母子女而后才有兄弟姐妹，一个家庭中的亲人，仅这三种关系而已。由此推广，直到九族，都是源自这种“三亲”关系，所以“三亲”是人伦关系中最重要的，不能不重视。兄弟（姐妹）是从娘胎出来，体形不同，而气息相通的人。小的时候，父母左手拉着一个，右手扯着另一个，这个牵着父母衣服的前襟，那个抓着父母衣服的后摆；吃饭时共用一个案儿，穿衣服则是哥哥穿了再传给弟弟，学习上也是弟弟使用哥哥用过的书，游玩兄弟也同在一个地方。即使兄弟间有胡闹不讲理之人，也不能不相互爱护。等兄弟长大了，各自娶了妻子，各自抚养孩子，即使忠诚厚道的兄弟，感情上是会疏远淡薄很多的。妯娌间与兄弟相比，感情上是疏远淡薄很多。如今用感情疏远淡薄的妯娌关系来节制度量亲密深厚的兄弟感情，就好像方形的底座配上圆形的盖子，必定不适合。唯有兄弟间互相爱护，感情深厚，才不会被别人的影响而疏远关系。《颜氏家训》的这段话极力描述兄弟幼时的相爱之情，并分析了长大以后兄弟关系渐相疏薄的原因，警戒人们在成家之后不要因为转爱妻子而影响兄弟之间的感情。

包括姊妹在内的兄弟一伦，其道德的要求则是兄友弟恭，长幼有序。《左传・文公十八年》载鲁大夫季孙行父的话，将兄友弟恭视之为“五教”之二义，其所谓“五教”是指“父义，母慈，兄友，弟恭，子孝”。《左传・隐公三年》石碏将“兄爱、弟敬”谓之为“六顺”，所谓“六顺”是指“君义，臣行，父慈，子孝，兄爱，弟敬”。这两处提到的兄弟关系，均强调为兄的对弟应当友爱关心，为弟的对兄长应当恭敬尊重。《荀子・君道》谈到为人兄和为人弟应当遵循的伦理规范：“请问为人兄？曰：慈爱而见友。请问为人弟？曰：敬诎而不苟。”兄长应以友爱的态度对待弟弟，弟弟应以恭敬的态度对待兄长。兄弟如同手足，血肉相连，痛痒相关，理应和睦友爱，互帮互助。质言之，“兄弟姊妹之间，既是互相亲爱、友好和互相尊重的完全对等的关系，又略带有平辈之间长者爱护幼者和幼者敬顺长者的长幼关系”。①

兄友之友，最原初的含义是亲爱、友好。《说文解字》云：“同志为友，从二又相交。”“又”，即古“右”字，指右手，亦泛指手。段玉裁《说文解字注》云：“二又，二人也。善兄弟曰友，亦取二人而如左右手也。”《尔雅・释训》：“善父母为孝，善兄弟为友。”西周的“友”与后世的含义不同：作为人称的“友”，通常指同族同辈的男性亲属，既包括同胞亲兄弟，也包括非同胞的同族兄弟。由于“友”之间相处也需要一定的行为准则，因此，“友”这个词逐渐不但用以指代亲族兄弟，也用以指代亲族兄弟之间相处的道德准则。通俗地说，同宗兄弟之间，年长者善待年幼者，年幼者恭顺年长者，即是“友”；反之则为“不友”。西周器物铭文中有一些涉及兄弟关系的文字，这些文字有一些是关于兄弟共同参加祭祀的，更多的则是关于兄弟聚会宴飨的；同族兄弟以彝器、美食、旨酒、雅乐共祭祖先，体现的是一种同宗共祖的血缘亲情；在饮食宴会之中，同族兄弟称觞同饮，兄劝其弟，弟让其兄，其乐也融融，手足相亲的“友”的伦理自然更尽显其中。

弟恭之恭，是指恭敬、尊敬。《说文解字》曰：“恭，肃也。从心，共声。”恭，包含了肃静、尊重、恭顺、敬爱等意义。

---

① 徐儒宗：《人和论——儒家人伦思想研究》，人民出版社 2006 年版，第 260 页。

兄友弟恭是传统家庭道德的重要内容，反映了兄弟关系的道德要求，是兄弟姊妹之间处理相互关系的行为准则。

二、悌道的本质内涵及其价值

善事父母曰孝，善事兄长曰悌。悌，从心，从弟，本义作“善兄弟”解。悌是会意字，一个“心”字，跟一个弟弟的“弟”，心在弟旁，表示哥哥对弟弟妹妹的关心；心中有弟，就是兄弟间彼此诚心友爱。而弟又有“次第”的意思，即弟弟对哥哥要尊敬顺从。而哥哥对弟弟要爱护，顺其正而加以诱掖之。兄弟之间如能各尽其道，自然和睦友爱。

悌的含义主要有：(1) 敬重兄长、善事兄长曰悌。如孝悌。又如《孟子·滕文公下》“入则孝，出则悌”。(2) 悌友，兄弟笃爱和睦。如《韩愈·元和圣德诗》“皇帝大孝，慈祥悌友”。(3) 悌睦，友顺和睦。如《高士传》“和门悌睦，隐身修学”。一般地讲，悌主要指敬爱和顺从兄长，其目的在于维护封建的宗法关系。兄弟(包括姐妹)同辈，有骨肉之亲，但在中国古代的宗法制中，兄长在家中的发言权上仅次于父，故常父兄并称，在道德上则孝悌并称。

《论语·学而》：“其为人也孝悌，而好犯上者鲜矣。不好犯上，而好作乱者，未之有也。君子务本，本立而道生。孝弟也者，其为人之本与！”儒家非常重视“孝悌”，把它看作为人的根本和实现仁德的核心。只有对父母兄长怀有孝悌之心，然后才可以将此孝悌之心扩展而推广到其他人际关系上去，因为“贵老，为其近于亲也；敬长，为其近于兄也；慈幼，为其近于子也”(《礼记·祭义》)。孔子说：“教民亲爱，莫善于孝；教民礼顺，莫善于悌。”(《孝经》)有了孝亲敬长之心，才会教人民和睦相亲，“民入孝弟，出尊长养老，而后成教；成教而后国可安也”(《礼记·乡饮酒义》)。《大学》指出：“所谓治国必先齐其家者，其家不可教而能教人者，无之。故君子不出家而成教于国：孝者，所以事君也；弟者，所以事长也；慈者，所以使众也。《尚书·康诰》曰：‘如保赤子’，心诚求之，虽不中不远矣。未有学养子而后嫁者也！一家仁，一国兴仁；一家让，一国兴让；一人贪戾，一国作乱；其机如此。”

扩展事兄之悌道于社会，则是四海之内皆兄弟，建构一种“宜兄宜弟”的人际关系。《论语·颜渊》载，司马牛看到他人皆有兄弟之情而自己没有，故非常难过。子夏则告知他:“君子敬而无失,与人恭而有礼。四海之内皆兄弟也,君子何患乎无兄弟也!”

《诗经》中的《大雅》和《小雅》有若干成于西周时期的篇章,肯定兄弟关系在人伦关系中的重要地位,将兄弟关系视为不可分割的花萼关系,彰显出兄弟情深义重的伦理价值。《小雅·棠棣》歌颂了兄弟在一致对外、平定丧乱之后相聚宴会的情形,指出:“棠棣之华,鄂不韡韡。凡今之人,莫如兄弟。死丧之威,兄弟孔怀。原隰裒矣,兄弟求矣。脊令在原,兄弟急难。每有良朋,况也永叹。兄弟阋于墙,外御其务。每有良朋,烝也无戎。丧乱既平,既安且宁。虽有兄弟,不如友生?傧尔笾豆,饮酒之饫。兄弟既具,和乐且孺。妻子好合,如鼓瑟琴。兄弟既翕,和乐且湛。宜尔室家,乐尔妻帑。是究是图,亶其然乎?”《小雅·六月》云:“吉甫燕喜,既多受祉。来归自镐,我行永久。饮御诸友,炰鳖脍鲤。侯谁在矣?张仲孝友。”兄弟犹如棠棣树上的花朵,其萼其蒂是有机联系在一起的,友则两美,离则两伤。“兄弟既具,和乐且孺。”“兄弟既翕,和乐且湛。”人间最难得者兄弟,兄弟情堪比手足,需要好好珍爱、珍惜、护卫。

三、兄友弟恭之道德典范

虞舜是远古时友爱兄弟的典范。《史记·五帝本纪》载:“舜父瞽叟盲,而舜母死。瞽叟更娶妻而生象,象傲。瞽叟爱后妻子,常欲杀舜,舜避逃;及有小过,则受罪。顺事父及后母与弟,日以笃谨,匪有懈。……尧乃赐舜絺衣与琴,为筑仓廪,予牛羊。瞽叟尚复欲杀之,使舜上涂廪,瞽叟从下纵火焚廪。舜乃以两笠自扞而下,去,不得死。后瞽叟又使舜穿井,舜穿井为匿空旁出。舜既入深,瞽叟与象共下土实井,舜从匿空出,去。瞽叟、象喜,以舜为已死。象曰:‘本谋者象。’象与其父母分,于是曰:‘舜妻尧二女与琴,象取之;牛羊仓廪予父母。’象乃止舜宫居,鼓其琴。舜往见之,象鄂不怿,曰‘我思舜正郁陶!’舜曰:‘然,尔其庶矣!’舜复事瞽叟爱弟弥谨。”虽然舜的父亲和弟弟象每每都想加害于他,可是舜丝毫不计前嫌,始终对父亲尽孝,对弟弟友爱,达到了“象忧亦忧,象喜亦喜”的境界。舜虽然遭受人伦之变,然而始终不失天理之常,可谓孝悌之道的忠诚践履者。正是因为舜为人孝悌,才使得他受到了人们的高度评价,也得到了尧的高度信任,成为中华道德文化的光大者。

《诗经·大雅·皇矣》之三章有云:“维此王季,因心则友。则友其兄,则笃其庆。载锡之光,受禄无丧,奄有四方。”据载,周之太王古公亶父继承先祖后稷、公刘之业,积德行义,事业不断发展壮大。古公生太伯、虞仲、季历。“季历娶太任,皆贤妇人,生昌,有圣瑞。古公曰:‘我世当有兴者,其在昌乎?’长子太伯、虞仲知古公欲立季历以传昌,乃二人亡如荆蛮,文身断发,以让季历。”(《史记·周本纪》)太王古公亶父见文王生有圣德,颇有传位于文王之意。太伯知父之意,乃避季历而适吴不反,虞仲亦继而避之。及太王没,传位于季历,季历没,传位于姬昌。孔子说:“泰伯其可谓至德也已矣。三以天下让,民无得而称焉。”泰伯是孔子十分推崇的圣人,泰伯知道了父亲的意思后,既不想背弃自己的原则,又不愿父亲为难,于是南逃,到了现在江苏一带,在那里归隐。直到周武王统一天下以后,才把泰伯这一支宗族找到,封为吴国。春秋战国时期的吴国就是泰伯的后代,所以泰伯又叫吴泰伯。在孔子看来,太伯把道德放在第一位,既孝且悌,在公私两方面的道德修养都到了最高点,可谓至德的代表。

第四节　注重家教与耕读传家之伦理追求

家庭道德教育对子女健康成长起着十分重要的作用。我国先贤不仅重视家庭德育,教子立志成才、做好人,教子节俭戒奢、诚实守信、去恶从善,而且讲究家庭德育的方法与艺术,如及早进行道德教育,言传与身教结合,寓道德教育于家庭生活之中,重视反面教员的作用等。我国古代十分重视家庭道德教育,始终把培养家庭成员特别是子女的道德品质和人格放在第一位。

一、注重胎儿的道德教育

我国古代有重视胎教的传统。所谓胎教,就是从怀孕早期,尽可能控制孕妇体内外的各种条件,有意识地给予胎儿良好的刺激,防止不良因素对胎儿的影响,以期使孩子具有更好的先天素质,为孩子出生后的健康成长打下一个良好的基础。由于胎儿在母腹中逐渐长大,子宫的功能状态就构成了胎儿的成长环境,因此母亲的喜、怒、哀、乐以及营养、内分泌等变化都会给胎儿的生长发育带来很大的影响。胎教,一方面是胎,一方面是教,是胎与教相结合的学问。胎是受教育的实体,教是指胎儿在母体内能受到各方面的感化并接受教育、教养之意。孕妇在各方面有意识地、主动地采取一些相应的措施,对胎儿进行良好影响的方法就是胎教。胎教一词源于我国古代。古人认为,胎儿在母体中能够感受孕妇情绪、言行的感化,所以孕妇必须谨守礼仪,给胎儿以良好的影响,名为胎教。《大戴礼记·保傅》:"古者胎教,王后腹之七月,而就宴室。"又说:"周后妃(即邑姜)任(孕)成王于身,立而不跂(不踮脚尖),坐而不差(身子歪斜),独处而不倨(傲慢),虽怒而不詈(骂),胎教之谓也。"意思是说,周成王的母亲怀孕时,站有站的样子,站时不将重心倚在一边,坐有坐的样子,坐时也不歪斜,笑时不放声喧哗,独居一处时也不懈怠放任,发怒时也不骂人,如此等等,用礼教的规范来约束自己的一举一动,从而保持对胎儿的良好影响。人的生命,是从精子和卵子相结合的那一瞬间开始的,"零岁"这一概念便是承认了从胎儿期即开始的人生历程。胎儿的生活环境分为内环境和外环境。内环境指孕妇身体及宫内健康状况;外环境指孕妇工作环境和生活环境的状况及药物的使用情况。因此,必须重视并努力创造一个优良的子宫内环境,以适应一个新生命生长发育的需要。汉代王充谈到胎教时说:"性命在本,故礼有胎教之法,子在身时,席不正不坐,割不正不食,非正色目不视,非正声耳不听,受气时母不谨慎,心忘虑邪,则子长大,勃不善,形体丑恶。"(《论衡·命义篇》)王充认为,人性由元气聚合而成,它有善有恶,命分为正命、随命、遭命三种,无论是性还是命,均是在父母合气之时偶尔禀得的,为此,必须重视胎教。父母合气后如果"母不谨慎,心妄虑邪",则会遗害子女(《论衡·命义篇》)。他同时指出,男女淫乱无度,不但有害自身,而且损及子女特别是腹中胎儿的身体发育。

在我国古代,早有胎教之说。相传孟子之母曾说过:"吾怀孕是子,席不正不坐,割不正不食,胎教之也。"《源经训诂》有"目不视恶色,耳不听淫声,口不出乱言,不食邪味,常行忠孝友爱、兹良之事,则生子聪明,才智德贤过人也"的说法。传说中的后稷母亲姜源氏怀孕后,十分重视胎教,在整个怀孕期间"性情恬静,为人和善,喜好稼穑,常涉足郊野,观赏植物,细听虫鸟,迩云遐思,背风而倚"。古人认为,胎儿在母体内就应该接受母亲言行的感化,因此要求妇女在怀胎时就应该清心养性，守礼仪、循规蹈矩、品行端正，给胎儿以良好的影响。据《礼记·保傅》篇记载，周文王的母亲太任在怀孕时，眼睛不看邪恶的东西，耳朵不听不健康的音乐，嘴里不说恶语脏话，她认识到，母亲所接触的外界事物都会感应给胎儿，并对其产生一定的影响。如接触恶的事物就会产生恶，接触善的事物就会产生善。所以形象、声音尤为重要。她晚上就命乐官朗诵诗歌，演奏高雅的音乐给她听。《列女传》载："太任之性，端一诚庄，惟德之行。及其有娠，目不视恶色，耳不听，口不出言，能以胎教，于豕牢而生文王。文王生而明圣，太任教之，而一识百。"太任怀周文王时讲究胎教事例，一直被奉为胎教典范。古人说，妊娠三月，"当此之时，未有定仪，见物而化"。"欲子美好，数视璧玉；欲子贤良，端坐清虚。是谓外象而内感者也"。"无悲哀，无思虑、惊动"。古人相信多看璧玉会使孩子漂亮，端坐清静，能使孩子品性贤良，通过母亲对美的追求，心情愉悦恬静，对胎儿的形神完美发育起到积极的作用。

据《新书·胎教》记载："古者胎教之道，王后有身七月而就蒌室，太师持铜而御户左，太宰持斗而御户右，太卜持蓍龟而御堂下，诸官皆以其职 御于门内，比三月者，王后所求声音非礼乐，则太师抚乐而称不习，所求滋味非正味，则太宰荷斗而不敢煎调，而曰不敢以侍王太子。"意思是说，王后怀胎七个月时要搬到分娩前的宫室中去住。由太师持奏乐用的律管守于右窗下，太宰持烹炊用的斗器守于左窗下，太卜持占卜用的蓍草和龟甲守于前门外。在至分娩前的这几个月里，如果王后要听的乐曲不合礼制，太师则以"未习"而婉言谢绝；如果王后想吃的东西不合正味，太宰则说不敢拿这样的食品侍奉王后腹内的王太子。这是西周王宫的具体的胎教措施，加强外部管束，以促使王后按照礼仪去养胎、保胎。贾谊认为古代胎教的目的在于"正礼"，即孕妇生活中的一切内容都应该符合"礼"的规范，因此凡孕妇"所求声音者非礼乐"、"所求滋味者非正味"，均不能迁就这类非礼之求。贾谊强调所谓"慎始敬终"，指出："《易》曰：正其本而万物理，失之毫厘，差以千里，故君子必慎始。""慎始"，即把胎教看成人生教育的基础，是很有道理的。刘向认为古代胎教的目的是"生子形容端正，才德必过人矣"。这一追求更为切合实际。刘向指出实施胎教的宗旨在于"慎所感"，即重视胎儿通过母体对外界事物的感应。他说："故妊子之时，必慎所感。感于善则善，感于恶则恶。人生而肖万物者，皆其母感于物，故形音肖之。"(《列女传》)这种观点具有唯物主义的思想倾向，与现代生育学颇相接近。贾谊、刘向等人总结的是前人胎教的经验，主要指西周宫廷胎教的经验，却对后世发生了重要影响，是我国传统胎教的源头活水。

二、教育子女学会做人

传统的家庭教育十分注重子女健康人生观和价值观的教育，鼓励子女奋发向学、自强不息，教导子女为人谦虚谨慎一直是我国古代家庭道德教育的重要内容。孟子的母亲很重视对子女的教育，韩婴编纂的《韩诗外传》以及刘向编纂的《列女传》中都保存有孟母教子的故事。而历史上广为流传的"孟母三迁"和"孟母断机杼"的故事更是家喻户晓。正是因为如此，才使得孟子从小就得到了良好的人格塑造。孟母断织教子在历史上流传甚广。刘向《列女传·邹孟轲母》载：孟子之少也，既学而归，孟母方绩，问曰：'学何所至矣？'孟子曰：'自若也。'孟母以刀断其织。孟子惧而问其故，孟母曰：'子之废学，若吾断斯织也。夫君子学以成名，问则广知，是以居则安宁，动则远害。今而废之，是不免于厮役，而无以离于祸患也。何以异于织机而食，中道废而不为，宁能衣其夫子，而长不乏粮食哉！女则废其所食，男则堕于修德，不为窃盗，则为虏役矣。'孟子惧，旦夕勤学不息，师事子思，遂成天下之名儒。君子谓孟母知为人母之道矣。"孟子的母亲以断织的方式来教育孟子勤学修德，可谓用心良苦，深得家庭道德教育之要法。

周公之子伯禽在去鲁国封地之前，周公对其进行教育，讲了一番意味深长的话，谆谆告诫伯禽要时刻讲求谦德，保持谦虚谨慎的精神操守。周公说："去矣，子其无以鲁国骄士矣！我，文王之子也，武王之弟也，今王之叔父也，又相天子，吾于天下亦不轻矣。然尝一沐而三握发，一食而三吐哺，尤恐失天下之士。吾闻之曰：'德行广大而守以恭者荣，土地博裕而守以俭者安，禄位尊盛而守以卑者贵，人众兵强而守以畏者胜，聪明睿智而守以愚者益，博闻多记而守以浅者广。'此六守者，皆谦德也。夫贵为天子，富有四海，不谦者，失天下，亡其身，桀纣是也，可不慎乎？故《易》曰：'有一道，大足以守天下，中足以守国家，小足以守其身，谦之谓也。夫天道毁满而益谦，地道变满而流谦，鬼神害满而福谦，人道恶满而好谦。"周公对其子的谆谆教诲，情理并茂，可谓至理名言，在中国家庭教育史上影响深远。

教育子女以国家利益为重，勤于政事，廉洁奉公也是我国古代家庭道德教育的重要内容。田稷的母亲在教育田稷时也非常得体。春秋时，齐国的田子当了三年国相，休假回家。他把得到的两千两金子，交给了母亲。母亲问他说："你怎么得到这些金子的?"田子回答说："这是我当国相的报酬。"母亲又问："你当国相三年，就不吃饭啦？你这样当官，不是我希望的。孝顺的儿子，侍奉父母，应该做到十分诚实。不义的财物，是不能拿进家门的。当臣子不忠，也就是当儿子不孝。你赶快把金子拿走。"田子惭愧地离开了家，上朝后，不但退还了金子，而且还请求入狱。田子母亲的贤惠，使国君十分感动，而且田子也能改过自新，所以就赦免了田子的罪，仍旧让他当国相，还把退还的金子都赏赐给了田子的母亲。(《韩诗外传》卷九)

注重环境对子女道德品质形成的影响，也是我国古代家庭道德教育的重要内容。孟母三迁，说的是孟子母亲为了教育孟子和为了孟子的成长三次选择居住环境的故事。这则故事又叫"孟母择邻"、"慈母择邻"。孟子幼时，其舍近墓，常嬉为墓间之事，其母曰："此非吾所以处吾子也。"遂迁居市旁，孟子又嬉为贾人衔卖之事。其母曰："此又非吾所以处吾子也。"复徙居学宫旁。孟子乃嬉为俎豆揖让进退之事，其母曰："此可以处吾子矣。"遂居之。"孟母三迁"，强调了选择居住环境的重要性，揭示出人应该要接近好的人、事、物，才能形成好的行为习惯。"孟母三迁"故事为历代所称述。如东汉赵岐《孟子题辞》："孟子生有淑质，风丧其父，幼被慈母三迁之教。"宋代苏轼作《崔文学甲携文见过》："自言总角岁，慈母为择邻。"元代关汉卿《蝴蝶梦》："想当年孟母教子，居心择邻；陶母教子，剪发待宾。"等等。"孟母三迁"成为后世母亲重视子女教育的典型，影响至今。

父母亲在子女教育问题上应该做到言行一致，率先垂范。曾子杀猪以教育孩子讲求信用的故事广为传诵。曾子是孔子的学生，曾经提出"吾日三省吾身"，十分注意自身的品德修养。《韩非子·外储说左上》载，曾子之妻之市，其子随之而泣，其母曰："女还，顾反为女杀彘。"妻适市来，曾子欲捕彘杀之，妻止之曰："特与婴儿戏耳。"曾子曰："婴儿非与戏也。婴儿非有知也，待父母而学者也，听父母之教。今子欺之，是教子欺也。母欺子，子而不信其母，非所以成教也。”遂烹彘也。在曾子看来，教育儿女必须以诚实信用为本，子女年幼无知，往往最相信父母的教导，如果父母自欺欺人，就会使教育失去应有的价值，只会使子女误信误学，最后是误人子弟。因此，必须说话算数，言而有信，取信于人，这样才能给子女留下学习的榜样。

先秦儒家注重家庭道德教育。“孔子家教的显著特点是从做人的根本与基础入手。春秋时期家训的最基本内容是各种礼的教育，孔子以‘诗礼传家’，正是这一背景的表现。”①史载孔子教育自己的儿子孔鲤，说“鲤，君子不可以不学，见人不可以不饰，不饰则无根，无根则失理，失理则不忠，不忠则失礼，失礼则不立”（《说苑·建本》）。在孔子看来，人不学诗，则无法与人交谈；不学礼，则难以在社会上立足。因此，只有好好学习诗礼，崇尚礼乐文明，才能够使自己成为对家国有用的人才。

先秦时期，人们已经认识到对子女溺爱的弊端。溺爱子女，只会使孩子恃宠而骄，不仅在道德上失去正当的追求，而且也会荒废学业。宠爱子女必定招致祸害，石碏对此有深刻的认识。《左传·隐公三年》载石碏谏卫庄公言：“臣闻爱子，教之以义方，弗纳于邪。骄奢淫逸，所自邪也。四者之来，宠禄过也。将立州吁，乃定之矣，若犹未也，阶之为祸。夫宠而不骄，骄而能降，降而不憾，憾而能眕者鲜矣。且夫贱妨贵，少陵长，远间亲，新间旧，小加大，淫破义，所谓六逆也。君义，臣行，父慈，子孝，兄爱，弟敬，所谓六顺也。去顺效逆，所以速祸也。君人者将祸是务去，而速之，无乃不可乎？”在石碏看来，喜欢儿子，就应当以道义教导他，使他不要误入歧途。骄傲、奢侈、淫乱、放荡，这是走上邪路的祸根。这四种丑恶的行为之所以发生，是由于父母宠爱过分的缘故。他还以“六顺”、“六逆”来启迪庄公，劝勉庄公去顺去逆，认为只有这样，才能够求福免祸，否则就会招致祸害。

赵国左师触龙劝赵太后的故事也反映了不要对子女溺爱的伦理要求。《战国策·赵策》记载，赵惠文后刚刚主持国政，就遇上秦国大举侵犯。赵国向齐国求救，齐王要让赵太后之子长安君作人质才能出兵。赵太后听说后，不能同意齐国的要求，而大臣们又激烈地劝谏。太后明谓左右：“有复言令长安君为质

① 徐少锦、陈延斌：《中国家训史》，陕西人民出版社 2003 年版，第 74 页。

者，老妇必唾其面。”左师触龙声称自己想谒见太后，太后怒气冲冲地等着他。触龙进宫后慢慢地走上前，走到太后跟前就向她谢罪，说：“老臣病足，曾不能疾走，不得见久矣。窃自恕，而恐太后玉体之有所郄也，故愿望见太后。”太后曰：“老妇恃辇而行。”触龙问：“日食饮得无衰乎？”太后回答：“恃鬻耳。”触龙又说：“老臣今者殊不欲食，乃自强步，日三四里，少益耆食，和于身也。”太后说：“老妇不能。”他们二人聊了这么多生活和身体方面的问题，气氛有所缓和，太后的脸色有所好转。触龙接着说：“老臣贱息舒祺，最少，不肖。而臣衰，窃爱怜之，愿令得补黑衣之数，以卫王宫。没死以闻。”太后曰：“敬诺。年几何矣？”对曰：“十五岁矣。虽少，愿及未填沟壑而托之。”太后曰：“丈夫亦爱怜其少子乎？”对曰：“甚于妇人。”太后笑曰：“妇人异甚！”对曰：“老臣窃以为媪之爱燕后，贤于长安君。”曰：“君过矣！不若长安君之甚。”左师公曰：“父母之爱子，则为之计深远。媪之送燕后也，持其锺为之泣，念悲其远也，亦哀之矣！已行，非弗思也，祭祀必祝之，祝曰：‘必勿使反。’岂非计长久有子孙相继为王也哉？”太后曰：“然。”左师公曰：“今三世以前，至于赵为之赵，赵主之子孙侯者，其继有在者乎？”曰：“无有。”曰：“微独赵，诸侯有在者乎？”曰：“老妇不闻也。”触龙接着说：“此其近者祸及身，远者及其子孙。岂人主之子孙则不必善哉？位尊而无功，奉厚而无劳，而挟重器多也。今媪尊长安君之位，而封之以膏腴之地，多予之重器，而不及今令有功于国。一旦山陵崩，长安君何以自托于赵？老臣以媪为长安君计短也，故以为其爱不若燕后。”太后曰：“诺！恣君之所使之。”于是为长安君约车百乘质于齐。齐兵乃出。子义闻之，曰：“人主之子也，骨肉之亲也，犹不能恃无功之尊，无劳之奉，而守金玉之重也，而况人臣乎？”触龙对赵太后说的关于爱子女的方式方法问题，可谓晓之以理，动之以情，情真意切，反映了爱子女就一定要为其长远利益着想，使其在德行、才能各方面得到发展和提高，才能在社会生活中有所贡献和建树。

注重家教和以德教子一直是古代家庭伦理道德教育的集中体现。在从原始社会到春秋战国漫长的历史发展进程中，留下了许多注重家教、整肃门风、立志成德等典范故事，它们成为我国古代道德教化的重要组成部分。

三、勤劳俭朴与耕读传家之风尚

中国古代是农本和伦理政治社会，这种社会的理想生活是耕读传家。中国古代家庭教育以教人做人、光宗耀祖和耕读传家为目的，许多家庭教育十分关注两件事：种地读书，耕读传家。种好地有了一定的经济基础，然后供子孙读书，读书干什么呢？学而优则仕，修身齐家治国平天下。传家二字“耕与读”，守家二字“勤与俭”。耕读是华夏子孙的传家之本。中国古代有一种家教即是“耕读传家”，流传甚广，深入民心。“耕读”二字，耕田可以事稼穑，丰五谷，养家糊口，以立性命；读书可以知诗书，达礼义，修身养性，以立高德。所以，耕读传家既学做人，又学谋生，把书本知识与生产劳动相结合。我国古代社会的基本结构是以农养天下，以士治天下。养天下必须重视农耕，治天下必须重视读书。《吕氏春秋·上农》指出：“古先圣王之所以导其民者，先务于农。民农非徒为地利也，贵其志也。民农则朴，朴则易用，易用则边境安，主位尊。民农则重，重则少私义，少私义则公法立，力专一。民农则其产复，其产复则重徙，重徙则死处而无二虑。”又说：“所以务耕织者，以为本教也。是故天子亲率诸侯耕帝籍田，士大夫皆有功业。是故当时之务，农不见于国，以教民尊地产也。后妃率九嫔蚕于郊，桑于公田。是以春秋冬夏皆有麻枲丝茧之功，以力妇教也。”重视农耕不仅可以解决社会的吃饭穿衣问题，而且有助于敦风化俗，保持民风的纯朴和社会的稳定。读书最大的好处是使人懂得诗书礼仪，明白善恶是非。

古代家庭伦理强调了“勤俭”的两方面主要内容：一是要勤劳，就是要勤勤恳恳、热爱劳动，不但把劳动看作谋生的方式和获得财富的手段，而且把劳动视为一种高尚的道德品质；另一个是要俭朴，即不奢侈、不浪费、不挥霍、不铺张、不贪图安逸、不追求享乐，即便经济上富裕，也以俭朴为荣。我国自古就以勤俭作为修身治家治国的美德，《尚书》说：“惟日孜孜，无敢逸豫。”《左传》引古语说：“民生在勤，勤则不匮。克勤于邦，克俭于家。”（《尚书·大禹谟》）克勤克俭，是我国人民的传统美德。传说中的古代圣贤都是这样做的，他们对于国家大事尽心尽力。大禹勤劳于治水大业，数过家门而不入。尧特别关心群众，认为别人挨饿受冻，是自己的工作没有做到家，是自己的过错。古代圣贤的生活十分节俭，经常穿着粗布衣裳，吃粗米饭，喝野菜汤。由于尧、舜、禹在事业和生活上克勤克俭，所以赢得了百姓的拥戴。

鲁国敬姜因其子反对她躬自纺绩而发的一段议论甚有特色。“昔圣王之处民也，择瘠土而处之，劳其民而用之，故长王天下。夫民劳则思，思则善心生；逸则淫，淫则忘善，忘善则恶心生。沃土之民不材，逸也猜土之民莫不向义，劳也。”（《国语·鲁语下》）韦昭注曰：民劳于事则思俭约，故善心生。即云，圣明君王寻求长治久安之道，选择贫瘠的地方居住，使民勤劳生活，民人勤劳就思节俭，节俭就生善心；闲逸就会淫邪，淫邪就会忘善而生恶心。所以，居住在肥沃地方的民人不成材器，就是由于淫逸的缘故。

雷德菲尔德（R. Redfield）把古代中国称为“复合的农村社会”，由士大夫与农民组成。士人与农民是中国社会的最重要的成分，其中士人的工作是非经济性的，他们的使命是建构文化价值与伦理规范系统。士人与农民这两个中国社会的最主要的阶层，又是相互流通的，所谓“半耕半读”、“耕读传家”、“朝为田舍郎，暮登天子堂”是当时一种真实的社会现象。梁漱溟先生说：“在中国读与耕之两事，士与农之两种人，其间气脉浑然，相通而不隔。”①

中国古代家庭道德生活重视夫妇、父子、兄弟三种伦常，强调家庭和睦和修身齐家，主张家庭成员以德立身，以礼相待，以和为贵，并形成了以家族为本位的伦理文化。中国古代伦理道德的根基是家族本位。在父母子女关系上，要求父母“慈”，子女“孝”。在“慈”与“孝”的关系上，中国传统道德更强调的是“孝”。孔子认为孝子应该“无违”于父母，应该“生，事之以礼；死，葬之以礼，祭之以礼”（《论语·为政》）。《孝经》中说：“孝子之事亲也，居则致其敬，养则致其乐，病则致其忧，丧则致其哀，祭则致其严。五者备矣，然后能事亲。”（《孝经·纪孝行章》）在夫妻关系上，要求“夫义妻顺”。《左传》中说：“夫和而义，妻柔而正。”（《左传·昭公二十六年》）但在“夫义妻顺”中，中国传统道德更强调的是“妻顺”。重男轻女是中国传统道德的基本价值观念之一。在兄弟姊妹关系上，要求“兄友弟恭”，兄要对弟友善，弟要对兄悌恭。但在中国古代社会实行的是长子继承制，在“兄友弟恭”上权利向兄长倾斜。中国古代思想家把“孝”、“悌”并

---

① 梁漱溟：《中国文化要义》，《梁漱溟全集》（第三卷），山东人民出版社 1990 年版，第 79 页。

列,当作诸德之要,以此推治天下。中国人最重视的是家庭和家族,中国文化的一大特色就是家族文化。在中国传统农业社会中,家庭在维持生存和生计上的重要性超过个人,家庭成为维持个人生存的主要工具,成为个人各方面生活的活动范围。家族具有强大的凝聚力和同化力,增强了家族成员的认同心理。中国人一出生就降落在家庭关系的网络中,个人是血缘链条上的一个环节,上以继宗庙,下以续万世,个人受着层层义务的约束,立身行事,以致言谈举止都必须遵循固定的行为准则,把家族利益置于个人利益之上。一个人的命运和前途,都是和家族联系在一起的,家族在整个社会中的地位,决定了个人在社会中的地位。家族至上的意识成为传统家庭伦理的核心精神,这种整体价值观使人们把平衡与和谐视为最理想的家庭关系状态,并以此为行动宗旨。中国传统家庭伦理价值目标以“齐家”为本,每个家庭成员都要修身、诚意、格物、致知,即按照孝悌的伦理规范了解自己在家庭中的地位和长幼关系,遵循一定的家规、礼节,按照此修身养性,以达“齐家”之目标。以家庭为本,为了实现家庭的稳定和延续必须在家庭内以一致的规范标准来约束家庭成员的思想意识。

第七章

先秦时期的政治道德生活

中国古代文明发展的路径是由家族而国家,国家混合在家族里面。统治者利用国家政权的强制力量,利用宗法血缘的生理和心理基础,将氏族制发展为宗法制,用宗法血缘的纽带将国与家联系起来,使家族成为国家统治的基元。以血缘关系为基础的“家国一体”的社会关系,是中国传统道德关系及道德规范形成的根源。中国古代传统道德以“家”比“国”,以家庭“私德”推国家“公德”,以“孝父”促“忠君”,并把“忠君”与爱国联在一起,形成了独具特色的政治伦理。中国古代的政治道德生活,是与家庭道德生活密切相关并在家庭道德生活的基础上形成和发展起来的,具有政治伦理化和伦理政治化的特色。

第一节　“左宗庙右社稷”的政治制度伦理建构

中国古代国家的形成是氏族公社和部落联盟不断发展以及阶级矛盾不可调和的产物。它是通过部落征服而形成的,征服战争扩大了部落联盟的统治范围,“家长制家庭公社的家长权力也日益超过了部落的界限,靠血缘关系维系的家长制家庭公社逐渐具有了地域组织的性质”。① 夏商西周时期是中国早期国家形成、发展的阶段,建立并发展起来的是奴隶制国家政权。夏、商、西周的政治制度存在着明显的因袭继承关系。夏商周政治制度主要包括王位世袭制、分封制和宗法制。

一、由氏族而国家的文明路径

部落联盟是早期国家的雏形。传说中的“三皇五帝”,即反映了我国古代先民进入了部落联盟的时期。中原地区最大的部落联盟是黄帝与炎帝的部落联盟,他们联合起来战胜了强手蚩尤。后来,炎帝与黄帝的部落联盟产生矛盾而走向分裂,黄帝联合六个部落与炎帝展开阪泉大战而大败炎帝集团。这次战争

---

① 曹德本主编:《中国政治思想史》,高等教育出版社 2004 年版,第 30 页。

使黄帝成为龙凤集团的总首领，各部落联合起来并形成了统一的管理机构。尧舜时代设有议事的权力机构“四岳会议”，其职能是负责选贤、推举部落联盟首领和讨论治水等。部落联盟发展到后期，议事机构逐渐贵族化，联盟首领的权力不断加大，最后进化而为国家。从部落联盟组织的瓦解到国家的形成，是一个权力与人民日渐分离的过程，也是一个由原始的民主制发展而为君主专制的过程。

中国历史上国家的初次出现，当在新石器文化的晚期，文化遗存中显示有了集体的暴力与礼仪，若干氏族集合为国家，因为有了围墙及濠沟，在比较大型的氏族内，也有了殿堂性质的大型公共建筑。在国家的发展过程中，初期的国家，以凝聚族群而成为部落式的团体，众多部落的聚合，则发展为邦联。国家内部的结构，也由家长的威权，逐渐制度化而成为君主政治，佐之以有组织的文官体系。“早期国家形成以后，父系氏族公社时期家长的绝对权力演变为专制君主的权力，公社内部的各级家长演变为国家机器的各个环节。夏商周三代的国家机构，是以血缘关系为纽带的家长制家庭关系的国家化。由于这一原因，中国早期的国家，自其形成以后，就走上了君主专制的道路。既没有出现像古希腊国家那样的城邦制度，也没有出现类似于罗马国家的共和制度。……中国早期国家，就其产生的道路及其经济形态来说，属于马克思恩格斯所说的古代东方或亚细亚形态。”①中国早期国家的形成经历了由氏族公社到地域组织的过渡，虽然不乏部落征服，如禹对三苗的战争，但整体上看，氏族公有制到家族私有制的过渡是相当平稳、自然的，它非但没有破坏氏族的形式，反而通过强调血缘和姻亲关系增强氏族内部的凝聚力和外部氏族间的团结，并由此形成家、国一体的政治结构。这一文明路径同西方在个体私有制和商品经济瓦解氏族制的基础上建立国家的文明路径是极不相同的。侯外庐先生专门研究了“古典的古代”与“亚细亚的古代”的差异，认为希腊是“古典的古代”，国家是直接地从氏族公社内部发展所造成的分裂而产生的，中国属“亚细亚的古代”，国家的产生是在保留氏族制基础上产生的。他指出：“如果我们用‘家族、私产、国家’三者来做文明路径的指标，那末，‘古典的古代’是由家族到私产再到国家，国家代替

① 曹德本主编：《中国政治思想史》，高等教育出版社 2004 年版，第 30 页。

了家族；'亚细亚的古代'是由家族到国家，国家混合在家族里面，叫做'社稷'。"①古希腊的国家剪断了氏族公社的脐带，国家奠基于作为公民的个人和私有制基础之上，按马克思的话说："这是城市的历史，但同时是以土地财产和农民为基础的城市的历史。"中国早期国家并没有剪断氏族公社的脐带，相反还是在比较好地保存氏族公社基础上产生的，走的是一条改良而不是革命的道路，诚如马克思所说："亚细亚的历史，这是一种城市和农村不可分裂的统一体。"②

夏朝建立起早期的奴隶制国家政权体制，商殷进一步发展和充实了这一制度，至西周渐趋完备。夏、商、西周的政治制度存在着明显的因袭继承关系。夏商周政治制度主要包括王位世袭制、分封制和宗法制。夏朝确立了王位世袭制，代替了氏族社会民主推举的部落首领制，以贵族家庭为代表的大奴隶主世代垄断着最高的统治权力，其下的各级奴隶主又分别掌有大小不同的权力。禹将实际权力转让给了自己的儿子启，开启了王位在一家一姓中传承的制度，标志着禅让制的结束和王位世袭制的开始，夏启继位后成为中国历史上第一个奴隶社会的国王。为了维护自己的统治，夏王朝建立了一套官僚机构，并把全国划分为九州进行统治，向地方侯、伯及平民收纳贡品和赋税，制定了刑罚来打击各种不服从统治的行为。无论是夏代还是商周时期的统治者，他们并没有动摇古代氏族制度的根基，相反使古代氏族制度在文明社会中保存下来。"居住在城市的统治者保持着旧的氏族组织，居住在农村的被统治者也没有打破旧的氏族组织。无论城乡，氏族制度都在文明社会中保存下来。因此，中国古代社会里没有小块土地制度，没有土地私有权，土地连同劳动者都属于占统治地位的氏族所有。"③保存氏族制的另一个重要方面是崇尚血缘关系并以此作为分封建制的依据。商朝王位继承也采用世袭制，以兄终弟及为主，父死子继为辅；到商朝晚期确定为传子制。西周进一步确立嫡长子继承制，在此基础上，王位世袭制、分封制和宗法制紧密结合在一起，共同成为巩固奴隶主贵族统治的有力工具。

---

① 侯外庐：《中国古代社会史论》，河北教育出版社 2003 年版，第 24 页。
② 马克思：《前资本主义生产形态》，参阅侯外庐：《中国古代社会史论》，河北教育出版社 2003 年版，第 12 页。
③ 张岂之、刘宝才：《前言》，载侯外庐著《中国古代社会史论》，河北教育出版社 2003 年版，第 4 页。

分封制自夏朝建立，经商朝沿袭，西周大规模实行，其目的在于确保周王室对全国的统治。西周的分封制规定了严格的等级界限和相互间的权利义务关系，天子对诸侯诏赐册命，授土授民授职，周王室对于诸侯有很大的权威。诸侯国君要定期朝见周王，要定时定制向王室缴纳军赋和贡赋，朝觐时还要贡献特定的礼物。周王可以随时征调各国军队，被征调的国君要随同周王出征。王室兴建宫室或其他重大工程，各国要提供劳役。诸侯国如果不遵从周王室命令，周王可以削其爵位直至取消分封。诸侯受封后，在自己封国内，可以将土地和人民再行分封给卿大夫，卿大夫再封给士；卿大夫和士同样对上负有纳贡、服役、作战等义务。西周主要经历武王、周公两次大规模分封，加上中后期不断的分封，先后建立了数百个诸侯国。西周实行分封制，加强了周天子对地方的统治，使西周政权在全国范围内建立起来，加上礼乐制度的制定，协调了贵族中的等级关系，社会得以稳定下来。这些受封的大大小小的诸侯国，分布在天下各地，构织起四通八达的统治网络，形成了对周王室众星拱月般的政治格局。周王室分封宗亲贵族的既定制度，辅之以明确天子权利和诸侯义务的周礼的约束，决定了王室和诸侯之间的内在关系，使中央王国对地方诸侯的纵向联系加强。同时，西周的诸侯国之间或为同宗共祖的宗亲，或为彼此通婚的姻亲，横向联系也比以前密切很多。通过规定严格的权利和义务，形成了等级森严的上下级关系，在相当长的时期内维护了周王室的统治。

宗法制度由氏族公社父系家长制演变而来，是奴隶主贵族按血缘关系分配国家权力，以便建立世袭统治的制度。它确立于夏朝，发展于商朝，完备于西周，对中国影响深远。西周宗法制度的核心是嫡长子继承制，即嫡长子继承父位，庶子进行分封。按此规定，周王的嫡长子继承王位，其余嫡子和庶子分封为诸侯；诸侯的嫡长子继承君位，其余众子分封为卿大夫，卿大夫的长子继承封号，其余众子分封为士。嫡长子与受封诸子既是兄弟关系，又是君臣关系。周代建立起来的宗法制是由氏族社会的父系家长制演变而成，天子世世相传，每世的天子都以嫡长子的身份继承父位为下一代天子，奉祀始祖，叫做“大宗”，嫡长子是土地和权位的法定继承人，其地位最尊，称为“宗子”。嫡长子的同母弟与庶兄弟封为诸侯，叫做“小宗”。西周宗法制度严格区分大宗、小宗。周王是大宗，即最大的族长；诸侯是小宗，但在封国内又是大宗；卿大夫在封邑内是大宗，在诸侯国内又是小宗；卿大夫之下，建立各自父权家长制家庭，家长就是士；士以下是各级宗子比较疏远的家族成员，成为一般平民。大宗和小宗的划分，明确了下级贵族臣服于上级贵族、全体贵族服从于天子的政治隶属关系。在这种制度下，整个国家政权就是由“大宗”“小宗”的宗法血缘关系组织起来的。家族的血缘关系与国家的组织关系有机地结合在一起，政权与族权合二为一，从而确立奴隶主贵族的等级制度和奴隶制的国家体制。宗法制度的本质即是家族制度的政治化。宗族和宗法关系的长期存在，形成了“家国同构”的政治格局，也深深地影响着中国古代的政治道德生活。

分封制和宗法制紧密结合、政权和族权紧密结合是夏商周时期政治制度的主要特点。宗法制则始终处于核心地位；分封制的实行依托于宗法制。分封制为“表”，它“封邦建国”，形成了由众多诸侯国和王畿所组成的行政机构以及诸侯与周王之间的君臣关系；宗法制为“里”，它采用“嫡长子继承制”，用规定宗族内嫡庶系统的办法来确定和巩固父系家长在本宗族中的地位，以保证王权的稳定和贵族在政治上的垄断和特权地位。分封制的等级序列与宗法制的亲疏远近相吻合，西周建立了天子统辖诸侯、诸侯统辖卿大夫、卿大夫统率士及平民的封建等级政治结构。

二、“国之神位，右社稷，左宗庙”

中国古代国家是以家族和宗族为内涵的，是一种家族城邦。作为国家的象征，一曰宗庙，二曰社稷。国人即邦人，不仅仅是居于国中之人，而且是属于邦族之人。① 从周王朝军事胜利后实施的分封制可以清楚看出，基于血缘关系的宗法制度不仅没有随着统治区域的扩展趋于消解，反而被放大强化，成为政权组织的主干。“国之神位，右社稷，左宗庙”（《周礼·春官》），宗庙祭祀祖先，社稷则是疆域的象征。右社稷，左宗庙的建筑格局表明社会的血缘性和地域性、政治制度的家族性和公共性长期并存。

《礼记·大传》中说：“亲亲故尊祖。尊祖故敬宗。敬宗故修族。修族故宗庙严。宗庙严故重社稷。重社稷故爱百姓。爱百姓故刑罚中。刑罚中故庶民

① 田昌五：《中国古代国家形态概说》，载《华夏文明》第三集，北京大学出版社 1992 年版。

安。庶民安故财用足。财用足故诸志诚。诸志诚故隶属刑。隶属刑然后乐。”

宗庙，亦称“宗祊”，指人们在阳间为亡灵建立的寄居之所，是帝王、诸侯祭祀祖先的地方。在古代，为国家政权存在的象征。《左传・桓公二年》：“冬，公至自唐，告于庙也。凡公行，告于宗庙。反行，饮至、舍爵、策勋焉，礼也。”又《襄公二十四年》：“若夫保姓受氏，以守宗祊，世不绝祀，无国无之。”宗庙制度是祖先崇拜的产物。“宗庙之礼，所以序昭穆也；序爵，所以辨贵贱也；序事，所以辨贤也；旅酬下为上，所以逮贱也；燕毛，所以序齿也。”(《礼记・中庸》)所谓昭、穆，是指宗庙中位次的排列，自始祖以下，父曰昭，子曰穆，按照世次递遭排列下去。古代宗庙的次序，以始祖庙的排位居中，以下二世、四世、六世，位于始祖的左方，称为昭，三世、五世、七世位于右方，称为穆。序爵是按爵位高低大小，以公、侯、卿、大夫分为四等排列次序。序事指按在祭祀中担任的职务排列先后次序。旅酬是指众人相互敬酒，这种敬酒的次序是晚辈必须向长辈敬酒，这样祖先的恩惠就会延及到地位卑微的晚辈。燕毛，所以序齿，是指按头发的颜色来决定宴席座次，这样就能使老小长幼秩序井然。每当在宗庙举行祭祖之礼时，要排定辈分(昭穆)，分别血统上的亲疏；血统上的亲疏，决定了政治地位上的贵贱。周人宗庙制度，一般认为：天子七庙，三昭三穆，与太祖之庙合而为七。诸侯五庙，二昭二穆，与太祖之庙合而为五。大夫三庙，士一庙。庶人不准设庙。宗庙的位置，天子、诸侯皆建于中门左侧，大夫则左庙而右寝。宗庙四周有墙垣，又称“都宫”。都宫之内，诸庙都南向，昭庙在左，穆庙在右，依世排次。庶民则是寝室中灶堂旁设祖宗神位。祭祀时要卜筮选尸。尸是死去的先祖的代表。庙中的神主是木制的长方体，祭祀时才摆放，祭品不能直呼其名。宗庙祭祀时，须首先以青铜钟之类器具奏乐，激扬和声，以感通神灵，协于上下，振发感情，进而敬献颂歌，用报祖先之大德。《周礼・春官・典庸器》：“掌藏乐器、庸器，及祭祀帅其属而设筍虡。”庸器即彝器，即宗庙礼器。《国语・周语下》：“(伶州鸠曰)乐从和，和从平，声以和乐，律以平声，金石以动之……如是而铸之金……上作器，民备乐之，则为和……故谚曰：众心成城，众口铄金。”可见设金为乐即旨在和物，和人。宗庙祭祀用的鼎、彝、尊、觚等礼器，都是国家重宝，“宗彝”成为国家的象征，必须妥为保藏，所谓“祭器不逾境”。“迁鼎”——国家的祭器被迁走了，表示一个国家被灭亡了。对于一个家庭来说，祭器也至为重要，“君子虽贫不鬻祭器，虽寒不衣祭服”（《礼记·曲礼》），就是这个道理。祭祀使用鼎彝礼器有一定之规。用于祭祀的牺牲与物品，都有代称，祭祀时不得直呼其名。周人宗庙祭享之礼，先有修除、择士、卜日、斋戒等准备工作。祭日入庙后先到太室行祼（guàn）礼，用圭瓒舀了一种叫郁鬯的香酒灌地，使香气到达地下，以告知鬼神降临受祭。祭祀用的食物，行礼后要分而食之，称为“馂”（jùn），是食鬼神之余的意思。牲肉（生曰脤，熟曰膰）分赠给参加祭祀的宾客或颁赐给同姓诸侯。天子、诸侯宗庙的正祭，春曰祠，夏曰礿（yào，或作禴），秋曰尝，冬曰烝，在四季的孟月举行，加上腊祭，每岁共五祀。祫祭是在太祖之庙合祭祖先。当三年之丧毕，先祖神主将依次迁出一辈，这时举行祫祭。明年举行禘祭。禘祭是三年或五年一次的大祭。正祭之外，又有“荐新”之祭，即按照时令节序，将当令的新鲜果蔬品物奉享于宗庙。祭祀时行九拜礼：“稽首”、“顿首”、“空首”、“振动”、“吉拜”、“凶拜”、“奇拜”、“褒拜”、“肃拜”。宗庙祭祀还有对先代帝王的祭祀，据《礼记·曲礼》记述，凡于民有功的先帝如帝喾、尧、舜、禹、黄帝、文王、武王等都要祭祀。

“社稷”是一个特指名词，国家的象征。社，古代指土地之神，按方位命名：东方青土，南方红土，西方白土，北方黑土，中央黄土。五种颜色的土覆于坛面，称五色土，实际象征国土。古代把祭土地的地方、日子和礼都叫社。稷，我国古老的食用作物，即粟，一说为不粘的黍，又说为高粱，引申为庄稼和粮食的总称。古代以稷为百谷之长，因此帝王奉祀为谷神、指五谷之神、农业之神。古代君主都祭社稷，后来就用“社稷”代表国家。《左传·僖公四年》：“君惠徼福于敝邑之社稷，辱收寡君，寡君之愿也。”相传发明社的是共工的儿子句龙，共工氏族是世代的水正，发洪水的时候，句龙就让人们到高地土丘上去住，没有高地就挖土堆丘，土丘的规模是每丘住 25 户，称之为“社”，句龙死后，被奉为土神，也叫社神，为了纪念他就专门建造了房屋祭祀，称之为“后土”。从中国古代文献看，中国上古时代的国家自产生之日起，就与社神建立了一种新的关系。《史记·封禅书》说：“自禹兴而修社祀。”《论语·八佾》记鲁哀公问社于宰我，宰我谈社制也从夏代开始。《尚书·甘誓》记夏启与有扈氏战于甘，夏启命令道：“用命赏于祖，弗用命戮于社。”可以认为，至迟到夏代具有政治意义的社就出现了。殷王国有“商社”或“亳社”，此“商社”又被人们称为“桑林之社”。从卜辞反映的情况看，殷王室除了在亳社行祭祀外，还在其他的若干社行祭祀，如“东土”、“西土”、“南土”、“北土”等等。社，既与“土”本是一字，后来加上了“礻”旁，也就成了土地神的名称。社祭的神坛也称为“社”。从天子到诸侯，凡是有土地者都可以立社，甚至乡民也可以立社祭祀土地神，社日成为睦邻欢聚的日子，同时还有各种欢庆活动，“社戏”、“社火”就是很好的例子。周方国建立于古公时期，周人国家的社亦于此时建设。《诗经·绵》：“乃立冢土。”“冢土”是早期的国社。周人摧垮殷王国营建东都洛邑，又在洛邑立社。其所以如此，原因正在于社是政权的象征。《白虎通·社稷》说：“封土立社，示有土也。”与古代实情相合。正因为社是国家政权的象征，所以当失去政权的时候，也就失去对社的主祭权。《左传·襄公二十五年》记郑国伐陈。陈国将灭，“陈侯免，拥（抱）社（主），使其众男女别而累，以待于朝”，表示降服。烈山氏的儿子柱做夏的稷正，就是主管农业的官职，在其死后，被奉为农神，也叫五谷神。稷原是周民族的始祖后稷，在西周始被尊为五谷之长，与社并祭，合称“社稷”。由于古时的君主为了祈求国事太平，平谷丰登，每年都要到郊外祭祀土地和五谷神。社稷也就成了国家的象征，后来人们就用“社稷”来代表国家。根据《周礼·考工记》，社稷坛设于王宫之右，与设于王宫之左的宗庙相对，前者代表土地，后者代表血缘，同为国家的象征。《礼记·曲礼下》：“国君死社稷。”就是国君与国家共存亡的意思。《左传·隐公三年》：“先君以寡人为贤，使主社稷”，《左传·隐公五年》：“同恤社稷之难”，都指的是“国家”的忧虑、隐患、安危。

在“家天下”社会中，“社稷”总是与“宗庙”、“祖宗”密切相关的。对于祖宗的尊崇、奉承，是“礼制”的核心内容，也是统治者据以施治的基础。祭祀祖先的宗庙之礼与祭祀土地和五谷之神的社稷之礼，也就成了国家政治生活和社会生活的头等大事。由于分封制的政治体制与奴隶主的宗法关系密切联系在一起，所以各级奴隶主都十分重视这种宗法关系，尊奉其祖先，树立牢固的“尊祖”观念，并无限崇敬周王这个宗主，树立牢固的“敬宗”思想。“尊祖敬宗”成为维护宗法制度的基本信条。当然，宗法制只适用于同姓贵族之间，所以西周实行“同姓不婚”制度，周王室通过联姻方式加强与异姓贵族联系。

《中庸》指出：“郊社之礼，所以事上帝也；宗庙之礼，所以祀乎其先也。明乎郊社之礼，禘尝之义，治国其如示诸掌乎！”这就是说，祭祀天地的礼节，是用来祀奉皇天后土的;宗庙的礼节,是用来祭祀祖先的。明白了郊社的礼节,禘尝的意义,那么治理国家,也就像放在自己手掌上看那样清楚啊！谨于宗庙之礼是为了团结家族,团结家族则本于尊祖敬宗的观念和行为;同时,敬奉土地神和谷神,又能使人们产生对自己所生活的土地以及对这块土地长养的谷物的热爱和崇敬,有利于培养和巩固人们的故土情怀、乡土感情和爱国意识。因此,严宗庙,重社稷,无疑是治理国家所最为重要的头等大事,宗庙、社稷本身也就成为国家或国家政权的代名词。

三、家国同构与伦理本位

中国社会结构的宗法型与专制性结合,形成一种伦理政治化和政治伦理化的文化,伦理超出家族关系成为一种社会政治制度,而社会政治制度也极端强调道德伦理内涵,形成一个严密的系统。中国传统社会政治制度的一个根本性特点,就是血缘亲族关系一直是中国社会人际关系的深层结构。皇帝和臣民的关系,本来只是一种隶属和统治的政治性关系。而在中国,这种政治关系却不仅是一种政治关系,而且是一种亲族式的伦理关系。事实上,中国官僚政治结构,同时也就是一种虚拟的政治亲属辈分结构。皇帝被称作"君父",所有的官吏依其等级的差别而成为人民的尊长。他们不仅享有政治权力,而且享有父权。因而治家的方式被用于治国,家庭伦理结构成为政治法律结构的原型。

1. 家国同构

家国同构是宗法社会的显著特征。"家国同构"即家庭、家族与国家在组织结构方面的共同性。家庭是国家的缩影,国家则是家庭的扩大;国家关系、君臣关系不过是家庭关系、父子关系的延伸;对家长的孝和对君王的忠互相沟通,并在维护政治统治和协调社会秩序的职能上统一起来。"国"在更大的范围内重复着"家"的构想,"家"为"国"的无上性提供了基本的和首要的支持。由此可见,所谓"家国同构"既是一种政治治理模式和治理理念,同时也是一套政治伦理。家庭观念在中国传统文化中有着重要的地位。"家庭—家族—国家",这种"家国同构"的社会政治模式是儒家文化赖以存在的社会渊源,治国成为治家的扩大。《大学》中的"修身,齐家,治国,平天下",便是从内修着手,以道德推衍,进而至于家国天下之治。"修身、齐家、治国、平天下",反映了"家"与"国"之间这种同质联系。宗法社会是“以亲属关系为其结构、以亲属关系的原理和准则调节社会的一种社会类型”。“古代中国文明中,宗庙所在地成为聚落的中心,政治身份的世袭和宗主身份的传递相结合,成为商周文明社会国家的突出特点。尤其是西周,政治身份与宗法身份的合一,或政治身份依赖于宗法身份,发展出一种治家与治国融为一体的政治形态和传统。”①从天地万物到男女、夫妇、父子、君臣、上下,是一个自然推理的过程,也是一个伦理产生的推理过程。在这里,“父子”直接推向“君臣”,“君臣”的政治关系建立在“父子”的伦理关系的基础之上,君臣的不平等关系获得了合法性基础。孔子把父子与君臣放到一起进行讨论。《论语·学而》记载:“有子曰:‘其为人也孝弟,而好犯上者,鲜矣;不好犯上,而好作乱者,未之有也。君子务本,本立而道生。孝弟也者,其为仁之本与!”孝弟之人就不会犯上,不会作乱,由此“孝”与“顺”相通了,家庭领域中的“犯上作乱”与社会、国家领域中的“犯上作乱”相通了。清代的刘宝楠在《论语正义》中据此解释道:“孝弟之人必为忠臣顺下,不好犯上,不好作乱可无疑矣。”②“孝”一旦与“顺”相结合,并且移到政治领域中,就变成“忠臣顺下”的一种品质了。

古代中国人经常家国并提,从家政推出国政,从治家推之治国。家族的伦理被转化为政治的伦理。人们从家族伦理中的孝推出政治伦理中的忠,从家庭中的父母的慈爱推出君主的仁政。从国家政权的归属来看,中国历代王朝都是一家一姓之王朝,王朝的兴衰与皇室家族的命运息息相关。在秦代以前,国家政权完全是按照血缘亲属关系而非行政区划原则建立起的,建立的是真正意义上的宗法制国家。血缘关系与政治权力关系,家族结构与国家政权结构形成了一一对应的关系。家族主义“是中国血缘文化的特殊产物与典型表征,它集中体现了家——国一体、由家及国的社会组织与结构形式的特征,体现了父与君、血缘与宗法、伦理与政治的直接同一”。③

2. 伦理本位

在中国古代社会的人们看来,人与人之间的社会关系主要是一种伦理关

① 陈来:《古代思想文化的世界》,三联书店 2002 年 12 月出版,第 3 页。
② 刘宝楠:《论语正义》,见《诸子集成》第一卷,团结出版社 1999 年 5 月出版,第 8 页。
③ 樊浩著:《中国伦理精神的历史建构》,江苏人民出版社 1992 年版,第 11 页。

系。随着个人年龄和生活之开展，而渐有其四面八方若近若远数不尽的关系。是关系，皆是伦理；伦理始于家庭，而不止于家庭。这种伦理本位表现于经济生活，即为伦理主导型的经济生活，人们之间的经济关系服从亲情伦理的调整，表现为一种伦理关系。在政治上，中国古代的政治为“伦理的政治”，统治者把宗教、法律、风俗、礼仪都混在一起。所有这些东西都是道德。这四者的箴规，就是所谓礼教。中国的统治者就是因为严格遵守这种礼教而获得了成功。由于家国同构，君主与百姓之间、统治者与被统治者之间的政治关系被转化为伦理道德关系。《孝经》谓：“君子之事亲孝，故忠可移于君；事兄弟，故顺可移于长；居家理，故治可移于官。”《礼记》也说：“忠臣以事其君，孝子以事其亲，其本一也。”（《礼记·祭统》）当儒家伦理在政治生活运作过程中的作用强大到足以左右基本的政治行为的时候，它就必然成为政治制度的道德合法性的依据。政治伦理不但确定了政治精英进入政治生活领域，更重要的是它成为政治参与主体的标准并可用来控制官员的心智和行为。它之所以能够得到君权的支持，很显然是因为保证了政治权威的合法性与合理性来源，切断了依据财富、地位、权力或特殊利益来谈论合法性与合理性的渠道。因此政治伦理成了一种整合力量，用以论证政治统治，确定国家目标，提出精英的共同价值观以及调和社会中的各种利益。古代中国人所向往的社会秩序是一种以伦理为主导、各种社会规范综合为治而形成的天下“太平”或“大同”的社会局面。这便最终导致一个以道德仁义为首，而至定名分、职守的礼，在制定是非、赏罚的法度，最后归于等级分明、各得其所的大治局面的出现。

3. 礼治和德治主义

礼治即以礼治国，德治即以德治国，二者都是儒家提出的治国理念和治国主张。礼与德，一个为外在的规范，一个为内在的义理，互为表里，相辅相成。礼治包含了正名主义、典范政治和王制理想三个方面，德治则强调统治者本身要有德行，对臣民进行道德教化和施行“仁政”即统治者要巩固自己的政权，就得以民为本，制民之产，爱惜民力。以礼治国首先要用礼制的等级名分来匡正现实，“正名”就是要使父子君臣之间的关系符合礼的规范。礼制与名分是礼的最直接的表现形式，名分规定了人们在国家和社会生活中的不同地位以及所享有的权利、待遇和所应尽的义务。正名要求人们处在什么地位或角色上就应当尽其职分，即孔子所说的“君君臣臣、父父子子”。典范政治是以礼治国的核心，它要求统治者加强自身的修养，能够以身作则，成为天下的楷模或人们效法的榜样。“这种政治主张民不帅教，责在自躬，统治者应反身修己，朝夕惕若；它反对归咎于人，用残暴手段强迫人民奉上守法。”①孔子指出：“政者正也，子帅以正，孰敢不正？”又说：“其身正，不令而行；其身不正，虽令不从”，说明政治与统治者个人修养的意义。“王制理想”包含了制民之产，轻徭薄赋，养老恤孤，尚贤使能，礼乐教化等内容，它不仅是礼治所要追求的价值目标，也是礼治的实践化效应之体现。德治比之礼治，更加强调统治者道德修养的意义和价值，更加强调伦理教化的政治效用以及道德人格的熏染作用。

先秦政治文明的德治或仁政意识源远流长，自尧舜禹汤文武周公一直到孔孟儒家，都十分注重以德治国，把敬德保民视为为政的核心价值。德治的产生是在历史变革中发掘的，德就是人们心中能够按照正直和公道的观念来处理各种人与人之间的关系，落到实处就是给人利益，给人好处，它是从史前到国家形成过程中已经明确起来的观念。发展到孔子，他祖述尧舜，宪章文武，主张“为政以德，譬如北辰，居其所而众星共（拱）之”（《论语・为政》），认为“道之以政，齐之以刑，民免而无耻。道之以德，齐之以礼，有耻且格”（《论语・为政》），故而推崇德治主义。他在“非礼勿视，非礼勿听，非礼勿言，非礼勿动”（《论语・颜渊》）的思想基础上，强调“为国以礼”，并坚信“上好礼，则民莫敢不敬”（《论语・子路》）。孟子发展了孔子的思想，明确提出了施仁政的学说，认为“以不忍人之心，行不忍人之政，治天下可运之掌上”（《孟子・公孙丑上》）。“君行仁政，斯民亲其上、死其长矣”（《孟子・梁惠王下》）。在孟子看来，仁政是一种合乎伦理的政治类型或模式，能不能行仁政是决定一个国家成败得失的关键。“三代之得天下也以仁，其失天下也以不仁。国之所以废兴存亡者亦然。天子不仁，不保四海；诸侯不仁，不保社稷”（《孟子・离娄上》）。夏商周三个朝代的开国之君禹、汤、文之所以能够得到天下是由于他们力行仁德，夏商周三朝的末代君主桀、纣、幽、厉之所以失去天下是由于他们的不仁。这三个朝代的兴盛、衰败和生存、灭亡的原因皆在于对仁政的态度，行仁政就可以得到生存并且获得兴盛，

---

① 常金仓：《周代礼俗研究》，台北文津出版社 1993 年版，第 272 页。

不行仁政就会衰败乃至灭亡，这就是历史发展留给我们的经验教训。虽然孔孟二人的思想并没有在当时的诸侯国内得到普遍实现，但是各诸侯国都已经将二人为代表的这种德治意识潜移默化到了自己的执政过程中，并成为后世政治生活的价值理念和追求目标。

第二节　公忠与社稷高于亲戚的政治伦理原则

"忠"在西周春秋时期主要表现为两种形态，一种是对君上或主人的忠，一种是对于国家、社稷和人民的忠，我们可以把这两种忠分别称之为私忠和公忠。春秋战国时期，人们已经区分了公忠和私忠，将忠于社稷和人民视为公忠，将忠于君主或上司视为私忠。并且认为，相对于私忠而言，公忠无疑是最为崇高的，也是各级官吏和庶民百姓的最高价值追求。

一、公忠体国传统的形成和发展

"忠"德在春秋战国时期适用范围是相当广泛的，"它代表了一种具有普遍意义的社会价值，也是对每一个人所提出的道德要求"。[①] 何谓忠？《说文解字》："忠，敬也，尽心曰忠。"应该说，这是忠的第一初始含义。《国语》云："除暗以应外为忠。"忠是除却心中的阴影污垢，以坦荡无瑕之心面对外界各种各样的事情和人物。这种意义的忠要求"尽心于人"，无有欺瞒，竭诚做好分内的事情。忠的第二初始含义是指在做人和做事时专一无二，"忠也者，一其心之谓也"（《忠经・天地神明章》）。"心止于一中者，谓之忠；持二中者，谓之患。患，人之中不一者也。不一者，故患之所由生，是故君主贱二而贵一"（《春秋繁露・天道无二》）。忠的第三种含义是指利君爱国，对自己的祖国要有赴汤蹈火、奋不顾身的精神和气概，对所侍奉的君主要有忠心耿耿、鞠躬尽瘁的信念和品质。《左

① 张锡勤、柴文华主编：《中国伦理道德变迁史稿》(上)，人民出版社 2008 年版，第 94 页。

传·桓公六年》:“上思利民,忠也。”《左传·昭公元年》:“临患不忘国,忠也。”《左传·僖公五年》称赞“子襄忠”,原因就在于君主死了,子襄便为君主追增谥号;子襄自己快死时,又念念不忘保卫国家。所以,忠臣就是想君之所想,忧国之所忧。忠的第四种含义是指大公无私。《左传·僖公九年》指出:“公家之利,知无不为,忠也。”一般地说,忠是一种对事对人的应有品德和行为准则,由于人们面对的事情和人物对象繁多,故忠的对象也较为广泛,对自己的分内之事,对亲、师、友、君所交待的事都要忠(尽心),间接地,也便成了待亲、待师、待友、待君都应该忠(尽心),当然这忠并非无原则的忠。近代谭嗣同强化了忠的第一种含义和第二种含义,指出:“古之所谓忠,以实之谓忠也,下之事上当以实,上之待下乃不当以实乎?则忠者,共辞也,交尽之道也,岂可专责之臣下乎?……古之所谓忠,中心之谓忠也。‘抚我则后,虐我则雠’,应物平施,心无偏袒,可谓中矣,亦可谓忠矣。”①认为忠是诚实平等的待人之道,它要求无偏袒,彼此尽心竭力,相互忠诚。严复把忠解释为爱,认为忠是一种含义甚广、涉及面较宽的德性,忠的精神不会因为专制国家的废除而消失。②梁启超指出:“则吾中国相传天经地义,曰忠、曰孝,尚矣。虽然,言忠国则其义完,言忠君则其义偏……使忠而仅以施诸君也,则天下之为君主者,岂不绝其尽忠之路,生而抱不具人格之缺憾耶?”③孙中山坚持认为,忠是一种对国家的美德,是中国独有的宝贝。“我们到现在说忠于君固然不可以,说忠于民可不可呢?忠于事又是可不可呢?我们做一件事,总要始终不渝,做到成功,如果做不成功,就是把性命去牺牲亦所不惜,这便是忠。”④忠于君主只是君主制下的一种对臣子的道德规范,它并不是也不可能是忠的全部。忠在政治生活中大量地表现为对国家社稷的忠诚和对人民的忠诚,以及对理想和道义的忠诚。

公忠体国的首要要求是胸怀天下,情系百姓,为国家百姓利益鞠躬尽瘁,贡献不已。孟子说:“乐民之乐者,民亦乐其乐;忧民之忧者,民亦忧其忧。乐以天下,忧以天下,然而不王者未之有也。”(《孟子·梁惠王下》)楚子囊还自伐吴,

---

① 谭嗣同:《仁学》,见《谭嗣同全集》(下册),中华书局1981年版,第340页。
② 参阅李承贵著:《德性源流——中国传统道德转型研究》,江西教育出版社2004年版,第134～135页。
③ 梁启超:《新民说·论国家思想》,见《梁启超选集》,上海人民出版社1984年版,第220页。
④ 孙中山:《三民主义》,见《孙中山选集》,人民出版社1981年版,第681页。

卒。将死，遗言谓子庚："必城郢！"君子谓："君薨不忘增其名，将死不忘卫社稷，可不谓忠乎？忠，民之望也。诗曰'行归于周，万民所望'，忠也。"(《左传·襄公十四年》)鲁襄公十三年楚王死，令尹子囊建议谥为"共"(恭)，故云君死不忘增其名。襄公十四年子囊死，念念不忘在郢建城，以卫社稷。这里的"忠"是指忠于社稷。

公忠体国的另一体现是把国家利益、民族、人民利益放在第一位，先公后私，公而忘私，个人利益服从于人民利益、集体利益和国家利益，必要时以牺牲个人利益以保护国家、民族和人民的利益。季文子是季孙氏少有的贤明领导，他死后大夫为他入殓，鲁公也到场亲临。他三相国君，而家其朴素如常人，一心忠于公室和政务。《尚书》说："以公灭私，民其充怀。"为政以公，才能获得百姓的信任和爱戴。"昔先圣王之治天下也，必先公，公则天下平矣，平得于公。尝试观于上志，有得天下者众矣，其得之以公，失之以偏，凡王之立也，生于公"(《吕氏春秋·贵公》)。天下得之于公，失之于偏，故为君为官者，须明于公私之分，立政为公。法家韩非说："禁主之道，必明于公私之分，明法制，去私恩。夫令必行，禁必止，主之公义也"，又说"私义行则乱，公义行则治，故公私有分"(《韩非子·饰邪》)。公私之分，从积极方面说就是一心为公，"国家之利，知无不为"，"居之无倦，行之以忠"；从消极方面讲就是无私，荀子说"通忠之顺，权险之平，祸乱之从声三者，非明主莫之能知也，争然后善，戾然后有功，出死无私，致忠而公，夫是之谓通忠之顺"。《荀子·臣道》又说："志忍于私然后能公，行忍情性然后能。"无私即公，不图私利，克服私心，是公忠之至，臣之至道。

公忠体国的原动力在于个体与国家是毛与皮、齿与唇的关系。国家利益关系每个公民的利益，国家的存亡兴衰对公民命运有着重要影响。所以，身系国家、以身报国便成为人们理所当然的道德选择。先秦不仅具有丰富的关于公忠体国官德的理论内容，更有着光照史册的人物典型，如以身质天下的周公；欲复周之将倾，周游列国，知其不可而为之的孔子；忠于国家安危，以身相谏的伍子胥；秦庭长哭七日以求救兵的申包胥；哀民生之多艰，恐皇舆之败绩的屈原，无不是公忠体国的生动写照，中华民族爱国主义精神的光辉形象。

国家有难，以身赴国，为国捐躯，固然是公忠体国的至高体现。而太平之时勤于国事，忠于人民，为国家百姓尽职尽责，同样是公忠体国的当然要求，所以，为官勤于国事，忠于人民，治理好国家，造福于百姓也是公忠体国的一个重要体现。先秦的思想家、政治家大多都认为富国平政、济利百姓是统治者、官吏的最根本的职责。所以，作为国家管理者的官吏的首要任务是使国富、民安。管子说："仓廪实则知礼节，衣食足则知荣辱。"（《管子·牧民》）基本的物质生活保证是精神文明建设的保证，要建立起良好的社会秩序，首先要使百姓能够丰衣足食，否则这种良好的社会秩序只能是实现不了的美好愿望而已。孟子说："无恒产而有恒心者，惟士为能。若民，则无恒产，因无恒心。苟无恒心，放辟，邪侈，无不为已"，"是故明君制民之产，必使仰足以事父母，俯足以畜妻子，乐岁终身饱，凶年免于死亡。然后驱而之善，故民之从之也轻"（《孟子·梁惠王上》）。生活富足是百姓安居乐业的前提，也只有生活富足、衣食不缺，百姓才能自觉地遵守社会秩序，接受教化。

公忠体国在《左传》中有生动而深刻的体现。《桓公六年》季梁有言："所谓道，忠于民而信于神也。上思利民，忠也；祝史正辞，信也。"这里明确把利民视为忠。《僖公九年》荀息对晋献公说："公家之利，知无不为，忠也"，这里明确把为公家谋利益看做是忠。《成公九年》载文子言"不背本，仁也。不忘旧，信也。无私，忠也"。认为忠才能做成事，有益于天下国家。《文公元年》君子评价秦大夫子桑为忠，是因为他能知人并能向国家举善；《襄公十五年》记楚国大夫子囊伐吴归来去世，将死之前遗言大夫子庚，一定要把楚都郢的城郭建好，在这前一年，楚共王去世，也是子囊坚持维护楚共王的声誉。因此君子评价道："子囊忠，君死不忘增其名，将死不忘卫社稷，可不谓忠乎？忠，民之望也。"

公忠体国的精神，不但在《左传》中有突出表现，在《诗经》中也早就有了很好的体现。这尤其以《大雅》中《民劳》、《板》、《荡》、《抑》、《桑柔》等五首怨刺诗最有代表性。据释，这五首都是讽刺厉王的诗。《毛诗序》说："《民劳》，召穆公刺厉王也。""《板》，凡伯刺厉王也。""《荡》，召穆公伤周室大坏也。厉王无道，天下荡荡，无纲纪文章，故作是诗也。""《抑》，卫武公刺厉王，亦以自警也。""《桑柔》，芮伯刺厉王也。"在历史上，周厉王是个无道昏君，《国语》中曾记载厉王无道，最后被国人驱逐的故事。这五篇怨刺诗都出自上层贵族人物之手，他们对厉王的无道进行讽谏，其言辞之激烈，在历史上是少见的。如《民劳》开首就说："民亦劳止，汔可小康。惠此中国，以绥四方。无纵诡随，以谨无良。"这五篇诗之所以在讽谏厉王时使用了这样激烈的言词，主要来源于诗人的那种公忠精神，来自于这些君子忧患国家的群体意识。他们劝告厉王，并不是由于他们忠于厉王个人，而是因为他们考虑的是整个周王朝的利益，考虑到人民所受的苦难。因此，他们在周厉王面前没有那种诚惶诚恐的奴相，而是以一个老臣甚或是一个长者的身份来进行劝谏。如《抑》诗的作者卫武公直称厉王是“小子”，说他不知好坏，要耳提面命地训导他：“于乎小子，未知臧否。匪手携之，言示之事。匪面命之，言提其耳。”《板》的作者凡伯也批评厉王说：“老夫忠心耿耿，而你这小子却如此自骄”，并说他的坏事越做越多，以至于到了不可救药的地步。《诗经·大雅》怨刺诗之所以在封建社会具有典范意义，和其中贯注的这种公忠体国精神是直接相关的。

《毛诗序》说：“雅者，正也，言王政之所由废兴也。”《史记·司马相如传赞》说：“大雅言王公大人而德逮黎庶，小雅讥小己之得失，其流及上。所以言虽外殊，其合德一也。”这里所说的“王政废兴”、“德逮黎庶”、“其流及上”云云，都指出了大小雅抒情诗超越个人利益而具有群体主义情感的一面。这种群体主义情感即公忠精神，它不但是周代贵族君子、同时也是后世封建社会志士仁人的一种美好道德，因而被人们广泛推重。它说明从周代社会起，为国献身，忠心报国，就已经成为中华民族志士仁人的一种人生理想，化为中国古代文化中的崇高道德力量。

二、社稷高于亲戚的政治伦理追求

社稷，指土神和谷神，古时君主都祭祀社稷，后来就用社稷代表国家。“社稷”从字面来看是说土谷之神。由于古时的君主为了祈求国事太平，平谷丰登，每年都要到郊外祭祀土地和五谷神。社稷也就成了国家的象征。

《左传》提出了“苟利社稷，死生以之”的价值观。“郑子产作丘赋。国人谤之，曰：‘其父死于路，己为虿尾。以令于国，国将若之何？’子宽以告。子产曰：‘何害？苟利社稷，死生以之。且吾闻为善者不改其度，故能有济也。民不可逞，度不可改。《诗》曰：‘礼义不愆，何恤于人言。’吾不迁矣。”（《左传·昭公四年》）郑国子产制定了丘赋的制度。国内的人们指责他，说：“他的父亲死在路上，自己是虿虫的毒尾。在国内来发布命令，国家将怎么办？”子宽将这个告知子产。子产说:“这有什么妨碍？如果对国家有利,不管死活都要用它。并且我听说,做好事的人不改变他的法度,所以能够成功。庶民的欲望不能过分满足,法度也不可以轻易改变。《诗经》里有‘礼义没有过失,对人们的议论何必忧虑’的说法。所以我的做法也是不会改变的。”子产判断是非善恶的标准是如何有利于国家,只要对国家有利,牺牲生命也在所不惜。《昭公元年》记载赵孟的话说:“临患不忘国,忠也。思难不越官,信也。图国忘死,贞也。谋主三者,义也。”认为面临灾祸而不忘记国家就是忠诚,想到危难而不超越职守就是诚信,为国家打算而不惜一死就是坚贞,谋划事情以忠、信、贞三者作主体就是道义。《左传》还载有“执干戈以卫社稷”的许多故事。哀公十一年,鲁国公子公叔禺人与他邻居一个名叫汪锜的嬖僮一起参加了抗击齐国侵犯的战斗,他俩同乘一辆战车奋勇拼杀,一同战死,一同停殡。国人因汪锜年幼,欲以殇礼葬之,孔子听说后曰:“能执干戈以卫社稷,可无殇也。”(《左传・哀公十一年》)意思是说:汪锜能拿着武器保卫国家而战死,没什么成年不成年(葬礼)的区分。殇礼就是没成年就死去的人之葬礼,孔子念其贞勇,力排众议,坚持给予汪锜以成年葬礼,可见嘉其忠勇。

《管子・七法》提出了“社稷戚于亲”的伦理价值观。指出:

> 世主所贵者,宝也;所亲者,戚也;所爱者,民也;所重者,爵禄也。亡君则不然,致所贵非宝也,致所亲非戚也,致所爱非民也,致所重非爵禄也。故不为重宝亏其命,故曰:令贵于宝。不为爱亲危其社稷,故曰:社稷戚于亲。不为爱人枉其法,故曰:法爱于人。不为重爵禄分其威,故曰:威重于爵禄。不通此四者,则反于无有。故曰:治人如治水潦,养人如养六畜,用人如用草木。居身论道行理,则群臣服教,百吏严断,莫敢开私焉。论功计劳,未尝失法律也。便辟、左右、大族、尊贵、大臣,不得增其功焉;疏远、卑贱、隐不知之人,不忘其劳。故有罪者不怨上,爱赏者无贪心,则列陈之士皆轻其死而安难,以要上事,本,兵之极也。

这就是说时下的君主所重视的往往是珍宝,所亲近的往往是亲戚,所珍爱的往往是属民,所重惜的往往是爵禄。英明的君主则不是这样,他最重视的不是珍宝，最亲近的不是亲戚，最珍惜的不是属民，最看重的不是爵禄。所以，他不会为重宝损害政令，就是说“令贵于宝”；不会为亲戚危害国家，就是说“社稷重于亲戚”；不会为爱其属民而违反法律，就是说“爱法高于爱人”；不会为重惜爵禄而削弱威信，就是说“威信重于爵禄”。君主如不懂得这四条，就会一无所得。所以说：治人如治水，养人如养六畜，用人如用草木。君主自身能按理办事，群臣就服从政令，百官就断事严明，谁也不敢徇私了。在评计功劳的时候，不能离开法令规定。宠臣、侍从、大族、权贵和大臣们，不得凭特权加功。关系远的、地位低的、不知名的，有功也不得埋没。这样，犯罪受刑的人不会抱怨君上，有功受赏的人也不会滋长贪心。于是，临阵的将士们都将不怕牺牲而赴难，以求为国立功了。这是治军的最重要原则。

在春秋战国时期，有很多公忠体国的英雄或杰出人士，他们以自己对国家社稷的忠诚和献身精神谱写了一曲又一曲政治道德的颂歌。《战国策·楚一》记载威王向莫敖子华询问楚国历史上舍身忧国的忠臣。莫敖（官名）子华分别举出令尹子文、叶公子高、莫敖大心、棼冒勃苏（申包胥）、蒙谷五个典型，热情歌颂了楚国历史上这些忠臣义士的爱国行为。

> 威王问于莫敖子华曰：“自从先君文王，以至不谷之身，亦有不为爵劝、不为禄免，以忧社稷者乎？”莫敖子华对曰：“如华，不足以知之矣。”王曰：“不于大夫，无所闻之？”莫敖子华对曰：“君王将何问者也？彼有廉其爵，贫其身，以忧社稷者；有崇其爵，丰其禄，以忧社稷者；有断脰决腹，壹瞑而万世不视，不知所益，以忧社稷者；有劳其身，愁其志，以忧社稷者；亦有不为爵劝，不为禄勉，以忧社稷者。”

这里讲到了“忧社稷”的五种类型，有些人是通过降低自己的爵位、减少自己的俸禄来为国分忧，有些人则通过提升自己的爵位、增加自己的俸禄来为国分忧，有些人忧社稷则表现为抛头颅、洒热血，一辈子从来不懂得为自己谋利益，有些人忧社稷则表现为忧勤惕厉、竭心尽智为国家奔走，可谓鞠躬尽瘁，死而后已，还有些人是不谋高位、不求俸禄，只替国家奔忙的。接着莫敖子华介绍了令尹子文、叶公子高、莫敖大心、棼冒勃苏（申包胥）、蒙谷五个典型的事迹。

令尹子文是“廉其爵，贫其身，以忧社稷”的典范，他上朝时，身穿朴素的黑布长衫，在家时，穿着简朴的鹿皮衣。黎明即起，就去上朝；太阳落山，才回家吃饭。吃完早饭就顾不上晚饭。连一天的粮食也没有积存。所以他是奉公守法，安于贫困，而忧虑国家安危的典范。

叶公子高则是“崇其爵，丰其禄，以忧社稷”的典范。他其貌不扬，而有柱国之才，不仅平定了白公之乱，使楚国得以安定，而且发扬了先君的遗德，影响到方城之外，四境诸侯都不敢来犯，使楚国的威名在诸侯中未受损伤。叶公子高的封地有六百畛的土地，他对国家的效忠属于那种为了提高爵位，增加俸禄，而忧虑国家安危的典范。

莫敖大心属于那种不怕断头，不怕剖腹，视死如归，不顾个人利益，而忧虑国家安危的典范。史载：“吴与楚战于柏举，两御之间，夫卒交。莫敖大心抚其御之手，顾而大息曰；‘嗟乎！子乎，楚国亡之日至矣！吾将深入吴军，若扑一人，若捽一人，以与大心者也，社稷其庶几乎！’故断脰决腹，壹瞑而万世不视，不知所益，以忧社稷者，莫敖人心是也。”（《战国策·楚一》）

棼冒勃苏属于那种劳其筋骨，苦其心志，而忧虑国家安危的典范。史载吴、楚两国在柏举交战，吴军连攻三次，攻入楚都，楚君逃亡，大夫跟随，百姓流离失所。棼冒勃苏曰：“吾被坚执锐，赴强敌而死，此犹一卒也，不若奔诸侯。”于是，他背着干粮秘密出发，越过高山峻岭，渡过深水溪谷，鞋子穿烂了，脚掌磨破了，裤子破了，露出了膝盖；走了整整七天，到了秦王的朝廷，踮着脚跟翘望，希望得到秦王的帮助；日夜哭泣，希望得到秦王的同情。经过七个昼夜，也未能面告秦王。他就这样，滴水不进，以致头昏眼花，气绝晕倒，不省人事。秦王知道后来不及系好衣帽就跑来看他，左手捧着他的头，右手给他灌水，勃苏才慢慢苏醒过来。秦王身问之：“子孰谁也?”棼冒勃苏对曰：“臣非异，楚使新造盩棼冒勃苏。吴与楚人战于柏举，三战入郢，寡君身出，大夫悉属，百姓离散。使下臣来告亡，且求救。”秦王一再要他起身，他一直不起。秦王曰“寡人闻之，万乘之君，得罪一士，社稷其危，今此之谓也。”于是，秦王派出战车千辆，兵士万人，让公子满和公子虎带领，出边关，向东挺进，与吴军战于浊水之上，大败吴军。所以，莫敖子华说：“劳其身，愁其思，以忧社稷者，棼冒勃苏是也。”

第五个忧社稷的典范是蒙谷。史载：“吴与楚战于柏举，三战入郢，君王身出,大夫悉属,百姓离散。蒙谷给斗于宫唐之上,舍斗奔郢,曰:'若有孤,楚国社稷其庶几乎!'遂入大宫,负离次之典,以浮于江,逃于云梦之中。昭王反郢,五官失法,百姓昏乱。蒙谷献典,五官得法而百姓大治,比蒙谷之功,多与存国相若。封之执圭,田六百畛。蒙谷怒曰:'谷非人臣,社稷之臣。苟社稷血食,余岂患无君乎?'遂自弃于磨山之中,至今无冒。故不为爵劝,不为禄勉,以忧社稷者,蒙谷是也。"(《战国策·楚一》)

莫敖子华用包含强烈感情的语言、鲜明生动的案例故事,描述了一批公忠体国和忧社稷的道德典范,并针对楚威王"此古之人也,今之人,焉能有之耶?"的发问作出了正面的回答。在莫敖子华看来,只要国君能够喜好公忠体国之士,公忠体国之士就一定能够遍布国中。"若君王诚好贤,此五臣者,皆可得而致之!"(《战国策·楚一》)其实,在夏商周三代,像莫敖子华所乐道的公忠体国典范,那种把社稷看得比自己身家性命更为重要的,又何止他所描述的五位!

三、"临患不忘国"的爱国主义行为

忠于社稷和故土,是古代爱国主义的重要内容。先秦时代,产生了一批爱国主义的道德典范。他们心系祖国,为了国家和社稷的利益而把自己的个人安危置之度外,往往在关键的时刻能够挺身而出。用春秋君子的话来说,这就叫"临患不忘国"。

叔孙豹是春秋时鲁国执政大夫,他不仅提出了"立德,立功,立言"的"三不朽"理论,而且在具体的政治生活中始终将国家和人民的利益看得无比重要,充满着对国家的赤胆忠心。公元前541年(鲁昭公元年),叔孙豹代表鲁国参加于虢地举行的弭兵大会,面对晋国乐桓子等的威逼利诱,丝毫不为所动,他断然拒绝了以贿赂保持自身安全的考虑,并说:"诸侯之会,卫社稷也。我以货免,鲁必受师。是祸之也,何卫之为?人之有墙,以蔽恶也。墙之隙坏,谁之咎也?卫而恶之,吾又甚焉。虽怨季孙,鲁国何罪?叔出季处,有自来矣,吾又谁怨?然鲋也贿,弗与,不已。"乐桓子索贿不成,很不高兴,就在赵文子面前说叔孙豹的坏话,只求快点把他杀死。赵文子了解事情的经过后,对叔孙豹的言行大加赞赏。他说:"临患不忘国,忠也。思难不越官,信也。图国忘死,贞也。谋主三者,义也。有是四者,又可戮乎?"(《左传·昭公元年》)赵文子没有听乐桓子的话,反而去向楚国求情。他对令尹子围说:“鲁虽有罪,其执事不避难,畏威而敬命矣。子若免之,以劝左右可也。若子之群吏处不辟污,出不逃难,其何患之有?患之所生,污而不治,难而不守,所由来也。能是二者,又何患焉?不靖其能,其谁从之?鲁叔孙豹可谓能矣,请免之以靖能者。”(同上)最后楚国答应了赵文子的请求,不仅免了叔孙豹一死,也化解了鲁国的一次危难。叔孙豹是站在一心为国为民为公的立场之上的。正因为有了这样崇高的思想境界,所以他才能在这样关键的时刻临危不惧,处变不惊,不是以廉价的贿赂去换取自己的苟且偷生,而是以无畏的勇气去承担重大责任,表现了一个贵族君子舍身为国的耿耿忠心。他的言行和赵文子对他的评价,是当时关于公忠的最好诠释。

公孙包胥为楚国利益泣血秦廷可谓古代爱国主义的生动事例。公孙包胥是春秋时楚国的大夫,因为封于申地,因此叫申包胥。楚昭王十年,吴国在柏举(今湖北麻城县东北)打败了楚军后,很快就占领了楚国的郢都,昭王仓皇逃亡到了隋国(今湖北隋县南)。申包胥虽然并没有得到楚王的命令,却独自奔赴秦国去求援。他对秦王说:“吴为无道行,封豕长蛇,蚕食天下,从上国始于楚,寡君失社稷,越在草莽,使下臣告急曰:‘吴,夷狄也。夷狄之求无厌,灭楚则西与君接境,若邻于君,疆埸之患也,逮吴之未定,君其图之,若得君之灵,存抚楚国,世以事君。’”秦伯使辞焉。曰:“寡君闻命矣,子其就馆,将图而告子。”对曰:“寡君越在草莽,未获所休,下臣何敢即安。”倚于庭墙立哭,日夜不绝声,水浆不入口,七日七夜。秦哀公为赋无衣之诗,言兵今出。包胥九顿首而坐,秦哀公曰:“楚有臣若此而亡,吾无臣若此,吾亡无日矣。”于是乃出师救楚。申包胥以秦师至楚,秦大夫子满,子虎帅车五百乘,子满曰:“吾未知吴道。”使楚人先与吴人战而会之。大败吴师,吴师既退,昭王复国,而赏始于包胥。包胥曰:“辅君安国,非为身也;救急除害,非为名也,功成而受赏,是卖勇也。君既定,又何求焉?”遂逃赏,终身不见。君子曰:“申子之不受命赴秦,忠矣,七日七夜不绝声,厚矣,不受赏,不伐矣。然赏所以劝善也,辞赏,亦非常法。”(《新序》节士第七)申包胥的行为可谓一心为国,挺身而出,义无反顾,并且不求名,不求利,不仅感动了秦哀公,而且也受到君子的称道。

伟大的爱国诗人屈原,一生都深深地眷恋自己的故乡,热爱自己的祖国和人民。即使在遭坏人打击,昏君疏远,屡遭挫折,报国无路的恶劣环境中,也不愿离开祖国，到其他国家寻求个人的前途。在他的长诗《离骚》中，有这样的内容倾诉着他对祖国的一片真情：当他的追求一个个失败，希望一个个破灭的时候，灵氛劝他去国远游，另辟施展抱负的处所："思九州之博大兮，岂唯是其有女？劝勉逝而无狐疑兮，孰求美而释女？何所独无芳草兮，尔何怀乎故宇？"内心无比痛苦、矛盾的屈原，深知留在楚国不会有任何作为，也曾为灵氛的话所动，打算远走高飞。正当他升腾远逝的时候，忽然看到了充满苦难但却使人依恋的祖国大地，他的心被深深地触动；他对故乡、祖国的痴情难以割舍，就连他的随从也伤心异常，他的马也痛苦地蜷缩着身体，一次又一次回头张望，不肯离去。他终于还是留了下来，决心以彭咸为榜样，忠贞不移，至死保持高尚的情操。屈原这种眷恋家乡、热爱祖国的情怀随着年龄的增长而日益炽烈。在诗人后来写的《哀郢》一诗中，抒写了他再次被放逐离开郢都时频频回顾、依恋不舍的心情和九年不复的流放岁月中日日夜夜对郢都的思念，以及无时无刻不急切盼望返回故都的心愿，可以说声声血、字字泪，情挚意切。面对残破的山河、艰难的处境，他喊出"鸟飞反故乡兮，狐死必首丘"，以此表白自己在任何情况下心系故土家园、不忍离开祖国的心迹。最终他选择了以身殉国的道路，为后代树立了一个伟大爱国主义者的光辉榜样。

在春秋战国时期爱国主义的群英谱上，除了叔孙豹、公孙包胥、屈原这样的政治人物外，还有许多普通的人民群众，他们深爱着自己的国家和故土，一旦国家遭遇危机总是能够挺身而出，为国效忠。

春秋战国时期的爱国主义虽然充满着自身不可避免的局限，但从总体上说它却是我们民族宝贵的精神财富，构成民族精神的核心，激励着后世子孙不断地为国家的富强、民族的振兴不遗余力地奋斗与开拓！

第三节　君臣关系之类型与君臣道德之要求

尽管在实际的政治生活中，有不少"无道"的国君或统治者，但在中国政治生活的显性层面和价值层面，无论统治者还是关心政治清明的人士都是十分重视将政治纳入道德的范畴，试图在自己个人私利之外构建出天下有道的价值系统，并在用道德来规范群臣和人民的同时实现国家政权的稳定和长治久安。总体上看，注重道德来治理国家是一个朝廷初创时期甚至中期的主要现象，统治阶级道德的没落往往是在国家政权比较稳定和人民生活相对富庶而各种歌功颂德蜂起的时期，而统治阶级道德的没落在历史上往往为革命或内部政权的更迭提供了条件。推翻“无道之君”或无道朝廷能够大面积地调动来自社会各个阶层人士的政治积极性和道德敏感性。君臣关系之道德要求是中国古代政治道德的重要体现，虽然复杂且呈现不同类型，但君仁臣忠、君义臣顺始终是其政治道德所提倡的。

一、君臣关系的类型

自从有了皇帝和大臣，就有了君臣关系。和其他关系比起来，君臣关系似乎是最难处理、最难把握的关系。中国古代的君臣关系，可以分成比较平等的互信互助型和不平等的主奴关系型或尊卑关系型。互信互助型，是最理想的一种关系类型：君臣之间相互尊重、相互信任、相互支持，能够激发各方面积极性，维系组织的团结和战斗力。诚如唐太宗所说：“正主任邪臣，不能致理；正臣事邪主，亦不能致理。唯君臣相遇，有同鱼水，则海内可安。朕虽不明，幸诸公数相匡救，冀凭直言鲠议，致天下太平。”（《贞观政要·求谏》）这段话说出了君臣关系的实质：虽然有贤明的皇帝，但如果所用非人，则不能实现天下大治的目标；而如果只有贤明的大臣，而皇帝昏聩，也不能达到天下大治。《尚书·益稷》载舜帝对大禹的话说：“臣作朕股肱耳目。予欲左右有民，汝翼。予欲宣力四方，汝为。”意即大臣是我的得力助手。我想帮助百姓，你辅助我。我想花力气治理好四方，你帮助我。鉴于这种认识，舜帝要求大臣们“予违，汝弼，汝无面从，退有后言”，即如果我有过失，你们就应当匡正我的过失。做臣子的不要当面顺从国君，背后又去非议国君。大禹对舜帝说：“俞哉！帝光天之下，至于海隅苍生，万邦黎献，共惟帝臣，惟帝时举。敷纳以言，明庶以功，车服以庸。谁敢不让，敢不敬应？帝不时敷，同，日奏，罔功。”如果舜帝您能够善于举用臣子，广泛地采纳他们的意见，公正地评价他们的行为和付出，这样的话，谁敢不恭敬地听从您的命令，天下也自会太平。如果您不善于任贤使能，好坏不分，虽然天天讲用人，也只能是劳而无功。由于舜帝能够任贤使能，充分发挥大臣们的积极性，由于臣子们的精心辅助，所以出现了政道的黄金之世。“帝庸作歌。曰：‘敕天之命，惟时惟几。’乃歌曰：‘股肱喜哉！元首起哉！百工熙哉！’”意即大臣们乐意办事，君王振作奋发，一切事情都会兴旺发达。反之，“元首丛脞哉，股肱惰哉，万事堕哉！”《庄子》一书把理想化的君臣关系应当是一种师友型的关系，这种表现模式的产生受到战国时期尊师风尚的影响，但《庄子》作者对现实的传说进行了改造，赋予了道家的具体内涵。寓言中师友型君臣关系主要有两种类型：由碰撞到相容型和协调型。战国是竞于智谋的时代，每一位君主的周围都有大批的谋臣策士，对于其中出类拔萃而又颇具个性的士人，各国君主不仅以交友之道相待，而且执弟子之礼，敬如师长。君主与士人的师友型关系所在多有。《史记·仲尼弟子列传》记载：孔子既没，子夏居西河教授，为魏文侯师。《史记·孟子荀卿列传》记载：(邹子)适梁，惠王郊迎，执宾主之礼。适赵，平原君侧行避席。如燕，昭王拥彗先驱，请列弟子之座而受业，筑碣石宫，身亲往师之。最著名的是齐国的稷下学宫。齐宣王在都城临淄稷门附近扩置学宫，招揽文学游说之士数千人，讲学议论。其中有淳于髡、驺衍、鲁仲连、荀况等著名人物。对于这些不仕而议的士人，齐王多师事之。《孟子·万章下》载费惠公言：“吾于子思，则师之矣；吾于颜般，则友之矣；王顺、长息，则事我者也。”当时不仅小国的国君把士人当做友人，大国的国君也莫不如此。晋平公对于士人亥唐很是尊敬，以至达到了“入云则入，坐云则坐，食云则食。虽蔬食菜羹，未尝不饱，盖不敢不饱也”(《孟子·万章下》)。《战国策·燕一》载：“燕昭王收破燕后即位，卑身厚币，以招贤者，欲将以报仇，故往见郭隗先生曰：‘齐因孤国之乱，而袭破燕。孤极知燕小力少，不足以报。然得贤士以共国，以雪先王之耻，孤之愿也。敢问以国报仇者奈何？’郭隗先生对曰：‘帝者与师处，王者与友处，霸者与臣处，亡国与役处。诎指而事之，北面而受学，则百己者至；先趋而后息，先问而后嘿，则什己者至；人趋己趋，则若己者至；冯己据杖，眄视指使，则厮役之人至。若恣睢奋击，呴藉叱咄，则徒隶之人至矣。此古服道致士之法也。”郭隗的这一段论述，指出了成就帝业的国君以贤者为师，臣子亦会悉心向善；成就王业的国君以贤者为友，臣子亦会成为朋友，故此而论君臣关系取决于君追求什么和看重什么，一般而言是有什么样的君主就会有什么样的臣子。

君臣关系的第二种类型是不平等的主奴关系型或尊卑型，它的极端表现形式是伴君伴虎型。如此的君主关系，肇始于君主自恃对臣下的绝对权力，给臣下一种天威莫测的感觉，臣下们就如同伴随着一只随时会发威吃人的老虎一样，战战兢兢，如履薄冰，经常处于一种恐惧之中。此景此情，臣下对君主不再是知无不言，反而时时刻刻揣摩君主意图，以君主的态度为态度，以君主的意见为意见。夏桀是中国历史上第一个暴君，面对夏朝危在旦夕的局面，他不思发奋改革，相反却骄奢淫逸。据战国史书《竹书纪年》记载，他“筑倾宫、饰瑶台、作琼室、立玉门”。他宠爱一名叫“妹喜”的美女，而且在全国搜罗美女充入后宫。为了与妹喜享乐，夏桀下令开凿一个座大池，内部装满酒。这就是中国历史上最早的“酒池”。据记载夏桀的酒池造得很大，池内可以航船。夏桀不但极其奢侈，还非常残暴，经常杀戮向他进谏的大臣和无辜民众，甚至让活人和野兽搏斗来供他取乐。在这种暴政下，民众怨声载道，诸侯纷纷背离。最后被商汤所推翻。商纣王是继夏桀王之后的又一个暴君。他贪图享乐，追求豪华奢侈的生活，不仅大规模扩建朝歌城作为新首都，在城内修建空前富丽堂皇的宫殿“鹿台”，在今河南沙丘修建离宫苑台，饲养了从全国各地搜罗的珍禽异兽，而且醉心于腐朽淫乱的生活，极为宠爱妲己，已经到了“唯妲己之言是从”的地步。为了和妲己享乐，他“以酒为池，悬肉为林，使男女裸相逐其间，为长夜之饮”。连绵不断的巨大工程以及挥霍浪费的奢靡开销，使百姓负担急剧加重，苦不堪言。大臣为此多次劝谏。而商王帝辛完全沉湎于“幸福时光”中，对任何敢于进谏的大臣要么驱逐，要么残杀。微子数度进谏，被他施以刑罚，最终投奔西周。重臣比干以“为人臣者，不得不以死争”的气概强谏，结果被处以挖心的极刑！最终再也没有大臣敢于进言。而且他还“发明”了“炮烙”刑法用来镇压反对他暴政的大臣和国民。在他的暴政下，大量国民逃往西周避难，后来，商纣王在周武王伐纣的战争中失败，自焚而死。

君臣关系的第三种类型是臣强主弱型。臣强主弱，很容易出现奴大欺主的局面。这种类型的君主关系很少能造就一个长治久安的王朝。要么是开国初期发生内战，要么是很快被握有实权的大臣篡位。它与第二种类型伴君如伴虎型，正好是两个极端，都阻碍着组织的发展壮大。春秋时代，诸侯挟持天子，大夫放逐诸侯，家臣反叛大夫，所有的人都在疯狂地追逐着权力，又都在追逐权力的过程中丧失了权力。鲁隐公四年，卫州吁弑其君完。被弑者是卫国新君，弑君者是新君的同父异母兄弟。州吁夺位后不久，即被卫人所杀。桓公二年，宋督弑其君與夷。被弑者好戰战，民不堪命。弑君者宋督先杀大夫孔父而夺其妻，借口是好战之罪在于孔父。宋君极为震怒，宋督先下手为強，弑君自保。庄公八年，齐无知弑其君诸儿。被弑之齐襄公荒淫无道，弑君者是其叔伯兄弟，夺位后不久被杀。僖公十年，晋里克弑其君卓。晋献公杀世子而立宠姬所生之幼子，献公死后，大夫里克不服，连杀已即位之二幼君为世子报仇，另立新君。文公元年，楚世子商臣弒其君頵。楚成王欲废世子商臣，商臣发动政变，逼成王自尽，商臣即王位，是为楚穆王。襄公二十五年，齐崔杼弑其君光。被弑之齐庄公并无大恶，只因与右卿崔杼之妻私通，崔杼不甘受辱，乃动杀机，这便是文天祥《正气歌》中所说的“在齐太史简”。假如在史简上写为“公薨”（自然死亡），那么太史兄弟四人便会平安无事；只为“崔杼弑其君”五字，崔杼“惧”而强迫太史更改，太史不从，杀太史；太史的二弟照写，又被杀；三弟接下来再照写，再被杀；四弟还是不怕死，还是这样写，崔杼杀软了手，只得放过了老四，让“崔杼弑其君”保存下来。康王死，其太子继位，四年后，在赴列国会议途中染疟疾，其叔父在探病时亲手用白绫将他绞死，并杀死他的两个幼子，叔父篡位，是为楚灵王。被害的国君毫无劣迹，凶手连两个年幼无知的亲侄孙也不放过。楚灵王做了十二年的国王后，老五弃疾趁灵王在国外时发动政变，杀了灵王之子（太子），把老三捧出來做傀儡国王，逼得灵王在逃亡途中自杀。

先秦时期，以儒、墨、道、法家为代表的各大学派对君臣关系进行了一些讨论。儒家认为君臣关系应建立在礼义基础之上，墨家认为君臣之间应是“兼相爱、交相利”的关系，法家认为君臣之间是纯粹的利益关系，道家则主张以“无为”处理君臣关系、分配君权与臣权。战国时代的思想家孟子对齐宣王论君臣之间的对等呼应关系是：“君之视臣如手足，则臣视君如腹心；君之视臣如犬马，则臣视君如国人；君之视臣如土芥，则臣视君如寇雠。”（《孟子·离娄下》）这段名言的要义是告诫君主，他们对臣下的态度，将直接决定臣下对他们的态度，不尊重臣下势必造成灾难性后果。春秋战国之际的著名刺客豫让原本事奉中行氏，等到智伯攻灭中行氏，他未曾犹豫就改奉智伯为君主。可是后来赵氏灭智伯，豫让却一再为智伯复仇，到了不择手段的程度。有人追问豫让为何对先后两位主子的态度反差如此之大时，豫让回答："中行众人畜我，我故众人事之；智伯国士遇我，我故国士报之。"贾谊就此评论说，同一个豫让，先是"反君事仇，行若狗彘"，后来"抗节致忠，行出虖列士"，根本的原因就在于君主待人的态度不同而使然。贾谊又借题发挥，"故主上遇其大臣如遇犬马，彼将犬马自为也"，如果大臣们不以"人"的伦理约束自己，还有什么犯上作乱的事情不能做呢？所以，贾谊劝告皇帝要礼遇大臣，否则就无法得到他们的真心拥戴。法家以君主为赶车的驭手，而以群臣为驰驱效力的马匹。韩非说，"今以国位为车，以势为马，以号令为辔，以刑罚为鞭筴"(《韩非子·难势》)。韩非还有一段御马之道的妙论："王良、造父，天下之善御者也，然而使王良操左革而叱咤之，使造父操右革而鞭笞之，马不能行十里，共故也……夫以王良、造父之巧，共辔而御不能使马，人主安能与其臣共权以为治？"(《韩非子·外储说右下》)

齐景公问政于孔子。孔子对曰："君君、臣臣、父父、子子。"公曰："善哉！信如君不君，臣不臣，父不父，子不子，虽有粟，吾得而食诸？"身为国君，以礼对待和使用臣属，尊重、关心臣属，不专横跋扈、颐指气使；作为臣属，忠于职守，勤勤恳恳，任劳任怨，竭尽全力辅佐国君。做到了这一点，君臣之间就会和谐相处，国家就会兴旺发达，人民就会安居乐业。齐景公对此宏论击节赞赏。他的赞赏乃是有感而发。齐国数十年来内乱不断，从齐景公上溯六代，齐襄公与自己的妹妹乱伦，还把发现奸情的妹夫鲁桓公杀死灭口，结果被公子无知联合边称和管至父杀死。边称与无知联手政变的理由，是因为他的堂妹不能受宠于齐襄公，他得不到利益，于是吩咐堂妹配合行动，允诺事成后，他的堂妹做无知的夫人。无知政变成功不久又被雍林杀死，齐桓公得以即位。齐桓公的儿子齐懿公也是一个毫无君道的昏君，齐懿公仆从丙戎的父亲敢于和他争猎物，就被齐懿公砍脚，他还霸占骖乘庸职的妻子，却满不在乎地继续让丙戎和庸职做随从，结果被这两人杀死在竹林中。齐景公的哥哥齐庄公也是一个不守君道的庸君，不但没有政治道德，而且私生活也是肆无忌惮，齐国大臣崔杼用卑劣手段夺取了大臣棠公非常美艳的妻子，齐庄公也垂涎三尺，借故把崔杼遣往外地，自己到崔杼家和美女厮混，更为出格的是，他居然把崔杼的卧室里的帽子带出来赏给了其他人。崔杼一怒之下杀死庄公，齐景公得以继位。数十年的内乱，皆由君不君、臣不臣所致，齐景公时的齐国大臣陈僖子蓄意施惠于民，培植自己的政治声望与势力，对齐国君权日益构成威胁，齐景公虽知陈氏的企图，但无法制止，因此向孔子问政。孔子敏锐地看出了这一点，故说出了“君君，臣臣”的话，令齐景公大为叹服。但可惜齐景公终极一生，照样横征暴敛，喜好珍宝狗马，贪恋女色。他做了五十几年的国君，最后因为宠幸一个年轻的女子，临终违背群臣立长君的愿意，立最小的儿子为太子。他死后不久，齐国大乱，幼小的国君根本没有能力控制局面，齐国政权慢慢落到陈氏家族的手中。

“君君臣臣”就是君主应该有君主的样子，应该恪尽君主理应恪尽的职责；身为臣子，也应该做到自己的应尽的责任和义务，君臣之间形成双向契约关系。

君臣关系是一对特殊的关系，它不但决定着国家政治的走向，而且直接影响社会的安定与否。君臣关系处理得好坏直接影响着国家的统治稳定与否。因为在专制社会里，大臣要想在国家政治生活中发挥大的作用，必须处理好与君主的关系，把个人的意见、建议等变成皇帝的旨意才行。而皇帝的喜怒哀乐也直接决定着大臣的进退行止及国家的兴衰盛弱。正如宋人王嘉祐所说：“自古贤相，所以能建功业，泽生民者，其君臣相得，皆如鱼之有水，故言听计从，而功名俱美。”否则很难达到目的。

二、君主应有的道德品质和风范

作为君主，治理天下，理应有自己的道德品质和德操，才能为群臣作出表率，获得一种治政的影响力和魅力，正所谓“政者正也，子帅以正孰敢不正”，“为政以德，譬如北辰，居其所而众星共之”。春秋时晋平公问于晋国的盲乐师师旷曰：“人君之道如何？”对曰：“人君之道，清静无为，务在博爱，趋在任贤，广开耳目，以察万方；不固溺于流俗，不拘系于左右，廓然远见，卓然独立，屡省考绩，以临臣下。此人君之操也。”平公曰：“善。”（《说苑·君道》）在师旷看来，为君之道是同德治仁政联系在一起的，其要旨是博爱万民，任用贤能，广开耳目，不拘泥于世俗的偏见，不受身边亲信的影响，目光远大，视野超群，考察官吏的政绩，以此来驾驭臣下。应该说，师旷的这一见解，道出了君主之道的主要内容，把君主应该有的治政之德揭示了出来。

战国时齐宣王向齐国隐士尹文请教为君之道，尹文对曰：“人君之事，无为而能容下。夫事寡易从，法省易因，故民不以政获罪也。大道容众，大德容下，圣人寡为而天下理矣。《书》曰：'睿作圣'。诗人曰：'岐有夷之行，子孙其保之。"宣王曰："善。"(《说苑·君道》)在尹文看来，为君之道就是用德政来感化民众，不施行刑治且能宽容臣下。宽阔的大路可以容纳众多的人行走，博大的美德能够包容天下的臣民。"睿作圣"，睿的本义是容，意即只有宽容通达才能成为圣人。

君德最重要的内容就是以民为本，平正爱民。荀子提出："君者，舟也；庶人者，水也。水则载舟，水则覆舟……故君人者，欲安则莫如平政爱民矣，欲荣则莫若降礼敬士矣，欲立功则莫如尚贤使能矣，是君人者之大节也。"(《荀子·王制》)君是舟，民是水，君以民为本，勤政爱民，国家才能治理，社稷方可稳固。

"周武王问于太公曰：'治国之道若何?'太公对曰：'治国之道，爱民而已。'曰：'爱民若何?'曰：'利之而勿害，成之勿败，生之勿杀，与之勿夺，乐之勿苦，喜之勿怒，此治国之道，使民之义也，爱之而已矣。'"(《说苑·政理》)

治国之道即在于爱民，会治理国家的人，对待百姓，一定像父母爱护子女，哥哥爱护弟弟，听到他们吃不饱，穿不暖，就为他们悲伤；看到他们劳苦，就为他们难受。使用老百姓，要注意农时，千万不能在农忙的时候使用。要顺从民心，尊重他们，并且还要对他们诚实，爱护他们；发布的政令，要讲信用，不能说话不算数。真正的王者总是以百姓为天。不打扰百姓，要关心爱护他们，使之安居乐业，休养生息。

君德的另一个重要内容是尚贤使能，博采广纳。人才是兴国安邦、成就大业的重要条件，如何识辨贤才，发掘贤才，任用贤才，既是古代帝王君主的智慧才能之一，也是古代帝王君贤明善治的体现。中国古代尊贤惜才的传统可远溯到三皇五帝时代。《尚书·尧典》记载：尧"允恭克让"，"平章百姓"。"让"意即推贤尚善，"平"指分辨，章通"彰"，彰明，彰显之意，"百姓"是指百官族姓。允恭克让，平章百姓是指舜能够举用贤才，明辨百官。在上古之时，人们认为君主、百官都是上天为爱护百姓而立，君主、百官的职责就是协助上天，安抚天下百姓，所以只有真正有才能、有道德的人，才有资格做君主，做百官，为上天选贤才，任良能，安抚百姓，平治天下。皋陶在与大禹讨论如何实行德政的时候，就明确提出知人善任是君王的基本道德，"都！在知人，在安民"(《尚书·皋陶谟》)，而大禹则进一步论证知人善任是智慧、是贤德，"知人则哲，能官人，安民则惠，黎民怀之”。能够知人善任就是会使自己变得明达睿智，而只有明达智，才能任人唯贤，安定天下，获得百姓的拥护、爱戴。故汤相仲虺在总结商汤代夏时说：“佑贤辅德，显忠遂良，兼弱攻昧，取乱侮之，推亡固存，邦乃其昌。德日新，万邦惟怀，志自满，九族乃离。”(《尚书·仲虺诰》)辅佐贤能之人，协助仁德之人，表彰忠诚之人，起用善良之人，兼并弱小的国家，讨伐昏庸的诸侯，夺取动乱的政权，轻慢亡国的君主，应该灭亡的，就促使它灭亡，应该生存的就帮助它巩固，这样，国家才会昌盛，德行日日更新，万国都会归附，心志骄傲自满，亲戚也会流离。因此，仲虺认为君主任能使贤是国家兴旺昌盛的关键，而不能亲贤近能，却亲奸近佞，就是昏聩无道，必然会导致失位亡国，这不仅是必然的而且是应该的。

春秋战国时期诸侯间频繁混战，社会急剧动荡，为了在激烈的竞争中处于不败之地，各诸侯纷纷任贤使能变法强国。如齐桓公用管仲而霸，秦孝公任商鞅而兴，贤才成为诸侯治理国家、争锋天下的关键因素。故荀子说：“人君者，隆礼尊贤而王，重法爱民而霸，好利多诈而危，权谋倾覆，幽险而亡。”(《荀子·强国》)荀子敏锐地认识到治理国家靠的是隆礼尊贤，重法爱民，而不是阴谋、权术。因此，荀子主张尚贤便能，无德不贵，无能不官。王者之论：“无德不贵，无能不官，无功不赏，无罪不罚，朝无幸位，民无幸生，尚贤使能而等位不遗，析愿禁悍而刑罚不过，百姓晓然皆知夫为善于家，而取赏于朝也，不为善于幽而蒙刑于显也。”

尊贤惜才要求尊重人才，礼贤下士，把人才当国家的财富。尊贤惜才，使贤任能的关键是用人唯贤。“惟治乱庶官。官不及乱昵，唯其能；爵罔及恶德，唯其贤。”(《尚书·说命中》)国家治乱与百官密切相关，因此，官位授予在其贤不在其亲；爵位授予唯其德为是。周武王认为拥有众多最亲近的人，不如拥少数仁爱德高之人。他说，“虽有周亲，不如仁人”，故他“建宫唯贤，位事唯能”。此外，使贤任能还要知人善用，用其所长，不择其所短。“任人之长，不能强其短；任人之工，不强其拙”(《晏子春秋·问上》)。大禹说：“知人则哲，能官人。”能够知人善用，才会使自己变得明达睿智，只有明达睿智，才能任人唯贤。尊重贤才不仅要在认识上、礼节上尊重，更重要的是使贤才有用武之地，使其才能得以施展，使其仁德得以广播。孟子说：“尊贤使能，俊杰在位，则天下之士皆悦而愿立之于朝矣。”(《孟子·公孙丑上》)尊重人才,爱惜人才,为人才提供充分发挥才能的机会,为人才创造能充分施展抱负的条件,才能吸引贤良,为国所用。《尚书·洪范》说:“人人之有能有为,使羞其行,而邦其昌。凡厥正人,既富方谷,汝弗能使有好而于家,时人斯其辜。”无论什么人,只要有才能,有作为,就要让他施展才干,报效国家;凡是百官之人,既然享有丰厚的常俸,如果不能使之为国家做出贡献,他就会不满。英雄最悲哀的莫过于无用武之地,所以,只有使贤才有机会报效国家,贡献于民,才能真正地吸引贤才,国家也因而才能繁荣昌盛。齐威王是战国时齐国第一个称王的国君。刚即位时,国内政治混乱。国势衰弱,因而其他诸侯国接二连三来进犯,很不安宁。九年后,齐威王决心励精图治,振兴国家。他首先果断地整顿吏治。当时朝中有不少官员,居要职却玩忽职守,热衷于阿谀奉承,弄虚作假,并拉帮结伙,打击正直之士。为改变现状,齐威王抓住典型,严明赏罚。他了解到即墨大夫恪尽职守,治民有方,却有人议论纷纷,说他的坏话。于是威王召即墨而语之曰:“自子之居即墨也,毁言日至。然吾使人视即墨,田野辟,民人给,官无留事,东方以宁。是子不事吴左右以求誉也。”(《史记·田敬仲完世家》)齐威王不因毁言而治即墨,而是根据实际功绩而大加奖励,“封之万家”,表现了一种唯才是举、知人善任的君主之德。

秦孝公求贤图强。战国时期,秦国的国君秦孝公是个极有作为的君主。他即位时年仅21岁。当时,齐、楚、燕、赵、魏、韩六国经过不同程度的改革都强大起来,而秦国地处偏僻的雍州一带,不参加东方六国的会盟,六国视秦有如夷狄一般。面对这种形势,秦孝公决心励精图治,富国强兵。他一方面实行赈济孤寡,募集战士,严明赏罚;一方面颁布求贤诏令,广揽人才。有个叫公孙鞅的,即后来的商鞅,从魏国来到秦国。公孙鞅本是魏国的贵族子弟,后到秦国相公叔痤手下做事。公叔痤知道公孙鞅有奇才,临终前把他推荐给魏惠王,让魏惠王用他为相;还说如果不用公孙鞅就把他杀掉,不能让他离开魏国。可魏惠王没有眼光,以为公叔痤说胡话,没有任用公孙鞅。公孙鞅在公叔痤死后来到秦国,通过秦孝公的宠臣景监的引荐,三次为秦孝公献计献策。后孝公用公孙鞅为左庶长,掌握军政大权,开始进行改革。经过两次变法,果然使一个贫穷落后的秦国变成了战国七雄中最强大的国家,为秦最后统一中国奠定了基础。

君王没有贤臣就不能治理好国家，“惟后非贤不乂”，即使身处九五之尊，君王之位，也应礼贤下士，尊重贤才。

此外，君德还包含赏罚分明、惟德是从等内容。诚如荀子所说：“王者之论，无德不贵，无能不官，无功不赏，无罪不罚。朝无幸位，民无幸生。赏贤使能，而等位不遗；折愿禁悍，而刑罚不过。”（《荀子・王制》）只有这样，才能更好地建构政治伦理秩序，实现天下大治。

君主因遵行道德的程度可以分为圣君、明君和庸君、昏君、暴君等类型。在中国历史上，圣君以尧舜禹汤文武为代表，夏桀、商纣、周幽王等则是昏君、暴君的代表。在中国古代政治伦理思想史上，崇尚圣君，赞颂明君是道德生活的基本价值取向，而对昏君和暴君总是极力声讨谴责，并把推翻暴君的统治视为道德革命的义举。商汤推翻夏桀的统治，文武推翻商纣的统治，都是道德革命的义举，具有替天行道、革除罪恶的进步意义。商汤革命之前，发布了讨伐夏桀的动员令，宣称并不是我商汤敢犯上作乱，而是因为夏桀犯下许多罪行，天帝命令我去讨伐他，接着列举了夏桀连年穷兵黩武，使人民没有时间从事农业生产，夏桀荒淫无道，向人民摊派沉重的赋役，使人民苦不堪言。所以推翻夏桀的反动统治，符合天心民意。商汤革命的动员令，极大地激起了民众的情绪，为革命注入了义理和动力，鸣条一战，众叛亲离的夏桀被商汤的军队打得惨败，夏桀本人死于南巢，商汤乘胜追击，攻灭了夏的属国，随后又挥师北上，攻灭夏王朝的腹心地区，建立了商朝。商朝发展到纣王时代，由于纣王好大喜功、荒淫无道，致使民怨沸腾，国力日渐衰落。据载，纣王穷奢极欲，嗜酒如命，大修离宫别馆，以酒为池，悬肉为林，成天和宠妃妲己淫欢作乐，拼命搜刮民脂民膏，不断加重人民的赋税和徭役，并且不听劝谏，杀死了王子比干。周文王周武王发动了灭商的战争，实质上是在为民除害。牧野一战，人们把周武王当作救星，周军势如破竹，纣王军队大批阵前倒戈，纣王绝望地登上鹿台投火自焚而死，商朝灭亡，周朝得以建立。夏商周三朝的鼎革，使周初的政治家们深刻地思索夏亡殷兴和殷亡周兴的经验教训，《周书・召诰》有言：“我不可不鉴于有夏，亦不可不鉴于有殷。我不敢知曰：有夏服天命，惟有历年。我不敢知曰：不其延。惟不敬厥德，乃早坠厥命。我不敢知曰：有殷服天命，惟有历年。我不敢知曰：不其延。惟不敬厥德，乃早坠厥命。”明确提出借鉴夏商灭亡的教训，将其归结为统治阶级不敬厥德，强调君德建设的极端重要性，并把敬德保民视为安定天下的核心价值，周公等人还开始了使核心价值制度化的制礼作乐工作，力图使周朝能够实现长治久安，为万世开太平。

三、臣子之道德准则与品质

君臣关系，是一种复杂的政治关系。按儒家的认识，君臣以义合，君臣不是先天的血缘关系，而是后天的社会关系。但是君臣关系堪比父子关系，君是父的放大，故君父并称。在实际的政治生活中，君臣关系的重要性又高于父子关系。孔孟从相对关系谈论君臣关系。孟子谈到忠时，绝没有认为忠是无原则地听从上司、君主之命。相反地，孟子认为君臣关系是相对的，臣子对君主的伦理取决于君主对臣子的态度，“君之视臣如手足，则臣视君如腹心；君之视臣如犬马，则臣视君如国人；君之视臣如土芥，则臣视君如寇仇”（《孟子・离娄》）。

荀子认为，臣子有态臣、篡臣、功臣、圣臣等不同的类型。态臣、篡臣是不利于国家的臣子，用之则亡；而功臣、圣臣则与之相反。大臣面对国君，能够谏、争、辅、拂者，是社稷之臣，是国君之宝。他对“从道不从君”的为臣之道表示赞同。

《荀子・臣道》指出：“有大忠者，有次忠者，有下忠者，有国贼者。以德复君而化之，大忠也；以德调君而辅之，次忠也；以是谏非而怒之，下忠也。不恤君之荣辱，不恤国之臧否，偷合苟容以持禄养交而已耳，国贼也。若周公之于成王也，可谓大忠矣；若管仲之于桓公，可谓次忠矣；若子胥之于夫差，可谓下忠矣；若曹触龙之于纣者，可谓国贼也。”

以治国大道笼盖国君并能感化他，是大忠；以美好的道德调教国君并辅佐他，是次忠；以劝谏来指陈君的过错并怨恨他，是下忠；不讲公德道义，只知道苟合偷生阿谀奉承以获取俸禄者，是国贼。举例来讲，像周公对待成王那样，就是大忠；像管仲对待齐桓公那样，就是次忠；像伍子胥对待夫差那样，就是下忠；像曹触龙对待纣王那样，就是国贼。梁启超说：“世俗论者，往往以忠君爱国二事，相提并论，非知本之言也。夫君与国截然本为二物，君而为爱国之君也，则吾固当推爱国之爱以爱之。而不然者，二者不可得兼，先国而后君焉。此天地之大经，百世俟圣人而不惑者也。”①

齐景公问于晏子曰：“忠臣之事其君何若?”对曰：“有难不死，出亡不送。”君曰：“裂地而封之，疏爵而贵之，君有难不死，出亡不送，可谓忠乎?”对曰：“言而见用，终身无难，臣何死焉！谏而见从，终身不亡，臣何送焉！若言不见用，有难而死之，是妄死也；谏而不见从，出亡而送之，是诈伪也。故忠臣者，能纳善于君。而不能与君陷难也。”(《说苑·臣术》)在晏子看来，臣道在于匡主济时，将善言善行先拿给君主，并促成君主“言而见用”，“谏而见从”，意在以思想智慧促成良善治政制度的形成，而不是一味地为君主个人赴难送死。如果大臣的忠告不被采纳，国君有危难而随便作出牺牲，这样无辜的死，是没有意义的；大臣的劝谏，国君不听从，出亡时，又去送他，这是虚伪的行为。因此，一位真正的忠臣，要及时规劝国君改正错误，而不是使国君陷入危难的境地，这才是为臣之道所要践履的。《左传·襄公二十五年》载，晏子立于崔氏之门外，其人曰：“死乎?”晏子曰：“独吾君也乎哉，吾死也。”曰：“行乎?”曰：“吾辈也乎哉，吾亡乎?”曰：“归乎?”曰：“君死，安归？君民者，岂以陵民？社稷是主。君臣者，岂为口实，社稷是养。故君为社稷死，则死之；为社稷亡，则亡之。若为己死而己亡，非其私昵，谁敢任之?”面对齐国的崔杼弑杀齐侯，一些大臣纷纷以死尽忠，晏子并不赞成为昏庸无道之君而死的行为，并认为君主如果能够代表社稷的利益而死亡，人臣就有必要陪他去死；如果君主是为个人的私欲而死亡，人臣就没有必要更没有理由为他陪葬。

春秋战国时期的私忠强调忠于君主个人，这使它与为国家或人民而牺牲的公忠有了很大的区别。从根本上讲，忠于群体和忠于个体是两种完全不同的忠。但是，在西周宗法制社会中，君有时候也代表着国家，忠于国家或人民有时候也必须通过忠君的方式才能实现，如《诗经·大雅·板》等怨刺诗直斥周王，这是为国的忠，也是为君的忠，二者在这里就是统一的。还有些为主尽忠的事迹虽然未必像公忠那样崇高，但因为它是父子或家族血缘伦理情感的扩大，是把非亲族的主仆关系提升到一种近乎于子对父的道德义务关系，从这一点来讲，也有值得肯定的地方。因为有了君臣或主仆的关系，臣仆就可以无条件地、

① 梁启超：《管子评传》，见上海书店影印《诸子集成》第5卷，1986年版，第6页。

义无反顾地为君主经受任何苦难，甚至献出自己的血肉之躯，这种私忠在道义上也具有一定的悲壮色彩。

公元前710年，曲沃武公伐翼，杀死了晋哀侯。晋哀侯的家臣栾共子是个著名的贤人，晋武公很想把他留下来为自己所用，对栾共子曰："苟无死，吾以子见天子，令子为上卿，制晋国之政。"栾共子拒绝了晋武公的推荐，曰："成闻之：'民生于三，事之如一。'父生之，师教之，君食之。非父不生，非食不长，非教不知，生之族也，故壹事之。唯其所在，则致死焉。报生以死，报赐以力，人之道也。臣敢以私利废人之道，君何以训矣？且君知成之从也，未知其待于曲沃也。从君而贰，君焉用之？"（《国语·晋语一》）在栾共子看来，父亲、老师和君主是人一生都应该为之忠心如一的对象，父亲生育了我，老师教育了我，君主给了我俸禄。没有他们就没有我，所以我理当忠心侍奉他们决无二心，到死为止，这就是做人之道。如果我以个人私利废弃了做人之道，成了您的臣下，您将如何以忠来训导别人呢？更何况您已经知道我对主人的忠心了。我要为主尽忠。现在又有了二心去跟着您，您还能用我吗？栾共子的话揭示了忠臣不事二主的深刻道理。

仔细分析栾共子为晋哀侯献身的动机也很有意义。虽然同样属于私忠，但是和狐突之死还是有区别的。狐突强调的是君臣的名分，所谓"策名委质，贰乃辟也"（既然策名委质于人，再有二心就是犯罪）；而栾共子强调的是君主的恩德，所谓"非食不长，故一事之"（君主给了我俸禄，我就应该忠心侍奉他），这就带有了一定的报恩性质。但无论是讲名分还是讲报恩，这些人都把自己的主看得比其他任何人都重要。《左传》中向来有家臣不参与国事的说法，这也就意味着家臣只忠于自己的主人，和国君没有任何关系，也没有为国君而死的义务。狐突如此，栾共子如此，其他人也是如此。例如《左传·宣公三年》载晋灵公请执政大夫赵盾到公府饮酒，想乘机害死他。这时提弥明作为赵盾的家臣，在公府上即为保护赵盾而战死，也同样体现了为主忠贞不贰的私忠精神。

臣德还包含了为国举才、礼贤下士的内容。《史记》记载周公旦在其子伯禽去鲁国时，告诫伯禽说："我文王之子，武王之弟，成王之叔父，我于天下亦不贱矣。然我一沐三捉发，一饭三吐哺，起以待士，犹恐失天下之贤人。子之鲁，慎无以国骄人。"（《史记·鲁周公世家》）"一沐三捉发"，"一饭之吐哺"是出自对贤才的尊重渴望，是臣子的应有品德。先秦既有像祁黄羊那样的奉公举贤者，更有如鲍叔牙之辞让贤者。鲁襄公三年，晋国中军尉祁奚年老请求退休。晋悼公问他接替的人选，他举荐了解狐。解狐是祁奚的仇人，晋悼公问他为何举荐他，祁奚答道："我考虑的只是他的能力，没想他与我的恩怨。"将要任用解狐时，解狐死了。晋悼公又问祁奚，祁奚就举荐自己的儿子祁午。晋悼公说："祁午不是你的儿子吗？"祁奚说："我考虑的只是谁能胜任，并没有考虑他是不是自己的儿子。"于是，祁午就当了中军尉。"君子谓：'祁奚于是能举善矣。称其仇，不为谄。立其子，不为比。举其德，不为党。'《商书》曰：'无偏无党，王道荡荡。'其祁奚之谓矣！解狐得举，祁午得位，伯华得官，建一官而三物成，能举善也乎！唯善，故能举其类。《诗》云：'惟其有之，是以似之。'祁奚有焉。"（《左传·襄公三年》）孔子闻之曰："善哉！祁黄羊之论也，外举不避仇，内举不避子，祁黄羊可谓公矣。"（《吕氏春秋·孟春纪·去私》）祁黄羊奉公举贤，外举不避仇，内举不避子，为时人称善，为孔子褒奖。可见在先秦，奉公举贤就是为官者的一种美德，为人所赞颂。

《国语·齐语》载：

> 桓公自莒反于齐，使鲍叔牙为宰，辞曰："臣，君之庸臣也。君加惠于臣，使不冻馁，则是君之赐也。若必治国家者，则非臣之所能也。若必治国家者，则管夷吾乎！臣之所不如管夷吾者五：宽惠柔民，弗如也；治国家不失其柄，弗如也；忠信可结于百姓，弗如也；制礼义可治于四方，弗如也；执枹鼓立于军门，弗如也使百姓皆加勇焉，弗如也。"桓公对曰："夫管仲射寡人中钩，是以滨于死。"鲍叔牙对曰："夫其为君动也。君其宥而反，夫犹是也。"桓公对曰："若何？"鲍叔牙对曰："请诸鲁。"桓公对曰："施伯，鲁之谋臣也，夫如吾将用之，必不将予我矣。若之何？"鲍子对曰："使人请诸鲁，曰：寡君不令之臣在君之国，欲以戮之于群臣，故请之！则予我矣。"桓公使请诸鲁，如鲍叔之言……比至，三衅三浴之。桓公亲逆之于郊。

祁黄羊奉公举贤，外举不避仇，内举不避子；鲍叔牙辞官让贤，以举邦国之举，没有大公无私的精神又怎么可能做到？奉公举贤是指为官者在用人荐人时，出于公心，不辟私怨，不徇私情，用人唯贤，举人唯公，是为人正直的道德品质在举用人才上的表现。

臣德的又一重要内容则是清正廉洁。中国传统官德以“利天下百姓”为核心，以“公”为原则，而廉洁自守作为中国传统官德最基本的规范之一，也是这一原则的深刻体现，这一思想在先秦就为人们所认识，倡导。廉洁自守的首要要求是反对奢侈浪费，节约用度。孔子说：“道千乘之国，敬事而信，节用而爱人，使民以时。”（《论语·学而》）在孔子看来，治理千乘的大国，应该勤政信用，节约用度，爱护百姓，不随便役使百姓。“节用”是爱人、利天下百姓的手段、方式，也是施仁政、利天下百姓的基本要求、体现，是廉洁的内核。《尚书·皋陶谟》记载：皋陶认为，大凡善行都来源于九种美德：“宽而栗，柔而立，愿而恭，乱而敬，扰而毅，直而温，简而廉，刚而塞，强而义。”及至中国传统思想奠基时代的春秋战国之际，思想深刻的诸子们更是清楚地认识到廉洁自守作为官德的基本规范对国家的重要性，以致将其视为“国之大维”、“为政之本”、“为官之宝”。《管子·牧民》指出：“国有四维，一维绝则倾，二维绝则危，三维绝则覆，四维绝则灭。倾可以正，危可以安也，覆可以起也，灭不可以复措也。何谓四维？一曰礼，二曰义，三曰廉，四曰耻，礼不逾节，义不自进，廉不蔽恶，耻不从枉。”《晏子春秋·内篇·杂下第六》有言：“廉者政之本也；让者，德这主也。栗，高而不让，以至此祸，可毋慎乎？廉之谓公正，让之谓保德。”孟子曰：“可以取，可以无取，取伤廉；可以与，可以无与，与伤惠；可以死，可以无死，死伤勇。”（《孟子·离娄下》）《荀子·富国》：“知节用裕民，则必有仁义圣良之名，而且有富厚丘山之积矣。”《韩非子·解老》指出：“所谓廉者，必生死之命也，轻恬资财也。是国之道，节用裕民而善臧其余。”廉洁是政之本，官之宝，民无廉不治，国无廉不立。

如何保持官吏的廉洁，也是先秦思想家、政治家所关注的问题。《周易·否·象》说：“君子以俭德辟难，不可荣以禄。”强调君子应崇尚俭廉，反对追求荣华利禄。《左传》说：“俭，德之共也；侈，恶之大也。”（《左传·庄公二十四年》）节俭是美德中的大德，强调廉俭反对奢侈。同时，值得注意的是，先秦思想家、政治家在强调克制贪欲保持廉洁，力行节俭时，也认识到人的正常物质需求的正当性，提出禄养廉，肯定官吏事享禄的正当性、必要性，主张给官吏以足够的俸禄满足其正常的物质需要，以促进官吏廉洁自守。如孟子说周时官吏之俸禄

“足以代其耕”。俸禄足以代其耕，以保证官吏的正常生活需求，再要求官吏廉洁自守，不取义外之财也就有了保证。

《左传·襄公十五年》载：宋人或得玉，送诸子罕，子罕弗受，献玉者曰：“以示玉人，玉人以为宝也。故敢献之。”子罕曰：“吾以不贪为宝，尔以玉为宝；若以与我，皆丧宝也。不若人有其宝。”

以不贪为宝，表现了官吏道德的基本要求，其本质就是清正廉洁。齐相晏婴为官清廉，他每次上朝的时候，坐的是破旧的车子，驾的是劣马，景公见之，曰：“嘻，夫子之寡禄耶？何乘不任之甚也？”晏子对曰：“赖君之赐，得以寿三族，及国交游，皆得生焉。臣得暖衣饱食，弊车驽马，以奉其身，于臣足矣。”晏子走后，景公派人给他送去一辆马车，但晏子一退再退，始终不肯接受。景公知道后很不高兴，立即召见晏子，晏子至，公曰：“夫子不受，寡人亦不乘。”晏子对曰：“君使臣临百官之吏，臣节其衣服饮食之养，以先齐国之人，然犹恐其侈靡而不顾其行也。今辂车乘马，君乘之上，臣亦乘之下，民之无义，侈其衣食，而不顾其行者，臣无以禁之。”（《说苑·臣术》）晏子一段由此及彼、推己及人而又情理结合的话，揭示了他不讲排场、生活节俭的美德。

臣德还包含了持正不阿、办事公道、直言进谏、公忠体国、匡扶社稷等内容。正直被作为治理国家的三种德性之一，同样也是春秋战国时期人们所推崇的官吏道德。《尚书·洪范》说：“三德：一曰正直，二曰刚克，三曰克柔。平康正直。”正直即是一种中正平和、刚柔相宜、不偏不倚的美德。为人正直作为一种个体身上的德性，其外在表现就是持正不阿、奉公举贤、办事公道。持正不阿即坚持正义，不畏强暴权势，唯义是从。《左传》记载：晋灵公荒淫无道，大臣赵盾常常秉义直谏，晋灵公感到十分厌烦，就派力士钮麑刺杀他。钮麑清晨来到赵盾家，发现赵盾早早穿戴整齐，准备上朝，于是感动于赵盾的忠心正义，退出叹息说：“不忘恭敬，民之主也。贼民之主，不忠；弃君之命，不信。有一如此，不如死也。”说完触槐而亡。（《左传·宣公二年》）像钮麑这样持正不阿，把道德正义视为人生最高价值，甚至重于生命的，在先秦并不少见。这种注重人格独立，坚持正义，持正不阿的伦理精神，数千年来世代相传，成为中华民族传统精神的重要内容。

为人正直、公正无私作为官吏的道德要求，历代受人重视，是构成中华民族传统美德的重要内容。

第四节　王道与霸道、道统与政统的价值选择

政治道德生活是一种极为敏感且富有挑战性的道德生活，它常常面临着诸多道德冲突与困惑，无论是政治道德生活路径的选择，抑或是政治道德行为的践履，每每是在一系列道德悖论中展开并通过对道德悖论的解决来实现的。也许可以说，政治道德生活是最能考验人们的道德品质和道德人格的，也是最能检测人们道德热情的持久性和道德理想的纯粹性的。

一、王道与霸道的认识与选择

春秋战国时期，群雄并起，称霸争雄，社会处于激烈动荡与变革之中，中国走向统一的大趋势已露端倪。怎样实现由乱到治，由分裂到统一？是实行王道还是霸道？这是当时许多政治家和思想家共同关心的话题。

儒家代表人物孟子明确主张重王道轻霸道。他认为，“以力假仁者霸”，“以德行仁者王”(《孟子·公孙丑上》)。所谓“王道”，是依靠道德礼教而实行仁义，经仁义教化征服天下。所谓“霸道”，是仗恃国家实力的强大，假借仁义的名义，来称霸诸侯，征服天下。他主张实行王道，反对霸道，认为王道是“以德服人，中心悦而诚服也”。霸道是“以力服人者，非心服也”。当他的学生公孙立问他“管仲辅佐齐桓公称霸诸侯，难道还不值得学习”时，他表现出不屑一顾，认为“以齐国来统一天下，易如反掌”。而公孙丑将他与管仲相比时，他更是愤愤然了。孟子见齐宣王，齐宣王问孟子“齐桓、晋文之事”，可见，齐宣王对齐桓公、晋文公称霸诸侯的事情饶有兴趣。孟子坦然地告诉齐宣王，“仲尼之徒无道齐桓之事者，是以后世无传焉，臣未之闻也。无以，则王乎？”(《孟子·梁惠王上》)不仅表明了自己对霸道不屑一顾的态度，又将谈话引向了王道，向齐宣王描述了仁政王道的美好图谱。但是战国诸侯，都想用“霸道”来实现自己的扩张欲望。孟子出

于"民本"的出发点，奔走各国，号召诸侯施行"王道"。在当时却行不通。司马迁《史记·孟子荀卿列传》说："当世之时，秦用商君（商鞅），富国强兵。楚、魏用吴起，战胜弱敌。齐宣王用孙子、田忌之徒，而诸侯东面朝齐。天下方务于合纵连横，以攻伐为贤；而孟轲乃述唐虞三代之德，是以所如者不合。"

法家明确主张富国强兵，推崇霸道，认为仁义道德是无用的"虱子"，主张以力统一天下，"力生强，强生威"（《商君书·靳令》）。史载商鞅第一次见秦孝公，对其大谈帝道（黄帝，颛顼，帝喾，尧，舜之道），讲了半天，秦孝公听得昏昏欲睡。商鞅走后，秦孝公把引荐商鞅的景监叫过来臭骂一顿，得出了"子之客妄人耳，安足用邪！"的结论。隔了五日，商鞅又去见秦孝公，这一次商鞅给秦孝公谈的是王道（夏禹，商汤，周文王周武王的治国之道），秦孝公还是没听进去。第三次见秦孝公时商鞅大谈霸道（春秋五霸的称霸之道），秦孝公听得比较兴奋。第四次见秦孝公，讲的是强国之道，秦孝公听得如痴如醉，"不自知膝之前于席也。语数日不厌"。后来，景监问商鞅："子何以中吾君，吾君之欢甚也。"商鞅回答说："吾说君以帝王之道比三代，而君曰：'久远，吾不能待。且贤君者，各及其身显名天下，安能邑邑待数十百年以成帝王乎？'故吾以强国之术说君，君大悦之耳。然亦难以比德于殷、周矣。"（《史记·商君列传》）商鞅以"苟可以强国，不法其故；苟可以利民，不循其礼"的精神从事变法，实行一系列新的法制政策，结果使秦国由一个边陲弱国变成一个军事强国。

《战国策·燕一》载：有人在燕王那里诋毁攻击苏秦，说："武安君，天下不信人也。王以万乘下之，尊之于廷，示天下与小人群也。"认为苏秦是天下最不讲信用的小人，大王您以万乘之尊敬重他，让他显贵于朝廷，这是向天下显示您在与小人为伍啊！燕王听信了这些流言蜚语，故在苏秦从齐国出使归来时并没有去看望他。苏秦发觉苗头不对，终于找到了个机会谒见燕王。苏秦对燕王说："臣东周之鄙人也，见足下，身无咫尺之功，而足下迎臣于郊，显臣于廷。今臣为足下使，利得十城，功存危燕，足下不听臣者，人必有言臣不信，伤臣于王者。臣之不信，是足下之福也。使臣信如尾生，廉如伯夷，孝如曾参，三者天下之高行，而以事足下，不可乎？"意即我以前是东周的一个普通人来谒见陛下，没有一点功劳，然陛下亲自到郊外迎接，让我显贵于朝廷，而今我为陛下出使齐国，赢得十座城邑归来，可陛下却不理睬我，肯定是有人在您面前中伤我，说我是个不讲信用的人。实际上我的不讲信用，正是陛下您的福分啊！假如我像尾生一样讲信用，像伯夷一样廉洁自律，像曾参一样对父母讲求孝道，那我还能够侍奉陛下吗？听了燕王认为可以的回答后，苏秦对自己的观点作了进一步的阐释，指出：

> 有此，臣亦不事足下矣。且夫孝如曾参，义不离亲一夕宿于外，足下安得使之之齐？廉如伯夷，不取素飡，汙武王之义而不臣焉，辞孤竹之君，饿而死于首阳之山。廉如此者，何肯步行数千里，而事弱燕之危主乎？信如尾生，期而不来，抱梁柱而死。信至如此，何肯扬燕、秦之威于齐，而取大功乎哉？且夫信行者，所以自为也，非所以为人也，皆自覆之术，非进取之道也。且夫三王代兴，五霸迭盛，皆不自覆也。君以自覆为可乎？则齐不益于营丘，足下不逾楚境，不窥于边城之外。且臣有老母于周，离老母而事足下，去自覆之术而谋进取之道，臣之趣固不与足下合者。足下皆自覆之君也，仆者进取之臣也，所谓以忠信得罪于君者也。(《战国策·燕一》)

在苏秦看来，如果像曾参一样不愿离开父母到外边哪怕过上一夜，陛下怎么可以让他去出使齐国呢？如果像伯夷一样不吃不劳而获的食物宁愿饿死首阳山，那么怎么会有人步行千里来侍奉燕国的为难之君呢？如果像尾生那样等不来约好的女朋友，宁肯抱着桥柱子被洪水淹死，那么又怎么会有人去齐国宣传燕国的威名从而取得极大的成功呢？基于此种分析，苏秦得出了“夫信行者，所以自为也，非所以为人也，皆自覆之术，非进取之道也”的结论，意即讲求诚信品质的人都是在为自己着想，而不是为他人着想，只是一种独善其身的德性，而不是兼善天下的功德，表明自己欣赏霸道而不推崇王道。在苏秦看来，“孝廉仁义”，能够自为，却不能进取，是必要的基本条件，而不是建功立国的充分关键条件。“孝”贯彻到极致，作用止于“养其亲”；“信”充其量是“不欺人耳”，都是自为，而不是进取、为人。“廉”对于其本人，只能作用达到“不窃人之财”，绝不可能“使之步行千里之外而行进取于齐”，去完成富国强兵、兼并称霸的大业。王道是自为自复之术，霸道是进取之术。比较而言，苏秦更推崇霸道。

荀子总结了先秦时期的王霸之辩，“凡兼人者有三术：有以德兼人者，有以力兼人者，有以富兼人者”(《荀子·议兵》)。所谓“以德兼人”是指：“彼贵我名声，美我德行，欲为我民，故辟门除涂，以迎吾人；因其民，袭其处，而百姓皆安，立法施令莫不顺比；是故得地而权弥重；兼人而兵俞强。是以德兼人者也。”(《荀子·议兵》)所谓“以力兼人”是指：“非贵我名声也，非美我德行也，彼畏我威，劫我势，故民虽有离心，不敢有畔虑，若是则戎甲俞众，奉养必费；是故得地而权弥轻，兼人而兵俞弱，是以力兼人者也。”(《荀子·议兵》)所谓“以富兼人”是指：“非贵我名声也，非美我德行也，用贫求富，用饥求饱，虚腹张口来我食；若是则必发夫禀之粟以食之，委之财货以富之，立良有司以接之，已期三年，然后民可信也；是故得地而权弥轻，兼人而国俞贫，是以富兼人者也。”(《荀子·议兵》)荀子认为，礼义道德是人心所欲，众望所归，故以德兼人，顺民心，合民意，国势会越来越强盛。以武力征服天下，人民畏于威势，不敢有背叛之心，但内心并不顺服，只能靠兵多来维持势重，最后会导致不堪重负、国力衰弱的结果。以财富来兼并天下，对百姓诱之以物利，能满足人们的一时之需，这样，国家所费弥多，必然陷于贫困。所以恃强凌人者必弱，恃富骄人者必贫，只有以德待人，才能最终王天下。在荀子看来，统一天下，关键不在于攻城略地，而在于争取人心，而争取人心要靠道义，道义的力量是无穷的，只要拥有它，就可以“不战而胜，不攻而得，甲兵不劳而天下服”(《荀子·王制》)。荀子指出，“隆礼贵义者其国治”，主张为政以礼，以礼正国。当然，荀子在首重王道的同时对霸道的功用也给予了一定的承认。虽然崇尚王道，但面对当时盛行霸道的现实和对齐文化的吸收，也谈霸道。实际上他是主张在王霸并容的前提下，以王道为本。

“王道”重于“德”，“德”胜“术”而“王”；而“霸道”重于“术”，“术”胜“德”则“霸”。“王”之道，万民敬而仰之；“霸”之道，众人畏而惧之。王者称王多依德智，而固其王业则多假术力；霸者则恰恰相反，霸者称霸多借术力，而定其霸业则多附德智。但无论“王”“霸”取得并固持其基业均是“德”“术”并用。王道尚文，霸道尚武，这是两种不同的治国方略，在先秦，关于两者的争执十分激烈，最后还是霸道取得胜利，秦国就是凭借武力统一了中国，但是，暴秦将夺取天下的手段用来统治天下，以致很快失去天下。汉代统治者吸取了暴秦教训，与民休息，开初采用黄老之术治国，后来独尊儒术，此后的中国社会基本上都以儒家为正统，重伦理道德，不主张动辄诉诸武力。

二、道统与政统的关系

道统与政统的关系，又可简称为道与势的关系。道统即儒家所建构起来的一个以道为最高价值取向和行为原则的观念体系，同时也是一个历史上的圣王代代相传并将其推诸现实生活实现其内在价值的德化政治系统。孔子可谓道统的初步建构者，他最先论述尧舜禹传世之道统。《论语·尧曰》载："尧曰，咨，尔舜，天文历数在尔躬，允执其中，四海困穷，天禄永终。舜亦以命禹。"尧对舜说：舜啊，上天安排的帝王次序要传到你了，你一定要好好地坚持正确的治国方略。如果天下的百姓都陷入困穷之中，上天赐给你的禄位也就永远地终结了。后来，舜也将这些话告诫禹。尧舜禹之间从而形成一个道的传承体系。孟子指出："由尧舜至于汤，五百有余岁，若禹、皋陶则见而知之，若汤则闻而知之。由汤至于文王，五百有余岁，若伊尹、莱朱则见而知之，若文王则闻而知之。由文王至于孔子，五百有余岁，若太公望、散宜生则见而知之，若孔子则闻而知之。由孔子而来至于今百有余岁，去圣人之世若此其未远也，近圣人之居若此其甚也，然而无有尔乎，则亦无有尔乎？"(《孟子·尽心下》)。孔孟所描述的这些历史人物具有非常高的道德品质，他们是真正替天行道、以道为尊而不考虑个人得失的圣人。后来韩愈及理学家所创设的道统理论即是以孔孟的思想作为基础或依托的。

政统或曰君统，是政治地位或王位传承的一种统系，关注的是政权或权力本身的维系与传承。周代按父系氏族血缘嫡庶之分而建立的天子、诸侯的世袭继统形成了"君统"和"宗统"。王位和君位世代相续，立为定则，标志着君统的正式确立。政统或君统凸显的是政权本身的维系和传承问题。

关于道统与政统的关系，儒家既重视"君君臣臣"的政统之维系，更强调道统的意义和价值。孔子将君臣间相互关系原则区分开来，突出君臣双方的责任和义务，提出"君使臣以礼，臣事君以忠"(《论语·八佾》)，认为君与臣之间的关系是对待的、互为条件的。"所谓大臣者，以道事君，不可则止"(《论语·先进》)。这样，就把君臣关系统摄于更高的"道"这么一个价值理想上。"道"成为君臣关系存在的前提，丧失了这个前提，臣的一方完全可以终止君臣关系。思孟学派把"道统"与"政统"的分立具体化为"道"与"势"、"德"与"位"的分立，认为“道高于势”、“德尊于位”。《中庸》说：“虽有其位，苟无其德，不敢作礼乐焉；虽有其德，苟无其位，亦不敢作礼乐焉。”认为礼乐的制定需要德位统一，也就是儒者与君主的合作。孟子说：“以位，则子君也，我臣也，何敢与君友也；以德，则子事我者也，奚可以与我友。”（《孟子·万章下》）他还把这种态度表述为：“君之视臣如手足；则臣视君如腹心；君之视臣如犬马，则臣视君如国人；君之视臣如土芥，则臣视君如寇雠。”（《孟子·离娄下》）这样的原则贯彻到底就是：“君有过则谏，反复之而不听，则去。”“君有大过则谏，反复之而不听，则易位。”（《孟子·万章下》）“贼仁者谓之贼，贼义者谓之残，残贼之人谓之一夫。闻诛一夫纣矣，未闻弑君也。”（《孟子·梁惠王下》）以孔孟为代表的儒家之所以重视一个“道”字，并非出于本体论或宇宙论的理解，而是出于政治伦理的需要，确切地说是想用一个“道”的范畴来实现规范为政者的施政行为。孟子说：“古之贤王好善而忘势，古之贤士何独不然？乐其道而忘人之势，故王公不致敬尽礼，则不得亟见之。见且由不得亟，而况得而臣之乎？”（《孟子·尽心上》）古代那些贤明的国君总是乐于行善而忘记自己的权势，古代的贤士又何尝不是如此呢？他们乐于信奉自己的道德，忘记别人的权势，所以王公贵族不向他们恭敬之礼，就不能多次见到他们。连相见尚且不可多得，更何况要他们做臣子呢？儒家的创始人孔子面对礼崩乐坏的社会现实，毫不隐讳地表示他对西周礼乐的心向往之，批评当时“天下无道，则礼乐征伐自诸侯出”，并正话反说，“天下有道，则政不在大夫。天下有道，则庶人不议”（《论语·季氏》）。这是对当时社会的总评。孔子说，“道不同，不相为谋”，这不仅是他的为人准则，也是他对待道与势之关系的态度。孔子是不愿意屈道而求官的。他的“君子谋道不谋食”、“君子忧道不忧贫”的价值判断，特别是“朝闻道，夕死可矣”的观念，足以表明在他的价值世界中，道是高于一切的，为之甚至可以献出自己的生命。在孔子的心目中，有两个理想的范本，一是先王之道，即尧舜禹汤文武周公之道；二是周代的礼乐文化。在他看来，这二者又是合为一体的，因为周代的礼乐乃是先王之道的载体。所以他特别崇拜周公，声言“郁郁乎文哉，吾从周”。所谓“从周”，就是追随周公所创立或完善的礼乐文化。因之他说：“天下有道，则礼乐征伐自天子出；天下无道，则礼乐征伐自诸侯出。”（《论语·季氏》）孔子不仅将“道”作为政治伦理的一个准则性的范畴，而且将其视为价值世界的精神支撑，并要求知识分子将其作为安身立命的根据。他说:“士志于道,而耻恶衣恶食者,未足与议也。”到了孟子,这种尊道贵德的精神得到了更进一步的弘扬,发展成为维护道德理想和人格尊严,抗节守道,不降其志的刚风傲骨。孟子提出大丈夫的人格理想,强调做人应当为理想和道义而献身,“富贵不能淫,贫贱不能移,威武不能屈”。

荀子继承了孔孟儒家重视道统的精神传统,提出“从道不从君”(《荀子·臣道》)的价值观念,凸显了道统的意义和价值。荀子提倡“从道不从君”。道所指向的是国家社稷的根本利益。荀子认为,当君主的行为与国家利益相冲突时,人臣应以国家利益为重,对君主进行抵制和矫正,“君有过谋过事,将危国家、殒社稷之惧也,大臣、父兄有能进言于君,用则可,不用则去,谓之谏;有能进言于君,用则可,不用则死,谓之争;有能比知同力,率群臣百吏而相与强君矫君,君虽不安,不能不听,遂以解国之大患,除国之大害,成于尊君安国,谓之辅;有能抗君之命,窃君之重,反君之事,以安国之危,除君之辱,功伐足以成国之大利,谓之拂”(《荀子·臣道》)。人臣要敢于谏争,还要敢于抗拒君命,僭取君权,以安定国家,尊崇君荣。谏、争、辅、拂之人,是社稷之臣,也是君主的真正忠臣。

先秦儒者“道高于势”、“德尊于位”的思想和精神当然有其特定的社会历史条件的。在当时诸侯纷争的时候,各国君主为了互相争霸,尽力争取具有思想和声威的士人,借以增强自身的政治号召力,这样就使士人的社会价值得到了充分实现,也就迫使现实政权对他们的价值有足够的认识,士人的社会地位就自然高了。据《史记·魏世家》载:文侯受子夏经艺,客段干木,过其闾未尝不轼也。秦尝欲伐魏,或曰:“魏君贤人是礼,国人称仁,上下和合,未可图也。”文侯由此得誉于诸侯。可以看出儒家学者对文侯的积极影响和文侯由于尊礼有道之士而获得的社会收益。又《淮南子·修务训》载:“段干木辞禄而处家,魏文侯过其闾而轼之。其仆曰:‘君何为轼? 文侯曰:‘段干木在是,以轼。’其仆曰:‘段干木布衣之士,君轼其闾,不已甚乎?’文侯曰:‘段干木不趍势利,怀君子之道,隐处穷巷,声施千里,寡人敢勿轼乎! 段干木光于德,寡人光于势;段干木富于义,寡人富于财。势不若德尊,财不若义高。干木虽以己易寡人不为,吾日悠悠惭于影,子何以轻之哉!’其后秦将起兵伐魏,司马庾谏曰:‘段干木贤者,其君礼之,天下莫不知,诸侯莫不闻。举兵伐之,无乃妨于义乎!’于是秦乃偃兵,辍不攻魏。”这似乎表明魏文侯已经接受了儒者“道高于势”、“德尊于位”的观念,并自觉地贯彻到行动中。

在各国争霸的局面下，王侯们更需要“道”对他们的“势”加以精神支持，以使他们师出有名，使他们的政权具有某种合法性（“合道性”，即 legitimacy）。但实现天下“大一统”之后，“以道自任”的知识分子已根本不可能与帝王的“势”分庭抗礼。古代知识分子的“道”是无形的，除了个人人格之外别无保证。于是，在专制集权社会，“以孤独而微不足道的个人面对着巨大而有组织的权势，孟子所担心的‘枉道以从势’（《孟子·滕文公下》）的情况是很容易发生的，而且事实上也常常发生”。[①] 在古代中国，势力最大的强权就是王权。不管是春秋战国时代的诸侯国君，还是秦以后的帝王，权力都是至高无上的，其意志和行为不受任何限制。因此，尊重道统的古代士阶层，由于他们的边缘处境和对王权的依赖性，又决定着他们很难维护自己的主体人格，或者说在良知与强权之间处于极其矛盾和极其尴尬的两难境地。中国知识分子的最大使命便是以良知反抗强权，从而作为民众的代言人而体现他们的自身价值。正如现代新儒家徐复观所言，儒家“只能硬挺挺的站在人类的现实生活中以担当人类现实生存发展的命运”。虽然士大夫始终坚持道尊于势，但是中国数千年政治社会的严酷事实却是势远远强于道，知识分子在这种道与势的紧张冲突中，形成了精神上的重负和矛盾性格，“道”在中国文化里，虽也是最高法则的意思，但中国知识分子对其运用则主要在政治伦理领域，试图以之对日益膨胀的王权予以某种程度的限制，但是以“道”的使者自为的知识分子在中国文明模式里又只能屈从于王权之下，或者说向王权讨生活。这样，他们的使命感及其自我定位的社会角色必然同他们的实际处境发生冲突，从而使自己处于两难的境地。特别是，由于“道”带有强烈的政治伦理色彩，且同圣贤明君的崇拜相合一，遂使其转而成为中国专制政治得以长期延续的观念保障。

三、孔子作《春秋》而乱臣贼子惧

《春秋》是我国第一部编年史，相传是孔子晚年的倾心之作，他在经历了 14

---

① 余英时：《中国知识分子的古代传统》，参阅《内在超越之路——余英时新儒学论著辑要》，中国广播电视出版社 1993 年版，第 183 页。

年周游列国的颠沛流离的生活之后，尝遍了世上种种辛酸与苦痛，目睹了当时的举世疮痍，以近古稀之年呕心沥血编订了这部昭然千古的著作。《春秋》体现出孔子所追寻的理想的政治模式以及对当时社会的检阅与批判。笔法坚决井然，铿锵有声。所以司马迁极称其简练。《春秋》简朴的文字背后深藏着艰深的隐痛和博大的胸次。庸常之人难以窥见。《史记·孔子世家》载："子曰：'弗乎弗乎，君子病没世而名不称焉。吾道不行矣，吾何以自见于后世哉？'乃因史记作《春秋》，上至隐公，下讫哀公十四年，十二公。据鲁，亲周，故殷，运之三代。约其文辞而指博。故吴楚之君而称王，而《春秋》贬之曰'子'；践土之会实召周天子，而《春秋》讳之曰'天王狩于河阳'。推此类，以绳当世贬损之义。后有王者举而开之。《春秋》之义行，则天下乱臣贼子惧焉。孔子在位听讼，文辞有可与人共者，弗独有也。至于为《春秋》，笔则笔，削则削，子夏之徒不能赞一辞。弟子受《春秋》，孔子曰：'后世知丘者以《春秋》，罪丘者亦以《春秋》。'"孔子编定《春秋》，寓说理于叙事之中，体现出来的褒善贬恶的政治理性，成为后世所流传的"春秋大义"。希望借此提供"历史经验"，警戒后人。这被后来人称之为"春秋笔法"。《春秋》面世之后，世间有无数"微言大义"的论者，更有众多"成仁取义"的志士，让历代"乱臣贼子"为之却步。"春秋大义"震慑了乱臣贼子，"春秋笔法"刺痛了乱臣贼子，这就是道德的力量以及道德评价的力量。

孔子编订《春秋》，不想单纯记个流水账，而是以史为鉴，言简意赅，对字的选用特别讲究，包含褒贬之意。所谓"乱臣贼子惧"、所谓"春秋笔法"表达的其实是一种价值评价和道德判断。比如一句简单的"郑伯克段于鄢"，对于郑庄公称为"伯"，就隐含着批评之意；对于他的弟弟叔段不称"弟"而直呼"段"，也是批评段不守做兄弟的规矩的意思。用两个国王之间开战才用的"克"字，也有批评庄公的意思。孟子说："世衰道微，邪说暴行有作，臣弑其君者有之，子弑其父者有之。孔子惧，作春秋。春秋者，天子之事也……昔者禹抑洪水而天下平，周公兼夷狄、驱猛兽而百姓宁，孔子成春秋而乱臣贼子惧。"（《孟子·滕文公下》）《春秋》"贬天子，退诸侯，讨大夫"，是孔子在一生的政治活动失败之后为后世的政治家写的一本布道的书，其中蕴涵中国道统的精义——只有当道统置于政统之上，政治家依照仁义道德行为的时候，天下才能真正体现出秩序、和谐的一面，在孔子编订的六艺之中，《诗》、《书》、《礼》、《乐》属于殷周文明之旧典，《大易》、

《春秋》则代表了“仁”与理性时代的“人”订立的新约。《易》原为备于王宫的三代卜巫之书，由孔子之《易传》而获得全新的内涵，形成与《春秋》外王之学相配套的内圣工夫。司马迁在《太史公自序》中说：“夫春秋，上明三王之道，下辨人事之纪，别嫌疑，明是非，定犹豫，善善恶恶，贤贤贱不肖，存亡国，继绝世，补敝起废，王道之大者也。易著天地阴阳四时五行，故长于变；礼经纪人伦，故长于行；书记先王之事，故长于政；诗记山川溪谷禽兽草木牝牡雌雄，故长于风；乐乐所以立，故长于和；春秋辩是非，故长于治人。是故礼以节人，乐以发和，书以道事，诗以达意，易以道化，春秋以道义。拨乱世反之正，莫近于春秋。春秋文成数万，其指数千。万物之散聚皆在春秋。”在司马迁看来，《春秋》一书上则阐明三王的道理，下则分辨人世各种事体的准则。辨别疑惑难明的事物，弄清是非的界限，确定犹豫不决的问题，表扬良善，批评邪恶，尊重贤才，鄙薄不肖，恢复已经灭亡的国家，延续已经断绝的世系，补救弊端，振兴荒废的事业，这些都是王道中的重要内容。《春秋》明辨是非，所以长于治理百姓。基于此种认识，司马迁强调，“故有国者不可以不知春秋，前有谗而弗见，后有贼而不知。为人臣者不可以不知春秋，守经事而不知其宜，遭变事而不知其权。为人君父而不通于春秋之义者，必蒙首恶之名。为人臣子而不通于春秋之义者，必陷篡弑之诛，死罪之名。其实皆以为善，为之不知其义，被之空言而不敢辞。夫不通礼义之旨，至于君不君，臣不臣，父不父，子不子。夫君不君则犯，臣不臣则诛，父不父则无道，子不子则不孝。此四行者，天下之大过也。以天下之大过予之，则受而弗敢辞。故春秋者，礼义之大宗也。”意即享有国土的君王不能不熟知《春秋》，否则，前有谗臣却不见，后有国贼而不知。做人臣的不能不熟知《春秋》，否则，做了正当的事却不知道是否合适，遇到变故又不懂得变通。做国君或做父亲的如果不通晓《春秋》的要义，一定会蒙受首恶的名声；做臣子或做儿子的如果不通晓《春秋》的要义，一定会陷入到篡位、弑父的法网中而落得该死的罪名。他们的本心都还以为是在按规矩办好事的，只是做了以后并不懂得其中真正的义理，受到凭空加给的流言蜚语而不敢辩驳。不通晓礼义的要旨，就会出现做国君的不像个国君，当臣子的不像个臣子，做父亲的不像个父亲，做儿子的不像个儿子。做国君的不像国君，就会被侵犯；做臣子的不像个臣子，就会获罪被杀；做父亲的不像个父亲，就没有道德伦理；做儿子的不像个儿子，就会不孝。这四种行为,是天下最大的过失啊。以天下最大的过失加在他们身上,当然只好接受而不敢抗辞。所以,《春秋》这部书,是关于礼义的根本法则!

古代中国有一种以历史作为依据的传统,历代历朝也尤其重视史书的可信度。历史上关于各个皇帝生活以及行为的“起居注”是不允许皇帝自己看的。负责记载历史的史官肩负着不同寻常的责任,具有非常的神圣感,常常是宁可死也不会乱记或使用曲笔。忠臣志士以被历史记载为荣,而乱臣贼子则正相反,他们担心自己会留下千秋骂名。司马迁说:“《春秋》之义行,则天下乱臣贼子惧焉。”(《史记·孔子世家》)意思是说,孔子写成《春秋》后,敢于犯上作乱的人都感到害怕了。其原因是因为《春秋》字句虽简,但是寓褒贬于其中,千秋功罪昭然于后世。这就是道德评价和舆论谴责的力量,是道德在政治生活中起作用的主要方式。

此外,中国古代的政治道德生活还包含政治道德修养和政治道德教育等方面的内容。这些内容与上述问题连接在一起,共同架构起先秦政治道德生活的大厦,并以自己独特的价值追求和目标向往,成为后世政治道德生活的精神资源,影响着往后几千年中国政治道德生活的运行发展和递嬗转变。

第八章

先秦时期的职业道德生活

先秦是中华民族传统职业道德发展的源头，其职业道德和身份道德协同发展，尤以对士农工商之身份与职业道德的探究为最，奠定了中华民族职业道德的丰厚基础，在中华民族道德生活史上有重要的地位和意义。作为中华民族道德体系重要组成部分的身份和职业道德，萌生于原始社会末期，在春秋战国之际得到较大的发展，出现了比较独立的教师、医生和军人职业，形成了古代颇具特色的职业道德。职业道德的出现，与社会分工的发展相联系。原始社会的大分工，是原始职业分工的雏形，包含了职业道德的萌芽。随着奴隶社会职业分工的日益发展，使人们在职业活动中发生各种各样的联系，为了调整不同职业内部、不同行业之间，以及每个从业人员之间的关系，便产生了职业道德和职业道德生活。

第一节　士农工商之职业分途与职业道德

《尚书》记载：舜命禹为司空以美帝功，命弃教民时播百谷，命契为司徒以五教教民，命皋陶为士以五刑禁乱，命共工训工，命夔为曲乐，以乐化民。当人们自觉地创制道德规范来规范人们的行为时，道德便真正地产生了。但是这时期人们并没严格区分一般社会道德和职业道德，虽然已经存在许多职业道德因素，但职业道德还没有从一般社会道德中独立出来形成独立的社会道德部门。职业道德的初步形成，是在有了明确社会分工的奴隶社会。《周礼·考工记》记载：当时社会分工和基本职业有六种——王公、士大夫、百工、商族、农夫、妇功。“国有六职，百工与居一焉。或坐而论道，或作而行之，或审曲面执，以饬五材，以辨民器，或通四方之珍异以资之，或饬力以长地财，或治丝麻以成之。坐而论道，谓之王公；作而行之，谓之士大夫；审曲面执，以饬五材，以辨民器，谓之百工；通四方之珍异以资之，谓之商旅；饬力以长地财，谓之农夫；治丝麻以成之，谓之妇功”。对不同职业者有着不同的要求，如农夫“饰力以长地财”，商旅“通四方之珍异”，百工“审曲面执以辩五材”等。荀子从职业分途的认识出发，论述了群而无分则乱的道理，指出“农分田而耕，贾分货而贩，百工分事而劝，士大夫分职而听，建国诸侯之君分土而守，王公总方而议，则天子共已而止矣。出若人若，天下莫不平均，莫不治辨，是百王之所同也，而礼法之大分也”（《荀子・王霸》）。

中国古代社会出现了社会分工，而其中受到特别关注的则是士、农、工、商。管子认为“士农工商四民者，国之石民也”（《管子・小匡》）。不仅强调农业的重要性，而且认为手工业、商业这些“末作”对国家而言也同样重要，是国富的重要组成部分。他认为国家要富裕，这些职业都不可缺少。《汉书・食货志》说：“士、农、工、商，四民有业。学以居位曰士，辟土殖谷曰农，作巧成器曰工，通财鬻货曰商。圣王量能授事，四民陈力受职，故朝亡废官，邑亡敖民，地亡旷土。”士农工商的四民划分及其社会地位的确认，是从社会行业也是社会分工意义上提出来的，集身份、职业和阶层诸含义于一体。在传统的“士农工商”的结构中，蕴含着两大社会内容，一是社会成员的社会地位，一是社会分工的时代特征。但是，社会地位的不平等，又是伴随着分工的发展而形成的。职业的划分是社会分工的直接表现，而社会分工又是阶级或阶层形成的前提。在封建制度下，无论是社会分工的时代特征，还是社会成员的社会地位，所体现的“贵贱尊卑”、“名分等级”精神却是完全一致的。这一有序的社会结构，就成为整个古代社会秩序赖以稳定的基础。

一、士阶层及其道德要求

士是四民之首，是以学识取得地位的既传授知识、辅助国君又教化万民的知识阶层。《说文解字》说：“士，事也。”郑玄注云：“仕（通士）之言事也”，“引伸之，凡能事其事者称士”。《白虎通》也说：“士者事也，任事之称也。”同时，《说文解字》又云：“数始于一终于十，（士）从一从十，孔子曰：‘推十合一为士’。”段注云：“数始一终十，学者由博返约，故云推十合一。博学、审问、慎思、明辨为行，惟以求其至是也，若一贯之，则圣人之极致矣。”“士”在远古社会是一类有专职、有特长的特殊社会群体。“士”阶层是从平民中分化出来的一个特殊阶层。他们因为有勇力和武艺，所以被特别选拔出来。刚开始时是平时和农民一样从事耕耘，有战事的时候则组成军队作战，后来慢慢地不再耕田，专门作为武士。长期以来，“士”阶层一直都是武士阶层。到了春秋时期，“士”阶层开始出现分化与蜕变,但在过渡阶段士仍然都能武。士的社会功能一是任事,一是致圣人之道,即负责处理事务和维护传统伦理道德的双重使命。以自己所具备的知识进行社会活动为生的士,出现在脑力劳动与体力劳动的分工、私有制的产生之后。

就职业而言,在周朝及以前,士是学道习武之人,士民和农工商这些庶民对称,后来,士演化为文人、读书人、官员等的统称。“士”是先秦社会最为重要的一个社会群体,它的产生和发展影响着以后几千年中国文化的面貌。春秋时期,王纲解纽,列国争霸,旧的社会秩序分崩离析,各社会阶层的关系重新调整,“士”阶层自然也不能例外。旧社会秩序的解体打破了有史以来贵族垄断知识的局面,使得平民社会有了出现文人的可能,原来都是武士的“士”阶层发生了分化。一部分“士”人专门从文,将原由上层社会贵族独占的夏商周三代的礼乐文化接受过来。因此他们自身虽然是在旧王权体制瓦解、新的专制帝制尚未建立的间隙中诞生并发展起来的,但由于知识结构的制约,他们从一开始就自觉努力于恢复夏商周三代所谓王官之学的礼乐文化传统,这便是最初的一批“儒士”,他们实际上是借复古以倡新。他们社会活动的目标是要进入上层社会参政。

作为一种职业者称呼的士,形成于春秋战国之际。春秋战国时期,诸侯国之间的激烈竞争冲突,使各国纷纷重视人才的作用,于是就在上层贵族公室兴起养士之风,在下层民间也兴起通过读书做仕来进身扬名之风,“士”便逐渐成为一个独立的社会阶层,职业群体。《管子·小匡》有“士农士商,国之石民”之说。《韩非子·外储说左上》记载:“故中章、胥己仕,而中牟之民弃田圃而随文学者邑之半;平公腓痛只痹而不敢坏座,晋国之辞仕托者国之锤。”士不仅成为了一个独立的社会阶层、职业群体,而且具有“国之锤”的作用。士的“国之锤”的价值在于其对治理国家,教化民众的作用,同时士作为知识阶层,还往往是社会思想精神道德文明的建设者和传播者。

春秋战国时代之所以出现“得士者兴,失士者亡”的普遍现象,根源正在于知识阶层大大超出社会其他任何阶层的创造力。秦孝公怀雪耻之志而向天下各国发出求贤令,才有商鞅入秦,秦国二十三年间一跃成为第一强国。这是用平民知识分子振兴国家的典型。相反,战国初期唯一的超级强国魏国则是另一种典型。魏国本来是当时的中原文明中心,拥有最具智慧水准的士人阶层,是战国名士云集的渊薮之地。然却因为颛顸平庸的魏惠王顽固的依赖贵族治国，蔑视平民士子，逼走了一个又一个才堪扭转乾坤的名士（吴起、商鞅、孙膑、张仪、乐毅、信陵君、范雎、尉缭等都是魏国人或前来投效的他国名士）。随着这些精英知识分子的出走，魏国也像太阳下的冰块一样融化了。

《管子・小匡》说："今夫士，群萃而州处，闲燕则父与父言义，子与义言孝，其事君者言敬，长者言爱，动者言弟。"而荀子对士的作用作了更全面充分的论证。他说："儒者法先王，隆礼仪，谨乎臣子而近乎其上者也。人主用之，则势在本朝而宜；不用，则恳编百姓而悫，必为顺下矣。虽穷困冻馁，必不可以邪道为贪；无置锥之地而明于扶礼稷之大义；鸣呼而莫之能应，然而通乎万物，养百姓之经纪。势在上人则王公之材也，在下人则社稷之臣，国君之宝也。虽隐于穷閰漏屋，人莫不贵之，道诚存也"，"儒者在本朝则美政，在下位则美俗"，"其为人上也广大矣。志意定乎内，礼节修乎朝，法则度量正乎官，忠信爱利形乎下，行一无义，杀一无罪，而得天下，不为也。此君义信乎人也矣，通于四海，则天下应之如"。（《荀了・儒效》）上"法先工，隆礼义"，"在朝则美政"，"在下位则美俗"，故是"王公之材"，"社稷之臣"，"国君之宝"。士的权势来源于一个文明或时代的根本需求，它是以一个社会权威的姿态矗立在厚实的农耕社会的根基之上。同权力直接源于"皇权"的赐予的官僚不同，他们只对皇权负责，而士却还肩负着社区的利益。因此，"民之信官，不若信士"。作为一个社会权威力量，士在社区中的领袖地位很难被皇权轻易地剥夺，尽管在极端冲突的时期，皇权可以凭借兵威大规模地摧抑士的力量。但社会生活的正常组织，社会秩序的正常维系，又只能依恃于士的力量。"士农工商"结构体系从根本上突出并保障着士的独特的社会地位，使之稳定地居于"四民之首"并成为"一乡之领袖"，同时也由此保障了封建国家实施政治统治的基本国策，即"农本商末"或"重农抑商"。

先秦时代的士与儒有着十分密切的关系，儒生大多是士的一部分。儒，实际上由巫、史、祝、卜这类宗教职业者分化而来。据说孔子起初的职业即为"祝"，以相礼和办丧事为生——"出则事公卿，入则事父兄，丧事不敢不勉，不为酒困，何有于我哉？"（《论语・子罕》）祝，即男巫。《说文》："巫，祝也。"段玉裁注："祝"乃"觋"之误。而"觋，能齐肃事神明也。在男曰觋，在女曰巫"。《说文》曰："儒，柔也，术士之称。"《周礼・天观・太宰》："四曰儒，以道得民。"郑玄注：

"儒，诸侯保氏有六艺以教民者。"贾公彦疏："诸侯师氏之下，又置一保氏之官，不与天子保氏同名，故号曰儒，掌养国子以道德，故曰以道得民。"可见儒本身即术士，或者更准确地说，是熟悉诗书礼乐、为贵族服务、旨在以道得民的术士。儒作为孔子所创立的一种学术流派，与原始或早期宗教文化传统也有密切的关系。例如，孔子注《易》，并以《易》为儒学经典，而《易》本来就是与原始宗教有关的"卜算"之书。《易经》"观物取象"的基本方法和思路，源自于原始的龟甲骨占和鸟兽骨占，作为《易经》之经文的"卦辞"、"爻辞"其实就是卜算辞，而"彖"、"传"所包含的"万物含生论"、"万物交感论"、"阴阳论"等，也莫不与原始宗教的"泛生论"、"泛灵论"，以及商周时代具有宗教神学色彩的"五行论"相关。所以《汉书·艺文志》说："儒家者流，盖出于司徒之官，助人君顺阴阳明教化者也。"

夏商周已有专职的文化官，他们称为卜、筮、巫、祝、史等。三代的天命观，就是由这些古代的文化官来发明的。卜，《说文》："卜，灼剥龟也，像炙龟之形，一曰像龟之纵横也。"卜是职掌用火灼龟壳，通过其裂纹的纵横变化来预决吉凶的文化官。《周礼》中有太卜、卜师之官，其太卜职掌玉兆、瓦兆、原兆三兆之法，三兆各经兆之体有 120 种之多，颂有 1200 首；卜师职掌开龟之四兆：一为方兆，二为功兆，三为义兆，四为弓兆。[①] 与卜相关的还有龟人，龟人职掌天、地、东、南、西、北六龟，供卜人在不同卜龟时所选用。卜人龟卜有时间上的选择，如"尝之日，莅卜来岁之芟；弥之日，莅卜来岁之戒；社之日，卜来岁之稼"。

筮，《说文》说："筮，易卦用蓍也。"段玉裁注："《曲礼》，曰：'龟为卜，策为筮。策者，蓍也。'《周礼》'筮人'注云：'问菁曰筮，其占易。帅部曰蓍，易以为数。'"卜以龟纹决吉凶，筮以《易》卦决吉凶，二者接近，故古书经常以卜筮连语。《周礼·春官》说："筮人掌三易，以辨九筮之名。"三易即《连山》、《归藏》、《周易》，据说是夏商周三代的不同筮书；九筮为筮更、筮咸、筮式、筮目、筮易、筮比、筮祠、筮参、筮环。[②]

巫，《说文》："巫，祝也。女能事神无形，以舞降神者也。像人两褎舞形。"卜人、筮人似全由男人来担任，巫却并不全是男人，而有男女之分，女巫称巫，男巫

---

① 详见《周礼·春官》。

② 《周礼·春官》九筮之名，皆作巫某，郑玄注以为巫当为筮之误，今从郑说。

称觋。《说文》：觋，能齐肃事神明者。在男曰觋在女曰巫。段玉裁注：“此析言之耳。统言则《周礼》男亦曰巫，女非不可曰觋也。”可见，巫、觋既可析言分指男女，又可不分男女统而言之。觋从巫从见，是说巫通过歌舞可与鬼神相通，并见到鬼神的形状。《周礼·春官》有司巫之官，掌群巫之政令。每遇旱灾、水灾，都要由巫觋来歌舞消灾。男巫、女巫之间还有较为明确的分工，如“男巫掌望祀、望衍、授号”等，“女巫掌岁时、拔除、衅浴”等。(《周礼·春官》)

祝，《说文》：“祝，祭主赞词者。”祝是以口、言语与鬼神交往的文化官。《周礼》中有大祝、小祝之官，大祝掌“六祝之词，以事鬼神示，祈福祥，求永贞，一曰顺祝，二曰年祝，三曰吉祝，四曰化祝，五曰瑞祝，六曰荚祝”；小祝掌“小祭祀”等。(《周礼·春官》)另有依事类而设的职掌丧事的丧祝、职掌四时之田的田祝、职掌盟诅的诅祝等。

史，《说文》：“史，记事者也。”《周礼》的《天官》《地官》《春官》《夏官》《秋官》有许多“史一人”、“史二人”、“史三人”、“史五人”、“史四人”、“史六人”、“史八人”、“史十人”、“史十有六人”、“史十有右人”之称，表明至少在周代史官已有相当的数量。郑玄注说：“史者，掌书之官也。”史的特点是熟知历史，职掌历史典籍，具有一定的历史文化知识，这是史不同于卜、筮、巫、祝的地方。而远古的历史是充满神话的，对历史的解释离不开天命鬼神，史也有卜筮以问神的行为，如《左传》载有史苏之占。所以，史与卜、筮、巫、祝又有相通的一面。因而，祝史并称在《仪礼》《礼记》《左传》中屡见不鲜。如“祝史立于门东”，“祝史正辞”、“祝史矫举以祭”，“祝史之事也”。

卜、筮、巫、祝、史的职掌不同，但都是能与天、鬼神交往的文化官。其中卜人与筮人职掌的龟卜与卦筮，是三代时人们沟通上天神灵的两种最常见的手段。《礼记》说：“昔三代明王，皆事天地之神明，无非卜、筮之用，不敢以其私亵事上帝，是故不犯日月，不违卜、筮。”(《礼记·表记》)又说：“卜、筮者，先王之所以使民信时日，敬鬼神，畏法令也；所以使民决嫌疑，定犹与也。”(《礼记·曲礼》)由卜筮而从上帝那里求得指示，以确定人的行为，是卜筮的主要目的。由于三代盛行对上帝、鬼神的普遍迷信敬畏，卜、筮、巫、祝、史代表着上帝的意见，因此，他们在社会生活中具有天意发言人的莫大权威。反过来，不仅卜、筮、巫、祝、史在制度上为三代天命观提供了人事的保障。而且，卜、筮、巫、祝、史进行占卜问卦时的一套宗教迷信仪式活动，给人所带来的神秘感，又加强着人们对天命观的迷信。因此，夏商周的卜、筮、巫、祝、史是三代天命观的文化主体，三代天命观就是通过他们来表现的。

美政美俗的职责要求“士”本身要有较高的道德素养，先秦的思想家、政治家都对作为“四民”之首的士的职业道德作了充分的论述，形成了先秦丰富的士德思想。概括言之，先秦士德规范主要有：仁义为本，知义必行，重道守节，立志为要。

仁义为本。既然士君子的社会职责在于美政美俗，治国教民，推行仁义，以身正天下，那就必然要求士君子具有高尚的道德情操，以仁义为本，身范天下。孔子说：“君子以义为质，礼之行之，孙之出之，信以成之。”（《论语·卫灵公》）义是君子的本质属性，是士君子的理想追求，故君子应以义为根本。《孟子·尽心上》记载：王子垫问曰：“士何事？”孟子曰：“尚志。”曰：“何谓尚志？”曰：“仁义而已矣。杀一无罪非仁也，非其有而取之非义也。居恶在？仁是也；路恶在，义是也。居仁由义，大人之事备矣。”君子士人，应以仁义为本，穷贱富达皆不失义，“故士穷不失义，达不离道。穷不失义，故士得己焉，故民不失望焉”。此外，先秦义利观认为，“利者，义之和也”（《周易·乾卦》），主张义利统一，行义以利，取利以义。君子以仁义为本，就要一方面在利益面前以义为准，见利思义，以义建利。孔子说：“见利思义，见危授命，久要不忘平生之言，亦可以成人矣。”（《论语·宪问》）荀子说：“先义而后利者荣，先利而后义者辱。”（《荀子·荣辱》）另一方面行义以利，义益天下。墨子说：“义，利也。”故“义，志以天下为芬，而能能利之，不必用”（《墨子·经说上》）。因此，仁人君子应“必务求兴天下之利，除天下之害”（《墨子·兼爱下》）。

知义必行。士君子以仁义为本，不仅仅在于要知仁重义，更在于勇于践行，知义必行，身率天下。荀子说：“好法而行，士也；笃志而体，君子也；齐明而不竭，圣人也。”（《荀子·修身》）遵守法度而能见之于行动是士之德，意志坚定而付诸实践是君子之德；中正明智，力行不止，是圣人之德。孔子将知与行分别而讲，知是智，行是仁，只有将知见之于行，才有道德意义。他说：“好学近乎智，力行近乎仁，知耻近乎勇。”（《礼记·中庸》）知而不行，不能称之为仁，故士君子应言必信，行必果，而以言过其行为耻。因此，墨子认为“士虽有学，而行为本焉”。

他说："君子战虽有陈，而勇为本焉，丧虽有礼，而哀为本焉；士虽有学，而行为本焉。"（《墨子·修身》）士应以行为本，勇于实践，把道德知识见之于行动。故而"彼学者，行之，曰士也"（《荀子·儒效》），只有能将自己所知道的道理见之于行动者，方可谓士。

重道守节。重道守节就是要求士君子以道义为重，不为贫贱所移，富贵所淫，威武所屈，坚守自己的高尚节操，即使身处危境，也能见危致命，杀身成仁，舍生取义。这是士君子职业道德的最高境界，是士君子的至高理想人格。我国知识分子的这一传统道德信念形成于春秋，并在当时就得到推崇重视。由于春秋战国时期，列国雄起，战争频繁，社会动荡不安。在危机四伏之中如何坚持自己的高尚节操，维护自己崇高的独立人格，是当时身处思想政治漩涡中的士君子所面临的重要课题。杀身成仁，舍生取义成为以仁义为志的士君子重道守节，维护自己独立人格的最英勇的表现，是士君子的最高的人格境界。孔子说："三军可以夺师，匹夫不可以夺志也。"（《论语·子罕》）故而"志士仁人，无求生以害仁，有杀身以成仁"（《论语·卫灵公》）。孔子认为士君子在面对生命与道德两难之时，应舍生取义，维护节操。《吕氏春秋·士节》记载："士之为人，当理不避其难，临患望利，贵生行义，视死如归。"士君子在大是大非面前应应坚守正道，坚决维护正义，甚至以身殉道，以实现自己的人格理想。"义之所在，不倾于权，不顾其利，举国与之不为改视，重死持义而不挠，是士君子之勇也"（《荀子·荣辱》）。士君子于义，应不畏权，不为利，不避死，唯义是从。先秦同时身为士君子的思想家，大多不仅是"杀身成仁，舍生取义"的倡导者，还往往是杀身成仁，舍生取义的实践者。"《诗》云：'莫莫葛，施于条枝，恺悌君子，求福不回'，今婴且可回而求福乎？曲刃钩之，直兵推之，婴不革矣！"（《晏子春秋·内篇·杂上》）晏子在威逼诱惑面前，大义凛然，坚守节操，维护正义，实现了自己的人格理想，成为重道守节的典型。

立志为要。志即是理想、志向，以仁义为本的士君子最重要的是要把实现仁义当作自己的人生理想、志向，而不仅仅只是一个道德的要求。也只有把实现仁义当作理想、志向，才会孜孜追求仁义、实践仁义，坚守仁义，在生死两难时能杀身成仁，舍生取义，保证其社会道德职责的实现。因此先秦的思想家在强调士君子的仁义本质的同时，更强调士君子要树立崇高理想，远大志向。孔子说:“三军可以夺帅,匹夫不可夺志也。”志即理想。在孔子看来,理想志向是人生的精神支柱,故不可夺,可夺而非志。故而,“士不可以不弘毅,任重而道远。仁以为己任,不予重乎?死而后已,不亦远乎?”(《论语·泰伯》)士君子应立远大弘毅的理想,以仁义为志,任重道远,死而后已。因此,“士而怀居,不足以为士矣!”(《论语·宪问》)大丈夫仁义为志,尚志行义,志在天下,安能怀居恋土,裹足不前。故而,王子垫问士于孟子,孟子以“尚志”,“仁义”作答。纵横家景春与孟子论士,孟子说:“居天之广居,立天下之正位,行天下之达道。得志,与民由之;不得志,独行其道。富贵不能淫,贫贱不能移,威武不能屈,此之谓大丈夫。”(《孟子·滕文公下》)总而言之,先秦思想家非常重视士君子立志的意义,明确地意识到理想、意志的精神支柱作用,视之为与生命同在,甚至于高于生命,强调其不可夺,不可侵,奠定了中国古代知识分子持志守节,以身殉道的操守气节的基调。在传统政治系统中,儒士是一个特殊群体,其特殊性在于,打破世卿世禄后,儒士成为庞大的官僚队伍的基本来源,儒士和官僚相互转化。儒士一旦进入官僚阶层,其自身的素质和政治取向,对国家政治格局带来不可忽视的影响。传统政治有两个基本方面:政刑和德礼“政教合一”是传统政治的重要特征。德教离不开师的作用。因此,即使没有进入官僚阶层,儒士对国家对君主也保持某种政治上的联系,所以儒士与政治有不解之缘,谈论政治角色,不能不谈儒士。儒士位居人上的情况几乎是不存在的,只能算是虚悬一格。通常情况,儒总是位居人下,而且,只有在能够进入但还没有进人官僚阶层时,才是知识分子(儒)的真正社会地位。他们具体坚定的道德信仰和追求,掌握治国之大道,通晓财理万物、养育百姓之纲纪。出仕能够为国建功立业,退隐能够为乡里和亲化善,“儒者在本朝则美政,在下位则美俗”(《荀子·儒效》)。尽管儒士在主观上不断追求向官僚的转化,其政治抱负也只有在进入政治系统之后才能施展,但儒与官僚阶层仍然存在明显的差别:其一,官僚的社会地位和价值取决于官职、爵位,即取决于由社会政治序列这种外在因素;而儒的社会地位和价值则是由内在人格决定的,“君子无爵而贵,无禄而富,不言而信,不怒而威,穷处而荣,独居而乐”(《荀子·儒效》)。其二,官僚的权力来自君主,以忠君顺上为职;儒士的力量来自于道义,以维卫道义为己任。因此,儒士经常对现实政治和君主抱一种批判的态度,向往“天下有道”的仁政德治。中国士阶层在生成时期就具有融入社会潮流并积极解决社会问题的价值追求，以天下为己任是他们的原生基因；追求仕途并改造社会，是中国士阶层的崇高理想；也就是说，中国士阶层从来不以孤立抽象的保持某种理论价值（主义）而作为自己的生存目标，从来就不追求超然的独立人格与独立精神；中国士阶层讲究的特立独行，就是在解决社会问题中标新立异，而不是在社会喧嚣之外保持一种纯粹审美意义上的独立。在中国历史上，追求君法与师法、政统与道统的合一而始终未能合一，注定了知识分子在政治舞台上总是扮演悲壮的角色。

二、辟土殖谷与农民道德

《汉书·食货志》指出："辟土殖谷，曰'农'。"《说文解字》指出："农，耕人也。"《春秋穀梁传》讲到士农工商四民中的"农民"，谓"播殖耕稼者"。可知，在古人的概念里，农民是耕田种地的人。我国以农立国，注重农业源远流长，重农观念根深蒂固。神农氏炎帝是传说中农业的发明者。当时的人们还过着采集渔猎生活，神农不忍人们受苦，便用木头制作成耒耜等农业工具来教人们耕作，他根据土地的干湿、肥硗等自然状况来教人们种不同的作物，于是，人们便开始了农业生产，他本人就获得了"神农（氏）"的称号。后稷是古代周族的始祖和中国历史上的第一个农官，也是传统祭祀中的谷物神，对中华民族的农业文明、封建国家的政治生活、底层社会的民俗生活、文学艺术的审美心理，乃至中华民族性格、价值观念的形成，都具有重大的影响。后稷原名弃，曾经被尧举为"农师"，被舜命为后稷。弃还是孩子的时候，就常和成人一样，学着采集植物种子，学着种麻和大豆。长大后，他喜爱种植各种庄稼，懂得选择不同的土地种植不同的作物（即后来所说的"相地之宜"），选择良种、拔草等措施，还能从种植作物的成熟早晚以及外表性状去区分作物类型。由于弃有丰富的农业生产经验，他种的庄稼横竖成行，整齐划一，大豆繁茂，谷子饱满。四方远近的人听说了弃的事迹后，便都跑来向他请教，他就不厌其烦地向大家传授农业生产技术。在弃的影响和带动下，农业生产连年丰收。尧帝听说了弃的事迹后，立即推举他担任部落联盟的"农师"，指导部落群众进行农业生产，到了舜帝时，又聘请他担任"后稷"的职务（我国最早的农官），主管部落联盟中的农事，因此，后人又将他称为"后稷"，将农官也称为"后稷"。舜曰："弃，黎民始饥，尔后稷播时百谷。"封弃于邰，号曰后稷，别姓姬氏。后稷教先民种大豆、谷子、麻、麦、瓜，又教先民除草、护苗、助长、收获，所以谷粒饱满产量高。为了发展生产、改善生活，他又教先民选择良种。为了祈求来年丰收，他又率民祭祀上帝。弃精于农作，他所种的谷物"实方实苞，实种实褎，实发实秀，实坚实好，实颖实粟"，很受人们称赞。在古人印象里，后稷的农穑是大有功于民的伟业，《尚书·吕刑》就把他和伯夷、大禹并列，说是"稷降播种，农殖嘉谷"。《论语·宪问》称"禹、稷躬稼而有天下"。周公要求农夫"纯其艺黍稷，奔走事厥考厥长"，提出勤劳富农的农德要求。春秋时期，诸侯纷争，列国竞雄，如何在激烈竞争中立于不败之地是当时思想家政治家面临的最大的任务，各诸国纷纷进行社会改革，竞相提出重农主义政策，如管仲"相地而衰征"，李悝"尽地力之教"，商鞅"重农抑商"等强化对农业生产和农民教化的重视。春秋战国时期的重农思想对农民职业道德的形成产生了重要影响，促使农民道德在春秋战国时期初步形成。

1. 勤于耕作，不违农时

周人自认尧舜时代的农官后稷为其先祖。其后裔公刘迁居豳地，从事农业开发，通埸遁疆，适积遁仓，度其隍原，彻田为粮。至太王直父，迁岐山，开发周原：遁左逦右，通疆逦理，遭宣适亩。直至文王，还曾亲自在田间劳作。周宣王时卿士虢文公说：夫民之大事在农，上帝之粢盛于是乎出，民之蕃庶于是乎生，事之供给于是乎在，和协辑睦于是乎兴，财用蕃殖于是乎始，敦庞纯固于是乎成。又说：王事唯农是务，无有求利予其官，以干农功，三时务农而一时讲武，故征则有威，守则有财。若是乃能媚于神而和于民矣，则享祀时至而布施优裕也。(《国语·周语上》)祭祀上帝的黍稷出于农业，民人蕃衍众多基于农业，器用百物的供给充足来之农业，人们之间和谐亲睦有赖于农业，财政的增殖从农业起始，民风厚实、国家强固由农业而成。周代还专门设立了农官田唆来掌握农事。《周颂·臣工》记载着每到维暮之春(三月)，农官就到田里来察看谷物长势及农夫从事耕作的情况。不误农时，勤于耕作，这是进行农业生产的重要要求。春秋时孔子就提出了使民以时的主张，管仲也说无夺民时，则百姓富牺牲不略，则牛羊遂。战国时的墨翟、孟轲则对此主张加以阐发，说以时生财和不违农时，谷不可胜食也。

2. 崇尚节俭，珍惜财物

农民长期从事农业劳动，深知劳动果实来之不易，正可谓“锄禾日当午，汗滴禾下土，谁知盘中餐，粒粒皆辛苦”。因此，比较自觉地产生了崇尚节俭，珍惜财物的观念。《国语》、《左传》二书中有比较多的关于黜奢崇俭的言论。如：鲁臧哀伯云：清庙茅屋，大路越席，大羹不致，粢食不凿，昭其俭也（《左传·桓公二年》）。周定王卿士蛐康公云：俭所以足用也，以俭足用则远予忧；侈则不恤匮，匮而不恤，忧必及之（《国语·周语中》）。晋叔向云：昔更佚（月武王太史）有言曰：动莫若敬，居奠若俭，夫宫室不崇，器无彤镂，俭也（《国语·周语中》）。楚伍举云：拜私欲弘侈则德义鲜少，德义不行则迩者骚离，而远者距违（《国语·楚语上》）。在《周易》中也有许多关于节欲、崇俭、戒贪的论述，如《颐卦》象曰：君子以慎言语，节饮食。《损卦》象曰：君子以惩忿窒欲。《节卦》象曰：当位以节，中正以通，天地节而四时成。节以制度，不伤财，不害民。《否卦》象曰：君子以俭德辟难。特别是《节》卦中提出了苦节、安节、甘节等关于节的观念，从一般道理上论述了节俭的意义，说明坚持节俭，可以万事亨通，绝不能以节俭为苦而求奢。《周易》提出“俭德辟难”之说（《周易·否》），认为君子可以用俭朴的德行来避免危难。俭朴的德行有助于防患于未然，防止奢靡腐化等行为；在面临危难的时候，特别是在面临物质匮乏的困难时，具备俭朴的德行有助于克服危难。《周易》的作者认为，天地万物都有顺与不顺、通与不通之时，不顺不通，就要修身养德，不能过分彰显自己，以渡过难关。

3. 厚生惜物，取用有度

《易经》认为天道在于阴阳大化，化生万物，人道在于承继天道，尽物之性。“天道”与“人道”的统一反映在人物关系上，就是要求人们一方面取用万物，以尽物之用；另一方面爱物惜物，尽物之性。这一思想贯彻于农业生产上，就是要求农民在农业生产中珍惜资源，取物以时，节用有度，不使资源枯竭，尽物之性，充分发挥资源的社会作用。《诗经·大雅·行苇》中有“敦彼行苇，牛羊勿践履，方苞方体，维叶泥泥”。要求放牧者在苇草刚开始茂盛成形时，不要让牛羊践踏，生动地反映了先民的资源保护、珍惜意识。《礼记·祭义》记载：曾子曰：“树木以时伐焉，禽兽以时杀焉。夫子曰：‘断一树杀一兽，不以其时，非孝也’。”要求人们取物以时，爱惜资源。春秋战国的思想家，政治家都非常重视资源的保护，多从维护农业可持续生产，富家富国角度要求君王、农夫取物以时，节用有度。《孟子》说："不违农时，谷不可胜食也；数罟不入夸池，鱼鳖不可胜食也；斧斤以时入山林，树木不可胜用也。谷与鱼鳖不可胜食，树木不可胜用，是使民养生丧死无憾也。养生丧死无憾，王道之始也。"(《孟子·梁惠王上》)管子说："山林虽广，草木虽美，禁发必有时；国虽充盈，金玉虽多，宫室必有废；河海虽广，池泽虽博，鱼鳖虽多，网罟必有正，船网不可一财而成也。非私草木，爱鱼鳖也，恶废民于生谷也。故曰：先于禁山泽之作者，博民于生谷也。"(《管子·八管》)荀子提出"春耕，夏耘，秋收，冬藏，四者不失其时"，"斩伐养长不失其时"，"斧斤入山，罟网入池，不夭其生，不绝其长也"(《荀子·王制》)。取物以时，节用有度不等于弃物不用。厚生爱物另一要求就是善用于物，尽物之用，全物之性。《礼治·中庸》说："唯天下之至诚，为能尽其性，能尽其之性，则能尽人之性，能尽人之性则能尽物之性；能尽物之性，则能参天地之化育；可以赞天地之育，则可以与天地参矣。"荀子提出"财非其类，以养其类"，"官天地役万物"的主张，强调尽物之用，造福人类。老子则从更高层次提出："圣人常善救人，而无弃人；常善救物，故不弃物。"(《老子·第二十七章》)天生万物，皆有其用，人应辨其性，识其用，全其性，尽其用，不暗天意，不弃其物。

此外，善良仁义、淳朴厚道也是中国农民道德生活的真实再现。荀子说："农夫朴力而寡能，则上不失天时，下不失地利，中得人和，而百事不废，是谓政令行，风俗美，以守则固，以征则强，居则有名，动则有功。"(《荀子·王霸》)农民长期生活在"自己动手，丰衣足食"的情境中，养成了许多热爱生活、善良淳朴的德性，并且能够乐于助人，与人为善，进而造成了一种风俗纯美的生活环境。农民的道德生活构成中国古代道德生活最真实最原初的画卷。

三、作巧成器与百工道德

工匠伦理是工匠在制作器物活动中应遵循的道德准则与应具的道德意识、道德品质的总和，为技术伦理之组成部分，也为经济伦理所研究。工匠是一个庞大的群体，古代称之为"百工"。百工是手工业劳动不断分化形成的，《周礼·考工记》所记载的工匠名目繁多，即"攻木之工七，攻金之工六，攻皮之工五，设色之工五，刮摩之工五，抟埴之工二。攻木之工：轮、舆、弓、庐、匠、车、梓。攻金之工：筑、冶、凫、栗、段、桃。攻皮之工：函、鲍、韗、韦、裘；设色之工：画、缋、钟、筐、㡛；刮摩之工：玉、楖、雕、矢、磬；抟埴之工：陶、瓬”。在《考工记》的作者看来，古代智慧创造了器物，工巧的人遵循制作的方法并世代相传，就成为专门的工匠。懂得制作器物的工匠必须知晓天时、地气和美材的重要性，并能刻苦钻研技术，使之精益求精。百工在长期的职业生活中形成了与自身工作对象和人际关系相适应的道德生活品质和人格要求。

1. 崇尚创造，肯定劳作的意义。墨子本身就是一个工匠，生活在社会的下层，因此他了解人民大众的疾苦和要求。他从亲身的经历中，深切地体验到统治者的奢靡浪费、以强凌弱以及兼并战争带给人民大众的苦难。他立志要改变这种不平的社会状态，盼望建立一个政治贤明，社会安定，人民安居乐业的“尚同”社会。他反对孔子“君子述而不作”的主张，坚持传述与创作并重。他认为，如果大家都述而不作，就不能有所创造，人类社会也就不会有文明进步。他指出，如果按照孔子和儒家的君子只述，小人方作的主张来看问题，那么古时发明弓、甲、车、船的人就都成了小人，而现在根据这些发明制作弓、甲、车、船的人反而都是君子。凡有所述，必是有人作出的，则其所述，岂不都是小人之道。可见孔儒的主张是有问题的。因此，他极力主张和提倡“今之善者则作之，欲善之益多也”。他要求学生述作并重，言行一致，身体力行，反对那种只说不做，只讲空话的学风和作风，指出“口言而身不行”，即为“荡口”。

2. 非攻非战，崇尚和平的生活。墨子渴望建立一个平等、安定、人人安居乐业的“尚同”社会。在《墨子》一书中，他一再强调要“兴天下之利，除天下之害”，并以此作为他自己及其弟子立身处世的准则。他认为儒家所主张的礼乐繁琐扰民，厚葬伤财贫民，三年守丧伤生害事，都是有害而无利的，为此他提出了非乐、薄葬、短丧的主张。对于诸侯间的攻伐和兼并战争，以及所造成的生产荒废、生灵涂炭的惨况，他更是深恶痛绝，视之为天下大害，为此他提出了非攻、兼爱的主张。史载墨子止楚攻宋。当时，著名匠师公输般（鲁班）为楚王制造了云梯，将发兵去攻打宋国（都城商丘，在今河南商丘南，拥有今河南东部和山东、江苏、安徽间地）。墨子得悉这个消息后，立即一面派遣禽滑厘率领三百名弟子，带着自己设计和制造的守城器械去宋国协助守城；一面亲自从鲁国出发，赶往楚国（今陕西商南东南、安徽含山西北、河南南阳以南、洞庭湖以北一带）。一到达楚国的都城郢城(今湖北江陵附近),墨子便冒着被杀的危险,用辩理和科技知识,使楚王和公输般折服,放弃了攻宋的计划,从而消弭了一场攻杀战争。除止楚攻宋外,墨子还曾劝止鲁阳文君攻伐郑国(都城在今河南新郑),劝止齐(今山东北部,都城在今淄博东北的临淄)王攻伐鲁国。

3. 富于理想,肯定正义的价值。墨子特别重视义,并以义为道德和行为的标准。他认为,“万事莫贵于义”,“义,天下之良宝也”。墨子有一种为理想而奋斗的献身精神。他一生的活动都坚持这样做,不求名,不求利,自甘清苦,唯求理想之实现。不但他自己是这样身体力行,他所教导出来的弟子也都继承和恪守这种精神。因此,连墨家的反对派也不能不对此叹服和赞赏。《庄子·天下篇》中说:“不侈于后世,不靡于万物,不晖于数度,以绳墨自矫,而备世之急。古之道术有在于是者,墨翟、禽滑厘闻其风而说之”,“使后世之墨者,多以裘褐为衣,以跂蹻为服,日夜不休,以自苦为极,曰:不能如此,非禹之道也,不足谓墨”。《孟子·尽心篇》也说,墨子及其弟子“摩顶放踵利天下,为之”。

四、通财鬻货与商人道德

商人道德是商人在商业活动中必须遵循的行为规范及所形成的品德素质的总和,它是商业的社会价值及商业活动规律在商人思想中的反映。从历史上看,商业道德伴随着商业的产生、发展而逐步形成。一般来说,商业活动萌芽于原始社会末期的产品交换。在西周,商业已经发展成为一个专门的社会生产部门,商业活动也受到统治阶级的鼓励、支持。春秋之际“工商食官”的局面被打破,出现私营商业,商人获得了独立于官府的地位。《左传·昭公十六年》记载:“昔我先君桓公与商人皆出自周,庸次比耦,以艾杀此地,斩之蓬蒿藜藋,而共处之,世有盟誓以相信也,曰:‘尔无我叛,我毋强贾,毋或匄夺;尔有利市宝贿,我勿与知’,恃此质誓,故能相保。以至于今。”随着商业的发展,人们对商业的社会价值及规律的认识进一步深化,形成“良商不与人争买卖之价”、“乐观时变”,以及“以义取利”等伦理观,利用由季节变与年景丰歉所造成的商品供求变化,“人弃我取,人取我与”而致富,初步形成了中国古代的商业道德与商人道德。

1. “以义取利，以义治商”

先秦时期人们一方面认识到商业的社会价值，承认商业逐利的本性及必然性，另一方面又强调商业活动及商人的道德属性，主张以义取利，以义治商。春秋战国时，人们以“义利统一论”为标准将商贾划分为良贾、义贾、奸商，赞成良贾、义贾，反对奸商，强调商业的道德属性。如《礼记·王制》说：“布帛精粗不中度，幅广狭不中量，不鬻于市，奸色乱正色，不粥于市”，强调诚实行商，反对欺骗无信。又如管子说：“是故非诚贾不得食于贾，非诚工不得食于工，非诚农不得食于农，非信士不得立朝。”(《管子·乘马》)将商人的道德表现作为可否行商的决定因素，可见对商德的强调。“以义治商”、“以义取利”既是对商人行商取利正当性的要求，也是商业社会价值的必然体现。而守法则是“以义取利”、“以义治商”的最基本要求，先秦时期人们对此就有深刻认识，大多数思想家、政治家及良商义贾都强调商业活动应遵守法律。如，荀子说：“关市几而不征，质律禁止而不偏。”管子说：“市者货之准”，“非诚贾不得食于贾”。孟子说：“古之为市……有司者治耳。”等等。先秦把商业作用的发挥与商人守法诚信经营相联系的思想，还可以上溯到西周时期，如《周礼·地富·司市》说：“司市掌市之治，教、政、刑、量度，禁令”，“以贾民禁伪而除诈，以刑罚禁而去盗”。在儒家“义利观”影响下，先秦出现了许多受人赞颂的良贾义商，如与国君分庭抗礼，使老师名扬于天下的孔子的学生子贡，“善治生，能择人任时”，“富好行其德”的陶朱公，强调行商贾“智、勇、仁、强”的白圭及爱国商人弦商等等，都是“以义取利”、“以义治商”的典范。据《郁离子》记载：赵国商人虞孚在吴国卖漆，本来可以稳获厚利，但因掺杂使假，失信于民，结果商品变质，本钱亏光，沦为乞丐，饿死他乡，这就是“取之不义”的应有下场。儒家“先义后利”的思想运用于商业经营领域，强调的是商人在考虑商业利润的时候，必须重视商业道德境界高低的问题。商业道德境界低，则“先利后义”，只注重眼前利益，目光短浅，必定没有一个发展的前景，甚至走向欺诈、坑蒙拐骗的末路；商业道德境界高远，“先义后利”，以国家、民众利益为上，胸怀宽广，高瞻远瞩，得道多助，必定会取得理想的商业经营效果，既利国、利民又利己。《战国策·齐策》记载的“冯谖焚券”的故事，正是商业经营中“先义后利”的典型例子，对今天的企业经营者仍具有很大的启示。有一次孟尝君派门客冯谖到封地薛邑去收债，说是收回债买些家里所缺的东西，结果冯谖到了薛邑便假传孟尝君的命令，把债券赐给老百姓，并烧了那些债券。冯谖返回后，孟尝君问收债后买了什么，他说买回了孟尝君家里所缺少的“义”。过了一年，孟尝君不被重用，只好前往薛邑，老百姓扶老携幼步行百里来迎接孟尝君。这时孟尝君对冯谖说：“先生所给我买的‘义’，今天才看到！”在这个例子中，孟尝君开头确实损失了“利”（债券），最终却得到了“义”（老百姓的拥护与尊敬），对孟尝君来说这是最大的利了。

2. 诚信无欺、买卖公平

诚实守信，就是童叟无欺，讲求信誉。诚实守信与买卖公平是互相关联的，前者是后者的保证，后者是前者的基础，买卖公平是诚实守信的核心内容。管子要求商贾做“诚贾”，主张“非诚贾不得食于贾”（《管子·乘马》）。诚实不欺是商业发挥积极作用的内在要求，“商贾敦悫无诈，则商旅安，货通财，而国求给矣”（《荀子·王霸》）。货真量足，这是市不豫贾、诚实守信在出售商品的质、量上的表现。《周礼·地官》早就要求“贾民禁伪而除诈”，规定：“凡市伪饰之禁……在商者十有二，在贾者十有二。”伪饰就是以假充真。商贾手中十件商品中如有两件质量不达标，便禁止出售。商品“以苦杂良”、以假掺真、以次充好、以少冒多，商人利益也会受到损害。春秋时虞孚采纳了妻兄出的歪点子，在把漆从越国运到吴国去卖时，在漆中掺了漆叶膏，结果发霉变质卖不出去，亏掉全部本钱无法回乡，便当了乞丐客死吴国。（《郁离子·虞尔》）诚信无欺、买卖公平作为商业道德就是要求商贾在商业活动中做到货真价实，童叟无欺，公平交易，等价交换，这是商业活动的最基本的规范，是商业发挥其社会作用的基本保证。先秦时期人们在对商业活动社会价值认识的基础上，非常重视商业活动诚信公平的要求。《周礼·地·司市》说：“司市掌市之治教、政刑、量度、禁令，以次叙分地而经市，以陈肆辩物而平市，以政令禁物靡而均市，以商贾阜货而行市，以量度成贾而徵，以质剂结信而止讼，以贾民禁伪而除诈，以刑罚禁而去盗，以泉府同货而敛赊。”货真价实，诚实信用，在西周就被视为商业活动的基本规范，反对欺骗虚诈。荀子从国治民安的高度论述了商业活动中诚信、公平的社会意义。他说：“关市几而不征，质律禁止而不偏，如是，则商贾莫不敦悫而无诈矣。百工将时斩伐，佻其期日而利促其巧，如是，则百工莫不忠信而不枯矣；县鄙将轻田野之税，省刀布之敛，罕举力役，无夺农时，如是，则农无莫不朴力而寡能矣……商贾敦悫无诈,则商旅安,货财通,而国求给矣。”(《荀子·王霸》)管仲强调诚实经营、保护诚商诚贾,打击奸商。《管子·乘马》说:“是故非诚贾不得食于贾,非诚工不得食于工,非诚农不得食于农,非信士不得食于朝。”

3. 礼貌热情,一视同仁

礼貌热情是指商贾在与顾客的交往中,应礼貌待客,注意礼节、礼仪,服务周到、热情,无论亲疏贵贱,都一视同仁,以礼相待。中国礼治思想源远流长,在这种环境中,中国商业活动自古以来就有“讲礼仪、重信义”、“和气生财”的传统。《礼记》说:“夫礼者自卑而尊人。虽负贩者必有尊也,而况富不摄乎?”(《礼记·曲礼》)先秦尚礼治、德政,认为人无礼则不生,事无礼则不成,国家无礼则不宁,行商做买卖者亦不可例外。“先礼而后财,则民作敬让而不争矣。”(《礼记·乡饮酒义》)礼貌待人,使人相互尊敬,避免纷争。孔子说:“礼之用,和为贵。”(《论语·述而》)和顺是礼的重要内涵,是人与人和睦相处的保证,更是对商贾礼仪的基本要求。因为商人“周四交”、“远服贾”,“以其所有,易其所无”,无和则不能致之。故《易经》说:“保合大和,乃利贞。”(《周易·乾·象》)“利”,《周易·乾·文言》解释说:“利者,义之和也。”行义而利随,有义而后有利,故利是义之和。商旅行商取利,其根本原因就是有利于社会,得利于自己,是义之所和。故做到与保持“大和”,即谐和之至,则是“利贞”的先决条件。“天时不如地利,地利不如人和”(《孟子·公孙丑》),在商德上集中表现为“和气生财”的格言,对同行、对上下、对亲戚邻里,都要以和为贵;对顾客挑剔商品与讨价还价不能发怒与谩骂。故而“和气生财”所反映的不仅仅是商人面对顾客时的和气讨好,更是先秦以来人们对商业的社会价值及运动规律的深切体认的至高总结。

4. 爱国守法,勤俭致富

爱国是商人“行商以义”的最高体现,是商人最高的道德觉悟。先秦时思想家、政治家、良贾、义商主张“行商以义”,从而出现了大量爱国的义商典型。据《左传·僖公三十三年》记载,秦穆公派兵进攻郑国,军队经过滑国时,被正准备到周做生意的郑国商人弦高发现了,他看到郑国情况危急,急中生智,假托奉郑穆公之命,来犒劳秦军,以稳住敌人。弦高从自己的货物中,拿出了四张熟牛皮和 12 头牛,送给秦军,并对秦军主帅说:“我们的国君,听说您的军队准备经过我国,特意派我来慰劳贵国将士。虽然我们很贫困,但因贵军行军在外,如果准备住宿的话,我们可以准备一天的粮草给养;如果要在这里停留一下,我们可以为贵军守卫一个晚上。”与此同时,弦高暗中派人回国告急。听了弦高的话,秦军以为郑国早已有了防备,就在灭掉了滑国之后返回秦国。勤俭是守法经商者发财致富的一个重要条件。《史记·货殖列传》记载:“白圭、周人也,当魏文侯时,李克务尽地力,而白圭乐观时变、故人弃我取,人取我与。夫岁执取谷,予之丝漆;茧出取帛絮,与之食。太阴在卯,穰;明岁衰恶。至午,旱;明岁类。至酉,穰;明岁衰恶。至子,大旱;明岁美,有水。至卯,积著率岁倍,欲长钱,取下谷;长石斗,取上种。能溥饮食,忍嗜欲,节衣服,与用僮仆同苦乐,趋时苦猛兽挚鸟之发。”勤俭不仅仅表现在辛勤经营、生活节俭,还表现在爱物、惜物,能充分发挥物的作用。春秋时名商范蠡说:“知斗则修备,时用则知物,二者形则万货之情可得而观已”,“积蓄之理,务完物,无息币。以物相贸易,腐败之食之货勿留,无敢居贵。论其有余不足,则知贵贱。贵上极则反贱,贱下极则反上。贵出如粪土,贱取如珠玉,财币欲其行如流水”(《史记·货殖列传》)。物皆有用,因时可贵贱,故行商应爱物、惜物,因时之变,因地之异,通四方财货,以使物尽其极。大凡正直的商贾,不论是肩挑手提的小商贩,还是拥资百万的富商巨贾,无不勤进货、勤销货,精于工计。司马迁在谈到“廉吏归富”的原因时说,“贪贾三之,廉贾五之”(《史记·货殖列传》)。廉贾是指货卖得便宜、因而卖得快、资金周转快的商人;相反,贪贾是指货卖得昂贵,因而卖得慢、资金周转慢的商人。所以廉贾做五趟生意,贪贾只能做三趟。商事勤能生财,家事勤能节财。“历览前贤国与家,成由勤俭破由奢。”(李商隐《咏史》)勤为开源,俭为节流,两者必须结合,才能肥家守业。经商致富的祖师爷白圭“能薄饮食,忍嗜欲,节衣服”(《史记·货殖列传》),是勤俭的榜样。

5. 乐善好施,扶危救困

先秦思想家认为“利是义之和”,故而“利”兼有“利人”、“利国”、“利己”的含义。“以义治商”、“以义取利”是对商人的社会积极价值的道德要求,要求商人取利不忘利他,致富不忘施仁义,富好行其德。历史上“端木生涯,陶朱事业”就是出现在先秦时期的乐善好施、富好行其义的典型。《史记·货殖列传》记载:范蠡在助越王勾践灭吴之复国之后,“变名易姓,适齐为鸱夷子皮,之陶为朱公。朱公以为陶天下之中,诸侯四通,货物所交易也。乃治产积居,与时逐而不责于人。故善治生者,能择人而任时。十九年之中三致千金,再分散与贫交疏昆弟。此所谓富好行其德者也。后年衰老而听子孙,子孙修业而息之,遂至巨万。故言富者毕称陶朱公"。范蠡出身"衰贱",曾拜计然为师,研习治国治军方略,博学多才,有"圣贤之明"。后离楚入越,受到越王允常重用,为大夫。公元前496年,越王允常亡,其子勾践即位。勾践不听范蠡劝谏,出兵伐吴,结果大败于会稽山。后越王勾践听从范蠡之计,入吴为奴。其后卧薪尝胆,励精图治,"内亲群臣,下义百姓",尊贤厚士,广揽人才,"不乱民工,不逆天时",扩充军队,修筑城郭。经过20年努力,终使越国大治。越国富强后,范蠡以上将军之职辅佐勾践组织和指挥灭吴之战,并乘势北进,会盟诸侯,称霸中原。在举国欢庆胜利之时,范蠡却急流勇退,"乘舟浮以行",来到齐国,改姓名鸱夷子皮,开荒种田,"引海水煮盐,治产数千万。齐人闻知其贤,任为相。范蠡则弃官,尽散其家财,隐居陶地"(今山东定陶西北),自号陶朱公,"专事经商,致资累巨万"。他还曾著有《养鱼经》,是世界上最早的养鱼文献。范蠡除具有杰出的军事才能外,还具有深邃的经济思想。在经济上他主张"知斗则修备,时用则知物","旱则资舟,水则资车","平粜齐物,关市不乏","贵上极则反贱,贱下极则反贵"等观点,强调人们不仅要尊重客观规律,而且要运用和把握客观规律,应用于经济现象的变化。范蠡始终"以民为本",认为"天地之间,人最为贵"。他多次对越王勾践说:"知保人之身者,可以王天下;不知保人之身,失天下者也。"他始终把自己摆放在平民地位,时刻想到应为人民大众谋求利益。从政时殚精竭虑,为国为民呕心沥血,建立功勋;当平民时自食其力,辛勤劳作;经商时又诚实守信,讲究职业道德;致富后又散其资金,帮助解决贫困人民的生活问题。在中国经济思想史上,范蠡是商人心中崇拜的偶像,谓之"商圣"。他的言论成为商人们尊奉的信条,人们把经商事业称为"陶朱事业",把世代经商为业或买卖公道称为"陶朱遗风"。后人叹曰:功名利禄全不顾,自游自怡山水间。天生我才必有用,辞退功名作商翁;财大招风尽散去,三散家财还复来;洞察尘俗数范蠡,安邦致富陶朱公。

孔子的学生子贡也是一位行商致富能行其德的典型。《史记》说他:"既学于仲尼,退而仕于卫,废著鬻财于曹、鲁之间,七十子之徒,赐最为饶益。原宪不厌糟糠,匿于穷巷。子贡结驷连骑,束帛之币以聘享诸侯,所至,国君无不分庭与之抗礼。夫使孔子名布扬于天下者,子贡先后之也。此所谓得势而益彰者乎。”子贡富而能好行其德,与其所受儒家思想影响分不开,作为孔子的学生他追求仁义的实现的理想人格。《论语·雍也》记载他与孔子问答的经历:子贡曰:“如有博施于民而能济众何如?可谓仁乎?”子曰:“何事于仁,也必圣乎!尧舜其犹病之者。”子贡对自己博施于民能济众的行为是否符合仁求教于老师孔子,孔子对其作了充分肯定。子贡与孔子的问答反映了先秦时期良贾义商的人生理想追求:以实现博施广济仁民爱人为人生的最高理想和追求,把富而行其德,扶危救困,乐善好施作为自己当然的追求。

春秋战国时期的范蠡、白圭、吕不韦以及孔子的弟子子贡等著名商人,无不重视诚信,重视义和利的平衡结合,形成了“君子爱财,取之有道”、“富与贵,人之所欲也。不以其道得之,不处也”、“巧诈不如拙诚”的商业道德传统。源远流长的商业道德的传统,见证着中国文化中蕴涵着的深厚的商业道德精神,也拓展和深化着中华民族的职业道德生活。

第二节 “师出以义”之武德

武德是关于军队、军人的道德,是用来调整军民、将士及将帅、士卒之间的行为规范。武德萌芽于原始社会末期的氏族部落之间的冲突和战争,形成于奴隶社会。在原始社会,军民一体,没有专门的军队,战争具有全民性质,英勇善战,保家卫国等武德成分还只是作为氏族部落成员的集体道德而潜存着。到了奴隶社会,有了专门的军队,因此也就有了专门以习武打仗为职业的军人。在我国原始社会末期,即传说中的三皇五帝事迹中就已经有了武德因素的存在。《史记·五帝本纪》记载:“轩辕之时,神农氏世衰,诸侯相侵伐,暴虐百姓,而神农氏弗能征。于是轩辕乃习用干戈,以征不亨,诸侯咸来宾从。”黄帝习用干戈,以征不亨,以止诸侯相侵、暴虐百姓的事迹成为后世义兵义战思想的源头。在我国第一个奴隶制国家——夏朝就已经有了掌管军队的“六卿”和专门的军人“六事之人”。《尚书·甘誓》记载:启与有扈战于甘之野,作《甘誓》。大战于甘,乃召六卿。王曰："嗟！无事之人，予誓告汝：有扈氏，威侮五行，怠弃三正，天用剿绝其命，今予惟恭行天之罚。"到了周朝，就已经有了比较完备的军队建制和基本的武德规范。如《周礼》中有"军刑"、"军旅"、"军与兵甲之令"，表明武德以法令化的形式已被人们意识到，并从其他职业规范中独立出来。春秋之际，人们又明确地提出了"武德"概念。《国语·晋语》记载："赵文子有武德以羞为正卿。"春秋战国频繁的战争，使人们对军队的性质、作用展开了深刻的反思，提出了深刻丰富的武德思想，武德也由此而形成成熟。如关于军队的性质，有"师出以义"，"止戈为武"，"威不轨而昭文德"的说法，认为军队的性质是行仁义、求平政的工具，强调军队的道德属性，主张"义兵"、"义战"；关于军队的作用，如"国之大计"，"禁暴、戢兵、保大、定功、安民、和众、丰财"及"兵关兴废存亡"等等，强调军队在国家中的重要地位及重要作用。在对军队、战争性质、作用等深刻反思的基础上，先秦军事家、政治家、思想家提出了丰富的武德思想，至战国后期已形成了以"师出以义"为核心，以"治军以德"为原则和仁、义、礼、智、信、忠、勇、毅、刚、果、敏、威、慎、约等丰富武德规范构成的武德规范体系。

一、贵仁尚义的战争伦理

先秦兵家认为，兴师用兵、治军作战要以仁为本、以仁为胜，伐恶除暴要示之以仁义。另外，兴师用兵还要尚义，以义为重，以义制利。兴正义之师，匡扶天下正义。先秦兵家贵仁尚义的战争观，是忠国保民军人价值观在战争观层面上的直接理论表达。

战争具有双重作用，一方面它是禁暴救乱、匡扶正义、反抗侵略、保卫国家的工具，另一方面，它又具有对社会财富、人的生命安全的巨大破坏性，又是纵贪助欲、杀伐侵略的工具。战争的双重性，先秦军事家、政治家、思想家已有充分认识。因此，先秦军事家、政治家、思想家大多主张德政、仁政，反对以武力治国，以战争解决纷争，强调师出以义，以义屈人之兵。如子墨子言曰："仁人之事者，必务求除天下之害。然当今之时，天下之害孰为大？"曰："若大国之政小国也，大家之乱小家也，强之劫弱，众之暴寡，诈之谋思，贵之傲贱，此天下之害也。"（《墨子·兼爱下》）"孙子曰：凡兴师十万，出兵千里，百姓之费，国家之奉，日费千金，内外骚动，怠于道路，不得操事者七十万家，相守数年，以争一日之

胜，而受爵禄百金，不知敌之情者，不仁之至也，非人之将也，非主之佐也，非胜之主也。”(《孙子·用间篇》)

老子认为，“兵者，不祥之器，非君子之器，不得已而用之，恬淡为上”(《老子·第三十一章》)。先王耀德不观兵。夫兵戢而时动，动则威，观则玩，玩则无震。是故周文公之颂曰：“载戢干戈，载櫜弓矢，我求懿德，肆于时夏，允王保之。”(《史记·周本纪》)

先秦思想家、军事家、政治家虽强调德政，反对战争，但并非完全排斥养兵蓄武，用兵打仗，也十分重视战争的积极作用。如：大武，禁暴，戢兵，保大，定功，安民，合众，丰财者也。(《左传·宣公十二年》)孙子曰：“兵者，国之大计，存亡之本，生死之地，不可不察也。”(《孙子兵法·计篇》)昔承桑氏之君，修德废武，以灭其国；有扈氏之君，恃众好勇，以丧其社稷，明主鉴兹，必内修文德，外治武备。(《吴子兵法·图国》)

因此，在深刻认识到战争的性质、作用的基础上，先秦明君贤臣良将士民普遍反对纵欲从贪、杀伐、暴乱的非正义战争，同意以有道伐无道、止逆安民、匡扶正义、平定天下、保卫国家的正义战争，提出了“师出以义”、“治兵以德”等主张，强调“义兵”、“义战”、“王道”，坚持战争正义的道德属性。战争的目的服从于战争的正义性，战争目的或动机的正义性是战争正义性的前提，而战争的正义性又取决于战争的过程是否保民、恤民，保民、恤民的仁义思想则源自儒家厚生利用、无伤为仁的深厚生命精神。保民恤民、厚生利用的原则就必须反对战争，即使“止戈为武”、“以战止战”是必要的，也必须最大限度地不伤及无辜，不破坏民生。先秦儒家以为战争的正义性取决于二：一是战争的目的或动机，即为了什么而战？二是战争的过程与功效，即怎样去战或战况如何？先秦儒家以为战争的正义性就取决于此二条的各自内容以及它们之间的相关度(其中一条符合正义并不等于该战争就正义)。苟为仁义或行仁义，则所谓“仁义之兵”、“王者之兵”(《荀子·议兵》)也，故荀子弟子陈嚣这样评价荀子——“先生议兵，常以仁义为本”(《荀子·议兵》)。《尚书》记载：夏桀无道、百姓叛离，商汤“予畏上帝不敢不正”；商纣“弗敬上天，降灾下民”，武王“发惟恭行天命之罚”。春秋战国之际，思想敏锐，深刻的诸子就战争的正义性提出更加深刻、丰富的思想。如孔子说：“天下有道，礼乐征伐自天子出，天下无道，礼乐征伐自诸侯出。”(《论语·季氏》)又如墨子把挫败对方的掠夺,以拯救国家人民而进行的战争,叫作“诛”,把满足少数人贪欲而进行掠夺的,叫作“攻”,赞成“诛”而反对“攻”。他说:“古者王公大人,情欲得而恶失,欲安而恶危,故当攻战而不可不非。”(《墨子·非攻中》)又说:“若以此之圣王者观之(按:禹征有苗,汤伐桀,武王伐纣)则非所谓攻也,是谓诛也。”(《墨子·非攻下》)孙武说兵有五经“道”、“天”、“地”、“将”、“法”,吴起说兵有四德“道”、“义”、“礼”、“仁”。“道”就是顺应民意,是发动战争的根本依据,位于五经四德之首。吴起在继承先前兵家战争观理论的基础上,提出了“举顺天人”的义战思想。他认为,义兵是正义之举,“强”、“刚”、“暴”、“逆”是不正义之举。

> 凡兵之所起者有五:一曰争名,二曰争利,三曰积恶,四曰内乱,五曰因饥。其名又有五:一曰义兵,二曰强兵,三曰刚兵,四曰暴兵,五曰逆兵。禁暴救乱曰义,恃众以伐曰强,因怒兴师曰刚,弃礼贪利曰暴,国乱人疲,举事动众曰逆。五者之服,各有其道,义必以礼服,强必以谦服,刚必以辞服,暴必以诈服,逆必以权服。(《吴子兵法·图国》)

引起战争的原因有五种,即争名位、争利益、积仇太深、发生内乱、发生饥荒。起兵的名称也有五种,即义兵、强兵、刚兵、暴兵、逆兵。义兵是伐不义之兵,在于禁暴与救乱。故“强”、“刚”、“暴”、“逆”者在讨伐之列。对于义兵,必须用道理折服它;对于强兵,必须用谦让降服它;对于刚兵,必须用言辞说服它;对于暴兵,必须用计谋制服它;对于逆兵,必须用权谋压服它。从军事伦理的角度说,吴起的这些策略,表现为军事道德的手段,与主张正义伐不义的道德目的是一致的。吴起还为“义兵”确立了一条根本的行为指导原则,即“举顺天人”,意指顺乎天理,合乎民意。在吴起所处的时代,大势所趋、人心所向的就是废除奴隶制,建立封建制,诛伐奴隶主叛乱。他说:“是以圣绥之以道,理之以义,动之以礼,抚之以仁,此四德者,修之则兴,废之则灭。故成汤讨桀而夏民喜悦,周武伐纣而殷人不非。举顺天人,故能然矣。”(《吴子兵法·图国》)就是说顺应天理民意的正义战争,就会得到人民的支持,商汤伐夏桀、周武王伐殷纣都是如此。孙膑虽然崇尚“举兵绳之”,“必攻不守”,但同时又反对“乐兵”好战,主张慎战,强调攻者必有“义”。

> 夫乐兵者亡，而利胜者辱。兵非所乐也，而胜非所利也。事备而后动。故城小而守固者，有委也；卒寡而兵强者，有义也。夫守而无委，战而无义，天下无能以固且强者。（《孙膑兵法·见威王》）

在他看来，非正义的好战者必然要灭亡，而正义战争，即使“卒寡”却能使之“兵强”。欲达“战胜而强立”之目的，首先要考虑战争的性质。“守无委”，有城难固，一攻自破；“战无义”，有兵不强，一战自败。因而强兵之策，不仅在于国富，而且更要举兵有义。由此体现出孙膑的正义战争观。

先秦的军事经典《六韬》、《尉缭子》、《孙子》则都对“义兵”、“义战”提出了具体要求。如：孙子曰：

> 凡用兵之法、全国为上，破国次之；全军为上、破军次之；全旅为上，破旅次之；全伍为上，破伍次之。是故百战百胜，非善之善者；不战而屈人之兵，善之善者也。（《孙子兵法·谋攻篇》）

被誉为“不在孙武之下”的尉缭，继承了古代的军人价值观，并且将之发展为“伐暴乱而定仁义”的军人价值观。他认为，“兵者”之用，是否具有价值，要看其掌握在谁手里，在什么条件下运用它，是否符合“伐暴乱而定仁义”的标准，具体内涵是：“凡兵不攻无过之城，不杀无罪之人。夫杀人为父兄，利人之货财，臣妾人之子女，此皆盗也。故兵者，所以诛暴乱、禁不义也。兵之所加者，农不离其田业，贾不离其肆宅，士大夫不离其官府，由其武议在于一人，故兵不血刃而天下亲焉。”（《尉缭子·武议》）尉缭的军人价值观思想，不仅阐明了用兵的道德意义，而且揭示了产生这一积极道德意义的伦理基础——军事人道主义。他又认为，“伐暴乱而定仁义”的军人价值观体现在军人个体身上，就是“公以忘私，国以忘家”的道德律令，指出：“将受命之日忘其家，张军宿野忘其亲，援袍而鼓忘其身。”（《尉缭子·武议》）就是说，作为军队统帅将领在奉命出征时，要忘掉自己的家庭，领军到达宿营地时要忘掉自己的亲属，擂鼓指挥作战时要忘掉自己的安危。那么,一般的军官和士兵更要如此。一切服从于国家的需要,服从于作战的需要,将个人、家庭私事置于度外,这就是军人应有的人生价值。

总而观之,先秦“师出以义”的思想,包括发动战争的应当性和少杀慎伐,不杀无辜的人道主义思想至今仍有其重要意义。

“师出以义”。“义兵”、“义战”的“义”的实现,也体现在君王将士的道德行为上,要求军队的最高统帅——君主要有道德,发动正义战争,不以个人喜怒好恶随意发动战争,应遵循百姓意愿,保护百姓利益,不穷兵黩武。墨子指出:“今尽王民之死,严上下之患,以争虚城,则是弃城所不足,而重所有余。为攻若此,非国之务者也。古者王公大人,情欲得而恶失,欲安而恶危,故劳攻、战不可不非。”(《墨子·非攻中》)荀子指出:“案平攻教,审节奏,砥砺百姓,为是之日,而兵利天下之劲矣;案然修义,正法则,选贤良,养百姓,为是之日,而名声制天下之美矣。权者重之,兵者励之,名声者美之。”(《荀子·王制》)吴子曰:“夫道者,所以返本复姓;义者,所以行事立功;谋者,所以危害优利;要者,所以保业守成,若行不合道,举不合义,而处人居贵,忠心及之。是以圣人绥之以道,理之以义,动之以礼,抚之以仁,此四德者,修之则兴,废之则衰,故成汤讨桀而夏民喜悦,周武伐纣而殷民不非,举顺天人,故能成矣。”(《吴子兵法·图国》)

二、“智、信、仁、勇、严”之治军德性

取胜是兵战的基本要求,历代兵法都强调将士智勇兼备,英勇善战。英勇善战的首要要求是智,即善战的要求。先秦大多数军事家、思想家都强调以智取胜,反对强攻硬拼而逞匹夫之勇。如《周语·吴语》说:“夫战,智为始,仁次之,勇次之。”智慧善战是对将帅士卒的首要要求。又如孙武说:“将者,智、信、仁、勇、严也。”(《孙子兵法·计篇》)将智列为将帅武德的首位,特别重视将帅武德中智的要求。他认为“兵者,诡道也”。强调兵战应因势就宜,因形设阵,因变以变,不固执常法。他说:“兵者,诡道也。故能而示之不能,用而示之不用,近而形之远,远而示之近。”又说:“势者,因利而制权也。”(《孙子兵法·计篇》)用兵行军,变化莫测,将帅须有较高的知识素养,能上知天文下知地理,熟悉兵法战术,了解敌我军情民意,知可与不可。故而孙膑说:“夫安万乘国广万乘王,全万乘之命者,唯知道。知道者,上知天之道,下知地之理,内得其民之心,外知敌

之情，阵则知八阵之经，见胜而战，丰见而诤，此王者之将也。”（《孙膑兵法・八阵》）

“信”，即“言必信，行必果”，亦如荀子所说：“庆赏刑罚，欲必以信。”（《荀子・议兵》）或如孙膑提出“将者不可以不信，不信则令不行，令不行则军不抟，军不抟则无名，故信者，兵之足也”（《孙膑兵法・将义》）。要求军令有信，不信则令不行。吴起提出“进有重赏，退有重刑，行之以信，能达此，胜之主也”（《吴子・图国》）。若“赏罚不信”，则“金之不止，鼓之不进，纵有百万之帅，也不济于用”。《孙膑兵法》说：“德行者，兵之厚积也。信者，兵之明赏也。恶战者，兵之王器也。”（《孙膑兵法・篡卒》）当赏者，虽仇怨必赏；当罚者，纵父子不赦。司马穰苴提出“赏不愈时，罚不迁列”。赏罚有信，当赏者赏，当罚者必罚，执法公正，不徇私情，不计私怨，执法公正。强调赏罚有信，当赏必赏，当罚必发。赏罚不仅要有信，而且要有度“屡赏者，窘也；数罚者，困也”（《孙子兵法・行军篇》）。《史记》记载：“文侯以吴起善用兵，廉平，尽能得士心，乃以为西河宋，以拒秦、韩。”（《史记・孙子吴起列传》）“廉平”即廉洁、公正，赏罚有信、执法公正是将帅士卒相互信任，上下同欲一心，取得兵战胜利的重要条件。

“仁”，即爱人、尊重人的尊严和价值。兵与盗、与贼的根本区别就在于兵的正义性与人道主义精神。故《尉缭子・武议》称“杀人之父兄，利人之货财、臣妾人之子女”的行为为强盗之行，而称“兵者”，“所以诛暴禁乱，禁不义也”。故“兵”的道德属性是“兵”的本质之所在。贯彻“义兵义战”思想，要求在战争中不伤无辜，少杀慎诛，兵战的矛头只指向代表“无道”的敌国君王，及其负隅顽抗的将帅吏卒。如荀子说：“不杀老弱，不猎稼穑，服者禽，格者不舍，命者不获。凡诛，非诛其百姓，诛其乱百姓者也，百姓有其贼，则是亦贼也。以故顺刃者生，苏刃者死，奔命者贡。”（按“贡”当为“置”。置而不问）（《荀子・议兵》）在军队内部要求将帅要体恤士卒疾苦，爱惜士兵生命，与士卒同甘共苦。孙武说：“视卒如婴儿，故可与之赴深溪；视卒如爱子，故可与之俱死。”（《孙子兵法・地形篇》）又说：“将不胜其忿而蚁伏之，杀士三分之一，而城不拔青，此攻之灾也。”《孙子兵法・作战篇》孙武主张上兵伐谋，不战而屈人之兵，以攻城为不得已而为之，强调将帅爱惜士兵生命，反对将帅从个人情感爱恶出发，驱士卒入死地，提出爱兵如子的武德要求，认为将帅爱兵恤卒是上下同欲，将帅一心，取得兵战胜利的重要保证。

“勇”，即要求将帅士卒在兵战中英勇杀敌，不畏生死，克敌制戎。先秦的军事家们认为勇敢与智慧一样是将帅士卒最基本的武德规范，两者相互联系，相互作用，相互影响。有智无勇则怯，则不足以怖敌决疑，有勇无智则暴，不足以知时化虚实胜衰之变、远近纵横之数。如《吴子兵法·论将》说：“然其威、德、仁、勇，必足以帅下安众，怖敌决疑。施令而下不敢犯，所在而寇不敢敌。得之国强，去之国亡，是谓良将。”又如《吕氏春秋·决胜》说：“夫兵有本干：必义、必智、必勇。义则敌孤独，敌孤独则上下虚，民解落；孤独则父兄怨，贤哲诽，乱内作。智则知时化，知时化则知虚实胜衰之变，知先后远近纵舍之数。勇则能决断，能决断则能若雷电飘风暴雨，能若崩山破溃，别辨霣坠；若鸷鸟之击也，搏攫则殪，中木则碎。此以智得也。”果毅善断作为将帅武德，要求将帅果断坚定，知兵善断，既不可犹豫不决，又不可鲁莽行动。《国语》说：“故制戒以果毅，制朝以序成。”司马穰苴提出将帅“恶疑”、“果敏”。“凡战、间远、观迩、因时、因财、贵信、恶疑。作兵义，作事时，使人惠，见敌静，见乱暇，见危难无忘其众。居国惠以信，在军广以武，刃上果以敏，居国和，在军法，刃上察。居国见好，在军见方，刃上见信”(《司马法·定爵》)。将帅率兵打仗贵在善抓战机，英勇决断，最忌狐疑不决。故吴起说：“凡兵战之场，立尸之地，必死则生，幸生则死。其善将者，如坐漏船之中，伏烧屋之下，使智不及谋，勇者不及怒，受敌可也。故曰：用兵之害，犹豫最大，三军之灾，生于狐疑。”(《吴子兵法·治兵》)果毅善断的关键在于知己知彼，切忌轻率鲁莽。只有对双方军情有充分了解，才有可能做出准确判断，取得兵战胜利。

军法严正，纪律严明，令行禁止是军队战斗力的重要保证，也是仁义之师、正义之师的体现。先秦许多著名的军事家对此已有充分认识，将其作为将帅士卒的基本武德规范。如孙武说：“将者，智、信、仁、勇、严也。”(《孙子兵法·计篇》)又说：“将弱不严，教道不明，吏卒无常，陈兵纵横，曰乱。”(《孙子兵法·地形》)将帅懦弱不严，军纪不明，则会导致法弛陈乱，兵败将亡。又如吴起说：“若法令不明，赏罚不信，金之不止，鼓之不进，虽有百万，何益于用？所谓治者，居则有礼，动则有威，进不可当，退不可追，前却有节，左右应麾，虽绝成陈，虽散成行。”(《吴子兵法·治兵》)故将“其威、德、仁、勇必是以率下安众，怖敌决疑，施令而下不犯,所在寇不敢敌。得之国强,去之国亡,是谓良将"(《吴子兵法·论将》)。军法严正不仅仅是对将帅武德的基本要求,也是对士卒武德的基本要求。《左传》说:"师众以顺为武,军事有死无犯为敬。"(《左传·襄公三年》)军队服从纪律叫作武,参军者宁死不违军纪叫作敬,服从纪律是军队的本质要求所在,严守军纪是军人道德的基本要求。赏罚是对人的行为进行评价的一种方式,适当赏罚是引导人们的行为趋向合理、激发人们积极性的有效手段。在兵战中,赏罚更是激励士气,提高军队战斗力的重要手段。善赏明罚作为将帅之武德,即要求将帅要赏罚有信,论功行赏,当赏则赏,当罚则罚,不凭借个人的好恶、亲疏进行赏罚。荀子说:"赏重者强,赏轻者弱;刑威者强,威侮者弱。"(《荀子·议兵》)充分肯定了兵战中赏罚的作用。孙武说:"主孰有道?将孰有能?天地孰得?法令孰行?兵众孰强?士卒孰练?赏罚孰明?吾以此知胜负矣。"(《孙子兵法·计篇》)善赏明罚是激励士气,提高军队战斗力,决定战争胜利的一个重要因素。因此,关于善赏明罚先秦军事家提出了许多赏罚原则:如孙武提出"施无法之赏,悬无政之令"(《孙子兵法·九地篇》),赏罚不拘常法,而且临事立制;"夫战胜攻取,而不修其功者凶,命曰费留"(《孙子兵法·火攻篇》)。取得战斗胜利后应及时论功行赏,否则会挫伤士气。

此外团结协和也是先秦军人道德的重要规范。武王伐纣时说:"同力度德,同德度义,受有臣亿万,惟亿万心;予有臣三千,惟一心。"(《尚书·泰誓下》)万众一心、同仇敌忾是拥有三千士卒的武王战胜有数万之众的商纣的关键。春秋战国时,通过对战争规律的思考总结,许多思想家、政治家、军事家对团结协和的武德认识更加深刻,明确提出"和"的武德概念。《左传》说:"师克在和,不在众。"(《左传·桓公十一年》)战争胜利取决于上下团结,和谐一致,而不仅仅在人数众多。孟子说:"天时不如地利,地利不如人和。三里之城,七里之郭,环而攻之而不胜,夫环而攻之,必有得天时者矣;然而不胜者,是天时不如地利也。城非不高,池非不深也,兵革非不坚也,米粟非不多也,委而去之,是地利不如人和也。"(《孟子·公孙丑下》)相对于天时、地利而言,人是战争的主体,是更具决定作用的因素。所以,军队内部和谐一致,将帅士卒上下团结一心,同仇敌忾对取得兵战胜利具有决定性的意义。吴起说:"有四不和,不和于国,不可以出军,不和于军,不可以出陈;不和于陈,不可以进战;不和于战,不可以决战。"(《吴子兵法・图国》)在吴起看来,"和"是发动兵战的前提,是兵战取胜的必备条件。孙子说:"并兵一向,千里杀将。"(《孙子兵法・力地篇》)众心一向,无坚不摧,无战不胜。先秦武德强调和谐的思想,不仅仅包含将帅士卒团结协和的思想,而且包括国和、军和、阵和、战和等各种战争因素和谐统一的思想,对今天的军队建设仍具积极意义。

三、恤民爱国与爱兵恤卒之武德风范

孙子在其《兵法》开篇首句中即明确指出:"兵者,国之大事也。死生之地,存亡之道,不可不察也。"(《孙子兵法・计篇》)这就把养兵用战同国家、民族和人民的生死存亡紧密地联系在了一起,从战略的高度充分肯定了军人的价值。从而也就把养兵用战之事置于了国家大政方针的首位。这与《左传》"国之大事,在祀与戎"之说是一脉相承的。在孙子看来,要安邦定国,利主保民,就必须高度重视养兵用战之事。养兵用战的最高价值就在于"安国保民"。恤民爱国是义战义兵的基本前提,它要求君主统帅从百姓利益出发,把战争建立在正义的基础上,反对君主统帅纵欲贪念、穷兵黩武,从个人好恶私欲出发轻率发动战争,给百姓生命财产带来不必要的损失。恤民,即要求将士爱民,惜民,不伤民财,不害民力,安民不扰。恤民是义兵的基本要求和体现,先秦时期在强调"义兵"、"义战"思想的指导下,非常重视对将士恤民的道德要求,强烈反对君主统帅纵欲贪念、穷兵黩武。如孙武说:"近于师者贵卖,贵卖百姓财竭,财竭则急于兵役。力屈财殚,中原内虚于家,百姓之费,十去其七。公家之费破车罢马,甲胄弩戟,戟蔽橹,丘牛大车,十去其六。"又说:"夫兵久而国利者,未之者也。故不夫知兵之害者,则不能尽知兵之利也。善用兵者,役不再籍,粮不三载。"(《孙子兵法・作战篇》)在《孙子兵法》以后的诸篇中,从不同角度反复阐明这一原则,强调"修道而保法","自保而全胜","唯人是保,而利合于主","安国全军之道"等原则的价值意义及道德要求。这些论证,其意旨均在于确立军人的价值指向,阐明"安国保民"是军人的最高价值目标,是决定和统帅其他一切军事行为的最高、最根本的伦理原则,是衡量军人价值大小,军事行为正当与否的根本标志。爱国,即要求将士以义为先,以国为重,忠于百姓利益,忠于国家利益,心系国家百姓安危,舍身报国。穰苴曰:"将受命之日则忘其家,临军约束则忘其亲，援枹鼓之急则忘其身。"(《史记·司马穰苴列传》)"君薨不忘增其名，将死不忘卫社稷，可不谓忠乎?"(《左传·襄公十四年》)中国是有着爱国主义传统的国家，对于军人而言，爱国不仅仅是道德的要求，更是肩负的责任义务。

爱兵恤卒是将帅武德的基本规范。先秦著名的将帅、军事家大多都是爱兵恤卒的典范。《史记》载司马穰苴"士卒次舍，井灶饮食，问疾医药，身自拊循之。悉取将军之粮资享士卒，身与士卒平分粮食，最比其羸弱者，三日而后勒兵，病者皆求行，争奋出为之赴战"(《史记·司马穰苴列传》)。吴起与士卒同甘共苦。战国时期吴起在魏国为将的时候，不但善于用兵，而且处处身先士卒，深得人心。他平时的饮食与衣着，都和普通士兵一样。晚上睡觉不备床席，行军的时候不骑马乘车，军粮和士兵一样背，处处与士卒分担劳苦。士兵中有个人长了脓疮，吴起亲自为他吸出脓血。这个士兵的母亲知道了这件事，就伤心地哭了起来。有人跟她说:"你的儿子，只是一个士兵，而吴将军亲自为他吸出脓疮的脓血，你应当为儿子如此受宠而高兴，怎么反倒哭了起来?"这个士兵的母亲解释道:"你们不知道啊，前些年，吴将军曾亲自为我儿子的父亲吮吸过脓疮。孩子的父亲感恩，在战场上奋不顾身，战死在疆场之上;今天吴将军又为我儿子吸脓疮，他将为报将军宠爱之恩拼死杀敌，我不知道他什么时候会战死啊！就是为了这个我才忍不住要哭啊!"(《史记·孙子吴起列传》)吴起"与士卒最下者同衣食。卧不设席，行不骑乘，亲裹羸粮，与士卒分劳苦，卒有病疽者，起为吮之"(《史记·孙子吴起列传》)。总而言之，恤卒爱兵的思想虽基于使士兵忠于将帅，为之死战的片面人识，但也包含着丰富人文关怀，在当今仍有其现实意义。

《左传》记载：楚军救赵，途经申地，楚将子反拜申叔问战事前景，申叔回答说:"德、刑、祥、义、礼、信、战之器也。德以施惠，刑以正邪，祥以事神，义以建利，礼以顺时，信以守物。"(《左传·庄公十六年》)信用是与德行、刑法、祭祀、道义、礼法并列的兵战取胜的六种必备条件。公叔痤，战国时代魏国人。魏惠王九年，他领兵与韩、赵联军在浍水的北岸交战，魏国大胜。魏王得到捷报后非常高兴，亲自到郊外迎接凯旋的将士。接着奖赏主帅公叔痤田地100万亩，公叔痤再三谢绝说:"这次胜仗是全军将士奋战的结果。将士们团结一致、勇往直前，遇到气焰嚣张的强敌毫不畏惧、退缩，这全是将军吴起留下的好作风。战斗中遇上险阻就前往观察地形，明辨利害得失而采取决策，使全军战士不被敌军迷惑，这是巴宁、爨襄两位将领的功劳。事前有赏罚分明的法令，事后使百姓依令而行，这是大王执法严明的结果。遇见敌人，敲起战鼓指挥将士进攻而不敢倦怠，这才是我做的事啊。大王只赏赐我，这是为什么呢？您认为我有功劳，可我又有什么功劳呢？”魏王听罢，说道：“说得好。”于是，就找来吴起将军的后代，赏赐他们各十万亩田地，巴宁、爨襄两位将领各赏十万亩田地。后来魏王又说道：“公叔痤的确是位德行高尚的人啊！既为我战胜了强敌，又不忘记贤者的后代，也不埋没有才能的人的功绩。这样的人怎能不加倍赏赐呢？”(《战国策·魏策一》)

先秦的军事家、思想家从“仁爱”的道德原则出发，通过对战争经验教训之总结，认为“骄兵必败”，强调将帅领兵打仗，谦慎周全，不可轻举妄动，驱士卒以入死地，提出谦慎不骄的武德规范。《六韬》说：“见其虚则进，见其实则止，勿以三军为重而轻敌，勿以受命为重而必死，勿以身贵而贱人，勿以独见而违众，勿以辩说为必然。士未坐勿坐，士未食勿食，寒暑必同。”(《六韬·龙韬·立将》)兵战之场，生死之地，不以身贵轻人，不恃众轻敌，不以偏概全，不考虑周全勿进。孙武通过对战争规律的总结，提出兵战必须考虑周全，战与不战、可战与否、战时、天道、地形、人事等都是将帅战前必须予以考虑的。“故经之以五，校之以计，而索其情：一曰道，二曰天，三曰地，四曰将，五曰法。”(《孙子兵法·计篇》)此外，谨慎不骄还要求将帅不可从个人爱恶喜怒出发轻易发动战争。如孙武说：“非利不动，非得不用，非危不战，主不可怒而兴师，将不可愠而致战，合于利而动，不合于利而止，怒可以复喜，愠可以复悦，亡国不可以复存。死者不可以复生。故明君慎之，良将敬之，此安国全军之道也。”(《孙子兵法·火攻篇》)。鲁成公二年，齐国和晋国在鞍(今山东济南)打了一仗，结果晋国获胜。班师回朝时，受到景公的隆重欢迎，晋将范士燮最后进入国都。他的父亲范武子说：“你没想到我在盼你回来吗！”范士燮回答说：“军队有了战功，国人都高兴地迎接他们。如果我先进来，一定受到注意，这是代替主帅接受荣誉，我不敢这样做。”范武子听了，十分高兴，说：“你这样谦虚，以后可以免于祸害了。”接着，范士燮拜见晋景公，景公像迎接主帅一样接待了他，他却说：“这次胜利是主帅和其他几位将领的功劳，我有什么功绩呢？”(《左传·成公二年》)

中国是军事伦理的重要发源地之一。早在先秦时期，就已经产生了数部军事学的经典著作,《孙子兵法》、《孙膑兵法》、《吴起兵法》以及《六韬》等著作不仅对用兵打仗作出了深刻而高明的论述,而且对军事伦理和军人道德也作出了颇富创发性的阐释与探讨,成为中国武德史的源头活水。

第三节　传道教人之师德与治病救人之医德

先秦时期除了士农工商四种主要的身份与职业道德外,发育比较成熟的还有教师与医生的职业道德。

一、"师也者,教之以事而喻诸德者也"

师德主要是调整教师在教育教学活动中教师与学生、教师与教师、教师与社会之间关系的行为规范,是教师在教育教学实践中应具备的道德意识和道德品质等的总和。中国古代教育非常发达,尊师重教渊源久远,为历代统治者所倡导,故而师德思想也极为丰富完整。

教师作为一种职业源于教育活动的发展。在春秋之前,我国教育还不很普及,教育对象仅限于统治阶层。教育与统治相结合,教育者与官吏相结合,教育只是官吏职责中的一项,因而并没有专门以传道授徒为生的职业教师。教师作为一种独立的职业出现在春秋时期。东周末年,周室衰微,"官失其守",政治和学术中心下移,使得原来一些"在官"并懂得礼乐知识的巫、史一类人物散落到民间,失去了原有的生活依靠,只能靠自己原来懂得奴隶制典章文物制度,以及具有的文化知识,收徒讲学,兴办私学,以相礼、教书为生。时人称这类职业者为"儒",即教师的前身。随着教师的职业化,师德也就从官德中分离出来,而成为独立的职业道德,并为当时及后来的思想家、教育家所研究、发展,形成以传道明德为核心、内容极为丰富的师德思想体系。

《礼记・文王世子》有言:"师也者,教之以事而喻诸德者也。"师者就是教学生以事理而培养其德性使其在德智方面获得发展的人,亦即通过传授知识而使学生学会做人的人。所以，传道明德，教书育人，成为师德的核心和主要内容。《孟子・滕文公章句上》记载："设为庠序学校以教之，庠者养也，校者教也。序者射也。夏曰校、殷曰序、周曰庠，学则三代共之，皆所以明人伦也。"师的价值在于崇德明道，故"德成而教尊"。这就要求老师必须自己成为有道德的人，真正做到为人师表。为人师表即是要求教师要有良好的教养，高尚的品德，在社会上能起到模范、表率作用，在教育学生时能以身作则，重视"言传身教"。早在西周，人们对施教者的社会表率作用就有了充分认识。有"师以贤得民，儒以道得民"的说法，要求行使教化之责的官吏必须是德高望重，能以德表率于下者。孔子说："其身正，不令而行；其身不正，虽令不从。"(《论语・子路》)老师的"身教"示范作用比"言教"更具说服力。《管子》说："教之始也身必备之……贤者不肖者化焉。"(《管子・侈靡》)在管仲看来，教始"身教"，教师的言行是学生最好的榜样，也是最好的教学方法。故而老师在进行"传道明德"就必须先端正自己的行为，修养自身道德。荀子说："夫师，以身为正仪而贵，安自身也"，"以善先人者，谓之教，以善人者，谓之顺"(《荀子・修身》)。荀子认为，所谓教，上所施，下所教，故教人之善，须以善先人，以身作则，言行一致。故他又说："圣人也者，本仁义，当是非，齐言行，不失毫厘，无它道焉，止乎行矣。"(《荀子・儒教》)

确立了崇德明道的价值目标，作为一个老师还应当爱生乐教，勤学善教，在具体的教学活动中贯彻有教无类的教学原则。爱生乐教就是要求教师热爱教育事业，关心、体贴、爱护学生，育人不倦，诲人不厌。如《吕氏春秋》说："善教者则不然，视徒如己。反己以教，则得教之情也。所加于人，必可行于已，若此则师徒同体。"热爱体贴学生，视徒如己是教育的基本规律，也是为师者理应具备的基本道德素质，是善教者所具然。再如《论语》记载：颜渊死，子哭之恸。从者曰："子恸矣！"曰："有恸乎？非夫人之为恸而为谁乎？"(《论语・先进》)再有：伯牛有疾，子问之，自牖执其手，曰："亡之！命矣夫？斯人也，而有斯疾也。斯人也，而有斯疾也！"(《论语・雍也》)学生疾、死都让孔子哀伤不已，若没有对学生深厚的爱，怎会有如此动人之情。作为教师，其对学生的爱，更主要的是体现在对学生谆谆的教育上，即教之不倦，诲之不厌。孔子说："爱之，能勿劳乎？忠焉，能勿诲乎？"(《论语・宪问》)老师热爱学生，希望学生成人、成圣，故能为之劳而不息，诲之不弃。子贡说："学不厌，智也；教不倦，仁也；仁且智，夫子既圣人矣乎。”(《论语·公孙丑上》)教之不倦、诲之不厌是老师仁德爱人、近乎圣人的最好体现。《管子·侈靡篇》说:“若夫教者,标然若秋云之远,动人心之悲;蔼然若夏之静云,乃及人之体;邃然若皓月之净,动人意以怨;荡荡若流水,使人思之,人所生往。教之始也,身必备之,辟之若秋云之始见,贤者、不肖者化焉。”教育活动若云,绵绵不已;若月,温静和顺,荡荡不息。

勤学善教指要求以传讲道理、教授知识为己任的老师,既要有渊博的知识,又要熟悉教学原则方法,善于施教。对此,先秦思想家、教育家都有着丰富而深刻的思想,把勤学善教作为师德的一项基本规范,提出了如“教学相长”、“教有多术”、“循循善诱”等教学原则、方法。《学记》说:“是故学然后知不足,教然后知困,知不足,然后能自反也;知困,然后能自强也。故曰:‘教学相长也。’”教与学相互影响、相互提高,学是教的前提,教是学的动力,故曰教学相长。被儒家尊为圣人的孔子就是好学的典范。他认为自己并不是生来就有知识的,自己的知识是其后天勤奋好学得来的。只有好学才能使自己成为有知识的人。在孔子看来,好学应有不耻下问的勇气,凡在某一方面强于我的,都是我学习的对象。“三人行,必有我师焉,择其善者而从之,其不善者而改之。”古人认为为师不仅要博学多问,知识渊博,还应善于教学,提出了“善教”思想,认为教师在进行教学时应了解学生实际情况,把握教育规律,因材施教,教法灵活多样。“因材施教”,即根据对象的不同特点,采取不同的教育方法。对学生的疑问,即使是同一个问题,问者不同,回答也不同。子路和冉求都问到“闻斯行诸”的问题,孔子的回答却完全相反。对子路的回答是:“有父兄在,如之何其闻斯行之!”而对冉有的回答却是:“闻斯行之。”公西华听了,觉得有点糊涂,就去问孔子。“由也问‘闻斯行诸’,子曰‘有父兄在’;求也问‘闻斯行诸’,子曰‘闻斯行之’。赤也惑,敢问。”孔子说:“求也退,故进之;由也兼人,故退之。”(《论语·先进》)意即冉求平日做事总是退缩,所以我要促他一下,鼓励他果断办事;子路好胜急躁,所以我要对他加以抑制,免得他鲁莽行事。

有教无类要求教师在收徒讲学时,应不分身份贵贱、智愚差别,一视同仁,平等对待。春秋以前,政教合一,学在官府,受教育只是贵族的特权。到了春秋时期,学术下移,出现了私人办学收徒,受教育也由过去的贵族子弟扩大到一般的平民子弟,于是教育平等便成为时代的选择,有教无类也就自然成为为师者的一个道德要求。孔子首先明确提出"有教无类"。他表示:"自行束修以上,吾未尝无诲焉。"只要主动送上十条干肉,我就从来没有不教诲的。有教无类,打破了贵族对文化教育的垄断,推动了文化的普及,对文化的发展具有重要意义。因此,以收徒讲学,传播知识、文化为职责的教师就应具有博大胸怀、仁人之德,广纳不同身份、地位、智愚者,有教无类,怜而不弃。如孔子一方面说:"惟上智与下愚不移。"一方面又说:"或生而知之,或学而知之,或困而知之,及其知之,一也。或安而行之,或利而行之,或勉强而行之,及其成功,一也。"(《礼记·中庸》)。孔子认为,虽然上智下愚是天生的,无法改变的,但后天的学习能够弥补先天的不足,及其知"道"都是一样的。《论语·雍也》记载:子夏问曰:"如有博施于民,而能济众,如何?可谓仁乎?"子曰:"何事于仁,必也圣乎!"君子之德在于博施于人,即仁爱人。孔子一生授徒三千,贤者七十有二。其以行为实践了自己"爱人、博施"的主张,为千古师德树立光辉的典型,为后世所赞扬、传颂。"有教无类"体现了教师仁德爱人、胸怀博大的高尚情怀,是我国古代社会中师德的最高体现和要求。

二、治病救人之医德

医德是医务人员在长期的医学实践活动逐渐形成的较为稳定的职业心理素质、职业习惯和传统,是用来调整医务人员与患者之间、医务人员之间及医务人员与社会之间的行为规范的总和,是医务人员在医学实践活动中所应具有的道德意识与品质及应遵循的道德规范。医德是中华民族道德生活体系的重要组成部分,有着悠久的历史渊源和丰富的内容。

医德同其他职业道德一样产生于社会分工,产生于医学实践活动,从历史上看,医学活动并不是单纯的科学技术活动,它同人的痛苦、生命、健康紧密联系在一起,因而医学活动从一开始就带有解除人们痛苦、救死扶伤的道德要求。只是这种道德要求在没有社会分工的原始社会中早期,只是作为一般的社会道德而存在。医学实践作为人类生存的基本条件之一,同生产实践一样,在人类社会早期就已经存在。《韩非子·五蠹》记载:"上古之世,人民少而禽兽众,人民不胜禽兽虫蛇。有圣人作,构木为巢,以避群害,而民悦之,使王天下,号之曰有巢氏。民食果蓏蚌蛤,腥臊恶臭而伤害腹胃,民多疾病,有圣人作,钻燧取火,以化腥臊，而民悦之，使之天下，号之曰燧人氏。”火的发现是人类社会的重大事件，它不仅使人能够结束“茹毛饮血”的生食时代，更重要的是对人类预防疾病，提高生存能力具有重大意义，同时我们也可以了解到上古之时，人们于钻木取火的原始社会早期，已开始关注生死病疫，开始了医学实践活动。《淮南子·修务训》记载：“古者，民茹草饮水，采树木之实，食蠃蚌之肉，时多疾病毒伤之害，于是，神农始教民播种五谷，相土地宜燥湿，肥硗，高下；尝百草之滋味，水泉之甘苦，令民知辟就，当此之时，一日而遇七十毒。”备受后世赞颂、推崇的神农氏，本于忧民爱民而通尝百草，一日而遇七十毒，表现出大无畏的牺牲精神，成为医者的楷模。

西周出现了专门以“养民之疾病”为职责的医官，逮之春秋民间出现了自由的行医者。《史记》记载：扁鹊者，勃海郡郑人也，姓秦氏，名越人，少时为人舍长。舍客长桑君过，扁鹊独奇之，常谨遇之，长桑君亦知扁鹊非常人也，出入十余年，乃呼扁鹊私坐，闲与语曰：“我有禁方，年老，欲传与公，公毋泄！”扁鹊曰：“敬诺。”乃出其怀中药予扁鹊：“饮是以上池之水，三十日当知物矣。”医由官下降为民的结果之一，就是原来受官德规范的约束的官医现在下降为民后，医德就从官德中分离出来，成为约束医家的主要行为规范。

中国医德从其萌芽开始就表现出利济苍生、救民病痛的特色。传说中的黄帝、伏羲、神农冒着生命危险“尝百草”、“治九针”，视救民病为己任，而医道以立。《黄帝内经》记载：帝曰：“余念其痛，心为之乱惑反甚，其病不可更代，百姓闻以为残贼，为之奈何？”（《黄帝内经·素问·宝命全形论》）儒家认为施民济众是仁人之德，解民痛苦，施仁于众的医术是圣人之术。“圣人之术，为万民式，论裁志意，必有法则，循经守数，按循医事，为万民副”（《黄帝内经·疏五过论》）。医行仁术，利济苍生作为医德，即要求医家应从同情百姓痛苦的人道主义出发行医治病，利济天下。《史记》记载，春秋时期著名医学家扁鹊周游各国，遍施医术，“扁鹊名闻天下，过邯郸，闻贵妇人，即为带下医；过洛阳，闻周人爱老人，即为耳目痹医；来入咸阳，闻秦人爱小儿，即为小儿医，随俗为变”（《史记·扁鹊仓公列传》）。

先秦时期，人们在长期医学实践中，认识到疾病的产生与自然环境，人的体质及心理精神有密切关系，故而要求医生应博学通达，医术精湛，要像圣人一样通达天地、人事、阴阳五行，精通医道，行仁人之术。“而道上知天文，下知地理，中知人事，可以长久，以教众庶，亦不疑殆，医道论篇，可传后世，可以为宝”(《黄帝内经·素问·著至教论》)。中国古代医学理论以阴阳、五行、天人合一理论为基础，强调万物一类，金石草木皆可治病，声色气息皆可决死生。在治病方法上强调别异比类，循法守度，即强调间接经验的学习，又讲究援引实例，不拘泥常。如“夫圣人治病，循法守度，援物比类，化之宴宴，循上及下，何必守经”(《黄帝内经·素问·著至教论》)。又如，“黄帝燕坐，召雷公而问之曰，汝受术诵书者，若能览观杂学，及于比类，通合道理，为余言于所长，五脏六腑，胆胃大小肠脾胞膀胱，脑髓涕唾，哭泣悲哀，水所从行，比皆人之所生，治之过法，子务明之，可以十全，即不能知，为世所怨”(《黄帝内经·素问·示从容论》)。先秦的医学家在尊重人的生命价值的高度上强调医生应细心谨慎，认真负责，治病救人。“天覆地载，万物悉备，莫贵于人。人以天地之气生，四时之法成，君王众庶，尽欲全形”(《黄帝内经·素问·宝命全形论》)。医术是仁爱救人的圣人之术，医术不精，行医不慎，不仅不能解人痛苦，救人性命，还会加重病患者病情，甚至夺人性命。先秦时，人们对此已有深刻认识，非常强调医生行医要细心谨慎，精神专一，心无旁骛。“经气已至，慎守勿失，深浅在志，远近如一，如临深渊，手如握虎，神无营于众物”(《黄帝内经·素问·宝命全形论》)。而精神不专、粗心大意往往是事故发生的主要原因，“所以不十全者，精神不专，志意不理，内外相失，故时疑殆”(《黄帝内经·素问·征四失论》)。故而《黄帝内经》强调“用针无义，反为气贼，夺人正气”，“绝人长命，予人夭殃”，提出“凡刺之真，必先治神”。要求医工诊治病患时，要排除精神干扰，一心一意于诊治病患，细心谨慎，精神专注。辨证施治，对症下药是源于人们对疾病复杂性的认识而提出的不同疾症、不同症状，应采取不同的治疗方法的治疗原则，同时也是对医生在诊疗病患时应细致全面了解病情，实事求是，认真负责，辨证论治，对症下药的道德要求。西周时，医生就已有分科，不同科疾病治法不同，同科疾病同病因，病状不同，治法也不同，开启了辨证施治、对症下药的源头。《周礼·天官冢宰》记载：“疾医掌养万民之疾病，四时皆有疠疾，春时有痟首疾，夏时有痒疥疾，秋时有疟寒疾，冬时有嗽上气疾，以五味五谷五药养其病，以五气五声五色视其死生，两之以九窍之变，参之以九藏之动，凡民之有疾病者，分而治之。”“疡医掌肿疡溃疡金疡折疡之祝药刮杀之齐，凡疗疡，以五毒攻之，以五气养之，以五药疗之，以五味节之，凡药，以酸养骨，以辛养筋，以咸养脈，以苦养气，以甘养肉，以滑养窍，凡有疡者，受其药焉。”《黄帝内经》认为，自然环境、社会人事、七情六欲等变化失衡皆可致病，病之不同，治法不同，病因不同，治法不同，“微妙在脉，不可不察，察之有纪，从阴阳始，始之有经，从五行生，生之有度，四明与为宜，补泻勿失，与天地如一，得一之中者，以知死生”（《黄帝内经・素问・脉要精微论》）。因此，医生诊疗病患应详尽了解病情，辨证论治，对症下药。故良医上工“必知天地阴阳，四时经纪，五脏六腑，雄雌表里，刺灸砭石，毒药所主，从容人事，以明经道，贵贱贫富，各异品理，问年少长，勇怯之理，审于分部，知病本始，八正九候，诊必副矣”，而粗工庸医“受师不卒，妄作杂术，谬言为道，更名自功，妄用砭石，后遗身咎，此治之二失也”；“不道贫富贵贱，坐之薄厚，形之寒温，不适饮食之宜，不别人之勇怯，不知比类，足以自乱，不足以自明，此治之三失也”；“诊病不问其始，尤患饮食之失节，起居之过度，或伤于毒，不先言此，卒持寸口，何病能中，妄言作名，为粗所穷，此治之四失也”（《黄帝内经・素问・征四失论》）。

细心谨慎，认真负责还要求医工诊治病患时要详细询问病人，全面了解病情及与病患相关的因素。《黄帝内经・素问・移情辨治论》强调“闭户塞牖，系之病者，数问其情，以从其意”。医工行医应解除病人顾虑，取得病人信仰，详细询问病人，全面了解病情。《黄帝内经・素问・疏五过论》更是强调医工对病人病患因素的全面了解，良医与庸医的区别在于良医能细心谨慎，认真负责，精通医术，诊治病患时全面了解病情，作出准确判断，应病施治；而庸医则不问病情，不明病因，妄宣病名，滥施针药。为医者应博学通达，精通医道，才能做到十全，否则会出现过失，招致世人怨恨。“十全”是《国礼》中提出的上工（良医）标准，后来演化为医德评价的泛称。古人在重视人的生命价值的基础上，对医生的执业能力提出严格要求。如《礼记・曲礼》说：“医不三世，不服其药”；《周礼》、《黄帝内经》则把“十全”作为评价医生的基本标准。

医疗工作事关病人生命健康，这就必然要求医人要有客观的科学态度，实事求是的精神，切忌浮华不实，自以为是。《黄帝内经・玉机真脏论》说：“形气相失，谓之难治，色夭不泽，谓之难已，脉实以坚，谓之益甚；脉逆四时，谓不可治，必察四难，而明告之。”要求医工对难治及不可治之病患，据实相告，反对胡吹乱擂，自夸医术。“是以世人之语者，驰千里之外，不明尺寸之论，诊无人事，治数之道，从容之葆”(《黄帝内经·素问·征四失论》)。不学无术，自擂自吹是粗工的典型特征。“坐持寸口，诊不中五脉，百病所起，始以自怨，遗师其咎，是故治不能循理，弃术于市，妄治时愈，愚心自得”(同上)。师学不精，妄借杂术，狂妄自大，蒙骗病人，“受师不卒，妄作杂术，谬言为道，更名自功，妄用砭石，后遗身咎，此治之二失也”(同上)。《黄帝内经》在总结医学实践中的医德过失方面，提出了“阴阳逆从，受师不卒，不知比类，不问起始”等四种医德过失，强调医生要有真知灼见，谦虚谨慎，戒骄戒躁，不要受师不卒妄言为道，更名自功，妄用砭石。

先秦时期，人们在长期医学实践中，认识到医工的言语、表情、态度、行为等对病人有重要影响，病人对医生的信任与否对病人的医治也有重要影响，因此提出医工应语言谨慎，态度温和，对有些有难言之隐的病人，要替病人保守秘密，取得病人的信任。《黄帝内经·素问·移精变气》说：“古之治病，惟其移情变气，可祝由而已。”祝由即对神祈祷，先秦时，人们已明确意识到病人的心理精神对治疗的影响。“岐伯曰：病为本，工为标，标本不得，邪气不服，此之谓也”(《黄帝内经·素问·汤液醪醴论》)。病人为本，医生为标，病人必须相信医生，医生能安心细致地给病人治病，只有标本相得，病才容易治好。所谓“闭户塞牖，系之病者，数问其性，以从其意”，就是要医生解除病人疑虑，态度温和，耐心细致，使人尽诉病情。因此良医“诊有大方，坐起有常，出入有行，以转神明，必清必净，上观下观，司八正邪，别五中部，按脉动静，循尺滑涩，寒温之意，视其大小，合之病能，逆从以得，复知病名。诊可十全，不失人情，故诊之或视息视意，故不失条理，道甚明察，故能长久。不知此道，失经绝理，亡言妄期，此谓失道”(《黄帝内经·素问·方盛衰论》)。

先秦时期的身份与职业道德，除以上所述之外，还大量表现在官吏道德、侠士道德以及九流百家道德等领域和方面。官吏道德，我们已在第十一章探讨政治生活道德时多有论述，侠士道德，我们将在社会公共生活道德中加以论述。这里需要指出的是，先秦时期的有些身份是职业化的身份，有些职业是身份化的职业，有些身份仅仅只是身份而不是职业，有些职业仅仅只是职业而不是身份。梅因在《古代法》一书中提出了一个著名的历史进化命题，即“所有进步社会的运动，到此处为止，是一个‘从身份到契约’的运动”。所谓进步社会运动，就是从“身份”到“契约”的运动，“其特点是家族依附的逐步消灭以及代之而起的个人义务的增长，‘个人’不断地代替了‘家族’，成为民事法律所考虑的单位”。从“身份”到“契约”的运动，实际上是从强制到自由的运动，从家族本位到个人本位的运动，是人的解放的运动。他指出：“我们也不难看到：用以逐步代替源自‘家族’各种权利义务上那种相互关系形式的，究竟是个人与个人之间的什么关系。用以代替的关系就是‘契约’。在以前，‘人’的一切关系都是被概括在‘家族’关系中的，把这种社会状态作为历史上的一个起点，从这一个起点开始，我们似乎是在不断地向着一种新的社会秩序状态移动，在这种新的社会秩序中，所有这些关系都是因‘个人’的自由合意而产生的。”①在梅因看来，古代社会是一个以“家族”为基本单位的集合，“个体人”无论是其人身还是财产甚至是其道德价值均依附于“家族”。因此，这里所谓的“身份”是指一种个人对父权制家族的、先赋的、固定不变的隶属关系。任何人都不能凭自己的意志和努力摆脱这种来自家庭和群体的束缚而为自己创设权利和义务。在梅因的论述中，所谓“契约”并非一般意义上的一纸文件，而是指向了潜藏于“契约”背后的主体性问题，是指个人可以通过自由订立协议而为自己创设权利、义务和社会地位。“从身份到契约”的过程，其实就是个人不断走向自由和独立的过程，是个人人格发生根本性变化的过程。中国最初意义上的身份社会与梅因所论的身份社会基本一致，都是一种基于血缘宗族关系之上的身份社会。“从身份到契约”，意味着从自然经济到商品经济的转变。也许在某种意义上我们可以把自然经济称之为“身份经济”。自然经济以家庭为主要生产生活单位，生产生活中的决策权和指挥权都归由家长行使，家庭的血缘亲情纽带维系着家长的权威，维系着家长制。而商品经济的一个重要特征就是“契约自由”，也就是需要商品交易的各方能自由支配其意志，决定是否交易，与谁交易，交易多少。只有人是自由的，人生产出的东西才会是自由的，这些东西也才能用作交换，变为商品。真正现代的职业是摆脱了身份纠缠的现代化专业生活领域，它是排除特权和人身依附关系的独立的公民化的职业场所，劳动和工作的性质建立于权利与义务对等的基础之上。法国思想家涂尔干在《职业伦理与公民道德》的论述中坚持认为，

---

① （英）梅因：《古代法》，沈景一译，商务印书馆 1959 年版，第 110～112 页。

真正的职业伦理是与职业群体的形成、工商业的繁荣相伴而生的，职业伦理作为公共精神和群体意识的体现，具有形塑和规范现代经济生活并使其健康发展的作用。就此而论，古代的职业还是发育不很健全的职业，因此其职业道德生活不免打上身份道德的烙印，职业与职业之间的不平等以及职业内部的不平等现象大量存在，而这是需要随着社会发展不断被破除的。

第九章

先秦时期的社会公共道德生活

人们在社会公共生活中应遵循的基本道德，亦称“公共道德”或“公德”，也即列宁所说的“起码的公共生活规则”①。它是人们为了维护公共生活、调节人们之间的关系而形成的道德行为准则和起码的公共生活准则。社会公德是社会存在的反映，是人类在长期的社会生活中根据生活实践和共同生活的客观需要逐步形成和发展起来的。梁启超在《论公德》一文中认为“人人相善其群者谓之公德”的观点无疑是较为准确的，但他认为，“吾中国道德之发达，不可谓不早，虽然，偏于私德，而公德殆阙如。试观《论语》、《孟子》诸书，吾国民之木铎，而道德所从出者也。其中所教，私德居十之九，而公德不及其一焉”的观点，则值得商榷。中国自古重视家国一体，在推崇家庭伦理的同时更注重国家伦理，不仅如此，中国古代还特别重视天下有道，其天下观以及民间道德的敦风化俗，还有许多讲求公共道德生活的内容，莫不证明了中国古代自然有自己独特的公共道德生活，而其公德也受到人们的高度重视，从某种意义上说，儒家注重的仁义礼智信既可以当作一种私德来看待，也可以视为公共道德生活的重要内容。就先秦时期的公共道德生活而言，涉及许多非个人性的领域，诸凡社会风俗、迎来送往、接物应对、传统习惯等莫不呈现着公共道德生活的内容和因素。先秦时期，于家庭生活形成了以孝道为核心的伦理传统，于政治生活形成了以忠道为核心的伦理传统，于社会公共生活形成了以义道和信道为核心的伦理传统。如果说，义道主要讲求的是一种对正义的追求和责任的担当，那么信道主要讲求的则是一种言行一致的风范和对道德原则规范的坚定尊奉。此外，仁者爱人等也是先秦时期社会公共生活道德的主要内容。

第一节　中国古代的社会及“天下”之蕴含

“社会”在古代是人们祭祀社神的聚会场所，后引申为村落聚集之地。上古时期人们将土地神称之为“社”，每年都要举行祭拜土地神的活动。后来逐渐演

---

① 《列宁选集》第3卷，第247页。

化为小村落，人群聚集的地方，人群聚集的地方再庞大再汇聚就成为都会，将这一切汇在一起形成了社会。“社会”在中国古代常常以“天下”的形式表现出来，《大学》中提出的“修身、齐家、治国、平天下”，代表了古代中国人空间或范围观念的梯级拓展。如果说“修身”重在个人伦理或己身伦理，“齐家”重在家庭伦理，“治国”重在政治伦理或国家伦理，那么“平天下”凸显的则是一种公共生活伦理和社会伦理。

一、由“社日”而“社会”的发展沿革

中国古代的社会生活源于对土地神的祭祀活动。由“社”到“社日”再到“社会”，是中国社会文明和社会公共生活发展的显著特点。

社字从示从土，“土”是土地，“示”表示祭祀。《逸周书·作雒解》：“建大社于国中。”社之中心立有社主。《说文》：“社，地主也。”《玉篇·示部》：“社，土地神主也。”《尚书·甘誓》：“用命赏于祖，弗用命戮于社。”孔传：“天子亲征，又载社主，谓之社。”《周礼·地官·大司徒》：“设其社稷之壝而树之田主。各以其野之所宜木，遂以名其社与其野。”社的原初涵义就是祭拜土地。古代先民对土地有着极其深厚的感情，十分爱重，必然产生神化和崇拜的感情，因此土地很早就是人们的祭祀对象，称作“社”；而祭祀土地神的日子叫“社日”，一般春秋各一，后来则间或有四时致祭的。早先的土地神只是神灵，后来逐渐人格化。社神祭祀缘于对土地的崇拜。土地是人类居住生活的场所，是人类获取生存资料所需（衣、食、住等）最重要的源地。对人们赖以生存的自然物质进行崇拜是原始崇拜的重要内容，我国先民早就有对土地的崇敬和膜拜。《公羊传·庄公二十五年》记载：“鼓用牲于社。”《左传·昭公二十九年》说：“共工氏之有子曰勾龙，为后土”，“后土为社”，可知先秦时代社神起源于后土信仰，勾龙为社神，击鼓用牲祭祀社神。《礼记·郊特牲》讲：“社祭土而主阴气也；君南乡于北墉下，答阴之义也。日用甲，用日之始也……社所以神地之道也。地载万物，天垂象。取财于地，取法于天，是以尊天而亲地也。”《白虎通·社稷》曰：“王者所以有社稷何？为天下求福报功。人非土不立，非谷不食。土地广博，不可遍敬也；五谷众多，不可一一祭也。故封土立社，示有土也。”“封土”为社神原始的象征，当然这种土也非寻常之土，它是一种特别的五色土，《尚书》称“王者封五色土以为社”，封

建诸侯时，则割五色土为其立社。《周书》曰："诸侯受命于国，乃建立太社于国中，其遗，东青土，南赤土，西白土，北骊土，中央焘以黄土，将建，凿取方一面之土，苴以白茅，以土封之，故曰列土于周也。"[①]在西周时代，社是各级宗法贵族权力的象征，在层层分封之后，就要封土立社，表明自己对这一方土地的神授权力，亦即土地所有权的象征。由于土地的广博无际，人们往往选定某一地点对土地进行祭祀，这一地点就是社。正如《礼记·郊特牲》云："社，所以神地之道也。"社的标志一般为一棵茂盛的大树或一片丛林，被人称之为"社树"、"社丛"、"神丛"、"丛位"或简称为"社"、"丛"。如《墨子·明鬼篇下》云："建国营都，必择木之修茂者，立以为丛位。"《六韬·略地篇》云："社丛勿伐。"《晏子春秋·内篇问上第九》亦言："夫社，束木而涂之。"沈钦韩在《汉书疏证》中总结道："古者二十五家为间，间各立社，即择其木为茂者为位，故名树为社，又为丛也。"从上古开始人们以特定的树木作为社神的象征，称为社树。《论语》记载了三代各自的神社，并以树为名，"夏后氏以松，殷人以柏，周人以栗"(《论语·八佾》)。社树的选定一般根据各地的生态情况决定，《周礼·地官》："设其社稷之 而树之田主，各以其野之所宜木，遂以名其社与其野"，夏商周三代起源于不同的地域集团，所以社树也具有各自不同的地方特性。在先秦还有"北社惟松惟柏，南社为梓，西社为槐"的说法。有的还在树丛旁边修筑围墙或祠堂；有的则进一步封土立坛，称之为"社坛"，坛上有树或木、石之类的东西，这一般为帝王诸侯为之。西周春秋时代，所有的社都是公社，可以说都是官办的，如《礼记·祭法》所云："王为群姓立社，曰大社；王自为立社，曰王社；诸侯为百姓立社，曰国社；诸侯自为立社，曰侯社；大夫以下成群立社，曰置社。"郑玄注："大夫以下，谓下至庶人也。大夫不得特立社，与民族居，百家以上，则共立一社，今时里社是也。"(《礼记·祭法》)天子为天下各族群的人立社叫作"太社"，天子为自己立社叫作"王社"，诸侯为封国内各族群的人立社叫作"国社"，诸侯为自己立社叫作"侯社"，大夫以下的人聚成百家以上就立一社，叫作"置社"。太社、皇社、国社、侯社、置社，皆王侯大夫自立及为百姓立者，通常被视为"官社"或"公社"。老百姓私人立者，通常被称为"私社"。孙诒让在《周礼正义》中指出："王侯乡遂都鄙之社并

① 引自(唐)欧阳询:《艺文类聚》卷三十九。

为公社，置社则为私社。”“公社”一词见于《吕氏春秋·孟冬纪》和《礼记·月令》。“公社”的初义就是聚落共同体祭祀土地神之处。王侯是共同体的代表，所以王侯之社也可以称为“公社”。在共同体瓦解之前，共同体成员是没有“私社”的。

周礼封建诸侯，则必须先祭后土。《周礼·春官·大宗伯》：“王大封，则先告后土。”《春官·大祝》：“建邦国，先告后土。”社稷者，国家之命脉也，香火一绝也就意味着国家的灭亡。毁其社则灭其种，毁国之社也就意味一个国家生殖力、生存力的断灭。此丧国之社之由来也。《白虎通·社稷》：“故春秋《公羊传》曰：亡国之社，奄其上，柴其下。”据记载，夏人之所以被殷人灭掉，就有社主折裂的征兆。《太平御览》卷八八零引《竹书纪年》：“夏桀末年，社折裂，其年为汤所放。”社者，又象征杀戮、征伐。凡发兵出征，则先祭于社。《尔雅·释天》：“起大事，动大众，必先有事乎社而后出。”大事，兵戎。有事，祭祀。也就是“国之大事，在祀与戎”(《左传·成公十三年》)。世俗政权最高统治者出征，立军社，奉社主以行，不从命，则杀戮于社。《书·甘誓》：“大战于甘，乃召六卿。王曰：‘嗟！六事之人，予誓告汝：有扈氏威侮五行，怠弃三正。天用剿绝其命。今予惟恭行天之罚……用命，赏于祖；弗用命，戮于社。’”孔传：“天子亲征，又载社主，谓之社。”《周礼·春官·小宗伯》：“若大师，则帅有司而立军社，奉主车。”郑玄注：“有司，大祝也。王出军，必先有事于社及迁庙，而以其主行，社主曰军社，迁主曰祖。”《左传·定公四年》：“君以军行，袚社衅鼓，祝奉以从，于是乎出竟。”即使是穷乡僻壤的社祭，也有其朴素的娱乐方式。杜预注：“师出，先事袚祷于社，谓之宜社。于是杀牲之血涂鼓鼙，为鼓。(祝奉以从)奉社主也。”后来社又成为检阅军队之处。上古军社有两种形式。一种是用车载主随军而行。《周礼·春官·肆师》：“凡师、甸，用牲于社、宗，则为位。”郑玄注：“社，军社也；宗，迁主也。”另一种是军队营垒时在军营附近设立。《周礼·夏官·量人》：“营军之垒舍，量其市朝、州涂、军社之所里。”这两种军社是由军队的流动或驻扎所决定的，差别不大。军社制起源较早，《夏书·甘誓》载有夏启与有扈氏战于甘之野，启告诫将士说：“用命，将赏于祖；弗用命，戮于社。”这里的祖社，即军祖军社。

社神祭祀是社日活动的中心内容。社神是地方社会集体的主神，社神具有主司农事、保护村社（里社）成员的职能。村社（里社）成员对社神表达的是一种集体性的诚敬及公共的愿望，社日的主要目的是为村社（里社）祈福。社祭要用牲。民间社祭用牲主要是羊和猪。社祭的同时，要奏乐歌舞，饮酒聚餐，并举行娱乐活动。《史记·滑稽列传》载淳于髡谈到战国时的“州闾之会”时说：“男女杂坐，行酒稽留，六博投壶，相引为曹，握手无罚，目眙不禁，前有堕珥，后有遗簪。”《淮南子·精神训》说：“今夫穷鄙之社也，叩盆拊瓴，相和而歌，自以为乐矣。”闾里居民可以自己置社并且举行社祭娱乐等公共活动，这是乡里民间社区自治功能的一种表现。除了社祭以外，社区的经常性集会还有腊祭，祭祀祖先和百神。《礼记·月令》说，孟冬之月“腊先祖五祀，劳农以休息之”。《礼记·郊特牲》：“蜡也者，索也，岁十二月，合聚万物而索飨之也。”蜡亦即腊。秦始皇三十一年十二月，“更名腊曰嘉平，赐黔首里六石米，二羊”（《史记·秦始皇本纪》）。所赐米羊，当即供社区腊祭之用。

社日的公共性原则是村社共同体风习的现实反映，社神是公共意识的投射，是村社的精神中心，同时社神祭祀的公共性活动，又为村社成员之间联系的加强提供了维系力量。“唯为社事，单（殚）出里，唯为社田，国人毕作”（《礼记·郊特牲》），尽心竭力参与社祭活动，体现了村社（里社）成员的公共意识与集体精神。

二、“天下”的含义及“平天下”之要旨

先秦时期萌生的“天下观”是中国独有的社会观，为中国古代社会的发展与演化奠定了价值的基础和心理认同的方向。“天下”不仅具有自然空间意义，而且具有社会伦理意义。从自然空间意义而言，它是指“天底下所有的土地”，代表了人们对古代“世界”的认识，对其范围的认识有一个不断开放和明晰的过程。从社会伦理意义而言，“天下”往往是指居住在地球上的芸芸众生及所建构的人文世界。

在远古洪荒的部落时代，人神杂糅，包牺氏作琴，神农作瑟，蚩尤作兵，黄帝做旃冕，仓颉造字。《易·系辞下传》中记载：古者包羲氏之王天下也，仰则观象于天，俯则观法于地，观鸟兽之文，与地之宜，近取诸身，远取诸物，于是始作八卦，以通神明之德，以类万物之情。作结绳而为网罟，以佃以渔，盖取诸离。包羲氏没，神农氏作，斫木为耜，揉木为耒，耒耨之利，以教天下，盖取诸益。日中

为市，致天下之货，交易而退，各得其所，盖取诸噬嗑。神农氏没，黄帝、尧、舜氏作，通其变，使民不倦，神而化之，使民宜之。易穷则变，变则通，通则久。是以自天佑之，吉无不利，黄帝、尧、舜，垂衣裳而天下治，盖取诸乾坤。此段《易·系辞》五次提到"天下"，这里的"天下"主要是一种自然空间的意义，指当时人们认识所能达到的空间领域或范围。中国远古社会是一个生产力不发达，交通不便，人际关系比较简单，生活圈子相对封闭的社会，同时也是一个"天下为公，选贤与能，讲信修睦……老有所终，壮有所用，幼有所长，矜寡孤独废疾者，皆有所养"(《礼记·礼运》)的社会。在这一社会时期，"山无径迹，泽无桥梁，不相往来，舟车不便……有知者不以相欺役也，有力者不以相臣主也"(《鹖冠子·备知》)，"民茹草饮水，采树木之实，食蠃蚌之肉，时多疾病毒伤之害"(《淮南子·修务训》)，但是凿井而饮，耕田而食的人们心情是平静的，生活是安定的，关系是平等的，人们和睦相处，形成了带自然性质的原始的群体主义，诚如《淮南子·齐俗训》所说的，这是一个恬澹的时代，"古者，民童蒙不知东西，貌不羡乎情，而言不溢乎行。其衣致暖而无文，其兵戈铢而无刃，其歌乐而无转，其哭哀而无声。凿井而饮，耕田而食。无所施其美，亦不求得。亲戚不相毁誉，朋友不相怨德"。传说中的尧、舜、禹大公无私，心系民众，一心一意为众人谋福利。原始社会的人们生活在许多自然的村落中，一些自然的村落围绕着一个较强大的"城"形成共同体"邦"，这些自然村落的共同体又属于一个庞大的联盟，村落的共同体在联盟内和平共处，人们实际上是生活在一个统一体内，这个统一体就是中国当时能够了解的"天下"。[①] 原始社会的"天下"是统一的而不是分裂的，尽管不同的民族部落有不同的风俗习惯，但都能和谐相处。此时的"天下"是处于一个相对独立的环境，不受外来文化大规模进入造成的破坏的干扰，并且是民主的天下，黄帝、尧舜都无为而治，实行"垂衣裳而治天下"。[②] 中国最早的"天下"是最先发展起来的文明形态，它反映了中国先有文明，后有民族国家的文化发展的一种特殊规律。

"天下"概念起源于古代中国人对方位的界定。"天下、中国、四方、四海、九

① 参阅葛兆光：《中国思想史》第一卷，复旦大学出版社 2001 年版，第 8 页。
② 参阅刘军平：《"天下"宇宙观的衍变及其哲学意蕴》，《文史哲》2004 年第 6 期。

州、四夷”在夏代以前就已出现了。到商朝时，关于中心和四方等方位概念得以初步形成。在殷商甲骨文卜辞中，“中商”、“四方”、“四土”等词频繁出现，这可由殷墟出土的“受年卜辞”中的“受中商年”等记录所佐证。从西周到春秋战国时期，“天下”、“四海”等词汇频频出现。“天下”是由不同部落和民族组成的，在古代方圆十里就可称之为“国”，到了夏商七十里就可以号称“大国”，故汤以七十里而起家，终至灭夏。到了殷周之际，方圆百里就可以号称“大国”，故文王以百里起家，终至灭商而得天下。然而，到了春秋战国，方圆数千里才称得上“大国”。“畿服”是对“天下”这一空间的填充和划分。中国古代思想家们并不认为空间是均匀分布和平铺于世界表面的，而是由内向外、由中心向边缘的延伸。商代的国家结构中最有特征的是“内服”与“外服”制。《尚书·酒诰》指出：“我闻惟曰：在昔殷先哲王……自成汤咸至于帝乙……越在外服：侯、甸、男、卫、邦伯；越在内服：百僚、庶尹、惟亚、惟服、宗工，越百姓里居（君），罔敢湎于酒。”商王之属下分内、外两服，其内服为：百僚、庶尹、亚服、宗工，还有百姓里君；其外服为：侯、甸、男、卫、邦伯。《尚书·夏书·禹贡》以天子所居之“王畿”为中心，“五百里甸服……五百里侯服……五百里绥服……五百里要服……五百里荒服”。《国语·周语上》祭公谋父说：“先王之制，邦内甸服，邦外侯服，侯卫宾服，夷蛮要服，戎狄荒服。”这一说法以距离“王畿”中心的远近为次第，分为甸、侯、宾、要、荒五个不同的区域。《周语》所言“邦内甸服，邦外侯服”，此处之“邦”系指“天子之国”，即天子自己亲自统辖的“王畿”。《周礼·夏官·职方》有“九服”之说，即中央为地方千里的“王畿”，由内向外每五百里依次为侯服、甸服、男服、采服、卫服、蛮服、夷服、镇服、藩服。郑玄注称：“服，服事天子也。”指各邦国按亲疏远近，向作为共主的天子承担服事义务，这是“王臣”的本分。“要服”、“荒服”的蛮、夷、戎、狄，直至地处蛮、夷、戎、狄之外的藩国，不论距离多远，理论上亦均为“王臣”。先民们的大一统意识讲求“天无二日，民无二王”（《礼记·曾子问》）。按照“溥天之下，莫非王土；率土之滨，莫非王臣”的原则，在“天下万国”之上，还有一个作为共主的最高统治者“天子”存在。邦国的土地，在理论上是属于天子的；所有民众，也是属于天子的。古代中国“天下观”中包含的“天下”、“畿服”等空间概念，并非是实体概念，而更多的是一种观念建构，这些空间概念其含义虽与古代中国所接触的实际地理疆界相关，但它们不必非与实际的地理方位、地理范围相吻合。“天下”、“四海”等概念没有准确的空间范围，更无地理疆界中实际的对应物。“天下”观念，把“外部”包容在“天下”。中国古代人文世界中的“外部”，不是指“天下”之外的外部，而是指“天下”之中的外部，即与中心相对的边缘部分。中国居天下之中（内），四夷居天下之偏（外）。中国居中，属于天下范围无疑；四夷虽居外、居偏，但仍属于天下之范围。中国与四夷同属“天下一家”，亦如荀子所言：“四海之内若一家，故近者不隐其能，远者不疾其劳，无幽闲隐僻之国，莫不趋使而安乐之。”《礼记·礼运》篇更提出了“以天下为一家”的观点，最终形成了“中国”和“夷蛮戎狄”五方之民共为“天下”、同居“四海”的整体格局。“天下观”体现出了“天下一家”、“王者无外”的一元观念，使“天下观”指导下建立的世界秩序从总体来说具有“德化”、“和谐”等特征。

社会伦理意义的“天下”主要是指天底下的芸芸众生及其所建构的人文世界，它同“道”联系在一起，成为“道”实现自己的一种载体，涉及天下秩序的建构以及民众的生存等问题。《庄子·天下》指出古代的天下是统一的与和谐的，“古之人其备乎！配神明，醇天地，育万物，和天下，泽及百姓，明于本数，系于末度，六通四辟，小大精粗，其运无乎不在”。然而发展到后世，尤其是春秋战国时期出现了“天下大乱”的状况，庄子称为“道术将为天下裂”，此即：

> 天下大乱，贤圣不明，道德不一。天下多得一察焉以自好。譬如耳目鼻口，皆有所明，不能相通。犹百家众技也，皆有所长，时有所用。虽然，不该不遍，一曲之士也。判天地之美，析万物之理，察古人之全。寡能备于天地之美，称神明之容。是故内圣外王之道，暗而不明，郁而不发，天下之人各为其所欲焉以自为方。悲夫！百家往而不反，必不合矣！后世之学者，不幸不见天地之纯，古人之大体。道术将为天下裂。（《庄子·天下》）

春秋战国时期是一个礼崩乐坏，世道衰微、天下无道的时代。孔子说：“天下有道，则礼乐征伐自天子出。天下无道，则礼乐征伐自诸侯出。……天下有道，则庶人不议。”（《论语·季氏》）在道之“将兴”与“将废”之季，孔子为恢复天下的秩序而凄凄遑遑，为确立“天下有道”的伦理价值系统而上下求索。孟子继承并发展了孔子的“天下观”。他说：“天下有道，以道殉身；天下无道，以身殉道。未闻以道殉乎人也。”(《孟子·尽心上》)这是一种以道自任的积极进取精神。孟子主张“穷则独善其身,达则兼善天下”(《孟子·尽心上》)。“天下有道”是一种王道政治,“兼善天下”包含着为善天下百姓芸芸众生的涵义。焦循著《孟子正义》注:“古之人,得志君国,则德泽加于民人。不得志,谓贤者不遭遇也。见立也独其身,以立于世间,不失其操也。是故独善其身。达谓之得行其道。故能兼善天下也。”孟子提出“大丈夫”人格的判断标准即是“居天下之广居,立天下之正位,行天下之大道;得志,与民由之,不得志,独行其道。富贵不能淫,贫贱不能移,威武不能屈,此之为大丈夫”(《孟子·滕文公下》)。儒家提出了“修身、齐家、治国、平天下”的社会伦理模式:

> 古之欲明明德于天下者,先治其国;欲治其国者,先齐其家;欲齐其家者,先修其身;欲修其身者,先正其心;欲正其心者,先诚其意;欲诚其意者,先致其知;致知在格物。物格而后知至,知至而后意诚,意诚而后心正,心正而后身修,身修而后家齐,家齐而后国治,国治而后天下平。(《大学》)

《大学》提供了一个由个体而家庭、而国家最后到天下秩序的建构模式,认为“平天下”是社会秩序的最后和最高实现,它是建立在无数个体修身、齐家以及君主治国之基础上的。如果说三代时期的“天下”是以自然村落为主、以血缘纽带形成的邦城,春秋战国的“天下”是京畿千里、诸子纷争的邦国,那么发展到秦汉大一统的“天下”则不仅同统一的多民族的国家密切相关,而且集合了自然地理意义和社会伦理意义,有着比国家或政治生活更为宽泛的视域和含义。它是国家观念的实现与扩展,同时又与纯政治生活意义上的国家或朝廷有着某种利益和范围上的区别。人们可以把君主视为国家的化身,君主自己也常常说“朕即国家”,但是“天下”则不是属于某一个人的,它是天下人的天下。“天下非一人之天下,天下之天下也。阴阳之和,不长一类,甘露时雨,不私一物;万民之主,不阿一人”(《吕氏春秋·孟春纪·贵公》)。这种观念,无疑是我国古代“天下观”最为宝贵的精神财富。

三、华夏乡土社会的建构及公共伦理

中国属于典型的亚细亚生产方式。亚细亚生产方式就是“土地氏族国有的生产资料和家族奴隶的劳动力二者间的结合关系”，这个关系决定古代东方社会的性质。它和“古典的古代”是“同一个历史阶段的两种不同路径”。“亚细亚的古代”指的是由氏族制发展而成的奴隶制，氏族制保留在奴隶社会之中；“古典的古代”是在氏族制彻底瓦解后出现的私有制的基础上形成的。亚细亚的古代是由氏族土地公有转变为土地国有，氏族显贵同时是奴隶主，而被俘虏来的氏族则整个地变成了集团奴隶。亚细亚生产方式所支配的社会构成是早熟和维新的古代东方国家。侯外庐认为中国文明形成之际，土地所有形态是从氏族公社出发，在国家机关建立的时候，走的是氏族贵族的土地国有的路径。而这种路径发生的时期就在殷末周初之际，西周的土地所有形态已经由殷代的氏族公社转为氏族贵族的土地国有形态。“受土”是周初的特征，“受土”也就是土地所有，这一所有形态是由先王从“天”那里得来的。周工从“天”受命，“有邦有土”，如果失土，就算亡国，正如殷民迁洛邑，离土就是失国。由于土地是国有形态，所以“营国，左祖右社”。周代进入文明社会以后，由于土地国有制的氏族贵族专有形态这一经济原因，使得周代的政治形成了“宗法”的政治。中国进入文明社会后，氏族制度仍然保留在奴隶社会之中，即“先王受命”的王制，土地财产为土地国有或氏族贵族专有，即“礼之专及”，国家是“宗子维城”的城市国家。侯外庐把城市国家的建立及其与农村的分裂与对立，看作文明社会形成的基本标志。城市和农村的第一次分裂产生了文明社会，国和野的区分标志着当时社会结构的形成。“国”即是中国古代的城市。“封邑”最初出现于殷末卜辞，并大量记载商周之际“作邑”、“作邦”、“肇国”、“营国”等，古书之“封”和“邦”是一个字，指的是筑城建国。中国古代的城市是要将被征服的氏族成员转化为集团奴隶并以疆界分割开来，使他们驯服而建立起来的一种都鄙制度。“国”字在周金文中，作特殊地域的意思。即依靠武力把自然的土地分裂为两个对立的地域，在封疆之内者，谓之“国”，在封疆之外者，谓之“野”。国的中心有都有城，野的范围或曰“鄙”。统治阶级住在“国”中，以城市为中心，统治广大的农村，广大的氏族奴隶住在农村，国与野的对立即是统治阶级与被统治阶级的对立，表明城市的性质就是国家的性质，即侯外庐提出的“城市：国家”。

商周时代社会生产和社会生活的基本单位是家族公社或农村公社。但这些共同体组织到了春秋战国时期都已经趋于解体。《周礼·地官·大司徒》和《遂人》所提到的闾里、族党、州乡，即属于不同层次和不同规模的聚落共同体。就其性质而言，既有以血缘为纽带的家族公社，也有以地缘为纽带的农村公社。这些共同体既有定期分配各家份地和组织生产互助的经济功能，又有监督公社成员生产劳动和安排公共生活的自治功能。

春秋战国时期，“国之有封疆，犹家之有垣墙”，都城、郡、县而外四境之内的鄙野之人，皆为其国臣民。故春秋时鲁国阳文君直截了当地说：“鲁四境之内，皆寡人之臣。”可注意者，是时的“四境臣民”中，已融进相当一批原列入“野人”的蛮夷戎狄，差不多各个改变了过去的“逐水草而居”的游牧生活，转向农耕定居。西周的“天下”是由许多邦即邦国组成的，每一个邦又是由国和野两部分组成的。国人和野人是两个血缘不同的社会集团，前者较后者在政治、经济和文化上处于优越的地位。发展到春秋时期，国、野的区分逐渐消失：到了战国，这种区分已经成为历史的陈迹。春秋时期，各邦基本上都还由国人中的贵族掌权，不过，国人中的新兴阶层士人阶层逐渐兴起。随着国、野界限的消失，野人中的一部分逐渐上升为士；另一方面，在各种斗争中失败后而没落下来的贵族也有一部分加入到了士的行列。春秋以前，非贵族而能掌权的人为数很少；到战国时期，由布衣而将相的人为数已不少。原先以出身决定人的社会身份的办法已经过时，爵级或财富这时成为决定人们社会地位的根本条件。随着国、野界限的消失和出身限制的解除，原先掌握在少数世袭贵族手中的学术逐渐在广大的士阶层中传播开来。

春秋战国时期各诸侯国为了打破种族或姓族血缘关系，就地缘结合形式和互为比邻关系，进行编户齐民，建立乡村社会。《管子·立政》有言：“分国以为五乡，乡为之师。分乡以为五州，州为之长；分州以为十里，里为之尉。分里以为十游，游为之宗。十家为什，五家为伍，什伍皆有长焉。”《左传·襄公十五年》有记宋国“小人怀璧，不可以越乡，子罕置诸其里”，乡、里为乡村社会的基层组织。《墨子·尚同上》指出：“里长发政里之百姓……乡长发政乡之百姓。”乡、里是最基本的社区组织群体。就人群构成关系而言，常常是“合十姓百名”，异姓家庭聚居同一乡里，彼此利害与共，是对按族籍血缘关系划地而居的一种超越。重个体家庭组合而不讲究邻居间血缘联系，是乡里组织的一大俗观。乡里通常按社区、家庭组成、户数、财产、职业、政治地位等运作要素划分人群，故人际关系是观其风俗的重要方面。《左传·襄公十四年》云："士有朋友，庶人、工商、皂隶牧圉皆有亲昵，以相辅佐。"这种人以类聚的人群划分，有别于族籍血缘联系，带有社区群团的性质，是按社会身份地位及其从事的社会职业活动不同，结成不同的利益关系群，当同样适应于乡里。比如，《孟子·滕文公上》记农家许行自楚至滕，文公安排了一处居地，"其徒数十人，皆衣褐，捆屦，织席以为食"。由此可见，乡里人际关系，绝非"鸡犬之声相闻，民至老死不相往来"。《管子·小匡》云："卒伍政定于里。人与人相保，家与家相爱，少相居，长相游，祭祀相福，死丧相恤，祸福相忧，居处相乐，行作相和，哭泣相哀。"《孟子·滕文公上》有言："乡田同井，出入相友，守望相助，疾病相扶持，则百姓亲睦。"

《春秋·公羊传》宣公十五年何休注：一里八十户，八家共一巷，中里为校室。选其耆老有高德者，名曰父老；其有辩护伉健者为里正。皆受倍田，得乘马，父老比三老孝弟官属，里正比庶人在官。吏民春夏出田，秋冬入保城郭。田作之时，春，父老及里正旦开门坐塾上，晏出后时者不得出……十月事讫，父老教于校室，八岁者学小学，十五者学大学。春秋战国时代，由于生产力的发展促使私有制因素的增长，导致了公社土地所有制的瓦解。社会生产的基本单位，由血缘和地缘的共同体过渡到一家一户的个体农民家庭，亦即李悝和孟子所说的"治田百亩"的"五口之家"或"八口之家"。商鞅变法"集小乡邑聚为县，置令、丞"，在聚落共同体的基础上建立了县乡里的地方行政体制。

《左传·昭公三年》载晏子抨击齐国政治的腐败时说："公聚朽蠹，而三老冻馁。"他们是先秦时代享有崇高声望的聚落共同体的领导阶层，从周天子到各诸侯国的国君，经常要向他们征求意见。《礼记·文王世子》："遂设三老五更群老之席位焉。"《礼记·礼运》："故宗祝在庙，三公在朝，三老在学。"孔颖达疏："三公在朝者，在朝职事则委任三公也。三老在学，乞言则受之三老。""乞言"亦即征求意见。秦汉时代，乡里共同体虽然已经演变为封建国家的基层行政组织，但三老在乡里中仍然有巨大的影响力。三老"非吏而得与吏比"，他们以民间长老的身份在乡官系列中占有一席之地。

当然,春秋战国时期的战乱和社会动荡,深深影响到乡里风气。诚如《吕氏春秋·有始览·谕大》所说:“天下大乱,无有安国;一国尽乱,无有安家;一家皆乱,无有安身。”遭此长期的社会动乱,国无安日,民无宁日,世风大坏,偷盗横生,劂开人家后墙壁入室偷窃的“穿窬之盗”已不足为奇,养看家狗何用,还不如埋了好。世人逐利,为富不仁,无有廉耻,通常的道德观念和是非标准尽数颠倒,所谓“乱国之俗,甚多流言,而不顾其实”(《吕氏春秋·审应览·离谓》)是也。乡里更难逃其劫,绝不是与世隔绝的安定社区。

第二节 仁者爱人与尊老爱幼

“仁”,是指同情、关心和爱护他人的心态和行为,它既是做人的伦理品质,也是社会公共生活应当遵守的道德原则规范。“仁者爱人”从家庭伦理以外的公共生活立论,则要求泛爱一切人,达成像孟子所说的“老吾老以及人之老,幼吾幼以及人之幼”。

一、“泛爱众,而亲仁”

“仁”,最早出自《尚书》。《尚书》中说:“克宽克仁,彰信兆民”,意思是说当年商汤用宽恕仁爱之德,明信于天下的百姓。“仁”最初的涵义是“亲人”的意思,《说文解字》中说“亲,仁也”,又说“仁,亲也”,主要是指家庭成员之间、氏族亲人之间要“亲爱”。随着历史演变,“仁”的涵义得到了进一步扩展,由“亲人”发展到了“爱人”。

“仁”是孔子学说的核心,是他心目中的最高道德原则和道德品质。“仁”字在《论语》中出现过多次,孔子随机设教,在不同情况下曾对它有过不同的解释。但其基本的含义则是“仁者爱人”。在孔子看来,仁并不是强迫性的道德要求,而是内在于人的一种爱心,集中体现为忠恕之道。忠是积极意义上的仁道,“夫仁者,己欲立而立人,己欲达而达人”(《论语·雍也》)。即主动地去成就和帮助别人。恕是消极意义上的仁道,即“己所不欲,勿施于人”。子贡问曰:“有一言而可以终身行之者乎?”子曰:“其恕乎!己所不欲,勿施于人。”(《论语·卫灵公》)“己所不欲,勿施于人”要求人们即使做不到有益于别人,也千万不能去伤害别人。仁心常常表现为人的同情心,即以己度人,将心比心。每一个人都不愿意受到伤害,他人也是如此,所以爱自己就要爱他人,尊重自己就要尊重他人。

爱人是仁的基本要求,孔子主张爱人能近取譬,由近而远,故而主张仁以孝为本,并说:“孝悌也者,其为仁之本与。”但是孔子所主张的仁,又并不仅仅限于只爱父母,所谓爱有差等,施由亲始。孔子的理想是要爱天下的人,子曰:“弟子入则孝,出则悌,谨而信,泛爱众,而亲仁,行有余力,则以学文。”用孟子的话来说就是:“老吾老以及人之老,幼吾幼以及人之幼。”这是以孝为本的仁爱之心的扩充。

《国语·晋语一》记晋献公十六年骊姬的话:“为仁与为国不同。为仁者,爱亲之谓仁。为国者,利国之谓仁。故长民者无亲,众以为亲。苟利众而百姓和,岂能惮君?”(《国语·晋语一》)

“仁”有两个层次,就一般人而言,“爱亲之谓仁”,仁即对父母兄弟之爱。而就统治阶级的成员而言,“利国之谓仁”。一个政治领导者只爱其亲,还不能算是做到了“仁”,有利于国家百姓,才算是做到了“仁”。“爱亲之谓仁”是当时通行的一种对“仁”的理解。“利国之谓仁”是对国家官吏的一种要求。

骊姬的本意是攻击晋太子申生作为一个治民者把满足百姓的需要放在优先的地位,而牺牲亲情,以此来挑起献公对申生的不满。骊姬陷害申生,有人劝申生流亡出走,申生不同意,他说:“不可。去而罪释,必归于君,是怨君也。章父之恶,取笑诸侯,吾谁乡而入?……吾闻之,仁不怨君,智不重困,勇不逃死。若罪不释,去而必重。去而罪重,不智;逃死而怨君,不仁;有罪不死,无勇。去而厚怨,恶不可重,死不可避,吾将伏以俟命。”(《国语·晋语二》)如果我走了而我的罪名得到昭雪,那就等于证明我的父亲错了,人们就会怨恨国君;把自己父亲的过错暴露于众,使父亲见笑于诸侯,哪个国家会欢迎这样的人,我又有何颜面去别的国家呢。另一方面,如果我走了而我的罪名没有解除,那就等于在原有的罪名上更加了一层罪名。基于这种认识,申生说出了“仁不怨君,智不重困,勇不逃死”的话,并以此来坚定自己的志向。在申生看来,使人怨恨自己的国君，这是不仁；逃走而加重自己的罪名，这是不智；怕死，这是不勇。所以申生拒绝了去国的建议，坦然直面命运的安排。

晋国的智宣子要立智瑶为继承人，智果对智宣子说："不如霄也。"霄指智霄。晋宣子接着说："霄也狠。""狠"即凶狠、脾气粗暴、性情乖张。智果对曰："霄之狠在面，瑶之狠在心。心狠败国，面狠不害。瑶之贤于人者五，其不逮者一也。美鬓长大则贤，射御足力则贤，伎艺毕给则贤，巧文辩惠则贤，强毅果敢则贤。如是而甚不仁。以其五贤陵人，而以不仁行之，其谁能待之？若果立瑶也，智宗必灭。"（《国语·晋语九》）智瑶有五个方面的过人之处，却有一条不如别人，即在体魄、射御、伎艺、巧辩、果敢五个方面颇胜于人，但是为人"不仁"，唯独缺少仁德。如果没有仁这一基本德性，其他都不能发生正面的作用。可见智果是把仁看成根本德性和最基本的道德价值的，而其余的方面则是次要的。一个人如果没有仁心，那就意味着缺少为人的根本德性，是很难在社会上立足的，更别说承担更大的重任。

二、仁者以人为本

仁者爱人要求尊重人的价值和尊严，珍惜人的生命和权益，要求人彼此之间建立一种互相尊重、互相关心和互相帮助的关系。

殷商时期，先民们拜天为神，相信"天命"，人只是神的奴仆。公元前 11 世纪之后，进入西周时期，逐渐由迷信"天命"，转为"敬德保民"的思想。这就动摇了神的权威，开始重视人的作用，出现了"重人"思想的萌芽。到春秋战国时期，兴起了一股"以人为本"的思潮，并迅速向社会生活延伸。

管子担任齐国相国，深刻认识到"人"在社会生产中的重要作用和巨大价值，提出"终身之计，莫如树人"的观点，并从争霸天下的视角出发提出"夫争天下者，必先争人"（《管子·霸言》）的主张，理直气壮地认为"夫霸王之所始也，以人为本。本理则国固，本乱则国危"（《管子·霸言》）。管仲相齐，十分注重以人为本，把利民富民视为治国安邦的重要内容。他说：

> 政之所兴，在顺民心。政之所废，在逆民心。民恶忧劳，我佚乐之；民恶贫贱，我富贵之；民恶危坠，我存安之；民恶灭绝，我生育之。能佚乐之，

则民为之忧劳；能富贵之，则民为之贫贱；能存安之，则民为之危坠；能生育之，则民为之灭绝。故刑罚不足以畏其意，杀戮不足以服其心。故刑罚繁而意不恐，则令不行矣；杀戮众而心不服，则上位危矣。故从其四欲，则远者自亲；行其四恶，则近者叛之。故知予之为取者，政之宝也。（《管子·牧民》）

管子认为，“以人为本”的贯彻要求重视百姓的休养生息。重视“人”的地位，就要关心他们实际的生活境况，尽量满足他们的合法权益。要予而后取，取民有度。国家征取赋税徭役时，要做到度量民力，应该全面了解到农民的生产和负担情况。国家如果不考虑人民的经济负担和收入的限制，而不断加重赋税和徭役，就会引起百姓的反抗。“轻用众，使民劳，则民力竭矣，赋敛厚，则下怨上矣；民力竭则令不行矣。下怨上，令不行，而求敌之勿谋己，不可得也”（《管子·权修》）。管仲的名言是“地之生财有时，民之用力有倦”，“取于民有度，用之有止，国虽小必安。取于民无度，用之不止，国虽大必危”（《管子·权修》）。能否坚持取民有度，用之有止，关系到社会的治乱存亡。所以，管子对于君主、官员“舟车饰，台榭广”，正常赋税不能满足统治需要而“赋敛厚矣”的现状，明确提出“度爵而制服，量禄而用财，饮食有量，衣服有制，宫室有度，六畜人徒有数，舟车陈器有禁修”，以减少对人民的掠夺。这种取民有度、用之有止的主张，具有反对统治者奢侈腐化、铺张浪费的积极意义，同时也具有化解社会矛盾，促使社会和谐发展的功能效用。管子正是在实际生活中推行“以人为本”的治国方略，才使得齐国迅速地崛起，进而成就了“九合诸侯，一匡天下”的春秋霸业。

孔子的思想，崇尚以人为本，反对以神为本。他主张“敬鬼神而远之”，重视人的生命价值和尊严，提出仁者爱人的理论。《论语》载，厩焚。子退朝，曰：“伤人乎？”不问马。马在春秋时代是重要的交通工具，马厩失火，孔子对此第一反应是“伤人乎？”不问马。这就是仁者情怀。孔子对“仁”的诉求，不仅仅是一种理性，也是一种自身体悟的感觉经验。孔子之所以在马厩失火时只问“伤人乎”而“不问马”，是因为人所具有的价值为马所不能比较。“不问马”并非不爱马，而是因为“爱人”与“爱马”有着内在价值与工具价值的不同，孔子“恐伤人之意多”，故对于马“未暇问”。

墨家对于"仁"有一个界说:"仁,爱己者,非为用己也,不若爱马者。"(《墨子·经说上》)这里的"爱己"即爱人如己,"非为用己"就是并非以人为手段(不像"爱马"那样),而是以人为目的。这个界说也很符合孔子的思想。墨子曾经"学儒者之业,受孔子之术"。墨家与儒家虽然在"爱人"的方式上有不同,但"爱人"即爱人类,是以人为目的而非手段,这一点两家是相同的。

墨子认为:"天下之人皆不相爱,强必执弱,富必侮贫,贵必敖贱,诈必欺愚。凡天下祸篡怨恨,其所以起者,以不相爱生也,是以仁者非之。"(《墨子·兼爱中》)墨子是真正的仁者,他痛斥那些以强凌弱、以富侮贫、以贵傲贱、以诈欺愚的现象,并提出了自己关于建立和谐社会的主张,"兼相爱、交相利"。在墨子看来,"仁人之所以为事者,必兴天下之利,除天下之害"。天下之害在于"国之与国之相攻,家之与家之相篡,人之于人之相贼,君臣不惠忠,父子不慈孝,兄弟不和调",天下之利即在于"兼相爱,交相利","视人之国,若视其国,视人之家,若视其家;视人之身,若视其身。是故诸侯相爱,则不野战;家主相爱,则不相篡;人与人相爱,则不相贼;君臣相爱,则惠忠;父子相爱,则慈孝;兄弟相爱,则和调。天下之人皆相爱,强不执弱,众不劫寡,富不侮贫,贵不敖贱,诈不欺愚。凡天下祸篡怨恨,可使毋起者,以相爱生也。是以仁者誉之"(《墨子·兼爱中》)。人类既爱自己也爱别人,与人交往要彼此有利。在人类社会生活中,人们的利益追求方式和实现利益的途径各不相同,但人们各自的利益始终处于相互的关联和相互的交往之中。"夫爱人者,人必从而爱之;利人者,人必从而利之;恶人者,人必从而恶之;害人者,人必从而害之"(《墨子·兼爱中》)。墨子还列举了历史上许多的兼爱之士,如大禹、商汤、文王,他们对人们的爱,超越了单纯的利己主义之局限,真正彰显了利他主义的博爱精神。"文王之兼爱天下之博大也,譬之日月,兼照天下之无有私也"(《墨子·兼爱下》)。墨子的兼爱精神和品质,"于禹取法焉","于汤取法焉","于文王取法焉"(《墨子·兼爱下》)。

墨子不仅提倡兼爱,还以自己的实际行动践行兼爱。孟子说:"墨子兼爱,摩顶放踵,利天下为之。"(《孟子·尽心上》)墨家的行动充分体现了积极救世的仁者之心,具有一种博爱的情怀。

三、慈幼养老恤贫穷

仁者爱人必然形成尊老爱幼的社会风尚。《礼记·王制》中说:“一道德以同俗,养耆老以致孝,恤孤独以逮不足。”养老和恤孤独是安民的两项措施。夏商至周代,尊老爱幼已成社会风气,特别是尊老,每年都举行养老会宴请老者,对老者极尽尊敬。《周礼·地官司徒》大司徒职曰:“以保息六养万民:一曰慈幼,二曰养老,三曰振穷,四曰恤贫,五曰宽疾,六曰安富。”六种养民措施里也有养老一项。对养老不仅是供吃养活,还有特殊政策,据《管子·入国篇》所记:“年七十以上,一子无征,三月有馈肉;八十以上,二子无征,月有馈肉;九十以上,尽家无征,日有酒肉,死,上供棺椁。”凡是家有七十岁以上的老人,这家就有一个儿子免除兵役,并且每三个月供给一次肉吃。八十岁以上两个儿子可以免兵役,一个月吃次肉;九十岁以上全家皆免,并天天有酒肉,死了,公家还供给棺材。那时平民不得食肉,这种规定是对老者的尊重,而最重要的是可以免除兵役,可见对老者尊敬备至。《左传·襄公三十年》记载,晋国宴请修城的役人,其中有个特别老的人被当时的执政大臣赵武看见了,赵武立刻上前说道:“武不才,任君之大事,以晋国之多虞,不能由吾子,使吾子辱在泥涂久矣,武之罪也。敢谢不才。”老者辞让,赵武仍坚持给他封官,于是这个老者获得了一个管理一个县的县师之职。

对幼童需要特别关爱,慈幼即是养护幼小。这主要是从繁殖人口上考虑保证婴幼儿的成长。再有在救济穷人、照顾孤寡残疾方面也有具体的政策。《礼记·王制》上说:“老而无妻者谓之矜,老而无夫者谓之寡,少而无父者谓之孤,老而无子者谓之独,此四者天民之穷而无告者也,皆有常饩。”这里给鳏寡孤独下了定义,对他们的政策是“皆有常饩”,就是都有饭吃。对老幼孤寡等人的安顿体现了一种人道主义的关怀。

儒家特别强调尊老爱幼,孔子的理想是建立一个“老安少怀”的和谐社会,孟子则提出了“老吾老以及人之老,幼吾幼以及人之幼”的观点,并认为只要在整个社会真正实现“老吾老以及人之老,幼吾幼以及人之幼”,那么“天下可以运于掌上”(《孟子·梁惠王上》)。治天下就可以易如反掌。《论语》中关于孔子就有这样的介绍:“乡人饮酒,杖者出,斯出矣。”(《论语·乡党》)意思是说,与同乡饮酒后,孔子一定要等老年人先出去,然后自己才离席。孔子除了尊敬老人之外,对残疾人等也非常体贴、关怀。《论语》中写道:师冕见,及阶,子曰:“阶也。”及席,子曰:“席也。”皆坐,子告之曰:“某在斯,某在斯。”师冕出,子张问曰:“与师言之道与?”子曰:“然,固相师之道也。”(《论语·卫灵公》)乐师冕来见孔子,走到台阶旁,孔子提醒那儿是台阶;走到坐席旁,孔子提醒那儿是坐席。等大家都坐下后,孔子告诉他:某某在这里,某某在那里。师冕走了以后,子张就问孔子:这就是与盲人谈话的方式吗?孔子指出这就是帮助盲人的方式。从这里我们可以看出孔子的宅心仁厚和对人的尊重。

第三节　贵义尚义与见义勇为

“义”,是指正当、正直及合乎道义的行为规范与道德原则。“义”的原意是指人的仪表,是人们在人际交往中对亲密友谊、对美好善良的追求。《说文解字》曾这样解释,“义(義),己之威仪也。从我从羊。”義的古字由“羊”和“我”会意而成。徐铉《说文系传通论》解释说:“義者,事之宜也。古于文,羊我为義。羊者,美物也;羊者,祥也。”中国人非常崇尚羊,古人在造字的时候,把“羊”都用在最美好的事物上面。说文解字中“善”和“義”都从羊,在上古时代,羊代表美好的东西,羊从古至今都是六畜之首,是最美的食品。常作为祭品,也代表公正。善又从言,就是说用言辞表达美好为善。義从我,指兵器,就是说用武力维护美好称義,如“行侠仗義”、“仗義执言”。“义”是一个人的外在形象和内在涵养,我们崇尚羊的形象和涵养,要像羊一样温和、善良、美好。这里讲的“义”,主要是指一种美好、善良的情感和气节。即“义”是指做事合宜,思想行为合乎道德规范。

一、义道当先,见义勇为

孔子说:“不义而富且贵,于我如浮云。”(《论语·述而》)孟子说:“生,亦我所欲也;义,亦我所欲也,二者不可得兼,舍生而取义者也。”(《孟子·告子上》)这话从两个方面说明了先秦君子对义的重视,即不义的东西再好也不取,为了义可以舍弃自己的生命。凡是合于事宜的行为，能够给人带来利益好处的适当之举都可以称之为义。所以有高尚道德情操的人可以称之为“义士”，正义的军队为“义兵”，合乎正道的事情为“义务”，刚正之气为“义气”，出于正义的激情为“义愤”等等。

《左传·隐公六年》记载：“京师来告饥，公为之请籴于宋、齐、卫、郑，礼也。”周朝国都洛邑遇到饥荒，鲁君为此请求四国一起出粮救济，这被认为是合乎礼的道义之举，具有扶危济困和一方有难，八方支援的伦理意义。

程婴见义勇为、舍生救孤的事迹可谓先秦崇尚义道的典范。《史记·赵世家》有专门记载，《东周列国志》以此写成故事。春秋时期晋国有两个重臣，一个是文臣赵盾，对朝廷忠心耿耿，另一位是武臣屠岸贾(gǔ)，他和赵盾不和，一心想害死赵盾。屠岸贾挖空心思，设计陷害赵盾。晋国国君中了屠岸贾的计，以为赵盾是奸臣，下令将赵盾全家包括仆人三百多人全部杀了。只有赵盾的儿媳妇庄姬因为是公主，没有被杀，被囚禁在皇宫里。当时庄姬已经怀孕，不久就在皇宫里生了一个儿子，称“赵氏孤儿”，希望他长大后能帮赵家报仇雪恨。屠岸贾知道公主生了孩子，就派人守住宫门，想等孤儿满月时把他杀死，以除后患。赵盾的一个朋友程婴是医生，为了救出赵氏孤儿，背着药箱假装来给公主看病。他把婴儿藏在药箱里，想偷偷地把婴儿带出皇宫，可是在宫门口，却被守门的将军韩厥搜出来了。韩厥也很同情赵盾一家，就放走了程婴和孤儿，自己拔剑自杀了。屠岸贾知道孤儿被救走以后，下令：如果三天内没有人交出孤儿，就把晋国所有一岁以下的婴儿都杀死。程婴和赵盾的另一个好朋友公孙杵臼商量。他们认为，只有一个人肯舍出性命，让一个婴儿被抓获，才能救赵氏孤儿和晋国所有的婴儿。正好程婴自己有一个孩子，和赵氏孤儿差不多大。于是程婴就忍痛把自己的孩子交给公孙杵臼，然后假装告密者，去向屠岸贾告密，说公孙杵臼私藏着赵氏孤儿。这样，公孙杵臼和他身边的那个婴儿都被杀了。屠岸贾以为赵氏孤儿已经被杀了，非常高兴，他自己没有儿子，就认程婴的儿子(其实这才是真的赵氏孤儿)为义子，教他武功。晋国的人都认为是程婴告密害死了赵氏孤儿，都骂他忘恩负义。程婴却毫不辩解，忍辱负重，抚养着赵氏孤儿。十五年后，晋国另一位忠臣大将魏绛从边关回来，听说了赵盾全家被杀和程婴告密献出孤儿的事，非常生气，就把程婴痛打了一顿。程婴也不吭气，魏绛打他越狠，他心里越坦然,因为魏绛打得越厉害,就越说明他痛恨奸臣,能帮助赵氏孤儿报仇。程婴试探出魏绛的忠心后,就把自己舍弃亲生儿子,公孙杵臼舍弃性命救赵氏孤儿的事告诉了魏绛。魏绛很受感动,答应帮助赵氏孤儿报仇。回家以后,程婴把当年的故事画成图画告诉了孤儿。孤儿这才知道自己的身世,立志要报仇雪恨。赵氏孤儿终于杀了屠岸贾,为赵家、也为拯救他的烈士们报了大仇。元代时人们根据春秋史实改编成历史剧《赵氏孤儿》,全名《赵氏孤儿大报仇》,是一部撼人心魄的历史剧。程婴和杵臼真可谓"一诺千金",是古代讲信用的典型。

二、大义凛然尚志节

在先秦时代,相当一些思想家、士大夫和勇毅之士,都十分崇尚志节,认为人生世上,最有意义和最有价值之事就在于有高尚的志向和气节。儒家孔子提出了"志于道,据于德,依于仁,游于艺"的思想,强调"三军可夺帅也,匹夫不可夺志也",认为真正有道德的君子就应该"忧道不忧贫",并阐发了"朝闻道,夕死可矣"的道德价值观。曾参说:"士不可以不弘毅,任重而道远。仁以为己任,不亦重乎、死而后已,不亦远乎?"孟子更说:"富贵不能淫,贫贱不能移,威武不能屈,此之谓大丈夫。"荀子说:"权力不能倾也,天下不能荡也,群众不能移也,生乎由是,死乎由是,夫是之谓德操。"

春秋多义士。一些义士往往能够深明大义,将义与信联系起来,大义凛然。霍国解扬的气节感动了欲杀他的楚王。鲁宣公十五年,楚国起兵攻伐宋国,宋国派人告急求救于晋,晋景公想遣兵拯救宋国。大夫伯宗进谏道:上天正在开启楚国的国运,不可出兵讨伐。于是寻求壮士,获得霍国人叫解扬的,字子虎,派他去告诉宋国不要投降。解扬路过郑国,郑国刚和楚国亲善,因此捉住解扬,献给楚国。楚王用优厚的礼物赏赐解扬,跟他约定,叫他把晋国人主的话有意反说,叫宋国赶快投降。三次要挟,解扬才答应。因此楚人就让解扬乘着楼车,命令他呼唤宋国投降。解扬却违背与楚国的约定,反而传递晋君的命令道:"晋师悉起,将至矣。"楚庄王大发脾气,要烹煮他。解扬曰:"臣闻之,君能制命为义,臣能承命为信,信载义而行之为利。谋不失利,以卫社稷,民之主也。义无二信,信无二命。君之赂臣,不知命也。受命以出,有死无怨,又可赂乎?臣之许军，以成命也。死而成命，臣之禄也。寡君有信臣，下臣获考死，又何求？”解扬将信与义联系起来，始终效忠于自己的使命，大有舍生取义之凛然正气，进而感动了楚王，楚王最后赦免了解扬，让他回去。晋国就分给他上卿的爵位，所以后世的人称他为霍虎。

介子推身处春秋乱世，是晋国公子重耳的家臣。重耳贤良忠厚、极具才干，却遭到其父王宠妃骊姬的嫉妒。这种嫉妒很快发展成为一场血腥的宫廷政变。政变使得经过多年征伐、终于雄踞北方的晋国，正统颠覆、王权更迭，一时间国家风雨飘摇，岌岌可危。公元前655年，重耳被迫带着一帮家臣仓皇出逃，踏上了流亡之路，介子推也在随从之列。流亡的队伍不久开始断粮，饥饿在人群中蔓延。随行的大臣挖掘野菜度日，只能偶尔乞讨到一点米饭让重耳充饥。一路上风餐露宿，重耳饥病交加、气息奄奄。介子推见状，毅然挥刀从自己大腿上割下一块肉，熬成汤给重耳充饥，从而保全了重耳的性命。这就是历史上著名的“割股奉君”的故事。《左传・僖公二十四年》载，晋侯赏从亡者，介之推不言禄，禄亦弗及。推曰：“献公之子九人，唯君在矣。惠、怀无亲，外内弃之。天未绝晋，必将有主。主晋祀者，非君而谁？天实置之，而二三子以为己力，不亦诬乎？窃人之财，犹谓之盗，况贪天之功以为己力乎？下义其罪，上赏其奸，上下相蒙，难与处矣。”其母曰：“盍亦求之？以死，谁怼？”对曰：“尤而效之，罪又甚焉。且出怨言，不食其食。”其母曰：“亦使知之，若何？”对曰：“言，身之文也。身将隐，焉用文之？是求显也。”其母曰：“能如是乎？与汝偕隐。”遂隐而死。晋文公求之不获，以绵上为之田，曰：“以志吾过，且旌善人。”一位饱经忧患的流亡公子，终于登上王位，在赏封流亡功臣的名单中，恰恰遗漏了一位性高志洁、当年曾割股奉君的名士介子推。久有隐居之意的名士偕母隐入绵山。晋文公求而不获，只好命人放火焚山，逼迫介子推出山。谁知名士宁肯葬身火海，而不愿出而为仕。消息传来晋文公悲痛欲绝，取绵山之木以制屐，步履之间常言：“足下！足下！”痛思昨日君臣之情、兄弟之谊。晋文公重耳，这个花甲之年才当上国君并发达的春秋霸主，年轻的时候，在家族争权的斗争中成为惨败者，亡命于诸侯各国长达十九年，饱受饥寒困苦，历尽人间冷暖。如果身边没有几个仁人志士同心戮力的辅佐，恐怕早就客死他乡了。当胜利的曙光初现，重耳由秦兵护送到黄河岸边，遥望对岸晋国土地的时候，重耳和他的流浪者们明白，等待他们的将是怎样奢靡的生活。此时此刻,人人都在心中打着自己的如意算盘。子犯是重耳的舅舅,也是这个流浪集团的主要谋臣,他最了解外甥的心性,担心一旦重返王宫,自己与外甥的关系因众人的插入而被疏远,地位也会有所失落。他要趁没过河之前,试探一下这个未来的国君。子犯一本正经地对晋文公说:“臣随君周旋天下,过也多矣,臣犹知之,况与君乎?请从此去矣!”舅父这一举动出乎意料,重耳不仅心中为之一震。他明白,子犯是自己的左膀右臂,怎么能说走就走呢?况且天下还没真正到手,正是用人之际,即使天下真的到手,患难之臣都离我而去,岂不被天下人耻笑。又仔细一想,子犯这番话,不过是试探我罢了。感情理智的重耳做出了一番异乎寻常的举动。他当着众臣,对子犯说了一句掷地有声的话:“若返国所不与子犯共有者,河伯视之!”于是将自己身上随身携带的一块玉佩扔到河里,意思是谁要说话不算数,就像这个玉佩一样。面对这场真真假假的戏,在一旁冷眼旁观的介子推发出阵阵冷笑。在介子推眼里,公子重耳仁义感动上天,能重返王位,是天意,并非人力可致。而子犯贪天之功,卖功与君,企求高位,实在让人感到羞耻,怎么能跟这样的人同列朝班呢?于是在过河北上的途中,这个曾割腿肉给重耳吃的亲信,神不知鬼不觉地逃跑了。介子推轻生死、重名节,轻功利、重义节,轻物欲、重气节,受到屈原、庄子、司马迁等人的高度评价。《楚辞·九章·惜往曰》:“介子忠而立枯兮,文公寤而追求。封介山而为之禁兮,报大德之优游。思久故之亲身兮,因缟素而哭之。”《庄子》则曰:“介子推至忠也,自割身股以食文公。文公后背之,子推怒而去,抱木而燔死。”于是瑰奇之行彰而廉靖之心没矣。

秦王以五百里的土地要交换鄢陵,鄢陵的国君不接受,派遣唐雎为使者向秦王致歉。秦王说:“秦国攻取韩国,消灭魏国,鄢陵君只以五十里的土地存在,我岂是害怕他的威力吗?我只是尊重他的道义罢了。现在寡人以十倍的土地和他交换,鄢陵君推辞不接受,是轻视寡人呀。”唐雎避开坐席,回答说:“不是这样的。我们鄢陵是一向不计较利害的。鄢陵君接受祖先的土地,理应保守它。虽然有千里的土地要交换,也是不可以的,哪能仅以五百里就可以呢?”秦王愤怒起来,脸色变了,怒气冲冲地说:“你也曾经看到天子发怒吗?”唐雎说:“臣下未曾见过。”秦王说:“天子一旦发怒起来,横卧的尸体有百万之多,千里之内,尽染鲜血。”唐雎说:“大王也曾见穿布衣韦带的士人发怒吗?”秦王说:“布衣韦带的士人发怒时，只是脱去帽子，光着脚，在地上叩头而已，哪个不知呢?”唐雎说：“这是匹夫愚人的脾气而已，不是布衣韦带的勇士发怒。专诸刺杀王僚时，彗星冲袭月亮，流星白天出现；要离刺杀王子庆忌时，苍隼在台上拍击；聂政刺杀韩王的季父，白虹横贯太阳。这三个人都是布衣韦带的士人发怒，加上臣下合计就有四个了。当他们含着怒气没有发泄时，其凌厉之气，上达霄汉。士人不怒就罢了，一怒之下，横尸两人，血溅五步。”于是就握着短刀，起立看着秦王说：“现在就是勇士发怒了。”秦王脸色变了，跪下来说：“先生请坐，寡人清楚了。秦国攻破韩国，消灭魏国，鄢陵唯独以五十里的地方，幸能保存，完全是重用先生的缘故啊!”

在春秋战国时期特别讲求气节，大义凛然的除以上所述外，“太史简”、“董狐笔”，还有齐相晏子、诗人屈原等，均可谓德操千古，彪炳史册。他们的气节和操守，永远留在后人的心坎里，成为砥砺人们道德操守和气节的力量涌泉。

三、慷慨赴难与侠义之风

春秋战国时期，有一个值得关注的社会现象，那便是侠义之士及慷慨赴难行为的涌现。侠士是一批生活在民间、不图富贵、崇尚节义，身怀勇力或武艺的武士。他们与某些权贵倾心相交，为报知遇之恩而出生入死，虽殒身而不恤。晋国的豫让，吴国的专诸、要离，都是春秋时期最为著名的刺客。晋国的豫让曾受到权臣智襄子荀瑶的尊重和重用，豫让视为知己。后晋国内乱，权臣相争，智襄子被赵襄子毋衅联合魏、韩两家所攻杀。赵襄子与智襄子仇恨最深，所以将智襄子的头颅漆为饮器。豫让发誓为智襄子复仇。他变更姓名，进入宫中为太监。一次在洗刷厕所时身藏匕首要刺杀赵襄子，被赵襄子发现。赵襄子赞叹他的“义士”品格而释放了他。豫让矢志不渝。他漆身若癞，吞炭为哑，灭须去眉，行乞于市，连他的妻子也辨认不出来。当赵襄子外出时，他埋伏于赵襄子途经的桥下，企图再次行刺，又被赵襄子擒获。豫让要求赵襄子在处死自己之前成全他的“死名之义”。于是他拔剑三跃，猛击赵襄子的衣服，仰天大呼：“吾可以下报智伯矣!”伏剑自杀。他的死震惊了社会，“赵国之士闻之，皆为涕泣”。

吴国的专诸也是一名豪杰。据《吴越春秋》记载，伍子胥从楚国流亡到吴国途中，见“专诸方与人斗，将就敌，其怒有万人之气，甚不可当”。伍子胥知道专诸是一位敢于赴难的勇士，就与之结交。当时，吴王僚违背了兄位弟嗣、弟终长侄继位的祖规,贸然接替父位。吴王僚的堂兄公子光本应继位,因而心中不服,暗中伺机夺位。伍子胥便将专诸推荐给公子光。公子光厚待专诸。九年后,吴军主力远出,公子光见时机已到,便请专诸出马行刺吴王僚,并表示会照顾好专诸所牵挂的“老母弱子”。《史记·刺客列传》生动地描绘了专诸行刺吴王僚的紧张场面:(公子)光伏甲士于窟室中,而具酒请王僚。王僚使兵陈自宫至光之家,门户阶陛左右,皆王僚之亲戚也。夹立侍,皆特长铍。酒既酣,公子光佯为足疾,入窟室中,使专诸置匕首鱼炙之腹中而进之。既至王前,专诸擘鱼,因以匕首刺王僚,王僚立死。左右亦杀专诸,王人扰乱。公子光出其伏甲以攻王僚之徒,尽灭之,遂自立为王,是为阖闾。阖闾乃封专诸之子以为上卿。吴国另一名勇士要离允诺替吴王阖闾去行刺吴王僚之子、“万人莫当”的勇将庆忌。他设计假装得罪吴王,妻子被杀,右手被断,仓惶出逃,从而取得庆忌信任,伺机刺死庆忌。韩国的大臣严遂(字仲子)受丞相侠累(名傀)的迫害流亡他国。在齐国听说勇士聂政隐名埋姓为屠户。严遂几次登门拜访,都被聂政拒之门外。后来严遂打听到聂政十分孝顺老母,便准备了百溢黄金为聂政母亲祝寿。聂政虽拒绝接收,但人格的自尊得到极大的满足。《战国策·韩二》详细描述了聂政的心理活动:“嗟乎!政乃市井之人,鼓刀以屠,而严仲子乃诸侯之卿相也,不远千里,枉车骑而交臣。臣之所以待之,至浅鲜矣,未有大功可以称者,而严仲子举百金为亲寿。我虽不受,然是者深知政也!夫贤者以感忿睚眦之意,而亲信穷僻之人,而政独安可嘿然而止乎!”因此,聂政待母亲故世后,使仗剑独自一人悄悄来到朝国都城,当帅韩国正举行“东孟之会”,韩国国王与侠累都在大堂之上,周围卫兵众多。聂政长驱直入,上阶刺侠累。侠累抱住韩王想躲避。聂政挥剑猛刺,将侠累和韩王一起刺死。左右拥上。聂政大呼,连杀数十人。为了不连累亲人,聂政割去脸皮,挖去眼睛,毁容后剖腹自杀。

荆轲自幼“好读书击剑”。早年一度想凭一身武艺为国王卫元君服务,卫元君未用。于是荆轲离开卫国,开始了他的游侠生涯。他曾去榆次与武侠盖聂论剑,又到赵国国都邯郸与著名剑侠鲁句践比武。后来来到燕国,与各个阶层的人物都有来往。他与屠狗的侠士高渐离结为好友,常在一起喝酒。燕国的处士田光也是荆轲的好朋友。荆轲还是个有心计的人。到各国支游时,他“尽与其贤豪长者相结”。后终于与燕太子丹交往,为燕太子丹去秦国行刺秦王。他得了赵国著名剑匠徐夫人铸造的毒剑，见血立死，锋利异常，又让勇士秦舞阳当助手，同时，准备了燕国要地督、亢的地图和秦王仇人樊於期的首级作为见面礼，匕首就藏在地图中。临行前，高唱："风萧萧兮易水寒，壮士一去兮不复还！"歌声激昂慷慨，以示必死之志。一曲终了，掉头不顾而去。到了戒严森备的秦宫，壮士秦舞阳不由色变振恐，荆轲仍从容应对。《战国策·燕三》生动地描绘荆轲刺秦王的惊险场景："轲既取图，奉之，发图，图穷而匕首见。因左手把秦王之袖，而右手持匕首揕抗之。未至身，秦王惊，自引而起，绝袖。拔剑，剑长，掺其室。时恐急，剑坚，故不可立拔。荆轲逐秦王，秦王还柱而走，群臣惊愕，卒起不意，尽失其度……是时，侍医夏无且以其所奉药囊提轲。秦王之方还柱走，卒惶急，不知所为。左右乃曰：'王负剑！'王负剑，遂拔以击荆轲，断其左股。荆轲废，乃引其匕首提秦王，不中，中柱。秦王复击轲，被八创。轲自知事不就，倚柱而笑，箕踞以骂曰：'事所以不成者，乃欲以生劫之，必得约契以报太子也。'左右既前斩荆轲，秦王目眩良久。"从表层看，荆轲的壮举是为了报答燕太子丹的厚遇。实质上，作为游侠的荆轲在完成他一辈子都在寻找、都在准备完成的一件惊天动地的伟业。正是在这件伟业完成的过程中，他的自我价值得到了实现和证实。这样，我们才能理解游侠轻生忘死、舍生取义的侠义行为的内驱力。对于游侠来说，追求具有超越意义的"名"，甚至比自己的生命更重要。他们"恩不忘报"，为的是"名高于世"。聂政毁容自杀后被韩国统治者暴尸于市，悬赏千金，要弄清刺客的姓名与身份。聂政的姐姐聂荣闻讯后心想：弟弟是为了我而毁容的，"爱身不扬弟之名，吾不忍也"！于是至闹市抱尸恸哭，连呼："此吾弟轵深井里聂政也！"然后自杀于聂政尸体旁。聂政之所以能名扬后世，是与其姐姐甘冒杀身之祸以传其名分不开的。在侠者看来，聂政是死得其所。战国时代另一著名游侠鲁仲连，也曾历游齐、赵各国，为齐国解燕围，为赵国解秦困，拯救了许多无辜百姓的生命。《史记·鲁仲连邹阳列传》载："平原君欲封鲁连，鲁连辞让者三，终不肯受。平原君乃置酒，酒酣起前，以千金为鲁连寿。鲁连笑曰：'所贵于天下之士者，为人排患、释难、解纷乱而无所取也。即有取者，是商贾之事也，而连不忍为也。'遂辞平原君而去，终身不复见。"战国时代，重名好义的风尚在武侠阶层表现得尤为强烈。为了"名"，武侠们不惜抛家弃业，甚至献出生命。因此，侠义行为源自一种类似宗教的心理冲动。不过，武侠所顶礼膜拜的不是彼岸世界的上帝，也不是来世的幸福，而是存在于现实世界同时又具有永恒性的高尚的道德目标。司马迁在《史记·刺客列传》中记载了聂政、荆轲等侠士的事迹后赞叹道："自曹沫至荆轲五人，此其义或成或不成，然其立意较然，不欺其志，名垂后世。岂妄也哉！"

游侠好侠尚义、崇尚气节，轻命重气、贵交尚信，扶危济困、厚施薄望，他们用自己的特立独行，彰显了乱世中的道德价值，他们"大义凛然的行为，开创了中国古代侠义之士不畏死、重义气的传统，成为以后历代侠义之士的榜样，对中华民族高尚的献身精神产生了深远的影响"。[①] 正因为战国世风急转直下，如决河崩堤，侠士们才以对抗世俗人生的姿态、勇毅的行为引起世人的瞩目，以图造成心灵的振动，挽狂澜于既倒。侠士所负载的是一个古老而淳朴的文化传统，它的素朴和犷悍的特质使得这种文化在时代的大转换中显得凝重而又执著。战国时代的侠士是一批执著的道德理想主义者，为了抵御随着社会文明的进展而急剧转变的社会风气，他们坚守固有的行为规范和道德准则，并通过结党连群的方式，在熙熙攘攘的社会中创造出一个特定的空间，成为他们可以较自由地按照自身的意愿生存和活动的天地。"义非侠不立，侠非义不成"，"义"这一种人格意气，这一种理想和梦幻，借助侠士的果敢急难而得以发扬光大。

第四节　诚信为本与文明礼貌

诚实守信，文明礼貌是社会公共生活的基本准则和要求。中国自先秦开始就形成了崇尚诚信，讲求文明礼貌的伦理传统，支配和引导着人们的道德生活。

一、朋友之交贵在诚信

"朋友有信"是传统五伦的重要内容之一。《白虎通·三纲六纪》指出："同门曰朋，同志曰友。""朋友"原指同门生徒间的志同道合者，后引申为人际关系

① 顾德融、朱顺龙著：《春秋史》，上海人民出版社2004年版，第522页。

中感情深厚、彼此关照扶持的友好人士。古人以朋友一伦为“人伦之本务，王道之大义”，甚至认为它是“纲纪人伦”、“维持是理”之根基。《毛诗序》亦说：“自天子以至于庶人，未有不须友道以成者。”曹丕《典论》说：“夫阴阳交，万物成；君臣交，邦国治；士庶交，德业兴，同忧乐，共富贵，而友道备矣。易曰：上下交而其志同。由是观之，交乃有伦之本务，王道之大义，非特士友之志也。”同门生徒间互相佑助，主要体现在学问道德上，如早期儒家讲友道，多集中在同门生徒间的责善、辅仁和直谅多闻的道德学问的修养上。《周易·兑卦》象曰：“君子以朋友讲习。”即在同门生徒间展开学问道德的讲习切磋。《论语·子路》载孔子说：“朋友切切偲偲。”何晏《集解》引马融说：“切切偲偲，相切责之貌。”邢《疏》亦说：“朋友以道义切磋琢磨，故施于朋友也。”《孟子·离娄下》说：“责善，朋友之道也。”《诗经·小雅·常棣》云：“虽有兄弟，不如友生。”不是说兄弟不如朋友亲近，而是说朋友比之兄弟，更有利于学问道德的切磋琢磨，故《毛传》解释说：“朋友之义，切切然。”孔颖达《疏》亦云：“朋友之交则以义，其聚集切切节节然，相劝竞以道德，相勉励以立身，使日有所得，故兄弟不如友生也。”

孔子论友道，一再提到“信”字，他说：“与朋友交，言而有信。”“与朋友交而不信乎？”（《论语·学而》）所谓“信”，《说文解字》曰：“信，诚也。”即推诚布公之谓。朋友相交，以志同道合为基础，以推诚相待、倾心相结为特点，故古人把朋友之交称为“心交”、“情交”或“神交”。君臣、父子、夫妇、兄弟是有尊卑等级的伦理关系，不具备选择性和平等性，其特点是主敬、主顺。朋友一伦无尊卑等级，具有选择性和平等性，其关系主要是靠诚信来维持，其特点是主爱、主情。朋友相交，虽然也有相应的交接之礼，但绝非外力所致，而主要是情投意合，志同道合，彼此倾心推诚，爱慕冥契。诚实是交友的基础。人之相知，莫过知心；知心者，首要是一个“诚”字，诚心诚意，诚笃诚挚，正直忠诚。真诚是做人立身之本，也是交友之本。朋友之间要襟怀坦白，开诚布公，不必把自己藏得太深，而应随时显示自己的本色，做一个性情中的真朋友。诚，真率坦诚，既体现了一个人人格的光彩，同时也是一个人有信心、有力量、充满自信的表现。唯其如此，才能赢得朋友的信赖；坦诚相处，才能心心相印，友情永固。

信，作为社会伦理道德范畴，它既指人们在社会生活中立身处事的普遍准则，又特指人们在交友方面的基本准则。前者，孔子曾经说：“言忠信，行笃敬，虽蛮貊之邦,行矣;言不忠信,行:不笃敬,虽州里,行乎哉?”(《论语·卫灵公》)意思是说:说话讲究忠信,行为讲究笃敬,即使到了蛮貊之地,也能行得通;相反,如果言不忠信,行不笃敬,那么即使在本乡本土也行不通。孔门儒学坚定地认为“民无信不立”,人无信不行。在《论语·为政》中,孔子又进一步指出“人而无信,不知其可也”。同样强调信是立身处事的根本,指出一个人如果没有信用,在社会上将寸步难行、无立足之地。《论语·学而》中,子夏曰:“与朋友交,言而有信。”而曾子甚至把与朋友交往中是否守信用,作为每天从三个方面反省自身的内容之一:“吾日三省吾身:为人谋而不忠乎?与朋友交而不信乎?传而不习乎?”(《论语·学而》)朋友相处一定要以信义为本。言而有信,说话算数,才能赢得朋友的信任和尊重。信,是人的诚实真性情表现于外,从而得到他人的认同和肯定;信,具有一种能使他人以真心相对待的无形的道德力量。《穀梁传·僖公二十二年》曰:“言之所以为言者,信也;言而不信,何以为言。”如果轻诺寡信,自食其言,先自轻之,自轻者人焉能重之!所以必须学会“慎言”。一旦答应了的事,就必须全力以赴,用百折不挠的努力去兑现诺言,即所谓“一诺千金”、“君子一言,快马一鞭”、“一言既出,驷马难追”。

管仲与鲍叔牙的友谊是古代朋友之交的典范,尤其是鲍叔牙对管仲的理解、信任与扶持帮助更为后人所称道。管仲的父亲管庄是齐国的大夫,后来家道中衰,到管仲时已经很贫困。为了谋生,管仲曾经做过当时认为是微贱的商人。他到过许多地方,接触过各种不同的人。他几次想当官,但都没有成功。管仲有一位非常要好的朋友,名叫鲍叔牙,两人友情很深。他们俩一起经商。在经商时赚了钱,管仲总是多分给自己,少分给鲍叔牙。而鲍叔牙对此从不和管仲计较。对此人们背地议论说,管仲贪财,不讲友谊。鲍叔牙知道后就替管仲解释,说管仲不是不讲友谊,只贪图金钱。他这样做,是由于他家贫困。多分给他钱,是我情愿的。管仲三次参加战斗,但三次都从阵上逃跑回来。因此人们讥笑他,说管仲贪生怕死,没有勇敢牺牲的精神。鲍叔牙听到这讥笑后,深知这不符合管仲的实际情况,就向人们解释说,管仲不怕死,因为他家有年迈的母亲,全靠他一人供养,所以他不得不那样做。管仲同鲍叔牙的友谊非常诚挚,他也多次想为鲍叔牙办些好事,不过都没有办成;不但没有办成,反给鲍叔牙造成很多新困难,还不如不办好。因此人们都认为管仲没有办事本领,鲍叔牙却不这样看，他心里明白，自己的朋友管仲是个很有本领的人。事情所以没有办成，只是由于机会没有成熟罢了。他们在长期交往中结下了深情厚谊，管仲多次对人讲过："生我者父母，知我者鲍子也。"(《史记·管晏列传》)春秋时期齐国第三个君主襄公是个昏暴之君，在他统治时期，政治黑暗，民不聊生，阶级矛盾十分尖锐。襄公的两个弟弟公子小白和公子纠为了避难陆续外逃；公子小白在鲍叔牙的帮助下逃到了莒，公子纠在召忽和管仲的帮助下逃到鲁国。在此之后，齐国发生内乱，襄公被杀，公子无知立为齐君，无知也是个昏暴的人，不久就被雍林人杀掉。这时，公子小白在国内贵族国氏、高氏的帮助支持下乘机从莒返国，去夺取君位；鲁国闻知无知被杀，也发兵送公子纠回国夺取君位，并派管仲在公子小白回国的途中把他杀掉。管仲路遇公子小白，放箭射中他的带钩，小白应弦而倒，用装死骗过了管仲的追击，并抢先赶回齐国，夺得了君位，他就是春秋第一个赫赫有名的霸主——齐桓公。齐桓公继位后，立刻发兵伐鲁。这年春天，双方在乾时兵戎相见，鲁国兵败，公子纠被杀，管仲也成了齐国的阶下囚。管仲最困顿落魄的时候，得到知己好友鲍叔牙的推荐，鲍叔牙力劝桓公释管仲之囚，并推荐说管仲是个难得的治国之材，应委以重任；使管仲代替自己的卿位置，并甘愿做他的下属。豁达大度的齐桓公毅然抛弃一箭之仇，他得知管仲博学多才以后，对他十分赏识，于是齐桓公不计前嫌，答应了鲍叔牙的请求，将管仲任命为卿，管仲为创立霸业立下了不朽的功勋。因有殊勋于齐，被齐桓公尊称他为"仲父"。管仲为相，做到了为国谏君，为民谏君，为君谏君。在决策国家大事之时及时忠谏，使君主在决断大事之中不失误，在维护国威之时不失体，在大礼之中不失礼，确保了君主形象，维护了国体，树立了国威。管仲所处的时代，正是王室衰微，诸侯做大，四夷交侵，战争频繁的春秋乱世。而齐国呢，情况更糟糕，经过连锁性的宫廷政变，国家几乎到了崩溃的边缘。受命于危难之际的管仲，用他的聪明睿智和卓越才能，治国整军，尊王攘夷，九合诸侯，一匡天下。不仅使齐国成为春秋首霸，更重要的是保护了发达的中国传统文化和昌盛的文明。

高山流水遇知音。《吕氏春秋·本味》载："伯牙鼓琴，钟子期听之，方鼓琴而志在太山，钟子期曰：'善哉乎鼓琴，巍巍乎若太山'。少选之间，而志在流水，钟子期又曰：'善哉乎鼓琴，汤汤乎若流水'。钟子期死，伯牙破琴绝弦，终身不复鼓琴,以为世无足复为鼓琴者。”俞伯牙系春秋时期楚国著名的音乐家,从小非常聪明,天赋极高,又很喜欢音乐,他拜当时很有名气的琴师成连为老师。学习了三年,俞伯牙琴艺大长,成了当地有名气的琴师。但是俞伯牙常常感到苦恼,因为在艺术上还达不到更高的境界。俞伯牙的老师成连知道了他的心思后,便对他说,我已经把自己的全部技艺都教给了你,而且你学习得很好。至于音乐的感受力、悟性方面,我自己也没学好。我的老师方子春是一代宗师,他琴艺高超,对音乐有独特的感受力。他现住在东海的一个岛上,我带你去拜见他,跟他继续深造,你看好吗?俞伯牙闻听大喜,连声说好!他们准备了充足的食品,乘船往东海进发。一天,船行至东海的蓬莱山,成连对伯牙说:“你先在蓬莱山稍候,我去接老师,马上就回来。”说完,成连划船离开了。过了许多天,成连没回来,伯牙很伤心。他抬头望大海,大海波涛汹涌,回首望岛内,山林一片寂静,只有鸟儿在啼鸣,像在唱忧伤的歌。伯牙不禁触景生情,有感而发,仰天长叹,即兴弹了一首曲子。曲中充满了忧伤之情。从这时起,俞伯牙的琴艺大长。其实,成连老师是让俞伯牙独自在大自然中寻求一种感受。俞伯牙身处孤岛,整日与海为伴,与树林飞鸟为伍,感情很自然地发生了变化,陶冶了心灵,真正体会到了艺术的本质,才能创作出真正的传世之作。后来,俞伯牙成了一代杰出的琴师,但真心能听懂他的曲子的人却不多。有一年,俞伯牙奉晋王之命出使楚国。八月十五那天,他乘船来到了汉阳江口。遇风浪,停泊在一座小山下。晚上,风浪渐渐平息了下来,云开月出,景色十分迷人。望着空中的一轮明月,俞伯牙琴兴大发,拿出随身带来的琴,专心致志地弹了起来。他弹了一曲又一曲,正当他完全沉醉在优美的琴声之中的时候,猛然看到一个人在岸边一动不动地站着。俞伯牙吃了一惊,手下用力,啪的一声,琴弦被拨断了一根。俞伯牙正在猜测岸边的人为何而来,就听到那个人大声地对他说:“先生,您不要疑心,我是个打柴的,回家晚了,走到这里听到您在弹琴,觉得琴声绝妙,不由得站在这里听了起来。”俞伯牙借着月光仔细一看,那个人身旁放着一担干柴,果然是个打柴的人。俞伯牙心想:一个打柴的樵夫,怎么会听懂我的琴呢?于是他就问:“你既然懂得琴声,那就请你说说看,我弹的是一首什么曲子?”听了俞伯牙的问话,那打柴的人笑着回答:“先生,您刚才弹的是孔子赞叹弟子颜回的曲谱,只可惜,您弹到第四句的时候,琴弦断了。”打柴人的回答一点不错,俞伯牙不禁大喜，忙邀请他上船来细谈。那打柴人看到俞伯牙弹的琴，便说："这是瑶琴！相传是伏羲氏造的。"接着他又把这瑶琴的来历说了出来。听了打柴人的这番讲述，俞伯牙心中不由得暗暗佩服。接着俞伯牙又为打柴人弹了几曲，请他辨识其中之意。当他弹奏的琴声雄壮高亢的时候，打柴人说："这琴声，表达了高山的雄伟气势。"当琴声变得清新流畅时，打柴人说："这后弹的琴声，表达的是无尽的流水。"俞伯牙听了不禁惊喜万分，自己用琴声表达的心意，过去没人能听得懂，而眼前的这个樵夫，竟然听得明明白白。没想到，在这野岭之下，竟遇到自己久久寻觅不到的知音，于是他问明打柴人名叫钟子期，和他喝起酒来。俩人越谈越投机，相见恨晚，结拜为兄弟。约定来年的中秋再到这里相会。和钟子期洒泪而别后第二年中秋，俞伯牙如约来到了汉阳江口，可是他等啊等啊，怎么也不见钟子期来赴约，于是他便弹起琴来召唤这位知音，可是又过了好久，还是不见人来。第二天，俞伯牙向一位老人打听钟子期的下落，老人告诉他，钟子期已不幸染病去世了。临终前，他留下遗言，要把坟墓修在江边，到八月十五相会时，好听俞伯牙的琴声。听了老人的话，俞伯牙万分悲痛，他来到钟子期的坟前，凄楚地弹起了古曲《高山流水》。弹罢，他挑断了琴弦，长叹了一声，把心爱的瑶琴在青石上摔了个粉碎。他悲伤地说：我唯一的知音已不在人世了，这琴还弹给谁听呢？从此，伯牙与琴绝缘，再也没有弹过琴。故有高山流水之曲。"高山流水"最先出自《列子·汤问》，传说俞伯牙善鼓琴，钟子期善听音。俞伯牙所念，钟子期必得之。俞伯牙鼓琴而志在高山，钟子期曰："善哉乎鼓琴，魏魏乎泰山。"少选之间，而志在流水，钟子期又曰："善哉乎鼓琴，汤汤乎流水。"钟子期死，俞伯牙破琴绝弦，终生不复鼓琴，以为世无足复为鼓琴者。后用"高山流水"比喻知音或知己。两位"知音"的友谊感动了后人，人们在他们相遇的地方，筑起了一座古琴台。直至今天，人们还常用"知音"来形容朋友之间的情谊。

以诚待人也是朋友之间的相处之道。战国时赵国舍人蔺相如奉命出使秦国，不辱使命，完璧归赵，所以封了上大夫；又陪同赵王赴秦王设下的渑池会，使赵王免受暗算。为奖励蔺相如的汗马之功，赵王封蔺相如为上卿。老将廉颇居功自傲，对此不服，他说："我为赵将，有攻城野战之大功，而蔺相如徒以口舌为劳，而位居我上，且相如素贱人，吾羞，不忍为之下。"并放出话："我见相如，必辱之。"蔺相如听说后，总是不肯与廉颇会面。相如每朝时，常称病，不欲与廉颇争列。已而相如出，望见廉颇，相如引车避匿。面对廉颇屡次故意挑衅，蔺相如每每以国家大事为重，始终忍让。蔺相如的门人竞相给蔺相如进言，说："臣所以去亲戚而事君者，徒慕君之高义也。今君与廉颇同列，廉君宣恶言而君畏匿之，恐惧殊甚，且庸人尚羞之，况于将相乎！臣等不肖，请辞去。"蔺相如固止之，曰："公之视廉将军孰与秦王？"曰："不若也。"相如曰："夫以秦王之威，而相如廷叱之，辱其群臣，相如虽驽，独畏廉将军哉？顾吾念之，强秦之所以不敢加兵于赵者，徒以吾两人在也。今两虎共斗，其势不俱生。吾所以为此者，以先国家之急而后私仇也。"廉颇闻之，肉袒负荆，因宾客至蔺相如门谢罪。曰："鄙贱之人，不知将军宽之至此也。"卒相与欢，为刎颈之交。

二、"一言为重百金轻"

古代中国，不仅朋友之间讲求"言而有信"，而且在整个社会生活中也非常注重诚信为本。《论语·颜渊》子贡问政。子曰："足食，足兵，民信之矣。"子贡曰："必不得已而去，于斯三者何先？"曰："去兵。"子贡曰："必不得已而去，于期二者何先？"曰："去食。自古皆有死，民无信不立。"在这里，孔子的价值观和立场是非常鲜明而又坚定的，孔子认为，治理一个国家，应当具备三个起码条件：足够的粮食、足够的兵力、老百姓的信任。这三者当中，老百姓的信任具有优先和至上的价值。足够的粮食其次，足够的兵力再其次。这种价值次第彰显了诚信德性的无比崇高和伟大，它值得人们终生为之奋斗。

先秦时期商鞅"立木为信"和周幽王"烽火戏诸侯"的故事，从正反两个方面突出了诚信的意义和价值，"立木为信"，一诺千金，从而致使变法成功，国势强壮；"烽火戏诸侯"，帝王无信，自取其辱，致使身死国亡。秦国在孝公之前各方面都比中原各诸侯国落后，秦孝公即位后任用商鞅变法。商鞅变法前，为让百姓相信他，做了一桩"立木为信"的事情。一天，商鞅命人在京城南门立了一根三米长的木棍，还说："谁能将这根木棍扛到北门去，赏他十两黄金！"百姓对此感到奇怪，不敢去搬。商鞅见状，就把赏金加大到五十两。后来有一个人抱着试试看的心态将木头从南门搬到了北门，商鞅按照承诺果然给了他五十两银子。这事在老百姓中慢慢传开，人们竞相认为商鞅说话是算数的。正是取信于百姓，商鞅变法获得了极大的成功，使秦国由此走向富强之路。

与商鞅“立木为信”相反的是周幽王的“烽火戏诸侯”。西周末年，周幽王荒淫无度，得美女褒姒，有如花如月之容，倾国倾城之貌，可是褒姒是典型的冷美人，自从进宫后从未开颜一笑。为博美人一笑，周幽王下旨千金买笑。采用大臣貌石父之计，带褒姒夜上骊山，点燃烽火，诸侯乍见焰火冲天，以为敌兵来犯。急忙调兵遣将，驱动战车，连夜前来勤王。褒姒在楼上娉娉婷婷地偎在幽王怀中，凭栏远眺，看见各路军马擎火炬漫山遍野奔跑的狼狈样，不禁嫣然一笑。有诗为评：良夜颐宫奏管簧，无端烽火烛穹苍。可怜列国奔驰苦，止博褒妃笑一场！烽火台本为防西戎入侵，急招救兵而设，现在却被无信国君随随便便地“止博褒妃笑一场”而点燃，只是可怜了列国诸侯奔驰之苦了。事隔不久，西戎入侵，烽火台上浓烟滚滚，各国诸侯按兵不动，幽王被杀，西周灭亡。周幽王失信于诸侯，付出了沉重的代价。

这两个故事的鲜明对比，说明了诚信对一个国家的兴衰存亡起着非常重要的作用。《管子·枢言》说：“先王贵诚信，诚信者，天下之结也。”《管子》认为历代先王都是贵诚信的，诚信是天下稳定巩固的基础。做官为政的人必须诚信，必须为人民群众所信任，所以“临事不信于民者，不可使任大官”（《管子·权修》），“大德不至仁，不可授以国柄”。在《管子·乘马》中还指出：“非信士，不得立于朝。”诚信是一个国家的立国之本。春秋时代的齐国，齐桓公在管仲的辅佐下，九合诸侯、一匡天下，尊王攘夷、救邢迁卫，无不是示天下以诚信，因而才成就了春秋五霸之首的大业。

晋文公也是诚实守信的典范，他以诚实守信不仅夺得了城濮之战的胜利，而且在攻打原国的过程中赢得了人们的信任，受到孔子的高度评价。春秋时候，晋献公听信谗言，杀了太子申生，又派人捉拿申生的弟弟重耳。重耳闻讯，逃出了晋国，在外流亡十几年。经过千辛万苦，重耳来到楚国。楚成王认为重耳日后必有大作为，就以国君之礼相迎，待他如上宾。一天，楚王设宴招待重耳，两人饮酒叙话，气氛十分融洽。忽然楚王问重耳：“你若有一天回晋国当上国君，该怎么报答我呢？”重耳略一思索说：“美女侍从、珍宝丝绸，大王您有的是，珍禽羽毛，象牙兽皮，更是楚地的盛产，晋国哪有什么珍奇物品献给大王呢？”楚王说：“公子过谦了。话虽然这么说，可总该对我有所表示吧？”重耳笑笑回答道：“要是托您的福。果真能回国当政的话，我愿与贵国友好。假如有一天,晋国与楚国之间发生战争,我一定命令军队先退避三舍(一舍等于三十里),如果还不能得到您的原谅,我再与您交战。"四年后,重耳真的回到晋国当了国君,就是历史上有名的晋文公。晋国在他的治理下日益强大。公元前633年,楚国和晋国的军队在作战时相遇。晋文公为了实现他许下的诺言,下令军队后退九十里,驻扎在城濮。楚军见晋军后退,以为对方害怕了,马上追击。晋军利用楚军骄傲轻敌的弱点,集中兵力,大破楚军,取得了城濮之战的胜利。晋文公攻打原国,只携带着可供十天食用的粮食,于是和大夫们约定十天为期限,要攻下原国。可是到原国十天了,却没有攻下原国,晋文公便下令敲锣退军,准备收兵回晋国。这时,有战士从原国回来报告说:"再有三天就可以攻下原国了。"这是攻下原国千载难逢的好机会,眼看就要取得胜利了。晋文公身边的群臣也劝谏说:"原国的粮食已经吃完了,兵力也用尽了,请国君再等待一些时日吧!"文公语重心长地说:"我跟大夫们约定十天的期限,若不回去,是失去我的信用啊!为了得到原国而失去信用,我办不到。"于是下令撤兵回晋国去了。原国的百姓听说这件事,都说:"有君王像文公这样讲信义的,怎可不归附他呢?"于是原国的百姓纷纷归顺了晋国。卫国的人也听到这个消息,便说:"有君主像文公这样讲信义的,怎可不跟随他呢?"于是向文公投降。孔子听说了,就把这件事记载下来,并且评价说:"晋文公攻打原国竟获得了卫国,是因为他能守信啊!"

三、谦恭礼让重文明

谦恭礼让是古代社会公德的重要内容,它要求每个社会成员在与他人交往中自尊而尊人,为人谦虚谨慎、恭敬严肃,待人以礼,做到举止端庄,仪表整洁,语言文明。它既是尊重他人的表现,也是自尊的需要。儒家先哲重视礼仪教育,在人际交往和公共生活中倡导文明礼貌。孔子提出"非礼勿视,非礼勿听,非礼勿言,非礼勿动"(《论语·颜渊》),要求人们"视"、"听"、"言"、"动"都要符合"礼"的要求,这其中无疑包含行为礼貌之意。孔子还说:"恭而无礼则劳,慎而无礼则葸,勇而无礼则乱,直而无礼则绞。"(《论语·泰伯》)"恭"、"慎"、"勇"、"直"等,本属于好的德行,但它们如果违背了"礼",则都走向反面。这表明孔子高度肯定文明礼貌在立德中的重要价值。孔子的学生子贡曾说:"君子敬而无失,与人恭而有礼,四海之内皆兄弟也。"(《论语·颜渊》)认为君子若能对他人

“敬而无失”、“恭而有礼”，则可以收到“四海之内皆兄弟”的良好效果。孔子的另一弟子曾参也曾指出：“君子所贵乎道者三：动容貌，斯远暴慢矣；正颜色，斯近信矣；出辞气，斯远鄙倍（疑为‘俗’字误）矣。”（《论语·泰伯》）“君子”在与人交往中做到“动容貌”、“正颜色”、“出辞气”，就能收到“远暴慢”、“斯近信”、“远鄙倍（俗）”的道德效果。这三者都是文明的体现，说明文明能够给人以力量，获得人们发自内心的认同。

孔子不仅教导学生待人以礼，自己本人在待人接物过程中也十分讲求文明礼貌。有一个名为互乡的地方，此地之人不善，难与言。互乡一童子求见孔子而孔子接受了，门人非常疑惑，孔子解释说：“与其进也，不与其退也。唯何甚，人洁己以进，与其洁也，不保其往也。”（《论语·述而》）这就是说，只要人愿意进步，我们就应该接受它，不管其曾经怎样，现在把自己收拾得整整齐齐，以求获得受教育的机会，我们就不应该放弃他。《孟子·离娄下》有言：“西子蒙不洁，则人人皆掩鼻而过之，虽有恶人，齐戒沐浴，则可以祀上帝。”西施虽然美丽，一旦被污秽的东西给玷污，浑身发出臭味，则人人看见都会掩着鼻子赶紧离开，反过来说，假使有恶人，一旦诚意，戒掉缺点，洗清自己，则可以祭祀天上的神仙。

第五节　爱护环境与移风易俗

先秦时期，人们已经认识到人是大自然的一部分，是自然秩序中的一个存在，自然本身是一个生命体，所有的存在相互依存而成为一个整体，形成了“天人合一”的思想观念，注重生态环境的保护，主张与自然界建立友好、和谐的关系。同时对风俗习惯也十分重视，主张移风易俗敦风化俗。

一、与大自然和谐相处

自远古开始，华夏先民就萌生了对天地自然的感情，认识到天地万物与人类的生存发展息息相关，并有了合理利用资源和保护自然资源的意识，以此指导自己的生产与生活。据载，大禹曾具有良好的生态保护意识：“禹之禁，春三月，山林不登斧，以成草木之长；三月遄不入网罟，以成鱼鳖之长。且以并农力执，成男女之功。夫然则有生而不失其宜，万物不失其性。人不失其事，天不失其时，以成万财。既成，放此为人。此谓正德。”（《逸周书·大聚解》）周文王在临终前嘱咐武王要加强山林川泽的管理，他说：“山林非时，不升斤斧，以成草木之长；川泽非时，不升网罟，以成鱼鳖之长……是以鱼鳖归其渊，鸟兽归其林，孤寡辛苦，咸赖其生，以遂其材。”（《逸周书·文传解》）儒家认为，“天地之道，可一言而尽也，其为物不贰，则其生物不测”（《中庸》）。儒家主张人应节制欲望，以便合理地开发利用自然资源，使自然资源的生产和消费进入良性循环状态。孔子提出：“唯天为大，唯尧则之。”（《论语·泰伯》）既肯定了“天”的伟大作用，又主张像尧那样，法天而行，把“天”作为人类行为的准则。孔子重视自然之天的客观存在，盛赞山水之“美”，有“智者乐水，仁者乐山”（《论语·雍也》）之说，表明了他对自然环境的喜爱之情。《论语·先进》记载孔子与弟子曾皙、子路、冉有、公西华等人在一起“各言其志”，当时孔子对其他人所言之“志”，均未给予明确肯定，唯独对曾皙之“志”，表示认同。曾皙之志曰：“莫（暮）春者，春服既成，冠者五六人，童子六七人，浴乎沂，风乎舞雩，咏而归。”其意是说，当晚春之时，穿着新制成的春服，邀约一些风华正茂的朋友，到大自然中去游览，或沐浴于沂水，或迎风而舞蹈，在快乐中歌咏而归。曾皙之言，表达了对大自然的陶醉之情。孔子听了后，“喟然叹曰：‘吾与点也’”。从这一评价中可以看出孔子将人生之志提到热爱生活、钟情大自然的高度。

儒家自孔子起就坚决反对滥用资源，明确提出“节用而爱人，使民以时”（《论语·学而》）。《论语·述而》所载孔子“钓而不纲，弋不射宿”，以及曾子所说的“树木以时伐焉，禽兽以时杀焉”（《礼记·祭义》），都表达了取物有节，节制利用资源的思想。孟子对这一思想作了进一步的发展，要求统治者节制物欲，合理利用资源，注意发展生产。他说：“易其田畴，薄其税敛，民可使富也。食之以时，用之以礼，财不可胜用也。”“不违农时，谷不可胜食也；数罟不入洿池，鱼鳖不可胜食也；斧斤以时入山林，林木不可胜用也。”（《孟子·梁惠王上》）主张对捕鱼、砍柴等索取自然物的行为，采取必要的限制。孟子认识到其他物类对人类的重要性，天地万物是人类赖以生存的物质基础，所以人们对待万物应采取友善爱护的态度，保护环境，保护自然，就是保护人类。只有重物节物才能使万物各按其规律正常地生生息息，人类才有取之不尽，用之不竭的生活资源。荀子继承了儒家以“和谐”为最高原则的生态伦理思想，希望人与自然达到“万物皆得其宜，六畜皆得其长，群生皆得其命”的最高和谐境界。他不仅提出了“万物各得其和以生，各得其养以成”（《荀子·天论》）的生物协调论，而且提出了“草木荣华滋硕之时，则斧斤不入山林，不夭其生，不绝其长也”（《荀子·天论》）的资源节约论。荀子认为，自然资源是有限的，只有厉行节俭，才能在满足人类需要的同时而不造成生态环境的破坏和资源的枯竭，才能实现持续发展。

在人与自然的关系问题上，道家崇尚“道法自然”，主张“尊道贵德”，“知和”、“知常”，“知足”、“知止”，认为只有尊重自然，认识自然，不违背自然规律做事，才是明智的行为。道家坚持人属自然、人性自然，主张人应当遵循自然规律，“人法地，地法天，天法道，道法自然。”（《老子二十五章》）“道”作为万物的本原和基础，又内在于天地万物之中，成为制约万物盛衰消长的规律。人应效法天地之道，按天地本来的状态生存。老子说：“道生之，德畜之，物形之，势成之，是以万物莫不尊道而贵德。道之尊，德之贵，夫莫之命而常自然。故，道生之，德畜之，长之育之，亭之毒之，养之覆之。生而不有，为而不恃，长而不宰，是谓玄德。”（《老子第五十一章》）如此，“以道观之，物无贵贱”。大至展翅万里的鲲鹏，小到蝼蛄，形体虽有大小，生命虽有长短，都有其存在的价值。“物固有所然，物固有所可；无物不然，无物不可。”（《庄子·齐物论》）这种尊重万物，包容万物的情怀，应是“德”的极致。道家认为，天地是一大宇宙，人身是一小宇宙，地球也是一个有生机的大生命，不可轻易毁伤它。同时自然界也存在着自身的极限，因而人类在开发和利用自然资源时不能超过自然界的固有限度，必须遵循适度发展原则，防止人类因超越自然极限给自己带来威胁。老子认为“甚爱必大费，多藏必厚亡”（《老子第四十四章》），且“祸莫大于不知足，咎莫大于欲得，故，知足之足，常足矣”（《老子第四十六章》）。在这里老子向人们发出了珍惜自然资源，合理克制欲望的忠告，并指出“知足不辱，知止不殆，可以长久”（《老子第四十四章》）。显然，“知足”是“知止”的前提，要做到“知止”，就必须对物质财富的享受有所节制，对自然的行为有所收敛。

二、革故鼎新易风俗

我国是一个重视风俗的国度。几千年来华夏各族人民在这个古老的国度里繁衍、生息、劳动、创造，在物质生产和日常生活中，逐渐形成各种风俗习惯。至迟在西周时代我国已建立了采风制度。《白虎通·巡守》引《尚书大传》："见诸侯，问百年，命太师陈诗，以观民风俗。"《汉书·艺文志·六艺略》："古有采诗之官，王者所以观风俗，知得失，自考正也。"据《周礼·秋官司寇·小行人》载：秋官司徒府的官吏中有小行人，其职责之一是考察各邦国的礼俗政事等等。小行人的采风，是了解各地风土人情、政治得失。《诗经》里，收集的"国风"，既有民间恋歌，也有氏族贵族的咏叹，反映西周至春秋中叶大约五百余年间地域不同、生活方式各异的风土人情，是研究中国风俗文化的宝贵文献。及至战国时代，士的队伍壮大，百家争鸣，学术繁荣，专门记述有关风俗的著作相继出现。最早分区域记述地理状况与风土人情的著作，当推《山海经》和《尚书·禹贡》。《山海经》对远及黄河、长江之外的广大地区的自然条件、风土人情进行了带有综合性的记述。如果说《山海经》的作者是以山为纲展开叙述的，那么《禹贡》的作者已掌握了自然分区法，对每区的山水、物产、交通以及有关风俗的大势，作了简洁扼要的描述。

西周初年的政治家认识到风俗具有统一群体的行为和思想的功能，在周初建立诸侯国的时候便强调尊重当地的风土民情。周武王五年（前 1042 年）封姜太公于齐，太公"简其君臣礼，从其俗"（《史记·鲁周公世家》）。周成王十年（前 1033 年），成王封其弟叔虞于唐，"命以《唐诰》"，"启以夏政，强以戎索"（《左传·定公四年》）。"启以夏政，强以戎索"即是要求分封在夏朝旧址的叔虞沿用夏朝的风俗，尊重戎人的法制传统。上述情况说明周初政治家为适应安定天下而做出的入乡随俗式政策适应或制度安排。西周时允许各方国部族保留自己的礼制风俗而不求变易。

发展到春秋战国时期，伴随着社会生产力的发展和井田制的破坏，旧的宗法制度和分封制度发生动摇，出现了"礼崩乐坏"的局面。在这种情况下，变革礼制，移风易俗受到人们的关注和重视。孔子说："圣人之举事也，可以移风易俗，而教导可施于百姓，非独饰其身之行也。"（《说苑·政理》）荀子指出："移风易俗，天下皆宁，美善相乐。”（《荀子·乐论》）儒家注意德行的教化作用，提倡移风易俗，要求“去其邪避，除其恶俗”。春秋时，许多人都相信风向与火灾的必然联系。但是，郑国的贤大夫子产却不相信。一次，郑国大夫裨灶根据天象宣称：“郑国将要发生大火灾，如果想免灾的话，国家应把玉瓒等宝物交给我，让我去祭神。”许多郑国人听信了他的话，请求子产答应裨灶的要求，子产曰：“天道远，人道迩。”天上的事悠远，人间的事切近，天上人间两不相关。又说：“灶焉知天道？是亦多言矣，岂不或信？”子产最终也没有把宝器交给裨灶，郑国也没有发生火灾。（《左传·昭公十八年》）

彗星，本是一种天体现象，但在春秋时，却被人们当成不祥之物，认为它会给人类带来灾难。鲁昭公二十六年，齐国出现了彗星。齐国国君派人去祭祀。相国晏婴阻止道：“无益也，只取诬焉。天道不謟，不贰其命，若之何禳之？且天之有彗也，以除秽也。君无秽德，又何禳焉？若德之秽，禳之何损？……若德回乱，民将流亡，祝史之为，无能补也。”（《左传·昭公二十六年》）乞求彗星是没有用处的，这样做只能是欺骗人。“天命”是不容怀疑、不可改变的，祈祷没有什么用处？况且天上驹扫帚星，是用来清除污秽的。如果你没有污秽的品德，又有什么可祈祷的？如果你有肮脏的心灵，祭祀又能给你减轻罪过吗？君王没有不好的品行，各诸侯国就会拥戴，对彗星又有什么害怕的？齐国国君觉得很有道理，于是就停止了对彗星的祭祀。

在春秋战国变法浪潮中，移风易俗，革故鼎新成为一种发展大势。春秋人郭偃辅佐晋文公变法，著有法书，其中说：“论至德者不和于俗，成大功者不谋于众。”（《商君书·更法》载商鞅引语）战国时吴起辅助魏文侯变法革新即是“治四境之内，成训教，变习俗，使君臣有义，父子有序”（《吕氏春秋·审分览第五执一》）。后来吴起到楚国辅佐楚悼王变法图强，针对楚国原有“大臣太重，封君太重”等旧俗，“为楚悼罢无能，废无用，损不急之官，塞私门之请，一楚国之俗”（《战国策·秦策三》）。所谓“一楚国之俗”即是要统一楚国的风俗，消除积弊和“逼主”的社会危机。商鞅在秦国变法，大量涉及移风易俗的内容。商鞅针对秦民僻处雍西且与西戎错处“素习蛮风，旷野蠢蒙”等症状，以“圣人苟可以强国，不法其故；苟可以利民，不循其礼”的勇气，驳斥了那种“因民而教者，不劳而功成。据法而治者，吏习而民安”的谬论，大胆地改革旧俗，推行新法。诚如商鞅对赵良所说的“始秦戎狄之教，父子无别，同室而居。今我更制其教，而为之男女之别。大筑冀阙，如鲁卫矣”（《史记·商君列传第八》）。李斯在《谏逐客书》中指出：“孝公用商鞅之法，移风易俗，民以殷盛，国以富强。”（《史记·李斯列传》）

春秋战国时期，在移风易俗方面作出突出成绩、后世影响较大的当为西门豹治邺。西门豹是战国时魏国人，魏文侯任用他为邺令。西门豹治理邺地很有政绩，可谓“名闻天下，泽流后世”。他刚到邺地，就召集长老询问百姓的疾苦，长老曰：“苦为河伯娶妇，以故贫。”西门豹细问缘由，长老对曰：“邺三老、廷掾常岁赋敛百姓，收取其钱得数百万，用其二三十万为河伯娶妇，与祝巫共分其余钱持归。当其时，巫行视人家女好者，云‘是当为河伯妇’，即聘娶。洗沐之，为治新缯绮縠衣，闲居斋戒；为治斋宫河上，张缇绛帷，女居其中。为具牛酒饭食，十余日。共粉饰之，如嫁女床席，令女居其上，浮之河中。始浮，行数十里乃没。其人家有好女，恐大巫祝为河伯娶之，以故多持女逃亡。以故城中益空无人，又困贫，所从来久远矣。”当地还流传如果不给河神娶新娘子，大水一来就会把人淹死的迷信说法。西门豹听完这些述说后道：“至为河伯娶妇时，愿三老、巫婆和父老送女河上，幸来告语之，吾亦往送女。”长老皆曰：“诺。”到了给河神娶亲那天，西门豹果然赶到河边，只见三老、官吏、乡里的豪绅、女孩同乡的父老以及前来观看的百姓约有二三千人。那巫婆是个老女人，有七十多岁了，随从的女弟子有十几人，都穿着薄薄的丝绸衣服，站在巫婆身后。西门豹说道：“呼河伯妇来，视其好丑。”于是把那个给河神做媳妇的女孩从帐子中领出来，带到西门豹的跟前。西门豹看看她，回头对三老、大巫婆曰：“是女子不好，烦大巫妪为入报河伯，得更求好女，后日送之。”说罢就命吏卒们抱起大巫婆扔到河里。过了一会儿，西门豹又说：“巫妪何久也？弟子趣之。”又把一个女弟子扔下河去，先后共扔下三个弟子。过了一会儿西门豹又说：“巫妪弟子是女子也，不能白事，烦三老为入白之。”又把三老扔到了河里。只见西门豹头上插着笔，恭恭敬敬地躬着腰，在河边站立着。等了很久，长老、官吏们都十分惊恐。西门豹回头对他们道：“巫妪、三老不来还，奈之何？”想让廷掾和乡绅再去一个到河里催催，廷掾、乡绅吓得跪下直叩头，把头都磕破了，血流了一地，脸色如死灰一般。这时西门豹说道：“诺，且留待之须。”过了一会儿，西门豹又说道：“廷掾起矣，状河伯留客之久，若皆罢去归矣。”这下子邺地的官吏和百姓都害怕了，从此以后，谁也不敢再提为河神娶亲的事了。(《史记·滑稽列传》)

中华民族是一个富有理想、讲求气节、对朋友言而有信，对道义执著追求的民族。这种精神在先秦就日渐演化为一种风气和公共生活的精神传统。南宋文天祥的《正气歌》指出：“天地有正气，杂然赋流形。下则为河岳，上则为日星，于人曰浩然，沛乎塞苍冥。皇路当清夷，含和吐明庭；时穷节乃现，一一垂丹青。”即便在春秋战国那样的乱世，还是产生了一批又一批崇尚志节、践履诚信、大义凛然的仁人志士。他们用自己对道义的执著追求和坚守，谱写了一曲曲道德生活的伟大颂歌，为后世矗立起了一座座道德生活的丰碑。

第十章

先秦民族、邦国关系彰显的道德生活

自从中华文明曙光初露以来，中华民族就开始了萌生、孕育与融合、发展的历程，并在这种不断融合发展中形成自己特有的民族凝聚力和向心力，表现出特有的强大生命力。吕思勉先生在《中国民族史》中写道："惟我中华，合极错杂之族以成国。而其中之汉族，人口最多，开明最早，文化最高，自然为立国之主体，而为他族所仰望。他族虽或凭恃武力，陵轹汉族，究不能不屈于其文化之高，舍其故俗而从之。而汉族以文化根柢之深，不必藉武力以自卫，而其民族性自不虞澌灭，用克兼容并包，同仁一视；所吸合之民族愈众，斯国家之疆域愈恢；载祀数千，巍然以大国立于东亚。斯固并世之所无，抑亦往史之所独也。"①中华民族是由许多分散存在的民族单位经过接触、混杂、联结和融合，同时也有分裂和冲突，形成一个我中有你、你中有我，而又各具个性的多元统一体。作为这个多元一体的核心，即从华夏族到汉族，在不断壮大的同时，渗入到其他民族的聚居区，构成起凝聚作用和联系作用的网络，奠定了在中国疆域内许多民族联合成不可分割的统一体的基础，成为一个自在的民族实体，经过民族自觉而发展成为中华民族。中华民族多元一体格局的形成不仅存在着一个凝聚的核心，这就是汉族（其前身是华夏族），而且各少数民族因经济文化发展的需要也愿意与汉族进行沟通融合。与此相适应，他们大多接受华夏民族的伦理道德文化，形成了基本的价值共识。中华多民族聚合的物质基础是从长远和根本上具有的共同的经济利益，而成熟的政治力量即"定于一"的国家政权，是中华民族聚合力得以充分发挥的决定性因素。而崇尚和而不同、厚德载物的伦理文化以及"协和万邦"、"亲仁善邻"的价值观念，也是中华民族聚合力得以发挥的重要因素。

第一节　华夏族的形成发展及与四夷的关系

先秦时期，是中华各民族起源形成、初步发展的时期。民族是在原始社会末期，随着部落"合并"和"融合"而形成的。著名历史学家摩尔根说："在氏族制

---

① 吕思勉：《中国民族史》，《中国民族史两种》，上海古籍出版社2008年版，第10页。

度下，民族尚未兴起；要等到同一个政府所联合的各部落已经合并为一体，就像阿提卡的雅典人四个部落的合并、斯巴达的多利安人三个部落的合并、罗马的拉丁人和萨宾人三个部落的合并那样，才有民族兴起。”①在中华大地上，从远古时期开始，中华民族的祖先就在这里生活、开拓、创业和休养生息，经历了漫长的原始社会时期。所谓“三皇”、“五帝”时期的伏羲、女娲、燧人、神农、黄帝、炎帝、祝融、共工等，以及蚩尤、三苗、九夷等，他们只不过是千百个氏族、部落中的比较大的、比较出名的氏族部落或部落集团罢了。他们当中，有些到后来具备了民族的因素，开始跨入了民族的门槛。“一般来说，民族往往是在一个或多个具有密切联系的氏族、部落的基础上发展起来的。”②民族与氏族、部落的区别在于它有共同的语言、文化和心理意识，本质上是氏族、部落融合的产物。中华民族形成的特点是：原始血缘群体最后发展为不同的姓族部落集团，在此基础上，由于“同姓不相为婚”原则的实行，就会有两个或两个以上的姓族部落群体相互或交互发生婚姻关系，从而形成民族群体，这个民族群体总称华夏，有时亦称诸夏或诸华③。从中华民族的形成史来看，一部先秦史，可以说是华夷对举的发展史。华是指华夏，是汉族的前身；夷是泛指四周各民族。经过夏商周三代的融合，华夏族体的雏形已经形成。复经春秋战国，华夷对举与夷蛮戎狄配合东南西北的格局的形成，为以后统一的多民族国家，即华夷统一帝国的出现，奠定了历史的基础。

一、华夏族的形成和发展

历史悠久的汉民族，自古及今瓜瓞绵绵，枝繁叶茂，为众多民族融合演变而成。它的前身是华夏族，而华夏族又由夏、商、周三族融合而形成的。再往前推，夏、商、周也都大多出自蛮夷戎狄等少数民族。到了秦代，国家的统一，消除了华夏族各支系间彼此隔离的状态，形成了华夏族共同的地域、语言、文化和经济生活，加强了华夏族与内迁的蛮夷戎狄的融合。华夏族是汉族的前身，它的形成和发展经历了从史前到三代两三千年的历史。

---

① (美)摩尔根：《古代社会》上册，杨东莼等译，商务印书馆 2011 年版，第 117 页。
② 张曙光主编：《民族信念与文化特征——民族精神的理论研究》，人民出版社 2009 年版，第 19 页。
③ 田昌五：《中国历史体系新论》，山东大学出版社 1995 年版，第 304 页。

“华夏”这个词汇的形成就是一部民族融合的历史进程，“华”和“夏”在“五帝”时期分别是两个不同的部族，后来经过长期的融合过程形成了“华夏族”。华夏族开始形成于中国传说中的五帝时期，夏朝的建立是它形成的标志。夏族的名称正是由于夏朝而来，夏族是夏朝的主体民族。夏当时含有“中土”和“大国”之意。华、夏二字近音，可以通假。华本义为花，引申为文采、文明。在古代，“华”同“花”，“化”同“花”，“华”又同“化”。《华严经·音义上》：“教成于上而易于下，谓之化”，许慎释“化”为“教行也”。“华”同“化”，也就是说“华”有教化的含义，教化则必然要和“文”联系到一起来，“华”其实就是要以“文”而“化”之。“夏”的本义有二：一是地名，一是华美之义。禹受封为夏伯，根据孔颖达所注的《尚书》“颛顼以来，地为国号”，因此在禹子启建立夏朝时，便沿用此“夏”号。《尚书》云：“冕服采章曰华，大国曰夏。”《尚书》正义曰：“冕服采章对被发左衽，则为又光华也。”《尔雅·释诂》曰：“夏，大也。故大国曰夏，华夏，谓中国也。”古人是以服饰华彩之美为华，以疆界广阔与文化繁荣、文明道德兴盛为夏。“华夏”含有礼仪文明、道德教化的含义。

华夏本是由不同氏族部落集团融合而成的族体。史前以黄帝部族为核心的黄河中、下游部落联盟，经过五帝时代的繁衍生息、发展壮大，至三代时形成了以夏、商、周三族为主体的华夏族。华夏族的祖先，与传说中的黄帝、炎帝有关。炎帝族与黄帝族合并，组成了炎黄集体，成为华夏族的核心。① 吕思勉在《中国民族演进史》中指出：“天幸我国的炎黄二族，能融合为一。黄族接受炎族的文明。炎族也渐次振起其武力。炎黄二族，融合而成所谓华夏之族，渐次扩张其政治势力和社会文化于各方。”②由于在部落联盟中，以黄帝为祖先的部落一直居于主导地位，所以黄帝被奉为中华民族的始祖，被尊为中国文明的奠基者。

经过传说时代数百年的各氏族部落融合，到公元前 21 世纪左右，炎黄集体中的夏族统一各氏族部落，建立了中国历史上的第一个夏王朝，华夏族正是在

---

① 尤中：《秦至唐朝时期的中华民族—中华民族多元一统格局的历史形成和发展演变初论》，《云南社会科学》1990 年第 6 期。

② 吕思勉：《中国民族演进史》，《中国民族史两种》（吕思勉文集），上海古籍出版社 2008 年版，第 283～284 页。

这个时候开始在中原地区形成。夏商周是华夏族的发展定型期。随着中央王畿的不断扩大，越来越多的蛮夷戎狄被包融在一起，各族间交往加强，地区文化差异日渐缩小，作为中华民族核心的华夏族不断得到充实、发展和壮大。夏、商、周三支不同来源，在西周已复合而成同一民族的雏形，并以中国最早的王朝夏作为族称。夏商西周三代来源各不相同，但都是在黄河中下游东西两大氏族部落集团经过长期交往、斗争以至融合的基础上发展起来的王朝。夏的来源，依孟子的见解是来自“西夷”，实则夏兴起于以嵩山为中心的颍水上游及伊洛平原，发展达于晋南汾水、涑水平原。按夏的区域与商、周两族兴起地区而言，夏居于周与商的中间，所称“西夷”，是对商而言。商的来源，据《诗经·商颂·玄鸟》云“天命玄鸟，降而生商”；《商颂·长发》云“有娀方将，帝立子生商”，这种以鸟为祖先来源的颂诗，已为甲骨文献所证实，说明商属于以鸟为图腾的东夷部落集团中的一支。商的第一位父系祖先名契，商族起源，一般认为在鲁西豫东北，在其发展中活动到今河北易县一带。周是从山西南部西迁的一支夏人，兴起于戎狄之间。《国语·周语上》记载：“昔我先工世后稷，以服事虞、夏。及夏之衰也，弃稷弗务；我先王不出用失其官，而自窜于戎狄之间。”按照《诗经·大雅》中《绵》、《大明》、《思齐》、《皇矣》、《文王有声》、《生民》及《周颂·天作》等篇记述，周族始祖母叫姜嫄，“姜”通“羌”，周人的祖先是从羌人中分化出来的一支。其第一位父系祖先名弃，称为后稷，活动于泾、渭上游。他的后世在与戎狄斗争中经过多次迁徙，才定居于渭水中下游岐山周原一带，商末成为商的诸侯，文王甚至称为西伯，是西方诸侯之长，作丰邑，为灭商做了政治准备。到武王时，联合西土庸、蜀、羌、髳、微、纺、彭、濮等族及其他诸侯，一举灭商，建立西周王朝，于是黄河中、下游的东西两系统一于周。周人克商以后，拥有夏商之地，在原夏人、商人、周人的基础上，吸收其他部族集团的成分，使得华夏族日趋发展壮大。

从作为农业民族的小华夏到作为民族共同体的复合型民族大华夏，经过了一个多民族之间通婚混血不断融合的复杂过程。炎黄二族的联合，孕育了早期华夏族和文化的核心，揭开了中华民族从多元文化起源（即民族文化多中心）逐步迈向中原华夏文化中心（即华夏政治一中心）的历史序幕。这个初步的民族、文化整合经历了十分漫长的历史时期，形成了多种文化类型和相应的早期民族集团，虽然它们之间各具特点，但发展中又彼此互相影响、互相融汇，显示了中华民族和其文化起源的多元性和互动性。① 华夏文明是多元多源的。然而，随着人类活动区域的扩大和社会组织的进步，由氏族而部落，由部落而部落联盟，由部落联盟而形成小民族，经过不断交汇融合，封闭的社会结构被打开，地区性的文明最终都共同进入了华夏文明的系列之中。从文化上看，东西南北，四面八方，逐渐混一。原来仅仅属于某一部落某一集团的始祖、英雄、神话传说、风俗习惯、迷信禁忌等，都百川归海，随着文化创造者的混融而汇成一体。中原的炎帝、太昊；东方的蚩尤、少昊；北方的黄帝；南方的伏羲、女娲等，统统成了中华民族的共同祖先。他们创造的仰韶、大汶口、龙山、青莲岗和岳石文化等，也都成为华夏文明的有机组成部分。夏朝的建立，标志着夏族的正式形成。商周则在夏的基础上继续向前发展，不断融合其他民族使夏族日益壮大兴盛。"无论是以夏族为统治核心，还是以商族、周族为统治核心，其民族文化的本质则始终表现为华夏文化（汉文化），并形成越来越有凝聚力的民族文化内核，从而为多元的民族和文化走向一体化的国家和民族提供了可能"②。秦统一六国即是在夏商周基础上进行的，大汉朝形成的汉族也即是在以往华夏族的基础上发展起来的。

二、四夷民族和华夷五方格局的形成

在夏商周时期，随着夏族的形成和发展，在民族交往中，便逐步形成和出现了"四夷"（即四方夷人）的观念。四夷，包含着华夏族以外的其他民族，如东夷、北狄、西戎、南蛮等。《说文解字》对夷狄戎蛮的解释为："夷，平也，从大，从弓，东方之人也"，"蛮，蛇种，从丝从虫"，"戎，牧羊也"，"狄，犬种，字从犬。狄之言淫僻也"。夷一般是指以狩猎为生的东方各民族，蛮是指以种蚕产丝为生的南方各民族，戎、狄一般是指以游牧为生的西部和北部各民族。《后汉书·西羌传》指出："凡蛮夷戎狄，总名四夷者。"殷墟出土的甲骨卜辞中，有了夷（尸）、狄、戎、蛮等字，是对四方民族的称谓。《礼记·王制》："中国夷狄五方之民，皆有性

① 曾文芳：《夏商周民族思想与政策研究》，人民出版社 2008 年版，第 37 页。
② 同上书，第 13 页。

也,不可推移。东方曰夷,被发文身,有不火食者矣;南方曰蛮,雕题交趾,有不火食者矣;西方曰戎,被发衣皮,有不粒食者矣;北方曰狄,衣羽毛穴居,有不粒食者矣。中国夷蛮戎狄,皆有安居,和味,宜服,利用,备器,五方之民,语言不通,嗜欲不同。"从名称(夷狄戎蛮中国)、方位(五方)、饮食、服饰、居住等方面指出中国夷狄戎蛮的特征和区别。文中的"雕题"是指刻其肌肤以丹青涅之,和"文身"差不多,"交趾"就是足相向,是南方人不穿鞋子跣足的反映。东夷、南蛮、西戎、北狄四个民族集团,内部民族成分颇为复杂,都不是单一民族。

东夷民族集团。东夷族是中国最古老的民族之一,是远古东方部落集团的总称。相传太昊(伏羲氏)、少昊、后羿等人是他们杰出的代表,有"君子、不死之国"之称。东夷族的族源直接继承两昊部落集团,主要分布在今山东东部和苏北地区。夏时有堣夷、莱夷、淮夷、风夷、黄夷、于夷、白夷、赤夷、玄夷、阳夷、方夷,商时有蓝夷、尸方、儿方、人方、班方、林方、盂方,周时有淮夷以及郯、介、根牟、牟、莱、莒、舒庸、舒鸠、舒廖等国。先秦时,东夷民族众多,《后汉书・东夷传》说:"夷有九种,曰畎夷、于夷、方夷、黄夷、白夷、赤夷、玄夷、风夷、阳夷。"这九种夷都见于古本《竹书纪年》关于夏朝与东方诸夷关系的记载。

北狄民族集团。"北狄"的称谓最早起始于周代,是古代华夏族人对北方少数民族的统称。狄的本义,王国维先生在《鬼方昆夷猃狁考》中断定,是由"远"与"剔除"的含义,"后乃引申之为驱除之于远方之义"。此外,狄还有强悍有力,行动疾快等含义。夏时有皮服岛夷,商时有薰育、严允、鬼方、犬戎和土方、邛方、御方等,周时有薰育、严允、犬戎、肃慎、戎、北戎、山戎、赤狄、白狄、长狄、东胡、林胡、楼烦和胡、匈奴等。

西戎民族集团。西戎主要居于今甘青及其以西以南地区,也有许多戎支居今陕西渭水流域和河南伊洛地区。当时西戎的主要部分,是以畜牧狩猎为主的游牧民族。夏时有昆仑、析支、渠搜,商时有昆夷、氐羌,周时有众戎和氐羌。明确以戎作为族称始于周人,在灭商以前,主要用来称呼周原附近与周为敌的各部落,其劲敌集中于周原以西陇山地区,故称为西戎。灭商以后,为表示对商的敌忾,称之为"戎殷"或"戎衣"。在周人兴起时,西戎仍是在陇济及泾洛一带游牧的鬼戎,其实也是许多部落的总名,并且在不同时期有不同的名称。

南蛮民族集团。南蛮是对今伏牛山脉以南汉水流域、淮河中上游、长江流域、珠江流域以至云贵高原各个民族的统称，其中族系复杂：长江中游有三苗、楚、群蛮；长江下游及珠江流域有百越、长江中上游有濮与巴蜀；云贵高原西南夷的先民大概也不止一个族系。夏时有卉服岛夷、有苗（三苗）、和夷、裸国，商时有荆蛮、庸、濮、蜀、髳、微、越等，周时有荆蛮、越、闽、庸、濮（百濮）、巴、蜀、僬侥等。

华夏与东夷、南蛮、西戎、北狄"五方之民"共有天下、同居四海的观念发轫于春秋，至战国已形成一稳定的格局。西周至春秋，是夷蛮戎狄与东南西北结合的渐进演变时期。正是在春秋以来"四夷"与"四方"完全结合的基础上，战国时《墨子》构建起了"四夷"与"四方"间的直接对应，从而形成一整体格局认识观念的雏形。由《墨子》至《礼记》，着眼于大一统多民族国家的等级关系和民族地理分布的认识，"五方之民"格局的国家民族地理观由此形成。这一格局呈现两种对应关系：一是地理方位的东西南北与"四夷"间 的对应；二是这个整体格局的中心，即华夏"中国"与围绕这一中心的东夷、南蛮、西戎、北狄之间的华夷关系。华夏民族来自于仰韶文化和龙山文化，东夷民族来自于大汶口文化，南蛮民族来自于河姆渡、大溪、屈家岭文化，北狄民族则以富河、红山和新乐文化为主，西戎民族则以喀什文化为主。夏、商、西周对王畿与四士诸侯之外的各族，或以其具体国名、部名称之，或泛称之为夷、蛮。商代泛称其西方境外各"方"为羌，周人改称为戎，且与翟（狄）通用。当时羌、戎比较偏重称呼西方各族，夷比较偏重称呼东方各族。春秋战国时期，一方面诸夏的社会与文化的发展较之边疆各族迅速，而华夷统一的历史趋势也越来越反映到各学说中来。于是形成了华夏居中，称为中国，夷、蛮、戎、狄配以东南西北的五方格局。这种格局为秦汉以后统一多民族中国的形成与发展，为中华民族整体联系的形成与发展，奠定了坚实的历史基础。

三、从尊王攘夷到夷夏融合

先秦时期，关于华夏族与各少数民族的关系的认识和对待，经历了一个由"尊王攘夷"到"华夷融合"的发展过程。

关于夷夏之辨，其表面意义在于区分夷族与夏族，弄清夏族与夷族的民族特性以及他们的不同民族潜质与生活习性，从本质而言，则涉及对伦理文化的价值认同以及在伦理文化追求上所达到的精神境界。早在上古时期，人们就开始以地域关系来辨别夷夏；春秋战国时期，随着华夏与夷狄地缘关系被打破，礼义文化则成了区分夷夏的标准。《左传》襄公十四年，诸侯会于向，戎子驹支曰："我诸戎饮食衣服，不与华同，挚币不通，语言不达。"《淮南子·地行训》："东方川谷之所注，日月之所出，其人兑行小头，隆鼻大口，鸢肩企行，窍通于目，筋气属焉，苍色主肝，长大早知而不寿；其地宜麦，多虎豹。南方阳气之所积，暑湿居之，其人修行兑上，大口决龇，窍通于耳，血脉属焉，赤色主心，早壮而夭；其地宜稻，多兕象。西方高土，川谷出焉，日月入焉，其人面末偻，修颈印行，窍通于鼻，皮革属焉，白色主肺，勇敢不仁；其地宜黍，多旄犀。北方幽晦不明，天之所闭也，寒冰之所积也，蛰虫之所伏也，其人翕形短颈，大肩下尻，窍通于阴，骨干属焉，黑色主肾，其人愚蠢，禽兽而寿，其地宜菽，多犬马。中央四达，风之所通，雨露之所会也，其人大面短颐，美须恶肥，窍通于口，肤肉属焉，黄色主胃，惠圣而好治。其地宜禾，多牛羊及六畜。"从上述的史料可以看出，地域上华族大体上居于中华的中部，夷狄戎蛮基本上居于诸夏的四方，"华"和"夷"无论是在文化、语言、风俗、饮食、服饰，甚至是在人形方面都有着非常明显的特征和区别。诸夏一体的意识。《春秋》："内诸夏而外夷狄。""不以中国从夷狄，不与夷狄之执中国也。"《春秋左传正义》齐管仲云："戎狄豺狼，不可厌也，诸夏亲昵，不可弃也。"这些其实都是要明确诸夏诸国乃一体，诸夏国家之间应该不分彼此，应该相互帮助相互扶持，相亲相爱。西周以来特别是春秋时期正是夷狄戎蛮势力壮大，影响到诸夏发展生存的时期，华夏族面临历史上从未有过的严重的非华夏族的入侵。周王室的东迁，就是在狄戎灭亡西周的形势下的不得已之举。这个时期，北方的山戎活跃于我国的北部地区，并且深入于今天的山西、河北中部以及黄河以南，和中原诸夏频繁战争，春秋时期诸夏在这种受到四方民族，特别是来自北方和南方的异民族的压力下，许多诸夏之国和诸夏之民和诸夏之地亡于夷狄戎蛮，诸夏民族意识，民族认同在和夷狄的交战中得到强化，"夷夏之辨"就是在这种民族危机的形势下得以提出并在其后的历史条件下发生特有的影响。

春秋时期，华夏族与长江中下游地区各族交往更加频繁，北方游牧民族侵扰中原地区曾是十分严重的社会问题，如何处理华夏族与周边各族的关系成为时代课题。作为对于这一问题的回答，春秋时代的华夏族提出"夷夏之辨"。

“夷夏之辨”的本意在于区别华夏与夷狄，强调华夏各族是同胞兄弟，夷狄是异族外人。面对夷狄威胁的时候，华夏各族应该搁置纷争一致对外。在《左传》、《国语》等书中，记述春秋时人，不仅称西周所封诸侯为“诸夏”，也称“诸华”，或“华夏”连称。华夏与中国同义，夷蛮戎狄合称四夷或四裔。《左传》记载鲁定公十年(前550)，齐与鲁和，两君会于夹谷。齐谋以东夷莱人劫鲁侯，孔子责齐说：“两君合好，而裔夷之俘以兵乱之……裔不谋夏，夷不乱华。”使齐侯自认失礼。孔颖达疏解说：“中国有礼义之大，故称夏；有服章之美，故谓之华。”实则，夏训大，“广居也”，是以住土木结构的大房子为特征，未必有傲视他族而自为尊大的意思。“华”则自居礼义文采，视他族为不知礼义的“野人”，甚至是“禽兽”，华夷贵贱尊卑的观念已很明显。所以春秋时“华夏”既是族称，又是地理与文化的概念。当时的人说“兄弟阋于墙，外御其侮”，就是这个意思。“夷夏之辨”强调，华夏是文明族类，夷狄是野蛮族类，在华夏内部要推行德政，对待夷狄要以武力压服，叫作“德以柔中国，刑以威四夷”。在春秋早期的历史背景下，这些主张具有抵御周边少数民族特别是北方游牧民族侵扰中原、护卫华夏文明的意义，而对于中华民族扩大交融的历史趋势还缺乏自觉。

历史进入春秋晚期人们关于夷夏之辨的看法有了新的发展。春秋前期，人们认为华夏族是有“礼仪之大”、“章服之美”的文明族类，夷狄是不知礼仪、不讲文明的野蛮族类，甚至认为是野兽、豺狼。到了春秋晚期，孔子一方面继续强调“裔不谋夏，夷不乱华”，另一方面又提出对夷狄不能只采取武力征服的手段，同时也应当采取怀柔教化手段。① 他说：“远人不服，则修文德以来之。既来之，则安之。”要发挥道德的感召力，吸引四夷臣服，招徕四夷之民。当四夷之民来到华夏各国以后，华夏国家要好好安置他们，使他们安居乐业。孔子发展了以文明、野蛮区分夷夏的观念，从当时的历史现象中总结出夷夏可以互相转化的思想观念。孔子修《春秋》有一条原则：“用夏变夷者夷之，夷而进于中国则中国之。”就是说，华夏之国如果倒退到如夷狄一样野蛮，《春秋》的记载就把这样的华夏之国当作夷狄加以贬抑；夷狄之国如果进步到华夏文明的水平，《春秋》的记载就把这样的夷狄国家当作华夏加以褒扬。孔子认为华夷可以转化是有历

① 参阅张岂之主编《中国历史·先秦卷》，高等教育出版社 2001 年版，第 248 页。

史根据的。例如,“楚之先出自帝颛顼高阳”,乃是黄帝后裔,本来属于华夏族。而其一支迁往楚地后,与蛮夷同化,久之化为蛮夷。周末时的楚王熊渠也自称:“我蛮夷也。”再如,周太伯、仲雍奔吴,得到吴地土著拥戴成为荆蛮领袖。他们则接受荆蛮习俗“文身断发”,变为蛮夷。孔子的观点与春秋时期华夏族和四夷族的发展有密切的联系。在社会大变动的春秋时期,历史的中心已经不再限于中原,过去被视为夷狄的秦、楚、吴、越先后发展强大起来,文明程度已经与中原并驾齐驱,他们已经成为华夏族群的一部分。孔子的见解是历史前进的反映。

“华夷之辨”在当初确实包含有华尊夷卑的不平等观念,但它的本质不是血统上的区别乃是道德文化和价值观上的区别。特别是儒家孔子所提出的华夷观承认夷狄可以进于华夏,华夏也会退为夷狄,主张华夷互相学习共同发展,既符合历史实际又具有兼容并包的精神,它在生活中的推扩,促进了华夷融合和中华民族的整体认同。原本是夷狄戎蛮民族,在和华夏族接触的过程中习用了华夏的文化礼仪制度,从而认同华夏族,就会转变成为华夏族,这就是由“夷”变成“华”;原本是华夏族的因为僻处四方,和中原诸夏不相往来,习用诸夷狄的文化礼仪制度,就会被排除出诸夏之列,不再以华夏族来对待,这就是由“华”变成“夷”。因此无论血统本来是“华”还是“夷”,只要习用华夏族礼仪和道德文化,就可以成为诸夏;只要摈弃了华夏族的礼仪和道德文化,就可以归之为“夷”。华夏族和其他非华夏族的区别其实是以礼仪和道德文化为基础为核心的,而不是以血统或其他自然属性来区别的。民族的根本性是文化,“华夷之辨”实质就是不同民族之间的礼仪和道德文化高低之辨,而不是血统之辨。“华”与“夷”主要是一个文化、礼仪上的分野而不是种族、民族上的界限。华夷之辨并不含有种族或民族上的排他性,而是对一个社会礼仪和道德文化发展水平的认识和区分。其要旨在于保卫文明,抵抗野蛮的侵略,防止一切野蛮对文明的侵略导致的社会倒退、文明破坏的悲剧的发生。

西周时期,在雒邑为中心的地带,华夏民族的东南西北都遍布着蛮、荆、戎、狄。他们之间一直存在为争夺领土、财物而展开的斗争。西周的灭亡,春秋的开端,就是导源于犬戎的进攻。周平王东迁后王室更加衰微,徒有天下共主的虚名,各诸侯国内政一片混乱,在争夺斗争中厮杀不断,四夷趁机内迁。据《后汉书·西羌传》记载:“平王之末,周遂陵迟,戎逼诸夏。自陇山之东,及乎伊、洛,往往有戎。于是渭首有狄、豸原、邽、冀之戎,泾北有义渠之戎,洛川有大荔之戎,渭南有骊戎,伊、洛间有相柜、泉皋之戎,颍首以西有蛮氏之戎。”还有“陆浑戎自瓜州迁于伊川,允姓戎迁于渭汭,东及辗辕。在河南山北者,号曰阴戎。”到春秋中期,绵诸、畎戎、乌氏、朐衍之戎继续向东迁移(《史记·匈奴传》)。西部宗周故地早为戎族占领,北方的戎狄出没于燕、齐、鲁、卫、宋、郑诸国,到处劫掠破坏,南方的楚人吞灭汉阳姬姓诸国,更欲恃强侵犯中原。鲁庄公三十二年(前662),狄人进攻邢国;鲁滑公二年(前660),又攻袭卫国,甚至灭掉了卫国;第二年,狄人又进攻邢国;鲁厘公十年(前650),狄人灭温。其后,戎狄蛮夷的攻袭仍不绝于书,如鲁文公四年(前623),狄人袭齐;鲁文公七年(前620),狄人犯鲁;鲁文公九年(前618),狄人袭齐;鲁文公十年(前617),狄人袭宋;鲁文公十一年(前616),狄人袭齐,又袭鲁。当时,“南夷与北狄交,中国不绝若线”(《公羊传》僖公四年),形势非常危急。由此可见当时戎狄对中原的威胁程度。正是在这种特定的历史情势下,齐桓公和管仲举起了“尊王攘夷”的旗帜,得到众多诸侯国的响应。齐桓公是春秋时期第一个称霸的君主,因面临着戎狄对中原的不断攻袭,率先将攘夷同尊王一样作为两大任务。史载鲁庄公三十年(前664),齐桓公因山戎多次攻袭燕国,而与鲁国会盟,并出兵北伐山戎。正是戎狄的不断攻袭,使齐桓公多次出兵征伐戎狄。而其中管子起了决定性的作用,故孔子说:“微管仲,吾其被发左衽矣。”(《论语·宪问》)继齐称霸的晋国、楚国、吴国、秦国,相继灭掉临近的许多少数民族部落方国,如楚灭庸、群舒,晋灭赤狄诸国和陆浑之戎,秦灭西戎诸国。这些被灭国的少数民族便与华夏族融合起来,成为华夏族的一部分。

如果说春秋时,诸侯还能聚集在“尊王攘夷”的旗号下举行“会盟”,到战国时,“尊王”的旗号已被兼并所代替,天下一统已成为不可抗拒的趋势,“攘夷”的任务也已经大体完成。原来被视为戎蛮的秦楚两国,与三晋、燕、齐并列七雄,同称中国与华夏,而春秋时在黄河、淮河、长江流域与诸夏交往杂处的各族,此时不少已经华化。夏、周出于羌,商出于夷,是一个文化汇聚与融合的历史过程。战国时形成的中原三晋,东方齐鲁,南方楚,西方秦,北方燕几个大的政治、经济、文化中心,同样无不是以当地华夏为核心,各自融化了夷、蛮、戎、狄一部分及其许多经济、文化因素而形成。秦、楚由戎蛮转而为华夏,战国时与齐、魏、赵、韩、燕并称七雄。它们各自统一了一个大地区，境内原先都有多种民族，到战国末年，燕、赵与秦一样已修北边长城，以防匈奴、东胡和羌人等游牧民族掠夺郡县之民，而三国北边长城以内，都已是从事农业的华夏居民分布之区。七雄之间，或南北合纵（楚、齐、燕及三晋）以拒秦，或秦分别与楚、齐连横以削弱山东其他国家，如此纵横交合，争战不息，都是企图在地区性统一的基础上实现中国的大统一。这是华夏已稳定地形成为同一个民族的基础上的兼并统一。七雄战争规模越来越大，而民族大认同的统一意识也越来越明确。可以这样说：秦灭六国，统一中国，是在华夏已形成稳定民族共同体的基础上必经的历史结局；华夏民族共同体则是以黄河中下游东西两大集团交融汇聚形成的核心，由四方各族分化出一部分在河、淮、江、汉地区融合而成。中华民族历史上第一次出现了南北旱地农业文化与水田农业文化地区的统一与融合，同时也有许多来自西北与北方游牧各部的人们来到中原，融入华夏之中，对华夏民族共同体的形成不仅起了催化作用，也加入了许多新的有活力的因素。所以，华夏是由多元汇聚复合而成的民族共同体，从其来源看，与四方各族都有共同的渊源关系，从区别看，则是文化汇聚与分化的结果。

战国时期，与列国争雄相伴的“大一统”观念承认华夏四夷“五方之民”存在的事实，主张华夏族与各少数民族在一个统一的政权下共生共存。《禹贡》叙述了大禹治水成功，将四海之内亦即“天下”按距王城远近划分为“五服”，然后根据不同情况采取不同的治理方法。它表达了以天子为国家元首、以王畿为中心的天下大一统思想，包括华夷一家的思想。西周初年，“五服”制度已经产生，周统治者通过分封子弟和册封各部落和原有邦国的形式，将诸部落和邦国置于自己的控制之下。《国语・周语上》第一次有详细阐述：“先王之制：邦内甸服，邦外侯服，侯、卫宾服，蛮、夷要服，戎、狄荒服。甸服者祭，侯服者祀，宾服者享，要服者贡，荒服者王。日祭、月祀、时享、岁贡、终王。先王之训也，有不祭则修意，有不祀则修言，有不享则修文，有不贡则修名，有不王则修德，序成而有不至则修刑。于是乎有刑不祭，伐不祀，征不享，让不贡，告不王。于是乎有刑罚之辟，有攻伐之兵，有征讨之备，有威让之令，有文告之辞。布令陈辞而又不至，则增修于德而无勤民于远，是以近无不听，远无不服。”这里不仅提出了“五服”的观念，还提出先教化后征伐的策略。这对于华夏族和其他民族的融合起到了很大作用。《礼记·王制》叙述了天下五方之民经济、文化、习俗的差异后说："中国、夷、蛮、戎、狄，皆有安居、和味、宜服、利用、备器"，认为"五方之民，皆有性也，不可推移。东方曰夷，被发文身，有不火食者矣；南方曰蛮，雕题交趾，有不火食者矣；西方曰戎，被发衣皮，有不粒食者矣；北方曰狄，衣羽毛穴居，有不粒食者矣。"各族经济、文化、习俗的差异是环境不同造成的，在各自的环境下都有合理性。处理各族的关系应当"修其教而不易其俗，齐其政而不易其宜"。"修其教"、"齐其政"是统一性的要求，而"不易其俗"、"不易其宜"则是尊重各族的习惯与传统。这里包含有在尊重差异的基础上立主导，在包容多样的基础上求统一的因素，可以说是一种对民族关系进步的认识与实践。

不仅如此，在民族融合中还出现了对共同祖先的尊认和归附。春秋战国时各国都认为华夏诸国为黄帝、炎帝的子孙，将原属不同部落的天神与祖神加以合并，归纳成同出黄帝的统一谱系。其中影响最大的是《世本·帝系》及《大戴礼记》中的《帝系姓》与《五帝德》，司马迁据以作《五帝本纪》、《夏本纪》、《殷本纪》、《周本纪》、《秦本纪》、《齐世家》、《楚世家》等。同一来源谱系的构成，既促进了华夏民族大认同，又是华夏民族大认同的产物，它表明一些原本被认为"非我族类，其心必异"的蛮夷现在都已认同为黄帝裔胄。"秦汉的大一统，更加促进了各民族对黄帝的认同，黄帝已经成为中华民族团结凝聚的象征，成为中华民族的人文初祖。"①至于姜姓齐、吕等国，早已是姬周舅姓之国，虽属炎帝之后，而炎帝已被奉为黄帝的兄弟。所以尽管华夏民族是有许多炎黄以外的来源与炎黄融合而成的复合型民族，但在统一谱系形成之后，大家都从心灵深处和文化价值上十分自愿且无比自豪地称为炎黄子孙，并在这一称谓下获得民族身份和文化的自我认同。这就是中华民族共同的精神家园。

秦统一中国，为中华民族发展创造了政治环境，但统一于秦代的中华民族还没有形成新的稳定的民族共同体，秦王朝就灭亡了。汉代建国以后，继承发展了秦代开创的"大一统"中央集权国家制度。在长达四个世纪的汉代统一政权下，由华夏族发展而来的汉族成为稳定的民族共同体，并取得了中国主体民族的地位。值得特别指出的是，汉代处理民族问题的思想有历史性的进步。当

---

① 张曙光主编：《民族信念与文化特征——民族精神的理论研究》，人民出版社 2009 年版，第 158 页。

时的人看到"中国夷狄，五方之民，皆有性也，不可推移"，因而主张治理"五方之民"要"修其教不易其俗，齐其政不异其宜"。修教、齐政具有精神文明建设和政治文明建设的意义，不易其俗、不异其宜则具有尊重各民族文化传统和生活方式的意义。这种思想既主张各民族共同进步，又尊重各民族的特性，是先秦"华夷之辨"提倡文明、提倡进步思想的发展，奠定了以后中国历代民族政策的理论基础。

第二节　民族关系处理中的道德原则及价值追求

中华大地上发展起来的各民族共同创造的文化在其发展过程中，始终是以华夏/汉文化为主体，起着主导作用，同时边疆各民族的贡献增添了多姿多彩的内容，使中华文化既具有统一性，又具有多元区域性发展的特点，并且不断在多元文化汇集交融中使中原文化得到新的勃兴、转化，因而又具有更强大的辐射力。

一、崇尚和谐，华夷一家

先秦民族关系的主流是崇尚和而不同，和睦相处，朝着一种共生共赢的方向和格局发展与运演，在无数次民族融合中奠定了"华夷一家亲"的思想基础和价值格调。儒家倡导以"和而不同"的原则处理民族关系，既加强民族之间的交流合作，又注重保持本民族的独特性，同时也尊重其他民族的独特性，承认各方之间的区别，且在各自特征和差异的基础上保持协作，实现共生共赢。不同民族之间必然存在一定的文化差异，这是由其各自历史发展所造成的客观现象，也是他们平等交往的基础。否定或排斥其他民族的独特属性，不仅无益于实现和平，反而会挑起冲突争端；而放弃自己民族的独立性，则会丧失自身存在和发展的基础。因此儒家倡导的民族之间和平相处，就是在尊重和保持各方自身独立性、原则性的基础上，互相尊重、互相理解，不偏不倚、平等相处。

华夏与夷狄之间从来没有一个绝对不可逾越的界限,他们之间总是相互转化,互为你我,夷狄进而为华夏,华夏出而为夷狄。夏人兼有羌、戎血统,启之孙媳后缗娘家“有仍氏”,“仍”即“戎”,属戎族;其子少康娶姚姓女,而姚为夷姓。夏桀伐有施得妹喜,妹喜属东夷人。商人有夷戎血统,商代民族构成变化的主要驱动力来自战争。有商一代,中央王国对周边方国的战争频繁激烈。武丁“伐鬼方,三年克之”。又“奋伐荆楚,深入其阻”,帝乙兴师,征伐那些“分迁淮岱,渐居中土”的东夷。在年复一年的民族征服战争中,数不清的异族战俘被带到中原,男子作为奴隶,以补劳动力的不足,女子则有许多被作为奴婢及妻妾,民族通婚混血在悄然进行。所谓“纣有亿兆夷人,亦(大)有离德”,即指战俘而言。结果,不仅一大批夷人加入到华夏行列中,从此变成了华夏,而且还把夷人的血统大量带入,给华夏注入了新的血液。同时,中原之人也不断地向周边他族居住区迁徙。如“桀与其属五百,南徙千里,至于不齐。不齐民去之,转之郧,遂放之南巢氏”,证明了夏人对江淮地区夷人的充实;而“桀崩,其子淳维妻其众妾,遁于北野,随畜转徙,号荤育,逮周日盛,曰猃狁”,又说明了夏人对北方胡人的充实。民族间的互动互补,显然从一开始就是双向进行的。所以历史上不同民族的政治家和思想家对“华夷互易”的民族融合原则有其共同的理解。“夷狄入中国则中国之,中国入夷狄则夷狄之”,民族识别意识的更新正是民族构成不断变动的产物。

周代商后,殷人及追随殷人的“徐戎”、“淮夷”发生叛乱,周公代表成王发布诰令:“自作不和,尔惟和哉。尔室不睦,尔惟和哉。尔邑克明,尔惟克勤乃事。”你们和你们的家庭不和睦不和谐,应该和睦、和合起来,你们要勤于职守,为民表率,才能使一邑和谐起来。诰令指出夏代的灭亡,是在于不敬天和残害人民,所以商“代夏作民主”,是因为商汤“明德慎罚”。但商纣王荒淫无耻,政治黑暗,周代商治理天下,是上天的意志,假如你们不尊重上天的命令,“不克敬于和,则无我怨”。不能和睦、和谐相处,那么,上天就要惩罚你们。“和”被赋予天的意志,起着维护国家安定和谐的特殊作用。成王死后,遗命康王:“率循大卞,燮和天下。”遵循国家大法,治理好天下,使天下和睦、和谐、和合。

周穆王将去征讨犬戎,祭公谋父劝阻说:“不可!先王耀德不观兵。夫兵戢而时动,动则威,观则玩,玩则无震。是故周文公之《颂》曰:‘载戢干戈,载櫜弓矢。我求懿德，肆于时夏。允王保之。’先王之于民也，懋正其德而厚其性；阜其财求而利其器用，明利害之乡，以文修之，使务利而避害，怀德而畏威。故能保世以滋大。”祭公谋父之所以反对征讨犬戎的理由在于先王以道德昭示天下而不炫耀武力。平时敛藏军队而在适当的时候动用，这样它才会显示出威力，炫耀就会滥用，滥用便失去了威慑作用。先王对于百姓，鼓励他们端正德性和敦厚品行，广开财路以满足需求，使他们有称心的器物使用，明示利害所在，依靠礼法来教育他们，使他们能趋利避害、感怀君王的恩德而畏惧君王的威严。所以先王能使自己的基业世代相延并不断壮大。祭公谋父接着说："昔我先世后稷，以服事虞、夏。及夏之衰也，弃稷不务。我先王不窋用失其官，而自窜于戎、狄之间，不敢怠业，时序其德，纂修其绪，修其训典，朝夕恪勤，守以敦笃，奉以忠信，奕世载德，不忝前人。至于武王，昭前之光明而加之以慈和，事神保民，莫弗欣喜。商王帝辛，大恶于民，庶民不忍，欣戴武王，以致戎于商牧。是先王非务武也，勤恤民隐而除其害也。"(《国语·周语上》)意即从前我们的先王世代担任农官而尽心为虞、夏做事。到夏朝衰落时废去了农官而置农事于不顾，我们的先王不窋因此而失去官职，只好跑到与戎狄接邻的地方居住下来，但他不敢荒废祖业，常常砥砺自己的德行，继承祖先的业绩，维护他们的教导和典则，时刻勤勉有加，以敦厚自守，以忠信自奉，在立德立业上比前人做得更出色。到了武王时，继续发扬光大先人光明磊落的德行并又增以仁慈和善，敬奉神灵、保护百姓，神人无不欢欣喜悦。而商王帝辛则为民众深恶痛绝，百姓无法忍受他的残暴统治，都乐于拥戴武王，武王才出兵商郊牧野。可见先王并非崇尚武力，只是体恤百姓的忧患而除去他们的祸害。祭公谋父的劝谏，入情入理，情理结合，非常具有说服力，可是昏庸的周穆王不听劝告，执意去征讨犬戎，结果只得到了犬戎进贡的四只白狼、四只白鹿回来，从此荒服地区的诸侯再也不来朝见了，使民族关系日趋恶化。这从反面说明了民族关系和则两美、斗则两伤的重要性。

在中华民族发展的历史长河中，由于各民族崇尚和谐与和睦相处，故产生了"华夷一统"、"华夷一家"、"夷夏一家"的观念和价值认同。这种民族融合观念和价值认同，体现在文化中就是"和"、"合"精神，具体又通过"怀柔"、"羁縻"等对边疆民族政策得到推扩与实行，通过各民族迁徙杂居以及族际通婚等得到贯彻执行。各民族迁徙杂居是促进民族融合的重要路径。中国各民族自身发展与彼此关系的日趋密切,与历史上的民族迁徙和人口流动密切相关。正是通过不同民族间的辗转流动与交错杂居局面的形成,才可能有经济文化的频繁交往和彼此感情的沟通,才可能有更为广泛的民族融合。我国古代民族种类繁多,彼此间融合兼并,兴衰嬗变,有分有合,情况极为复杂。一般而言,夏族及其先民以黄河和长江为摇篮,崛起于中原大地,从很早的古代起,就向四方迁徙,波浪式地从点到线、从线到面,与周围各民族和睦相处。少数民族很早就散居四方,如春秋战国时期,东方九夷、南方苗蛮、西方氐羌、北方戎狄及东北肃镇等民族群体,竞相登上历史舞台,与夏族交往频繁。民族的分布与迁徙是一个异常复杂的动态演变过程。从民族关系史的视角而言,寇边与攘夷、内附与反叛、和亲与征讨、互市与封锁、怀柔与威服、相互安惠与兵戎相向,都是中华民族形成过程中冲突与聚合的不同表现形态。从民族历史发展的纵向上看,商周开拓边地,春秋战国移民戍边,以及因战争和各种社会、历史、自然因素的影响,致使各民族间的汇聚、分解、融合时有发生。这种动态的民族迁徙,总是不断地冲破民族界线,打破民族间的隔绝状态,为各民族深层次交往和真正的文化沟通,为各民族间的相互融合和同化创造了条件,加快了民族融合的进程。

族际通婚是民族融合的重要方式。中国历史上族际通婚是一种十分普遍的现象。华夏文化在发展中形成的“天下观”和“族群观”,中原夏族在看待边缘地带的民族时,看重的是他们的“文化”动态取向,忽视的是体质方面的差异,对族际通婚没有采取歧视和排斥的态度,而是采取宽容的态度,再加上夏族在文化技术方面的先进,吸引了许多少数民族与夏族通婚。通婚是民族融合的一个重要方面。华夏及其后代大量、反复地与夷狄通婚混血,盖因“异类虽近,男女相及,以生民也”。异类,指不同的部落集团或不同的民族。黄、炎是不同部落集团通婚的混血儿。炎帝部落历史早于黄帝,后世多羌姓。黄帝兼并炎帝后,两大集团始终保持紧密的通婚混血关系。黄帝后裔,颇多夷狄,史谓:“黄帝生苗龙,苗龙生融吾,融吾生弄明,弄明生白犬,白犬有牡牝,是为犬戎”,“黄帝之孙曰始均,始均生此北狄”。当然黄帝不一定实有其人,更不一定真的生了那么多夷狄子孙。但作为一个兼并了许多部落集团的战胜民族的代表,作为一个不断地与他民族通婚混血的民族共同体的象征,被融合的各部落、各民族成员自然都会把黄帝视为共同的祖先。黄帝的出身、生平及其后裔的传说,正是多民族一体化的华夏族形成的缩影。生活在数千年后的鲜卑人据此认为是黄帝嫡孙，谓“昔黄帝有二十五子，或内列诸华，或外分荒服，昌意少子，受封北土，国有大鲜卑山，因以为号”，并非妄语。诸夏的华人与四周的戎狄蛮夷间的通婚在周代最甚。其中周襄王娶狄女为妻，甚至立为王后；晋献公在娶狄女为妻后，又娶戎女骊姬及其妹妹为妻；后来晋文公重耳曾出逃于狄，又娶狄女季槐为妻等，就是特别著名的事例。

《史记·秦本纪》记载：“申侯乃言孝王曰：‘昔我先骊山之女，为戎胥轩妻，生中潏，以亲故归周，保西垂，西垂以其故和睦。今我复与大骆妻，生适子成。申骆重婚，西戎皆服，所以为王。王其图之’。于是孝王曰：‘昔伯翳为舜主畜，畜多息，故有土，赐姓嬴。今其后世亦为朕息马，朕其分土为附庸。’邑之秦，使复续嬴氏祀，号曰秦嬴。亦不废申侯之女子为骆适者，以和西戎。”申侯，即西周末年西申国之君，姜姓，相传为伯夷之后。申侯之祖早在商末即与骊山氏结为婚姻，其所生之女又嫁给了秦人祖先胥轩为妻。到周孝王之时，申侯又一次与居住在犬丘（今陕西兴平）的秦族首领大骆联姻。周孝王想让非子做大骆的继承人。申侯的女儿是大骆的妻子，生了儿子成，成做了继承人。申侯就对孝王说自己的祖先是骊山那儿的女儿，她做了西戎族仲衍的曾孙胥轩的妻子，生了中潏，因为与周相亲而归附周朝，守卫西部边境，西部边境因此和睦太平。现在我又把女儿嫁给大骆为妻，生下成做继承人。申侯与大骆再次联姻，西戎族都归顺。赐给他秦地作为封邑，让他接管嬴氏的祭祀，号称秦嬴，但也不废除申侯女儿生的儿子做大骆的继承人，以此来与西戎和好。

族际通婚，作为中国历史上各民族、各政权首领间为平衡彼此政治关系而缔结的一种姻亲关系，在一定程度上可以化干戈为玉帛，避免民族冲突和战争，缓和民族矛盾，冲淡了民族偏见，增进了民族情感。随着姻亲关系的确立，联姻双方即建立了翁婿、舅甥、兄弟关系，这不仅在血缘上加速了民族融合，同时，族际通婚过程中诸政权间建立的聘问、朝贡、馈赠、贺旦、互市等广泛交往，周边民族在潜移默化中，渐染华风，加速了汉化。

崇尚和谐要求对不同民族平等相待，虽然各民族之间的文明程度有所差异，但只要符合王道正义，接受礼仪教化，就能融入中华民族大家庭之中，成为中华民族大家庭中的一员，此即儒家所向往的“裔不谋夏，夷不乱华，俘不干盟，兵不逼好”(《左传·定公十年》)的和平格局。

二、礼尚往来,互通有无

《礼记·曲礼上》:“礼尚往来。往而不来,非礼也;来而不往,亦非礼也。”礼尚往来,要求民族之间应当互相帮助、互相扶持与互相关心。

历史上的民族融合,与互补互惠的族际经济联系密切相关。互补互惠的族际经济联系是促进民族融合的重要因素。经济关系是民族间的基本关系和必然联系,历史上我国各民族传统经济区域呈现为南北三个发展带和农耕、畜牧两个大的经济区。从南北方向看,秦岭—淮河以南是以华夏族为主体经营的水田农业发展带,秦岭—淮河以北至秦长城是以华夏族为主体经营的旱地农业发展带,而秦长城以北是历史上以北方民族为主体经营的游牧和狩猎经济发展带。从经济区来说,西部和西北部游牧民族活动的中心,是传统的畜牧经济区。黄河中下游和长江中下游及其以南地区,是发达的农耕经济区。不同的经济类型具有一定的互补性。一般而言,农耕民族以种植业为主,兼养家畜,经济稳定,基本上能够满足自身的生活需要,但也向往游牧民族优质的畜产品。游牧民族在茫茫草原上放牧牛羊,畜群为主要的生产资料,产品相对单一,需要与农耕民族进行频繁的交换,换取农产品和手工业品,以补生活之需。我国各民族间的经济交往是多层面、多途径的,既包含官方层面的移民实边和屯垦、“马绢互市”和“茶马贸易”,也包含除了跨地区的民间贸易以外,人们日常生活中的互助、互惠、互利行为。这是夏族与各民族人民经济联系的纽带,也是各族间相互依存彼此融合的重要经济基础。

《史记·周本纪》载:“古公亶父复修后稷、公刘之业,积德行义,国人皆戴之。薰育戎狄功之,欲得财物,予之。已复功,欲得地与民。民皆怒,欲战。古公曰:‘有民立君,将以利之。今戎狄所为攻战,以吾地与民。民之在我,与其在彼,何异?民欲以我故战,杀人父子而君之,予不忍为。’乃与私属遂去豳,度漆、沮,逾梁山,止于岐下。豳人举国扶老携幼,尽复归古公于岐下。及他旁国闻古公仁,亦多归之。于是古公乃贬戎狄之俗,而营筑城郭室屋,而邑别居之。作五官有司。民皆歌乐之,颂其德。”古公亶父(dǎn fǔ)是后稷的后代,他继位后重修后稷、公刘的大业,积累德行,普施仁义,国人都爱戴他。戎狄的薰(xūn)育族来侵扰,想要夺取财物,古公亶父就主动给他们。后来又来侵扰,想要夺取土地和人口。人民都很愤怒,想奋起反击。古公亶父说:“民众拥立君主,是想让他给大家谋利益。现在戎狄前来侵犯,目的是为了夺取我的土地和民众。民众跟着我或跟着他们,有什么区别呢?民众为了我的缘故去打仗,我牺牲人家的父子兄弟却做他们的君主,我实在不忍心这样干。”于是带领家众离开豳地,渡过漆水、沮水,翻越梁山,到岐山脚下居住。豳邑的人全城上下扶老携幼,又都跟着古公来到岐山脚下。以至其他邻国听说古公这么仁爱,也有很多来归从他。于是古公就废除戎狄的风俗,营造城郭,建筑房舍,把民众分成邑落定居下来。又设立各种官职,来办理各种事务。民众都谱歌作乐,歌颂他的功德。

春秋时,少数民族羌戎氏为了躲避秦国的压迫,逃到晋国。他们为了报答晋国收留之恩,积极从事生产和参与战斗,为晋国的发展出了不少力。尽管如此,晋国贵族中总还有人说三道四,其中包括范宣子这样的贤臣。一次,他在朝廷上公开指责羌戎氏的首领戎子驹支,说他泄露了晋国的秘密,造成晋国在人们心目中地位下降;并宣布取消驹支参加国事活动的资格。驹支听了,气愤地说:“昔秦人负恃其众,贪于土地,逐我诸戎。惠公蠲其大德,谓我诸戎是四岳之裔胄也,毋是翦弃。赐我南鄙之田,狐狸所居,豺狼所嗥。我诸戎除剪其荆棘,驱其狐狸豺狼,以为先君不侵不叛之臣,至于今不贰。”(《左传·襄公十四年》)驹支还历数诸戎与晋国联合作战的经历,从前,晋文公和秦国一起攻打郑国,秦国暗中与郑国结盟。后来晋、秦两国在殽地交战,晋国在上边抵御,我们在下面对抗。秦国的失败也有我们戎人的功劳,就像捕鹿一样,晋国人抓住了它的角,戎人拖住了它的腿,我们一起把它摔倒,我们戎人对晋国有功,为什么还要受责难呢?从殽之战后,晋国参加的各次战役,我们都积极参加,从来没有违背过命令!现在有人说我们的坏话,认为晋国地位下降是我们戎人造成的,我认为恐怕是由他们自己的过失造成的。况且,我们戎人饮食、衣物和中原不同,特别是语言和中原不通,我们能做什么坏事呢?范宣子听了驹支的这番话,感到十分惭愧,向驹支道歉,并同意他参加第二天的国事活动。驹支的话,描述了少数民族羌戎与华夏族一起参加晋国的生产活动,为晋国的发展作出了贡献。当然也肯定了晋国先君在他们困难时收留他们的恩德。这一史实揭示了华夏族和少数民族礼尚往来,互通有无的情境。

三、互相学习，共同进步

先秦时的“夷夏之辨”并不是不同“文明”之间的相互区别与排斥，而是相对发展水平较高的“文明”与相对发展水平较低的“文明”之间的关系，同时发展水平较低的“夷狄”也承认这一点并积极向中原“华夏文明”学习。它们之间最重要的互动关系，不是彼此敌视和相互消灭，而是文明的传播与学习。虽然“夷狄”与“华夏”有很大的文化差异，但并非不能归化，而“华夏”的范畴日趋扩大的原因也是不断有“非华夏”的族类归化了“华夏文化”而成为“华夏族”的一部分。

在民族融合的过程中，既有夷狄变为华夏的范例，也有华夏变为夷狄的范例。先秦的史料中关于“华”变成“夷”的记载颇多。《史记·五帝本纪》有云：“流共工于幽陵以变北狄，放驩兜于崇山以变南蛮，迁三苗于三危以变西戎，殛鲧于羽山以变东夷。”驩兜，三苗的族属历来多有争议，但是共工和鲧的族属，则多认为是华夏族，共工和鲧原为华夏族，后来因为共工和鲧及其部分后人因为战争失败的缘故（流，殛）僻处于于四方，不和中原诸夏相往来，弃华夏礼仪不用，习用诸夷之文化，由“华”变成“夷”。由夷变夏的记载不绝于书，即便是华夏族之核心的夏族、商族和周族，也有着由夷变夏的发展线索或谱系。夏族有来自羌、戎的血统，商族有来自东夷的血统，周族有来自西戎的血统，他们的祖先在民族融合中不断地朝着华夏化的方向发展，进而成为华夏族的核心成员。据史书记载，楚人原为华夏族，但是在春秋时期，楚国人多认为自己是蛮夷，不是华夏族，到了战国时期，楚国人才又再次认为自己属于华夏族，楚国经历了由“华”变成“夷”，再由“夷”变成“华”的过程，这也为我们提供了华夷之辨乃文化礼仪之辨，非血统之辨的依据，可以确切地说华夷的区别是文化与价值观，不是血统。

《史记·鲁周公世家》云：“鲁公伯禽之初受封之鲁，三年而后报政周公。周公曰：‘何迟也？’伯禽曰：‘变其俗，革其礼，丧三年然后除之，故迟。’”可见“华夏化”的过程是“变其俗，革其礼”。“文化习俗”不仅仅是“华夷之辨”的实质，同时也是“华”与“夷”相互“转化”和“评判”的标准，孔子作《春秋》曰：“夷狄入中国，则中国之，中国入夷狄，则夷狄之”也是说的这个道理。秉承“中华”、“中国”文化习俗的则归为“华”，而通过“变其俗，革其礼”后归化“中华”、“中国”夷的也可因被同化而称为“华”，它说明“华夏”和“夷狄”显然不是地域和血统能区别开的，若以“血统”和“地域”来划分则是不可转化的。按照孔子所曰：“夷狄入中国，则中国之，中国入夷狄，则夷狄之”的说法，不论以前的血统和地域如何，只要以往的“夷狄”归化“中华”的礼仪服饰、语言文字等，并习用“中华”的文化习俗，放弃原有的“蛮夷之俗”，那么他们就成了“中华”或“华夏族”。孟子继承了孔子以文化而非血统来区别“华”和“夷”的观点，提出：“以华变夷”，主张用“华夏”或“中国”的文化传统来改变“夷狄”的文化传统，把四方之民纳于“华夏”或“中国”文化之下，化“夷”为“华”，也就是主张民族同化融合。

古代中国人认为中原地区的文明是世界最发达的文明，周边的“夷狄”或早或迟都会学习效仿中原的文明。在这种观念中，凡是接受中原“教化”的人就被认同是“文明礼仪之邦”的“天朝臣民”。中华传统一方面强调“夷夏之辨”，另一方面又强调“溥天之下，莫非王土，率土之滨，莫非王臣”(《诗经·小雅·北山》)的“天下”观。由于中原地区的文明与“礼教”也是中国各族群之间长期文化交流融合所形成的结果，“夏中有夷”，“夷中有夏”，同时认为“夷夏”同属一个“天下”且“蛮夷”可被“教化”，所以中国文化传统认为天下所有族群从本原来说都是平等的，因此提出了“四海之内皆兄弟也”的观念(《论语·颜渊》)。这一观念明确提出了族群平等的基本理念，淡化了各族群之间在种族、语言、宗教、习俗等各方面的差异，强调不同的人类群体在基本的伦理和互动规则方面存在着重要的共性并能够和睦共处，强调族群差别主要是“文化”差异，而且“优势文化”有能力统合其他文化群体。

中华各民族相杂居住的分布格局，为各民族之间的互相学习和共同发展，提供了便利条件。赵武灵王是战国时代赵国的第六代君主，是一个有雄才大略、改革精神的国君。他当政的时候，面临赵国东、北、西三面被齐、中山、燕、东胡、秦、韩等国包围的严重局势，他立志革新，发愤图强，振兴国势。他首先从军事改革开始，从“胡服骑射”做起。他不顾大臣的反对，世俗的责难，带头脱掉原先长袖、肥腰、宽领口、大下摆的长袍大褂，改穿胡人那种紧身窄袖的短褂，腰系皮带，脚蹬皮靴，行动方便，更便于骑马打仗。接着他就派人去告诉叔父公子成，请公子成也带头穿胡人的服装。可公子成坚决反对，他告诉来人说，他早已得知赵武灵王改穿胡服了，但认为中原是圣贤施行教化，实施仁义，读《诗》、

《书》，行礼乐的地方，也是那些不开化的夷狄取法的地方。现在大王丢开中原的文化习俗，穿起胡人的服装，这就是改变了古代贤圣的教诲，更改了古代流传下来的制度，违背了人心，背叛了圣贤，是万万不可以的。赵武灵王得知公子成的态度之后，立即前往公子成的家中，亲自告诉他说："服装是为了方便而穿，礼法是为了便于行事而定。因此圣人考察当地的习俗而因地制宜，依据具体情况来制定礼法，为的是利于百姓，使国家富强。可以根据风俗的不同改变服装，根据情况的不同变更礼仪，今天胡服骑射就是为了图强、为了雪耻。叔父顺从中原的习俗，却违背了先人赵简子、襄子的意愿；厌恶改变服装的名声，却忘记了国家的耻辱，这不是我所希望的。"一席话说得公子成心服口服，接受了赵武灵王赐的胡服。后又说服了王子的老师和一些显要的贵族。与此同时，赵武灵王又以严厉的法令推行这项改革，于是王公、贵族都行动起来，穿胡服很快就在全国推广开来。赵国的士兵身穿简便的胡人服装，学习骑马射箭，很快建立起一支强大的骑兵队伍，赵国的军事力量迅速增强。经过几年的征战，在北方开拓了千里国土，灭掉了过去经常侵扰赵国的中山国，赵国成为当时国力最雄厚的国家之一。其他诸侯国看到赵国的改革成效显著，都来效仿胡服骑射，使得中国古代的战术发生了很大变化。

第四节　邦国外交关系中体现的道德生活

先秦尚无现代意义上的国际关系或外交关系，但是在当时情境下的邦国关系之对待与处理，也可以谓之后来国际关系或外交关系的滥觞，中华民族在此一方面的智慧与德性也得到了极大的彰显，它们构成中华民族道德生活史的重要组成部分。一些杰出的外交家如晏婴、蔺相如乃至苏秦、张仪等以特定的方式诠释了邦国之间关系处理的要义，并以自己的实际行动阐发了外交所应遵循的道德准则与道德要求。

一、中国古代由“邦国”而“王国”的发展路径

关于中国古代国家的形成和演进问题，苏秉琦先生提出了“古国—方国—帝国”的模式框架。在他看来，“古国指高于部落以上的、稳定的、独立的政治实体”，“即早期城邦式的原始国家”，“红山文化在距今五千年以前，率先跨入古国阶段”。“古国时代以后是方国时代，古代中国发展到方国阶段大约在距今四千年前。与古国是原始的国家相比，方国已是比较成熟、比较发达、高级的国家，夏商周都是方国……所以，方国时代是产生大国的时代。也为统一大帝国的出现做了准备。不过，方国最早出现是在夏以前。江南地区的良渚文化，北方的夏家店下层文化是最典型的实例”。①苏先生的“古国”“方国”的概念，与人们通常所使用的“古国”“方国”词语的意思有所不同。“古国”一般是既可以指夏王朝之前古老的邦国，也可以指夏商以来古老的国家，所以，“古国”一词本身并不能特指最初的原始的国家。“方国”一般是指夏商周时期与中央王朝或中央王国相对而言的各地方的国家，商在尚未取代夏之前，商对于夏王朝来说是方国，但在灭夏以后，商就不能再称为方国了，而已成为取得正统地位的中央王朝或中央王国。周也是如此，灭商前的周是商王朝的方国，可称为“周方国”，灭商后，取代商的正统地位而成为中央王国。苏先生的这一认识在反映先秦国家形态演变的阶段性上，有它的合理性，但“古国”、“方国”词语本身却是不规范的，带有主观随意性。

我们认同王震中“邦国—王国—帝国”的发展模式论②，即中国在进入初始国家后的发展经历了三个阶段与三种形态：邦国—王国—帝国，即由最早的邦国发展为夏商周时期的王国，再发展为秦汉以后的帝国。邦国起源于夏代之前，它与中国古代最初的国家起源是一致的。邦、国二字之形成时间有别，邦义在前，国义出现在后。二字的先后出现恰恰是中国早期政治形态发展的不同阶段的反映。邦字最初的本义源于封。封、邦古韵相通。王国维以为：“《说文》古文从邑乃从丰之伪，古封邦为一字。”（《古籀疏证》）封的原初涵义为封土成堆，

① 苏秉琦：《中国文明起源新探》，生活·读书·新知三联书店，1999年版，第131～145页。
② 参阅王震中：《邦国、王国与帝国——先秦国家形态的演进》，《河南大学学报》2003年第4期。

植木其上。古人植树于土堆之上以为封疆标识。卜辞有一封方、二封方、三封方、四封方，与《散氏盘》铭文中的一封、二封义同，乃指封疆而言。可见最初意义上的封并非后世封国的封，而是指在一定的地域范围内封土作疆，表示一个地域的划分和存在，这个地域最初则可称邦。邦是氏族社会发展到一定历史阶段的产物，它既保留了氏族社会的氏族、宗族、部落的聚族而居的特点，又有新出现的按封疆划定的较为固定的区域，这也正是《尧典》中所说的"万邦"的历史背景。"万邦"是中国古代国家萌芽和产生时期的一个特有的历史现象。在上古时期的埃及，在出现王国之前，已形成了不少"州"，这些"州"被认为是初期的国家，或即国家的雏形，这与中国古代所说的"万邦"有某些相似之处。不过中国的"万邦"保留了许多氏族的孑遗，而且在一个较为集中的范围内，仍是聚族而居，宗族、氏族的色彩很浓厚，在这一聚族而居的周围已有了"封疆"的存在。这种"封疆"并非是后世王朝所封之疆域，应是指最早出现的疆域区划。《左传·哀公七年》："禹合诸侯于涂山，执玉帛者万国。"《战国策·赵策三》："且古者，四海之内，分为万国。城虽大，无过三百丈者；人虽众，无过三千家。""万邦"正处于氏族、部落联盟向"国家"过渡的历史时期。"万邦"在古代文献中或称"万国"。《史记·五帝本纪》则作"合和万国"。先秦时期的"邦"与"国"，既用于表示国都之意，又用于表示国家之意，原因在于当时的国都是其国家的核心，国家是由其国都来代表的，所以又称之为"都邑国家"或"城邑国家"。在"万邦"中，有大邦也有小邦，有强邦也有弱邦，有中心邦，也有四方邦。古代文献说有"百里之邦"、"七十里之邦"、"五十里之邦"。《尧典》中所说的尧、舜、鲧、共工、四岳、群牧等，是指各个不同的邦或其首领。其中，群牧的内涵应是指较小的诸多小邦，四岳应是指依山而生存的几个邦。至于尧、舜、禹所统辖的邦，由于地理位置优越、基础较好、势力范围较大而成为当时较大的邦。随着事态的发展，在较大的邦中日益显出一个更大的邦，或可称之为"中心邦"。这个"中心邦"又日益发展，征服或吸纳了周围的一些小邦，日臻壮大，并在此基础上萌芽了早期的"国家"。

邦国经过某种程度、某个时期的发展，就有走向王国的趋势和可能，但将这种趋势和可能变为现实，又是有条件的。[①] 宗教祭祀和战争是国家起源中的两

① 参阅王震中：《邦国、王国与帝国——先秦国家形态的演进》，《河南大学学报》2003 年第 4 期。

个重要的机制，在邦国形成过程中起过十分重要的作用，在由邦国到王国的发展过程中，这两个机制特别是其中的战争依然发挥着自身独特的作用。而中原地区的地理条件决定了这一地域为四方会聚之地，也是诸族落邦国冲撞最激烈之地，战争使得邦国中萌发状态的王权获得了发展，促使了由邦国走向王国。王国是在邦国的基础上发展起来的。王国的出现始于夏王朝的建立，其最典型的时期是商周时期。

夏王国诞生之后，天下就出现了多元一体的格局，其政治实体是多个层次并存，既有位于中原的王国，也有各地的邦国，还有尚未发展为邦国的史前不平等的“复杂社会”乃至平等的氏族部落社会。由于王国与邦国相比，在政治实体发展的程度上，王国位于更高的层次，而且有些邦国与王国还有从属、半从属或同盟的关系，有些处于时服时叛，但中原作为一个政治中心已经形成，在多元一体的格局中，王国位于最高的顶点。位于中原的夏王国是在与周围的诸邦国的冲撞与竞争中崛起的，而夏王朝的建立又对诸邦国走向王国的发展速度有某种程度的抑制作用。夏王朝的建立，在天下建立了一种新的秩序，它一方面要求王权在王族中世袭，同时也把夏王国与诸邦国之间的不平等纳入了礼制的范畴，为了维持自己政治中心的地位，也为了维护天下的安宁和秩序，夏王国并不希望各地的方国即邦国的实力和其政治权力结构获得太大的发展。这种对以夏王朝为中心的“家天下”新秩序的维持，客观上是对诸方国迈向王国步伐的抑制。然而，抑制只能减缓发展的速度，并不能完全阻止诸方国由邦国走向王国。在夏代后期，作为方国的商，不但逐渐走向了王国，而且在成汤时还推翻了夏王国，取而代之，成为新的中央王国。发展到商王国晚期，周从一个方国迅即成为一个新的中央王国，演绎出了一幕如同商代夏的王国更替史。

王权王国之后是帝制帝国，中国古代帝国阶段始于战国之后的秦王朝。帝国时期的政体实行的是专制主义的中央集权。这种专制主义的中央集权的成因，与战国时期郡县制的推行和以授田制为特色的土地国有制的实行，以及先秦时期“溥天之下，莫非王土；率土之滨，莫非王臣”(《左传·昭公七年》)的政治理念的推扩，有着非常密切的关系。春秋战国时期，所发生的社会变革和文化转型，已经寓含着政治一统的走势。秦汉帝国正是春秋战国以来中国文化不断整合的结果，其“大一统”的文化模式，不仅在政治、经济上结束了分裂割据的历史，而且在思想意识、风俗习惯等多方面抑制了文化的多元性。寻求一统思想的努力，早在战国中后期便已开始。荀子、韩非子、吕不韦等人便是综合百家、铸造一统思想的代表人物。成书于秦即将完成统一大业之际的《吕氏春秋》明确提出："故一则治，异则乱，一则安，异则危。"此乃中国文化由晚周之"多"转向秦汉之"一"的先声。祈望四海一家、万邦协和，是中国人早在先秦即已形成的一种心理趋势，这种理想与趋势到秦汉方变成制度性现实。秦汉帝国在朝仪、职官、政区、律令、编户、邮驿、监察、国防、地方行政、人才等方面，都建立起系统的制度，这些制度成为后来两千多年中国文化的基本模式。

二、和为贵与协和万邦

中华民族在悠久的发展历史中，积淀和形成了自己独特而伟大的民族性格和民族精神。中华文化的核心和精髓，就在于"和合"二字。钱穆先生说：中国人常抱着一个天人合一的大理想，觉得外面一切异样的新鲜的所见所值，都可融会协调，和凝为一。这是中国文化精神最主要的一个特性：文化中发生冲突，只是一时之变，要求调和，乃是万世之常。① 中国文化的伟大之处，乃在最能调和，使冲突之各方兼容并包，共存并处，相互调剂。注重和合，是中国文化乃至中国人的特性。

孔子的学生有子说："礼之用，和为贵。先王之道，斯为美，小大由之。有所不行，知和而和，不以礼节之，亦不可行也。"(《论语·学而》)礼仪的作用，以和为最宝贵的价值。先秦儒家十分崇尚和谐与和平，视和谐为处理人与自然、人与社会、人与人、人的身心、国家与国家之间关系的总法则和价值目标，在人与自然的关系上主张"天人合一"，追求人与自然的和谐；在人与社会的关系上主张"天下大齐"，追求人与社会的和谐；在人与人的关系上主张"仁者爱人"，追求人与人的和谐；在人的身心关系上主张"修身养性"，追求人的身心和谐；在国家与国家的关系上主张"协和万邦"，追求邦交和谐。

"协和万邦"语出《尚书·尧典》，尧"克明俊德，以亲九族，九族既睦，平章百姓，百姓昭明，协和万邦，黎民于变时雍"。其意是称赞帝尧统治天下时推行仁

① 钱穆：《中国文化史导论》，上海三联书店 1988 年影印本，第 162 页。

政德治，注重以道德教化民众，百姓在家族之中与亲友相处融洽，进而由家族和睦延伸至社会人际关系的处理，实现社会主体之间的和谐有序。而这种伦理关系应用于邦国关系之上，促进不同利益主体之间都能从道德原则出发，互相尊重、和平共处。

“协和万邦”表现了中华民族爱好和平的优良传统，是中国传统文化中“和合”精神在民族、国家、文化层面上的重要体现。“协和万邦”是中华民族处理国内外一切争端的总原则和基本的情感倾向。坚持“协和万邦”的原则，其目的是为了实现“合和万国”(《史记·五帝本纪》)，或者用《周易》上的话来说：“保合大和”是为了“万国咸宁”，“天下和平”。而且，在中国主流传统文化中，儒家认为，坚持“协和万邦”原则，实现世界的普遍和平，是建设好国家，强国、富国的重要条件。以“和而不同”的原则为基本出发点，以开放的积极心态包容文化冲突，促进不同文明之间的平等对话与交流，缔造不同国家之间的睦邻友好关系，热爱和平的中华民族因此而成为历史上推动区域稳定乃至世界和平的中坚力量。

三、贵王道而修文德

儒家主张推行王道仁政，并以此实现治国平天下的理想目标。针对春秋战国诸侯争霸的政治局面要求统治者实行仁政德治，孔子、孟子等儒家代表人物提出以道德感召力量平息社会纷争，化解人们之间的对立和冲突，这不仅是指在本国范围内实现政治昌明、统一和顺的格局，而且这种仁政王道的实施有利于树立一国在国际关系中的威信，提升其在国际关系中的地位，从而实现“远人不服，则修文德以来之”(《论语·季氏》)。霸道思想依靠武力征服天下，虽然在短期内由于军事实力的差距而造成一方形式上的臣服归顺，却无法避免因仇恨而再次爆发冲突。相比而言，王道仁政依靠道德感召力量赢得民心支持，这种和平的局面将会更加稳定和持久。儒家推崇以非流血的和平方式解决冲突，希望实现“不战而胜，不攻而得，甲兵不劳而天下服”(《荀子·王制篇》)的局面。孟子指出，大国的地位不能依靠武力来确立，只能依靠自己的道义感召来获得，战争胜负的关键因素也不在于兵强马壮，而在于是否符合道义，符合道义的一方其实早已奠定了胜利的坚实基础：“域民不以封疆之界，固国不以山溪之险，威天下不以兵革之利……得道者多助，失道者寡助。寡助之至，亲戚畔之；多助之至，天下顺之。以天下之所顺，攻亲戚之所畔，故君子有不战，战必胜矣。”（《孟子·公孙丑下》）儒家将崇尚王道正义的原则用以作为判断战争性质的标准，提出了所谓“仁战”“义战”的观点。儒家反对以武力解决国家之间的冲突，但孔子将“足兵”视为国家政治稳定的防御性支撑，可见儒家也并非完全排斥军事力量的存在。同时，儒家还将战争的性质分为正义与非正义两种，所谓“正义的战争”是以推行王道政治、消灭暴力统治为其根本目标的，因此这种“义战”是有利于实现人民根本利益的，并且在战争的过程中也以不伤害人民生命为基本特征。例如历史上的商汤伐桀、武王伐纣等，都是以王道正义之师取缔暴政统治。这种战争由于以道德感召为基础，其实质是不违背和平理想追求的，也能够得到群众的拥护，即所谓“仁人之兵”。

在战争与和平的问题上，儒家始终旗帜鲜明地坚持和平是社会发展的基础，而将战争视为社会发展的极大破坏因素加以否定。儒家思想产生的历史环境就是春秋时代各诸侯国之间相互侵扰攻战、兼并争霸不息的乱世，长久的战争不仅对社会生产造成了极大的损害，给人民的生活带来了无穷的灾难，也破坏了礼宜乐和的社会文明秩序，造成了“礼崩乐坏”的混乱局面。针对这种情况，儒家最为迫切的愿望和要求便是结束春秋以来诸侯割据混战的局面。因此，反对以武力的形式处理各诸侯国之间的关系是先秦孔孟儒家最基本的态度。孔子在回答其弟子子贡的问题时指出，“足食、足兵、民信之”是政治管理的三种要素，而当情况不允许必须有所舍弃的时候，三者之中最先舍弃的是军事力量，继而舍弃物质追求，即先“去兵”，后“去食”，而人民的支持和信任是维系政治力量的最重要的基础，“民无信则不立”（《论语·颜渊》）。可见，军事力量对于一国政治而言，可以作为和平稳定的保障力量，却不能以之作为肆意扩张势力之用，为政者最为重要的是要具备仁义道德，而“民信之”的道德价值显然远远高于“兵”。因此，孔子实际上申明了“反战贵和”的基本立场，正因为如此，孔子对管仲不依靠武力而辅佐齐桓公称霸的行为大加赞赏，称赞道：“桓公九合诸侯，不以兵车，管仲之力也。如其仁！如其仁！”（《论语·宪问》）孟子继承了孔子厌战贵和的属性，描述了战争冲突的残暴，揭露了战争对人类的巨大危害：“争地以战，杀人盈野；争城以战，杀人盈城。此所谓率土地而食人肉，罪不容于死。”（《孟子·离娄上》）儒家强烈谴责诸侯国之间恃强凌弱、以大欺小的穷兵黩武行径，反对因私利而兴起战争冲突，倡导私利要服从公平正义的要求。

儒家关于邦国之间关系处理的基本准则是崇尚王道正义，主张以道德力量的感召克服流血冲突，实现双方友好共存、互惠互利。先秦儒家以为“国之大事”的战争正义与否，首先就在于战争的目的就是为了仁义与否。苟为仁义或行仁义，则所谓“仁义之兵”、“王者之兵”(《荀子·议兵》)也，故荀子弟子陈嚣这样评价荀子——“先生议兵，常以仁义为本”(《荀子·议兵》)。战争的目的在于保民、恤民与否，荀子所谓“彼兵也，所以禁暴除害也，非争夺也”(《荀子·议兵》)。故而无论是兴兵于内还是出兵向外，无论是决战于邦国境内还是邦国境外，旨在武力抵抗侵害民生的行动和武力征讨侵害民生的行为，都是“顺乎天而应乎人”(《易·革》)的正义之举，所谓“东面而征西夷怨，南面而征北狄怨”(《孟子·梁惠王下》)，所谓“故仁人之兵，所存者神，所过者化，若时雨之降，莫不悦喜”(《荀子·议兵》)。儒家关心的是天下民生而不仅仅是父母之邦的民生，可战争就必然意味着暴力，意味着搏杀戮掠，故而基于体恤和保卫民生不受干扰、侵害，或者说保障民生获得和平和公正的发展，先秦儒家的思想基调是超越国家、阶层而坚决反对战争的。这一点，在战国时的孟子那里体现得最为彻底。孟子曰：“故善战者服上刑，连诸侯者次之，辟草莱任土地者次之。”(《孟子·离娄上》)孟子强烈反对并批判争地、争城的诸侯之战，因为“杀人者死，伤人者刑，是百王之所同也”(《荀子·正论》)，何况杀人盈野、杀人盈城呢？孟子说：“有人曰‘我善为阵，我善为战’，大罪也。”(《孟子·尽心下》)在孟子来，所谓能“辟土地、充府库”和“约与国、战必克”的将相能臣(《孟子·告子下》)，其实皆是人民的罪人(助纣为虐)，孟子谓之“今之所谓良臣，古之所谓民贼也”(《孟子·告子下》)，所谓“君不乡道不志于仁而求富之，是富桀也……君不乡道不志于仁而求为之强战，是辅桀也”(《孟子·告子下》)。孟子还说：“五霸者，三王之罪人也；今之诸侯，五霸之罪人也；今之大夫，今之诸侯之罪人也。”(《孟子·告子下》)因为五霸、诸侯、大夫相对于“仁义为本”的三王来说，他们都一级比一级糟糕：五霸是搂诸侯以伐诸侯，诸侯是犯五霸五禁，大夫则一味迎合君主之恶行而奉承讨好诸侯。所以孟子以为春秋时代，从人民的角度来说，并没有真正完全正义的战争，发起战争的邦国并没有哪个是真正地代表正义，“以五十步笑百步”(《孟子·梁惠王上》)，无非可能某国会比另外一国稍微好一些而已，所谓“春秋无义战,彼善于此则有之矣”(《孟子·尽心下》)。孟子断言“春秋无义战”,主要是孟子以为地位相等的诸侯列国之间,在政治上根本就不存在相互“征讨”的合法性理由。根据《孟子》全书或孟子一贯的思想精神,也可以推定孟子“春秋无义战”的论断是孟子“民为贵,社稷次之,君为轻”(《孟子·尽心下》)这一民生精神或仁政思想的必然命题,当然也是古人“天地之性[生]人为贵”(《孝经·圣治》)、“人最为天下贵也”(《荀子·王制》)、“间于天地之间莫贵于人”(《孙膑兵法·月战》)和“天生百物,人为贵”(《郭店楚墓竹简·语丛一》)这种思想精神的必然命题。

四、维持本国尊严和国格的外交风范

先秦时期邦国万千、诸侯国林立的现象,使得处理邦国和诸侯国之间的关系成为国家关系的重要组成部分,尤其是在春秋战国时期列国称雄、诸侯称霸现实中所彰显出来的邦国外交是那样的多姿多彩,又是那样的风云际会,充满着特有的变动与复杂,著名的如“晏子使楚”、“蔺相如完璧归赵”以及“唐雎不辱使命”,从一定层面反映着中华民族道德生活史的旋律和脉动。

晏婴(?—公元前500年),字平仲,春秋后期,山东高密人,齐国上大夫晏弱之子。晏婴身材不高,其貌不扬。齐灵公二十六年(前556)晏弱病死,晏婴继任为上大夫。历任齐灵公、齐庄公、齐景公三朝,辅政长达40余年。晏婴头脑机敏,能言善辩。对外他既富有灵活性,又坚持原则性,出使不受辱,捍卫了齐国的国格和国威。晏婴不但在迎接外国使节的时候做到了堂堂正正,而且在出使其他诸侯国之时,每次也能态度决然,随机应变,不辱使命。晏子使楚的故事,就充分说明了这一点。据《晏子春秋·内篇杂下》载:晏子使楚。楚人以晏子短,为小门于大门之侧而延晏子。晏子不入,曰:“使狗国者从狗门入。今臣使楚,不当从此门入。”傧者更道,从大门入。见楚王,王曰:“齐无人耶?使子为使。”晏子对曰:“齐之临淄三百闾,张袂成阴,挥汗成雨,比肩接踵而在,何为无人!”王曰:“然则何为使子?”晏子对曰:“齐命使,各有所主。其贤者使使贤主,不肖者使使不肖主。婴最不肖,故宜使楚矣。”又载,晏子将使楚。楚王闻之,谓左右曰:“晏婴,齐之习辞者也。今方来,吾欲辱之,何以也?”左右对曰:“为其来也,臣请缚一人,过王而行。王曰:‘何为者也?’对曰:‘齐人也。'王曰:'何坐?'曰:'坐盗。'"晏子至,楚王赐晏子酒,酒酣,吏二缚一人诣王。王曰:"缚者曷为者也?"对曰:"齐人也,坐盗。"王视晏子曰:"齐人固善盗乎?"晏子避席对曰:"婴闻之,橘生淮南则为橘,生于淮北则为枳,叶徒相似,其实味不同。所以然者何?水土异也。今民生长于齐不盗,入楚则盗,得无楚之水土使民善盗耶?"王笑曰:"圣人非所与熙也,寡人反取病焉。"晏子不仅以"使狗国者从狗门入"回击了楚人对自己人格的贬损,而且以"橘生淮南则为橘,生于淮北则为枳"的比喻回击了楚王齐人为盗的当庭羞辱,为自己和齐国争得了荣誉,维护了齐国的尊严。

晏子出使晋国,靠外交的交涉使晋平公放弃了攻打齐国的打算。春秋中期,诸侯纷立,战乱不息,中原的强国晋国谋划攻打齐国。为了探清齐国的形势,便派大夫范昭出使齐国。齐景公以盛宴款待范昭。席间,正值酒酣耳热,均有几分醉意之时,范昭借酒劲向齐景公说:"请您给我一杯酒喝吧!"景公回头告诉左右侍臣道:"把酒倒在我的杯中给客人。"范昭接过侍臣递给的酒,一饮而尽。晏婴在一旁把这一切看在眼中,厉声命令侍臣道:"快扔掉这个酒杯,为主公再换一个。"依照当时的礼节,在酒席之上,君臣应是各自用个人的酒杯。范昭用景公的酒杯喝酒违反了这个礼节,是对齐国国君的不敬,范昭是故意这样做的,目的在于试探对方的反应如何,但还是为晏婴识破了。范昭回国后,向晋平公报告说:"现在还不是攻打齐国的时候,我试探了一下齐国君臣的反应,结果让晏婴识破了。"范昭认为齐国有这样的贤臣,现在去攻打齐国,绝对没有胜利的把握,晋平公因而放弃了攻打齐国的打算。靠外交的交涉使敌人放弃进攻的打算,即现在"折冲樽俎"这个典故,就是来自晏婴的事迹。孔子称赞晏婴的外交表现说:"不出樽俎之间,而折冲千里之外",正是晏子机谋的真实写照。他如出使吴国等国,也同样反映了晏子高超的外交风范和人格国品。晏子在列国纷争的春秋时代(前770—前476年)出使楚、晋、鲁等国,雄辩四方,应答得体,既保持了齐国作为大国的尊严,又协调了齐与邻邦的关系。孔丘曾赞曰:"救民百姓而不夸,行补三君而不有,晏子果君子也!"司马迁非常推崇晏婴,将其比为管仲,褒奖备至,用"不辱使命,雄辩四方"八个字来形容他的外交活动。

蔺相如(?—前260),战国时赵国大臣。赵惠文王时,秦向赵强索"和氏璧",宦官缪贤推荐手下门客蔺相如出使。他奉命带璧入秦,当庭力争,完璧归赵,出色地完成了出使秦国的使命。九年后,秦又派使臣去赵国,约会赵王在渑池(今河南渑池县西)与秦王相见,他又随赵王同行,在筵席上,没有使赵王受屈辱,反而大长了赵国的志气,大灭了秦国的威风,因功得任为上卿。他与廉颇一将一相,生死与共,和衷体国,使秦国长时期内不敢出兵攻打赵国。《史记·廉颇蔺相如列传》载,公元前283年,秦昭襄王派使者带着国书去见赵惠文王,说秦王情愿让出十五座城来换赵国收藏的一块珍贵的"和氏璧",希望赵王答应。赵惠文王就跟大臣们商量,要不要答应。要想答应,怕上秦国的当,丢了和氏璧,拿不到城;要不答应,又怕得罪秦国。议论了半天,还不能决定该怎么办。当时有人推荐蔺相如,说他是个挺有见识的人。赵惠文王就把蔺相如召来,要他出个主意。蔺相如说:"秦国强,赵国弱,不答应不行。"赵惠文王说:"要是把和氏璧送了去,秦国取了璧,不给城,怎么办呢?"蔺相如说:"秦国拿出十五座城来换一块璧玉,这个价值是够高的了。要是赵国不答应,错在赵国。大王把和氏璧送了去,要是秦国不交出城来,那么错在秦国。宁可答应,叫秦国担这个错儿。"赵惠文王说:"那么就请先生上秦国去一趟吧。可是万一秦国不守信用,怎么办呢?"蔺相如说:"秦国交了城,我就把和氏璧留在秦国;要不然,我一定把璧完好地带回赵国。"蔺相如带着和氏璧到了咸阳。秦昭襄王得意地在别宫里接见他。蔺相如把和氏璧献上去。秦昭襄王接过璧,看了看,挺高兴。他把璧递给美人和左右侍臣,让大伙儿传着看。大臣们都向秦昭襄王庆贺。蔺相如站在朝堂上等了老半天,也不见秦王提换城的事。他知道秦昭襄王不是真心拿城来换璧。可是璧已落到别人手里,怎么才能拿回来呢?他急中生智,上前对秦昭襄王说:"这块璧虽说挺名贵,可是也有点小毛病,不容易瞧出来,让我来指给大王看。"秦昭襄王信以为真,就吩咐侍从把和氏璧递给蔺相如。蔺相如一拿到璧,往后退了几步,靠着宫殿上的一根大柱子,瞪着眼睛,怒气冲冲地说:"大王派使者到赵国来,说是情愿用十五座城来换赵国的璧。赵王诚心诚意派我把璧送来。可是,大王并没有交换的诚意。如今璧在我手里。大王要是逼我的话,我宁可把我的脑袋和这块璧在这柱子上一同砸碎!"说着,他真的拿着和氏璧,对着柱子做出要砸的样子。秦昭襄王怕他真的砸坏了璧,连忙向他赔不是,说:"先生别误会,我哪儿能说了不算呢?"他就命令大臣拿上地图来,并且把准备换给赵国的十五座城指给蔺相如看。蔺相如想,可别再上他的当,就说:"赵王送璧到秦国来之前，斋戒了五天，还在朝堂上举行了一个很隆重的仪式。大王如果诚意换璧，也应当斋戒五天，然后再举行一个接受璧的仪式，我才敢把璧奉上。”秦昭襄王想，反正你也跑不了，就说：“好，就这么办吧。”他吩咐人把蔺相如送到宾馆去歇息。蔺相如回到宾馆，叫一个随从打扮成买卖人的模样，把璧贴身藏着，偷偷地从小道跑回赵国去了。过了五天，秦昭襄王召集大臣们和别国在咸阳的使臣，在朝堂举行接受和氏璧的仪式，叫蔺相如上朝。蔺相如不慌不忙地走上殿去，向秦昭襄王行了礼。秦昭襄王说：“我已经斋戒五天，现在你把璧拿出来吧。”蔺相如说：“秦国自秦穆公以来，前后二十几位君主，没有一个讲信义的。我怕受欺骗，丢了璧，对不起赵王，所以把璧送回赵国去了。请大王治我的罪吧。”秦昭襄王听到这里，大发雷霆。说：“是你欺骗了我，还是我欺骗你?”蔺相如镇静地说：“请大王别发怒，让我把话说完。天下诸侯都知道秦是强国，赵是弱国。天下只有强国欺负弱国，决没有弱国欺压强国的道理。大王真要那块璧的话，请先把那十五座城割让给赵国，然后打发使者跟我一起到赵国去取璧。赵国得到了十五座城以后，绝不敢不把璧交出来。”秦昭襄王听蔺相如说得振振有词，不好翻脸，只得说：“一块璧不过是一块璧，不应该为这件事伤了两家的和气。”结果，还是让蔺相如回赵国去了。蔺相如回到赵国，赵惠文王认为他完成了使命，就提拔他为上大夫。

唐雎(jū)，也作唐且(jū)，魏国人，是安陵君的臣子。安陵是魏国的附庸，在今河南省鄢陵县西北，所以，安陵君也称鄢陵君。秦王嬴政二十二年前后，当时韩、魏已先后被秦国消灭，其余赵、燕、齐、楚四国在连年战争中，早已被秦国宰割削弱，秦灭六国，统一天下之势已定。当时秦王自恃强大，气焰逼人，并不把安陵这样的小国放在眼里。他以为只要通过外交上的威胁欺骗手段，就可以把安陵并吞，于是诡称愿用五百里的土地来换取五十里的安陵，这显然是一种欺诈。唐雎在安陵处于存亡的危难关头，担当起出使秦国谈判的使命，面对强暴国君秦王的“天子之怒”，他以“布衣之怒”猛烈回击。秦王说：“天子之怒，伏尸百万，流血千里。”唐雎丝毫不为所惧，而是抛出了他的布衣之怒论，指出：“夫专诸之刺王僚也，彗星袭月；聂政之刺韩傀也，白虹贯日；要离之刺庆忌也，仓鹰击于殿上。此三子者，皆布衣之士也，怀怒未发，休祲降于天，与臣而将四矣。若士必怒，伏尸二人，流血五步，天下缟素，今日是也。”他的据理力争，大义凛然，使秦王最后只得作罢,长跪而谢之曰:“先生坐!何至于此!寡人谕矣。夫韩、魏灭亡,而安陵以五十里之地存者,徒以有先生也。”(《战国策·魏策四》)唐雎的外交斗争真可谓“不辱使命”,它有力地挫败了秦国以易地的花招并吞安陵的企图,维护了其邦国的尊严和利益,表现了坚强无畏的斗争精神。

中国是一个多民族的国家。“以和为贵”、“亲仁善邻”、“协和万邦”的友好相处、互助平等的精神,既是中国人民自古以来处理人际关系和民族关系的基本价值取向,同时也是中国人民处理国与国关系的基本原则。中国古代发展外交关系时极力倡导不同邦国之间互相尊重,不可以大欺小、以强凌弱。在维系自身和平与发展的同时,还非常重视与周围邻国之间发展友好邦交关系,尊重他国的生存和发展的权利,并不遗余力地以自己的先进文明成果济弱扶贫,促进区域间的各国守望相助、共同发展。孔孟儒家的终极社会理想是实现“大同社会”,这是孔孟儒家和平思想的最高层次,但所谓的“大同”并非是要排斥其中个体的独特性和差异性,而是指社会中所有的个体之间都能够在完全自觉的基础上实现和谐有序。在处理邦国关系的问题上,孔孟儒家的理想是万邦各国避免因利益竞争而导致的冲突,互相尊重,深化了解,加强合作,共同发展,实现最广泛领域中的和谐共存。

本 卷 结 语

中华文明是世界上既古老又源远流长的文明类型。作为四大文明古国之一,我们的古老中华文化不仅世代相袭、从未间断,而且年代上限最高、内涵最为广泛、底蕴也最为深厚,这已经并将继续为无数的文字史料和出土文物所证实。先秦道德生活是中华民族五千年道德生活史发展的源头活水,也是中华民族后世道德生活必须常常借助并不断开发的精神资源。诚如某些学者所说:"在后来长达两千多年的封建社会历史长河中,各式各样的思想差不多都可以从先秦诸子百家思想库里找到原型或雏形。直到今天,社会科学中的许多问题,或多或少地还可以从诸子中找到相应的命题或源头。"①它对后世道德生活的影响也许超过了历史上任何一个时代。

一、轴心时期锻造的价值观奠定中华道德生活的基础

先秦时期,是中华民族思想文化和伦理文明发展的"黄金时代"或"轴心时代",有人称之为"哲学的突破"(philosophic breakthrough),也有人称之为"超越的突破"(transcendent breakthrough)。孔子被视为中华民族的圣人。老子、庄子、墨子,也被后人视为思想文化和道德生活的圣人。诸子百家的学说和气象是中华文明画卷的文化原型。"轴心时代"是由德国哲学家雅斯贝斯提出来的。他在1949年出版的《历史的起源与目标》中说,公元前800年至公元前200年之间,发生的地区大概是北纬30度上下,也就是北纬25度到北纬35度这样的一个区间,在我们这个星球上,不同的民族同时产生了他们的精神领袖和精

---

① 刘泽华主编:《中国古代政治思想史》,南开大学出版社1992年版,第42页。

神导师，古希腊有苏格拉底、柏拉图，以色列有犹太教的先知们，印度有释迦牟尼，中国有孔子、老子……这是人类文明精神的重大突破时期，“这一时期首次将后来称为理智与个性的人性揭示出来”①，故称之为是人类文明的“轴心时代”。雅斯贝斯说“这个时代的新特点是，世界上所有三个地区的人类全部都开始意识到整体的存在”②，迈出了走向普遍性的步伐。轴心期虽然在一定的空间限度里开始，但它在历史上却逐渐包罗万象。在这一时期内，中国、印度和西方在互不知晓的情况下，几乎同时发展起来，建立了人类进行自为理解的普遍框架，时至今日，“人类一直靠轴心时代所产生的思考和创造的一切而生存，每一次新的飞跃都回顾这一时期，并被它重燃火焰，自那以后，情况就是这样，轴心期潜力的苏醒和对轴心期潜力的回归，或者说复兴，总是提供了精神的动力”③。当代美国学者詹姆斯·D. 怀特海和伊夫林·伊顿·怀特海在《从意识到良知——对轴心时代的思考》的演讲中讲到：在被雅斯贝斯称之为的“轴心时代”，在地理位置迥异的中国文化、印度文化和地中海文化地区，都产生了对人类生活意义的迫切疑问。从中国的孔子到希腊的苏格拉底，从印度的释迦牟尼佛到以色列的先知耶米利，先哲们都不约而同地思考生命的意义和价值，诸如活着的目的是什么？我们的生命是否不仅仅是由命运安排着？我们对什么负有责任呢？我们如何得出痛苦与死亡的意义？这一时期在艺术、宗教和哲学领域创造性的响应不断涌现，已经达到了人类最大的潜力和能力。而且新的向往也躁动起来：企盼知道使人类免受那些顽固的周而复始的疾病与创伤侵扰的良方；渴望找到那些证明是值得为之活一番的价值观，而且还包括为之去赴死的价值观。这些激发人兴趣的企盼触发了人类理解事物的新策略。④ 人类历史的这一时期触发了一种对未来实际而又新颖画面的至关重要的反思性的疑问，“在精神、理智和伦理上引起了新的反响”⑤。“轴心时代”所产生的伟大人物对自己的

① Karl Jaspers, The Origin and Goal of History, New Have, CT: Yale University Press, 1953, P. 1.
② （德）雅斯贝斯：《历史的起源与目标》，华夏出版社 1989 年版，第 8 页。
③ （德）雅斯贝斯：《历史的起源与目标》，华夏出版社 1989 年版，第 14 页。
④ 詹姆斯·D·怀特海，伊夫林·伊顿·怀特海：《从意识到良知——对轴心时代的思考》，《复旦学报》社会科学版 2001 年第 1 期。
⑤ Benjamin Schwartz, “The Age of Transcendence”, Introduction to the Spring, 1975 issue of Daedalus Journal, dedicated to the axial age; Volume 104, ♯2, P. 3.

文明所产生的影响，是其后没有任何人可以望其项背的，他们基本奠定了这三种文化的精神脊梁。

雅思贝斯所讲的轴心时代，其具体内涵和时间界定是可以讨论的，但他所讲三大文明发端期对后世的影响却是不容置疑的。中国的轴心时代是中国文化和价值观奠基的关键时期，并且不间断地滋养着中国文化和社会历史的发展。中国的轴心时代，有着自己独特的文化和价值个性，它在时间上或许要提前到西周周公的制礼作乐，即不是公元前 800 年，而是公元前 1000 年左右。标志着中国轴心时代到来的第一个关键人物应该是周公。周朝的兴起，意味着中国轴心时代的到来，这从当时的政治、文化、习俗等重大变革上也可以体现出来，王国维在《殷周制度论》中就有这样的论述："中国政治与文化之变革，莫剧于殷周之际"；"周人制度之大异于商者，一曰立嫡之制，由是而生宗法及丧服之制，并由是而有封建子弟之制，君天子诸侯之制。二曰庙数之制。三曰同姓不婚之制。此数者皆周所以纲纪天下，其旨则在纳上下于道德，而合天子、诸侯、卿、大夫、士、庶民以成一道德之团体。"①孔子在中国轴心时代，确实是一个非常重要的人物，但孔子的思想，在很大程度上受到了西周思想和周公思想的影响，可以说，孔子是继承周公思想的积极因素的最杰出的代表。孔子说："周监于二代，郁郁乎文哉，吾从周。"（《论语・八佾》）周公对孔子的影响是极为深刻的，孔子晚年的言语中就表明了这一点，在《论语・述而》篇中，孔子说："甚矣吾衰也！久矣吾不复梦见周公！"效仿周公是孔子一生的追求目标。

中国轴心时代所取得的卓越成就，集中反映在对人的发现和对人的价值的赞美中，反映在对人的德性的肯定和对君子、圣贤等理想人格的建构中。郭沫若指出："在奴隶制昌盛的时候，人是失掉了他的独立的存在，宇宙内的事情一切都是天帝作主，社会上的事情一切都是人王作主。'天子作民父母以为天下王'，所以一切的人是人王的儿子，是天帝的儿子的儿子。人完全是物品。"②但是，随着轴心时代的到来，人的存在便抬起了头，人被发现了，郭沫若把人的发现概括为以下四个方面的表现："（一）被否定的人，否定自己的被否定。"

① 王国维：《殷周制度论》，《观堂集林》第 2 册，中华书局 1984 年版，第 452～453 页。
② 郭沫若：《中国古代社会研究》，人民出版社 1964 年版，第 130 页。

"（二）从消极一面不归罪于天，而归罪于人。""（三）……秦穆公死的时候使子车氏三子奄息、仲行、鍼虎殉葬，秦国的人哀悼这三良，大家都呼天哭泣，不惜以一百人来掉换他们每个人的生命。""（四）……周书差不多每篇都是神道设教的教典；而独于秦誓这一篇没有一点儿气味沾到天上来。全篇的重心是放在人上。差不多没有一句不是说人的问题。"①在整个轴心时代，不论儒家还是道家、墨家，都已意识到人的生命的价值和尊严，主张爱惜人的生命，把人当人看。

有别于基督教文化、伊斯兰教文化、印度文化等"神本主义"传统，中华民族在先秦时期的道德生活中已经形成了以人为本的人本主义或民本主义传统。它认为人是集天地灵气而生成的，天地之间人是最为尊贵的，是最值得关爱的，重视人的价值，珍重人的生命，注重现实人生和尘世的幸福，主张爱人、尊重人、关心人，成为先秦时期道德生活的主旋律。《管子》明确提出了"以人为本"的命题，强调"凡人之生也，天出其精，地出其形，合此以为人。"（《管子·内业》）人是天地万物的精华，所以治国平天下必须以人为本。荀子说："水火有气而无生，草木有生而无知，禽兽有知而无义，人有气有生有知亦且有义，故最为天下贵也。"（《荀子·王制》）老子把人提高到与天、地、道同等地位，明确肯定了人在宇宙中的地位，指出："道大、天大、地大、人亦大。域中有四大，而人居其一焉。"（《老子二十五章》）这种认识层面的人本主义，在当时的实践生活层面也得到了一定的贯彻和践行。鲁哀公三年，司铎发生火灾，火势越过鲁哀公的宫室，使鲁桓公庙、鲁僖公庙都遭受火灾，季桓子"命救火者伤人则止，财可为也"，认为人比财物更宝贵，世界上只有人才是创造财富的主人。儒家孔子提出"仁者爱人"的理论，《论语·乡党》载："厩焚。子退朝，曰'伤人乎？'，不问马。"马棚失火，孔子回来只问是否伤了人，而丝毫不关心马，这表明了孔子对人的生命价值的尊重。

中国轴心时代形成了崇尚德性和王道的传统。春秋战国时期的人们不仅把道德视为国家存亡、个人祸福的决定因素，更将道德视为人生的最终目标与最高价值。立德不但要求实践者要有正确的道德判断、崇高的道德追求，而且还要求他要有敢于实践的勇气。申生明知自己要死也决不逃跑，能够从容地面

---

① 郭沫若：《中国古代社会研究》，人民出版社 1964 年版，第 130～131 页。

对死亡;伍尚明知回到父亲身边必死,可是他照样义无反顾;叔孙豹面临危险也决不向别人求情,在关键时敢于承担自己的责任;程婴完成了抚养赵氏孤儿的使命,还照样为了报答赵朔和公孙杵臼而自杀。一个人为了追求自己的道德理想连死都不怕,还有什么不能做到的吗?由此可见,在春秋君子的道德践履中,勇于赴死可以说是这种品格的最高表现了。正因为他们敢于以死来实践自己的道德理想,所以他们的生命才显得那么悲壮而崇高。在中华民族的历史发展长河中,以儒家伦理道德思想为主流的中华伦理道德文化虽历经沧桑和磨难却始终未曾中断,保持了中华民族道德文化的一本性和民族特色,并远播海外,成为东方道德文化的核心和世界伦理文化的重要组成部分,这在世界各大古老文化中是绝无仅有的,无疑是人类伦理文化史上的一大奇观。

中国轴心时代实现观念的突破或“哲学的突破”(philosophical breakthrough,帕森斯语)或“超越的突破”(史华慈语)与西方、印度、埃及有所不同,它不是传统的断裂或再造,而是“损益”和“维新”,是革故鼎新和推陈出新。周公在由前轴心时代向轴心时代转变的过程中,不是通常所谓的突变或断裂,而是既有继承又有发展,即孔子所谓的“损益”关系。① 中国在轴心时代或此后,都着重于历史的连续性。“突破”是出现了,但是并非与突破前的传统完全断裂。② 这一特点使中国历史和文化保持了它自身的连续性和稳定性。考察世界历史,我们发现,公元前 4000 年到公元前 3000 年,世界文明史上相继诞生了黄河流域的华夏文明、克里特岛上的爱琴海文明、两河流域的苏美尔文明、尼罗河流域的埃及文明、印度河流域的哈拉帕文明。公元前 2000 年,小亚细亚地区又出现了赫梯文明、希腊半岛上出现了迈锡尼文明。然而,就在这一时期,文明之间的剧烈冲突、自然环境的突变湮没了克里特文明,毁坏了印度河文明,摧残了迈锡尼文明。到公元前 1000 年,世界文明史上帝国迭出,波斯和罗马帝国相继崛起,古老文明接连沉落:埃及文明臣服于波斯,两河文明已成波斯帝国属地,希腊、罗马文明受到波斯的屡屡摧残。公元前后,世界文明更是动荡不定,猖獗一时的波斯帝国为马其顿的亚历山大大帝一举灭掉;安息帝国随之突起,统治中亚;罗

① 参阅陈来:《古代宗教与伦理——儒家思想的根源》,三联书店 1996 年版,第 1～5 页。
② 参阅余英时:《轴心时代与礼乐传统》,香港《二十一世纪》总第 58 期。

马帝国在日耳曼人的一再冲击下，于5世纪灭亡。然而，当我们把视线投向东方的华夏文明时，却意外地发现，其他文明变幻无常、动荡不定之时，它却保持了罕见的连续性，自夏、商、周至明、清，华夏文明传统始终未中断。黑格尔说："假如我们从上述各国（即四大文明古国——笔者）的国运来比较它们，那末，只有黄河、长江流过的那个中华帝国是世界上惟一持久的国家。"①毛泽东说过："一个民族能在世界上在很长的时间内保存下来，是有理由的，就是因为有其长处及特点。"②一种文明之所以能够以强有力的优势向外和向未来延伸，很大程度上取决于该文明的文化底蕴。一个吸取和容纳了诸多文明信息的文明会比信息量单一的文明具有更大的传播优势。"周虽旧邦，其命维新"，中国历史文化的维新是基于承前基础上的启后，继往基础上的开来，所以中国社会和历史能够不断地向前发展，但又保持着自身的特点、传统和一贯性。这是中国轴心时代在哲学突破或伦理精神突破上给后世留下的极为宝贵的精神财富。

二、先秦礼仪造就了中华礼仪文明的基本架构

先秦所形成的礼制和发展起来的礼仪文明，贯穿此后的中华民族道德生活史和伦理史。"从一定意义上说，一部中国文化史，即是一部'礼'的发生、发展史。重礼仪，讲礼貌，礼尚往来，是中华民族的传统美德。它不仅培养了炎黄子孙高尚文雅、彬彬有礼的精神气质，而且使我国赢得了'礼仪之邦'的美称。"③先秦时期所形成的礼仪文明是中国古代文明的重要成果，它不但表现为中国古代特有的政治制度、法律规范，形成为典章文物制度，规定着中华礼制的发展方向，而且还深入到人的性情以及道德意识当中，表现为日常生活中普遍通行的伦理规范和道德实践。"它不但从外在的制度上维系着整个社会的整合，而且还以伦理道德的形式对人的思想意识进行指导，从观念上制约人。因此，礼对人的控制是全面的、深入的。"④礼作为一种内在化的社会控制和精神模塑，内化于人的性情和价值取向之中，使人从内心接受礼的指导、调节与化育，从而使人

① （德）黑格尔著：《历史哲学》，王造时译，上海书店出版社2001年版，第108页。

② 《毛泽东西藏工作文选》，中央文献出版社、中国藏学出版社2001年版，第113页。

③ 中国思想政治工作研究会，中宣部思想政治工作研究所组织编写：《中国人的美德——仁义礼智信》，中国人民大学出版社2006年版，第104页。

④ 刘丰：《先秦礼学思想与社会的整合》，中国人民大学出版社2003年版，第102页。

成为讲求礼仪和礼貌的文明人。美国学者赫尔波特·芬加瑞特（Herbert Fingarette）在关于中国儒家学派的有关论述中指出，中国古代人的生活是以礼仪为中介的生活，“人是仪式的存在”（man as ceremonial being）[1]。中国古代的礼仪文明作为一种具有弥散性的文化模式，渗透在社会生活的方方面面，它犹如一张巨大的社会之网，使个人成为网上的纽结。“礼连接起了人与人之间的关系，而个人则处于各种礼仪关系之中。因此，人与他人的关系是通过礼联系起来的，人是处于各种礼仪关系中的社会之人。”[2]亦如以礼作为学术致思中心的荀子所言：“人无礼则不生，事无礼则不成，国家无礼则不宁。”（《荀子·修身》）“礼者，法之大分，类之纲纪也。故学至乎礼而止矣。夫是之谓道德之极。”（《荀子·劝学》）荀子对孔孟儒家的礼制思想予以全面的总结和发挥，将礼提到治国安邦的高度加以强调，确立了隆礼贵义的价值目标和价值观念。荀子指出：“国无礼则不正，礼所以正国也；譬之犹衡之于轻重也，犹绳墨之于曲直也，犹规矩之于方圆也……为之则存，不为则亡，此之谓也。”（《荀子·王霸》）荀子创设的“礼制”思想，就是要以礼义为内涵，设计出一套制度，进而进行制度创新；其终极目标在于通过礼义来制约和规范人们的各种行为活动，从而达到“天下大治”，即“起礼义，制法度”，“得礼义然后治”。

清代学者凌廷堪说过：“上古圣王所以治民者，后世圣贤之所以教民者，一礼字而已。”[3]上古圣王治理民众的方针，以及后世圣贤教育民众的方法，都可以最终归纳为“礼”这一个字。圣贤教民，是要让百姓懂得礼、遵守礼。太古时代，人与禽兽为伍，《礼记·曲礼》说，为了让人们懂得“自别于禽兽”，有圣人起来，“为礼以教人，使人以有礼”。“为礼以教人”，就是制定了礼来教人。礼使人自觉地区别于禽兽、走向了文明。而圣人的历史功绩正是在于“为礼”和“教人”。西周开国之初，周公制礼作乐，奠定了中国传统文化的基调。《周礼·地官司徒》指出“施十有二教”，即“一曰以祀礼教敬，则民不苟。二曰以阳礼教让，则民不争。三曰以阴礼教亲，则民不怨。四曰以乐礼教和，则民不乖。五曰以仪辨等，则民不越。六曰以俗教安，则民不偷。七曰以刑教中，则民不暴。八曰以誓

---

① Herbert Fingarette, Confucius —— The Secular as Sacred, p. 15, Harper & Row, Publishers, 1972.

② 刘丰：《先秦礼学思想与社会的整合》，中国人民大学出版社 2003 年版，第 137 页。

③ 凌廷堪：《礼经释例》，《校礼堂文集》，中华书局 1998 年版。

教恤,则民不怠。九曰以度教节,则民知足。十曰以世事教能,则民不失职。十有一曰以贤制爵,则民慎德。十有二曰以庸制禄,则民兴功”。如同周礼是“损益”夏商之礼而来那样,周礼对后世中国封建政治的影响可谓既深且远。春秋时期,出现了“礼崩乐坏”的局面。孔子以克己复礼为使命,决心挽狂澜于既倒,扶大厦之将倾。孔子向往周公之礼,既是他对春秋乱世的不满,也是他对西周道德礼制的向往。孔子所说的礼,是指以道德为内涵的国家典制,是德与仁的具体表现,也是修身的法则。孔子纳仁于礼,赋予礼以内在自觉的德性品质,为礼制的理性发展和健康运行开辟了通途。秦以后,虽然礼制多有“损益”和变迁,但万变不离其宗,这个宗旨都是如《尚书·无逸》中周公所说“用咸和万民”。礼乐文明成为中国传统文明的基石和特色。这套制度之所以为后世所称道,因为它是以道德为核心而建立起来的,由此确立了道德在治国理念中的主导地位,这对于中国历史的发展方向,产生了极为深远的影响。辜鸿铭认为,中国的礼、乐传统,使中国人以心灵情感生活(soul and motion),而不像西方人以头脑(head)生活,中国人永远生活在和谐和富有诗意的境界,不像西方人总是发生理智与情感、宗教与哲学的冲突,从而一次次导致精神文化的危机①。

礼仪文明作为中国传统文化的一个重要组成部分,对中国社会历史发展起了广泛深远的影响。在秦汉以后的漫长时期,礼一直是建构典章制度、规范乡风民俗、施行道德教化的根据。可以说,自秦汉以来,中国选择的基本上是以礼治国、以德治国的道路。礼不仅造就了中华礼仪之邦,同时也是一种凝聚力和向心力,它使中华民族能够经受住无数次自然和社会的困难,克服了分裂危机,凝结为一个团结和谐统一的整体。正是这种以和为贵的礼仪文明孕育了中华民族崇尚团结、热爱和平、宽容豁达的胸怀,也正是这种和为贵的礼仪文明使中华民族虽然经过千百年的政权更迭,历尽沧桑饱经磨难,却维护了统一的多民族国家的发展模式,并且使各民族能够团结统一、和睦相处,创造了灿烂的中华文明,从而使中华文明传承不辍,成为世界上唯一没有中断的文明,为世界文明做出了独特的贡献。它不但塑造了中国封建社会的道德人格,也极大地影响了

① 参阅辜鸿铭:《中国人精神》,《中国人三书》,北方文艺出版社 2006 年版,第 241～242 页。

中国人的道德生活，形成了悠远厚重的道德文化传统。礼在中国曾发挥过巨大的作用，是中国乃至世界的重要的文化遗产。许多传统礼仪，经过改造以后，仍能为我们所借鉴，如果抛弃其中的等级观念、束缚个性的因素、重礼轻法的倾向和不合时宜的繁缛仪节，使礼制更符合国情、合乎世情，这对于社会主义的精神文明建设必将起到巨大的推动作用。

三、先秦崇尚的伦理品质成为民族精神的源头活水

先秦时期所开启的中华民族道德生活，以对德性的崇尚、对人格的追求、对伦理的向往著称于世。叔孙豹提出了“立德、立功、立言”三不朽的价值理念，孔孟儒家提出了成仁取义的道德理想，墨家提出了“兼爱”、“贵义”的伦理主张，道家提出了“尊道贵德”的思想理论，在实践的层面上，也产生了一批民族的仁人志士，他们以自己的实际行为乃至生命谱写了一曲曲道德生活的正气之歌，将浩然正气长留中华民族的历史天空。刘向的《说苑》和司马光的《资治通鉴》都记载有战国时魏文侯之子魏武侯与吴起的一段对话：武侯浮西河而下，中流顾谓吴起曰：“美哉山河之固，此魏国之宝也！”对曰：“在德不在险。昔三苗氏，左洞庭，右彭蠡，德义不修，禹灭之；夏桀之居，左河济，右泰华，伊阙在其南，羊肠在其北，修政不仁，汤放之；商纣之国，左孟门，右太行，常山在其北，大河经其南，修政不德，武王杀之。由此观之，在德不在险。若君不修德，舟中之人皆敌国也。”武侯曰：“善。”魏武侯能够对吴起“在德不在险”的观点说善，表明他已经意识到道德在国家政治生活中的突出地位。“山河之固”不能成为江山永葆的理由，只有崇尚道德才能够使天下太平。《左传·襄公十五年》载，宋人或得玉，献诸子罕。子罕弗受。献玉者曰：“以示玉人，玉人以为宝也，故敢献之。”子罕曰：“我以不贪为宝；尔以玉为宝，若以与我，皆丧宝也，不若人有其宝。”子罕时任宋国的司空，专门掌管建筑、车马、器械制造等事务，面对那个给他送玉并以玉为宝的人，他理直气壮地表达了自己以德为宝的观念，赢得了送玉之人发自内心的敬重。这就是道德的力量。辜鸿铭在《在德不在辫》一文中，他指出：“洋人绝不会因为我们割去发辫，穿上西装，就会对我们稍加尊敬的。我完全可以肯定，当我们中国人变成西化者洋鬼子时，欧美人只能对我们更加蔑视。事实上，只有当欧美人了解到真正的中国人——一种有着与他们截然不同却毫不逊

色于他们文明的人民时，他们才会对我们有所尊重。”[①]制止一种社会和政治罪恶，以及改革世界的有效办法，应当基于理性和道德的考虑，只有道德，才能唤起人们真正的尊重和精神向往，才能赢得人们发自内心的尊重。孔子说：“君子笃恭而天下平。”君子因为拥有道德而显得非常有力量，中华民族因为崇尚君子而使自己变得文雅而有涵养。所以，保全自己的道德价值理念和核心价值，是一个民族的文化之根和价值之魂。

源远流长的中华道德文化，彰显了品格和美德的力量，并以自己尊道贵德的价值追求铸就了中华民族的伟大精神。这种以爱国主义为核心的民族精神，构成了中华伦理文化的思想内核，筑起了中华民族雄奇天下的精神长城，使中华民族虽历经磨难而不衰，饱尝艰辛而不屈，千锤百炼而愈加坚强，是中华民族世代相传的宝贵财富。鲁哀公十一年，齐国侵略鲁国。鲁国人在郎(今山东兖州)地进行抵抗。郎在国都附近，鲁国处在危急之中。鲁国前国君鲁昭公的儿子公叔禺人，在前线遇见士兵扛着兵器，疲乏不堪地来到堡垒休息。公叔禺人感慨地说：“徭役尽管使得百姓劳累到了极点，赋税尽管使得百姓难以负担，但是，一旦国家危亡，百姓还是挺身而出，为保卫国家战斗着做官的不能谋划拯救国家，士人不能为保卫国家而英勇献身，这怎么可以呢！”于是，就同他的邻居，一个名叫汪锜的孩子，一起奔赴战场，投入战斗。最后两人都光荣地献出了生命。这种以身殉国的生动事例，又何止他们二人?!

自远古至秦统一时期的中华民族的道德生活孕育了刚健有为、奋发进取的自强精神。古代先哲通过观察宇宙万物的变动不居，提出了“天行健，君子以自强不息”的思想，成为中华民族生存、繁衍、发展的不竭动力，激励无数中华儿女变革创新，不息奋斗。从古代神话中的“夸父追日”、“精卫填海”、“愚公移山”，到大禹治水“三过家门而不入”，从周公“一饭三吐哺，一沐三捉发”，到孔子“发愤忘食，乐以忘忧”，无不体现了中华民族刚毅的民族品格和积极进取的人生态度。这种自强不息、发奋向上的崇高品德，尤其在艰难困苦的情境下愈发显得凸出，并呈现出“愈挫愈奋，愈战愈强”的特点。司马迁在《太史公自序》中就坦陈自己在遭受宫刑后正是中华民族那些杰出人物身上所彰显出来的崇高美德给他以

① 辜鸿铭著：《在德不在辫》，《辜鸿铭讲国学》，华文出版社2009年版。

活下去的力量，致使他决心“究天人之际，通古今之变，成一家之言”，完成《史记》的写作。他充满深情地写道：“夫《诗》、《书》隐约者，欲遂其志之思也。昔西伯拘羑里，演《周易》；孔子戹陈蔡，作《春秋》；屈原放逐，著《离骚》；左丘失明，厥有《国语》；孙子膑脚，而论兵法；不韦迁蜀，世传《吕览》；韩非囚秦，《说难》、《孤愤》；《诗》三百篇，大抵贤圣发愤之所为作也。此人皆意有所郁结，不得通其道也，故述往事，思来者。”司马迁从文王拘而演《周易》、屈原逐而赋《离骚》等人物事例受到激励，终于下定决心记述陶唐以来直到武帝时期的历史，为后世留下了一部千古不朽的历史巨著。而司马迁此处尚未提到的先秦自强不息、奋发向上的典型还有很多，如卧薪尝胆的越王勾践，立志改革的秦相商鞅，等等，他们各以自己的进取精神和不屈不挠的意志抒写了中华民族德性伦理的光辉篇章。

自远古至秦统一时期的中华民族的道德生活孕育了扶正扬善、恪守信义的社会美德。中华民族自古讲是非、善恶、荣辱，把个人“修身”视作齐家、治国、平天下的基础。在先秦道德生活发展史上，有“舍生取义”的气节操守，有“富贵不能淫，威武不能屈，贫贱不能移”的凛然正气，有“助人为乐”、“见义勇为”的高尚情操，有“言必行，行必果”的处世准则，并涌现出无数重名节、讲正气的道德楷模，如忠贞信义的叔孙豹，临死不变其节的晏子，英勇无畏的解张，大义凛然的蔺相如，孤身闯敌营的华元，威武不屈的唐雎，等等，他们为追求真善美，弘扬社会正气，不惜披肝沥胆，殚精竭虑，其高尚人格和优良品德，体现了中华优秀儿女情感之真诚、襟怀之博大、气节之刚烈。南宋末年，民族英雄文天祥抗击元兵入侵，兵败被俘，拒降不屈，殉难于燕京。就义前在衣服上留下这样的绝笔：“孔曰成仁，孟曰取义，惟其义尽，所以仁至。而今而后，庶几无愧。”可见儒家伦理精神对其影响之深刻。文天祥用自己“留取丹心照汗青”的义举，诠释了中华民族成仁取义之德操的内在价值。他的《正气歌》讴歌了从先秦至隋唐的许多仁人志士。这些是中华民族几千年来保持自立自尊的精神源泉，也使得中国能够始终以“礼仪之邦”、“文明古国”扬名于世。

自远古至秦统一时期的中华民族的道德生活孕育了崇尚和谐、爱好和平的民族品格。“和合”思想是中华民族历来具有的理想追求。唐尧时期，即有“协和万邦，平章百姓”的盛举，以孔孟儒家为代表的先哲们提出“和为贵”的价值目标，认为“天时不如地利，地利不如人和”，和气不仅能够“生财”，更能够凝聚人心，壮大力量。广大庶民百姓在日常生活中也总结出了“家和万事兴”的古训。“和而不同”的理念，“和为贵”的价值观念，贯穿于中华民族道德生活史的整个发展进程，渗透于中华民族道德思想和道德实践的各个方面。几千年来，中国人始终与人为善，推己及人，建立了和谐友爱的人际关系；中华各民族始终互相交融，和衷共济，形成了团结和睦的大家庭；中华民族始终亲仁善邻、协和万邦，与世界其他民族在平等相待、互相尊重的基础上发展友好合作关系。孙中山说：“中国人几千年酷爱和平，都是出于天性”，“爱和平就是中国人的一个大道德，中国人才是世界上最爱和平的人”。胡锦涛在美国耶鲁大学发表的著名演说中讲到，中华文明历来注重社会和谐，强调团结互助。中国人早就提出了“和为贵”的思想，追求天人和谐、人际和谐、身心和谐，向往“人人相亲，人人平等，天下为公”的理想社会。中华文明历来注重亲仁善邻，讲求和睦相处。中华民族历来爱好和平。中国人在对外关系中始终秉承“强不执弱”、“富不侮贫”的精神，主张“协和万邦”。中国人提倡“海纳百川，有容乃大”，主张吸纳百家优长、兼集八方精义。[①] 这些都是中华民族的优秀传统，应该加以发扬光大，才会使社会更加发展，文明更加进步。可以说，中华民族“和为贵”的价值观念以及热爱和平、崇尚和谐的美德，已经深深融入中华儿女的血液里。今天的中国已由积贫积弱走向繁荣富强，并将始终高举和平、发展、合作的旗帜，坚定不移地走和平发展道路，致力于建设和谐社会与和谐世界。

当然，先秦时期的道德生活也有着自己特有的局限和弊端，充满着自身的矛盾和紧张。尤其是在春秋战国时代，“礼崩乐坏”，西周所形成的以周天子为最高权威的等级制逐渐被冲破，各种违反礼制的僭越现象经常发生，臣弑君、子弑父的事件不绝于书，正如孔子所感叹的，这是一个“天下无道”、“礼崩乐坏”的动荡时期。翦伯赞先生在其名著《先秦史》中指出：《春秋》所记，在二百五十余年的春秋时代中，言“侵”者六十次，言“伐”者二百一十二次，言“围”者四十次，言“师”者三次，言“战”者二十三次，言“入”者二十七次，言“进”者二次，言“袭”者一次，言“取”言“灭”者，更不可胜计。[②] 根据顾栋高《春秋大事年表》记载，春

---

① 参阅胡锦涛：《在美国耶鲁大学的演讲》(2006 年 4 月 21 日)。参阅《十六大以来重要文献选编》(下)，中央文献出版社 2008 年版，第 429～430 页。

② 见该书第 22 章。

秋列国有147个；姚彦渠《春秋会要》统计，春秋有142国。但经过春秋以五霸争雄为主的长期争战，许多国家相继灭亡，到战国初年就只剩七雄并峙了，司马迁说：《春秋》之中，弑君三十六，亡国五十二，诸侯奔走不得保社稷者不可胜数（《史记·太史公自序》）。战国时期战争频仍，天下烽烟四起，民不聊生。顾炎武《日知录》卷一三《周末风俗》比较了春秋与战国在风俗方面的差别："春秋时犹尊礼重信，而七国则绝不言礼与信矣；春秋时犹宗周王，而七国则绝不言王矣；春秋时犹严祭祀，重聘享，而七国则无其事矣；春秋时犹论宗姓氏族，而七国则无一言及之矣。"战国之时，礼崩乐坏较之春秋尤甚。诈力权谋，公行而无所讳惮，英雄豪杰，互相见于战争场里，一些鸡鸣狗盗之徒脱却仁义道德之外衣，露出唯利是图、尔虞我诈之真相。由于春秋战国时期统治者的骄奢淫逸，及其争战的需要，统治者对人民的剥削与压迫是十分沉重的。齐国的晏子说："民参其力，二入于公，而衣食其一；公聚朽蠹，而三老冻馁。国之诸市，屦贱踊贵。"（《左传·昭公三年》）又说："逼介之关，暴征其私；承嗣大夫，强易其贿；布无常艺，征敛无度；宫室日更，淫乐不违；内宠之妾，肆夺于市；外宠之臣，僭令于鄙；私欲养求，不给则应；民人苦病，夫妇皆诅。"（《左传·昭公二十年》）晋国的叔向说："庶民疲敝，而宫室滋侈。道殣相望，而女富溢尤。民闻公命，如逃寇仇。"（《左传·昭公三年》）楚国的斗且说："民之羸馁，日已甚矣。四境盈垒，道殣相望；盗贼司目，民无所放。"（《国语·楚语》）人民不堪统治者的残酷压榨，纷纷逃亡，奋起反抗。《左传》襄公十年、二十年、三十一年，昭公二十年，定公四年等许多年份都有盗贼四起的记载。此外，百工、国人的暴动或杀死大臣、国君的记载，也不绝于书。[①] 可见春秋战国时期阶级斗争是十分的激烈。[②] 此外，春秋战国时期，许多杰出的人物也饱受战争和政治迫害的痛苦，司马迁曾总结的先秦许多作家留下的作品大多系"意有所郁结"的痛苦人士，西伯拘羑里，孔子厄陈蔡，屈原放逐，左丘失明，孙子膑脚，韩非囚秦，他们的生活状况和条件可谓痛苦不堪。他们虽然在道德生活史上凭借惊人的毅力留下为后世所传诵的不朽作品，但他们的人生总体上是不幸的，基本上都是悲剧性的人物，这也从一定意义

① 仅《左传》襄公年间，就记载有宋国、郑国、蔡国、楚国、莒国等发生的国人驱逐或杀死国君、大臣的多次事件。

② 详细的论述可参见顾德融、朱顺龙著《春秋史》第六章《春秋时代的社会构成与阶级斗争》。

上彰显了德福背离的色彩,使先秦的道德生活罩上了一层慷慨悲壮的外衣。

尽管先秦道德生活充满着特有的局限与紧张,但它奠定了中华民族道德生活的基础,为后世道德生活提供了可资借鉴的范本和开发的不竭资源。犹如黑格尔所说的古希腊思想是西方人的精神家园一样,先秦时期的道德生活也是中华民族道德生活的精神来源,是民族的文化慧根和不断追索的无尽宝藏。“中国传统的伦理文化之所以丰富、发达,重要原因是因为它有充沛的源头活水。”① 先秦时期的道德生活成为中华民族道德生活的源头活水,不仅预制了中华民族道德生活的发展格局和趋向,而且为后来的发展输送源源不断的精神资源和价值营养。在后来长达 2000 多年的道德生活发展史上,先秦道德生活不仅时常被提起,被当做观念变革和道德革命的源头活水,而且不断地被赋予新的涵义,加以创造性地理解和阐发,成为旧邦新命的价值基础和力量源泉。

---

① 张锡勤、柴文华主编:《中国伦理道德变迁史稿》上卷,人民出版社 2008 年版,第 2 页。

参考文献

（一）

[1]《马克思恩格斯文集》第1～10卷，人民出版社2009年版。

[2]《列宁选集》（中文第三版）第1～4卷，人民出版社1995年版。

[3]《毛泽东选集》第1～4卷，人民出版社1991年版。

[4]《邓小平文选》第1～3卷，人民出版社1993年版。

[5]《江泽民文选》第1～3卷，人民出版社2006年版。

[6]《十六大以来重要文献选编》（上中下），人民出版社2008年版。

（二）

[1]《易传》，《十三经注疏》，中华书局1979年版。

[2]《尚书》，《十三经注疏》，中华书局1979年版。

[3]《诗经》，《十三经注疏》，中华书局1979年版。

[4]《左传》，《十三经注疏》，中华书局1979年版。

[5]《礼记》，《十三经注疏》，中华书局1979年版。

[6]《论语》，《十三经注疏》，中华书局1979年版。

[7]《孟子》，《十三经注疏》，中华书局1979年版。

[8]《孝经》，《十三经注疏》，中华书局1979年版。

[9]《晏子春秋》，中华书局2007年版。

[10]《国语》（上下），上海古籍出版社1982年版。

[11]《战国策》,中华书局 1990 年版。

[12] 赵晔:《吴越春秋》,江苏古籍出版社 1999 年版。

[13] 朱谦之:《老子校释》,《新编诸子集成》,中华书局 1984 年版。

[14] 高明:《帛书老子校注》,《新编诸子集成》,中华书局 2004 年版。

[15] 王先谦:《庄子集解·庄子集解内篇补正》,《新编诸子集成》,中华书局 2006 年版。

[16] 王先谦:《庄子集解·庄子集解外篇补正》,《新编诸子集成》,中华书局 2006 年版。

[17] 王先谦:《荀子集解》,《新编诸子集成》,中华书局 2006 年版。

[18] 吴毓江:《墨子校注》,《新编诸子集成》,中华书局 2006 年版。

[19] 孙诒让:《墨子闲诂》(上·下),《新编诸子集成》,中华书局 2001 年版。

[20] 蒋礼鸿:《商君锥指》,《新编诸子集成》,中华书局 2001 年版。

[21] 马非百:《管子轻重篇新诠》(全二册),《新编诸子集成》,中华书局 1979 年版。

[22] 王先慎:《韩非子集解》,《新编诸子集成》,中华书局 1998 年版。

[23]《韩非子选注》,上海人民出版社 1976 年版。

[24]《贾谊集》,上海人民出版社 1976 年版。

[25] 司马迁:《史记》,中华书局 1982 年版。

[26] 董仲舒:《春秋繁露》,中华书局 1975 年版。

[27] 刘向:《说苑》,中华书局 1987 年版。

[28] 班固:《汉书》,中华书局 1962 年版。

[29] 范晔:《后汉书》,中华书局 1965 年版。

[30] 杨伯峻译注:《春秋左传注》,中华书局 1990 年版。

[31] 杨伯峻译注:《论语译注》,中华书局 1980 年版。

[32] 杨伯峻译注:《孟子译注》(上下),中华书局 1984 年版。

[33] 杨伯峻译注:《列子集释》,中华书局 1979 年版。

[34] 马非百译注:《盐铁论简注》,中华书局 1984 年版。

[35] 刘文典译注:《淮南鸿烈集解》,中华书局 1989 年版。

[36] 何宁:《淮南子集释》,《新编诸子集成》(上中下册),中华书局 1998 年版。

[37] 陈立:《白虎通疏证》,中华书局 1994 年版。

[38] 黄晖:《论衡校释》,(全四册),中华书局 1990 年版。

[39] 司马光:《资治通鉴》,中华书局 1956 年版。

[40] 洪迈:《容斋随笔》,吉林文史出版社 1994 年版。

[41] 朱熹:《四书集注》,中华书局 2003 年版。

[42] 王阳明:《传习录》,上海古籍出版社 1992 年版。

[43] 冯梦龙:《新列国志》,群众出版社 1997 年版。

[44] 黄宗羲:《明儒学案》,中华书局 1985 年版。

[45] 王船山:《读通鉴论》,《船山全书》第 10 册,岳麓书社 1994 年版。

(三)

[1] 卜工著:《文明起源的中国模式》,科学出版社 2007 年版。

[2] 苏秉琦著:《中国文明起源新探》,生活・读书・新知三联书店 1999 年版。

[3] 王震中著:《中国文明起源的比较研究》,陕西人民出版社 1994 年版。

[4] 宋兆麟等著:《中国原始社会史》,文物出版社 1983 年版。

[5] 刘文英著:《漫长的历史源头——原始思维与原始文化新探》,中国社会科学出版社 1996 年版。

[6] 钟国发著:《神圣的突破——从世界文明视野看儒佛道三元一体格局的由来》,四川人民出版社 2003 年版。

[7] 冯天瑜著:《中华元典精神》,上海人民出版社 1994 年版。

[8] 陈来著:《古代宗教与伦理——儒家思想的根源》,生活・读书・新知三联书店 1996 年版。

[9] 陈来著:《古代思想文化的世界——春秋时期的宗教、伦理与社会思想》,生活・读书・新知三联书店 2002 年版。

[10] 晁福林著:《先秦社会思想研究》,商务印书馆 2007 年版。

[11] 晁福林等著:《中国民俗史・先秦卷》,人民出版社 2008 年版。

[12] 陈绍栃著:《中国风俗通史・两周卷》,上海文艺出版社 2003 年版。

[13] 汪玢玲著:《中国婚姻史》,上海人民出版社 2001 年版。

[14] 陈戍国著:《中国礼制史》,湖南教育出版社 2003 年版。

[15] 刘丰著:《先秦礼学思想与社会的整合》,中国人民大学出版社 2003 年版。

[16] 吾淳著:《中国社会的伦理生活——主要关于儒家伦理可能性问题的研究》,中华书局 2007 年版。

[17] 黄开国、唐赤蓉著:《诸子百家兴起的前奏——春秋时期的思想与文化》,巴蜀书社 2004 年版。

[18] 宋镇豪著:《夏商社会生活史》,中国社会科学出版社 1996 年版。

[19] 蔡锋著:《春秋时期贵族社会生活研究》,中国社会科学出版社 2004 年版。

[20] 顾德融、朱顺龙著:《春秋史》,上海人民出版社 2004 年版。

[21] 乔长路著:《中国人生哲学——先秦诸子的价值观念和处事美德》,中国人民大学出版社 1990 年版。

[22] 童书业著:《春秋左传研究》,上海人民出版社 1980 年版。

[23] 韩云波著:《中国侠文化:积淀与传承》,重庆出版社 2005 年版。

[24] 黄留珠主编:《周秦汉唐文化研究》第 1 辑,三秦出版社 2002 年版。

[25] 张岂之总主编:《中国历史》先秦卷,高等教育出版社 2001 年版。

[26] 沈长云著:《中国历史:先秦卷》,人民出版社 2006 年版。

[27] 樊树志著:《国史概要》,复旦大学出版社 1998 年版。

[28] 钱穆著:《国史大纲》,商务印书馆 1996 年版。

[29] 翦伯赞著:《先秦史》,北京大学出版社 1990 年版。

[30] 吕思勉著:《先秦史》,上海古籍出版社 2005 年版。

[31] 吕思勉著:《中国通史》,华东师范大学出版社 2008 年版。

[32] 吕思勉著:《中国民族史》,东方出版社 1996 年版。

[33] 吕思勉著:《中国民族史两种》,上海古籍出版社 2008 年版。

[34] 郭沫若著:《中国古代社会研究》,人民出版社 1964 年版。

[35] 侯外庐著:《中国古代社会史论》,河北教育出版社 2003 年版。

[36] 王处辉主编;《中国社会思想史》,中国人民大学出版社 2002 年版。

[37] 王国维著:《观堂集林》,中华书局 1984 年版。

[38] 费孝通等著:《中华民族多元一体格局》,中央民族学院出版社 1989 年版。

[39] 黄崇岳编著:《中华民族形成的足迹》,人民出版社 1988 年版。

[40] 陈国灿、何德章主编:《中华民族的形成与发展》,武汉大学出版社 1995 年版。

[41] 张鑫昌、王文光著:《中华民族发展简史》,云南人民出版社 1996 年版。

[42] 曾文芳著:《夏商周民族思想与政策研究》,人民出版社 2008 年版。

[43] 侯外庐等著:《中国思想通史》第一卷,人民出版社 1957 年 1 版。

[44] 李泽厚著:《中国古代思想史论》,安徽文艺出版社 1999 年版。

[45] 葛兆光著:《中国思想史》,复旦大学出版社 2001 年版。

[46] 余英时著:《中国思想传统的现代诠释》,江苏人民出版社 1989 年版。

[47] 林毓生著:《中国意识的危机》,贵州人民出版社 1986 年版。

[48] 黄仁宇著:《中国大历史》,生活·读书·新知三联书店 1997 年版。

[49] 黄仁宇著:《赫逊河畔谈中国历史》,生活·读书·新知三联书店 1995 年版。

[50] 司马云杰著:《圣衰论——关于中国历史哲学及其圣衰之理的研究》,陕西人民出版社 2003 年版。

[51] 唐君毅著:《中国文化之精神价值》,台湾正中书局 1987 年版。

[52] 张岱年、方克立主编:《中国文化概论》,北京师范大学出版社 1994 年版。

[53] 龚鹏程著:《中国传统文化十五讲》,北京大学出版社 2006 年版。

[54] 刘泽华、张荣明等著:《公私观念与中国社会》,中国人民大学出版社 2003 年版。

[55] 张仲谋著:《兼济与独善——古代士大夫处世心理剖析》,东方出版社 1998 年版。

[56] 季乃礼著:《三纲六纪与社会整合——由白虎通看汉代社会人际关系》,中国人民大学出版社 2004 年版。

[57] 梁启超著:《先秦政治思想史》,东方出版社 1996 年版。

[58] 钱穆著:《中国历代政治得失》,生活·读书·新知三联书店 2006 年版。

[59] 萧公权著:《中国政治思想史》,辽宁教育出版社 1998 年版。

[60] 刘泽华主编:《中国政治思想史》(先秦卷),浙江人民出版社 1996 年版。

[61] 刘泽华主编:《中国古代政治思想史》,南开大学出版社 1992 年 1 版。

[62] 冯友兰著:《中国哲学简史》,新世界出版社 2004 年版。

[63] 牟宗三著:《中国哲学十九讲》,上海古籍出版社 1997 年 1 版。

[64] 傅伟勋著:《儒家心性论的现代化课题》(上),载于《从西方哲学到禅佛教》,生活·读书·新知三联书店 1989 年版。

[65] 罗国杰主编:《中国传统伦理道德》,中国人民出版社 1995 年版。

[66] 张锡勤著:《中国传统道德举要》,黑龙江教育出版社 1995 年版。

[67] 程凯华等编著:《中国传统美德》,长江文艺出版社 2002 年版。

[68] 李承贵著:《德性源流——中国传统道德转型研究》,江西教育出版社 2004 年版。

[69] 徐复观著:《中国人性论史》,华东师范大学出版社 2005 年版。

[70] 朱伯崑著:《先秦伦理思想概论》,北京大学出版社 1984 年版。

[71] 李中华主编:《中国人学思想史》,北京出版社 2005 年版。

[72] 陈瑛等著:《中国伦理思想史》,贵州人民出版社 1985 年版。

[73] 沈善洪、王凤贤著:《中国传统伦理思想史》,人民出版社 2005 年版。

[74] 朱贻庭主编:《中国传统伦理思想史》,华东师大出版社 1989 年版。

[75] 张锡勤等:《中国伦理思想通史》,黑龙江人民出版社 1996 年版。

[76] 张锡勤、柴文华主编:《中国伦理道德变迁史稿》(上下卷),人民出版社 2008 年 5

月版。

[77] 李书有主编:《中国儒家伦理思想发展史》,江苏古籍出版社 1992 年版。

[78] 焦国成:《中国伦理学通论》(上),山西教育出版社 1997 年版。

[79] 樊浩著:《中国伦理精神的历史构建》,江苏人民出版社 1997 年版。

[80] 崔宜明等著:《中国伦理十二讲》,重庆出版社 2008 年版。

(四)

[1] 高兆明著:《道德生活论》,河海大学出版社 1993 年版。

[2] 赵汀阳著:《论可能生活》,三联书店 1994 年版。

[3] 高德胜著:《生活德育论》,人民出版社 2005 年版。

[4] 汪凤炎等著:《德化的生活》,人民出版社 2005 年版。

[5] 李佃来著:《公共领域与生活世界》,人民出版社 2006 年版。

[6] 包利民著:《生命与逻各斯》,东方出版社 1996 年版。

[7] 李文阁著:《回归现实生活世界》,中国社会科学出版社 2002 年版。

[8] 郭元祥著:《生活与教育——回归生活世界的基础教育论纲》,华中师范大学出版社 2002 年版。

[9] 张曙光主编:《民族信念与文化特征—民族精神的理论研究》,人民出版社 2009 年版。

[10] 欧阳康主编:《文化反思与价值建构——全球化与民族精神》,人民出版社 2009 年版。

[11] 黄建中著:《比较伦理学》,山东人民出版社 1998 年版。

[12] 梁漱溟著:《人心与人生》,学林出版社 1984 年版。

[13] 贺麟著:《文化与人生》,商务印书馆 1988 年版。

[14] 冯友兰著:《人生哲学》,广西师范大学出版社 2005 年版。

[15] 唐君毅著:《道德自我之建立》,广西师范大学出版社 2005 年版。

[16] 傅佩荣著:《哲学与人生》,东方出版社 2006 年版。

[17] 邬昆如著:《人生哲学》,中国人民大学出版社 2005 年版。

[18] 罗国杰著:《罗国杰文集》,河北大学出版社 2000 年版。

[19] 唐凯麟著:《伦理大思路》,湖南人民出版社 2001 年版。

[20] 魏英敏著:《当代中国伦理与道德》,昆仑出版社 2004 年版。

[21] 万俊人著:《伦理学新论》,中国青年出版社 1994 年版。

(五)

[1] (英) 勒基著,陈德荣译:《西洋道德史》(6 卷),商务印书馆 1937 年版。

[2] (英) 奥克肖特著,张铭译:《巴比塔——论人类道德生活的形式》,《世界哲学》2003 年第 4 期。

[3] (英) 塞缪尔·斯迈尔斯著,宋景堂等译:《品格的力量》,北京图书馆出版社 1999 年版。

[4] (法) 伏尔泰著,梁守锵译:《风俗论》(上下册),商务印书馆 1995 年版。

[5] (法) 孟德斯鸠著,张雁深译:《论法的精神》,商务印书馆 1993 年版。

[6] (法) 孟德斯鸠著,婉玲译:《罗马盛衰原因论》,商务印书馆 1995 年版。

[7] (瑞士) 布克哈特著,何新译:《意大利文艺复兴时期的文化》,商务印书馆 1991 年版。

[8] (德) 鲁道夫·奥伊肯著:《生活的意义与价值》,上海译文出版社 2005 年版。

[9] (德) 卡尔·雅斯贝尔斯著,王玖兴译:《生存哲学》,上海译文出版社 2005 年版。

[10] (德) 卡尔·雅斯贝尔斯著,周晓亮、宋祖良译:《现时代的人》,社会科学文献出版社 1992 年版。

[11] (德) 卡尔·雅斯贝斯著,魏楚雄、俞新天译,《历史的起源与目标》,华夏出版社 1989 年版。

[12] (匈) 阿格尼丝·赫勒著,衣俊卿译:《日常生活》,重庆出版社 1990 年版。

[13] (古希腊) 亚里士多德著,廖申白译:《尼各马可伦理学》,商务印书馆 2003 年版。

[14] (德) 包尔生著,何怀宏等译:《伦理学体系》,中国社会科学出版社 1988 年版。

[15] (美) 弗兰克·梯利著,何意译:《伦理学概论》,中国人民大学出版社 1987 年版。

[16] (加拿大) 查尔斯·泰勒著,韩震译:《自我的根源——现代认同的形成》,译林出版社 2001 年版。

[17] (英) 齐格蒙·鲍曼著,洪涛译:《立法者与阐释者——论现代性、后现代性与知识分子》,上海人民出版社 2000 年版。

[18] (英) 齐格蒙·鲍曼著,郁建兴译:《生活在碎片之中——论后现代道德》,学林出版社 2002 年版。

[19] (英) 齐格蒙特·鲍曼著,张成岗译:《后现代伦理学》,江苏人民出版社 2003 年版。

[20]（美）S. N. 艾森斯塔特著，旷新年、王爱松译：《反思现代性》，生活·读书·新知三联书店 2006 年版。

[21]（美）威廉·詹姆斯：《道德哲学家与道德生活》，参阅万俊人主编《20 世纪西方伦理学经典：伦理学主题——价值与人生》，中国人民大学出版社 2004 年版。

[22]（美）雅克·蒂洛著，程立显等译：《伦理学与生活》，世界图书出版公司 2008 年版。

[23]（美）费正清著，张理京译：《美国与中国》，商务印书馆 1987 年版。

[24] 韦尔斯著，秦慕晖，蔡希陶译：《世界史纲》，上海三联书店 2008 年版。

[25]（德）黑格尔著，王造时译：《历史哲学》，上海书店出版社 2001 年版。

[26]（德）黑格尔著，贺麟等译：《哲学史讲演录》，商务印书馆 1959 年版。

[27]（德）斯宾格勒著，齐世荣等译：《西方的没落——世界历史的透视》，商务印书馆 1993 年版。

[28]（德）马克斯·韦伯著，王容芬译：《儒教与道教》，商务印书馆 1997 年版。

[29]（英）哈·麦金德著，林尔蔚、陈江译：《历史的地理枢纽》（中文版），商务印书馆 1985 年版。

[30]（英）汤因比著，曹未风等译，《历史研究》，上海人民出版社 1959 年版。

[31]（美）伯恩斯、拉尔夫著，罗经国译：《世界文明史》，商务印书馆 1990 年版。

[32] William Edward Hartpole Lecky, History of European Morals: from Augustus to Charlemagne, Longmans, Green, And Co, London, 1905.

[33] Karl Jaspers, The Origin and Goal of History, New Haven, CT: Yale University Press, 1953.

[34] Benjamin Schwartz, The Age of Transcendence, Introduction to the Spring, 1975 issue of Daedalus Journal, dedicated to the axial age; Volume 104.

[35] S. N. Eisenstadt, The Political Systems of Empires, The Rise and Fall of the Historical Bureaucatic Societies, The Free Press of Glencoe, 1963.

[36] Lin Yusheng, The Crisis of Chinese Consciousness, Wisconsin University Press, 1979.

[37] D. Bodde, Essays in Chinese Civilization, Princeton: Princeton University Press, 1981.

[38] Joseph R. Levenson, Confucian China and its Modern Fate, Berkeley: University of California Press, 1965.

[39] Franklin Houn, Chinese Political Traditions, Washington, D. C.: Public Affairs

Press，1965.

［40］John King Fairbank ed.，Chinese Thought and Institutions，Chicago：University of Chicago Press，1957.

［41］Etienne Balazs，Chinese Civilization and Bureaucracy，New Haven：Yale University Press，1964.

索　　引

人名索引

D

E

F

G

H

J

K

L

M

N

O

P

Q

R

S

T

W

X

Y

Z

文献索引

H

J

K

L

M

N

O

Q

R

S

T

W

X

Y

Z

图书在版编目(CIP)数据

中华民族道德生活史·先秦卷/唐凯麟主编;王泽应著.—上海:东方出版中心,2014.6
ISBN 978-7-5473-0669-7

Ⅰ.①中… Ⅱ.①唐… ②王… Ⅲ.①伦理思想-思想史-研究-中国-先秦时代 Ⅳ.①B82-092

中国版本图书馆CIP数据核字(2014)第065517号

丛书策划: 梁　惠
责任编辑: 梁　惠
技术编辑: 徐儒静
装帧设计: 一步设计

中华民族道德生活史·先秦卷

出版发行:东方出版中心
地　　址:上海市仙霞路345号
电　　话:62417400
邮政编码:200336
经　　销:全国新华书店
印　　刷:浙江新华数码印务有限公司
开　　本:710×1020毫米　1/16
字　　数:510千字
印　　张:33.5　插页2
版　　次:2014年6月第1版第1次印刷
ISBN 978-7-5473-0669-7
定　　价:80.00元(精装)

东方出版中心邮购部　电话:52069798